上海市食品安全政策文件汇编

上海市质量监督检验技术研究院　编

中国质量标准出版传媒有限公司

中国标准出版社

北　京

图书在版编目（CIP）数据

上海市食品安全政策文件汇编 / 上海市质量监督检验技术研究院编 . —北京：中国质量标准出版传媒有限公司，2023.8

ISBN 978-7-5026-5180-0

Ⅰ.①上⋯　Ⅱ.①上⋯　Ⅲ.①食品安全—政策—汇编—上海　Ⅳ.① TS201.6

中国国家版本馆 CIP 数据核字（2023）第 124406 号

中国质量标准出版传媒有限公司

中 国 标 准 出 版 社 　出版发行

北京市朝阳区和平里西街甲 2 号（100029）

北京市西城区三里河北街 16 号（100045）

网址：www.spc.net.cn

总编室：（010）68533533　发行中心：（010）51780238

读者服务部：（010）68523946

中国标准出版社秦皇岛印刷厂印刷

各地新华书店经销

*

开本 880×1230　1/16　印张 32　字数 922 千字

2023 年 8 月第一版　2023 年 8 月第一次印刷

*

定价：180.00 元

编 委 会

前 言

　　为了上海市地方食品生产及食品相关企业、管理部门更方便地了解和使用地方相关文件，引导服务组织更好地满足更多客户需求，进一步规范地方食品行业的行为，特编撰此书。

　　本书主要整理汇编了上海市地方政府及有关部门发布的关于食品安全的法律法规、规章及规范性文件。本书一共分为 6 个部分，内容包括综合篇，食用农产品监管篇，生产篇，经营篇，保健食品篇，特殊膳食用食品、进出口产品、食品相关产品篇，共计200 余个政策文件，从而帮助政府监管、生产企业主体以及相关的技术机构人员从业参考。

　　本汇编可供食品及相关企业管理人员、标准化工作者、相关管理部门、研究单位参考使用，对广大消费者保护自己的合法权益也有一定的帮助。

　　上海市市场监督管理局和各区市场监管部门在本书编撰过程中给予了大力支持和指导，并在确保本书出版和提高编撰质量方面发挥了重要作用，在此深表感谢。此外，由于编写人员业务水平有限，书中内容难免有遗漏和不妥之处，敬请读者批评指正，更希望与我们进行探讨和交流。

编者

2023 年 8 月

目 录

一、综合篇

二、食用农产品监管篇

三、生产篇

四、经营篇

五、保健食品篇

六、特殊膳食用食品、进出口产品、食品相关产品篇

一

综合篇

上海市食品安全条例

（上海市人民代表大会公告第 18 号）

《上海市食品安全条例》已由上海市第十四届人民代表大会第五次会议于 2017 年 1 月 20 日通过，现予公布，自 2017 年 3 月 20 日起施行。

上海市第十四届人民代表大会
第五次会议主席团
2017 年 1 月 20 日

上海市食品安全条例

（2017 年 1 月 20 日上海市第十四届人民代表大会第五次会议通过）

第一章 总 则

第一条 为了保证食品安全，保障公众身体健康和生命安全，根据《中华人民共和国食品安全法》（以下简称《食品安全法》）等有关法律、行政法规，结合本市实际，制定本条例。

第二条 本市行政区域内食品、食品添加剂、食品相关产品的生产经营，食品生产经营者使用食品添加剂、食品相关产品，食品的贮存和运输，以及对食品、食品添加剂、食品相关产品的安全管理，应当遵守本条例。

本市行政区域内食用农产品的生产、贮存和运输、市场销售，农业投入品的经营、使用，应当遵守本条例的有关规定。

第三条 本市食品安全工作实行预防为主、风险管理、全程控制、属地监管、部门协作、社会共治的原则，建立和完善科学、严格的监督管理制度。

第四条 食品生产经营者对其生产经营食品的安全负责。

食品生产经营者应当依照法律、法规、规章和食品安全标准从事生产经营活动，建立健全食品安全管理制度，采取有效措施预防和控制食品安全风险，保证食品安全，诚信自律，主动公开相关信息，对社会和公众负责，接受社会监督，承担社会责任。

第五条 市、区人民政府对本行政区域的食品安全监督管理工作负责，统一领导、组织、协调本行政区域的食品安全监督管理工作以及食品安全突发事件应对工作，建立健全食品安全全程监督管理工作机制和信息共享机制。

区人民政府应当依照国家和本市有关规定，明确乡、镇人民政府和街道办事处的食品安全管理职责，督促、指导乡、镇人民政府和街道办事处做好食品安全日常工作，形成基层食品安全工作合力。

第六条 市、区人民政府设立食品药品安全委员会，在食品安全方面承担下列职责：

（一）研究部署、统筹指导食品安全工作；

（二）制定食品安全中长期规划和年度工作计划；

（三）组织开展食品安全重大问题的调查研究，制定食品安全监督管理的政策措施；

（四）督促落实食品安全监督管理责任，组织开展食品安全监督管理工作的督查考评；

（五）组织开展重大食品安全事故的责任调查处理工作；

（六）研究、协调、决定有关部门监督管理职责问题；

（七）市、区人民政府授予的其他职责。

市、区食品药品安全委员会下设办公室，办公室设在同级食品药品监督管理部门、市场监督管理部门，负责辖区内食品安全综合协调、监督考评、应急管理等工作，承担委员会在食品安全方面的日常工作。

乡、镇人民政府和街道办事处根据本条例和市人民政府规定建立的食品安全综合协调机构，应当做好辖区内食品安全综合协调、隐患排查、信息报告、协助执法和宣传教育等工作。

第七条 市食品药品监督管理部门负责对本市食品、食品添加剂生产经营活动实施监督管理；对食品安全事故的应急处置和调查处理进行组织指导。根据市食品药品安全委员会的要求，对突发食品安全事件处置中监管职责存在争议、尚未明确的事项，先行承担监管职责。

市质量技术监督部门负责对本市食品相关产品生产加工的质量安全实施监督管理。

区市场监督管理部门及其派出机构负责对本区域内的食品、食品添加剂及食品相关产品生产经营活动实施监督管理。

农业部门负责本市食用农产品种植、养殖以及进入批发、零售市场或者生产加工企业前的质量安全监督管理；提出本市食用农产品中农药残留、兽药残留的限量和检测方法的建议，负责生鲜乳收购的质量安全、畜禽屠宰环节和病死畜禽无害化处置的监督管理；农业投入品经营、使用的监督管理。

卫生计生部门负责组织开展本市食品安全风险监测和风险评估、食品安全地方标准制定、食品安全企业标准备案工作；配合食品药品监督管理部门开展食品安全事故调查处理工作。

商务部门负责指导协调本市食用农产品批发交易市场规划、协调城乡食品商业网点布局、酒类流通和消费领域的质量安全监督管理。

粮食部门负责粮食收购、贮存活动中粮食质量以及原粮卫生的监督管理。

绿化市容管理部门负责本市餐厨废弃油脂和餐厨垃圾收运、处置的监督管理。

出入境检验检疫、工商行政管理、经济信息化、城市管理行政执法、公安、环境保护、教育、住房和建设、文广影视、通信管理等部门在各自职责范围内，共同做好相关食品安全工作。

市食品药品监督管理、区市场监督管理部门及其派出机构的食品安全监督管理具体职责，由市、区人民政府确定。

第八条 市、区人民政府实行食品安全监督管理责任制。市人民政府负责对区人民政府的食品安全监督管理工作进行评议、考核；市、区人民政府负责对本级食品药品监督管理或者市场监督管理部门、其他有关部门的食品安全监督管理工作进行评议、考核。

区人民政府负责对乡、镇人民政府和街道办事处履行食品安全工作职责情况进行评议、考核。

第九条 与食品有关的行业组织应当加强行业自律，按照章程建立健全行业规范和奖惩机制，提供食品安全信息、技术、培训等服务，引导和督促食品生产经营者依法生产经营，推动行业诚信建设，宣传、普及食品安全知识，为政府完善食品安全管理制度提出意见和建议。

消费者权益保护委员会和其他消费者组织对违反本条例规定，损害消费者合法权益的行为，依法进行社会监督。

第十条 市、区人民政府应当加大对食品安全的科研投入，鼓励相关部门开展食品安全科技应用研究，支持企业、科研机构、高等院校、监管部门研究、开发和应用先进的检验检测技术和方法，不断提高食品安全领域的学科建设、科研水平和监管能力。

第十一条 各级人民政府应当组织相关部门加强食品安全宣传教育，利用各类媒体向市民普及食品安全知识；在食品生产场所、食用农产品批发交易市场、标准化菜市场、超市卖场、餐饮场所、食品经营网站等开展有针对性的食品安全宣传教育。

　　鼓励社会组织、基层群众性自治组织、食品生产经营者、网络食品经营者开展食品安全法律、法规、规章以及食品安全标准和知识的普及工作，倡导健康的饮食方式，增强消费者食品安全意识和自我保护能力。

　　各级各类学校应当将食品安全知识纳入相关教育课程。

　　广播电台、电视台、报刊、网站等媒体应当开展食品安全法律、法规、规章以及食品安全标准和知识的公益宣传，并对食品安全违法行为进行舆论监督。有关食品安全的宣传报道应当真实、公正。

　　第十二条　各级人民政府应当对在食品安全工作中作出突出贡献的单位和个人，按照国家和本市有关规定给予表彰、奖励。

第二章　食品安全风险监测、评估和食品安全标准

　　第十三条　市卫生计生部门应当会同市食品药品监督管理、质量技术监督、农业、出入境检验检疫等部门根据国家和本市食品安全风险监测和风险评估工作的需要，加强食品安全风险监测和风险评估能力建设，建立和完善食品安全风险监测和风险评估体系。

　　第十四条　市卫生计生部门应当会同市食品药品监督管理、质量技术监督、农业、出入境检验检疫等部门根据国家食品安全风险监测计划和实际情况，制定、调整本市食品安全风险监测方案，报国务院卫生计生部门备案并实施。

　　承担食品安全风险监测工作的部门和技术机构应当根据食品安全风险监测计划和方案开展监测工作，保证监测数据真实、准确，并按照食品安全风险监测计划和方案的要求，向市卫生计生部门报送监测数据和分析结果。

　　市卫生计生部门应当收集、汇总风险监测数据和分析结果，并通报其他相关部门。食品安全风险监测结果表明可能存在食品安全隐患的，市卫生计生部门应当及时将相关信息通报市食品药品监督管理等部门，并报告市人民政府和国务院卫生计生部门。

　　市食品药品监督管理等部门接到通报后，应当组织开展进一步调查并将调查结果报告市人民政府。

　　第十五条　市卫生计生部门依据国家食品安全风险评估的要求，负责组织本市食品安全风险评估工作，成立由医学、农业、食品、营养、生物、环境等方面专家组成的市食品安全风险评估专家委员会，进行食品安全风险评估。

　　市食品药品监督管理、质量技术监督、农业、出入境检验检疫等部门在监督管理工作中发现需要进行食品安全风险评估的，应当向市卫生计生部门提出食品安全风险评估的建议，并提供风险来源、相关检验数据和结论等信息、资料。

　　市卫生计生部门对需要进行食品安全风险评估的情形，应当及时组织开展评估工作，并将评估结果通报市食品药品监督管理、质量技术监督、农业、出入境检验检疫等相关部门。

　　第十六条　食品安全风险评估结果应当作为开展食品安全监督管理、制定和修订食品安全地方标准、发布食品安全风险警示的依据。

　　经食品安全风险评估，得出食品、食品添加剂、食品相关产品不安全结论的，市食品药品监督管理、质量技术监督等部门应当依据各自职责立即采取相应措施，确保食品、食品添加剂、食品相关产品停止生产经营；需要制定、修订相关食品安全地方标准的，市卫生计生部门应当会同市食品药品监督管理等部门立即制定、修订。

　　第十七条　市食品药品监督管理、质量技术监督、农业、卫生计生、出入境检验检疫等部门和食品安全风险评估专家委员会及其技术机构应当按照科学、客观、及时、公开的原则，组织食品生产经营者、食品检验机构、认证机构、有关行业组织、消费者权益保护委员会以及新闻媒体等，就食品安全风险评估信息和食品安全监督管理信息进行交流沟通。

　　第十八条　对没有食品安全国家标准的地方特色食品，由市卫生计生部门会同市食品药品监督管理部门制定、公布本市食品安全地方标准，并报国务院卫生计生部门备案。市质量技术监督部门提供

地方标准编号。

制定食品安全地方标准，应当依据食品安全风险评估结果，参照相关国际和国家食品安全标准，广泛听取食品生产经营者、有关行业组织、消费者和有关部门的意见。食品安全地方标准应当供公众免费查阅。

企业生产的食品没有食品安全国家标准或者地方标准的，应当制定企业标准，作为组织生产的依据，并向社会公布。鼓励食品生产企业制定严于食品安全国家标准或者地方标准的企业标准，在本企业适用，并报卫生计生部门备案。食品相关产品的企业标准，报市质量技术监督部门或者区市场监督管理部门备案。

第三章　食品生产经营

第一节　市场准入的一般规定

第十九条　从事食品生产经营活动，应当依法取得食品生产经营许可，在生产经营场所的显著位置公示许可证明文件、营业执照和食品安全相关信息，并按照许可范围依法生产经营。

以食用农产品为原料，经清洗、切配、消毒等加工处理，生产供直接食用食品的，应当依法办理食品生产许可。

从事生猪产品及牛羊等其他家畜的产品批发、零售的，应当依法取得食品经营许可。

第二十条　对直接接触食品的包装材料等具有较高风险的食品相关产品，按照国家有关工业产品生产许可证管理的规定实施生产许可。

第二十一条　从事食品和食用农产品贮存、运输服务的经营者，应当依法向区市场监督管理部门备案。

第二十二条　鼓励外埠优质安全的食品和食用农产品进沪销售。

引导本市食用农产品批发交易市场、超市卖场、餐饮企业等食品经营企业与外埠进沪销售的食品和食用农产品生产经营企业实行食品安全信息对接，登记进沪食品和食用农产品相关信息。

本市建立进口食品安全信息监管部门相互通报制度。出入境检验检疫、食品药品监督管理等部门应当督促进口商、经营企业公布临近保质期进口食品的相关信息。

进沪食品、食用农产品信息登记、信息通报、信息公布等制度的具体办法，由市人民政府另行制定。

第二节　生产经营过程控制

第二十三条　食品生产经营者采购食品、食品添加剂、食品相关产品，应当查验供货者的相关许可证件，不得向下列生产经营者采购食品、食品添加剂、食品相关产品用于生产经营：

（一）未依法取得相关许可证件或者相关许可证件超过有效期限的生产经营者；

（二）超出许可类别和经营项目从事生产经营活动的生产经营者。

第二十四条　禁止生产经营下列食品、食品添加剂和食品相关产品：

（一）《食品安全法》禁止生产经营的食品、食品添加剂和食品相关产品；

（二）以有毒有害动植物为原料的食品；

（三）以废弃食用油脂加工制作的食品；

（四）市人民政府为防病和控制重大食品安全风险等特殊需要明令禁止生产经营的食品、食品添加剂。

禁止使用前款规定的食品、食品添加剂、食品相关产品作为原料，用于食品、食品添加剂、食品相关产品的生产经营。

第二十五条　食品相关产品生产企业应当就下列事项制定并实施控制要求，保证所生产的产品符合相关标准：

（一）原料采购、验收、投料等原料控制；

（二）生产工序、设备、贮存、包装等生产关键环节控制；

（三）原料检验、半成品检验、成品出厂检验等检验控制；

（四）运输和交付控制。

食品相关产品应当按照法律、法规、规章和食品安全标准的规定进行包装，并附有标签或者说明书；包装、标签、说明书的显著位置，应当标注"食品用"字样。

第二十六条 食品生产经营者应当严格按照食品安全标准使用食品添加剂。

食品生产经营者使用食品添加剂的，应当将食品添加剂存放于专用橱柜等设施中，标明"食品添加剂"字样，按照食品安全标准规定的品种、范围、用量使用，并建立食品添加剂的使用记录制度。

市食品药品监督管理、区市场监督管理部门应当加强对食品生产经营者使用食品添加剂的指导和监督。

第二十七条 高风险食品生产经营企业应当建立主要原料和食品供应商检查评价制度，定期或者随机对主要原料和食品供应商的食品安全状况进行检查评价，并做好记录。记录保存期限不得少于二年。

高风险食品生产经营企业可以自行或者委托第三方对主要原料和食品供应商的食品安全状况进行实地查验。发现存在严重食品安全问题的，应当立即停止采购，并向本企业、主要原料和食品供应商所在地的食品药品监督管理或者市场监督管理部门报告。

高风险食品生产经营企业的目录，由市食品药品监督管理部门编制，报市食品药品安全委员会批准后实施，并向社会公布。

第二十八条 取得食品生产许可的企业应当按照良好生产规范要求组织生产，实施危害分析与关键控制点体系，提高食品安全管理水平。

第二十九条 食品生产经营者应当建立临近保质期食品和食品添加剂管理制度，将临近保质期的食品和食品添加剂集中存放、陈列、出售，并作出醒目提示。

禁止食品生产经营者将超过保质期的食品和食品添加剂退回相关生产经营企业。食品生产经营者应当采取染色、毁形等措施对超过保质期的食品和食品添加剂予以销毁，或者进行无害化处理，并记录处置结果。记录保存期限不得少于二年。

第三十条 食品生产经营者应当对回收食品进行登记，在显著标记区域内独立保存，并依法采取无害化处理、销毁等措施，防止其再次流入市场。

前款所称的回收食品，是指符合下列情形之一的食品：

（一）由食品生产经营者回收的在保质期内的各类食品及半成品；

（二）由食品生产经营者回收的已经超过保质期的各类食品及半成品；

（三）因各种原因停止销售，由批发商、零售商退回食品生产者的各类食品及半成品；

（四）因产品质量问题而被查封、扣押、没收的各类食品及半成品。

禁止使用回收食品作为原料用于生产各类食品，或者经过改换包装等方式以其他形式进行销售或者赠送。但因标签、标志、说明书不符合食品安全标准而回收的食品，食品生产者在采取补救措施且能保证食品安全的情况下可以继续销售或者赠送；销售或者赠送时应当向消费者或者受赠人明示补救措施。

第三十一条 食品生产经营者应当自行组织或者委托社会培训机构、行业协会，对本单位的从业人员进行上岗前和在岗期间的食品安全知识培训，学习食品安全法律、法规、规章、标准和食品安全知识，并建立培训档案。参加培训的人员可以按照规定，享受本市企业职工培训补贴。

食品生产经营者应当对食品安全管理人员、关键环节操作人员及其他相关从业人员进行考核。考核不合格的，不得上岗。

相关行业协会负责制定本行业食品生产经营者培训、考核标准，并提供相应的指导和服务。

市食品药品监督管理、区市场监督管理部门应当对食品生产经营者的负责人、食品安全管理人员、关键环节操作人员及其他相关从业人员随机进行监督抽查考核并公布考核情况。监督抽查考核不得收取费用。

第三十二条　食品生产经营者应当建立并执行从业人员健康管理制度。患有国务院卫生行政管理部门制定的相关规定中的疾病的人员，不得从事接触直接入口食品的工作。从事直接入口食品工作的食品从业人员应当每年进行健康检查，取得健康证明后方可上岗。

食品生产经营者应当严格执行食品生产经营场所卫生规范制度，从业人员应当保持个人卫生、着装清洁。

第三十三条　食品生产经营者委托生产食品的，应当委托取得食品生产许可并具有相应生产条件和能力的企业。

受委托企业应当在获得生产许可的产品品种范围内，接受委托生产食品。

受委托企业应当在受委托生产的食品的标签中，标明自己的名称、地址、联系方式和食品生产许可证编号等信息。

第三十四条　提供食品和食用农产品贮存、运输服务的经营者，应当依法查验食品生产经营者的许可证件、营业执照或者身份证件、食品和食用农产品检验或者检疫合格证明等文件，留存其复印件，并做好食品和食用农产品进出库记录、运输记录。相关文件复印件和记录的保存期限不得少于产品保质期满后六个月；没有明确保质期的，保存期限不得少于二年；食用农产品相关文件复印件和记录的保存期限不得少于六个月。

贮存、运输、陈列有特殊温度、湿度控制要求的食品和食用农产品，应当进行全程温度、湿度监控，并做好监控记录，符合保证食品和食用农产品安全所需的温度、湿度等特殊要求。监控记录保存期限不得少于二年。

第三十五条　食用农产品批发交易市场、标准化菜市场等场所除履行法律、法规、规章规定的职责外，还应当合理划定功能区，加强基础设施建设，配备食品安全设施设备，保持场内环境卫生整洁，并遵守下列规定：

（一）设立食品安全信息公示牌，配备专职食品安全管理员；

（二）建立入场食品经营者档案，并查验入场经营食品相关证明材料；

（三）指导并督促入场食品经营者建立食品经营记录；

（四）与入场食品经营者签订食品安全协议；

（五）按规定将相关信息上传至本市食品安全信息追溯平台。

第三十六条　食用农产品批发交易市场、大型超市卖场、中央厨房、集体用餐配送单位应当配备检验设备和检验人员或者委托有资质的食品检验机构，按照国家和本市有关规定，对入场销售或者采购的食品、食用农产品进行抽样检验；发现不符合食品安全标准的，应当立即采取控制措施，并向所在地的区市场监督管理部门报告。

前款规定的抽样检验应当做好记录，记录的保存期限不得少于产品保质期满后六个月；没有明确保质期的，保存期限不得少于二年；食用农产品相关记录的保存期限不得少于六个月。

鼓励标准化菜市场配备食品快速检验设备和检验人员，为消费者提供检验服务。

第三十七条　生产、销售散装食品应当遵守下列要求：

（一）设立专区或者专柜；

（二）使用防尘遮盖、设置隔离设施、提供专用容器和取用工具，并定期清洗消毒；

（三）不得混装不同批次的散装食品；

（四）符合保证食品安全所需的温度、湿度等特殊要求；

（五）在散装食品的容器、外包装上标明食品的名称、生产日期或者生产批号、保质期以及生产经营者名称、地址、联系方式等内容；

（六）法律、法规、规章规定的其他要求。

食品经营者应当使用符合食品安全标准要求的包装材料销售直接入口食品。

第三十八条 餐饮服务提供者提供餐饮服务时应当符合下列要求：

（一）经营场所符合公共场所卫生要求；

（二）营业时段安排食品安全管理人员开展监督管理工作；

（三）根据消费者的要求，提供公筷、公匙等公用餐具；不得向消费者提供不符合食品安全标准和要求的餐具、饮具；

（四）法律、法规、规章规定的其他要求。

鼓励餐饮服务提供者采用电子显示屏、透明玻璃墙等方式，公开食品加工过程、食品原料及其来源信息。

第三十九条 从事餐饮配送服务的，应当遵守下列要求：

（一）送餐人员应当依法取得健康证明；

（二）配送膳食的箱（包）应当专用，定期清洁、消毒；

（三）符合保证食品安全所需的温度等特殊要求；

（四）使用符合食品安全标准的餐具、饮具、容器和包装材料；

（五）法律、法规、规章规定的其他要求。

第四十条（食品展销会安全管理） 食品展销会的举办者应当依法审查并记录入场食品经营者的许可证件以及经营品种等相关信息，以书面形式明确其食品安全管理责任，并于举办七日前向举办地的区市场监督管理部门备案。区市场监督管理部门应当对食品展销会的食品安全进行指导。

食品展销会的举办者发现入场食品经营者有违反食品安全管理规定的，应当及时制止并立即报告举办地的区市场监督管理部门。

禁止在食品展销会上经营散装生食水产品和散装熟食卤味。

第四十一条 农村集体聚餐的举办者和承办者应当在集体聚餐举办前，将举办地点、预期参加人数等信息向所在地的乡、镇人民政府或者街道办事处报告。乡、镇人民政府、街道办事处和区市场监督管理部门的派出机构应当指派专业人员进行现场指导。

鼓励在符合食品安全条件的固定场所举办农村集体聚餐。在固定场所举办农村集体聚餐的，由该场所的经营管理者履行前款规定的报告义务。

农村集体聚餐的举办者和承办者对集体聚餐的食品安全负责。鼓励农村集体聚餐的举办者和承办者之间、承办者和厨师等加工制作人员之间签订食品安全协议，明确各自的食品安全责任。相关协议的范本由区市场监督管理部门会同相关部门拟定。

农村集体聚餐的承办者应当按照食品安全要求采购、贮存、加工制作食品，做好食品留样，并定期组织厨师等加工制作人员进行健康体检和食品安全知识培训。

农村集体聚餐发生食品安全事故的，举办者和承办者应当及时向所在地的区市场监督管理部门报告。

第四十二条 从事酒类、食用盐、粮食等生产经营活动，应当遵守法律、法规、规章和食品安全标准的要求，严禁使用工业酒精、工业盐、被污染或者发霉变质的原粮等从事食品生产经营活动。

第四十三条 区和乡、镇人民政府或者街道办事处应当按照方便群众、合理布局的原则，完善区域商业规划，加强住宅区、商务区、工业区等的餐饮服务配套建设，引导小型餐饮服务提供者改善经营条件，提高管理水平。

小型餐饮服务提供者从事食品经营活动，应当依法取得食品经营许可，并遵守食品安全法律、法规、规章和标准的要求。

未取得食品经营许可，但经营食品符合食品安全卫生要求、不影响周边居民正常生活的小型餐饮服务提供者，应当向所在地的乡、镇人民政府或者街道办事处办理临时备案。小型餐饮服务提供者办理临时备案的具体要求、标准及相应的退出机制，由市人民政府另行制定。

乡、镇人民政府或者街道办事处应当将备案信息通报所在地的区市场监督管理、环境保护、房屋管理、消防安全、城市管理行政执法等部门，相关部门应当按照各自职责加强对小型餐饮服务提供者的日常监管。

第四十四条 食品生产加工小作坊、食品摊贩从事食品生产经营活动，应当符合《食品安全法》和本条例规定的与其生产经营规模、条件相适应的食品安全要求，保证所生产经营的食品卫生、无毒、无害。

第四十五条 本市对餐厨废弃油脂实行符合产业发展导向的资源化利用，推进实行餐厨废弃油脂收运、处置的一体化经营模式。

产生餐厨废弃油脂和餐厨垃圾的食品生产经营者以及从事餐厨废弃油脂和餐厨垃圾收运和处置活动的单位应当按照国家和本市有关法律、法规、规章的规定，收集、处置餐厨废弃油脂和餐厨垃圾。

第三节 食用农产品

第四十六条 市、区人民政府应当制定食用农产品生产基地规划，加强食用农产品生产基地标准化建设。

鼓励和支持符合条件的食用农产品生产者申请无公害农产品、绿色食品、有机食品认证以及农产品地理标志登记。

第四十七条 在本市从事畜禽、畜禽产品生产经营活动的，应当遵守国家和本市有关法律、法规、规章的规定。

外省市的畜禽、畜禽产品应当通过市人民政府指定的道口，取得道口检查签章后，方可进入本市。

第四十八条 农药、兽药、饲料和饲料添加剂、肥料等农业投入品的经营者（以下简称农业投入品经营者）应当建立经营记录，如实记载购入农业投入品的名称、数量、进货日期和供货者名称、地址、联系方式，以及销售农业投入品的名称、数量、销售日期和购货者名称、地址、联系方式等内容。记录保存期限不得少于二年。

农业投入品经营者销售农业投入品时，应当向购货者提供说明书，告知其农业投入品的用法、用量、使用范围等信息。

食用农产品生产者应当依法建立农业投入品使用记录，如实记载使用农业投入品的名称、来源、用法、用量和使用、停用的日期。记录保存期限不得少于二年。

第四十九条 禁止在食用农产品生产经营活动中从事下列行为：

（一）使用国家禁止使用的农业投入品；

（二）超范围或者超剂量使用国家限制使用的农业投入品；

（三）收获、屠宰、捕捞未达到安全间隔期、休药期的食用农产品；

（四）对畜禽、畜禽产品灌注水或者其他物质；

（五）在食用农产品生产、销售、贮存和运输过程中添加可能危害人体健康的物质；

（六）法律、法规、规章规定的其他禁止行为。

第五十条 上市销售的肉类产品应当附有检疫合格证明；上市销售的其他食用农产品应当附有产地证明、检测合格证明。

食用农产品批发交易市场开办者应当查验入场销售者的身份证明，入场销售食用农产品的产地证明、检测合格证明或者检疫合格证明。

销售者无法提供食用农产品产地证明、检测合格证明的，食用农产品批发交易市场开办者应当进行抽样检验或者快速检测；抽样检验或者快速检测合格的，方可入场销售。

第四节 网络食品经营

第五十一条 网络食品交易第三方平台提供者应当按照下列规定办理备案手续：

（一）在本市注册登记的网络食品交易第三方平台提供者，应当在通信管理部门批准后三十个工作日内，向市食品药品监督管理部门备案，取得备案号；

（二）在外省市注册登记的网络食品交易第三方平台提供者，应当自在本市提供网络食品交易第三方平台服务之日起三十个工作日内，将其在本市实际运营机构的地址、负责人、联系方式等相关信息向市食品药品监督管理部门备案。

通过自建网站交易的食品生产经营者，应当在通信管理部门批准后三十个工作日内，向所在地的区市场监督管理部门备案，取得备案号。实行统一配送经营方式的食品经营企业，可以由企业总部统一办理备案手续。

第五十二条 网络食品经营者应当依法取得食品生产经营许可，并按照规定在自建交易网站或者网络食品交易第三方平台的首页显著位置或者经营活动主页面醒目位置，公示其营业执照、食品生产经营许可证件、从业人员健康证明、食品安全量化分级管理等信息。相关信息应当完整、真实、清晰，发生变化的，应当在十日内更新。

第五十三条 网络食品交易第三方平台提供者应当建立食品安全管理制度，履行下列管理责任：

（一）明确入网食品经营者的准入标准和食品安全责任；

（二）对入网食品经营者进行实名登记；

（三）通过与监管部门的许可信息进行比对、现场核查等方式，对入网食品经营者的许可证件进行审查；

（四）对平台上的食品经营行为及信息进行检查，并公布检查结果；

（五）公示入网食品经营者的食品安全信用状况；

（六）及时制止入网食品经营者的食品安全违法行为，并向其所在地的区市场监督管理部门报告；

（七）对平台上经营的食品进行抽样检验；

（八）法律、法规、规章规定的其他管理责任。

网络食品交易第三方平台提供者发现入网食品经营者存在未经许可从事食品经营、经营禁止生产经营的食品、发生食品安全事故等严重违法行为的，应当立即停止为其提供网络交易平台服务。

仅为入网食品经营者提供信息发布服务的网络第三方平台提供者，应当履行本条第一款第一项至第三项规定的管理责任，并对平台上的食品经营信息进行检查，及时删除或者屏蔽入网食品经营者发布的违法信息。

第五十四条 从事网络交易食品配送的网络食品经营者、网络食品交易第三方平台提供者、物流配送企业应当遵守有关法律、法规对贮存、运输食品以及餐具、饮具、容器和包装材料的要求，并加强对配送人员的培训和管理。从事网络订餐配送的，还应当遵守本条例第三十九条的规定。

第四章　食品生产加工小作坊和食品摊贩

第一节　食品生产加工小作坊

第五十五条 各级人民政府应当根据实际需要统筹规划、合理布局，建设适合食品生产加工小作坊从事食品生产加工活动的集中食品加工场所。鼓励食品生产加工小作坊进入集中食品加工场所从事食品生产加工活动。

区市场监督管理部门应当加强对食品生产加工小作坊食品安全的指导和监督管理。

第五十六条 本市对食品生产加工小作坊生产加工的食品实行品种目录管理；品种目录由市食品药品监督管理部门编制，报市食品药品安全委员会批准后实施，并向社会公布。

第五十七条 食品生产加工小作坊从事食品生产加工活动，应当具备下列条件：

（一）有与生产加工的食品品种、数量相适应的生产加工场所，环境整洁，并与有毒、有害场所以及其他污染源保持规定的安全距离；

（二）有与生产加工的食品品种、数量相适应的生产加工和卫生、污水及废弃物处理设备或者设施；

（三）有保证食品安全的规章制度；

（四）有合理的设备布局和工艺流程。

第五十八条 本市对食品生产加工小作坊实行准许生产制度。设立食品生产加工小作坊的，应当符合本条例第五十七条规定的条件，并向所在地的区市场监督管理部门申领《食品生产加工小作坊准许生产证》（以下简称准许生产证）。

区市场监督管理部门应当依法对申请人提交的材料进行审核，征询食品生产加工小作坊所在地的乡、镇人民政府或者街道办事处的意见，必要时对其生产加工场所进行现场核查；对符合规定条件的，决定准许生产，颁发准许生产证，并在作出准许生产决定后，通报相关乡、镇人民政府或者街道办事处；对不符合规定条件的，决定不予准许生产并书面说明理由。

食品生产加工小作坊未取得准许生产证并经工商登记，不得从事食品生产加工活动。食品生产加工小作坊应当在准许生产的食品品种范围内从事食品生产加工活动，不得超出准许生产的品种范围生产加工食品。

准许生产证的有效期为三年。有效期满需要延续的，应当在届满三十日前，向原发证部门提出申请。

第五十九条 食品生产加工小作坊的生产加工活动，应当符合食品安全地方标准，并遵循下列要求：

（一）从业人员持有有效健康证明；

（二）使用的食品原料、食品添加剂、食品相关产品应当符合食品安全标准；

（三）待加工食品与直接入口食品、原料与成品应当分开存放，防止交叉污染，避免食品接触有毒物、不洁物；

（四）使用无毒、无害、清洁的食品包装材料，销售无包装的直接入口食品，应当使用无毒、清洁的售货工具；

（五）从业人员应当保持个人卫生，生产经营食品时，应当将手洗净，穿戴清洁的工作衣、帽；

（六）食品生产经营场所与个人生活场所严格分开，食品用具、容器、设备与个人生活用品严格分开；

（七）用水应当符合国家规定的生活饮用水卫生标准；

（八）使用的洗涤剂、消毒剂应当对人体安全、无害，杀虫剂、灭鼠剂等应当妥善保管，防止对食品造成污染；

（九）法律、法规、规章和标准规定的其他要求。

第六十条 食品生产加工小作坊应当如实记录购进食品原料、食品添加剂、食品相关产品的名称、规格、数量、生产批号、生产日期、保质期、供货者名称及联系方式、进货日期等内容，并保留载有相关信息的票据凭证。记录和票据凭证的保存期限不得少于产品保质期满后六个月；没有明确保质期的，保存期限不得少于二年。

食品生产加工小作坊还应当建立食品销售记录，如实记录食品的名称、规格、数量、生产日期、购货者名称及联系方式、销售日期等内容。记录保存期限不得少于产品保质期满后六个月；没有明确保质期的，保存期限不得少于二年。

第六十一条 食品生产加工小作坊应当对生产加工的食品进行包装，并在包装上贴注标签，标明以下内容：

（一）食品名称、生产日期、保质期、贮存条件；

（二）食品生产加工小作坊的名称、地址、联系方式；

（三）准许生产证编号；

（四）成分或者配料表，所使用的食品添加剂在国家标准中的通用名称。

食品生产加工小作坊对生产加工的食品进行预包装的，还应当符合食品安全法律、法规、规章和标准对预包装食品标签的要求。

第二节　食品摊贩

第六十二条　区人民政府应当按照方便群众、合理布局的原则，确定相应的固定经营场所，并制定相关鼓励措施，引导食品摊贩进入集中交易市场、店铺等固定场所经营。

区人民政府可以根据需要，依法划定临时区域（点）和固定时段供食品摊贩经营，并向社会公布。区和乡、镇人民政府或者街道办事处应当为划定的临时区域（点）提供必要的基础设施和配套服务。划定的临时区域（点）和固定时段，不得影响安全、交通、市容环境和周边居民生活。

食品摊贩在划定的区域（点）、时段内经营的，应当向经营所在地的乡、镇人民政府或者街道办事处登记相关信息。乡、镇人民政府或者街道办事处应当向符合条件的食品摊贩发放临时经营公示卡，并将登记信息通报所在地的区市场监督管理、绿化市容、城市管理行政执法等部门。

第六十三条　食品摊贩从事食品经营，应当具备下列条件：

（一）摊位与公共厕所、倒粪池、化粪池、污水池、垃圾场（站）等污染源直线距离在二十五米以上；

（二）有与经营的食品品种、数量相适应的生产、加工、贮存、清洗、消毒、冷藏等设施或者设备；

（三）需要在现场对食品或者工具、容器进行清洗的，应当配备具有给排水条件的清洁设施或者设备；

（四）配有防雨、防尘、防污染、防虫、防蝇等设施以及加盖或者密闭的废弃物收集容器。

禁止食品摊贩在距离幼儿园、中小学校门口一百米范围内设摊经营。

第六十四条　食品摊贩从事食品经营，应当遵循下列要求：

（一）持有并公示有效健康证明；

（二）悬挂食品摊贩临时经营公示卡，并按照公示卡所载明的事项从事经营活动；

（三）不得经营生食水产品等生食类食品以及不符合法律、法规、规章或者食品安全标准规定的其他食品；

（四）使用无毒、无害、清洁的食品包装材料、容器和售货工具；

（五）从业人员应当保持个人卫生，将手洗净，穿戴清洁的工作衣、帽；

（六）用水应当符合国家规定的生活饮用水卫生标准，使用的洗涤剂、消毒剂应当对人体安全、无害，防止对食品造成污染；

（七）法律、法规、规章规定的其他要求。

食品摊贩应当在区人民政府划定的临时区域（点）和固定时段内经营，遵守市容环境卫生管理的有关规定，保证市容环境整洁。

第六十五条　食品摊贩应当保留载有所采购的食品、食品添加剂、食品相关产品的票据凭证。票据凭证保存期限不得少于三十日。

第六十六条　区市场监督管理部门应当加强对食品摊贩遵守食品安全管理规定的指导和监督管理。

城市管理行政执法部门应当加强对食品摊贩遵守市容环境卫生管理规定的监督管理。

乡、镇人民政府和街道办事处应当协调相关部门，对辖区内的食品摊贩进行监督管理，对食品摊贩存在的违法行为依法进行查处。

第五章　食品安全事故预防与处置

第六十七条　食品生产经营者应当按照食品安全法律、法规、规章、标准或者技术规范，制定和落实食品安全事故防范措施，及时消除食品安全隐患，防止食物中毒等食品安全事故的发生。

第六十八条　鼓励食品生产经营者参加食品安全责任保险。

高风险食品生产经营企业应当根据防范食品安全风险的需要，主动投保食品安全责任保险。

第六十九条 重大公共活动的组织者应当采取有效的保障措施，保证活动期间的食品安全。鼓励重大公共活动的组织者聘请社会专业机构提供重大公共活动的食品安全保障服务。

市食品药品监督管理、区市场监督管理、农业等部门应当依法进行指导和监督。

第七十条 食品检验机构接受生产经营者委托对食品、食品相关产品进行检验时，发现存在添加违禁物质、关键性指标异常等重大食品安全问题时，应当及时向市食品药品监督管理或者质量技术监督部门报告。

第七十一条 市、区人民政府应当根据有关法律、法规的规定和上级人民政府的食品安全事故应急预案以及本行政区域的实际情况，制定本行政区域的食品安全事故应急预案，并报上一级人民政府备案。

各级人民政府及其相关部门应当按照应急预案的要求，开展食品安全事故应急处置。

第七十二条 发生食品安全事故的单位应当立即对导致或者可能导致食品安全事故的食品及原料、工具、设备等采取封存等控制措施，防止事故扩大。

事故发生单位和接收病人进行治疗的单位应当在事故发生或者接收病人后两小时内，向所在地的区市场监督管理、卫生计生部门报告。接到报告的区市场监督管理部门应当按照应急预案的规定，向区人民政府、市食品药品监督管理部门报告。

第七十三条 食品药品监督管理、市场监督管理部门接到食品安全事故报告后，应当立即会同卫生计生、质量技术监督、农业等部门进行调查处理，依法采取措施，防止或者减轻社会危害。

疾病预防控制机构接到通知后，应当对食品安全事故现场采取卫生处理等措施，并开展流行病学调查，食品药品监督管理、市场监督管理、卫生计生、公安等部门应当依法予以协助。疾病预防控制机构应当向食品药品监督管理、市场监督管理、卫生计生部门提交流行病学调查报告。

第七十四条 对经检测不符合食品安全标准和要求，可能对人体健康造成较大危害的食品，市食品药品监督管理、质量技术监督、农业、商务等部门应当按照有关法律、法规、规章的规定予以处理。必要时，经市人民政府确定，可以对相关企业、区域生产的同类食品采取相应的控制措施。

第六章　监督管理

第七十五条 市、区人民政府应当按照国家有关规定，组织本级食品药品监督管理、市场监督管理、质量技术监督、农业等部门制定本行政区域的食品安全年度监督管理计划，明确监督管理重点，向社会公布并组织实施。

食品药品监督管理、市场监督管理、质量技术监督、农业等部门应当根据食品安全风险监测和风险评估结果、食品安全状况、食品安全年度监督管理计划等，确定监督管理的重点、方式和频次，实施风险分级管理；对消费量较大、风险较高的食品以及专供婴幼儿和其他特定人群的主辅食品，应当进行重点抽样检验。

第七十六条 食品药品监督管理、市场监督管理、质量技术监督、农业等部门应当加强执法队伍建设，采取多种措施，加强现场巡查，依法对本行政区域内食品生产经营活动进行日常监督管理，对发生食品安全事故风险较高的食品生产经营活动进行重点监督管理，及时发现处理违反食品安全法律、法规、规章的行为。

食品生产经营者应当配合相关部门进行监督检查，如实提供有关合同、票据、账簿、电子数据以及其他有关资料。

食品药品监督管理、市场监督管理、质量技术监督、农业等部门应当如实记录监督检查情况，并向社会公布监督检查结果。

第七十七条 食品药品监督管理、市场监督管理、质量技术监督、农业等部门可以利用大数据处理等现代科技手段，对食品生产经营活动实施监督管理；依法收集的视听资料、电子数据等，可以作为认定食品安全违法行为的证据。

第七十八条 食品药品监督管理、市场监督管理、质量技术监督部门在监督管理工作中发现食品相关产品存在安全隐患、可能影响食品安全的，应当及时相互通报有关信息，并按照各自职责，依法进行处理。

第七十九条 食品药品监督管理、市场监督管理部门应当建立食品生产经营者、网络食品交易第三方平台提供者食品安全信用档案，记录许可和备案、日常监督检查结果、违法行为查处等情况，依法向社会公布并实时更新。

食品药品监督管理、市场监督管理部门根据食品生产经营者、网络食品交易第三方平台提供者食品安全信用档案记录情况以及食品生产企业良好生产规范、危害分析与关键控制点体系实施情况，进行食品安全信用等级评定，并作为实施分类监督管理的依据。

对有不良信用记录或者信用等级评定较低的食品生产经营者、网络食品交易第三方平台提供者，应当增加监督检查频次；对违法行为情节严重的食品生产经营者、网络食品交易第三方平台提供者，将其有关信息纳入本市相关信用信息平台，并由相关部门按照规定在日常监管、行政许可、享受政策扶持、政府采购等方面实施相应的惩戒措施。

仅为入网食品经营者提供信息发布服务的网络第三方平台提供者的食品安全信用管理，参照对网络食品交易第三方平台提供者的有关管理规定执行。

第八十条 本市建立餐饮服务食品安全量化分级管理制度，评定结果应当向社会公布，并由餐饮服务提供者在经营场所显著位置公示。评定的具体办法由市食品药品监督管理部门制定。

第八十一条 本市建立食品安全信息追溯制度。根据食品安全风险状况，对重点监督管理的食品和食用农产品实施信息追溯管理。具体办法由市人民政府另行制定。

市食品药品监督管理部门在整合有关食品和食用农产品信息追溯系统的基础上，建立全市统一的食品安全信息追溯平台。

有关食品和食用农产品生产经营者应当按照规定，向统一的食品安全信息追溯平台报送相关信息。

第八十二条 取得食品、食品添加剂、食品相关产品生产许可的生产企业、取得准许生产证的食品生产加工小作坊以及取得食品经营许可的经营企业，在相关许可有效期内连续停止生产经营一年以上的，在恢复生产经营之前，应当向所在地的区市场监督管理部门报告。

区市场监督管理部门接到报告后，应当对相关生产经营企业或者食品生产加工小作坊的生产经营条件进行核查，对不符合生产经营要求的，应当责令其采取整改措施；经整改达到生产经营要求的，方可恢复生产经营。

第八十三条 食品药品监督管理、质量技术监督、市场监督管理等部门应当按照各自职责，对未依法取得相关许可证件或者未依法进行临时备案、信息登记，从事食品、食品添加剂、食品相关产品生产经营的行为（以下简称无证生产经营行为）进行查处。乡、镇人民政府和街道办事处应当协调相关部门做好对辖区内无证生产经营行为的查处工作。

对从事无证生产经营行为的单位和个人以及明知从事无证生产经营行为、仍为其提供生产经营场所或者其他条件的单位和个人，除依法进行处理外，将其有关信息纳入本市公共信用信息平台，由相关部门按照规定实施相应惩戒措施。

第八十四条 本市将无证生产经营行为、食品摊贩违法经营、餐饮油烟污染、餐厨废弃油脂非法处置等食品安全事件纳入城市网格化管理。

区和乡、镇人民政府、街道办事处所属的城市网格化管理机构对巡查发现的食品安全事件，应当进行派单调度、督办核查，指挥协调相关部门或者派出机构及时予以处置。

区市场监督管理、城市管理行政执法、环保等部门及其派出机构应当接受城市网格化管理机构的派单调度，及时反馈处置情况，并接受督办核查。

第八十五条 食品药品监督管理、市场监督管理等部门应当加强对幼儿园、中小学校周边食品安全的监督管理，依法查处影响儿童、中小学生身体健康和生命安全的食品生产经营行为。

第八十六条 本市设立食品安全统一举报电话，并向社会公布。任何组织或者个人发现食品生产经营中的违法行为可以向统一举报电话投诉、举报，也可以向食品药品监督管理、市场监督管理、质量技术监督、农业等部门投诉、举报。

食品药品监督管理、市场监督管理、质量技术监督、农业等部门接到咨询、投诉、举报，对属于本部门职责的，应当受理并在法定期限内及时答复、核实、处理；对不属于本部门职责的，应当在两个工作日内移交有权处理的部门，并书面通知咨询、投诉、举报人。有权处理的部门应当在法定期限内及时处理，不得推诿；属于食品安全事故的，应当依法进行处置。

有关部门应当对举报人的信息予以保密，保护举报人的合法权益；对举报经查证属实、为查处食品安全违法案件提供线索和证据的举报人，按照有关规定给予奖励。

第八十七条　本市建立食品安全信息统一公布制度，通过统一的信息平台，公布下列食品安全信息：

（一）本市食品安全总体情况；

（二）本市食品安全风险评估信息和食品安全风险警示信息；

（三）本市重大食品安全事故及其处理信息；

（四）市人民政府确定需要统一公布的其他重要食品安全信息。

食品药品监督管理、质量技术监督、农业、卫生计生、出入境检验检疫等部门应当加强监管部门间的信息共享，获知前款规定的需要统一公布的食品安全信息的，还应当立即向市食品药品安全委员会报告；市食品药品安全委员会应当及时确定需要公布的食品安全信息，由市食品药品安全委员会办公室统一公布。

食品药品监督管理、市场监督管理、质量技术监督、农业、出入境检验检疫等部门依据各自职责，建立、完善食品安全信息系统，公布食品安全日常监督管理、食品安全违法行为行政处罚等信息。

第八十八条　对涉嫌构成食品安全犯罪的，食品药品监督管理、市场监督管理、质量技术监督、农业等部门应当按照有关规定及时将案件移送同级公安机关。对移送的案件，公安机关应当及时审查；认为有犯罪事实需要追究刑事责任的，应当立案侦查。

食品药品监督管理、市场监督管理、质量技术监督、农业等部门和相关食品检验机构应当按照规定，配合公安机关、人民检察院、人民法院做好涉案食品的处置、检验、评估认定工作。

第七章　法律责任

第八十九条　违反本条例规定的行为，法律、行政法规有处理规定的，从其规定；构成犯罪的，依法追究刑事责任。

第九十条　违反本条例第二十一条规定，从事食品和食用农产品贮存、运输服务未按照规定办理备案手续的，由市食品药品监督管理部门或者区市场监督管理部门责令改正，给予警告；拒不改正的，处五千元以上五万元以下罚款。

违反本条例第三十四条规定，有下列情形之一的，由市食品药品监督管理部门或者区市场监督管理部门责令改正，给予警告；拒不改正的，责令停产停业，处五千元以上五万元以下罚款；情节严重的，吊销许可证或者准许生产证：

（一）提供食品和食用农产品贮存、运输服务的经营者，未依法查验相关文件，并留存其复印件，或者未按照规定做好进出库记录、运输记录的；

（二）贮存、运输、陈列有特殊温度、湿度控制要求的食品和食用农产品的，未进行全程温度、湿度监控的。

第九十一条　违反本条例第二十三条规定，食品生产经营者向下列生产经营者采购食品、食品添加剂用于生产经营的，由市食品药品监督管理部门或者区市场监督管理部门没收违法采购和生产经营的食品、食品添加剂，并处五千元以上五万元以下罚款；情节严重的，责令停产停业，直至吊销许可证或者准许生产证：

（一）未依法取得相关许可证件或者相关许可证件超过有效期限的生产经营者；

（二）超出许可类别和经营项目从事生产经营活动的生产经营者。

第九十二条 违反本条例第二十四条第一款规定，生产经营下列食品、食品添加剂的，由市食品药品监督管理部门或者区市场监督管理部门没收违法所得和违法生产经营的食品、食品添加剂，并可以没收用于违法生产经营的工具、设备、原料等物品；违法生产经营的食品、食品添加剂货值金额不足一万元的，并处十万元以上十五万元以下罚款；货值金额一万元以上的，并处货值金额十五倍以上三十倍以下罚款；情节严重的，吊销许可证或者准许生产证：

（一）以有毒有害动植物为原料的食品；

（二）以废弃食用油脂加工制作的食品；

（三）市人民政府为防病和控制重大食品安全风险等特殊需要明令禁止生产经营的食品、食品添加剂。

小型餐饮服务提供者违反本条例第二十四条第一款规定，生产经营禁止生产经营的食品的，由市食品药品监督管理部门或者区市场监督管理部门没收违法所得和违法生产经营的食品，并可以没收用于违法生产经营的工具、设备、原料等物品；违法生产经营的食品货值金额不足一万元以上五万元以下罚款；货值金额一万元以上的，并处货值金额五倍以上十倍以下罚款；情节严重的，吊销许可证或者告知乡、镇人民政府、街道办事处注销临时备案。

明知从事前数款规定的违法行为，仍为其提供生产经营场所或者其他条件的，由市食品药品监督管理部门或者区市场监督管理部门责令停止违法行为，没收违法所得，并处十万元以上二十万元以下罚款。

违反本条例第二十四条第二款规定，使用禁止生产经营的食品、食品添加剂、食品相关产品作为原料，用于食品、食品添加剂、食品相关产品生产经营的，由市食品药品监督管理、质量技术监督部门或者区市场监督管理部门按照各自职责，没收违法所得和违法生产经营的食品、食品添加剂、食品相关产品，并可以没收用于违法生产经营的工具、设备、原料等物品；违法生产经营的食品、食品添加剂、食品相关产品货值金额不足一万元的，并处五千元以上五万元以下罚款；货值金额一万元以上的，并处货值金额五倍以上十倍以下罚款；情节严重的，责令停产停业，直至吊销许可证或者准许生产证。

第九十三条 违反本条例第二十九条第一款规定，食品生产经营者未建立并执行临近保质期食品和食品添加剂管理制度的，由市食品药品监督管理部门或者区市场监督管理部门责令改正，给予警告；拒不改正的，处五千元以上五万元以下罚款；情节严重的，责令停产停业，直至吊销许可证或者准许生产证。

违反本条例第二十九条第二款、第三十条规定，食品生产经营者有下列情形之一的，由市食品药品监督管理部门或者区市场监督管理部门没收违法所得和违法生产经营的食品和食品添加剂，并可以没收用于违法生产经营的工具、设备、原料等物品；违法生产经营的食品、食品添加剂货值金额不足一万元的，并处五万元以上十万元以下罚款；货值金额一万元以上的，并处货值金额十倍以上二十倍以下罚款；情节严重的，责令停产停业，直至吊销许可证或者准许生产证：

（一）将超过保质期的食品和食品添加剂退回相关食品生产经营企业的；

（二）未采取染色、毁形等措施对超过保质期的食品和食品添加剂予以销毁，或者进行无害化处理的；

（三）除本条例第三十条第三款规定情形外，将回收食品经过改换包装等方式以其他形式进行销售或者赠送的。

小型餐饮服务提供者违反本条例第二十九条第二款、第三十条有关超过保质期食品和食品添加剂管理、回收食品管理规定的，由市食品药品监督管理部门或者区市场监督管理部门没收违法所得和违法生产经营的食品、食品添加剂，并可以没收用于违法生产经营的工具、设备、原料等物品；违法生产经营的食品、食品添加剂货值金额不足一万元的，并处五千元以上五万元以下罚款；货值金额一万元以上的，并处货值金额五倍以上十倍以下罚款；情节严重的，吊销许可证或者告知乡、镇人民政府、街道办事处注销临时备案。

第九十四条　违反本条例第二十七条、第三十一条、第三十二条、第三十六条、第三十八条规定，有下列情形之一的，由市食品药品监督管理部门或者区市场监督管理部门责令改正，给予警告；拒不改正的，处五千元以上五万元以下罚款；情节严重的，责令停产停业，直至吊销许可证或者准许生产证：

（一）高风险食品生产经营企业未建立并执行主要原料和食品供应商检查评价制度的；

（二）食品生产经营者未按照规定培训、考核关键环节操作人员及其他相关从业人员的；

（三）食品生产经营者的负责人、食品安全管理人员、关键环节操作人员及其他相关从业人员监督抽查考核不合格的；

（四）食品生产经营者安排未取得健康证明或者患有国务院卫生行政管理部门制定的规定中的疾病的人员从事直接接触入口食品工作的；

（五）食品生产经营者未按照规定执行食品生产经营场所卫生规范制度，从业人员未保持着装清洁的；

（六）大型超市卖场、中央厨房、集体用餐配送单位未按照规定做好抽样检验及相关记录的；

（七）餐饮服务提供者向消费者提供不符合有关食品安全标准和要求的餐具、饮具的。

第九十五条　违反本条例第三十三条第一款规定，食品生产经营者委托不符合要求的企业生产食品的，由市食品药品监督管理部门或者区市场监督管理部门责令限期改正，没收违法所得和违法生产的食品；违法生产的食品货值金额不足一万元的，并处五千元以上五万元以下罚款；货值金额一万元以上的，并处货值金额五倍以上十倍以下罚款；情节严重的，责令停产停业，直至吊销许可证。

本条例第三十三条第三款规定，受委托企业未在受委托生产的食品的标签中标明有关信息的，由市食品药品监督管理部门或者区市场监督管理部门责令改正，给予警告；拒不改正的，处二千元以上二万元以下罚款。

第九十六条　违反本条例第三十五条规定，食用农产品批发交易市场、标准化菜市场未执行相关规定的，由市食品药品监督管理部门或者区市场监督管理部门责令改正，给予警告；拒不改正的，处五千元以上五万元以下罚款；造成严重后果的，责令停产停业，直至吊销许可证。

第九十七条　违反本条例第三十九条第一项规定，安排未依法取得健康证明的送餐人员从事餐饮配送服务的，由市食品药品监督管理部门或者区市场监督管理部门责令改正，给予警告；拒不改正的，处五千元以上五万元以下罚款。

本条例第三十九条第二项、第三项和第四项规定，从事餐饮配送服务有下列情形之一的，由市食品药品监督管理部门或者区市场监督管理部门责令改正，给予警告；拒不改正的，责令停产停业，处五千元以上五万元以下罚款；情节严重的，吊销许可证：

（一）配送膳食的箱（包）未予专用，或者未定期进行清洁、消毒的；

（二）不符合保证食品安全所需的温度等特殊要求的；

（三）未使用符合食品安全标准的餐具、饮具、容器和包装材料。

本条例第五十四条规定，从事网络交易食品配送的网络食品经营者、网络食品交易第三方平台提供者、物流配送企业未遵守本条例第三十九条规定的，由市食品药品监督管理部门或者区市场监督管理部门按照前两款的规定进行处罚。

第九十八条　违反本条例第四十条第一款规定，食品展销会的举办者未按照规定进行备案的，由区市场监督管理部门责令改正，给予警告；拒不改正的，处五千元以上五万元以下罚款。

本条例第四十条第三款规定，在食品展销会上经营散装生食水产品或者散装熟食卤味的，由区市场监督管理部门处五千元以上五万元以下罚款。

第九十九条　违反本条例第四十三条第二款、第三款规定，小型餐饮服务提供者未依法取得食品经营许可或者未办理临时备案从事食品经营活动的，由市食品药品监督管理部门或者区市场监督管理部门没收违法所得、违法经营的食品和用于违法经营的工具、设备、原料等物品；违法经营的食品货值金额不足一万元的，并处一万元以上五万元以下罚款；货值金额一万元以上的，并处货值金额五倍以上十倍以下罚款。

明知从事前款规定的违法行为，仍为其提供生产经营场所或者其他条件的，由市食品药品监督管理部门或者区市场监督管理部门责令停止违法行为，没收违法所得，并处五万元以上十万元以下罚款。

除前款和本条例第九十二条第二款、第九十三条第三款、第一百零六条第二款规定情形外，小型餐饮服务提供者从事食品经营活动不符合食品安全法律、法规、规章和标准要求的，由市食品药品监督管理部门或者区市场监督管理部门责令改正，给予警告；拒不改正的，处五千元以上五万元以下罚款；情节严重的，责令停产停业，直至吊销许可证或者告知所在地乡、镇人民政府、街道办事处，由其注销临时备案。

小型餐饮服务提供者违反环境保护、房屋管理、消防安全、市容环境卫生管理等法律、法规、规章规定的，由相关部门依法进行处理，并将信息告知所在地的乡、镇人民政府、街道办事处，由其注销临时备案。

第一百条 违反本条例第四十八条第一款规定，农业投入品经营者未按照规定建立经营记录的，由农业部门责令改正，给予警告；拒不改正的，处五千元以上五万元以下罚款；情节严重的，责令停产停业，直至吊销许可证。

第一百零一条 违反本条例第四十九条规定，在食用农产品生产经营活动中，有下列行为之一的，由农业部门、市食品药品监督管理部门或者区市场监督管理部门按照各自职责，责令停止违法行为，没收违法所得、违法生产经营的食用农产品和用于违法生产经营的工具、设备等物品，并对没收的食用农产品进行无害化处理；违法生产经营的食用农产品货值金额不足一万元的，并处五万元以上十万元以下罚款；货值金额一万元以上的，并处货值金额十倍以上二十倍以下罚款；情节严重的，吊销许可证：

（一）对畜禽、畜禽产品灌注水或者其他物质；

（二）在食用农产品生产、销售、贮存和运输过程中添加可能危害人体健康的物质。

第一百零二条 违反本条例第五十一条、第五十二条规定，有下列情形之一的，由市食品药品监督管理部门或者区市场监督管理部门责令改正，给予警告；拒不改正的，处五千元以上五万元以下罚款；情节严重的，由市食品药品监督管理部门或者区市场监督管理部门责令停业：

（一）网络食品交易第三方平台提供者、通过自建网站交易的食品生产经营者未按照规定办理备案手续的；

（二）网络食品经营者未按照规定在自建交易网站或者网络食品交易第三方平台的首页显着位置或者经营活动主页面醒目位置，公示其营业执照、食品生产经营许可证件、从业人员健康证明食品安全量化分级管理等信息的。

第一百零三条 违反本条例第五十三条第一款规定，网络食品交易第三方平台提供者有下列情形之一的，由市食品药品监督管理部门或者区市场监督管理部门责令改正，给予警告；拒不改正的，处一万元以上五万元以下罚款；情节严重的，由市食品药品监督管理部门或者区市场监督管理部门责令停业：

（一）未明确入网食品经营者的准入标准和食品安全责任的；

（二）未对平台上的食品经营行为及信息进行检查并如实公布检查结果的；

（三）未公示入网食品经营者的食品安全信用状况的。

违反本条例第五十三条第一款、第二款规定，网络食品交易第三方平台提供者未对入网食品经营者进行实名登记、审查许可证或者未履行报告、停止提供网络交易平台服务等义务的，由市食品药品监督管理部门或者区市场监督管理部门责令改正，没收违法所得，并处五万元以上二十万元以下罚款；造成严重后果的，由市食品药品监督管理部门或者区市场监督管理部门责令停业，由通信管理部门依法吊销其互联网信息服务业务经营许可证。

违反本条例第五十三条第三款规定，仅为入网食品经营者提供信息发布服务的网络第三方平台提供者未对入网食品经营者进行实名登记、审查许可证件的，由市食品药品监督管理部门或者区市场监督管理部门责令改正，没收违法所得，并处五万元以上二十万元以下罚款；造成严重后果的，由市食品药品监督管理部门或者区市场监督管理部门责令停业，由通信管理部门依法吊销其互联网信息服务业务经营许可证。

违反本条例第五十三条第三款规定，仅为入网食品经营者提供信息发布服务的网络第三方平台提供者有下列情形之一的，由市食品药品监督管理部门或者区市场监督管理部门责令改正，给予警告；拒不改正的，处一万元以上五万元以下罚款；情节严重的，由市食品药品监督管理部门或者区市场监督管理部门责令停业：

（一）未明确入网食品经营者的准入标准和食品安全责任的；

（二）未对平台上的食品经营信息进行检查，或者未及时删除、屏蔽入网食品经营者发布的违法信息的。

第一百零四条　违反本条例第五十八条第三款规定，食品生产加工小作坊未取得准许生产证或者超出准许生产的食品品种范围，从事食品生产加工活动的，由市食品药品监督管理部门或者区市场监督管理部门没收违法所得、违法生产加工的食品和用于违法生产加工的工具、设备、原料等物品；违法生产加工的食品货值金额不足一万元的，并处五万元以上十万元以下罚款；货值金额一万元以上的，并处货值金额十倍以上二十倍以下罚款。

明知从事前款规定的违法行为，仍为其提供生产经营场所或者其他条件的，由市食品药品监督管理部门或者区市场监督管理部门责令停止违法行为，没收违法所得，并处五万元以上十万元以下罚款。

违反本条例第五十九条规定，食品生产加工小作坊生产活动不符合要求的，由市食品药品监督管理部门或者区市场监督管理部门责令改正，给予警告；拒不改正的，处五千元以上五万元以下罚款；情节严重的，责令停产停业，直至吊销准许生产证。

违反本条例第六十条、第六十一条第一款规定，食品生产加工小作坊未遵守有关进货、销售记录及其保存期限要求，食品包装和标签要求等规定的，由市食品药品监督管理部门或者区市场监督管理部门责令改正，给予警告；拒不改正的，处五千元以上五万元以下罚款。

第一百零五条　违反本条例第二十四条、第六十三条、第六十四条、第六十五条规定，食品摊贩经营禁止生产经营的食品，不符合经营条件和要求，或者未按照规定保留相关票据凭证的，由区市场监督管理部门责令改正，给予警告；拒不改正的，处五十元以上五百元以下罚款；对不符合食品安全标准和要求的食品，应当予以没收；情节严重的，告知乡、镇人民政府、街道办事处注销登记。

区市场监督管理部门可以暂扣食品摊贩经营的符合食品安全标准和要求的食品以及与违法行为有关的工具，要求其在规定期限内到指定地点接受处理。区市场监督管理部门对暂扣的食品与相关工具应当妥善保管，并在食品摊贩接受处理后及时返还；对易腐烂、变质等不宜保管的食品，可以在留存证据后进行无害化处理。

第一百零六条　违反本条例第六十七条规定，食品生产经营者造成食物中毒等食品安全事故的，由市食品药品监督管理部门或者区市场监督管理部门没收违法所得、违法生产经营的食品以及用于违法生产经营的工具、设备、原料等物品；违法生产经营的食品货值金额不足一万元的，并处五万元以上十万元以下罚款；货值金额一万元以上的，并处货值金额十倍以上二十倍以下罚款；情节严重的，吊销许可证或者准许生产证。

小型餐饮服务提供者、食品摊贩造成食物中毒等食品安全事故的，由市食品药品监督管理部门或者区市场监督管理部门没收违法所得和违法生产经营的食品，并可以没收用于违法生产经营的工具、设备、原料等物品；违法生产经营的食品货值金额不足一万元的，并处一万元以上五万元以下罚款；货值金额一万元以上的，并处货值金额五倍以上十倍以下罚款；情节严重的，吊销许可证或者告知乡（镇）人民政府、街道办事处注销临时备案、登记。

第一百零七条 食品药品监督管理、市场监督管理、质量技术监督、农业等部门按照本条例第七十六条开展监督管理工作中，发现食品生产经营者不再符合法定条件、要求，仍继续从事生产经营活动的，由各部门按照各自职责分工责令限期改正；情节严重的，依法吊销许可证、准许生产证或者告知乡、镇人民政府、街道办事处注销其临时备案、登记。

第一百零八条 违反本条例第八十二条规定，取得食品、食品添加剂、食品相关产品生产许可的生产企业、取得准许生产证的食品生产加工小作坊以及取得食品经营许可的经营企业，在许可有效期内连续停止生产经营一年以上，恢复生产经营前未向所在地的区市场监督管理部门报告的，由区市场监督管理部门责令改正，给予警告；拒不改正的，处五千元以上五万元以下罚款；情节严重的，责令停产停业，直至吊销许可证或者准许生产证。

第一百零九条 本市建立食品安全严重违法生产经营者与相关责任人员重点监管名单制度。对因严重违反食品安全法律、法规、规章，受到行政处罚或者刑事处罚的食品生产经营者及其法定代表人、责任人员的有关信息，以及依法采取的相关限制措施和重点监控措施，向社会公布。具体办法由市食品药品监督管理部门制定。

对被吊销许可证、准许生产证或者注销临时备案、登记的食品生产经营者及其法定代表人、直接负责的主管人员和其他直接责任人员，自处罚决定作出之日起五年内不得申请食品生产经营许可、食品生产加工小作坊准许生产证、小型餐饮服务提供者临时备案、食品摊贩登记，或者从事食品生产经营管理工作、担任食品生产经营企业食品安全管理人员。

因食品安全犯罪被判处有期徒刑以上刑罚的，终身不得从事食品生产经营管理工作，也不得担任食品生产经营企业食品安全管理人员。

食品生产经营者聘用人员违反前两款规定的，由市食品药品监督管理部门或者区市场监督管理部门吊销许可证。

第一百一十条 消费者因不符合食品安全标准的食品受到损害的，可以依法向生产经营者要求赔偿损失。接到消费者赔偿要求的生产经营者，应当依法实行首负责任制，先行赔付，不得推诿。

第一百一十一条 违反本条例规定，拒绝、阻挠、干涉有关部门、机构及其工作人员依法开展食品安全监督检查事故调查处理、流行病学调查、风险监测和风险评估的，由有关主管部门按照各自职责分工责令停产停业，并处二千元以上五万元以下罚款；情节严重的，吊销许可证；构成违反治安管理行为的，由公安机关依法给予治安管理处罚。

第一百一十二条 食品经营者履行了《食品安全法》等法律、法规规定的进货查验等义务，并有下列证据证明其不知道所采购的食品不符合食品安全标准，且能如实说明其进货来源的，可以免予处罚，但应当依法没收其不符合食品安全标准的食品；造成人身、财产或者其他损害的，依法承担赔偿责任：

（一）进货渠道合法，提供的食品生产经营许可证、合格证明、销售票据等真实、有效；

（二）采购与收货记录、入库检查验收记录真实完整；

（三）储存、销售、出库复核、运输未违反有关规定且相关记录真实完整。

第一百一十三条 市、区人民政府未依法履行食品安全监督管理法定职责，对有关食品安全事故、问题应对和处置不力的，依法对直接负责的主管人员和其他直接责任人员给予记大过、降级、撤职或者开除的处分；造成严重后果的，其主要负责人还应当依法引咎辞职。

食品药品监督管理、市场监督管理、质量技术监督、农业等部门未依法履行食品安全监督管理法定职责或者日常监督检查不到位，滥用职权、玩忽职守、徇私舞弊的，依法对直接负责的主管人员和其他直接责任人员给予警告、记过、记大过、降级、撤职或者开除的处分；造成严重后果的，其主要负责人还应当依法引咎辞职。

第八章　附　则

第一百一十四条　本条例下列用语的含义：

食用农产品，是指来源于农业的初级产品，即在农业活动中获得的供人食用的植物、动物、微生物及其产品。农业活动，指传统的种植、养殖、采摘、捕捞等农业活动，以及设施农业、生物工程等现代农业活动。植物、动物、微生物及其产品，指在农业活动中直接获得的，以及经过分拣、去皮、剥壳、干燥、粉碎、清洗、切割、冷冻、打蜡、分级、包装等加工，但未改变其基本自然性状和化学性质的产品。

食品相关产品，是指用于食品的包装材料、容器、洗涤剂、消毒剂和用于食品生产经营的工具、设备。

小型餐饮服务提供者，是指有固定经营场所、经营面积及规模相对较小、设施简单的餐饮服务提供者。

网络食品交易第三方平台，是指在网络食品交易活动中为交易双方或者多方提供网页空间、虚拟经营场所、交易规则、交易撮合、信息发布等服务，供交易双方或者多方独立开展交易活动的信息网络系统。

高风险食品生产经营企业，是指生产经营的食品易于腐败变质，生产工艺要求较高，消费量大面广，主要供应婴幼儿、病人、老人、学生等特殊人群，容易发生食品安全问题并造成较大社会影响的食品生产经营企业。高风险食品包括婴幼儿配方食品、保健食品、特殊医学用途配方食品、乳制品、肉制品、生食水产品、生食蔬菜、冷冻饮品、食用植物油、预包装冷链膳食、集体用餐配送膳食、现制现售的即食食品等食品，同时根据对食品生产经营者监督检查、监督抽检、投诉举报、案件查处、产品召回等监督管理记录实施动态调整。

第一百一十五条　本条例自 2017 年 3 月 20 日起施行。2011 年 7 月 29 日上海市第十三届人民代表大会常务委员会第二十八次会议通过的《上海市实施〈中华人民共和国食品安全法〉办法》同时废止。

上海市产品质量条例

（上海市人民代表大会常务委员会公告第46号）

上海市《上海市产品质量条例》已由上海市第十三届人民代表大会常务委员会第三十三次会议于2012年4月19日通过，现予公布，自2012年9月1日起施行。

上海市人民代表大会常务委员会
2012年4月19日

上海市产品质量条例

（2012年4月19日上海市第十三届人民代表大会常务委员会第三十三次会议通过）

第一章 总 则

第一条 为了明确产品质量责任，加强对产品质量的监督管理，提高产品质量水平，保护消费者的合法权益，维护社会经济秩序，根据《中华人民共和国产品质量法》和其他法律、行政法规的规定，结合本市实际情况，制定本条例。

第二条 在本市行政区域内从事产品生产、销售及相关活动和对产品质量实施监督，应当遵守本条例。

本条例所称产品是指经过加工、制作，用于销售的产品。

建设工程不适用本条例规定；但是，建设工程使用的建筑材料、建筑构配件和设备，属于前款规定的产品范围的，适用本条例规定。

第三条 生产者、销售者是产品质量的责任主体，应当依法从事产品生产、销售活动，诚信经营，对社会和公众负责，接受行政监督和社会监督。

第四条 市和区、县人民政府应当把提高产品质量纳入国民经济和社会发展规划，加强对产品质量监督工作的领导，组织、协调各有关部门做好产品质量监督工作，保障本条例的施行。市人民政府设立的质量安全工作议事协调机构负责研究部署、统筹协调本市产品质量工作中的重大事项。

市质量技术监督部门主管本市产品质量监督工作，区、县质量技术监督部门按照职责分工做好产品质量监督工作。

本市工商行政管理部门负责流通领域产品的质量监督管理，其他有关部门在各自的职责范围内负责产品质量监督工作。法律、法规对产品质量的监督部门另有规定的，依照有关法律、法规的规定执行。

第五条 本市鼓励企业采用先进的科学技术和科学的质量管理方法，提高产品质量，推动自主品牌建设。

本市加强产品质量技术基础建设，提高计量、标准化和质量检验检测等技术机构的能力和水平；鼓励和促进质量检验检测新技术的研究开发，为产品质量工作提供技术保障。

市和区、县人民政府应当建立健全质量奖励制度。对质量管理先进和产品质量达到国际先进水平、成绩显著的单位和个人，以及为产品质量检验检测技术研究作出突出贡献的单位和个人，给予表彰和奖励。

第六条 鼓励、支持和保护对产品质量的社会监督和舆论监督。

对举报属实和协助查处违反产品质量法律、法规行为有功的单位和个人，有关部门应当按照国家和本市有关规定给予奖励。

第二章 生产者、销售者的责任和义务

第七条 生产者应当对其生产的产品质量负责。

产品质量应当符合下列要求：

（一）不存在危及人身、财产安全的不合理的危险，有保障人体健康和人身、财产安全的国家标准、行业标准或者地方标准的，应当符合该标准；

（二）具备产品应当具备的使用性能，但是，对产品存在使用性能的瑕疵作出说明的除外；

（三）符合在产品或者其包装上注明采用的产品标准，符合以产品说明、实物样品等方式表明的质量状况。

生产者、销售者和服务业经营者提供的赠品、奖品，应当符合本条第二款规定。

第八条 企业在生产活动中，没有国家标准、行业标准或者地方标准的，应当制定企业标准。已有国家标准、行业标准或者地方标准的，鼓励企业制定严于国家标准、行业标准或者地方标准的企业标准，在企业内部适用。企业生产的产品应当符合其明示执行的标准。

第九条 生产者应当建立原辅材料、零部件的进货检查验收和产品出厂检验等产品质量管理制度，保证产品质量符合法律、法规和标准的要求。

生产者应当建立产品质量档案，如实记录原辅材料和零部件的进货检查验收、产品出厂检验、销售、回收处置等情况。

第十条 产品或者其包装上的标识必须真实，并符合下列要求：

（一）有产品质量检验合格证明；

（二）有中文标明的产品名称、生产厂厂名和厂址；

（三）根据产品特点和使用要求，需要标明产品规格、等级、所含主要成分的名称和含量的，用中文相应予以标明；需要事先让消费者知晓的，应当在外包装上标明，或者预先向消费者提供有关资料；

（四）限期使用的产品，应当在显著位置清晰地标明生产日期和安全使用期或者失效日期；

（五）使用不当，容易造成产品本身损坏或者可能危及人身、财产安全的产品，应当有警示标志或者中文警示说明；

（六）实行生产许可证制度的产品，有生产许可证标志和编号；

（七）实行强制性产品认证制度的产品，有认证标志；

（八）根据国家有关规定应当标注的其他内容。

裸装的食品和其他根据产品的特点难以附加标识的裸装产品，可以不附加产品标识。

第十一条 销售者销售的进口产品，应当用中文标明产品名称、产地以及进口商或者总经销者名称、地址；关系人体健康和人身、财产安全或者对使用、维护有特殊要求的产品，应当附有中文说明书；限期使用的产品，应当有中文注明的失效日期；用进口散件组装或者分装的产品，应当在产品或者包装上用中文注明组装或者分装厂的厂名、厂址。

第十二条 机器设备、仪器仪表以及结构复杂的耐用消费品，应当根据产品特点附有安装、使用、维修、保养的说明书。

第十三条 易碎、易燃、易爆、有毒、有腐蚀性、有放射性等危险物品以及储运中不能倒置和其他有特殊要求的产品，其包装质量必须符合相应要求，依照国家有关规定作出警示标志或者中文警示

说明，标明储运注意事项。

第十四条 销售者应当建立并执行进货检查验收制度，验明产品合格证明和其他标识，如实记录进货检查验收情况。依照法律、法规规定实行生产许可证或者强制性产品认证制度的产品，销售者还应当查验许可证、认证证书。

销售者应当根据产品特点采取必要的保管措施，保持所销售产品的质量。

第十五条 禁止生产、销售下列产品：

（一）《中华人民共和国产品质量法》等有关产品质量的法律、法规禁止生产、销售的产品；

（二）不符合保障人体健康和人身、财产安全的国家标准、行业标准或者地方标准的产品；

（三）超过安全使用期或者失效日期的产品；

（四）虚假标注生产日期、安全使用期或者失效日期的产品；

（五）伪造、冒用产品质量检验检测证明的产品；

（六）没有中文标明的产品名称、生产厂厂名和厂址的产品，专供出口的产品除外。

服务业经营者在经营性服务过程中，不得提供或者使用前款规定的产品。

生产者、销售者和服务业经营者不得将本条第一款规定的产品作为奖品、赠品。

第十六条 销售者对其售出产品的质量实行先行负责。

售出的产品有下列情形之一的，销售者应当负责修理、更换、退货；给消费者造成损失的，应当赔偿损失：

（一）不具备产品应当具备的使用性能而事先未作说明的；

（二）不符合在产品或者其包装上注明采用的产品标准的；

（三）不符合以产品说明、实物样品等方式表明的质量状况的。

属于生产者的责任或者属于向销售者提供产品的其他销售者的责任的，销售者有权向生产者、提供产品的其他销售者追偿。

第十七条 因产品存在缺陷造成人身、财产损害的，受害人可以向产品生产者要求赔偿，也可以向产品销售者要求赔偿。属于产品生产者的责任，产品销售者赔偿的，产品销售者有权向产品生产者或者进口产品的进口商追偿。进口产品的进口商有权依法向提供进口产品者追偿。属于产品销售者的责任，产品生产者赔偿的，产品生产者有权向产品销售者追偿。

第十八条 产品投入流通后，生产者获知其某一批次、型号或者类别的产品可能存在危及人体健康和人身、财产安全的不合理危险的，应当主动开展调查。确认产品存在缺陷的，生产者应当及时采取警示、召回等补救措施，并向质量技术监督部门报告。鼓励生产者对其他产品质量等问题，开展召回活动。

第十九条 本市鼓励生产者、销售者投保相关产品责任险，以提高产品质量水平和产品质量事故赔付能力。

第二十条 组织展销会或者为销售者提供场地、设施的单位或者个人，在展销会结束或者场地、设施租赁期满后，应当依法承担瑕疵、缺陷产品的质量责任，并可以向销售者追偿。

任何单位和个人不得为生产、销售本条例第十五条第一款规定的产品提供运输、保管、仓储等便利条件，发现生产者、销售者有违法行为的，应当向有关部门举报，不得纵容、庇护。

第二十一条 产品标识的印制者在承印、制作产品标识时，应当查验有关证明，不得印制和提供虚假的产品标识，不得向非委托人提供产品标识。

第三章　行政监督

第二十二条 市质量技术监督部门应当会同市工商行政管理、经济信息化、商务、建设交通、公安消防、卫生、食品药品监督、农业、财政等行政管理部门，组织编制本市重点产品质量监控目录和全市性产品质量监督检查计划。

本市重点产品质量监控目录，由市质量技术监督部门向社会公布。

第二十三条 质量技术监督部门根据国家和本市有关规定组织实施产品质量监督抽查，并定期公布监督抽查结果。监督抽查的重点是：

（一）可能危及人体健康和人身、财产安全的产品；

（二）影响国计民生的重要工业产品；

（三）消费者、有关组织反映有质量问题的产品。

第二十四条 工商行政管理部门根据国家有关规定和本市产品质量监督工作的需要，对流通领域可能危及人体健康和人身、财产安全的产品，以及消费者、有关组织反映有质量问题的产品实施质量监测。

第二十五条 有关行政管理部门开展监督抽查和质量监测工作应当相互协调，避免重复。

监督抽查和质量监测的检验工作应当委托有资质的检验机构进行；因突发事件等特殊情况，所需检验项目超出检验机构资质范围的，市质量技术监督部门可以临时指定具有相应检测能力的检验机构承担检验工作。

第二十六条 市质量技术监督部门应当会同有关部门编制本市重大产品质量安全事故处置预案，并组织协调事故的调查处理。

第二十七条 检验、判定产品质量的依据包括：

（一）国家标准、行业标准、地方标准和企业标准；

（二）产品标识、产品包装上明示的内容，或者以产品说明、实物样品等方式表明的质量状况；

（三）国家和市质量技术监督部门批准的产品质量监督抽查技术规范；

（四）法律、法规的其他规定。

第二十八条 产品质量检验机构应当依法根据标准、程序和方法进行检验，不得伪造检验数据和检验结论，并对其出具的检验报告负法律责任。

产品质量检验机构不得向社会推荐生产者的产品；不得以对产品进行监制、监销等方式参与产品经营活动；不得利用监督抽查、质量监测的检验结果开展产品推荐、评比等活动牟取不正当利益。

第二十九条 生产者、销售者对检验结论有异议的，可以自收到检验结论之日起十五日内，按照国家规定提出书面复检申请。复检结论与原结论一致的，复检费用由提出异议的生产者、销售者承担；复检结论与原结论不一致的，复检费用由委托检验的行政管理部门承担。

生产者、销售者逾期不提出复检申请的，视为承认检验结论。

第三十条 依法进行监督抽查和质量监测的产品质量不合格的，生产者、销售者应当对库存产品、在售产品进行全面清理，依法处理不合格产品，并向有关部门书面报告情况。有关部门根据需要可以组织核查。

依法进行监督抽查的产品质量不合格的，生产者应当按照规定整改并申请复查。

生产者无正当理由逾期不申请复查的，视为逾期不改正，由市质量技术监督部门予以公告；公告后仍不整改并申请复查的，视为经复查产品质量仍不合格。

组织监督抽查中发现不合格产品的生产者在外省市的，由市质量技术监督部门移交生产者所在地的省级质量技术监督部门处理。

第三十一条 质量技术监督部门、工商行政管理部门根据已经取得的违法嫌疑证据或者举报，对涉嫌违反本条例规定的行为进行查处时，可以行使下列职权：

（一）对当事人涉嫌从事违反本条例的生产、销售活动的场所实施现场检查；

（二）对产品进行抽样取证；

（三）向当事人的法定代表人、主要负责人和其他有关人员调查、了解与涉嫌从事违反本条例的生产、销售活动有关的情况；

（四）查阅、复制当事人有关的合同、发票、账簿以及其他有关资料；

（五）对有根据认为不符合保障人体健康和人身、财产安全的国家标准、行业标准或者地方标准的产品，或者有其他严重质量问题的产品，以及直接用于生产、销售该项产品的原辅材料、包装物、生产工具，予以查封或者扣押。

第三十二条　本市推进产品质量诚信体系建设，实行质量信用分类管理，对有不良信用记录的生产者和销售者增加监督检查频次；开展产品质量企业自我声明工作，企业自我声明与实际不符或者未履行自我声明的，纳入不良信用记录并依法向社会公布。

本市有关部门应当共同加强对存在产品质量违法行为的企业的监督管理。质量技术监督、工商行政管理、经济信息化、商务、建设交通、公安消防、卫生、食品药品监督、农业等行政管理部门应当建立执法信息抄告制度。

对因产品质量违法行为被立案调查的企业，接到抄告信息的部门应当在年度检查检验以及相关证照换发工作中予以提示，督促企业到有关部门接受处理。

第三十三条　市和区、县质量技术监督部门应当会同工商行政管理、经济信息化、商务、建设交通、公安消防、卫生、食品药品监督、农业等行政管理部门定期发布产品质量状况分析报告。

第四章　社会监督

第三十四条　任何单位和个人有权举报产品质量问题。有关部门应当为举报人保密。

质量技术监督部门、工商行政管理部门及有关部门应当公布接受产品质量举报的联系方式；对接到的举报信息，应当及时、完整地进行记录并妥善保存。举报事项属于本部门职责的，应当受理，并客观、公正、及时地进行核实、处理、答复；不属于本部门职责的，应当在五个工作日内移交有权处理的部门，并告知举报人。

第三十五条　消费者有权就产品质量问题，向产品的生产者、销售者查询；向质量技术监督部门、工商行政管理部门及有关部门申诉，接受申诉的部门应当负责处理。

第三十六条　保护消费者权益的社会组织可以就消费者反映的产品质量问题建议有关部门负责处理，参与有关行政管理部门对产品质量的监督检查，支持消费者对因产品质量造成的损害向人民法院起诉。

第三十七条　广播电台、电视台、报刊和互联网站等媒体对产品质量实行社会监督，向消费者介绍产品质量知识，宣传有关产品质量监督管理的法律、法规，揭露和批评产品生产、销售、检验中的违法行为。

第三十八条　行业协会应当加强行业自律，引导、督促生产者和销售者依法经营，推动行业诚信建设，参与标准制定，及时发现并向行政管理部门报告本行业产品质量的突出问题和安全隐患，宣传、普及产品质量知识。

第三十九条　司法机关、仲裁机构、行政管理部门、处理产品质量纠纷的有关社会团体以及产品质量争议双方当事人需要进行产品质量鉴定的，应当委托产品质量鉴定组织单位进行。鉴定组织单位名录由市质量技术监督部门向社会公布。

第五章　法律责任

第四十条　违反本条例规定的行为，有关法律、行政法规已有处罚规定的，适用其规定。

第四十一条　违反本条例第十一条规定，产品标识不符合要求，或者违反本条例第十二条规定，未按照规定附有说明书的，由质量技术监督部门或者工商行政管理部门按照各自职责予以责令改正；情节严重或者拒不改正的，责令停止生产、销售，处违法生产、销售产品货值金额百分之三十以下的罚款；有违法所得的，并处没收违法所得。

第四十二条　生产者、销售者和服务业经营者有下列情形之一的，由质量技术监督部门或者工商行政管理部门按照各自职责予以处罚：

（一）违反本条例第十五条第一款第二项规定，生产、销售不符合保障人体健康和人身、财产安全的国家标准、行业标准或者地方标准的产品的，责令停止生产、销售，没收违法生产、销售的产品，并处违法生产、销售产品（包括已售出的和未售出的产品，下同）货值金额等值以上三倍以下的罚款；有违法所得的，并处没收违法所得。

（二）违反本条例第十五条第一款第三项规定，销售超过安全使用期或者失效日期的产品的，依照《中华人民共和国产品质量法》第五十二条关于销售失效、变质的产品的处罚规定处罚。

（三）违反本条例第十五条第一款第四项、第五项规定，生产、销售虚假标注生产日期、安全使用期或者失效日期的产品，或者伪造、冒用产品质量检验检测证明的产品的，责令停止生产、销售，没收违法生产、销售的产品，并处违法生产、销售产品货值金额等值以下的罚款；有违法所得的，并处没收违法所得。

（四）违反本条例第十五条第一款第六项规定，生产、销售没有中文标明的产品名称、生产厂厂名和厂址的产品的，责令生产者改正、销售者停止销售；拒不改正或者拒不停止销售的，处违法生产、销售产品货值金额百分之三十以下的罚款；有违法所得的，并处没收违法所得。

（五）违反本条例第十五条第二款规定，在经营性服务过程中提供或者使用禁止生产、销售的产品的，责令停止使用；对知道或者应当知道所使用的产品属于本条例规定禁止生产、销售的产品的，按照违法使用的产品（包括已使用和尚未使用的产品）的货值金额，依照本条第二项至第四项对销售者的处罚规定处罚。

（六）违反本条例第十五条第三款规定，将禁止生产、销售的产品作为赠品、奖品的，责令改正，没收违法的奖品或者赠品，并处奖品或者赠品货值金额百分之五十以下的罚款。

第四十三条 违反本条例第二十条第二款规定，知道或者应当知道属于本条例规定禁止生产、销售的产品而为其提供运输、保管、仓储等便利条件的，由质量技术监督部门或者工商行政管理部门按照各自职责范围予以没收违法所得，并处违法所得百分之五十以上三倍以下的罚款。

第四十四条 违反本条例第二十一条规定的，标识的印制者在承印、制作产品标识时不查验有关证明，印制、提供虚假的产品标识，或者向非委托人提供产品标识的，由质量技术监督部门或者工商行政管理部门按照各自职责予以责令停止印制、提供，没收非法印制或者提供的产品标识和销售收入，可以并处销售收入一倍以上五倍以下的罚款；构成犯罪的，依法追究刑事责任。

第四十五条 检验机构有下列情形之一的，由质量技术监督部门予以处罚：

（一）违反本条例第二十八条第一款规定，伪造检验数据和检验结论的，责令改正，对单位处五万元以上十万元以下的罚款，对直接负责的主管人员和其他直接责任人员处一万元以上五万元以下的罚款；有违法所得的，并处没收违法所得；情节严重的，取消其检验资格。

（二）违反本条例第二十八条第二款规定，向社会推荐生产者的产品，以监制和监销等方式参与产品经营活动，或者利用监督抽查、质量监测的检验结果开展产品推荐、评比等活动牟取不正当利益的，责令改正，消除影响，有违法所得的予以没收，可以并处违法所得一倍以下的罚款；情节严重的，取消其检验资格。

第四十六条 违反本条例第三十条第一款规定，生产者、销售者未按规定清理、处理不合格产品，或者未向有关部门书面报告的，由质量技术监督部门或者工商行政管理部门按照各自职责范围处一万元以上五万元以下罚款。

第四十七条 有本条例所列违法行为，无销售收入、违法所得或者因不如实提供有关资料，致使销售收入、违法所得、货值金额难以确认的，可以处一万元以上十万元以下罚款。

第四十八条 因产品质量发生民事纠纷时，当事人可以通过协商或者调解解决。当事人不愿通过协商、调解解决或者协商、调解不成的，可以根据当事人各方的协议向仲裁机构申请仲裁；当事人也可以直接向人民法院起诉。

第四十九条 国家工作人员在产品质量监督管理工作中滥用职权、玩忽职守、徇私舞弊的，由其所在单位或者上级主管部门给予行政处分；构成犯罪的，依法追究刑事责任。

第六章 附 则

第五十条 本条例自 2012 年 9 月 1 日起施行。1994 年 8 月 26 日上海市第十届人民代表大会常务委员会第十二次会议通过、1998 年 6 月 24 日上海市第十一届人民代表大会常务委员会第三次会议修正的《上海市产品质量监督条例》同时废止。

上海市食品药品监督管理局关于印发《预包装食品标签相关案件处理指导意见》的通知

（沪食药监法〔2014〕543号）

各分局、浦东市场监管局、机关各处室、局执法总队：

为统一规范本市食品药品监管系统预包装食品标签相关案件投诉举报处理、行政处罚的法律适用，依据《中华人民共和国食品安全法》、《中华人民共和国食品安全法实施条例》等相关法律法规以及食品安全标准的相关规定，市局制定了《预包装食品标签相关案件处理指导意见》。现印发给你们，供参考执行。执行中存在的问题和建议请及时反馈市局法规处。

特此通知。

附件：《预包装食品标签相关案件处理指导意见》

上海市食品药品监督管理局

2014年7月22日

《预包装食品标签相关案件处理指导意见》

为防范食品安全风险，规范预包装食品标签相关案件处理，统一本市食品药品监管系统有关预包装食品标签相关案件投诉举报处理、行政处罚的法律适用，提高监管效率，依据《中华人民共和国食品安全法》、《中华人民共和国食品安全法实施条例》等相关法律法规以及食品安全国家标准的规定，制定本意见。

一、关于预包装食品标签相关案件管辖原则

涉及预包装食品标签相关案件处理实行分类管理、指定管辖和属地管辖，并按照下列原则进行管辖，统一处理、统一答复：

1.涉案预包装食品由本市企业生产的，由该生产企业属地食药监管部门指定管辖。

2.涉案预包装食品非本市企业生产的，且由连锁超市销售的，由超市总部属地食药监管部门管辖。

3.涉案预包装食品为进口的，且进口代理商在本市的，由进口代理商属地食药监管部门管辖。

4.其他预包装食品案件，由首先受理的食药监管部门管辖。

二、关于预包装食品标签标注不符合法定要求应责令改正的情形认定及处理原则

情形认定：预包装食品标签依法应标注事项全部标注，没有出现漏标事项，但标注不符合法定要求，可以责令改正的，具体是指以下情形：

1.预包装食品标签文字使用中出现错别字，但该错别字不产生错误理解，例如："营养成分"被标注为"营养成份"，"成分"的"分"字使用错误。

2. 预包装食品标签文字使用繁体字，该繁体字不产生错误理解，但不符合《中华人民共和国国家通用语言文字法》、《简化字总表》、《现代汉语通用字表》等规定，例如"蛋白质"被标注为"蛋白質"。

3. 预包装食品标签符号使用不规范，但该不规范符号不产生错误理解，例如：《食品安全国家标准 预包装食品标签通则》"GB 7718—2011"被标注为"GB 7718/2011"。

4. 预包装食品标签营养成分表数值符合检验标准，但数值标注时修约间隔不规范，例如：食品标签营养成分表中标注"能量935.2千焦、蛋白质4.12克、饱和脂肪酸14克、钠34.5毫克"，按照《预包装食品营养标签通则》（GB 28050—2011）规定，能量、蛋白质、饱和脂肪酸、钠的修约间隔分别为1、0.1、0.1、1，该标注不符合规定（应标注为：能量935千焦、蛋白质4.1克、饱和脂肪酸14.0克、钠35毫克）。

5. 预包装食品标签营养成分表标示单位不规范，但是不规范标注不会产生错误理解，例如：食品标签营养成分表中"能量"的标示单位为"KJ"，不符合标准的"千焦（kJ）标注规定。

6. 预包装食品标签没有使用食品添加剂在国家标准中的通用名称，而不规范使用了食品添加剂的俗称但该不规范标注不会产生错误理解，例如：预包装食品标签食品添加剂标注的名称为"食用碱"，没有使用规范的通用名称"碳酸氢钠"。

7. 预包装食品标签上生产日期、保质期标注为"见包装某部位"，但未能准确标注在某部位的，例：预包装食品标签上标注"生产日期见产品包装底部"，但实际标注在产品包装顶部。

8. 预包装食品标签上"净含量"等强制标示内容的文字、符号、数字高度小于规定，外文大于相应的中文，但该不规范标注不会产生错误理解。

9. 预包装食品标签上净含量的标示单位为"Kg"，不符合标准的"kg"标注规定，例："1kg"被不规范标注为"1000g"。

10. 预包装食品标签标注的食品名称不规范，当国家标准、行业标准或地方标准中已规定了某食品的一个或几个名称时，标签上标注的食品名称没有选用其中的一个，或等效的名称，但该不规范名称不会产生错误理解。

处理原则：前述不规范标注行为对食品内在质量无影响，执法检查中未发现因食用该产品导致的不良反应情况，当事人无主观故意，且在发现该问题后自行进行了改正，符合以上情形，可以认定前述不规范行为属于违法行为轻微，依据《中华人民共和国行政处罚法》第二十七条第二款"违法行为轻微并及时纠正，没有造成危害后果的，不予行政处罚"的规定，对当事人作出《责令改正通知书》，要求当事人进行改正。

三、关于预包装食品标签标注不符合法定要求应实施行政处罚的情形认定及处理原则

情形认定：预包装食品标签依法应标注事项全部标注，没有出现漏标事项，但标注不符合法定要求，应实施相应行政处罚的，具体是指以下情形：

1. 预包装食品营养标签的能量和营养成分含量声称和比较声称不符合预包装食品营养标签规定。例如：预包装食品营养标签标明该食品"具有低脂肪、高纤维的特点"，但预包装食品标签营养成分表标明"能量190kJ/100g、蛋白质0.8g/100g、脂肪17.1g/100g"，不符合GB 28050—2011《食品安全国家标准 预包装食品营养标签通则》附录C的规定，"低脂肪"指脂肪含量≤3g/100g（固体）或≤1.5g/100mL（液体）；"高纤维"指膳食纤维≥6g/100g（固体），或≥3g/100mL（液体），或≥3g/420kJ。

2. 预包装食品标签营养成分表能量数值标注错误。例如：某产品标签营养成分表标示：能量181千焦、蛋白质4.5克、脂肪1.1克、碳水化合物38.2克，但根据GB/Z 21922—2008《食品营养成分基本术语》的表1食品中产能营养素的能量折算系数，计算出来的能量应为181千卡或者766.6千焦。

处理原则：应认定前述违法行为属于生产经营标签、说明书不符合法律规定的食品，依据《中华人民共和国食品安全法》第八十六条（二）项规定进行处罚。

四、关于预包装食品标签标注事项不全，法定事项未标注的情形认定及处理原则

情形认定：预包装食品标签未按照《中华人民共和国食品安全法》第四十二条规定，法定标注事项未标注，或标注不全，但属于 GB 7718—2011《食品安全国家标准 预包装食品标签通则》4.3 标示内容的豁免除外。例如没有标注"产品标准代号"、"贮存条件"等。

处理原则：按照不同未标注事项的内容进行区别处理。

1. 未标注生产日期和 / 或保质期的，应认定该违法行为属于生产经营标签、说明书不符合法律规定的食品，按照《中华人民共和国食品安全法》第八十六条（二）项规定进行处罚。

2. 未标注生产者的名称、地址、联系方式的，应认定该违法行为属于生产经营标签、说明书不符合法律规定的食品，依据《中华人民共和国食品安全法》第八十六条（二）项规定进行处罚。

3. 未标注规格、净含量的，应认定该违法行为属于生产经营标签、说明书不符合法律规定的食品，按照《中华人民共和国食品安全法》第八十六条（二）项规定进行处罚。

4. 未标注名称、成分或者配料表的，应认定该违法行为属于生产经营标签、说明书不符合法律规定的食品，按照《中华人民共和国食品安全法》第八十六条（二）项规定进行处罚。

5. 复合食品配料未按照 GB 7718—2011《食品安全国家标准 预包装食品标签通则》4.1.3.1.3 规定标注原始配料的，应认定该违法行为属于生产经营标签、说明书不符合法律规定的食品，按照《中华人民共和国食品安全法》第八十六条（二）项规定进行处罚。

6. 未标注贮存条件的，该食品贮存条件属于在常温贮存的，执法检查中未发现因食用导致的不良反应的情况，可以认定前述未标注行为属于违法行为轻微，依据《中华人民共和国行政处罚法》第二十七条第二款"违法行为轻微并及时纠正，没有造成危害后果的，不予行政处罚"的规定，对当事人作出《责令改正通知书》，要求当事人进行整改。

7. 未标注贮存条件的，该食品贮存条件对贮存环境有特殊要求的，例如低温、避光等，应认定该违法行为属于生产经营标签、说明书不符合法律规定的食品、食品添加剂，依据《中华人民共和国食品安全法》第八十六条（二）项规定进行处罚。

8. 未标注产品标准代号、生产许可证编号，企业实际持有产品标准代号、生产许可证编号的，应认定该违法行为属于生产经营标签、说明书不符合法律规定的食品、食品添加剂，按照《中华人民共和国食品安全法》第八十六条（二）项规定进行处罚。

9. 未标注生产许可证编号，且企业未取得生产许可证，应认定该行为属于未经许可从事食品生产经营活动、按照《中华人民共和国食品安全法》第八十四条规定进行处罚。

10. 未按照相应产品标准规定的标注事项标注的，且易产生错误理解的，例如：某巧克力制品未标注巧克力制品的类型，GB/T 19343—2003《巧克力及巧克力制品》规定，产品应当标识巧克力类型。应认定该违法行为属于生产经营标签、说明书不符合法律规定的食品、食品添加剂，依据《中华人民共和国食品安全法》第八十六条（二）项规定进行处罚。

11. 其他未标注法定事项且可能涉及食品质量安全的，需检验检测该批产品是否符合食品安全标准。如未标注事项经检验检测符合食品安全标准的，应认定该违法行为属于生产经营标签、说明书不符合法律规定的食品、食品添加剂，依据《中华人民共和国食品安全法》第八十六条（二）项规定进行处罚。如未标注事项经检验检测不符合食品安全标准的，参照不符合食品安全标准事项对应的法律法规规定，按照《中华人民共和国食品安全法》第二十八条、第四十二条、第八十五条、第八十六条相应规定进行处罚。

上海市食品药品监督管理局关于调整部分
食品药品行政审批事项的通知

（沪食药监法〔2014〕1052号）

各分局、各市场监管局，机关各处室、各直属单位：

近期，国务院下发了《国务院关于取消和调整一批行政审批项目等事项的决定》（国发〔2014〕50号）（以下简称《决定》），其中涉及食品药品监管部门调整的审批事项共计7项，分别为：

一、市食品药品监管局承接国家食品药品监管总局下放的审批事项（1项）

生产第一类中的药品类易制毒化学品审批

二、调整为工商登记后置审批的审批事项（6项）

1. 互联网药品交易服务企业审批

2. 药品、医疗器械互联网信息服务审批

3. 化妆品生产企业卫生许可

4. 食品生产许可

5. 食品流通许可

6. 餐饮服务许可

上述调整事项自《决定》公布之日起实施，市局机关相关处室应及时修订相关审批事项的《业务手册》和《办事指南》，同时做好对区（县）分局或市场监管局的贯彻培训工作。各区（县）分局或市场监管局，应对调整为工商登记后置审批的事项，及时做好相应行政审批事项的调整和衔接工作，并加强事中事后监管工作。

特此通知。

附件：《国务院关于取消和调整一批行政审批项目等事项的决定》（国发〔2014〕50号）（节选）（略）

上海市食品药品监督管理局

2014年12月17日

上海市食品药品监督管理局关于废止和失效的
规范性文件的通告

（2015 年第 1 号）

为全面推进依法行政，根据《上海市行政规范性文件制定和备案规定》（市政府令 26 号），本局对相关规范性文件进行了清理，决定废止或者失效的规范性文件共 16 件。现将废止和失效的规范性文件目录予以公布（详见附件）。

对上述废止和失效的规范性文件，除另有明确规定外，均不涉及过去根据这些文件所作出的处理决定的效力。

附件：上海市食品药品监督管理局废止和失效的规范性文件目录（2015 年）（略）

上海市食品药品监督管理局

2015 年 9 月 30 日

上海市人民政府办公厅关于转发市食品安全委员会办公室、市食品药品监管局制定的《进一步落实区县政府食品安全属地责任加强食品安全监管能力实施方案》的通知

（沪府办〔2015〕62号）

各区、县人民政府，市政府有关委、办、局：

市食品安全委员会办公室、市食品药品监管局制定的《进一步落实区县政府食品安全属地责任加强食品安全监管能力的实施方案》已经市政府同意，现转发给你们，请认真按照执行。

上海市人民政府办公厅

2015年6月16日

关于进一步落实区县政府食品安全属地责任加强食品安全监管工作的实施方案

为进一步落实中央关于食品安全"最严谨的标准、最严格的监管、最严厉的处罚、最严肃的问责"的"四个最严"要求，全面实施新修订的《食品安全法》，进一步落实区县政府食品安全属地责任，切实加强食品安全监管工作，特制定本实施方案。

一、指导思想

认真贯彻落实党的十八大和十八届三中、四中全会精神，坚持食品安全"预防为主、风险管理、全程控制、社会共治"的理念，按照统一监管要求、统一工作规范、统一工作流程、统一信息平台、统一信息公示、统一执法装备的"六个统一"以及有责、有岗、有人、有手段，落实区县监管部门对辖区内食品生产经营企业的监管职责、落实食品安全抽检职责等"四有两责"要求，以积极创建国家食品安全城市为目标，应用现代化科技手段，创新食品安全监管方式，强化事中事后监管，切实落实食品安全的属地责任，切实加强食品安全监管工作，切实保障人民群众"舌尖上的安全"。

二、主要任务

（一）落实食品安全区县政府监管责任

各区县政府对辖区内的食品安全监督管理工作负总责。实施市场综合监管体制改革后，各区县政府要将食品安全作为综合执法的首要责任。加强各级食安委、食安办建设，充实力量。各级食安委要充分发挥统筹协调、监督指导作用，督促落实地方政府对食品安全工作的属地管理责任。各级食安办要发挥好综合管理、协调指导、督查考评、应急管理的职责，定期通报信息，研究解决本区域内食品

安全工作中的重大问题。市食安办、市食品药品监管局负责制定统一的监督公示栏样式，各区县依法公开企业法定代表人（负责人）、企业食品安全管理人员以及监管部门行政许可和日常监管责任人员名单、每次日常监督检查日期和结果、举报电话、电子码查询系统。逐步探索上述监管方式与行政许可相结合的制度。各区县市场监管局要根据市、区县两级事权划分落实食品安全工作责任，明确监管人员职责，进一步督促食品生产经营企业落实食品安全主体责任，完善食品生产经营企业"一户一档"制度。

（二）完善食品安全全程监管流程和工作规范

市食安办、市食品药品监管局要完善全市统一的食品生产、流通和餐饮单位食品安全监督检查（包括全过程检查、专项检查、巡回检查）、监督抽检、举报投诉处置工作规范。各级食品安全监管部门对案件查处工作要做到发现线索到位、立案到位、案件调查到位、处罚到位、整改到位。认真执行国家食品药品监管总局和本市关于加强行政执法和刑事司法衔接的各项规定，落实本市行刑衔接工作的案件发现、协同办案和案件查处等"三项机制"，以及调查案件情况通报、优化涉刑案件产品检验检测和鉴定评估、强化区域联动协作办案、加强案件咨询和双向联合培训、共同加强舆情应对和信息发布等"五项制度"，加强危害食品安全等违法犯罪案件中涉案物品处置工作，严厉打击食品安全违法犯罪行为。

（三）公开食品安全监管信息

各区县要认真贯彻落实国家食品药品监管总局《食品药品行政处罚案件信息公开实施细则（试行）》和《上海市政府部门公示企业信息管理办法》，及时归集食品生产经营企业的行政许可、行政处罚和食品安全抽检等信息，录入统一信息平台，上报市食安办、市食品药品监管局，通过上海市企业信用信息公示系统及时向社会公示。各区县要建立和完善辖区内食品生产经营企业信用等级评定及公示制度，全面实施量化分级管理，进一步完善食品安全"黑名单"公示制度。各区县要按照监督检查、监督抽检、举报投诉处置、行政处罚工作规范的要求实施食品安全监督执法活动；运用日常执法信息系统平台、GPS实时定位等现场移动执法装备以及快速检测等现代科技手段，实时记录日常执法活动信息，逐步建立基于大数据分析和应用的现代化执法方式。

（四）明确各街镇食品安全监管工作范畴

各区县要加强食品安全网格化监管工作，进一步落实本市关于食品安全网格化管理工作的要求，在每个街镇监管所建立网格化电子监管地图，重点加强对无证无照生产经营食品、食品摊贩违法经营、餐饮油烟污染、餐厨废弃油脂非法处置、保健食品制假售假五项食品安全网格化事件的整治。要量化辖区食品安全日常监管、监督抽检、举报投诉处置和行政处罚等监管工作总量，根据每位一线监管工作人员的工作量，核算监管人员编制，依岗定编，按规定配足食品安全监管人员和辅助人员，向基层一线倾斜，切实保障"四有两责"的落实。

（五）强化食品安全监管人员工作要求

各区县要根据食品安全管辖的区域和监管对象的数量，进一步确定食品安全监管和抽检的工作内容。加强对各类食品生产、流通和餐饮单位食品安全日常监督检查频次，一般对食品生产企业监督检查每月不得少于一次，对食品经营者监督检查每季度不得少于一次，对食品餐饮企业监督检查每季度不得少于一次（包括全过程检查、专项检查、巡回检查），逐步提高检查频次，特别是对高风险及不良信用的企业至少应当一周检查一次。推广浦东新区市场监管局经验，对高风险食品生产经营企业和重大举报案件涉及的相关企业和责任人，实施食品药品、工商、质量技监、物价等职能的全面飞行检查。进一步加强食品安全的监督抽检，每1—2月对辖区内肉制品、蔬菜、水果、水产品、乳制品等食品开展农药、兽药残留和非法添加检查，进行全覆盖抽检一次。要加强食品安全投诉举报处置工作，进一步明确各区县受理部门及处置机构，规范工作流程和处置结果的报告制度，及时向社会公开处理结果。

（六）健全食品安全监管工作保障机制

各区县要进一步落实《上海市人民政府关于加强基层食品安全工作的意见》，根据辖区监管对象确定监管任务，结合各项食品安全日常检查、监督抽检、举报投诉处置和行政处罚等岗位职责要求，加强基层监管所的标准化配置，特别是要设立快检实验室；落实办案、抽检、装备等工作经费，配备监管执法车辆和现场监管执法记录仪等必要的技术装备。

（七）加强食品安全监管队伍建设

各区县要加强食品安全在专业基础上的综合执法。根据食品安全专业执法的特点，加大对食品安全监管人员专业化培训考核的力度，对一线监管人员开展食品安全快速检测技术全覆盖培训，不断提高食品安全专业化监管能力。市食安办、市食品药品监管局要会同市人力资源社会保障局、市编办、市财政局等部门，根据市委、市政府关于本市执法人员分类管理的改革要求，探索制定食品监管干部岗位技术等级、晋升条件和方法等激励机制，开展按人定岗分类管理工作，不断增强食品安全监管人员职业荣誉感和使命感。

（八）建立食品安全监管责任追究机制

市食安办、市食品药品监管局要会同市监察局按照《食品安全法》的规定，制定食品安全考核和责任追究办法。各区县要全面落实行政执法责任制，加强对食品安全监管人员的从严管理，通过实施食品安全飞行检查、交叉执法检查等措施，对食品安全监管人员履职情况进行监督。要对违法乱纪、不作为、乱作为的行为依法依纪追究责任，对日常监管人员是否定期现场检查、是否严格监管、是否认真填报检查事项要进行监督问责；上级机关对区县监管部门是否按期进行抽检、抽检结果是否公开进行监督问责；对日常监管中发现的、抽检发现的不合格样品是否按时如实上报，是否存在瞒报等进行监督问责；对上级机关督办的案件是否认真调查并按时报告调查结果进行监督问责。

三、工作要求

（一）统一思想，加强领导

食品安全工作责任重于泰山。各区县政府要按照国家和本市有关要求，认真履行食品安全属地管理职责，将食品安全工作列入重要议事日程，加强对本地区食品安全工作的统一领导、组织协调，要加大工作力度，强化保障投入。各区县政府要成立相应工作领导小组，明确具体责任部门和责任人员，推进各项工作的落实。

（二）精心组织，狠抓落实

各区县政府要结合本地区食品安全的实际情况，深入调研、完善各项监管措施。要统筹兼顾、突出重点，将上述八项任务逐一落实，责任到人。要制定严谨的工作计划，逐项推进。要狠抓落实、严肃纪律，并根据工作职责，抓好执行。

各区县政府根据本方案要求，要结合实际制定具体实施方案，于2015年6月底前上报市食安办，并在2015年7月底做好阶段性工作小结。市食安办、市食品药品监管局要加强督查指导，在总结各区县工作的基础上，制定全市性的工作制度，并将相关情况及时上报国务院食安办和国家食品药品监管总局。

（三）部门联动，形成合力

各级食安委、食安办要充分发挥食品安全综合协调职能，督促相关部门落实食品安全责任，将推进落实八项工作任务与贯彻落实国家和本市有关要求相结合，与市委、市政府《关于进一步创新社会治理加强基层建设的意见》相结合，与推进落实市政府年度食品安全重点工作相结合。各区县要着力夯实基层食品安全工作基础，全面落实基层食品安全属地监管工作责任，要完善工作机制，加强部门联动，形成推进食品安全监管的工作合力。

上海市食品安全委员会办公室
上海市食品药品监管局
2015年5月28日

上海市食品药品监督管理局关于印发《上海市食品药品监督管理局行政审批申请接收管理实施办法》的通知

（沪食药监法〔2015〕116号）

市局相关处室、各直属单位：

为了规范市食品药品监管局的行政审批申请接收行为，方便群众办事，提高审批的透明度和办事效率，现根据《中华人民共和国行政许可法》、《上海市行政审批申请接收管理实施办法》和本市行政审批制度改革工作有关规定，结合本市实际，我局制定了《上海市食品药品监督管理局行政审批申请接收管理实施办法》，现印发给你们，请于2015年3月15日起遵照执行。

特此通知。

上海市食品药品监督管理局

2015年3月2日

上海市食品药品监督管理局行政审批申请接收管理实施办法

第一章 总 则

第一条（制定目的和依据） 为了规范市食品药品监管局的行政审批申请接收行为，方便群众办事，提高审批的透明度和办事效率，根据《中华人民共和国行政许可法》、《上海市行政审批申请接收管理办法》和本市行政审批制度改革工作有关规定，结合本市实际，制定本实施办法。

第二条（适用范围） 市食品药品监管局（以下简称"市局"）及依法受其委托接收行政审批申请的市局认证审评中心，接收食品、保健食品、药品、化妆品和医疗器械（以下简称"食品药品"）行政审批申请的行为，适用本实施办法。

第三条（部门职责） 市局行政审批制度改革工作领导小组办公室（以下简称"食药监审改办"）负责组织、指导、监督食品药品行政审批申请接收，制定相关文书，研究、协调、推进食品药品行政审批申请接收工作。

市局各相关处室（以下简称"各相关处室"）负责各行政审批申请接收的具体条件、程序、申请书格式文本、市级审批事项《业务手册》、《办事指南》的制定，并依法向社会公示，定期对申请接收岗位人员开展法律法规及业务知识培训。

市局认证审评中心及其自贸区分中心（以下简称"认证中心和自贸区分中心"）作为市局的申请接收部门，根据受委托范围，具体负责市级食品药品行政审批事项申请的接收。

市局监察室负责对工作人员在审批申请接收过程中的违纪违规行为进行责任追究。

第四条（接收原则） 食品药品行政审批申请应遵循公开、便民、高效的原则。

食品药品行政审批接收施行"一个窗口对外"，即认证中心和自贸区分中心作为市局的指定部门，依法统一接收食品药品行政审批申请，统一颁发、送达行政审批书面决定或许可证件。

第五条（公示要求） 市局应当通过政务网向社会公示行政审批《办事指南》，行政审批申请接收部门、办公地点、联系方式及监督电话。

第六条（委托接收） 市局依法委托区（县）食品药品监管部门或市场监管部门接收行政审批申请的，应公示委托和受委托单位的名称、办公地址、联系方式、监督电话；接收地点的名称、办公地址；委托的具体审批事项、职责权限、委托依据等内容。

区（县）食品药品监管部门或市场监管部门以市局名义接收行政审批申请的，应当按照本办法执行。同时，定期向市局报告行政审批申请接收情况，接收其指导和监督。

第七条（AB 角工作制） 认证审评中心和自贸区分中心的行政审批申请接收窗口实行 AB 角工作制，制定 AB 角工作交接制度，明确工作职责，确保负责申请接收的岗位不得出现人员空缺。

第二章　当场申请与接收

第八条（申请文书） 市局行政审批申请文书采用统一的格式文本，并在政务网或申请接收场所免费提供行政审批申请书格式文本的电子文本或纸质文本。

申请人可使用复印的或从市局政务网站下载的符合规格的申请文书文本、表格等。

第九条（签署保证） 申请人申请食品药品行政审批，应当如实提交材料和反映真实情况，并签署承诺书（附件 1），对其申请材料实质内容的真实性负责。

第十条（申请材料） 申请人根据市局公布的《办事指南》中的要求提交申请材料。

各相关处室、认证审评中心和自贸区分中心不得要求申请人提交与其申请的审批事项无关的技术资料和其他材料。

第十一条（委托申请） 申请人委托代理人申请的，应附授权委托书（附件 2），注明授权的范围、类型、有效期等。依法应当由申请人亲自提出行政许可申请的除外。

第十二条（申请接收） 对于申请人提交的食品药品行政审批申请和申请材料，认证审评中心和自贸区分中心应当及时予以登记，并向申请人出具加盖行政机关受理专用印章和注明日期的《行政审批申请材料收件凭证》（附件 3）（以下简称"《凭证》"）

《凭证》注明的日期即为收到行政审批申请的日期。申请材料为复印件的，申请人须提供原件供核对，认证审评中心和自贸区分中心在核对复印件与原件无误后加盖"与原件核对无误"印章。

第十三条（《凭证》文本） 各相关处室应当在制定的行政审批《业务手册》中明确包括新办、依申请变更、延续、补正、依申请注销等的《凭证》格式文本。

格式文本中包括申请材料名称、份数、原 / 复印件和备注。

当场受理后且当场作出审批决定的，无需出具《凭证》。

第十四条（接收处理） 认证审评中心和自贸区分中心对申请人提出的行政许可申请，应当根据下列情况分别作出处理：

（一）申请事项依法不需要取得行政许可的，应当即时告知申请人不受理；

（二）申请事项依法不属于本行政机关职权范围的，应当即时作出不予受理的决定，并告知申请人向有关行政机关申请；

（三）申请材料存在文字、计算等错误，可以当场更正且不影响实质内容的，应当允许申请人当场更正。当场更正的，应由申请人或者其代理人以加盖印章或签字等方式予以确认；

（四）申请事项属于本行政机关职权范围，申请材料齐全、符合法定形式的，应当受理行政许可申请。

第十五条（材料补正） 申请材料不齐全或者不符合法定形式的，能当场补正的当场补正；不能当场补正的，应当当场或者在出具《凭证》之日起 5 个工作日按照对外公示的《办事指南》内容一次告知申请人需要补正的全部内容，并依法送达出具加盖专用印章和注明日期的《补正材料通知书》（附件 4）。

第十六条（受理申请） 各相关处室、认证审评中心和自贸区分中心应当自出具《凭证》之日起

5 个工作日内作出受理或不予受理申请的决定。逾期不作出决定或者不告知申请人补正申请材料的，自《凭证》出具之日起即为受理。

申请人按照要求提交全部补正材料的，应当作出受理决定。

受理或者不予受理行政许可申请，应当出具加盖专用印章和注明日期的《受理决定书》或《不予受理决定书》（附件 5）。

受理申请后，各相关处室不得以申请材料不齐全或不符合法定形式为由，作出不予许可的决定。

第十七条（撤回申请）　申请人在市局作出行政审批决定前书面提出撤回申请，要求退还申请书和申请材料的，各相关处室、认证审评中心和自贸区分中心应在登记后凭《凭证》退还相关材料。已缴纳的审批费用，应当及时返还申请人。

撤回的申请，自始无效。

第十八条（除外情形）　市局接收国家食品药品监管总局委托代为接收行政审批申请或使用国家食品药品监管总局审批系统，且系统中已有固定格式接收文书的，可使用国家总局文书。

第三章　期　限

第十九条（申请时间）　申请人到认证审评中心和自贸区分中心提出申请的，申请人提交申请材料的时间为提出申请的时间。

以信函、电报方式提出行政审批申请的，认证审评中心和自贸区分中心的收讫时间为提出申请的时间；以电传、传真、电子数据交换和电子邮件提出申请的，进入接收设备记录的时间为提出申请的时间。

申请材料不齐全或者不符合法定形式的，收到全部补正材料的时间为提出申请的时间；依法需要核对申请材料原件或者提供书面材料的，认证审评中心和自贸区分中心收到申请材料原件或者书面材料的时间为提出申请的时间。

第二十条（申请告知）　申请人通过信函、电报、电传、传真、电子数据交换和电子邮件等方式提出申请，依法需要核对申请材料原件的，或者根据规定需提供书面材料的，认证审评中心和自贸区分中心应当在收到申请之日起 2 个工作日内告知申请人提供申请材料原件或者书面材料，在核对原件或者收到书面材料后出具《凭证》。

需要申请人现场申请的，认证审评中心和自贸区分中心应当在收到申请之日起 2 个工作日内告知申请人到受理的办公地址提出申请。

第二十一条（重复或变更申请）　申请人就相同内容重复申请行政审批的，以首次收到申请的时间为提出申请的时间。

变更申请内容的，视为新的申请。

第四章　其他规定

第二十二条（咨询途径）　认证审评中心和自贸区分中心开设专门的咨询窗口或电话，为申请人提供相关咨询服务。

咨询内容较为专业需要相关部门协助，当场不能答复的，应当进行登记并于 5 个工作日内答复咨询人。

市局应当在对外公示的《办事指南》中注明咨询窗口的地址和咨询电话。

第二十三条（责任追究）　各相关处室、认证审评中心和自贸区分中心违反本实施办法的，由食药监审改办予以教育帮助、通报批评，责令限期改正；贻误工作，造成不良后果的，根据情节严重，由市局监察室对责任部门及其责任人员按照《行政许可法》、《行政机关公务员处分条例》、《上海市行政执法过错责任追究办法》等追究责任。

第二十四条（区县参照）　区（县）食品药品监管部门或市场监管部门接收食品药品行政审批申请的行为，可参照本办法执行。

第二十五条（不一致情形的处理） 市局现有涉及行政审批申请接收的相关规定与本办法不一致的，按照本办法执行。

第二十六条（实施时间） 本实施办法自 2015 年 3 月 15 日起施行。

附件：

1.《申请承诺书》（略）

2.《授权委托书》（略）

3.《行政审批申请材料收件凭证》（略）

4.《补正材料通知书》（略）

5.《受理决定书》、《不予受理决定书》（略）

上海市清真食品管理条例（2015年修订本）

（2000年8月11日上海市第十一届人民代表大会常务委员会第二十一次会议通过
根据2015年7月23日上海市第十四届人民代表大会常务委员会第二十二次会议《关于修改
〈上海市建设工程材料管理条例〉等12件地方性法规的决定》第一次修正）

第一章　总　则

第一条　为了尊重少数民族的风俗习惯，保障清真食品供应，加强清真食品管理，促进清真食品行业发展，增进民族团结，根据《城市民族工作条例》，结合本市实际情况，制定本条例。

第二条　本条例所称清真食品，是指按照回族等少数民族（以下简称食用清真食品少数民族）的饮食习惯，屠宰、加工、制作的符合清真要求的饮食、副食品、食品。

第三条　本条例适用于本市行政区域内清真食品的生产、储运、销售及其监督管理活动。

第四条　市民族事务行政主管部门负责组织和监督本条例的实施；市商业行政主管部门负责清真食品的行业规划和生产、经营管理工作。

市工商行政管理、财政、税务、卫生、房屋土地、工业经济等行政主管部门依照各自的职责，协同实施本条例。

区、县人民政府负责在本行政区域内实施本条例。区、县民族事务行政主管部门和商业行政主管部门按照本条例的规定，负责本行政区域内清真食品行业的管理工作。

第五条　各级人民政府应当鼓励、支持企业和个体工商户对清真食品生产、经营的投资。

市和区、县人民政府及其民族事务行政主管部门对在生产、经营、管理清真食品工作中取得突出成绩的单位和个人，应当给予表彰、奖励。

第六条　市和区、县人民政府应当加强尊重少数民族风俗习惯的宣传、教育。

生产、经营清真食品的企业应当对职工进行有关法律、法规和民族政策的培训。

任何单位和个人都应当尊重食用清真食品少数民族的饮食习惯，不得歧视和干涉。

第二章　清真标志牌的管理

第七条　市商业行政主管部门会同市民族事务行政主管部门负责全市清真食品网点和保障清真食品供应的基本供应点的规划及其调整，并做好清真食品供应点的扶持工作。

区、县人民政府应当根据全市清真食品网点、基本供应点的规划，结合本地区的实际情况，设置清真食品供应点；在食用清真食品少数民族相对集中的地区、交通枢纽和商业中心地段，应当设置清真食品基本供应点。

第八条　市和区、县民族事务行政主管部门应当会同有关部门及时向社会公告清真食品基本供应点。基本供应点附近应当设置明显的指示牌。

第九条　企业和个体工商户生产、经营清真食品的，应当向区、县民族事务行政主管部门申领清真标志牌，其中在机场、火车站等生产、经营清真食品的，应当向市民族事务行政主管部门申领。

未取得清真标志牌的，不得生产、经营清真食品。

第十条　清真标志牌由市民族事务行政主管部门统一监制。

禁止伪造、转让、租借或者买卖清真标志牌。

第十一条　申领清真标志牌的，应当具备下列条件：

（一）生产和经营的场地、设备、设施符合清真要求；

（二）主要管理人员和职工中，有适当比例的食用清真食品的少数民族公民；

（三）企业的负责人和个体工商户应当接受清真食品行业培训，并取得合格证书；

（四）企业的负责人、承包人或者承租人一般应当是食用清真食品的少数民族公民，个体工商户应当是食用清真食品的少数民族公民。

第十二条 申领清真标志牌的，应当根据本条例第十一条的规定，向市或者区、县民族事务行政主管部门提供相应材料。

第十三条 市或者区、县民族事务行政主管部门应当自收到申领清真标志牌的材料之日起十个工作日内审核完毕，并作出书面答复；对符合条件的，核发清真标志牌。

生产、经营清真食品的企业和个体工商户应当在生产、经营场所的醒目位置悬挂清真标志牌。

第十四条 生产、经营清真食品的企业和个体工商户不再生产、经营清真食品的，应当向市或者区、县民族事务行政主管部门和商业行政主管部门备案，并将清真标志牌交回原核发部门；其中属于基本供应点的，应当事先征得市或者区、县民族事务行政主管部门和商业行政主管部门的同意。

第三章 生产、经营条件

第十五条 生产、经营清真食品的，应当按照食用清真食品少数民族的饮食习惯屠宰、加工、制作。

第十六条 清真食品的主辅原料应当符合清真要求，并附有效证明。

第十七条 清真食品的运输车辆、计量器具、储藏容器和加工、储存、销售的场地应当保证专用，不得运送、称量、存放清真禁忌食品或者物品。

第十八条 生产、经营清真食品的，应当在其字号、招牌和食品的名称、包装上显著标明"清真"两字，并可以标有清真含义的符号。

未取得清真标志牌的，不得在其字号、招牌和食品的名称、包装上使用"清真"两字或者标有清真含义的符号。

第十九条 生产、经营清真食品的，其字号、招牌以及食品的名称、包装和宣传广告，不得含有食用清真食品少数民族禁忌的语言、文字或者图像。

第二十条 禁止携带清真禁忌食品、物品进入清真食品的专营场所。

清真食品的生产者、经营者有权拒绝携带清真禁忌食品或者物品者进入清真食品的专营场所。

在非专营清真食品的区域内，清真禁忌食品或者物品的摊位、柜台，应当与清真食品的摊位、柜台保持适当距离或者设置明显有效的隔离设施。

第二十一条 食用清真食品少数民族公民所在的单位，一般应当设立清真食堂或者提供清真伙食。不具备条件的，应当按照规定发给食用清真食品少数民族职工清真伙食补贴。

市级医院和区、县中心医院应当为食用清真食品的少数民族病人提供清真伙食。其他医疗机构应当创造条件，为食用清真食品的少数民族病人提供清真伙食。

第二十二条 设立清真食堂或者提供清真伙食的单位，采购、加工、制作、储运、销售清真食品，应当符合清真要求。

第四章 优惠措施

第二十三条 市和区、县人民政府应当对清真食品基本供应点，给予下列优惠：

（一）对改造项目给予补贴；

（二）对经营场地租金给予补贴；

（三）对银行贷款利息给予补贴；

（四）按照有关规定给予其他补贴。

前款优惠措施所需资金，列入同级政府财政预算。

清真食品的生产者，经营者可以依法享受税收减免的优惠措施。

第二十四条 生产、经营清真食品的企业和个体工商户不再生产、经营清真食品的，自不再生产、经营清真食品之日起，停止享有本条例规定的各项优惠。

第二十五条 因建设工程或者其他原因需要拆迁清真食品供应点的，拆迁人应当事先征求市或者区、县商业行政主管部门和民族事务行政主管部门的意见，并遵循同等条件"拆一还一"、就近、及时、便于经营的原则，妥善安置。

在拆迁安置过渡期间，拆迁人应当为临时设立清真食品供应点提供条件，并给予必要的经济补偿。

第五章 法律责任

第二十六条 生产、经营清真食品的企业和个体工商户，有下列情形之一的，由市或者区、县民族事务行政主管部门责令限期改正，并可予以下列处罚：

（一）违反本条例第十四条、第十六条规定的，处以五十元以上五百元以下罚款；

（二）违反本条例第十五条、第十七条规定的，处以一百元以上一千元以下罚款；

（三）违反本条例第九条第二款、第十条第二款、第十八条第二款、第十九条规定的，处以两百元以上两千元以下罚款。

有前款所列情形之一，情节严重的，市或者区、县民族事务行政主管部门可以暂扣或者吊销其清真标志牌。

第二十七条 当事人对民族事务行政主管部门的具体行政行为不服的，可以依照《中华人民共和国行政复议法》或者《中华人民共和国行政诉讼法》的规定，申请行政复议或者提起行政诉讼。

当事人对具体行政行为逾期不申请复议，不提起诉讼，又不履行的，作出具体行政行为的民族事务行政主管部门可以申请人民法院强制执行。

第二十八条 民族事务行政主管部门直接负责的主管人员和其他直接责任人员玩忽职守、滥用职权、徇私舞弊的，由其所在单位或者上级主管部门依法给予行政处分；构成犯罪的，依法追究刑事责任。

第六章 附 则

第二十九条 市人民政府可以根据本条例制定有关事项的实施办法。

第三十条 本条例自 2001 年 1 月 1 日起施行。

上海市食品安全信息追溯管理办法

（上海市人民政府令第 33 号）

《上海市食品安全信息追溯管理办法》已经 2015 年 3 月 16 日市政府第 76 次常务会议通过，现予公布，自 2015 年 10 月 1 日起施行。

市长　杨雄

2015 年 7 月 27 日

上海市食品安全信息追溯管理办法

（2015 年 7 月 27 日上海市人民政府令第 33 号公布）

第一条（目的和依据）

为了加强本市食品安全信息追溯管理，落实生产经营者主体责任，提高食品安全监管效能，保障公众身体健康和消费知情权，根据有关法律、法规的规定，结合本市实际，制定本办法。

第二条（追溯类别与品种）

本市对下列类别的食品和食用农产品，在本市行政区域内生产（含种植、养殖、加工）、流通（含销售、贮存、运输）以及餐饮服务环节实施信息追溯管理：

（一）粮食及其制品；

（二）畜产品及其制品；

（三）禽及其产品、制品；

（四）蔬菜；

（五）水果；

（六）水产品；

（七）豆制品；

（八）乳品；

（九）食用油；

（十）经市人民政府批准的其他类别的食品和食用农产品。

市食品药品监管部门应当会同市农业、商务、卫生计生等部门确定前款规定的实施信息追溯管理的食品和食用农产品类别的具体品种（以下称追溯食品和食用农产品）及其实施信息追溯管理的时间，报市食品安全委员会批准后，向社会公布。

第三条（生产经营者责任）

追溯食品和食用农产品的生产经营者应当按照本办法的规定，利用信息化技术手段，履行相应的信息追溯义务，接受社会监督，承担社会责任。

本办法所称的追溯食品和食用农产品的生产经营者，包括从事追溯食品和食用农产品生产经营的生产企业、农民专业合作经济组织、屠宰厂（场）、批发经营企业、批发市场、兼营批发业务的储运配送企业、标准化菜市场、连锁超市、中型以上食品店、集体用餐配送单位、中央厨房、学校食堂、中型以上饭店及连锁餐饮企业等。

鼓励追溯食品和食用农产品的其他生产经营者参照本办法规定，履行相应的信息追溯义务。

第四条（政府职责）

市和区（县）人民政府领导本行政区域内的食品安全信息追溯工作，将食品安全信息追溯工作所需经费纳入同级财政预算，并对相关部门开展食品安全信息追溯工作情况进行评议、考核。

第五条（市食品药品监管部门的职责）

市食品药品监管部门负责本市食品安全信息追溯工作的组织推进、综合协调，具体承担下列职责：

（一）在整合有关食品和食用农产品信息追溯系统的基础上，建设全市统一的食品安全信息追溯平台（以下简称食品安全信息追溯平台）；

（二）负责食品生产、餐饮服务环节信息追溯系统的建设与运行、维护；

（三）会同相关部门拟订本办法的具体实施方案、相关技术标准；

（四）对食品生产、流通、餐饮服务环节和食用农产品流通环节的信息追溯，实施监督管理与行政执法。

第六条（市农业行政主管部门的职责）

市农业行政主管部门承担下列职责：

（一）负责食用农产品种植、养殖、初级加工环节信息追溯系统的建设与运行、维护；

（二）对食用农产品种植、养殖、初级加工环节和畜禽屠宰环节的信息追溯，实施监督管理与行政执法。

第七条（市商务主管部门的职责）

市商务主管部门承担下列职责：

（一）负责食品和食用农产品流通环节、畜禽屠宰环节信息追溯系统的建设与运行、维护；

（二）对食品和食用农产品流通环节的生产经营者履行信息追溯义务，进行指导、督促。

第八条（区县相关部门的职责）

区（县）市场监管、农业、商务等部门按照各自职责，负责本辖区内食品和食用农产品信息追溯的监督管理与行政执法，以及有关信息追溯系统的运行、维护等具体工作。

第九条（其他相关部门的职责）

出入境检验检疫部门应当根据食品安全信息追溯管理需要，配合提供进口追溯食品和食用农产品的相关信息。

发展改革、财政、经济信息化、卫生计生等部门按照各自职责，共同做好食品安全信息追溯工作。

第十条（系统与平台的对接）

市食品药品监管、农业、商务部门负责建设的信息追溯系统应当与食品安全信息追溯平台进行对接。

鼓励有条件的生产经营者、行业协会、第三方机构建立食品和食用农产品信息追溯系统，并与食品安全信息追溯平台进行对接。

市食品药品监管部门应当会同市农业、商务等部门制定政府部门、生产经营者、行业协会、第三方机构信息追溯系统与食品安全信息追溯平台对接的技术标准。

第十一条（行业引导）

食品和食用农产品生产、流通以及餐饮服务等行业协会应当加强行业自律，推动行业信息追溯系统和信用体系建设，开展相关宣传、培训工作，引导生产经营者自觉履行信息追溯义务。

第十二条（生产经营者电子档案）

追溯食品和食用农产品的生产经营者应当将其名称、法定代表人或者负责人姓名、地址、联系方式、生产经营许可等资质证明材料上传至食品安全信息追溯平台，形成生产经营者电子档案。

前款规定信息发生变动的，追溯食品和食用农产品的生产经营者应当自变动之日起2日内，更新电子档案的相关内容。

第十三条（追溯食品生产企业的信息上传义务）

追溯食品的生产企业应当将下列信息上传至食品安全信息追溯平台：

（一）采购的追溯食品的原料、食品添加剂、食品相关产品的名称、规格、数量、生产日期或者生产批号、保质期、进货日期以及供货者名称、地址、联系方式等；

（二）出厂销售的追溯食品的名称、规格、数量、生产日期或者生产批号、保质期、检验合格证号、销售日期以及购货者名称、地址、联系方式等。

第十四条（追溯食用农产品生产企业等的信息上传义务）

追溯食用农产品的生产企业、农民专业合作经济组织、屠宰厂（场）应当将下列信息上传至食品安全信息追溯平台：

（一）使用农业投入品的名称、来源、用法、用量和使用、停用的日期；

（二）动物疫情、植物病虫草害的发生和防治情况；

（三）收获、屠宰或者捕捞的日期；

（四）上市销售的追溯食用农产品的名称、数量、销售日期以及购货者名称、地址、联系方式等；

（五）上市销售的追溯食用农产品的产地证明、质量安全检测、动物检疫等信息。

第十五条（批发经营者的信息上传义务）

追溯食品和食用农产品的批发经营企业、批发市场的经营管理者以及兼营追溯食品和食用农产品批发业务的储运配送企业应当将下列信息上传至食品安全信息追溯平台：

（一）追溯食品和食用农产品的名称、数量、进货日期、销售日期，以及供货者和购货者的名称、地址、联系方式等；

（二）追溯食品的生产企业名称、生产日期或者生产批号、保质期；

（三）追溯食用农产品的产地证明、质量安全检测、动物检疫等信息。

第十六条（零售经营者的信息上传义务）

标准化菜市场的经营管理者、连锁超市、中型以上食品店应当将下列信息上传至食品安全信息追溯平台：

（一）经营的追溯食品和食用农产品的名称、数量、进货日期、销售日期，以及供货者的名称、地址、联系方式等；

（二）经营的追溯食品的生产企业名称、生产日期或者生产批号、保质期；

（三）经营的追溯食用农产品的产地证明、质量安全检测、动物检疫等信息。

第十七条（餐饮服务提供者的信息上传义务）

集体用餐配送单位、中央厨房、学校食堂、中型以上饭店及连锁餐饮企业应当将下列信息上传至食品安全信息追溯平台：

（一）采购的追溯食品和食用农产品的名称、数量、进货日期、配送日期，以及供货者的名称、地址、联系方式等；

（二）采购的追溯食品的生产企业名称、生产日期或者生产批号、保质期；

（三）直接从食用农产品生产企业或者农民专业合作经济组织采购的追溯食用农产品的产地证明、质量安全检测、动物检疫等信息。

集体用餐配送单位、中央厨房还应当将收货者或者配送门店的名称、地址、联系方式等信息上传至食品安全信息追溯平台。

第十八条（信息上传要求与方式）

追溯食品和食用农产品的生产经营者应当在追溯食品和食用农产品生产、交付后的 24 小时内，按照本办法规定，将相关信息上传至食品安全信息追溯平台。

追溯食品和食用农产品的生产经营者应当对上传信息的真实性负责。

追溯食品和食用农产品的生产经营者可以通过与食品安全信息追溯平台对接的信息追溯系统上传信息，或者直接向食品安全信息追溯平台上传信息。

第十九条（信息传递）

批发经营企业、批发市场和标准化菜市场的经营管理者、兼营批发业务的储运配送企业、连锁超市等已经纳入本市食用农产品流通安全信息追溯系统的生产经营者，应当利用物联网等信息技术手段，进行信息传递。

前款规定以外的追溯食品和食用农产品的生产经营者需要实施信息传递的，由市食品药品监管部门会同市农业、商务等部门制定具体方案，报市食品安全委员会批准后，向社会公布。

第二十条（其他规定）

批发市场、标准化菜市场的场内经营者应当配合市场的经营管理者履行相应的信息追溯义务。

实行统一配送经营方式的追溯食品和食用农产品的生产经营企业，可以由企业总部统一实施进货查验，并将相关信息上传至食品安全信息追溯平台。

第二十一条（消费者知情权保护）

消费者有权通过食品安全信息追溯平台、专用查询设备等，查询追溯食品和食用农产品的来源信息。

追溯食品和食用农产品的生产经营者应当根据消费者的要求，向其提供追溯食品和食用农产品的来源信息。

鼓励生产经营者在生产经营场所或者企业网站上主动向消费者公示追溯食品与食用农产品的供货者名称与资质证明材料、检验检测结果等信息，接受消费者监督。

消费者发现追溯食品和食用农产品的生产经营者有违反本办法规定行为的，可以通过食品安全信息追溯平台或者食品安全投诉电话，进行投诉举报。食品药品监管、市场监管、农业等部门应当按照各自职责，及时核实处理，并将结果告知投诉举报人。

第二十二条（政府服务）

食品药品监管、市场监管、农业、商务等部门应当自行或者委托相关行业协会、第三方机构，为追溯食品和食用农产品的生产经营者上传信息、信息传递以及追溯系统与食品安全信息追溯平台的对接等，提供指导、培训等服务。

第二十三条（监督管理）

食品药品监管、市场监管、农业等部门应当将食品安全信息追溯管理纳入年度监督管理计划，通过定期核查、监督抽查等方式，加强对生产经营者履行食品安全信息追溯义务的监督检查，并将有关情况纳入其信用档案。

第二十四条（追溯食品和食用农产品的生产经营者违反有关规定的法律责任）

违反本办法第十二条至第十七条、第十八条第一款规定，追溯食品和食用农产品的生产经营者有下列行为之一的，由食品药品监管、市场监管、农业等部门按照各自职责，责令改正；拒不改正的，处以 2000 元以上 5000 元以下罚款：

（一）未按照规定上传其名称、法定代表人或者负责人姓名、地址、联系方式、生产经营许可等资质证明材料，或者在信息发生变动后未及时更新电子档案相关内容的；

（二）未按照规定及时向食品安全信息追溯平台上传相关信息的。

违反本办法第十八条第二款规定，追溯食品和食用农产品的生产经营者故意上传虚假信息的，由食品药品监管、市场监管、农业等部门按照各自职责，处以 5000 元以上 2 万元以下罚款。

违反本办法第二十一条第二款规定，追溯食品和食用农产品的生产经营者拒绝向消费者提供追溯食品和食用农产品来源信息的，由食品药品监管、市场监管、农业等部门按照各自职责，责令改正，给予警告。

第二十五条（行政责任）

违反本办法规定，食品药品监管、市场监管、农业、商务等部门及其工作人员有下列行为之一，造成不良后果或者影响的，由所在单位或者上级主管部门依法对直接负责的主管人员和其他直接责任人员给予警告或者记过处分；情节较重的，给予记大过或者降级处分；情节严重的，给予撤职处分：

（一）未履行有关食品安全信息追溯系统、平台建设或者运行、维护职责；

（二）未履行食品安全信息追溯管理职责；

（三）未核实处理投诉举报，或者未将结果告知投诉举报人。

第二十六条（有关用语含义）

本办法所称的中型以上食品店，是指经营场所使用面积在 200 平方米以上的食品商店。

本办法所称的中型以上饭店，是指经营场所使用面积在 150 平方米以上，或者就餐座位数在 75 座以上的饭店。

本办法所称的标准化菜市场，是指符合本市有关菜市场设置和管理规范，专业从事食品和食用农产品零售经营为主的固定场所。

第二十七条（施行日期）

本办法自 2015 年 10 月 1 日起施行。

关于实施《上海市食品安全信息追溯管理办法》有关问题解答

问题一：本市制定与实施《上海市食品安全信息追溯管理办法》的立法背景是什么？

解答：党的十八届三中全会提出，完善统一权威的食品药品安全监管机构，建立最严格的覆盖全过程的监管制度，建立食品原产地可追溯制度和质量标识制度，保障食品药品安全。新修订的《中华人民共和国食品安全法》确立了国家建立食品安全全程追溯制度，要求食品生产经营者建立食品安全追溯体系，保证食品可追溯。依据国家相关规定，结合本市连续多年将食用农产品流通安全信息追溯体系建设列为市政府实事项目的实践基础，以及参考国外经验，本市制定实施《上海市食品安全信息追溯管理办法》（以下简称《办法》），明确由政府主导建立统一的食品安全信息追溯平台，要求食品生产经营者利用信息化技术手段履行信息上传等义务，实现食品和食用农产品来源可追溯、去向可查证、责任可追究，为食品安全信息追溯体系建设提供法制保障。目前，此部办法是国内首部规范食品安全信息追溯的省级政府规章，对于落实生产经营者的主体责任、完善监管手段、提高监管效能、保障食品安全，具有重要意义。

问题二：本市制定与实施《办法》的主要目的和意义有哪些？

解答：本市制定与实施《办法》的主要目的和意义包括五个方面：一是有利于落实食品生产经营主体责任，据统计本市目前食品生产经营单位近 22 万家，每年食品消费 1500 万吨以上，建立食品安全信息追溯机制是落实主体责任的有效措施，信息化技术的有效运用是食品安全追溯体系建设的有力保障；二是有利于加强食品安全源头控制，上海作为一个常住人口已超过 2400 万、近 70% 食品和食品原料来自外省市的特大型消费城市，此部规章的出台实施，将有利于加强食品安全源头数量与质量的管理；三是有利于快速有效处置食品事故，本市试点实践证明食品安全追溯体系信息化的推行，能有效提高食品安全事故的处置效率，及时排除安全隐患，降低食品安全风险；四是有利于保障消费者知情权，实行食品安全信息追溯制度的最终目的是为了保护消费者的知情权和饮食安全，消费者有权通过信息追溯平台、专用查询设备等，查询追溯食品和食用农产品的来源信息；五是有利于树立消费信心，通过建立完善食品安全信息追溯制度，不仅能有效落实企业对食品安全的主体责任，完善政府部门的食品安全监管手段，提高行政监管效能，而且能加大食品安全信息的公开透明度，进一步强化本市食品安全信用体系建设。

问题三：根据本市新出台的《办法》，实施信息追溯管理的食品和食用农产品类别和具体品种有哪些？

解答：根据新出台的《办法》，本市将对十大类食品和食用农产品实施信息追溯管理，分别为：（1）粮食及其制品；（2）畜产品及其制品；（3）禽及其产品制品；（4）蔬菜；（5）水果；（6）水产品；（7）豆制品；（8）乳品；（9）食用油；（10）经市人民政府批准的其他类别的食品和食用农产品。上述类别食品和食用农产品的确定，主要基于三点理由：一是从食品安全风险防控角度出发，这些类别基本覆盖了本市消费量较大、发生食品安全事故风险较高的食品和食用农产品；二是根据前期召开的立法听证会，部分代表希望对更多食品和食用农产品实施信息追溯管理，经研究此部规章在草案基础上增加了水果、豆制品；三是今后可根据实际需要，经市人民政府批准对其他类别的食品和食用农产品实施信息追溯管理，为制度发展预留空间。

考虑到目前本市对上述类别食品和食用农产品的所有品种同步实施信息追溯管理的条件尚不具备，《办法》规定经市食品药品监管部门会同有关部门进一步明确实施信息追溯管理的食品和食用农产品的具体品种及其实施的时间，已报市食品安全委员会批准后，向社会公布。

根据《办法》规定，经市食安委批准的《上海市食品安全信息追溯管理品种目录（2015年版）》以下简称《目录》已向社会公布。《目录》规定自2015年10月1日实施信息追溯管理的，包括四大类食品中的12个品种：粮食类别中的包装粳米；畜产品类别中的猪肉、包装牛肉、羊肉；禽产品类别中的活鸡、肉鸽、包装冷鲜鸡；蔬菜类别中的豇豆、土豆、番茄、辣椒、冬瓜。自2015年12月1日增加实施信息追溯管理的，包括其余五大类食品中的8个品种：水果类别中的苹果、香蕉；水产品类别中的带鱼、黄鱼、鲳鱼；豆制品类别中的盒装内酯豆腐；乳品类别中的婴幼儿配方乳粉；食用油类别中的大豆油。

问题四：《办法》对实施信息追溯管理的生产经营者的范围包括哪些？理由是什么？

解答：依据新出台的《办法》，实施信息追溯管理的生产经营者范围包括了14类单位，分别是：从事追溯食品和食用农产品生产经营的生产企业、农民专业合作经济组织、屠宰厂（场）、批发经营企业、批发市场、兼营批发业务的储运配送企业、标准化菜市场、连锁超市、中型以上食品店、集体用餐配送单位、中央厨房、学校食堂、中型以上饭店及连锁餐饮企业等。

《办法》对生产经营者的范围确定，主要理由包括三项：一是上述生产经营者均具有一定规模，对食品安全影响较大，应当承担相应的社会责任；二是上述生产经营者中，部分已经建立或者纳入了相应的信息追溯体系，实施信息追溯的基础条件较好；三是对其他生产经营者，《办法》第三条第三款已规定，鼓励其参照本办法规定履行信息追溯义务，通过落实《食品安全法》规定的进货查验记录、出厂检验记录等制度，达到追溯目的。

问题五：根据《办法》，实施信息追溯管理的生产经营者的义务包括哪些？

解答：依据新出台的《办法》，生产经营者的信息追溯义务主要是将下列两类信息上传至全市统一的食品安全信息追溯平台：一是生产经营者的名称、地址、联系方式、生产经营许可等基本信息；二是在食品和食用农产品生产、流通以及餐饮服务环节产生的与追溯相关的信息，包括追溯食品的名称、规格、数量、生产日期或者生产批号、保质期、检验合格证号、销售日期以及购货者名称、地址、联系方式等；追溯食用农产品的名称、数量、销售日期以及购货者名称、地址、联系方式、产地证明、质量安全检测、动物检疫等。《办法》的第十三条至第十六条已分别对追溯食品生产企业、追溯食用农产品生产企业、批发经营者、零售经营者、餐饮服务提供者等的信息上传义务作出了明确规定。

问题六：《办法》规定了哪些行政部门开展食品安全信息追溯工作的具体职责？

解答：由于食品安全信息追溯工作涉及部门较多，为了避免职责交叉，《办法》对三个主要部门的职责予以重点明确：

一是市食品药品监管部门负责本市食品安全信息追溯工作的组织推进、综合协调；在整合有关食品和食用农产品信息追溯系统的基础上，建设全市统一的食品安全信息追溯平台，并负责食品生产、餐饮服务环节信息追溯系统的建设与运行、维护；会同相关部门拟订具体实施方案、相关技术标准；对食品生产、流通、餐饮服务环节和食用农产品流通环节的信息追溯，实施监督管理与行政执法。

二是市农业行政主管部门负责食用农产品种植、养殖、初级加工环节信息追溯系统的建设与运行、维护；对食用农产品种植、养殖、初级加工环节和畜禽屠宰环节的信息追溯，实施监督管理与行政执法。

三是市商务主管部门负责食品和食用农产品流通环节、畜禽屠宰环节信息追溯系统的建设与运行、维护；对食品和食用农产品流通环节的生产经营者履行信息追溯义务，进行指导、督促。

此外，《办法》对区（县）市场监管、农业、商务等部门，出入境检验检疫部门及其他相关部门的职责也进行了明确。同时，《办法》明确了市和区（县）人民政府领导本行政区域内的食品安全信息追溯工作，将食品安全信息追溯工作所需经费纳入同级财政预算，并对相关部门开展食品安全信息追溯工作情况进行评议、考核。

问题七：根据《办法》，食品安全信息追溯管理系统和平台将如何建设？

解答：根据《办法》规定，市食品药品监管部门在整合有关食品和食用农产品信息追溯系统的基础上，已建设全市统一的食品安全信息追溯平台（网址：www.shfda.org），食品生产经营企业可免费使用该追溯平台。该追溯平台已与相关部门建设的信息追溯系统进行对接，已使用本市商务委、农委的追溯系统的食品生产经营企业仍可使用原系统。鼓励有条件的生产经营者、行业协会、第三方机构建立信息追溯系统，并与平台进行对接；市食品药品监管部门会同相关部门制定对接的技术标准，并提供指导与服务。

采取整合现有资源、政府主导与社会共建模式，主要基于以下考虑：一是目前本市已有市农委建立的地产蔬菜、水果生产环节质量安全追溯系统，市商务委建立的食用农产品流通安全信息追溯系统，市食品药品监管局建立的餐饮服务信息追溯系统等。在整合现有信息追溯系统的基础上，建设统一的信息追溯平台，可以避免重复建设和资源浪费。二是目前部分有条件的生产经营企业已自行建立了信息追溯系统，市场上也有提供信息追溯服务的专业机构，部分行业协会也有建立行业信息追溯系统的意愿。生产经营者既可以通过与平台对接的信息追溯系统上传信息，也可以直接向平台上传信息。政府通过制定技术标准、提供指导与服务，鼓励和引导社会力量参与共建。因此，本市新出台规章所构建的食品安全信息追溯体系是开放性的，生产经营者可以选择其认为最经济、便捷的方式履行信息追溯义务。

此外，考虑到目前市商务委推进的食用农产品流通安全信息追溯系统，要求生产经营者在上传信息的同时，利用"卡卡对接"等方式向下一个环节传递信息，实现物流与信息流的同步传递。目前，该做法已在本市批发市场、标准化菜市场、大型连锁超市等流通环节广泛应用。为了巩固既有成果，并为信息传递预留空间，《办法》一方面要求批发经营企业、批发市场和标准化菜市场的经营管理者、连锁超市等已经纳入本市食用农产品流通安全信息追溯系统的生产经营者，应当利用物联网等信息技术手段，进行信息传递；另一方面，对其他需要实施信息传递的，由市食品药品监管部门会同相关部门制定具体方案，报市食安委批准后，向社会公布。

问题八：为确保消费者的知情权，《办法》规定了哪些保护措施？消费者可通过哪些方式进行查询？

解答：实行食品安全信息追溯制度的最终目的是为了保护消费者的知情权和饮食安全。为此，本市新出台的《办法》对消费者知情权的保护措施作出如下四项规定：一是消费者有权通过信息追溯平台、专用查询设备等，查询追溯食品和食用农产品的来源信息；二是追溯食品和食用农产品的生产经营者应当根据消费者的要求，向其提供追溯食品和食用农产品的来源信息；三是鼓励生产经营者在生产经营场所或者企业网站上主动向消费者公示追溯食品与食用农产品的有关信息；四是消费者可以对生产经营者违反信息追溯管理的行为进行投诉举报。

消费者、食品生产经营者或本市行政部门需要查询食品安全追溯信息的，可通过上海市食品安全网的上海市食品安全追溯查询平台（网址：http://foodtrace.safe517.com/traceWebPublic/）进行查询，也可通过标准化菜市场、超市等场所提供的专用查询设备进行查询。消费者可以通过取得追溯码、商品条形码、商品条形码＋批次号进行查询。

问题九：为确保食品安全信息追溯管理工作的落实，《办法》明确了行政监管部门应当采取哪些措施？

解答：根据《办法》，食品药品监管、市场监管、农业等部门应当采取的措施包括三项：一是食品药品监管、市场监管、农业等部门应将食品安全信息追溯管理纳入年度监督管理计划；二是食品药品监管、市场监管、农业等部门应通过定期核查、监督抽查等方式，加强对生产经营者履行食品安全信息追溯义务的监督检查；三是食品药品监管、市场监管、农业等部门应将有关情况纳入食品和食用农产品生产经营者的信用档案。

问题十：本市新出台的《办法》对追溯食品和食用农产品的生产经营者的哪些违法行为设定了法律责任？

解答：根据《办法》，本市将对四类违反食品和食用农产品安全信息追溯义务的生产经营者实施行政处罚：

一是，未按照规定上传其名称、法定代表人或者负责人姓名、地址、联系方式、生产经营许可等资质证明材料，或者在信息发生变动后未及时更新电子档案相关内容的，由食品药品监管、市场监管、农业等部门按照各自职责，责令改正；拒不改正的，处以2000元以上5000元以下罚款；

二是，未按照规定及时向食品安全信息追溯平台上传相关信息的，由食品药品监管、市场监管、农业等部门按照各自职责，责令改正；拒不改正的，处以2000元以上5000元以下罚款；

三是，追溯食品和食用农产品的生产经营者故意上传虚假信息的，由食品药品监管、市场监管、农业等部门按照各自职责，处以5000元以上2万元以下罚款；

四是，追溯食品和食用农产品的生产经营者拒绝向消费者提供追溯食品和食用农产品来源信息的，由食品药品监管、市场监管、农业等部门按照各自职责，责令改正，给予警告。

问题十一：贯彻实施《办法》的其他相关问题

1.咨询电话：市民和食品生产经营企业对贯彻落实和实施《办法》有任何问题的，可以拨打"12331"。

2.有关"上海市食品安全信息追溯平台"操作手册及常见问题问答可查询网址：www.shfda.org。

上海市食品药品监督管理局关于发布《上海市食品安全信息追溯管理品种目录（2015 年版）》的公告

《上海市食品安全信息追溯管理办法》已经 2015 年 3 月 16 日市政府第 76 次常务会议通过，现已公布，将于 2015 年 10 月 1 日起施行。

根据《上海市食品安全信息追溯管理办法》的要求规定，我局会同市农委、市商务委、市卫生计生委等部门，结合本市食品安全监管工作实际，按照分步推进的原则，形成了《上海市食品安全信息追溯管理品种目录（2015 年版）》，报上海市食品安全委员会批准同意，现向社会公布。

本公告自 2015 年 10 月 1 日起执行。

附件：上海市食品安全信息追溯管理品种目录（2015 年版）

上海市食品药品监督管理局

2015 年 9 月 29 日

附件：

上海市食品安全信息追溯管理品种目录（2015 年版）

序号	类别	品种	实施日期
1	粮食及其制品	粳米（包装）	2015 年 10 月 1 日
2	畜产品及其制品	猪肉	2015 年 10 月 1 日
		牛肉（包装）、羊肉（包装）	
3	禽及其产品、制品	鸡（活）、肉鸽（活）	2015 年 10 月 1 日
		冷鲜鸡（包装）	
4	蔬菜	豇豆、土豆、番茄	2015 年 10 月 1 日
		辣椒、冬瓜	
5	水果	苹果、香蕉	2015 年 12 月 1 日
6	水产品	带鱼、黄鱼、鲳鱼	2015 年 12 月 1 日
7	豆制品	内酯豆腐（盒装）	2015 年 12 月 1 日
8	乳制品	婴幼儿配方乳粉	2015 年 12 月 1 日
9	食用油	大豆油	2015 年 12 月 1 日

关于印发《上海市食品药品行政执法与刑事司法衔接工作实施细则》的通知

（沪食药安办〔2016〕145号）

各区食（药）安办，各中级人民法院、区人民法院，各检察分院、区人民检察院，各公安分局、市公安局食品药品犯罪侦查总队，各区市场监管局、市食品药品监管局执法总队，市药品和医疗器械不良反应监测中心，相关食品、药品、医疗器械、化妆品检验检测机构：

为进一步健全本市食品药品行政执法与刑事司法衔接工作机制，加大对食品、药品、医疗器械、化妆品安全领域违法犯罪行为打击力度，切实维护人民群众生命安全和身体健康，根据相关法律、法规和国家食品药品监督管理总局、公安部、最高人民法院、最高人民检察院、国务院食品安全办联合印发的《食品药品行政执法与刑事司法衔接工作办法》等规定，结合本市实际，本市相关部门联合研究制定了《上海市食品药品行政执法与刑事司法衔接工作实施细则》（附件《食品药品领域涉嫌犯罪案件主要涉及罪名和刑事责任追诉标准》），现予以印发，请遵照执行。

特此通知。

上海市食品药品安全委员会办公室　上海市高级人民法院

上海市人民检察院　上海市公安局

上海市食品药品监督管理局

2016年9月29日

关于印发《上海市食品药品行政执法与刑事司法衔接工作考评细则（试行）》的通知

（沪食药监稽〔2016〕483号）

各区市场监督管理局、各公安分局，市食品药品监督管理局执法总队、市公安局食品药品犯罪侦查总队：

为进一步加强本市食品药品行政执法与刑事司法衔接工作，推动本市各区市场监管部门和公安机关密切协作配合，加大对食品药品领域违法犯罪行为的打击力度，现将市食品药品监督管理局、市公安局联合制定的《上海市食品药品行政执法与刑事司法衔接工作考评细则（试行）》印发给你们。请认真学习，并遵照执行。

特此通知。

上海市食品药品监督管理局上海市公安局

2016年9月29日

上海市食品药品行政执法与刑事司法衔接工作考评细则（试行）

为进一步加强本市食品药品行政执法与刑事司法衔接工作，推动本市各区市场监管部门和公安机关密切协作配合，加大对食品药品领域违法犯罪行为的打击力度，结合本市实际，市食品药品监督管理局（以下简称市食药监局）、市公安局联合制定本考评细则。

一、考评项目和标准

考评满分为100分，具体考评项目和标准如下：

（一）市场监管部门移送涉嫌犯罪案件、通报涉嫌犯罪案件线索的成效（共15分）。

1. 食品涉嫌犯罪案件移送和线索通报成效（10分）。

根据区市场监管部门移送的食品涉嫌犯罪案件和通报的食品涉嫌犯罪案件线索侦结的刑事案件数，占公安机关侦结食品刑事案件总数的50%及以上的，得10分；每下降10%（不到10%的，以10%计算），扣2分，最低得0分。

2. 药品（含医疗器械、化妆品）涉嫌犯罪案件移送和线索通报成效（5分）。

根据区市场监管部门移送的药品（含医疗器械、化妆品）涉嫌犯罪案件和通报的药品（含医疗器械、化妆品）涉嫌犯罪案件线索侦结的刑事案件数，占公安机关侦结药品（含医疗器械、化妆品）刑事案件总数的20%及以上的，得5分；每下降5%（不到5%的，以5%计算），扣1分，最低得0分。

（二）市场监管部门和公安机关联合办案成效（共10分）。

联合办案，主要是指市场监管部门或公安机关在发现食品药品涉嫌犯罪线索后，及时通报同级公安机关或市场监管部门，联合开展调查取证、抓捕审理、追查物品流向、涉案物品处置和委托检验等工作；对公安机关商请提供认定意见或风险评估意见的，市场监管部门应当及时予以配合。

区市场监管部门和公安机关联合办理食品药品刑事案件数占公安机关办理食品药品刑事案件总数

90%及以上的，得10分；每下降10%（不到10%的，以10%计算），扣3分，最低得0分。

公安机关在侦查食品药品犯罪案件中，已查明涉案食品药品流向的，应当及时书面通报同级食品药品监管部门依法采取控制措施。食品药品监管部门收到通报后，应当及时依法采取相关措施。未及时通报或未依法采取相关措施的，每件扣3分。

（三）市公安局和市食药监局联合督办的重大案件办理成效（40分）。

市公安局、市食药监局定期联合督办各区公安机关和市场监管部门侦办的重大食品药品涉嫌犯罪案件，对每起督办案件设置具体侦办目标。被督办的区公安机关和市场监管部门，应当加强协同配合，彻查涉案物品来源、销售流向、涉案企业和涉案人员，迅速查清案件事实，力争全环节侦破案件，依法追究相关企业和人员的刑事责任和行政责任。对涉案物品来源或流向、涉案企业、涉案人员等涉及多省市或本市多个辖区的，公安机关和市场监管部门应联合追查；对本辖区内涉嫌违法犯罪的单位和个人依法查处，并彻查涉案产品来源和流向，监督做好问题产品召回、无害化销毁等工作；对本辖区外单位或个人涉嫌违法犯罪的线索，应及时做好线索通报和案件协查工作。

各单位侦结督办案件每起最高得10分、最低得0分，实际得分按照完成目标数占总目标数比例进行折算。

（四）行刑衔接工作机制完善与台账管理成效（10分）。

区市场监管部门、公安机关应根据市食药监局和市公安局要求，联合完善联席会议、案件会商、检验认定与风险评估、联合培训等行刑衔接工作机制与实施，分别建立规范的行政执法与刑事司法衔接案件工作台账（台账格式另行下发），市食药监局、市公安局将不定期对完善工作机制和案件台账管理情况进行检查，根据检查情况予以评分。台账建立规范、及时的，得10分；台账建立不规范的，每件扣1分，最低得0分。

（五）纳入重点监管"黑名单"的执行（15分）。

各区市场监管部门应按照《上海市食品药品严重违法生产经营者与相关责任人员重点监管名单管理办法》的规定，将严重违反食品药品管理法律法规受到刑事处罚的生产经营者及其责任人员的有关信息和案例摘要，及时上报市食药监局审核发布；公安机关应当协助提供案件判决书等相关信息；市场监管部门商请公安机关协助送达《重点监管名单事先告知书》的，公安机关应当予以配合。对涉及行刑衔接或联合办案后判决生效的刑事案件，每漏报1件（人）扣3分。

（六）其他工作（10分）。

1.问题整改情况。各单位应及时有效地对市食药监局、市公安局提出的本单位食品药品行政执法与刑事司法衔接工作中存在的问题和不足予以整改，并及时书面上报整改情况；未及时有效整改的，每次扣3分。

2.信息报送情况。各单位应按照市食药监局、市公安局要求，及时、准确报送相关工作情况，并按要求做好舆情监测及宣传报道；每谎报1次扣3分，每迟报1次扣1分。

（七）加分项目。

1.开展行刑衔接工作成绩突出，获得市级及以上领导批示肯定的，每次加5分；获得市局领导批示肯定的，每次加3分；侦结公安部、国家食品药品监管总局督办案件的，每起加2分；获得市局通报表扬的，每次加1分。一个加分事项（同一案件）得到多次批示肯定或表扬通报的，按最高加分情形加分，不重复加分。

2.区市场监管部门和公安机关应当积极向所在地区人民政府申请有关行刑衔接涉案物品检验检测经费的财政保障。给予充分保障的，加3分。

二、考评结果运用

1.市食药监局、市公安局将根据各单位最终得分情况进行降序排名，并定期进行通报和表彰。年终考评结果将同时抄报区人民政府。

2.考评结果将纳入上海市食品药品安全工作考核（占比20%），并作为表彰奖励的重要依据。

关于印发上海市食品药品安全委员会及其
成员单位职责分工的通知

（沪食药安委〔2017〕5号）

市食品药品安全委员会各成员单位、各区食品药品安全委员会：

现将《上海市食品药品安全委员会及其成员单位职责分工》印发给你们，请认真遵照执行。

上海市食品药品安全委员会

2017年8月21日

上海市食品药品安全委员会及其成员单位职责分工

为进一步加强本市食品药品安全各项工作，落实各相关部门工作责任，根据《中华人民共和国食品安全法》《中华人民共和国药品管理法》《上海市食品安全条例》《上海市建设市民满意的食品安全城市行动方案》等规定，结合本市食品药品监管体制改革的实际情况以及各相关部门主要职责，制定本职责分工。

一、市食品药品安全委员会职责

市食品药品安全委员会为市政府食品药品安全工作的议事协调机构，承担以下职责：

组织落实国务院及市委、市政府关于食品药品安全工作的决策部署；分析食品药品安全形势，研究部署、统筹指导全市食品药品安全工作；制定食品药品安全中长期规划和年度工作计划；组织开展食品药品安全重大问题的调查研究，制定食品药品安全监管的政策措施；督促落实食品药品安全监管责任，组织开展食品药品安全监管工作的督查考评；组织开展重大食品药品安全事故的责任调查处理工作；研究、协调、决定有关部门监管职责不清问题；承担市政府授予的其他职责。

二、市食品药品安全委员会办公室职责

市食品药品安全委员会办公室为市食品药品安全委员会的办事机构，承担以下职责：

（一）综合管理职责。负责市食品药品安全委员会成员单位之间的联络服务；推动本市食品药品安全法制、监管机制和制度建设；组织拟订本市食品药品安全和监管队伍建设规划；协调推进食品药品安全法律、法规、规章和方针政策的贯彻执行；完善与规范本市食品药品安全信息管理和发布机制；承办市食品药品安全委员会日常工作。

（二）协调指导职责。承办市食品药品安全委员会交办的综合协调任务；具体承担重大食品药品安全问题的调查研究，并提出政策建议；组织开展全市食品药品安全重大综合治理和联合检查行动；组织开展有关食品药品安全国内外交流与合作；对监管职责界面不清的食品药品安全监管问题，组织开展调查研究、提出建议；组织协调食品药品安全宣传、培训工作；指导区食品药品安全协调机构开展相关工作。

（三）监督考评职责。督促检查食品药品安全法律、法规、规章的贯彻执行；督促检查市食品药

品安全委员会决策部署的贯彻执行；督促检查有关部门和区政府履行食品药品安全监管职责；拟定食品药品安全工作考核评价办法并组织实施，开展对食品药品安全监管队伍建设状况的考核。

（四）应急管理职责。完善本市食品药品安全应急管理体系，推动食品药品安全应急能力建设；完善食品药品安全隐患排查治理机制；完善重大食品药品安全事故处置机制，监督、指导、协调重大食品药品安全事故处置工作；对突发食品药品安全事件如涉及监管环节职责不清的事项，牵头组织处置；指导食品药品安全舆情监测、处置，负责应急信息发布；受市食品药品安全委员会委托，协调非市食品药品安全委员会成员单位开展食品药品安全事件的应对、处置。

市食品药品安全委员会办公室负责市政府和市食品药品安全委员会交办的任务，不取代相关部门的食品药品安全管理方面的职责。相关部门根据各自职责分工，开展工作。

三、市食品药品安全委员会成员单位职责

（一）市委宣传部：组织指导食品药品安全宣传，正确引导社会舆论。

（二）市发展改革委：负责食品药品安全规划、食品药品安全重点项目。

（三）市经济信息化委：主管食品工业行业，负责盐业行政管理（市盐务局负责食用盐专营监管）。保障药品生产供应，负责管理紧缺药生产协调工作；会同有关部门做好应对自然灾害等所需食品药品等救灾物资的生产和调运；协同有关部门做好食品药品反垄断相关工作。

（四）市商务委：负责指导协调本市食用农产品交易市场规划及药品流通行业发展规划、协调城乡食品商业网点布局、酒类流通和消费领域的质量安全监管（具体由市酒类专卖局承担）。

（五）市农委：负责本市地产食用农产品质量安全监管和综合协调；负责本市地产食用农产品种植、养殖以及进入批发、零售市场或者生产加工企业前的质量安全监管；提出本市食用农产品中农药残留、兽药残留的限量和检测方法的建议，负责生鲜乳收购的质量安全、畜禽屠宰环节和病死畜禽无害化处置的监管；负责农业投入品经营使用的监管。配合市食品药品监管局建立食品安全信息追溯机制；协助有关部门处理由食用农产品引起的食品安全事件。

（六）市教委：加强对学校、托幼机构食品药品安全教育和日常管理，降低食品药品安全风险，及时消除食品药品安全隐患；将食品药品安全列入国民素质教育内容和各级各类学校相关教育课程；建立校长负责制，配合有关部门做好学校食堂、学生集体用餐的食品安全监管；建立和完善学校突发性食品安全事故的应急处理机制。

（七）市科委：做好本市科技发展规划中食品药品安全相关内容的组织编制和实施。指导、推进食品药品安全相关的科研立项，与有关部门共同推进食品药品安全科技成果转化和高新技术产业化工作，拟定相关政策推动食品药品高新技术产业、科技企业的发展，负责推动现代生物与医药产业发展；会同食品药品监管部门开展食品药品安全科普宣传工作。

（八）市卫生计生委：负责组织开展本市食品安全风险监测和风险评估、食品安全地方标准制定、食品安全企业标准备案工作；组织疾病预防控制机构开展食源性疾病事件的流行病学调查和卫生处理；组织有关医疗机构开展食源性疾病事件中病人的医疗救治工作；配合食品药品监管部门对引起突发、群发的严重伤害或者死亡的药品不良反应、医疗器械不良事件进行调查，在职责范围内依法对已确认的严重不良反应或者群体不良事件采取相关的紧急控制措施；负责本市医疗机构的抗菌药物、麻醉药品、精神药品等使用管理临床药事工作、合理用药监测工作，以及医疗器械使用行为监督管理工作；配合药品、医疗器械和化妆品不良反应监测哨点医院布点及相关工作；做好本市预防接种服务管理工作。

（九）市工商局：负责食品、药品、医疗器械广告监督检查，查处违法广告。负责市违法违规经营综合治理联席会议办公室日常工作，承担本市违法违规经营综合治理指导协调、信息汇总、数据统计和情况通报等工作；负责整治无需取得其他许可审批，以及已经取得许可审批但未取得营业执照的固定场所食品药品生产经营行为；配合许可审批及行业主管部门对相关许可审批事项及行业领域进行监督管理。

（十）市质量技监局：负责对本市食品相关产品生产加工的质量安全实施监督管理，组织协调食品相关产品质量安全事故的调查处理。

（十一）市食品药品监管局：负责对本市食品、食品添加剂生产经营活动实施监督管理；对食品药品安全事故的应急处置和调查处理进行组织指导，组织对引起突发、群发的严重伤害或者死亡的药品和医疗器械不良反应（事件）进行调查和处理。参与制定食品安全风险监测计划和食品安全标准，根据食品安全风险监测计划开展风险监测工作。负责本市药品和医疗器械生产经营、医疗机构制剂配制、化妆品生产的行政许可和监管，以及医疗机构使用环节的药品和医疗器械质量的监管。根据市食品药品安全委员会的要求，对突发食品药品安全事件处置中监管职责存在争议、尚未明确的事项，先行承担或协调有关部门先行承担监管职责。

（十二）市公安局：承担食品药品安全犯罪的侦查职责。支持、协助各成员单位履行食品药品安全监管职责。

（十三）市财政局：按照"两级政府，两级管理"的原则和部门预算管理要求，承担食品药品安全监督管理相关工作经费保障职责。

（十四）市环保局：负责对食品生产经营企业污染源的监管和环境质量的监测。

（十五）上海出入境检验检疫局：负责食品进出口环节的监管，并承担《国境卫生检疫法》及其实施细则所规定的国境口岸范围内的食品安全监管工作。

（十六）市绿化市容局：负责本市餐厨废弃油脂和餐厨垃圾收运、处置的监督管理。

（十七）市城管执法局：负责对食品经营者遵守市容环境卫生管理规定的监督管理；负责划定区域（点）和固定时段以外的占用道路等公共场所经营食品、售卖活禽等违法行为的行政处罚工作；负责餐厨废弃油脂和餐厨垃圾收运、处置等违法行为的行政处罚工作。

（十八）市旅游局：配合有关部门做好本市旅游饭店、旅行社和A级旅游景区涉及旅游者的食品安全工作，指导做好食品安全宣传教育工作。

（十九）市粮食局：负责粮食收购、储存活动中的粮食质量以及原粮卫生的监管。

（二十）市政府法制办：指导、开展食品药品安全相关地方立法工作，参与食品药品安全执法重大法律问题的研究处理。

（二十一）市政府新闻办：协调食品药品安全宣传工作，组织重大食品药品安全事件新闻发布。

各成员单位要承办市食品药品安全委员会交办的其他事项，对部门监管职责未尽事项，由市食品药品安全委员会根据本市实际协调决定，明确部门的监管职责。

四、区和镇（乡）、街道食品药品安全综合协调机构职责

区政府设立区食品药品安全委员会，区食品药品安全委员会下设办公室，区食品药品安全委员会及其办公室职责参照市食品药品安全委员会及其办公室职责设置。

镇（乡）政府要建立镇（乡）食品药品安全委员会，镇（乡）食品药品安全委员会下设办公室；街道办事处要建立街道食品药品安全综合协调机构，并明确承担其日常工作的街道办事处科室。

（一）镇（乡）食品药品安全委员会职责

1. 定期研究本区域食品药品安全状况，及时采取有针对性的措施，解决影响本地区食品药品安全的重点、难点问题和人民群众反映的突出问题，研究和部署镇（乡）食品药品安全工作。

2. 做好食品药品安全隐患排查、信息报告、协助执法和宣传教育工作。

3. 积极开展食品药品安全有奖举报等相关工作，加强对社区和农村食品安全专、兼职队伍的培训和指导。

4. 贯彻落实上级政府有关食品药品安全工作的决策部署。

5. 承担区政府、区食品药品安全委员会规定的其他职责。

（二）镇（乡）食品药品安全委员会办公室职责

1. 建立完善食品药品安全综合协调机制，牵头落实辖区内食品药品安全工作，掌握辖区内食品药

品生产经营单位基本信息，主动将食品安全纳入联勤联动工作范围，加强综合治理。

2. 加强辖区食品药品安全综合治理，做好食品药品安全隐患排查工作、信息报送和协助执法等工作。

3. 牵头协调各行政管理派出机构，组织落实食品安全网格化管理，形成分区划片、包干负责的食品安全工作责任网。

4. 牵头组织各相关监管部门开展食品摊贩、小作坊、无证照食品生产经营等的综合治理，牵头开展联合食品药品安全执法行动，督促做好食品摊贩的登记和公示卡的发放、小型餐饮服务提供者临时备案等相关管理工作。

5. 制定辖区食品药品安全突发事件应急处置预案，按照相关要求，向区食品药品安全委员会办公室报告辖区内发生的重大和突发性食品药品安全事件。建立以协管员、信息员和志愿者为补充力量的食品药品安全应急队伍，协助配合相关部门开展食品药品安全事件的调查处置和善后工作。

6. 积极开展食品安全示范镇等各项示范创建活动；组织开展食品药品安全"六进"等宣传教育活动和各类食品药品安全知识科普工作；组织镇（乡）政府、居（村）民委员会食品安全工作人员的培训，指导督促居（村）民委员会开展食品安全相关工作。

7. 组织开展食品药品安全绩效考核，积极落实食品药品安全有奖举报等相关工作。

8. 完成镇（乡）政府、区食品药品安全委员会办公室和镇（乡）食品药品安全委员会交办的其他相关工作。

（三）街道食品药品安全综合协调机构职责

1. 定期研究本区域食品药品安全状况，研究和部署街道食品药品安全工作。

2. 及时发现影响本地区食品药品安全的重点、难点问题，提出相关建议和措施，做好食品药品安全隐患排查、信息报告、协助执法和宣传教育工作。

3. 积极开展食品药品安全有奖举报等相关工作，加强对社区食品安全专、兼职队伍的培训和指导。

4. 贯彻落实上级政府有关食品药品安全工作的决策部署。

5. 承担区政府、区食品药品安全委员会交办的其他工作。

（四）街道办事处承担食品药品安全日常工作的科室职责

1. 建立完善食品药品安全综合协调工作制度，将食品安全纳入联勤联动工作范围；加强辖区内食品药品安全综合治理，做好食品药品安全隐患排查、信息报送等工作。

2. 加强与各行政管理派出机构的协作，形成分区划片、包干负责的食品安全工作责任网。

3. 协调各相关监管部门开展联合食品药品安全执法行动，加强对食品摊贩、小作坊、无证照食品生产经营等的综合治理，督促做好食品摊贩的登记和公示卡的发放、小型餐饮服务提供者临时备案等相关管理工作。

4. 落实食品药品安全突发事件应急处置预案中提出的各项工作要求，按照规定向区食品药品安全委员会办公室报告辖区内发生的重大和突发性食品药品安全事件。建立以协管员、信息员和志愿者为补充力量的食品药品安全应急队伍，协助配合相关部门做好食品药品安全事件的善后工作。

5. 积极开展食品安全示范街等各项示范创建活动；组织开展食品药品安全"六进"等宣传教育活动和各类食品药品安全知识科普工作；会同相关部门开展街道办事处、居（村）民委员会食品安全工作人员的培训，组织相关部门指导督促居（村）民委员会开展食品安全相关工作。

6. 协助推进食品药品安全有奖举报等相关工作。

7. 完成区食品药品安全委员会办公室和街道办事处交办的其他相关工作。

上海市食品药品监督管理局关于印发
《上海市食品药品监督管理局所属承担行政审批评估评审职能事业单位改革方案》的通知

（沪食药监人〔2017〕17号）

市食品药品检验所、市医疗器械检测所、市食品药品包装材料测试所：

根据《关于本市事业单位性质行政审批评估评审技术服务机构与政府部门实行脱钩改制的实施办法》和《关于做好行政审批评估评审技术服务机构脱钩改制工作方案制定工作有关事宜的通知》精神，我局研究制定了《上海市食品药品监督管理局所属承担行政审批评估评审职能事业单位改革方案》，已报市编办审核和分管市领导同意。现印发给你们，请认真贯彻执行。

特此通知。

上海市食品药品监督管理局

2017年1月22日

上海市食品药品监督管理局所属承担行政审批
评估评审职能事业单位改革方案

根据《关于本市事业单位性质行政审批评估评审技术服务机构与政府部门实行脱钩改制的实施办法》和《关于做好行政审批评估评审技术服务机构脱钩改制工作方案制定工作有关事宜的通知》精神，对照本市行政审批评估评审事项目录，制定我局所属上海市食品药品检验所、上海市医疗器械检测所、上海市食品药品包装材料测试所3家公益性评估评审事业单位改革方案。

一、改革目标

根据国家和本市推进承担评估评审职能事业单位改革的总体部署，实施改革和清理规范，进一步推进公益性评估评审事业单位规范管理，实行政事分开、事企分开，深化事业单位分类改革，解决红顶中介问题，强化事业单位公益属性，逐步建立健全功能明确、治理完善、运行高效、监管有力的管理体制和运行机制，构建科学、公正、权威、高效的"四位一体"食品药品检验检测体系，为本市食品药品监管事业做好有力的技术支撑。

二、改革事项

对照《上海市行政审批评估评审目录（2015年版）》，各评估评审职能改革意见如下：

（一）继续保留的市级评估评审职能

1.上海市食品药品检验所

（1）医疗机构制剂临床三批样品检验

（2）涉及药品委托生产的连续三批产品检验

（3）药品注册检验〔新药生产申请（初审）〕

（4）药品注册检验〔已有国家标准药品注册（初审）〕

（5）国产非特殊用途化妆品检验

2. 上海市医疗器械检测所

（1）Ⅱ类医疗器械（含Ⅱ类体外诊断试剂注册）产品注册检验

3. 上海市食品药品包装材料测试所

（1）生产环境检测（限无菌医疗器械）

（2）化妆品生产企业生产车间空气质量、生产环节和生产用水卫生质量检测

（二）直接退出的评估评审职能

1. 上海市食品药品检验所

（1）化妆品生产企业生产车间空气质量、生产环节和生产用水卫生质量检测

（2）食品生产检验

（3）食品安全企业产品技术要求的检验

（4）食品生产加工小作坊产品检验

2. 上海市食品药品包装材料测试所

（1）食品生产检验

（2）食品安全企业产品技术要求的检验

（3）食品生产加工小作坊产品检验

（三）已调整为国家级的评估评审职能

1. 上海市食品药品检验所

（1）国产保健食品注册试验

（2）国产保健食品注册连续三个批号样品的功效成分或标志性成分、卫生学试验

2. 上海市食品药品包装材料测试所

（1）药包材检验机构出具的三批申报产品质量检验

（2）药包材或者药品检验机构出具的洁净室（区）洁净度检验

三、组织实施

（一）加强组织领导

评估评审职能事业单位改革工作政策性强、要求高、责任重大，各单位要进一步增强政治意识、大局意识和责任意识，把这项工作列入重要议事日程，严格落实责任制，保证各项措施落到实处，层层抓落实，环环抓推进，确保目标清、责任清、进度清、结果清。

（二）积极稳妥实施

各单位应扎实推进落实改革各项具体工作。对继续保留的市级评估评审业务实行目录管理，目录内容包括业务名称、开展单位、收费标准、收费依据，在单位网站要提供相关目录的公开查询服务，并将目录于2017年2月底前报市食药监局组织人事处。对直接退出的评估评审业务，各单位应于2017年3月起不再承接新的业务。对国家级评估评审业务加强管理，根据国家相关评估评审事项改革要求另行推进。

（三）严肃纪律监督

根据有关规定，改革后除法律法规另行规定外，各单位不再申请新的评估评审资质，不设立新的评估评审业务。市食药监局相关部门定期组织开展普遍检查和重点抽查，对改革工作不落实、执行相关规定不得力的单位和个人，严肃依法依纪予以问责。

上海市食品药品监督管理局关于印发
《关于进一步做好食品药品安全随机抽查加强
事中事后监管工作的实施意见》的通知

（沪食药监法〔2017〕74号）

机关各处室、各直属单位，各区市场监管局：

为进一步构建权责明确、透明高效的事中事后监管机制，提升政府监管的公正性和规范性，保障本市食品药品安全，根据《国务院办公厅关于推广随机抽查规范事中事后监管的通知》和《食品药品监管总局关于进一步做好食品药品安全随机抽查加强事中事后监管的通知》要求，结合本市实际，上海市食品药品监督管理局制定了《关于进一步做好食品药品安全随机抽查加强事中事后监管工作的实施意见》，现印发给你们，请遵照执行。

特此通知。

附件：上海市食品药品监督管理局关于进一步做好食品药品安全随机抽查加强事中事后监管工作实施意见

上海市食品药品监督管理局
2017年4月14日

附件：

上海市食品药品监督管理局关于进一步做好食品药品安全
随机抽查加强事中事后监管工作实施意见

为深入贯彻落实《国务院办公厅关于推广随机抽查规范事中事后监管的通知》和全国推行"双随机、一公开"监管工作电视电话会议精神，按照《食品药品监管总局关于进一步做好食品药品安全随机抽查加强事中事后监管的通知》要求，结合本市食品药品监管实际，制定本实施意见。

一、指导思想

认真贯彻落实党中央、国务院以及市委、市政府关于深化简政放权、放管结合、优化服务改革的部署和要求，按照国家食药监总局、市政府关于规范行政执法行为、加强事中事后监管、推进"双随机、一公开"的总体要求，进一步转变监管理念，规范监管行为，创新监管方式，构建权责明确、透明高效的事中事后监管机制，及时向社会公开监管信息，提升政府监管的公正性和规范性，进一步保障本市食品药品安全。

二、基本原则

（一）坚持依法监管。按照《中华人民共和国食品安全法》《中华人民共和国药品管理法》《医疗器械监督管理条例》《化妆品卫生监督条例》《上海市食品安全条例》等要求，进一步强化食品药品安全事中事后监管。

（二）坚持分类监管。稳步推进食品药品监管"双随机、一公开"（随机抽取检查对象、随机选取检查人员、抽取情况及查处结果及时向社会公开）的随机抽查制度，根据食品、药品、医疗器械、化妆品产品风险程度的不同，明确各类产品的全覆盖检查事项和随机抽查事项。对全覆盖检查事项，检查人员可以随机选取；对随机抽查事项，明确其检查对象抽取、检查人员选取等具体程序和要求，避免选择执法、任性执法，促进严格、规范、公正、文明执法，进一步树立食品药品监管部门的良好形象。

（三）坚持协同推进。将推行随机抽查工作，与完善食品药品监管体制、深化食品药品行政审批制度改革、建立食品药品监管行政权力清单和行政责任清单、推动食品药品安全信用体系建设、加强食品药品安全科学监管等改革与创新有机结合，统筹推进，科学安排，进一步提高监管效能和水平。

（四）坚持公开透明。按照食品药品法律法规和政府信息公开的要求，加强事中事后监管信息公开，推行食品药品安全随机抽查的事项公开、程序公开、结果公开，保障行政相对人权利平等、机会平等、规则平等，实现食品药品监管"阳光执法"。

三、工作内容

随机抽查事项主要适用于对产品注册以及生产经营许可后的食品、药品、医疗器械、化妆品生产经营者的事中事后监管。

市食药监局和各区市场监管局在落实属地监管责任和"网格化"管理基础上，原则上对下列事中事后监管工作采用"双随机"方式进行检查：一是基层市场监管所执行《市场监督管理所通用管理规范》，按照风险分级分类开展的日常执法监督检查；二是市食药监局和各区市场监管局组织开展的专项监督检查；三是市食药监局和各区市场监管局按照"四不两直"（不发通知、不打招呼、不听汇报、不用陪同接待、直奔基层、直插现场）要求组织开展的飞行检查。

在食品药品安全随机抽查加强事中事后监管中，重点做好以下工作：

（一）建立随机抽查事项清单

建立随机抽查事项清单，市食药监局根据法定职责和《上海市市、区两级食品药品监管部门行政权力清单》，制定《上海市食品药品随机抽查事项清单》（见附件），录入本市事中事后综合监管平台，向社会公布。各区市场监管局根据《上海市食品药品随机抽查事项清单》，结合本区实际建立区级随机抽查事项清单。

按照国家食药监总局要求，确定以下事项为全覆盖检查事项，加强监督检查：一是法律、法规、规章明确规定的高风险产品；二是被投诉举报存在质量安全问题的产品；三是被纳入"黑名单"企业生产经营的产品；四是发生食品药品安全事故的产品。各区市场监管局可结合本区实际补充本行政区的全覆盖检查事项。

（二）建立检查对象名录库

市食药监局和各区市场监管局根据职责和业务范围，对随机抽查事项建立完善食品药品生产经营者名录库，按照风险分级进行分层分类，并实行动态管理，及时更新。

（三）建立检查人员名录库

市食药监局和各区市场监管局结合食品药品安全监管职业化、专业化队伍建设，认真实施《关于上海市行政执法类公务员队伍建设三年行动计划（2016—2018年）》，按照食品（保健食品）、药品、医疗器械、化妆品等产品类别建立检查人员名录库。

建立专家库，聘请专家提供专业咨询意见，协助专业检查人员按照药品生产质量管理规范（GMP）、药品经营质量管理规范（GSP）、医疗器械生产质量管理规范（GMP）、医疗器械经营质量管理规范（GSP）、食品良好生产规范（GMP）、食品药品抽样等专业技术要求开展检查。

创新社会治理，实施跨区域随机检查，鼓励聘请社会监督员参与食品药品安全检查。

（四）制定"双随机、一公开"实施方案

市食药监局和各区市场监管局应分别制定食品药品随机抽查工作方案，突出随机抽查的可操作性和实效性，一是实施方案应明确抽查范围、抽查事项、抽查比例、时间安排、工作要求以及信息公开的方式、流程、时限、责任主体等内容；二是根据被检查对象的产品风险、企业信用等级等确定随机抽查事项中的抽查比例和频次，对企业守法经营信用等级较好的，可适当降低抽查比例和频次；三是加强与本市事中事后综合监管平台的对接与应用，将实施方案、食品药品生产经营者名录库、检查人员名录库和相关信息及时对接该平台，随机抽查的食品药品生产经营者和检查人员可分别通过该平台或数据对接方式抽取产生；四是在检查人员名录库中随机抽取产生的检查人员属于法定回避情形的，应当及时调整，另行抽取。

（五）建立随机检查的制度，加大信息公开力度

市食药监局和各区市场监管局要按照政府信息公开的要求，公开随机抽查的结果。随机抽取的检查人员依法依规对食品药品生产经营者实施监督检查，检查人员不得少于两人，实行组长负责制，制作《现场检查笔录》等法律文书。对检查发现的违法违规行为需要立案查处的，按照法定程序处理，涉嫌犯罪的依法移送司法机关。

按照"谁检查、谁录入"的原则，及时将随机抽查结果录入食品药品监管移动执法信息平台。

随机抽取的食品药品生产经营者、检查人员的名单以及检查结果应及时向社会公开。同时，将检查结果纳入企业的食品药品安全信用档案，作为企业信用等级评定和分类监管的重要依据。

四、保障措施

（一）加强组织领导，落实工作责任

"双随机、一公开"是加强事中事后监管，保障食品药品安全的重要举措。市食药监局和各区市场监管局要加强组织领导，成立"双随机、一公开"工作领导小组，明确推行"双随机、一公开"的责任主体、责任内容、责任方式，做到权责划分科学清晰，职责落实切实到位。按照《市场监督管理所通用管理规范》要求，加强基层市场监管所规范化、标准化建设，充实并合理调配一线检查执法力量，建立与城市网格化管理平台相衔接的工作机制，确保"双随机、一公开"制度执行有力。

（二）围绕监管要求，提高监管能力

市食药监局和各区市场监管局在落实"双随机、一公开"工作中，要注重"三个结合"：一是与落实中央关于食品药品安全"四个最严"的要求相结合，随机确定检查对象和检查人员，严格按照规定的检查标准开展对企业的监督检查，督促企业落实主体责任；二是与落实建设市民满意的食品安全城市重点任务相结合，对市民消费量大、日常生活密切相关的重点品种、重点企业或场所，提高随机抽查的比例和频次，加强监督检查力度；三是与落实国家食药监总局"四有两责"工作要求相结合，强化基层随机抽查能力建设，提高基层食品药品监管水平，消除食品药品安全隐患，有效防范食品药品安全风险。

（三）加强工作指导，及时总结经验

市食药监局和各区市场监管局要加强对"双随机、一公开"的业务指导和培训，转变监管理念，丰富监管手段，提高监管执法人员专业知识和业务水平；充分利用网络信息技术平台，实现在线实时随机抽取食品药品生产经营者和检查人员，对随机抽查过程和抽查情况实现过程可记录、责任可落实。市食药监局要及时研究新情况、解决新问题，认真总结浦东新区市场监管局率先开展"双随机、一公开"工作经验，指导各区市场监管局开展工作；各区市场监管局要结合实际，抓紧制定具体实施方案，积极探索总结好的经验和做法，于2017年12月底前书面报送"双随机、一公开"工作落实情况。

附件：《上海市食品药品随机抽查事项清单》（略）

关于印发上海市食品药品安全委员会议事协调规则的通知

（沪食药安办〔2017〕77号）

市食品药品安全委员会各成员单位：

现将《上海市食品药品安全委员会议事协调规则》印发给你们，请认真遵照执行。

上海市食品药品安全委员会办公室

2017年9月1日

上海市食品药品安全委员会议事协调规则

为加强全市食品药品安全工作的统筹协调，建立健全食品药品安全全程监管、无缝衔接的监管工作机制，保证市食品药品安全委员会（以下简称"市食药安委"）及其办公室（以下简称"市食药安办"）工作的有序、高效开展，根据有关法律法规、市政府工作规则等有关规定，结合实际，制定本议事协调规则。

市食药安委及其办公室议事协调工作遵循共同协商、公平公正原则，坚持服务中协调、协调中综合、综合中凝聚合力的工作方法，力求务实、高效地开展综合协调工作。

一、会议制度

（一）市食药安委全体会议。传达贯彻国务院和市政府食品药品安全方面的重要决策、重大部署等；决定和部署全市食品药品安全监管的重要工作；研判全市食品药品安全形势，研究制定重大政策和措施；听取市食药安办和各成员单位食品药品安全监管工作汇报，检查督促市食药安委确定的重大事项落实情况；审议职责界面不清的食品药品安全监管事项的解决方案，并作出决定；研究决定处置食品药品安全重大事件及应急救援工作。

市食药安委全体会议一般每半年召开一次（必要时视情临时召开全体会议）。出席范围：市食药安委全体委员、各成员单位联络员。根据需要，可以召开市食药安委扩大会议，邀请区分管区长（区食药安委主任）、区食药安办主任和市相关部门的分管领导参加会议。会议议题由市食药安办根据工作情况和成员单位的相关意见，提出初步意见，报市食药安委主任审定。会议形成的纪要和需印发的文件，由市食药安委主任或主持会议的副主任审签。

市食药安办负责落实会务及相关的文秘工作。

（二）专题工作会议。研究部署上级部门安排的阶段性工作任务；研究决定涉及部分成员单位的专项整治等工作事项；研究其他突发、偶发事件的应对处置工作等。专题工作会议根据需要召开，出席的范围根据食品药品安全工作需要确定，会议由市食药安委主任或副主任主持，会议形成的纪要和需报批的材料，由市食药安委主任或主持会议的副主任审签。

（三）市食药安办主任办公会议。落实市食药安委确定的年度工作计划阶段性推进事项；研究提出拟提交市食药安委全体会议审议的工作事项；研究决定市食药安办职责范围内的重要工作。主任办公会议一般每季度召开一次，一般安排在季度末召开。出席范围：市食药安办主任、副主任。根据需要，可以召开扩大会议，邀请相关部门负责同志和区食药安委主任或区食药安办主任参加。会议由市食药安办主任或副主任主持，议题由市食药安办主任或副主任提出并确定，会议形成的纪要和需报送的材料，由市食药安办主任或主持会议的副主任审签。

（四）成员单位联络员会议。通报各部门食品药品安全监管工作落实推进情况；协调处理食品药品安全监管工作中的日常事务和一般性工作；讨论拟提交市食药安办主任办公会议审议的议题以及相关的准备工作。会议一般每季度召开一次，一般安排在季度中召开。出席范围：各成员单位联络员。根据工作需要，也可以召开部分成员单位联络员会议。会议由市食药安办主任或委托副主任主持，议题由市食药安办主任或副主任提出并确定。

上述会议召开时，接到会议通知的同志应事先安排好工作，并按会议通知要求做好准备，准时参加会议。如确因工作关系不能参加会议的，须事先向市食药安办请假并说明原因。代替出席会议的同志负有贯彻落实会议精神的责任。

二、重要信息通报制度

根据"早发现、早报告、早控制"的原则，建立完善食品药品安全重要信息通报制度。市食药安委各成员单位和区食药安办，应第一时间向市食药安办报送以下重要信息：重大食品药品安全事件或社会影响广泛的典型事件；国家相关部门部署的阶段性重要工作；监督检查中查处的重大违法违规案件；投诉举报渠道获取的重大食品药品安全事件或隐患线索；重要媒体舆情；其他可能引发事态扩大，影响社会稳定的案情信息。涉及应急处置工作的，应及时将处置情况进展续报市食药安办。

报送的方式可以正式行文，也可以以《情况专报》等形式，或是向上级部门报告的同时抄报市食药安办。

市食药安办应及时汇总有关工作信息，以信息专报等形式及时向市政府或上级部门报告，根据工作需要也可以向市食药安委各成员单位以及各区政府通报。

各成员单位和区食药安办在上报市食药安办的同时，应根据上级部门的要求和相关的信息报送程序规定，视情况主动向上级部门、其他相关单位或外省市相关单位进行通报。

对于重要信息报送不及时的单位或区，市食药安办应及时进行督查督办；对由于信息报送不及时，造成不良影响或是严重后果的，将按相关规定作出处理。

日常工作信息的报送，按照相关规定执行，原则上各成员单位每月向市食药安办报送信息不少于1篇。市食药安办应定期综合本市食品药品安全工作的信息，以《简报》等形式向各成员单位和区进行印发交流。

三、食品安全信息公布制度

按照《中华人民共和国食品安全法》，需要公布的食品安全信息主要分为省级以上食品药品监管部门统一公布的食品安全信息和各级食品安全监管部门依据各自职责公布的食品安全日常监管的信息。根据《上海市食品安全条例》，以下食品安全信息由市食药安办统一公布：

（一）本市食品安全总体情况；

（二）本市食品安全风险评估信息和食品安全风险警示信息；

（三）本市重大食品安全事故及其处理信息；

（四）市人民政府确定需要统一公布的其他重要食品安全信息。

本市食品药品监管、质量技监、农业、卫生计生、出入境检验检疫等部门应当加强监管部门间的信息共享，获知以上需要统一公布的食品安全信息的，应当立即向市食药安委报告；市食药安委应当及时确定需要公布的食品安全信息，由市食药安办通过统一的信息平台统一公布。

本市食品药品监管、质量技监、农业、出入境检验检疫等部门应依据各自职责，建立、完善食品安全信息系统，公布食品安全行政许可、监督检查、监督抽检等日常监督管理信息以及食品安全违法行为行政处罚等信息。

四、新闻发言人制度

市食药安委会同市政府新闻办负责本市食品药品安全新闻发布的组织协调工作。

市食药安委设立新闻发言人，各成员单位根据相关规定相应设立新闻发言人。新闻发布会或新闻通气会根据需要由市食药安委授权举行，由市食药安委新闻发言人直接发布，或由市食药安委相关成员单位部门负责人（或新闻发言人）发布。

建立健全食品药品安全新闻发布工作指导协调机制，由市食药安办和市委宣传部、市政府新闻办会食药安委各成员单位，定期研究食品药品安全信息发布工作，建立发布题目及内容征询单制度，重要发布内容及应对措施，须协调各相关部门意见一致，由市食药安办汇总形成新闻统发稿，并报经市食药安委领导审批。

各成员单位和区要落实食品安全舆情处置相关规定，建立舆情收集和研判机制，落实专人进行动态收集并跟踪各媒体、网络对本部门和本地区的食品药品安全的报道和评论，及时进行分析研判，研究具体对策，并将相关情况和建议及时通报市食药安办。

食品药品安全新闻发布的主要内容：介绍市政府及市食药安委在食品药品安全方面的决策部署和重要工作动态，全市食品药品安全总体情况，食品药品抽检监测情况，突发事情处置情况，食品药品安全预警预报及其他需要向社会公布的信息。

食品药品安全新闻发布应遵循准确、及时、客观、公正、科学的原则，要建立健全信息发布评估机制，定期进行总结评估。建立信息核实机制。对舆情反映的或社会各界普遍关心的涉及市食药安委成员单位或区的食品药品安全的重大事件、重点工作，要及时核实，确保信息发布的及时性、准确性、权威性。

五、重大食品药品安全事故应急处置制度

在市食药安委的领导下，市食药安办根据职责，完善本市食品药品安全应急管理体系，修订完善应急预案，适时组织应急演练。

食品安全事故，是指食源性疾病、食品污染等源于食品，对人体健康有危害或者可能有危害的事故。根据《国家重大食品安全事故应急预案》和《上海市食品安全事故专项应急预案》，本市重大食品安全事故分为四级：Ⅰ级为特别重大、Ⅱ级为重大、Ⅲ级为较大和Ⅳ级为一般。

Ⅰ级：事故危害特别严重，指对本市和其它省市造成严重威胁，并有进一步扩散趋势的；发生跨境（含港、澳、台）、跨国食品安全事故，造成特别严重社会影响的；国务院认定的特别重大食品安全事故。

Ⅱ级：造成伤害人数100人以上，并出现死亡病例的；造成10例以上死亡病例的；市政府认定的重大食品安全事故。

Ⅲ级：造成伤害人数100人以上，或者出现死亡病例的。

Ⅳ级：造成伤害人数30～99人，未出现死亡病例的。

本市对重大食品安全事故应急处置工作实行分级管理。

（一）特别重大食品安全事故（Ⅰ级）由市食药安委负责协助国务院食安委、国务院食安办组织查处。

（二）Ⅱ级、Ⅲ级重大或较大食品安全事故由市食药安委委托市食药安办组织查处。

（三）Ⅳ级食品安全事故由市食药安办会同相关区食药安委组织查处。

对突发食品安全事件如涉及监管环节职责不清的事项，由市食药安办牵头协调并组织处置。同时，受市食药安委委托，协调非市食药安委成员单位开展食品安全事件的应对、处置。

特别重大（Ⅰ级）和重大（Ⅱ级）食品安全事故发生后，根据市食药安委的要求或相关部门的请求，市食药安办会同成员单位成立相应的重大食品安全事故应急处置指挥部（以下简称应急指挥部），负责组织应急处置工作。应急指挥部指挥长由市食药安委主要领导确定。同时，启动媒体应急协调机制。应急指挥部的工作不取代职能部门的职责，各部门应在应急指挥部的指导和综合协调下，开展事故处置、问题产品的控制和召回、应急救援、应急信息发布、流行病学调查以及事故责任调查等工作，努力形成合力。应急指挥部还应指挥、督导下级机构开展重大食品安全事故查处工作。

应急指挥部根据处置工作的需要，组建重大食品安全事故专家咨询委员会，对重大食品安全事故查处工作提供技术咨询和建议，对事故查处工作效果和事故隐患消除情况进行分析评估，并提出后续处置应对措施。

食品药品监督管理、市场监督管理部门接到食品安全事故报告后，应当立即会同卫生计生、质量技术监督、农业等部门进行调查处理，依法采取措施，防止或者减轻社会危害。市食药安委各成员单位及区食药安委一旦获悉并查实发生重大食品安全事故，应按照"早发现、早报告、早控制"的原则，必须在接报后1小时内向市食药安办口头报告，在24小时内以书面形式初报，并按规定做好进程报、续报以及调查处置终结报告。特别重大或特殊情况，必须立即报告。

本市药品安全突发事件应急处置应按照《上海市处置药品安全突发事件应急预案》等规定组织实施。

六、联合执法制度

市食药安委各成员单位，根据国务院和市政府布置的各项专项整治工作，针对阶段性突出的食品药品安全重点难点问题，或市民反映强烈的热点问题，认为需要组织开展联合执法的，可以拟定联合执法方案报市食药安办，经市食药安委领导审定后，由市食药安办组织相关执法部门开展联合执法行动。根据工作需要，可适时组织开展全市性的、区联动的食品药品安全联合执法行动。

七、集中办公制度

为加强市食药安办综合协调服务工作，落实市食药安委布置的各项工作任务，由市农委、市工商局、市质量技监局、市食品药品监管局、上海出入境检验检疫局、市公安局各选派一名职能处室的优秀骨干（原则上是副处级干部），到市食药安办挂职集中办公。其主要工作职责：参与重大食品药品安全事故的联合应急处置；负责所在单位与市食药安办的日常联系、沟通协调事宜；协助与外省市对口部门的联系、沟通；综合各类情况信息，及时向市食药安委成员单位传递所在单位监管职责范围内的食品药品安全信息；及时向所在单位领导汇报市食药安委有关工作及要求；催促所在单位向市食药安办报送相关资料；参与市食药安办组织的政策研究、工作调研、督导检查、暗访暗查和联合执法等工作。

挂职锻炼干部每年轮换一次，由市食药安办统一安排工作，并提供相应的工作条件。

八、督查督办制度

市食药安办负责对各成员单位和区食药安办开展食品药品安全工作的情况进行督查督办。督查督办的主要内容：督导检查食品药品安全法律、法规、规章的贯彻执行情况；本市年度计划确定的工作任务的推进落实情况；国务院食安办和市政府部署的专项整治工作推进落实情况；市食药安委决策部署的重要工作的落实情况；各相关部门和区政府履行食品药品安全监管职责情况；重大食品药品安全事件的处置、整改落实情况；食品药品安全重大案件查办情况；市政府领导批示、交办事项的落实情况等。督查督办工作分为专项督查和日常相关工作的催办督办，可以采用实地督查的方式，也可采用限期报送工作情况或相关资料的形式。时间按工作节点适时安排。

市食药安办应在一定范围内及时通报督查督办结果。对工作不力造成恶劣影响的，纳入各部门及区绩效考核及责任追究。

九、绩效考核制度

受市食药安委委托，市食药安办会同相关部门负责对各成员单位和区食品药品安全工作的绩效考核，区食药安委负责对成员单位和街镇食品药品安全工作的绩效考核。绩效考核的主要内容：市政府规定职责的履行情况；市食药安委交办承担的工作职责和工作任务的完成情况；市政府与区政府、各成员单位签订的《食品安全工作责任书》约定的工作任务的完成情况等。

绩效考核工作一般安排在年底进行，由市食药安办协商相关部门拟制具体考核评估细则，报市食药安委领导审定。绩效考核工作组，由各成员单位联络员组成，由市食药安办领导带队。必要时可以委托第三方绩效评估机构进行年度绩效评估工作。

绩效考核结果由市食药安办汇总整理，形成书面报告报市政府或国家有关部门，同时向各相关部门和各区政府反馈。对本市食品药品安全工作有重大贡献及绩效显著的部门和个人，将提请市食药安委予以表彰和奖励。

关于印发《上海市关于规范涉嫌食品药品安全犯罪案件检验评估认定工作的实施意见》的通知

（沪食药安办〔2017〕103号）

各区食药安办，各中级人民法院、区人民法院，各检察分院、区人民检察院、上海铁路运输检察院，各公安分局、市公安局食品药品犯罪侦查总队，各区司法局，各区农委，各区市场监管局，市食品药品监管局执法总队、市药品和医疗器械不良反应监测中心，相关食品、药品、医疗器械、化妆品检验检测机构：

为加大食品（含食品添加剂、食用农产品）、药品、医疗器械、化妆品（以下简称食品药品）安全领域违法犯罪打击力度，切实维护人民群众生命安全和身体健康，进一步规范涉嫌食品药品安全犯罪案件检验、认定工作，根据《中华人民共和国刑法》《中华人民共和国刑事诉讼法》《中华人民共和国食品安全法》《中华人民共和国药品管理法》和最高人民法院、最高人民检察院关于办理危害食品药品安全刑事案件相关司法解释，以及《食品药品行政执法与刑事司法衔接工作办法》《上海市食品药品行政执法与刑事司法衔接工作实施细则》等规定，结合本市实际，本市相关部门联合制定了《上海市关于规范涉嫌食品药品安全犯罪案件检验评估认定工作的实施意见》，请遵照执行。

特此通知

上海市食品药品安全委员会办公室

上海市高级人民法院

上海市人民检察院

上海市公安局

上海市司法局

上海市农业委员会

上海市食品药品监督管理局

2017年11月21日

上海市关于规范涉嫌食品药品安全犯罪案件检验评估认定工作的实施意见

第一章 总 则

第一条（目的和依据）

为加大食品（含食品添加剂、食用农产品）、药品、医疗器械、化妆品（以下简称食品药品）安全领域违法犯罪打击力度，切实维护人民群众生命安全和身体健康，规范涉嫌食品药品安全犯罪案件检验、检疫、检测（以下简称检验）、健康风险评估和认定工作，加强食品药品安全行政执法与刑事司法工作的有效衔接，根据《中华人民共和国刑法》《中华人民共和国刑事诉讼法》《中华人民共和国食品安全法》《中华人民共和国药品管理法》、最高人民法院、最高人民检察院关于办理危害食品药品安全刑事案件相关司法解释，以及《食品药品行政执法与刑事司法衔接工作办法》《上海市食品药品行政执法与刑事司法衔接工作实施细则》等相关规定，结合本市实际，制定本意见。

第二条（适用范围）

本意见适用于本市食品药品监管部门、农业管理部门、市场监管部门、公安机关、人民检察院、人民法院办理的食品药品违法犯罪案件中涉及的检验、风险评估和认定工作。

第三条（职责分工）

本市食品药品检验机构负责根据食品药品监管部门、农业管理部门、市场监管部门、公安机关、人民检察院、人民法院等办案单位（以下统称办案单位）的委托，依据相关法律、法规、标准、规范以及相关规定，承担涉案食品药品检验并出具检验报告。

本市食品药品监管部门、农业管理部门、市场监管部门对无需开展风险评估的案件，根据同级公安机关的商请，出具认定意见。区市场监管部门、农业管理部门认定有困难的，可提请市食品药品监管部门、市农业管理部门予以认定。

上海市药品和医疗器械不良反应监测中心（以下简称市不良反应监测中心）负责组建涉案食品药品安全风险评估专家库（以下简称专家库），对需要开展风险评估的案件，根据办案单位的委托组织专家开展涉案食品药品评估，出具风险评估认定意见。

第四条（司法优先原则）

公安机关、人民检察院、人民法院办理食品药品刑事案件，需要对涉案食品药品进行检验、风险评估、认定或就相关材料听取咨询意见的，食品药品监管部门、农业管理部门、市场监管部门、相关检验机构和市不良反应监测中心应当积极协助配合，按照司法优先原则开展相关工作，按照国家相关规定出具有关检验报告、评估认定意见等材料。

第二章　涉案食品药品检验

第五条（检验机构确定）

市食品药品安全委员会办公室、市食品药品监督管理局负责会同法院、检察院、公安、司法、农业等相关部门根据检验资质、技术能力、服务水平等确定本市涉案食品药品检验机构（见附件1），定期通报和更新检验机构名单、联系方式等，并督促检验机构在其官方网站上实时更新检验资质、检验项目，以方便办案单位委托涉案食品药品检验工作。

必要时，其他省级以上的食品药品检验机构可作为临时性增加的涉案食品药品检验机构。

第六条（抽样）

根据刑事案件查处需要，对涉案食品药品需依法抽样检验的，办案单位应当根据案件办理需要，由相关执法人员或会同具有相应技术资质的专业人员，按照国家和本市相关规定进行抽样送检。

抽样送检过程中应当采取适当措施，避免涉案样品因腐败变质、被污染或其它性状改变而丧失检验条件。一般情况下，样品应当在查封或扣押后5个工作日内送检。对于易腐败变质、易污染或其他易发生性状改变的食品，应当在查封或扣押后24小时内送检。

涉案物品的抽样，一般应当留有备份。抽样过程应当制作详细的抽样记录，包括样品名称、性状、规格、数量、来源、保存情况、抽样时间、抽样地点、抽样编号、抽样人员和当事人签名等内容。抽样的具体要求按照国家和本市的相关规定执行（参见附件2）。

第七条（委托检验与检验报告）

办案单位向检验机构委托检验时，应当将涉案食品药品和抽样记录同时交付检验机构。

检验机构应当根据委托检验项目，并按照国家或本市相关标准检验，一般应当自收到样品之日起15个工作日内出具检验报告。特殊情况需要缩短或延长检验期限的，检验机构应当与委托单位协商确定。

食品药品检验报告的格式和内容应当符合法律法规规定和刑事证据要求，一般包括委托单位、委托日期、委托事项、检样情况、检验方法、评价标准、检验结果或结论、检验人员签名或印鉴、批准人员签名或印鉴、检验机构署名及印鉴、报告日期等（参见附件3）。

第八条（无食品药品标准检验方法的委托检验）

对国家和本市尚未建立食品、药品相关标准检验方法的，根据办案单位委托，检验机构应当优先采用国家食品药品监督管理总局发布的食品、药品补充检验方法或国际公认的检验方法，或其他经过论证的方法对涉案食品、药品进行检验，其结果可以作为涉案食品、药品评估或认定的参考。

必要时，检验机构可组织来自不同单位的3名以上具有高级技术职称的专业检验人员对上述方法的准确性和适用性等进行论证。

第九条（抽样检验结果认定）

对同一批次或者同一类型的涉案食品药品，如因数量较大等原因，无法进行全部检验的，根据办案需要，可以进行抽样检验，检验结果可以作为该批次、该类型全部涉案食品药品的检验结果。

第三章　涉案食品药品评估

第十条（评估范围）

对于需要开展食品药品安全评估的犯罪案件，相关办案单位应当委托市不良反应监测中心组织专家开展涉案食品药品风险评估。一般包括以下情形：

（一）涉案食品是否属于有毒有害食品原料或有毒有害食品，法律法规未明确规定的；

（二）有毒有害的非食品原料是否属于毒性强、含量高的；

（三）涉案食品是否属于不符合食品安全标准，是否足以造成严重食物中毒事故或者其他严重食源性疾病，法律法规未明确规定的；

（四）在食品生产、销售、运输、贮存等过程中，是否违反食品安全标准，超限量或超范围滥用食品添加剂，足以造成严重食物中毒事故或者其他严重食源性疾病的；

（五）在食用农产品种植、养殖、销售、运输、贮存等过程中，是否违反食品安全标准，超限量或者超范围滥用添加剂、农药、兽药等，足以造成严重食物中毒事故或者其他严重食源性疾病的；

（六）生产、销售不符合国家标准、行业标准医疗器械，是否足以严重危害人体健康不明的；

（七）经市食品药品安全委员会办公室、市食品药品监督管理局确认需要开展食品药品安全风险评估认定的案件。

第十一条（专家组成与条件）

食品药品安全风险评估专家库由医学、药学、农业、食品、营养、生物、环境、流行病、毒理、物理、化学、材料、心理、统计、刑侦、法律等相关领域专业技术或管理人员组成。

食品药品安全风险评估专家应当符合以下条件：

（一）拥护中国共产党的路线、方针、政策，廉洁自律，具有社会责任感和严谨、科学、端正的工作作风；

（二）熟悉食品药品安全评估工作，在食品药品安全相关专业领域有丰富的工作经验，熟悉相关法律、法规、规章和标准等；

（三）具有敬业精神，工作积极主动，一般应具有副高级及以上技术职称，身体健康。

第十二条（专家职责）

食品药品安全风险评估专家应当积极参加由市不良反应监测中心组织的涉案食品药品评估，并承担以下职责：

（一）评估应当依法、公正、科学、严谨，并对作出的评估意见负责；

（二）与案件当事人有利害关系、可能影响客观公正评估的，应当自行申明并回避；

（三）经人民法院依法通知，应当出庭作证，回答与评估事项有关的问题；

（四）对评估内容应当严格保密，未经同意，不得向其他组织和个人泄露与评估事项有关的信息。

第十三条（评估委托与材料）

办案单位委托市不良反应监测中心组织专家开展涉案食品药品评估时，应当填写评估委托书（参见附件 4），并提供相关评估材料。评估材料必须真实、可靠、完整，一般包括以下材料：

（一）涉案食品药品评估委托书；

（二）涉案食品药品的实物、照片、标签等；

（三）涉案食品药品的数量、来源、流向和涉及人群等；

（四）涉案食品药品抽样记录、检验报告等；

（五）涉案食品药品生产经营场所现场勘验报告或检查笔录；

（六）涉案食品药品有关生产经营人员的询问（讯问）笔录；

（七）医疗卫生机构对涉案食品药品的就诊者出具的体检、检验和诊断报告等；

（八）其他与涉案食品药品评估有关的材料。

市不良反应监测中心接收上述材料时，应当场出具材料接收凭证。

第十四条（材料提交审查和补正）

市不良反应监测中心依据相关法律、法规、规章及技术标准等，在 2 个工作日内对办案单位提交的委托评估材料进行审查，并决定是否予以受理。案情复杂的，经与办案单位协商可适当延长审查期限。

对于办案单位提交委托评估材料不齐全的，市不良反应监测中心应向办案单位提出补正要求，办案单位应当及时补正并重新提交材料。

第十五条（委托评估受理）

办案单位提供的委托评估材料齐全，且涉案食品药品属于评估范围的，市不良反应监测中心应当及时受理。受理日期以资料补全日期为准。市不良反应监测中心于受理之日起 10 个工作日内组织专家完成涉案食品药品评估，并出具专家评估意见。案情复杂的，经市不良反应监测中心与办案单位协商，可适当延长评估期限。

第十六条（不予受理评估情形）

市不良反应监测中心不予受理的涉案食品药品委托评估，一般包括以下情形：

（一）委托事项不属于市不良反应监测中心评估范围的；

（二）涉案食品药品无评估依据或评估依据不足的；

（三）我国或本市对与涉案食品药品相同的产品已有明确评估结论的；

（四）办案单位提交材料不齐全，或办案单位逾期未按要求补正材料的。

市不良反应监测中心不予受理，应当自办案单位提出委托评估之日起 5 个工作日内书面告知办案单位不予受理的理由。

第十七条（专家评估会议）

市不良反应监测中心负责组织召开专家评估会议。专家评估会议参会人员应当包括评估专家和市不良反应监测中心工作人员。办案单位人员、检验机构人员及其他相关人员可以根据评估需要参加会议。

前款规定的评估专家由市不良反应监测中心根据办案单位委托、案情需要和涉案食品特点，综合考虑其专业背景、工作经历、利益回避原则等，从专家库中选取 3 人以上奇数专家组成。

第十八条（风险评估认定意见）

参会专家应当依照有关法律、法规、规章、标准、专业知识以及科学文献等，对涉案食品药品进行科学评估，提出风险评估意见。

不良反应监测中心负责汇总专家意见，一般按照多数专家的意见，形成最终风险评估认定意见（参见附件 5）。市不良反应监测中心负责盖章出具最终风险评估认定意见，并由专家签字确认。如有不同评估意见，应当如实记录。

第四章　涉案食品药品认定

第十九条（涉案食品药品认定原则）

对于涉案食品药品无需检验和评估的，或涉案食品药品仅需检验而无需评估的，市食品药品监管部门、市农业管理部门或区市场监管局、区农业部门应当根据同级公安机关商请，依照相关法律、法规、规章和标准等，直接进行认定并出具认定意见。公安机关商请时，应当提供认定委托书（参见附件6）。

第二十条（直接出具认定意见的情形）

涉案食品符合《最高人民法院最高人民检察院关于办理危害食品安全刑事案件适用法律若干问题的解释》（法释〔2013〕12号）第一条第二项和第三项、第二十条第一项、第二项和第三项等情形，涉案药品符合《中华人民共和国药品管理法》第四十八条第三款第一、二、五、六项等情形，无需进行检验和评估的，市食品药品监管部门、市农业部门或区市场监管局、区农业部门应当在10个工作日内出具涉案食品药品认定意见并说明理由；确有必要的，应当载明检测结果。

直接出具认定意见的情形主要包括：

（一）涉案食品属于病死、毒死、死因不明的畜、禽、兽、水产动物及其肉类、肉类制品的；

（二）涉案食品属于国家和本市为防控疾病等特殊需要明令禁止生产、销售的食品；

（三）涉案食品中添加、使用法律、法规禁止在食品生产经营活动中添加、使用的物质；

（四）涉案食品中添加国务院有关部门公布的《食品中可能违法添加的非食用物质名单》《保健食品中可能非法添加的物质名单》上的物质；

（五）涉案食品中添加国务院有关部门公告禁止使用的农药、兽药等农业投入品以及其他有毒、有害物质；

（六）国家食品药品监督管理部门规定禁止使用的药品；

（七）依法必须批准而未经批准生产、进口，或者依法必须检验而未经检验即销售的药品；

（八）使用依法必须取得批准文号而未取得批准文号的原料药生产的药品；

（九）所标明的适应症或者功能主治超出规定范围的药品；

（十）其他依据有关规定可直接出具认定意见的情形。

第二十一条（认定意见的格式）

公安机关、人民检察院、人民法院在办理食品药品涉嫌犯罪案件中需要食品药品监管部门、农业管理部门协助提供认定意见的，应当由承办案件的单位商请同级食品药品监管部门、农业管理部门出具认定意见。

食品药品监管部门依据检验报告、结合专家意见等相关材料得出认定意见的，应当按照以下格式出具结论：

（一）假药案件，结论中应当写明"经认定，……属于假药（或者按假药论处）"；

（二）劣药案件，结论中应当写明"经认定，……属于劣药（或者按劣药论处）"；

（三）生产、销售不符合食品安全标准的食品案件，符合《最高人民法院最高人民检察院关于办理危害食品安全刑事案件适用法律若干问题的解释》（法释〔2013〕12号）第一条相关情形的，结论中应当写明"经认定，某食品……不符合食品安全标准，足以造成严重食物中毒事故（或者其他严重食源性疾病）"；

（四）生产、销售不符合保障人体健康的国家标准、行业标准的医疗器械案件，符合最高人民检察院、公安部联合印发的《关于公安机关管辖的刑事案件立案追诉标准的规定（一）》（公通字〔2008〕36号）第二十一条相关情形的，结论中应当写明"经认定，某医疗器械……不符合国家标准、行业标准，足以严重危害人体健康"；

（五）生产、销售伪劣产品的案件，结论中应当写明"经认定，……属于不合格产品"；

（六）其他案件也均应当写明认定涉嫌犯罪应当具备的结论性意见。

认定意见内容一般应当包括委托单位、委托日期、委托事项、违法事实及产品属性认定、相关法律、法规和标准规定、分析说明、认定意见结论、认定部门落款并加盖公章、文件印发日期（参见附件7）。

同一涉嫌犯罪案件中，需要针对多个涉案物品出具认定意见的，应当逐一写明认定结论，并说明法律依据和认定理由。

农业管理部门依据检验报告、结合专家意见等相关材料得出认定意见的，可参照本条前款格式出具结论。

第五章 其 他

第二十二条（意见送达）

评估认定意见由市不良反应监测中心审核后盖章签发。认定意见由食品药品监管部门或农业管理部门审核后盖章签发。

评估认定意见和认定意见一式三份，一份送达办案单位，一份抄送上海市食品药品安全委员会办公室，一份由受理单位归档。

第二十三条（出庭作证）

在刑事诉讼中，对抽样过程、检验结果、评估意见或认定意见有异议的，经人民法院依法通知，参加抽样、检验、评估和认定的单位或人员应当配合出庭作证。

第二十四条（经费管理）

食品药品涉嫌犯罪案件查办中涉及的抽样送检、评估、认定、保管、无害化销毁等处置费用，由食品药品监管部门和公安机关申请地方财政预算列支。如支付处置费用存在困难的，各级食品药品安全委员会办公室应当协调解决。

公安机关、人民检察院、人民法院商请提供检验结论、认定意见协助的，市食品药品监管局、区市场监管局应当按照刑事案件办理的要求积极协助，并承担相关费用。

涉案食品药品检验、评估和认定工作经费应当纳入本单位财政预算，实行财务统一管理，单独核算，专款专用。检验、评估和认定经费主要包括购样费、检验费、专家费、资料费、会议费、文印费、交通费、差旅费等。

涉及食品药品刑事案件的检验费用一般由委托检验的单位承担。检验机构对涉及食品药品刑事案件的检验收费应当符合法律、法规的规定。必要时，检验机构对检验费用可给予适当减免。

第二十五条（用语解释）

本意见所称的检验，是指根据国家和本市有关法律、法规、规章、标准、规范等规定，采用感官、理化、微生物等实验方法，对涉案食品药品的质量、卫生、安全、标签等进行辨别测定。

本意见所称的评估，是指参考食品药品安全风险评估原则和步骤，对涉案食品药品中生物性、化学性和物理性危害对人体健康可能造成的不良影响等所进行的专业性评价。

本意见所称的认定，是指依据我国法律、法规、规章、标准等，综合分析案件事实和相关证据，对涉案食品药品是否属于不符合食品安全标准的食品、有毒有害食品、假药、劣药、不符合国家或行业标准的医疗器械、不符合卫生标准的化妆品，或者是否属于伪劣产品等作出的专业性判定。

第二十六条（实施日期）

本意见自印发之日起施行。

上海市质量技术监督局关于印发《关于贯彻落实上海市食品安全条例和上海市建设市民满意的食品安全城市行动方案实施方案》的通知

（沪质技监定〔2017〕126号）

各区市场监管局（质量发展局），局属各单位，局机关各处室：

现将贯彻落实《上海市食品安全条例》和《上海市建设市民满意的食品安全城市行动方案》实施方案印发给你们，请按照职责分工，进一步细化工作措施，并认真贯彻落实。

上海市质量技术监督局
2017 年 3 月 23 日

关于贯彻落实《上海市食品安全条例》和《上海市建设市民满意的食品安全城市行动方案》实施方案

为贯彻落实《上海市食品安全条例》和《上海市建设市民满意的食品安全城市行动方案》，按照市委、市政府和市食安委的相关工作部署，围绕市质量技监局中心工作，以寻风险、保安全、促提升、夯基础为重点，认真推进深化简政放权、加强风险防范、创新监管体系、促进质量提升、夯实工作基础等工作，积极为上海建设市民满意的食品安全城市作出应有的贡献，特制定本实施方案。

一、指导思想

以党的十八大和十八届三中、四中、五中、六中全会精神为指导，根据市委、市政府的具体工作部署，紧密围绕保障食品安全这条主线，按照政府监管、规范管理、社会共治的原则，开展食品相关产品生产质量监管工作，不断提升本市食品相关产品生产质量，为上海建设市民满意的食品安全城市作出应有的贡献。

二、工作目标

落实从严监管要求，形成适应现状的监管工作机制。完善监管体制，加强基层监管规范化建设。加强基础建设，保障工作有效落实。完善监管体系，加强事中事后监管。

三、主要任务

（一）加强政策宣传，提高社会认同感。将贯彻落实《上海市食品安全条例》和《上海市建设市民满意的食品安全城市行动方案》作为今年重点工作，进一步明确工作总体规划、目标和要求，利用微信、微博等互联网平台在全市层面开展学习、宣传和交流，督促食品相关产品生产企业落实企业主体责任，推进食品相关产品生产监管工作。（责任部门：特定产品处，配合部门：市局办公室、市局

业务受理中心、区市场监管局、执法总队）

（二）对标国际标准体系，完善顶层制度设计。落实从严监管要求，修订完善《食品相关产品生产监管办法》，修订基层食品相关产品监管业务指导书。加强食品安全标准建设，积极参与制定国家食品相关产品安全标准。加强基层食品安全监管规范化建设，组织制定发布《市场监督管理所通用管理规范》，从试点到向全市层面推进。参与讨论食药安委成员单位分工和职责确定，强化食品安全综合协调。（责任部门：特定产品处、综合处、质检院，配合部门：法规处、标准化处、区市场监管局、市场监管所）

（三）加大推进落实举措，确保食品安全。加强基层食品安全监管能力建设，开展市场监督管理人员专项业务培训。支持绿色和有机产品认证发展，向规模化、品牌化方向发展，推荐创建国家有机农业示范区，推动"上海市食品相关产品质量提升示范点"等建设，促进食品相关产品质量提升。加强食品安全风险监测和风险信息交流，推进食品相关产品防伪、追溯体系建设，加强检验检测体系建设，加强重点领域食品安全监管，严厉打击危害食品安全违法犯罪行为，配合做好"守信超市"和"标准化菜市场"建设工作。（责任部门：特定产品处、执法处、标准化处，配合部门：区市场监管局、执法总队）

（四）多方借力，促进社会共治。积极发挥第三方专业机构和社会组织作用，引入市场机制，加大政府购买服务力度，整合多方资源，调动社会各方力量，鼓励并推动社会组织参与政府监管工作。（责任部门：特定产品处、认证处、标准化处，配合部门：区市场监管局、执法总队）

（五）运用科技手段，加强信息交流。利用大数据处理等现代科技手段，对生产经营活动实施监督管理。加强信息化建设，利用政务网站、微信、微博等政务新媒体推进生产许可、监督检查、监督抽检等监管信息的公开，及时将日常监管中发现存在安全隐患的信息通报相关部门，促进食品安全监管信息共享和报送事宜。（责任部门：科技信息处、特定产品处，配合部门：市局办公室、市局业务受理中心、区市场监管局）

（六）加强监督考评，健全绩效机制。积极参与食品安全工作督查考评工作，按照职责对未依法取得食品相关产品生产许可证生产行为进行查处，严格责任追究。（责任部门：特定产品处、执法处，配合部门：区市场监管局）

四、工作要求

（一）加强组织领导。推动建立市级工作协调机制，设立推进贯彻落实《上海市食品安全条例》和《上海市建设市民满意的食品安全城市行动方案》工作委员会，负责统筹协调贯彻落实工作，并加强对重要事项落实情况的督促检查，推动全市各有关部门、各区政府积极参与，形成合力。

（二）加强技术支持。围绕上海建设具有全球影响力的科技创新中心需求，以建设市民满意的食品安全城市为重点突破，加强相关标准研究机构、检测认证机构能力建设和信息资源共享，为建设市民满意的食品安全城市提供信息服务和技术支撑。

（三）加强宣传培训。通过新闻媒体和互联网等渠道，大力开展《上海市食品安全条例》和《上海市建设市民满意的食品安全城市行动方案》公益宣传，加强对相关政策、标准的解读和宣传推广，提升知晓度和社会认可度，倡导上海品质生活方式，引导公众理性消费。

上海市食品药品监督管理局关于印发《〈上海市食品安全条例〉等法规规章行政处罚案由分类指南》的通知

（沪食药监法〔2017〕150号）

各区市场监管局、市食药监局相关直属单位：

为进一步规范本市食品安全行政处罚工作，根据《上海市食品安全条例》、《上海市食品安全信息追溯管理办法》、《食用农产品市场销售质量安全监督管理办法》、《网络食品安全违法行为查处办法》等法规和规章的规定，结合本系统监管实际，我局梳理了《〈上海市食品安全条例〉等法规规章行政处罚案件案由分类指南》，并经2017年局第13次局务会审议通过，现印发给你们，请各单位结合实际试行，并将在试行过程中发生的问题汇总，及时反馈至市局政策法规处。

行政执法实践中，若具体案由与法律法规的规定存在不一致的，以法律法规为执法依据。

特此通知。

附件：《〈上海市食品安全条例〉等法规规章行政处罚案件案由分类指南》（略）

上海市食品药品监督管理局

2017年7月27日

上海市食品药品监督管理局关于进一步做好监督抽检
不合格食品风险防控和核查处置工作的通知

（沪食药监协〔2017〕161号）

各区市场监管局：

现将国家食品药品监管总局《关于进一步加强监督抽检不合格食品风险防控和核查处置工作的通知》（食药监食监三〔2017〕42号）转发给你们，并就有关工作提出如下要求，请认真抓好贯彻落实。

一、加强领导，明确责任，提高不合格食品的风险防控及核查处置工作质量。各级食品药品监管部门要认真学习领会总局文件精神，加强组织领导，规范处置程序，严格落实"核查处置启动、产品控制、原因排查、整改复查、行政处罚、信息公开、数据上报"等一系列工作要求。不合格食品核查处置工作原则上应在收到不合格检验报告后3个月内完成，有特殊情况不能按时限完成的，要书面说明理由。各级食品监管部门要按照总局要求，明确牵头部门，指定专人负责。

二、恪尽职守，严格标准，保证不合格食品风险控制与核查处置信息公示及时准确。各级食品监管部门在开展不合格食品风险防控和核查处置工作中，要把在"国抽"和"市抽"中发现的不合格食品作为核查处置工作的重中之重。国家总局每周二在官网"食品抽检公告"栏目（www.sda.gov.cn/WS01/CL1664/）公布总局本级食品抽检信息，市局每周三在官网"食品抽检信息"栏目（http://www.shfda.gov.cn/gb/node2/yjj/aqgz/fxjl/spaqfxjcbg/index.html）公布我市执行国抽及市抽任务的食品抽检信息。各级食品监管部门应每周关注总局和市局官网，及时掌握上级已公布的涉及本地区的不合格食品相关情况，及时主动做好不合格食品的风险控制和核查处置工作。

对于食药监总局通告发布的国抽本级（抽样单编号为"GC1X00"开头）食品抽检不合格信息，各区级食品监管部门应自收到不合格检验报告之日起15个工作日内，将不合格食品的风险控制情况、3个月内将核查处置情况书面上报市局协调处。不合格食品风险控制情况报告和核查处置情况报告样式参照附件。上报核查处置情况时，应在报告后附相关行政处罚决定书；未予立案处罚的，应详细说明原因。

对于市局公告发布的执行国抽及市抽信息，各区级食品监管部门应按照公告要求的时限，在各区局官网上公布不合格食品风险控制和核查处置情况，并将公布情况报告市局协调处。不合格食品风险控制和核查处置情况公布样式可参照总局《通知》附件。

各级食品监管部门本级组织开展的抽检任务和公布的食品抽检信息，应参照《通知》要求，及时发布不合格食品风险控制和核查处置情况。

三、加强督查和考核，确保核查处置工作圆满完成。市局将根据国家总局相关工作要求，对不合格食品核查处置完成率、风险控制情况发布率、核查处置情况发布率等重点指标进行考核。

附件：食品药品监管总局关于进一步加强监督抽检不合格食品风险防控和核查处置工作的通知（略）

上海市食品药品监督管理局

2017年8月16日

上海市食品药品监督管理局关于对市政协办公厅社情民意转送单《关于加强食品安全管理的三点建议》的复函

（沪食药监餐饮函〔2017〕297号）

市政协办公厅：

感谢市政协对本市食品安全工作的关心和支持。我局对市政协办公厅社情民意转送单《关于加强食品安全管理的三点建议》中涉及我局职责的加强餐饮配送服务中膳食箱包定期消毒管理和规范食品配料表的建议进行了认真研究，现将有关情况函复如下：

一、关于加强餐饮配送服务中膳食箱包定期消毒管理

正如王海英委员在建议中所指出的，因配送员、配送箱、餐具及包装等环节卫生条件不合格会造成食品的二次污染，如管控不严，可能存在食品安全风险，加强对餐饮配送环节的监管及对配送箱定期清洁消毒十分必要，餐饮配送服务行业食品安全管理手段需要加强。为加强餐饮配送环节食品安全监管，我局配合市人大在《上海市食品安全条例》中从送餐人员健康、膳食温度控制、配送箱包清洁、防止交叉污染、食品盛装容器等方面提出了餐饮配送环节的食品安全要求，并采取以下措施加强网络送餐环节食品安全监管：

（一）督促指导平台加强送餐环节管理

为落实网络订餐第三方平台在送餐环节管理中的责任，我局督促第三方平台根据《上海市食品安全条例》的规定，建立和实施餐饮配送环节食品安全管理制度。目前，"美团点评""饿了么"等平台已在本市推行加强配送环节管理的相关措施，包括加强送餐人员培训和健康管理，高风险食品冷链配送，制定配送箱包清洁消毒规程，研发专用配送箱包，向入网餐饮单位提供合格食品容器等。在我局的指导下，"美团点评"平台对其配送箱进行了优化设计，研发了具备制冷和加热功能，内部结构便于清洁和冷热分离的配送箱，并与国际知名消毒企业合作制定配送箱包消毒要求；"饿了么"平台牵头起草的团体标准《消毒餐饮配送箱（包）》（T/CCA 003—2017）今年7月已由中国烹饪协会发布，该标准规定了餐饮配送箱（包）的清洗消毒方法，以及箱（包）内表面应达到的微生物限量。

（二）制定餐饮配送监管指导意见

由于餐饮配送环节监管的特殊性，在主体认定、处罚管辖、证据采集等方面都与常规监管存在着较大差异，为进一步做好餐饮配送环节的监管，更好地贯彻落实《上海市食品安全条例》，我局今年4月下发《关于餐饮配送环节监管工作指导意见》：一是规定餐饮单位、网络订餐平台、专业餐饮配送企业等各类主体从事餐饮配送服务活动中，送餐环节违法行为查处中的主体认定原则；二是提出送餐人员健康证明、配送箱包清洁专用、高风险食品配送温度、食品防污染措施、餐具容器合规等餐饮配送环节重点检查内容和要求，以及证据采集和固定方法；三是明确餐饮配送环节违法行为行政处罚管辖和实施要求。

（三）开展网络订餐高风险食品抽检

自2016年10月起，我局组织全市各区市场监管局开展网络订餐高风险食品监督抽检，重点抽检餐饮单位自制并经配送的色拉、生食动物性海产品、冷面、现榨饮料、冷加工糕点、饼干、寿司、三明治、熟肉制品等高风险食品中的菌落总数、大肠菌群和致病菌含量。截至今年上半年，共开展网络订餐高风险食品监督抽检1400余件，相关区市场监管部门对抽检不合格样品按照相关规定对开展核

查处置和结果公布，并责令相关单位加强加工和配送环节食品安全管理。

下一步，我局将进一步加强餐饮配送环节监管工作：一是修订《上海市网络餐饮服务监督管理办法》，进一步强化餐饮配送管理要求；二是加大对餐饮配送过程的监管，尤其是加强一次性餐具、打包用品等的抽检力度；三是联合市总工会，共同建立网络订餐平台送餐人员登记和管理信息平台，一方面加强对送餐人员的培训，另一方面维护其合法权益。

二、规范并加强对食品标签的监督检查

针对杨邹华律师在建议中所指出的食品标签不规范的情况，我局将从以下方面加强监管：

（一）加大对食品标签标识的监督检查力度

组织各区市场监管局加强对超市卖场、批发市场等销售食品标签标识的监督检查，尤其是突出对预包装食品配料表中产品真实属性、食品配方、营养成分的检查，监督食品经营者销售符合GB 7718—2011 和 GB 28050—2011 的规定的食品。同时，加大抽样检验力度和频次，对抽检不合格或存在虚假标注等行为的，在监督经营者落实下架、停售等食品安全措施的基础上，依法予以处理。

（二）加大对食品标签标识知识的宣传力度

组织各区市场监管局加强对食品经营者进行食品标签标识相关法律法规的教育培训，引导食品经营者强化对所销售食品标签标识的进货查验；同时，通过基层市场监管所食品科普宣传，加强对消费者食品标签标识知识的宣传，提升公众食品安全意识。

（三）及时受理和妥善处理食品标签举报咨询

一方面，畅通 12331 食品投诉举报渠道，及时受理消费者的投诉举报，梳理有关食品标签标识的投诉举报类型，为监督执法提供依据。另一方面，依法妥善处理食品标签标识的投诉，对涉及违法行为及时查处，认真落实举报奖励制度，做到应奖必奖。

再次感谢市政协长期以来对本市食品安全工作的关心和支持！

上海市食品药品监督管理局

2017 年 9 月 18 日

上海市食品药品监督管理局关于印发《上海市食品药品监督管理局监管信息公开管理办法》的通知

（沪食药监规〔2018〕1号）

各区市场监管局，市食药监局各处室、各直属单位：

《上海市食品药品监督管理局监管信息公开管理办法》已经市食品药品监督管理局2017年12月19日第23次局务会审议通过，现印发给你们，请遵照执行。

特此通知。

上海市食品药品监督管理局

2018年1月8日

上海市食品药品监督管理局监管信息公开管理办法

第一章 总 则

第一条（目的和依据）

为加强本市食品药品安全监管信息公开工作，规范本市食品药品监管部门监管信息公开行为，保障公众对食品药品安全信息的知情权、参与权和监督权，依据《中华人民共和国食品安全法》《中华人民共和国药品管理法》《医疗器械监督管理条例》《化妆品卫生监督条例》《中华人民共和国政府信息公开条例》《上海市政府信息公开规定》等有关法律、法规、规章并结合本市实际，制定本办法。

第二条（适用范围）

本市各级食品药品监管部门主动公开食品药品安全监管信息，适用本办法。

第三条（监管信息定义）

监管信息是指本市各级食品药品监管部门在对食品、药品、医疗器械、化妆品实施监管活动中形成的以一定形式记录保存的信息。

监管信息主要包括产品注册和备案、企业生产经营许可和备案、广告审查、监督检查、监督抽样检验、行政处罚、严重违法广告监测、产品召回、事故处置、信用等级评定、重点监管名单、投诉举报等信息。

第四条（公开原则）

监管信息公开遵循全面、及时、准确、客观、公正，以及"谁审批谁公开、谁检查谁公开、谁抽检谁公开、谁处罚谁公开、谁公开谁负责"的原则。

第五条（公开豁免）

监管信息涉及国家秘密、商业秘密、个人隐私，或者公开后可能危及国家安全、公共安全、经济安全和社会稳定的，不予公开。国家法律法规规定应当公开的除外。

对涉及商业秘密的行政处罚案件信息，经权利人同意公开的或者食品药品监管部门认为不公开可能对公共利益造成重大影响的，应当主动公开。

食品药品监管部门在实施监管工作中制作或者获取的内部管理信息以及过程性信息一般不属于应公开的监管信息。

第六条（公开信息以外内容的查询）

公众要求查询主动公开信息以外的相关内容，根据有关法律、法规、规章的规定，可以依法申请查询。

第二章 公开内容

第七条（注册信息）

市食品药品监管部门应公开下列注册相关信息：产品注册服务指南（包括申请事项、设定依据、申请程序、收费标准和依据、时限，需要提交的全部材料目录以及申请书示范文本）、注册结果、产品注册证号、企业名称等信息。

第八条（备案信息）

各级食品药品监管部门应公开其职责范围内的产品备案相关信息、食品药品生产经营者备案相关信息。

产品备案信息公开内容包括：产品名称、分类编码、结构特征、型号/规格（包装规格）；产品描述（主要组成成分）、预期用途、产品有效期；备案人名称、注册地址、组织机构代码、生产地址；备案号、备案日期；备注、变更情况等。

生产经营者备案信息公开内容包括：企业名称、法定代表人、企业负责人、生产或经营地址、生产或经营范围/经营方式、备案事项、备案时间、备案号、备案部门等。

第九条（认证信息）

各级食品药品监管部门应公开其职责范围内的质量管理规范认证相关信息。

药品生产质量管理规范（GMP）信息公开内容包括：企业名称、地址、认证范围、证书编号、发证机关、认证日期、有效期。

药品经营质量管理规范（GSP）信息公开内容包括：企业名称、经营方式（零售连锁或批发）、经营范围、企业所在地、经营地址、现场检查日期、现场检查人。

第十条（许可信息）

各级食品药品监管部门应公开下列许可相关信息：生产经营许可服务指南（包括申请事项、设定依据、申请程序、时限、需要提交的全部材料目录以及申请书示范文本）、许可结果、生产经营许可证（包括企业名称、法定代表人、企业负责人、住所、生产或经营地址、生产或经营范围、有效期、许可证号及其他有关内容）。

第十一条（广告审查信息）

各级食品药品监管部门应公开有关保健食品、特殊医学用途配方食品、药品和医疗器械的广告审查信息。

公开内容包括：广告审查服务指南（包括申请事项、设定依据、申请程序、时限，需要提交的全部材料目录和申请书示范文本）、审查结果等。

第十二条（监督检查信息）

各级食品药品监管部门应公开下列监督检查相关信息：食品药品年度监督检查计划、日常监督检查、专项监督检查和飞行检查结果信息、通过质量管理规范认证企业的跟踪检查结论信息（即证后监管）结果信息，以及本部门认为需要公告的其他监督检查信息。

公开内容包括：检查的对象和地址、检查的时间、检查的事项、检查结论及其他有关内容。

第十三条（监督抽样检验信息）

各级食品药品监管部门应公开下列监督抽样检验相关信息：食品、药品、医疗器械、化妆品的质量抽样检验情况和结果。

公开内容包括：抽检产品名称、标示生产单位、产品批号及规格、检品来源/被抽样单位、抽样单位、检验依据、检验结果、检验单位。

各级食品药品监管部门在公开抽样检验相关信息的同时，应根据需要对有关产品特别是不合格产品可能产生的危害进行解释说明，必要时发布消费提示或风险警示。

第十四条（行政处罚信息）

各级食品药品监管部门适用一般程序作出的行政处罚决定，应当主动公开行政处罚决定书。行政处罚决定书应当包括以下信息：行政处罚案件名称、处罚决定书文号、被处罚的自然人姓名及身份证号码（公开身份证号码的应当隐去其出生月日四位）、被处罚的企业或者其他组织的名称、社会统一信用代码（组织机构代码、事业单位法人证书编号）、法定代表人（负责人）姓名、违反法律法规或规章的主要事实、行政处罚的种类和依据、行政处罚的履行方式和期限、作出处罚决定的行政执法机关名称和日期。

行政处罚案件的违法主体涉及未成年人的，应当对未成年人的姓名等可能推断出该未成年人的信息采取符号替代或删除方式进行处理。

按照国家和本市相关规定，应当隐去的个人隐私或商业秘密等信息的，依据相关规定执行。

第十五条（严重违法广告监测信息）

各级食品药品监管部门应公开有关特殊食品、药品、医疗器械的严重违法广告监测信息。

公开内容包括：广告产品名称、广告中标示的广告发布者名称和生产企业名称、广告批准文号、刊播媒介名称、刊播时间和次数、违法行为、处理部门、处理结果及其他有关内容。

第十六条（产品召回信息）

各级食品药品监管部门在责令食品药品生产经营者召回产品后24小时内，应公开相关产品的召回信息。

公开内容包括：生产者的名称、住所、法定代表人、具体负责人、联系电话、电子邮件等；产品名称、商标、规格、生产日期、批次等；召回原因、起止日期、区域范围。

第十七条（事故处置信息）

各级食品药品监管部门应当按照国家和本市相关规定公开下列食品药品安全事故处置相关信息：事故概况和事故责任调查处理结果。

第十八条（不良反应/不良事件监测信息）

市食品药品监督管理部门应定期公开下列药品不良反应或医疗器械不良事件信息：药品不良反应或医疗器械不良事件监测情况和评价结果、年度监测报告。

第十九条（信用等级信息）

市食品药品监管部门应公开下列企业信用等级相关信息：企业名称、生产地址、生产范围、许可证号、信用等级情况及其他有关内容。

第二十条（重点监管名单信息）

市食品药品监管部门应公开下列重点监管名单相关信息：被列入重点监管名单的生产经营者名称、生产经营地址、法定代表人或负责人姓名，以及相关责任人员姓名、工作单位、职务、身份证号（公开身份证号码的应当隐去其出生月日四位）、违法事由、行政处罚决定、相关限制措施、公布起止日期等。

第二十一条（投诉举报信息）

市食品药品监管部门应公开下列投诉举报相关信息：投诉举报信息数据、投诉举报案件处理进程。

投诉举报信息数据包括：每月投诉举报及咨询接收量、趋势等。

投诉举报案件处理进程及办理结果包括：编号、接收时间、转办部门、转办时间、承办部门等。

第三章　信息公开的实施

第二十二条（发布机制）

监管信息公开实行市食品药品监管局、区市场监管局两级信息公开制度。

第二十三条（级别分工）

市食品药品监管局负责以下监管信息的公开工作：

（一）由市食品药品监管局作出决定的行政许可信息；

（二）市食品药品监管局开展的监督检查结果信息；

（三）市食品药品监管局组织的质量监督抽样检验信息；

（四）严重违法广告监测信息；

（五）由市食品药品监管局作出决定的行政处罚情况；

（六）由市食品药品监管局接收的投诉举报信息；

（七）重大食品药品安全事件及其处置情况；

（八）其他重大信息。

区市场监管局负责以下监管信息的公开工作：

（一）由区市场监管局作出决定的行政许可信息；

（二）区市场监管局开展的监督检查结果信息；

（三）区市场监管局组织的质量监督抽样检验信息；

（四）由区市场监管局作出决定的行政处罚情况；

（五）本辖区突发食品药品安全事件及其处置情况；

（六）本辖区其他重大信息。

第二十四条（部门职责）

市食品药品监管局政务公开主管部门推进、指导、协调、监督监管信息公开工作。各相关业务处室负责具体实施监管信息公开的各项推进工作，并对监管信息的真实性、完整性、及时性、可公开性负责。

形成于直属单位但应当由市食品药品监管局公开的监管信息，由直属单位整理审查后报市食品药品监管局相关业务处室汇总。直属单位组织对上报监管信息的真实性、完整性、及时性、可公开性负责。

形成于区市场监管局但应当由市食品药品监管局公开的监管信息，由区市场监管局整理审查后，报市食品药品监管局相关业务处室汇总。区市场监管局组织对上报监管信息的真实性、完整性、及时性、可公开性负责。

市食品药品监管局信息化部门负责提供技术支持和信息发布。

第二十五条（公开形式）

各级食品药品监管部门应在本部门门户网站公开监管信息，可以同时以公告栏、新闻发布会、报刊、广播和电视等便于公众知晓、查询的方式公开。

第四章　公开时限和期限

第二十六条（公开时限）

属于主动公开范围的监管信息，应当自产品注册、生产经营许可、广告审查、监督检查、监督抽样检验、行政处罚、事故处置以及其他监管活动完成之日起7个工作日内，在政务网站公开监管信息。

实施计算机管理的监管信息实行及时动态公布，监管信息自计算机系统产生之时起同步公布。

法律、法规、规章对监管信息公开时限另有规定的，从其规定。

第二十七条（公开期限）

许可、备案、认证等存在有效期的监管信息，公开期限为许可、备案、认证的有效期。

抽检结果、日常检查、行政处罚信息、投诉举报等不存在有效期的监管信息，公开期限原则上为5年。法律、法规、规章另有规定的，从其规定。

第五章　公开程序

第二十八条（告知程序）

依据相关法律需要告知被公开人的，各级食品药品监管部门应当履行告知程序。被公开人提出的免予公开的事实、理由和证据成立的，应当采纳。被公开人提出的事实、理由和证据不成立的，应当给予被公开人回复，并按程序予以公开。

第二十九条（复核程序）

监管信息公开责任单位应当充分听取被公开人的意见，对被公开人提出的事实、理由和证据，应当进行复核。

第三十条（更正与撤销程序）

各级食品药品监管部门发现其公开的监管信息不准确、公开不应当公开的监管信息或者行政决定被依法更正、撤销的，应当及时更新、更正或者撤销。

第三十一条（国家秘密涉密审查）

对可能涉及国家秘密的监管信息，应当依照《中华人民共和国保守国家秘密法》、《中华人民共和国保守国家秘密法实施条例》等规定进行审查，必要时报有关主管部门或者同级保密工作部门审查确定。

第六章　监督管理

第三十二条（监督部门）

市食品药品监管局负责对各部门监管信息公开工作的实施情况进行监督检查。

第三十三条（抽查考核制度）

各级食品药品监管部门应当建立监管信息公开抽查考核制度，将监管信息公开工作纳入本单位的工作目标责任体系，作为综合抽查考核的重要参考。

市食品药品监管局和区市场监管局应当成立抽查考核小组，定期对下级食品药品监管部门监管信息公开工作进行抽查考核，抽查考核结果向社会公开。

第三十四条（协调制度）

各级食品药品监管部门应当建立监管信息公开工作协调机制。监管信息涉及其他机关的，应当与相关机关进行沟通、确认，保证公开的监管信息准确一致。

第三十五条（政策解读制度）

各级食品药品监管部门在做好监管信息公开工作的同时，应当通过本部门门户网站、新闻发布会、在线访谈、接受媒体采访等方式，做好对重大监管信息公开解读工作。

第三十六条（专家研究制度）

各级食品药品监管部门对存在重大争议，可能影响社会公共利益、危及国家安全的监管信息，必要时组织专家进行研究和分析，并做好信息公开和解读工作。

第三十七条（追责制度）

违反本办法的规定，由相关食品药品监管部门予以警告并责令限期改正。

因工作人员故意或者过失，对应当公开的监管信息没有及时公开、更新或公开不应当公开的监管信息，并产生危害后果或者不良影响的，直接责任人员和直接主管人员应当承担相应的行政责任。

因工作人员故意或者过失，不履行或者不正确履行法定职责，造成公开行为违法，并产生危害后果或者不良影响的，直接责任人员和直接主管人员应当承担相应的行政责任。

第三十八条（救济途径）

公民、法人或者其他组织认为本机关在公开工作中的具体行政行为侵犯其合法权益的，可以依法申请行政复议或者提起行政诉讼。

第七章　附　则

第三十九条（其他事项）

本办法中未列明的监管信息，依照相应法律、法规、规章及本办法规定，由各级食品药品监管部门依职责公开。

法律、法规、规章另有规定的从其规定。

第四十条（解释）

本办法由上海市食品药品监督管理局负责解释。

第四十一条（施行日期）

本办法自 2018 年 2 月 8 日起施行。

关于印发《上海市食品安全风险研判和风险预警工作制度》的通知

（沪食药安办〔2018〕48 号）

市食药安委各成员单位、各区食药安办：

为规范本市食品安全风险研判和风险预警工作，加强食品安全风险管理，提高食品安全风险防控能力。市食药安办依据《中华人民共和国食品安全法》和《上海市食品安全条例》等法律法规，结合本市工作实际，制定了《上海市食品安全风险研判和风险预警工作制度》，现印发给你们，请遵照执行。

上海市食品药品安全委员会办公室

2018 年 7 月 3 日

上海市食品安全风险研判和风险预警工作制度

第一条（目的和依据）

为规范食品安全风险研判与风险预警工作，加强食品安全风险管理，提高本市食品安全风险防控能力，有效应对食品安全突发事件，依据《中华人民共和国食品安全法》《上海市食品安全条例》等法律法规，结合本市工作实际，制定本制度。

第二条（工作原则）

食品安全风险研判和风险预警工作坚持"预防为主、风险管理、全程控制、属地监管、部门协作、社会共治"的原则，遵循"科学、严谨、规范、及时、高效"的要求。

第三条（适用范围）

本制度适用于市食品药品安全委员会办公室（以下简称"市食药安办"）组织市食品药品安全委员会（以下简称"市食药安委"）各成员单位和区食品药品安全委员会办公室（以下简称"区食药安办"）等开展的本市食品安全风险研判和风险预警工作。

第四条（工作职责）

市食药安办负责本市食品安全风险研判和风险预警的组织管理工作，建立食品安全风险研判和风险预警工作领导小组，由市食药安办分管领导任组长，市卫生计生委、市食品药品监管局、市质量技监局和市农委等相关处室负责人为副组长，市食药安委其他相关成员单位相关处室负责人为组员。

市食药安委各成员单位负责本部门职能范围内食品安全信息收集核实、评估研判、风险预警及相关风险管理措施落实，明确专职人员，开展食品安全风险研判和风险预警工作。

第五条（风险信息收集核实）

食品安全风险信息收集是开展风险研判和预警工作的基础，市食药安委成员单位应及时对本部门工作中获取的风险信息进行收集。风险信息来源主要包括但不限于：风险监测、风险评估、食品安全监督抽检和日常监管工作信息，投诉举报和舆情监测信息，有关部门通报、行业企业和主要食品生产区域反映信息，国际组织、其他国家（地区）和境外相关机构通报，突发事件和科技文献等。

市食药安委成员单位收集食品安全风险信息后，应及时与相关部门及企业沟通、听取专家意见或召开专题会议研究核实，识别风险信息涉及的主要危害因素，描述其性质和进入食品链途径，初步分析食品安全风险性质。

第六条（风险信息评估研判）

市食药安委成员单位收集核实风险信息后发现该风险信息涉及危害因素需进行风险评估的，应向市卫生计生委提出风险评估的建议，并提供风险来源、相关检验数据和结论等信息、资料，由市卫生计生委组织进行评估。评估内容包括对食品安全风险信息引发食品安全事故或人体健康损害的可能性、频次、后果、影响范围等进行评估；如条件许可，应严格按危害识别、危害特征描述、暴露评估和风险特征描述的风险评估程序进行定量评估；如事态紧急，可组织专家开展定性或半定量的风险评估。

市食药安委成员单位应依据风险评估结果和（或）专家意见，对收集风险信息进行研判。参与风险研判主体包括食品安全相关部门、科研院所、食品行业协会、消费者协会等；风险研判内容包括引发风险的因素，风险发生的概率和时期，可能造成的危害、影响程度、严重程度，以及需要采取的防控措施；风险研判结果应采用严重风险、较高风险和一般风险对风险信息进行分级。

第七条（风险信息汇总）

市食药安委成员单位对所收集食品安全风险信息评估研判后，确认属于严重风险或较高风险的，应填写《上海市食品安全风险信息汇总分析表》（见附件1），提交市食药安办组织综合分析；其中严重风险应于确认后立即提交，较高风险可每季度汇总提交。一般风险原则上由各成员单位按规定处置。若发现风险升级，应按要求提交。

第八条（风险信息综合分析）

风险信息综合分析以召开市食品安全风险综合分析会议方式开展，市食药安委相关成员单位参与，根据需要，可为全体成员单位，也可为部分成员单位。出席会议人员由市食药安办确定，原则上为市食药安委成员单位联络员，必要时邀请区食药安办、相关单位和有关食品安全专家参与。市食品安全风险信息综合分析会议原则上每季度召开一次，遇严重风险时，可随时召开综合分析会议。

市食药安办负责食品安全风险信息综合分析会议的召集、组织工作；会同各市食药安委成员单位汇总、整理《上海市食品安全风险信息汇总分析表》等材料；根据风险信息综合分析会议确定的意见，形成食品安全风险综合分析报告或会议纪要。

食品安全风险信息综合分析会议主要内容：

（一）通报上期食品安全风险预警措施落实情况、食品安全风险变化情况；

（二）分析当期食品安全风险信息高风险因素及风险程度；

（三）分析下阶段可能的食品安全高风险因素及风险程度；

（四）确定严重风险和较高风险的风险预警处置措施，对承担风险预警处置工作的市食药安委成员单位及相应区食药安办发布《风险预警处置任务函》（见附件2），以及指导和协调全市食品安全风险预警处置工作。

（五）对于经分析暂不启动风险预警处置措施的，应要求相关单位加强持续监测，及时上报进展情况。

（六）对严重风险或难以在会议上解决的重大问题，报请市食药安办主要领导召集专题会议研究。

第九条（风险预警处置）

风险预警处置任务属于市食药安委成员单位职责的，由该单位制定具体预警处置措施并组织实施；涉及多个单位职责的，由市食药安办指定主办单位会同相关单位制定预警处置措施并组织实施；带有全局性、普遍性的或严重风险预警处置由市食药安办牵头组织实施。涉及市食药安委成员单位以外其他单位的，市食药安办应及时通报、会商相关单位。

风险预警处置时，除依法采取预警处置措施，还应注意防止次生风险。市食药安委各成员单位应对预警处置措施落实情况、风险变化及现状等因素及时进行跟踪、分析和整理，于下一次风险信息综合分析会议上予以反馈；遇重大事项，应及时反馈市食药安办。

第十条（风险预警信息发布和撤销）

对可能发生的一般风险或较高风险，经综合分析确定需要发布风险预警信息的（包括风险警示、风险提示和消费提示），由市食药安委相关成员单位依照职责拟定发布，并抄报市食药安办；涉及多个成员单位的由主办单位联合其他单位依照职责拟定发布，并抄报市食药安办；带有全局性、普遍性的或严重风险预警信息由市食药安办牵头拟定发布。风险预警信息内容一般包括食品安全风险的整体状况、波及范围、可能产生的健康损害，建议各方应采取的防控措施，相关监管部门已采取的措施等。发布预警信息应科学、客观、及时、公开。

发生重大食品安全事故，市食药安办应按照国家和本市有关规定发布风险预警信息。选择风险预警信息发布形式时应综合考虑风险发生的可能性、波及范围、公众认知等因素。

主办单位发布风险预警信息后，应及时跟进；经分析研判确定引发食品安全风险的因素已消除或阶段性消除时，可视情撤销已发布的风险预警信息。

第十一条（信息报告）

市食药安办在组织开展食品安全风险研判和风险预警工作中，发现可能存在涉及全国或多省市范围等重大食品安全风险信息时，应及时向市政府、上级部门报告或通报相关省局。

第十二条（建立风险研判和风险预警档案）

市食药安办应将食品安全风险管理工作材料及时归档保存，如风险因素汇总分析表、风险评估报告、会议纪要、风险预警处置任务函、预警信息、采取的预警处置控制措施等。

第十三条（工作纪律）

参加食品安全风险综合分析会议的人员应当遵守会议纪律、保密纪律和相关规定，不得无故缺席，对涉密内容和信息，不得透露。指定参加食品安全风险综合分析会议的人员因故不能出席的，须事先向市食药安办请假，并委托本单位相关人员参加。

第十四条（区食药安办要求）

各区食药安办应结合本区实际，建立本行政区域食品安全风险研判和风险预警工作机制，并定期将风险研判工作情况报送市食药安办。区食药安办发现存在严重风险时，应及时报告；必要时，区食药安办可报请市食药安办召开风险综合分析会议，对重大问题或跨区域问题进行风险研判和协调处置。

第十五条（术语定义）

食品安全风险研判，指市食药安办以各相关单位汇总上报的食品安全风险信息为基础，对引发风险的因素，风险发生的概率及时期，可能造成的危害、严重程度，以及需采取的防控措施等进行分析研判的活动。风险程度：（1）一般风险：危害程度较小、发生概率较低、影响范围较小或可控性强的；（2）较高风险：危害程度较为严重、发生概率较高或影响范围较大，需采取积极有效防控措施的；（3）严重风险：危害程度极为严重、发生概率极高、影响范围广、需立即采取紧急措施的。

食品安全风险预警，指为避免或减少食品中存在或可能存在的隐患导致消费者健康损害而采取的防控措施，是重要的食品安全管理措施之一。风险预警类型：（1）对经评估研判认为风险程度较高或严重的，应建议发布风险警示；（2）对经评估研判认为风险程度一般的，应建议发布风险提示或消费提示。

第十六条（施行日期）

本制度自印发之日起施行。

上海市食品药品监督管理局关于印发《关于深化"放管服"改革 优化行政审批的实施意见》的通知

（沪食药监法〔2018〕173号）

各区市场监管局、市食药监局各处室、各直属单位：

现将《上海市食品药品监督管理局关于深化"放管服"改革优化行政审批的实施意见》印发给你们，请认真组织实施。

上海市食品药品监督管理局

2018年8月30日

上海市食品药品监督管理局关于深化"放管服"改革优化行政审批的实施意见

为贯彻落实党的十九大报告中"转变政府职能，深化简政放权，创新监管方式，增强政府公信力和执行力，建设人民满意的服务型政府"的精神，李克强总理在全国深化"放管服"改革转变政府职能电视电话会议上强调的"五个为""六个一"要求，以及《关于深化审评审批制度改革鼓励药品医疗器械创新的意见》《国务院关于上海市进一步推进"证照分离"改革试点工作方案的批复》《着力优化营商环境加快构建开放型经济新体制行动方案》《全面推进"一网通办"加快建设智慧政府工作方案》《浦东新区"证照分离"改革试点深化实施方案》等要求，进一步深化我局"放管服"改革，优化行政审批，制定本方案。

一、总体要求

（一）指导思想

全面贯彻党的十九大精神，以习近平新时代中国特色社会主义思想为指引，按照党中央、国务院以及市委、市政府关于行政审批制度改革的总体部署，对标国际最高标准、最好水平，学习兄弟省市的先进经验，坚持问题导向、需求导向、效果导向，把"五个为""六个一"作为衡量标准，查找短板弱项，巩固提升优势，充分运用法治思维和法治方式，全面深化"证照分离"改革试点和"放管服"改革，全面推进"一网通办"，进一步优化本市食品和生物医药产业营商环境，进一步释放创新创业活力，有效保障公众饮食用药安全。

（二）基本原则

全面梳理，应改尽改。对我局实施的全部行政审批事项进行全面梳理，逐一查摆问题，针对性地提出改革举措和加强事中事后监管方案，补短板、强弱项。

依法依规，强化监管。坚持在法律法规的框架内，在审批标准不降低的前提下，科学规范地推进各项改革举措。坚决按照"四个最严"要求，落实企业主体责任，强化监管部门全过程监管责任，坚守食品药品安全底线。

风险管控，分类推进。改革前开展风险评估，对于风险低的审批环节或产品，优先改革，做好改革前后的衔接工作。风险较大的改革举措，先行试点，经验成熟后全市复制推广，分步快走，稳步推进。

系统集成，多方联动。加强自贸区建设、科创中心建设、"证照分离"改革试点、药品医疗器械审评审批制度改革、优化营商环境、"一网通办"等各项改革任务的联动，提出系统集成的改革方案。加强不同审批环节之间的联动，减少重复审查，避免重复现场检查。加强各部门之间的联动，形成合力，落实各项改革举措。

流程再造，提升服务。全面深化"互联网+政务服务"，推进"一网通办"，以行政审批电子化为重点和突破口，对行政审批权力运行进行模式和流程再造，提高网上办理深度，切实提升政务服务水平。

（三）工作目标

重点对我局实施的全部53项行政审批事项逐项梳理，提出系统集成的改革举措和加强事中事后监管方案，取消一批、当场办结一批、优化流程缩短时限一批，做到"能放尽放、能简尽简、能合尽合、能快尽快、一网通办、事中事后强化监管"，力争实现所有审批事项只跑一次、一次办成，最大限度减审批、减环节、减材料、减证明、减时间、减跑动次数，不断提升企业和群众的获得感和满意度。

二、改革举措

本方案对每项行政审批事项采取1-5项改革方式，做到应改尽改，其中取消、合并、下放或改为服务事项9项，改革审批方式12项，优化流程19项，优化服务26项，全部事项实现一网通办，缩短实际办理时限，强化事中事后监管系统集成。同时，明确各改革举措的责任处室、改革预期成效、时间节点等内容，形成行政审批事项改革清单（见附件）。

（一）简政放权，减少审批事项

1. 合并审批。根据国家统一部署，将药品GMP认证、药品GSP认证分别与药品生产许可和药品经营许可合并。

2. 取消审批。依法取消化妆品生产企业卫生条件审核、中药保护品种的申请（初审）、药品广告异地备案、医疗器械广告审查、医疗机构放射性药品使用许可（一、二类）等5项。同时，将麻醉药品、第一类精神药品和第二类精神药品原料药生产计划和麻醉药品、第一类精神药品需用计划由审批事项改为服务事项。

3. 下放审批。将国产非特殊用途化妆品备案下放至区市场监管局，与区市场监管局的初审职责合并。

（二）改革审批方式，减少时限

4. 实施当场办结。医疗器械临床试验备案、进口药材登记备案、药品进口备案、境外疫苗厂商代理机构备案、药品生产企业接受境外制药厂商委托加工药品备案、药品经营企业许可（药品零售企业除外）中的核减经营范围、注册地址、人员变更等事项、第三类医疗器械经营企业许可（第三方物流）中的人员变更事项、食品生产许可证核发（特殊食品）中的许可延续事项等8项，实施当场办结。

5. 许可改备案。根据国家局统一部署，将医疗机构制剂注册中应用传统工艺配制的中药制剂、医疗机构中药制剂委托配制由许可改为备案。

6. 扩大告知承诺制试点范围。一是对于工艺简单、低风险品种的食品生产许可在浦东新区试点告知承诺制，企业申请材料齐全并承诺符合食品生产条件的，可先发放食品生产许可证后现场核查，缩短办证时限。二是在浦东新区试点的基础上，将低风险经营项目的食品经营许可和药品医疗器械互联网信息服务审批告知承诺制推广至全市实施，缩短审批时限。

7. 缩短时限，提高效率。在公开法定办理时限的同时，根据工作实际，自我加压，公开承诺办理时限，争取所有审批事项的行政审批时限缩短 40% 以上。

（三）优化流程，减少审批环节

8. 串联改并联。将第二类医疗器械产品注册和医疗器械生产许可证变更 2 项有前后置关系的审批事项，由按先后顺序办理的串联模式，改革为可同时办理的并联模式，缩短产品上市审批周期。

9. 内部授权审批。将开办药品生产企业审批的登记事项变更（企业名称、法定代表人、注册地址、统一社会信用代码），第二、三类医疗器械生产许可的变更、补证和延续，第二类医疗器械产品注册的延续、登记事项变更和补证，化妆品生产许可变更、延续，药品广告审查，保健食品广告审查以及尚未取消审批的医疗器械广告审查等 7 项低风险的事项授权处室或相关直属单位负责人签发，减少内部审批环节，缩短审批时限。

10. 现场检查联合进行。一是根据行政相对人的申请，将麻醉药品、第一类精神药品和第二类精神药品原料药定点生产审批，第二类精神药品制剂定点生产审批，生产第一类中的药品类易制毒化学品审批和药品生产企业接受境外制药厂商委托加工麻醉药品或精神药品以及含麻醉药品或精神药品复方制剂（初审）等 4 项特殊药品生产审批的现场检查与药品生产许可的现场检查联合进行。二是根据行政相对人的申请，将毒性药品收购、经营（批发）审批，罂粟壳经营（批发）审批，药品经营企业从事第二类精神药品批发业务的审批，药品类易制毒化学品经营许可，蛋白同化制剂、肽类激素经营批发审批，药品经营企业从事麻醉药品和第一类精神药品区域性批发业务的审批等 6 项特殊药品经营审批的现场检查与药品经营许可的现场检查联合进行。三是根据行政相对人的申请，对新开办医疗器械生产企业首次申请产品注册的质量管理体系核查和医疗器械生产许可检查联合进行。根据本市医疗器械生产企业免予现场核查的相关规定，对符合条件的通过产品注册质量管理体系全项核查的生产企业免予现场核查，减少重复现场检查。

11. 指导实施零售药店"一次申请、同步办理"改革。指导各区市场监管局，在企业申办药品零售许可时，提供"一次申请、同步办理"审批方式路径，对药品经营许可、药品经营质量管理规范认证、医疗器械经营许可、食品经营许可、第二类医疗器械经营备案等事项实行"一次申请、同步办理"的审批工作机制。

12. 加强技术审评环节和行政审查环节的衔接。技术审评人员和行政审查人员加强信息互通，提前介入，无缝衔接，避免重复审查，加快办理流程。

（四）优化服务，促进产业创新发展

13. 制度创新，服务国家战略。根据《全面深化中国（上海）自由贸易试验区改革开放方案》，完善药品上市许可持有人制度试点，全力实施医疗器械注册人制度试点，进一步优化资源配置，释放创新活力。

14. 鼓励创新，服务产业发展。一是落实中共中央办公厅、国务院办公厅《关于深化审评审批制度改革鼓励药品医疗器械创新的意见》，制定、实施本市实施意见，推动企业提高创新和研发能力，加快新药好药和先进医疗器械上市。二是实施《上海市第二类医疗器械优先审批程序》，将符合要求的创新型医疗器械和临床急需的医疗器械纳入优先审批程序，在受理之前提供技术服务，并通过实施专家咨询，提前介入指导，全程跟踪服务，减少市场准入过程中的风险和不确定性。三是在坚持审批标准不降低的前提下，提前介入全程指导，优先对创新药等的药品生产许可和委托生产进行审批。

15. 复制推广"证照分离"改革试点事项。在已全市复制推广 10 项改革事项的基础上，进一步在全市依法复制推广进口非特殊用途化妆品备案管理，取消医疗机构放射性药品使用许可（一、二类）和药品广告异地备案，药品医疗器械互联网信息服务审批告知承诺制，药品经营企业许可（药品零售企业除外）、食品经营许可、药品零售企业许可、第三类医疗器械经营许可（第三方物流）、第三类医疗器械经营许可（第三方物流除外）和医疗机构放射性药品使用许可（三、四类）强化准入监管等 10 项事项，制定相关文件，根据试点情况，将正在浦东试行的"诚信档案""风险监测""分类监管"三个办法修订完善后印发至全市实施。

16. 提前介入，主动服务。为行政相对人提供提前咨询和指导的服务，加强提前服务的制度化、规范化建设，明确提前介入服务途径、范围和内容，提升企业申请的质量和成功率，提高审批效率。

17. 公开透明，提高标准化和可预期性。对于改革优化的行政审批事项，及时修订并公开办事指南，明确承诺办理时限、提前服务途径、文书模板等内容，制定完善相关技术指南，进一步提高行政审批的标准化和可预期性。

（五）一网通办，实现全程网上办理

18. 全面推进"一网通办"。按照《全面推进"一网通办"加快建设智慧政府工作方案》，所有行政审批事项逐步做到一网受理、只跑一次、一次办成，逐步实现协同服务、一网通办、全市通办，建设统一的数据共享交换平台，推进各业务系统数据共享、业务协同，实现政务服务减环节、减材料、减证明、减时间、减跑动次数。依托"中国上海"门户网站，打造网上政务服务统一入口和出口，完善或增加网上预约、公共支付、物流配送等功能。配合全市统一的电子证照库建设工作，将我局签发的各类证件纳入电子证照库，全方位共享互认。

19. 流程再造，全程网上办理。按照"一网通办"建设工作对接要求，对各事项实施行政审批系统业务流程再造，按计划实现所有审批事项"全程网办"、"一网通办"。局行政审批平台对接上海市法人一证通系统，建立网上实名身份认证体系；企业通过行政审批综合业务管理平台，上传相关申报资料扫描件并实施电子签章；企业通过企业端可进行申报资料提交、法人电子签名、办理进度查询、电子证照查询打印等业务的办理。

（六）放管结合，强化监管系统集成

20. 强化信用信息运用。通过网上政务大厅查询行政相对人的公共信用报告，结合我局及相关部门推送的信用信息，对守信食品药品生产经营者，实施优先审批、提前服务、并联审批、合并检查和告知承诺等一系列信用激励措施；对信用状况不良的行政相对人，在行政许可或备案工作中，列为重点审查对象，实施限制享受告知承诺等上述简化程序的信用惩戒措施，依法加大严重违法者的失信违法成本和落实市场退出机制。

21. 强化事中事后监管系统集成。管得住才能放得开，在做好行政审批"减法"的同时，做好加强监管的"加法"，严格落实"四个最严"，监管企业落实主体责任，建立健全事中事后监管体制机制，综合运用社会共治、信用监管、分类监管、"双随机、一公开"等各类监管方式，强化监管措施系统集成，构建覆盖食品药品全生命周期的监管闭环，真正在放管结合中使放与管并重。同时，加强部门间的信息共享和协调联动，依法对严重失信企业实施联合惩戒。

三、保障措施

（一）统一思想认识，加强组织领导

充分认识深化行政审批制度改革的紧迫形势和重要意义。各相关处室在改革领导小组的统一部署下，落实各项改革举措和加强事中事后监管措施。改革领导小组办公室负责协调、督办各项改革举措的落实情况。

（二）加强技术支撑体系建设

对于各改革优化的行政审批事项，各相关处室需提出信息系统设计需求，科信处会同信息中心规划、统筹、协调我局行政审批信息化系统建设，做好信息技术支撑和平台数据对接等工作。各相关直属单位要配合市局做好行政审批的受理、技术审评、授权签发等工作，加强技术支撑，加强与市局相关处室的沟通交流。同时，各相关处室对于授权直属单位签发的事项加强指导和培训，做好改革衔接工作，将问题解决在内部，将麻烦留给自己，"刀刃向内"，降低企业办事成本。

附件：上海市食品药品监督管理局优化行政审批事项清单（略）

上海市司法局、上海市市场监督管理局、上海市应急管理局关于印发《市场轻微违法违规经营行为免罚清单》的通知

各区司法局、市场监管局、应急局，市市场监管局机场分局：

现将《市场轻微违法违规经营行为免罚清单》印发给你们，自 2019 年 3 月 15 日起施行。

特此通知。

上海市司法局

上海市市场监督管理局

上海市应急管理局

2019 年 3 月 13 日

市场轻微违法违规经营行为免罚清单

为贯彻落实市委市政府建立包容审慎监管机制的要求，激发市场活力，进一步优化营商环境，促进经济持续健康发展，根据《中华人民共和国行政处罚法》等法律、法规、规章的相关规定，制定本清单。

一、下列轻微违法行为，及时纠正，没有造成危害后果的，不予行政处罚

（一）违反《药品广告审查发布标准》第七条第一款，发布药品广告未标明药品广告批准文号，但已取得批准文号的；

（二）违反《医疗器械广告审查发布标准》第六条第一款，发布医疗器械广告未标明医疗器械广告批准文号，但已取得批准文号的；

（三）违反《农药广告审查发布标准》第十一条，发布农药广告未将广告批准文号列为广告内容同时发布，但已取得批准文号的；

（四）违反《兽药广告审查发布标准》第十条，发布兽药广告未将广告批准文号列为广告内容同时发布，但已取得批准文号的；

（五）违反《中华人民共和国广告法》第九条第（三）项，广告中使用"国家级"、"最高级"、"最佳"等用语，但广告是在广告主自有经营场所或者互联网自媒体发布，且属于首次被发现的；

（六）违反《中华人民共和国广告法》第十一条第二款，广告引证内容合法有据，但未在广告中表明出处的；

（七）违反《中华人民共和国广告法》第十二条，广告中涉及专利产品或者专利方法，未标明专利号和专利种类，但具备合法有效专利证明的；

（八）违反《中华人民共和国广告法》第十四条，通过大众传播媒介发布的广告未标注"广告"字样，但能使消费者辨明为广告的；

（九）违反《中华人民共和国广告法》第四十六条，发布医疗、药品、医疗器械、农药、兽药、保健食品广告，已过广告审批有效期但逾期未超过三个月，且属于首次被发现的；

（十）违反《上海市消费者权益保护条例》第二十一条第三款，未设立服务标识，违法行为持续时间未超过一个月，且属于首次被发现的；

（十一）违反《上海市消费者权益保护条例》第二十一条第三款，设立服务标识不够显著的；

（十二）违反《上海市消费者权益保护条例》第二十五条第一款，未按照规定出具购货凭证或者服务单据，且属于首次被发现的；

（十三）违反《上海市商品交易市场管理条例》第二十八条，场内经营者经营涉及人体健康、生命安全的商品以及重要的生产资料商品未建立购销台账或者索取供货方合格证明，违法行为持续时间未超过一个月，且未出现商品质量问题的；

（十四）违反《上海市商品交易市场管理条例》第二十八条，场内经营者经营涉及人体健康、生命安全的商品以及重要的生产资料商品未建立购销台账或者索取供货方合格证明，经营所涉商品货值金额合计未超过一千元，且未出现商品质量问题的；

（十五）违反《无证无照经营查处办法》第二条，经营者未依法取得营业执照从事经营活动，但立案调查前已提交申请营业执照材料并通过审核的；

（十六）违反《中华人民共和国食品安全法》第四十一条，生产的食品相关产品的标识缺少对相关法规及标准的符合性声明，或者声明内容不完整的；

（十七）违反《上海市食品安全条例》第三十一条第一款，食品生产经营者未按规定培训本单位相关从业人员，首次被发现，且未发生食品安全事故的；

（十八）违反《上海市食品安全条例》第三十二条第二款，食品生产经营者未按规定执行食品生产经营场所卫生规范制度，首次被发现，且未发生食品安全事故的；

（十九）违反《上海市食品安全条例》第三十二条第二款，食品生产经营者从业人员未保持着装清洁，首次被发现，且未发生食品安全事故的；

（二十）违反《上海市集体用餐配送监督管理办法》第二十一条，集体用餐单位向无有效餐饮服务许可证、营业执照的生产经营单位订购膳食，首次被发现，且未发生食品安全事故的；

（二十一）违反《中华人民共和国消防法》第十六条第一款第（二）项的下列情形：

1. 火灾自动报警系统探测器损坏或故障，每层不超过1个，能当场整改，且不影响系统功能的；

2. 火灾自动报警系统探测器存在非正常屏蔽点位，且不影响系统功能的；

3. 自动喷水灭火系统喷头损坏，每层不超过1个，能当场整改，且不影响系统功能的；

4. 防排烟系统常闭式防排烟口故障，不超过1处；

5. 应急照明和疏散指示标志故障，不超过2处，且不影响系统功能的；

6. 常闭式防火门处于开启状态或者闭门器损坏，不超过3处，且不影响系统功能的；

7. 室内消火栓箱内配件缺损，不超过1处，能当场整改，且不影响系统功能的；

8. 灭火器材损坏，每层不超过1个，且能当场整改的。

（二十二）违反《中华人民共和国消防法》第二十八条，占用、堵塞、封闭疏散通道、安全出口不超过2处，且能当场恢复原状的；

（二十三）违反《中华人民共和国消防法》第二十八条，遮挡消火栓不超过1处，且能当场恢复原状的；

（二十四）违反《中华人民共和国消防法》第二十八条，临时占用防火间距，且能当场恢复原状的；

（二十五）违反《中华人民共和国消防法》第二十八条，占用、堵塞、封闭消防车通道，能当场恢复原状，且不影响应急状态使用的；

（二十六）违反《中华人民共和国消防法》第二十八条，人员密集场所在门窗上设置影响逃生、灭火救援的栅栏、广告牌，且能当场恢复原状的；

第二十一至第二十五项不予行政处罚的情形，不适用于人员密集场所和生产、储存、经营易燃易爆危险品的场所。

二、符合下列情形的轻微违法行为，不予行政处罚

（二十七）违反《上海市合同格式条款监督条例》第十一条第一款，提供方未将含有格式条款的合同文本报送备案，责令限期改正后及时改正的；

（二十八）违反《上海市合同格式条款监督条例》第十一条第二款，提供方未将变更后的含有格式条款的合同文本报送备案，责令限期改正后及时改正的；

（二十九）违反《中华人民共和国公司登记管理条例》第二十九条，公司未依法办理住所变更登记，责令限期登记后及时登记的；

（三十）违反《中华人民共和国公司登记管理条例》第三十二条，公司未依法办理经营范围变更登记，责令限期登记后及时登记的；

（三十一）违反《认证机构管理办法》第十六条，认证机构增加、减少、遗漏程序要求，情节轻微且不影响认证结论的客观、真实或者认证有效性，责令限期改正后及时改正的；

（三十二）违反《中华人民共和国计量法》第九条第二款，属于非强制检定范围的计量器具未自行定期检定或者送其他计量检定机构定期检定，经发现后主动送检且检定合格的；

（三十三）违反《上海市单用途预付消费卡管理规定》第十条第二款，经营者未及时、准确、完整地传送商务领域单用途卡发行数量、预收资金以及预收资金余额等信息，责令限期改正后及时改正的；

（三十四）违反《上海市单用途预付消费卡管理规定》第十二条第二款，经营者未在每季度第一个月的 25 日前在协同监管服务平台上准确、完整地填报上一季度商务领域单用途卡预收资金支出情况等信息，责令限期改正后及时改正的。

其他符合《中华人民共和国行政处罚法》等法律、法规、规章规定的不予行政处罚情形的市场轻微违法违规经营行为，不予行政处罚。

对于适用不予行政处罚的市场轻微违法违规经营行为，行政执法部门应当坚持处罚与教育相结合的原则，通过批评教育、指导约谈等措施，促进经营者依法合规开展经营活动。

关于印发《上海市国民营养计划（2019—2030 年）实施方案》的通知

（沪卫食品〔2019〕12 号）

各区人民政府，市政府各委、办、局，有关单位：

经市政府同意，现将《上海市国民营养计划（2019—2030 年）实施方案》印发给你们，请认真贯彻执行。

特此通知。

> 上海市卫生健康委员会　中共上海市委宣传部
> 上海市发展和改革委员会　上海市经济和信息化委员会
> 上海市商务委员会　上海市教育委员会
> 上海市科学技术委员会　上海市民政局
> 上海市司法局　上海市财政局
> 上海市人力资源和社会保障局　上海市农业农村委员会
> 上海市生态环境局　上海市文化和旅游局
> 上海市市场监督管理局　上海市统计局
> 上海市体育局　上海市医疗保障局
> 2019 年 11 月 27 日

上海市国民营养计划（2019—2030 年）实施方案

为贯彻落实《国民营养计划（2017—2030 年）》《"健康上海 2030"规划纲要》的有关要求，科学系统地实施国民营养健康工作，提高国民营养健康水平，结合本市实际，制定本方案。

一、明确主要目标

到 2020 年，本市营养工作体系逐步健全，基层营养工作得到加强，食物营养健康产业快速发展，传统食养服务日益丰富，营养健康信息化水平逐步提升，居民营养健康素养得到明显提高，并实现以下目标：

——5 岁以下儿童贫血率控制在 3.6% 左右；孕妇贫血率下降至 15% 以下。

——0～6 个月婴儿纯母乳喂养率达到 60% 以上；5 岁以下儿童生长迟缓率控制在 0.4% 左右。

——学生肥胖率上升趋势减缓。

——提高住院病人营养筛查率和营养不良住院病人的营养治疗比例。

——居民营养健康知识知晓率在现有基础上持续提高。

——中小学生含糖饮料经常饮用率在 2015 年基础上下降 10%。

到 2030 年，本市营养工作体系更加完善，食物营养健康产业持续健康发展，"互联网＋营养健康"的智能化应用普遍推广，营养健康状况显著改善，并实现以下目标：

——5 岁以下儿童贫血率保持发达国家水平，孕妇贫血率控制在 10% 以下。

——5 岁以下儿童生长迟缓率保持发达国家水平；0-6 个月婴儿纯母乳喂养率达到 66% 以上。

——学生肥胖率上升趋势得到有效控制。

——进一步提高住院病人营养筛查率和营养不良住院病人的营养治疗比例。

——居民营养健康知识知晓率在 2020 年的基础上继续提高 10%。

——人均每日食盐摄入量倡导 5 克以下，居民超重、肥胖的增长速度明显放缓。

——中小学生含糖饮料经常饮用率在 2015 年基础上下降 20%。

二、完善实施策略

（一）完善营养支持性政策

推动本市营养地方政策体系完善，制定完善临床营养管理、营养监测管理、营养食品监管等规章制度和营养健康相关公共政策。研究建立本市营养健康指导委员会，加强营养健康法规、政策、标准等的技术咨询和指导。（市卫生健康委、市农业农村委、市体育局、市市场监管局、市司法局负责）

（二）加强营养能力建设

研究完善营养监测与评估的技术与方法，研究制定营养相关疾病的防控技术及策略。开展营养与健康、营养与社会发展的经济学研究。建立本市营养健康创新合作平台，加强营养与健康科研机构建设，加快市级以上营养专项重点实验室和营养信息化项目建设。持续支持营养相关学科建设，培育具有竞争力的学科优势，提高营养专业人才的培养数量和质量。开展营养师、营养配餐员等人才培养工作，推动学校、幼儿园、养老机构等场所配备或聘请营养师。充分利用社会资源，开展营养教育培训和普及。（市卫生健康委、市科委、市经济信息化委、市发展改革委、市教委、市民政局、市人力资源社会保障局、市市场监管局、市体育局负责）

（三）强化营养和食品安全监测与评估

持续开展具有本市代表性的人群膳食营养、化学污染物暴露及健康状况监测。持续更新、完善本地食物成分数据库。鼓励国家参比实验室建设，强化质量控制。强化碘营养监测与碘缺乏危害防治。制定差异化碘干预措施，实施精准补碘。定期开展本市代表人群营养知识和健康素养监测。（市卫生健康委、市教委、市农业农村委、市经济信息化委、市市场监管局、市体育局负责）

（四）发展营养健康产业

推动传统食用农产品向优质食用农产品转型，提升优质农产品的营养水平。到 2030 年，将无公害农产品、绿色食品、有机农产品和农产品地理标志等"三品一标"产品在同类农产品中总体占比提高至 80% 以上。研究与建设农产品营养品质供应标准及食物营养供需平衡决策支持系统。规范指导满足不同需求的食物营养健康产业发展，鼓励绿色健康食品生产，积极发展绿色全谷物、有机食品等健康产品，构建以营养需求为导向的现代食物产业体系。加强对传统烹饪方式的营养化改造，研发健康烹饪模式。鼓励创建食物营养教育基地，设置营养课程，开展供餐食品的营养成分分析，实施营养配餐。积极配合国家强化营养主食、双蛋白工程等重大项目实施力度，以优质动物、植物蛋白为主要营养基料，加大力度创新基础研究与加工技术工艺，开展双蛋白工程重点产品的转化推广。加快食品加工营养化转型，引导食品企业与政府部门、高校及科研机构开展合作研究。提出食品加工工艺营养化改造路径，集成降低营养损耗和避免有毒有害物质产生的技术体系。研究不同贮运条件对食物营养物质等的影响，控制食物贮运过程中的营养损失。（市农业农村委、市发展改革委、市经济信息化委、市科委、市卫生健康委、市市场监管局负责）

（五）大力发展传统食养服务

发挥中医药特色优势，制定符合本市饮食特点的居民食养指南。建立传统养生食材监测和评价制度，开展食材中功效成分、污染物的监测及安全性评价。推进传统食养产品的研发和产业发展规模化，形成一批食养产品知名企业和知名品牌。实施中医药治未病健康工程，开展针对老年人、儿童、孕产妇及慢性病人群的食养指导。加强养生保健节目的管理和不良信息的监测，帮助居民提高养生保健营养知识素养和健康饮食能力。（市卫生健康委、市委宣传部、市经济信息化委、市文化旅游局、市市场监管局负责）

（六）加强营养健康基础数据共享应用

大力推动营养健康基础数据互通共享。依托本市现有信息平台，加强营养与健康信息化建设，建设跨行业集成、跨地域共享、跨业务应用的大健康基础数据平台。积极推动"互联网＋营养健康"服务和促进大数据应用试点示范，带动以营养健康为导向的信息技术产业发展。全面深化数据分析和智能应用，推动"上海健康信息网工程"（三期）和"上海市健康云"等平台建设与应用，促进居民自主健康管理。大力开展信息惠民服务，发展汇聚营养、运动和健康信息的可穿戴设备、移动终端（APP），推动"互联网＋"、大数据前沿技术与营养健康融合发展，开发智慧化、个性化、差异化的营养健康电子化产品，提供方便可及的营养健康信息技术产品和服务，增强居民维护和促进自身健康的能力。（市卫生健康委、市经济信息化委、市教委、市农业农村委、市生态环境局、市市场监管局、市体育局、市统计局负责）

（七）普及营养健康知识

加大健康教育力度，普及营养健康知识。围绕国民营养、食品安全科普宣教的需求，结合地方食物资源和饮食习惯，结合传统食养理念，编写营养、食品安全的宣传资料，组建本市营养专家库，开展主题宣传活动。建立政府权威规范营养宣传平台，推动营养健康科普宣教活动常态化，利用新媒体平台发布营养科普知识，精准有效传播到目标人群。推动将国民营养、食品安全知识知晓率纳入健康城市和健康村镇考核指标。定期开展科普宣传的效果评价，开展舆情监测，回应社会关注，合理引导舆论，为公众解疑释惑。（市委宣传部、市教委、市科委、市农业农村委、市文化旅游局、市卫生健康委、市市场监管局、市体育局负责）

三、开展重大行动

（一）生命早期 1000 天营养健康行动

开展孕前和孕产期营养评价与膳食指导。将营养评价和膳食指导纳入本市孕前和孕期检查内容。开展孕产妇的营养筛查和干预，降低低出生体重儿和巨大儿出生率。做好孕妇孕期体重监测和管理。建立生命早期 1000 天营养咨询平台。（市卫生健康委负责）

实施妇幼人群营养干预计划。继续推进育龄妇女补充叶酸预防神经管畸形项目，积极引导围孕期妇女加强含叶酸、铁在内的多种微量营养素补充，降低孕妇贫血率，预防儿童营养缺乏。（市卫生健康委负责）

倡导科学喂养行为。进一步完善母乳喂养保障制度，改善母乳喂养环境，在公共场所和机关、企事业单位建立母婴室。研究制定婴幼儿科学喂养策略，宣传引导合理辅食喂养。加强对婴幼儿腹泻病例的监测预警，研究制定并实施婴幼儿食源性疾病（腹泻等）的防控策略。（市卫生健康委负责）

提高婴幼儿食品质量与安全水平。加强婴幼儿配方食品专项抽检和生产经营过程监管，加强婴幼儿配方食品及辅助食品营养成分和重点污染物监测。提高研发能力，持续提升婴幼儿配方食品和辅助食品质量，推动产业健康发展。（市市场监管局、市卫生健康委、市农业农村委、市经济信息化委负责）

（二）学生营养健康行动

加强学生营养健康教育。把营养健康教育纳入学校教育教学内容。积极开展形式多样的"食育"工作，编制相关读本，开展营养相关教育指导，提高师生和家长的营养知识水平和技能。（市教委、市卫生健康委负责）

指导学生营养就餐。制定并实施集体供餐单位营养操作规范，科学制定学校供餐营养食谱，加强对供餐单位工作人员营养知识的宣教。（市卫生健康委、市教委、市市场监管局负责）

开展学生超重、肥胖干预。开展针对学生的"运动＋营养"体重管理和干预策略，对学生开展均衡膳食和营养宣教，加强学生体育锻炼。开展中小学生减少含糖饮料摄入的健康教育，加强对校园及周边食物售卖的管理，积极推动中小学校园内不售卖含糖饮料。（市卫生健康委、市教委、市市场监管局、市体育局负责）

（三）老年人群营养健康行动

开展老年人群营养状况监测和评价。试点开展老年人群的营养状况监测、筛查与评价工作并形成区域示范，逐步覆盖本市80%以上老年人群，基本掌握本市老年人群营养健康状况。（市卫生健康委负责）

完善满足老年人群营养健康需求的服务体系，促进"健康老龄化"。定期对医养结合机构、养老机构的医务、管理人员开展指导和培训，为老年人群提供合理营养膳食。研发适合老年人群营养健康需求的营养食品，对低体重高龄老人进行专项营养干预。（市卫生健康委、市民政局、市市场监管局负责）

建立老年人群营养健康管理与照护制度。逐步将老年人群营养健康状况纳入居民健康账户，推进多部门协作机制，结合本市社会养老服务体系推进情况，不断完善服务项目。（市卫生健康委、市医保局、市民政局负责）

（四）临床营养行动

制定和完善临床营养工作制度。加强临床营养科室建设，使临床营养师和床位比例达到1:150。制定临床营养干预诊疗目录，开展和完善住院患者营养筛查工作，建立以营养筛查－评价－诊断－治疗为基础的规范化临床营养治疗路径。（市卫生健康委、市教委、市人力资源社会保障局负责）

推动营养相关慢性病的营养防治。开展慢病营养防治研究，对营养相关慢性病的住院患者开展营养评价工作，实施分类指导治疗。建立从医院、社区到家庭的营养相关慢性病患者长期营养管理模式，开展营养分级治疗。（市卫生健康委负责）

推动特殊医学用途配方食品和治疗膳食的规范化应用。鼓励参与制修订特殊医学用途配方食品标准，细化产品分类，促进特殊医学用途配方食品的研发和生产。建立统一的临床治疗膳食营养标准，逐步完善治疗膳食的配方。（市卫生健康委、市市场监管局、市经济信息化委负责）

（五）社区营养行动

建设营养支持型社区环境。以政府为主导，动员社会组织，发挥社区医疗机构作用，广泛开展社区营养诊断、促进、干预和评估。建设健康餐厅，引导社区食堂等场所制作和提供符合健康需求的营养食品。完善网点布局体系，提升健康早餐供应覆盖率，丰富高品质早餐种类，开展健康早餐建设。（市卫生健康委、市商务委、市市场监管局负责）

建设社区营养健康体验场所。让社区居民通过食材选择、营养咨询、现场烹饪等方式参与营养膳食体验。开展社区体医结合健康体验，开展健康教育、体质监测评估与健身指导、慢性病早期筛查、健康自我管理、运动营养等生活方式干预和重点疾病康复指导，鼓励社会资本参与社区营养相关服务。（市卫生健康委、市市场监管局、市体育局负责）

（六）吃动平衡行动

推广健康生活方式。广泛开展以"三减三健"（减盐、减油、减糖，健康口腔、健康体重、健康骨骼）为重点的专项行动。倡导平衡膳食的基本原则，坚持食物多样、谷类为主的膳食模式，推动居民健康饮食习惯的形成和巩固。宣传科学运动理念，培养运动健身习惯，鼓励慢行交通，推广工间操和广播操。加强个人体重管理，对成人超重、肥胖者进行饮食和运动干预。（市卫生健康委、市体育局、市委宣传部、市文化旅游局负责）

推进体医融合发展。构建以预防为主、防治结合的营养运动健康管理模式，研究建立营养相关慢性病运动干预路径，提高运动人群营养支持能力和效果。研究建立运动人群营养网络信息服务平台，构建运动营养处方库，推进运动人群精准营养指导。（市体育局、市卫生健康委负责）

四、加强组织实施

（一）强化组织领导

强化市政府统一协调机制，明确各部门职责，各区政府要结合本地实际，将国民营养计划实施情况纳入政府重要工作，加强督查评估，确保取得实效。

（二）保障经费投入

加大对国民营养计划工作的投入力度，充分依托各方资金渠道，引导社会力量广泛参与、多元化投入，保证各项工作有序开展，并加强资金监管。

（三）广泛宣传动员

组织专业机构、行业学会、协会以及新闻媒体等开展多渠道、多形式的主题宣传活动，增强全社会对国民营养计划的普遍认知，争取各方支持，促进全民参与。

上海市市场监督管理局　上海市卫生健康委员会
关于印发《上海市医院食品安全管理系统》
《上海市安全营养食品供应链平台》的通知

（沪市监食经〔2019〕141号）

各区市场监管局、卫生健康委：

　　根据《上海市食品药品监督管理局　上海市卫生和计划生育委员会〈关于在本市医疗机构推进"医院食品安全管理系统"建设"放心医院食堂"有关工作的通知〉》（沪食药监餐饮〔2018〕60号）等文件的要求，上海市食品安全工作联合会组织有关单位联合起草制定了《上海市医院食品安全管理系统》《上海市安全营养食品供应链平台》，在浦东新区市场监管局和原浦东新区卫生计生委大力支持下开展试点，并经专家评审后，满足使用要求。经认真研究，现正式下发《上海市医院食品安全管理系统》《上海市安全营养食品供应链平台》，请结合辖区实际推广应用。

　　附件：1. 上海市医院食品安全管理系统（略）

　　　　　2. 上海市安全营养食品供应链平台（略）

上海市市场监督管理局　上海市卫生健康委员会

2019年5月8日

上海市食品药品安全委员会办公室关于加强保健食品基层综合治理工作的指导意见

（沪食药安办〔2020〕5号）

各区食药安办，市食药安委相关成员单位，各有关单位：

为贯彻落实市委、市政府印发的《上海市贯彻〈中共中央　国务院关于深化改革加强食品安全工作的意见〉的实施方案》（以下简称《上海实施方案》）和《上海市人民政府办公厅关于同意〈关于加强本市食品药品安全网格化管理工作的实施意见〉的通知》（沪府办〔2015〕23号）有关要求，市食药安办会同相关部门结合近年来本市部分地区保健食品基层综合治理实践经验，指导基层在做好疫情防控工作的同时积极有序推动复工复市，进一步加强本市保健食品基层综合治理工作，提出如下指导意见。

一、工作目标

贯彻落实党的十九届四中全会关于"加强和创新社会治理"的重要部署，以及《中共中央　国务院关于深化改革加强食品安全工作的意见》（以下简称《意见》）和《上海实施方案》的有关精神，坚持"以人民为中心"的发展思想和食品安全"四个最严"的要求，进一步推动落实食品安全党政同责与属地管理责任，推进实施保健食品行业专项清理整治行动，维护广大人民群众身体健康和合法权益，依托基层社会综合治理体系、社区服务体系、群众自治体系，以及网格化管理、联动联勤机制，将保健食品基层综合治理纳入城市运行"一网统管"平台，在各区食药安办的综合协调和街镇食药安办的具体牵头下，会同市场监管、公安、卫生健康、城管执法、房屋管理等部门，建立基层保健食品违法行为及时发现、报告和处置机制，着力解决保健食品虚假宣传、违规销售等严重侵害群众利益的问题。至2020年底，本市基本消除包括会议、讲座、健康咨询在内的各种方式虚假宣传和违规销售保健食品（以下简称"会销"）等现象，保健食品经营秩序得到明显好转，基层综合治理长效机制有效建立，人民群众对于保健食品质量安全的满意度明显提升。

二、工作重点

（一）重点单位和场所

社区可能存在保健食品"会销"现象的单位、区域、场所，重点包括：一是保健食品体验店、专营店、"会销"企业等重点单位；二是大型社区、城乡结合部等重点地区；三是老年人较为集中的广场、公园等重点区域；四是具备开办集中讲座条件的商务楼宇、宾馆、饭店、会所、活动中心等重点场所。

（二）重点违法问题

解决群众反映突出的保健食品"会销"中的虚假宣传、违规销售等问题，重点包括：一是假托免费体检、免费旅游、免费试用、免费讲座等手段推销保健食品并作虚假宣传，尤其是明示或暗示对新冠肺炎等疾病具有预防作用；二是以缴纳"诚信金"并全额返还、以买保健食品赠送实际不存在的股票等向老年人高价销售保健食品，实施保健食品价格欺诈和诈骗；三是以购买产品即可成为会员，而后推荐别人购买可获报酬等方式违规直销和非法传销。

三、工作内容

（一）开展排摸登记，建立"三张清单"

通过基层执法人员、网格巡查人员、村（居）委会管理人员、社区志愿者、第三方机构等开展街面、社区排摸、数据收集分析等，建立"三张清单"。

1. 重点单位清单：辖区内保健食品体验店、专营店、"会销"企业等重点单位底数及其经营情况清单。

2. 重点场所清单：具备举办"会销"活动条件的重点场所清单，以及沿街空置或装修中经营用房的产权人、经营企业、拟经营业态清单。

3. 违法主体清单：通过收集分析各种来源的信息，建立有保健食品相关违法记录的主体清单（包括企业和个人）。

（二）开展法制教育，落实"三类告知"

对纳入清单的各类重点单位和重点场所、经营用房所有人、管理方开展法制教育，落实"三类告知"。

1. 经营告知：对重点单位采取当面告知、集中约谈等方式开展法制教育，告知其法律法规相关规定、禁止从事的虚假宣传等违法情形以及相应的法律后果等，要求其严格履行主体责任，认真开展自查自纠，并作出守法经营的书面承诺。

2. 活动告知：对重点场所实行举办活动前告知方式，告知具备"会销"条件的各类重点场所所有人或管理方，应当依法核验入场举办活动方的营业执照、许可证件等并保存复印件，掌握活动的内容和方式，发现涉嫌保健食品虚假宣传等违法行为的，要及时制止并报告市场监督管理部门。

3. 承租告知：告知相关经营场所所有人、出租方等法律责任与义务，尚未出租的要求在租赁合同中明确不得从事违法活动，出租方应当核验承租者的营业执照、许可证件等资料并保存复印件，已出租的发现用于违法经营的应及时制止并报告市场监督管理部门，租赁房存在严重违法经营行为的应收回并不再出租。

（三）实施综合治理，收集违法线索

将销售假冒保健食品、违法"会销"等列为食品安全网格化事件，通过网格联勤机制开展巡查，及时发现相关违法线索，实现协调联动，开展综合治理。

1. 充分发挥食品安全工作站、基层消费维权点等基层站点功能，发挥网格员、基层食品安全协管员、信息员、宣传员和楼组长（村民组长），以及物业管理单位、业主委员会等作用，及时发现相关违法线索。

2. 鼓励群众举报保健食品相关违法行为，对提供违法"会销"、违规经营等线索的，查证属实后给予奖励。

3. 委托第三方机构开展排摸和监测，及时发现线上、线下违法线索。

（四）加强协作联动，严格依法处置

街镇食药安办组织协调辖区市场监管、公安、卫生健康、城管执法、房屋管理、消防等部门，对重点单位、重点场所开展监督检查和联合整治。通过错时执法等方式提高效能。

1. 街镇城市运行综合管理中心（网格化管理中心）对巡查中发现的相关违法线索和来自"12345""12315"的市民投诉，及时分派至相关职能部门依法处理。

2. 街镇食药安办对保健食品违法"会销"现象严重的区域，会同相关部门及时会商和研判，强化信息通报与协查协办，联合发现、联合处置、联合执法，组织力量开展重点整治。获悉有保健食品相关违法记录的主体租赁场地从事经营或会议、讲座、健康咨询等的，组织力量实施重点监管。

3. 涉及市场监管、卫生健康、房屋管理、税务、旅游、户外广告、治安、消防等领域的违法行为，由市场监管、卫生健康、房屋管理、税务、文化旅游、城管执法、公安、消防等部门按照各自职责依法查处。涉嫌犯罪的，由公安部门追究刑事责任。探索开展保健食品领域民事公益诉讼。

（五）组织科普宣传，促进共治共享

持续开展保健食品"进社区、进乡村、进网络、进校园、进商超"科普宣传活动，以群众喜闻乐见的形式，提高老年消费者识骗、防骗的自我保护意识和防范能力。

1. 综合运用广播电视、专家讲座、现场咨询、宣传栏、宣传手册、海报等传统宣传手段，新媒体、楼宇广告、社区电子屏等新型传播方式，公益广告、情景小品等宣传形式，强化科普宣传效果。指导老年消费者通过使用手机扫描二维码等方式快速便捷查询保健食品追溯信息，增强消费信心。

2. 充分依托食品药品科普站、社区卫生服务中心、服务站等科普和健康服务平台，以及生活驿站、邻里汇、睦邻中心等老年活动中心、为老服务设施等场所，设置宣传阵地和食品快检等服务设施，大力宣传保健食品科普知识，并提供咨询服务。

3. 加大举报奖励力度，鼓励社会监督。根据实际制定保健食品违法违规线索举报奖励细则，简化奖励流程；扩大奖励情形范围，对提供违法"会销"线索、老年人聚集、经营企业不规范经营行为等信息的，查证属实后给予快速奖励。

（六）强化为老服务，多方支持关爱

弘扬社会主义核心价值观，传承优秀家风、弘扬传统美德，促进家庭关爱老年人的生活，促进老人身心健康、精神愉悦，增加老人家庭归属感和幸福感。

1. 提供多样化、多层次、个性化的精神关爱服务，提升老年人的社区归属感，帮助老年人远离保健食品非法"会销"，挤压保健食品违法经营的生存空间。

2. 依托居民健康自治小组、养老顾问制度等基层自治制度，实现老年人自我管理、互助服务，满足老年人健康的养生保健需求。

3. 依托社会养老机构、长者照护之家、为老助餐点、长护险养老、老年大学、老年活动中心等各类基层为老服务平台，传播健康知识，引导老人科学养生。

四、落实相关监管部门职责

（一）关于食品标签、说明书违法行为的监管

对食品标签、说明书虚假宣传疾病预防、治疗功能，普通食品标签、说明书声称具有保健功能，保健食品标签、说明书与注册或备案的内容不一致的行为，由市场监管部门负责查处。

（二）关于违法广告或虚假宣传行为的监管

对保健食品表示功效、安全性的断言或者保证，涉及疾病预防、治疗功能，声称或者暗示广告商品为保障健康所必需，与药品、其他保健食品进行比较，利用广告代言人作推荐、证明的行为，对食品的性能、功能、质量等作虚假或者引人误解的商业宣传，欺骗、误导消费者的，由市场监管部门负责查处。

（三）关于违规直销和传销行为的监管

对直销企业和直销员违规直销及从事传销活动，以直销中的名义在产品推销过程作夸大或虚假宣传的行为，由市场监管、公安部门按职责负责查处。

（四）关于价格违法行为的监管

对销售中利用虚假的或者使人误解的价格手段，诱骗消费者与其进行交易，销售的保健食品未明码标价的行为，由市场监管部门负责查处。

（五）关于违法"会销"行为的监管

对利用会议、讲座、健康咨询等方式对食品进行虚假宣传，场地的出租方未查验"会销"企业等场所租借方的营业执照、食品经营许可证等资料或者未保存复印件，以免费赠送旅游为噱头销售保健食品，并组织消费者进行旅游活动的行为，由市场监管、文化和旅游部门按职责负责查处。

（六）其他违法行为的监管

对涉及药品、医疗器械、消毒产品和其他产品以及医疗、房管、税务、治安、消防、户外广告等领域违法行为的，分别由药品监管、卫生健康、房屋管理、税务、公安、消防、城管执法等部门按照

各自职责依法查处。

五、工作要求

（一）提高思想认识，形成治理合力

各区、各相关单位应当从推进城市治理体系和治理能力现代化、保障人民群众身体健康的高度，充分认识该项工作的重要意义。要将保健食品基层综合治理工作与守住食品安全底线、提升为老服务水平、促进地区稳定发展等工作相结合。根据本地区实际，明确具体工作目标、工作重点、工作措施、工作要求。各区食药安办要指导各街镇完善保健食品基层综合治理工作机制，加强组织领导与统筹协调，形成守土有责、各部门密切配合的工作格局。市食药安委相关成员单位要加强对基层相关部门的指导，形成综合治理工作合力。

（二）运用信息技术，探索智慧监管

以城市运行"一网统管"平台建设为契机，以大数据、云计算、人工智能等前沿信息技术为依托，探索对保健食品相关违法行为早发现、早预警、早处置的智慧监管模式，为高效处置保健食品"会销"等违法行为、加强保健食品基层综合治理工作提供技术支撑，进一步提升本市保健食品领域治理体系和治理能力现代化水平。

（三）狠抓工作落实，提升治理实效

各区要加强对保健食品基层综合治理措施落实情况的督查，对群众反映的突出食品安全问题进行跟踪了解，确保责任落实和取得实效。在治理过程中，要采用"固守拔点""限时销账"的方法，逐一攻克难点顽症；要标本兼治，打防并举，提升治理效能，形成长效机制；要加强沟通联系，及时总结交流工作经验和做法，促进保健食品基层综合治理取得实实在在的成效。

（四）加强宣传引导，营造良好氛围

各区要深入宣传保健食品基层综合治理工作及成效，定期向社会公布综合治理情况和典型案例，充分调动社会各方参与保健食品安全监管工作的积极性，为综合治理的深入开展营造氛围，让老百姓感受到实实在在的效果，提振信心、凝聚力量，实现共建共治共享，切实提升人民群众获得感、幸福感、安全感。

（五）及时总结评估，形成长效机制

各区食药安办、各相关单位应当定期总结和评估保健食品基层综合治理工作成效，分别于7月15日和11月30日前报送市食药安办。各区、各街镇在治理工作中的有效做法和工作经验，市食药安办总结后向全市通报并推广。同时，各区应当积极创新治理方式和手段，探索出符合辖区特点的治理模式，建立健全本市保健食品基层综合治理长效机制。

上海市食品药品安全委员会办公室

2020 年 4 月 16 日

上海市人民政府办公厅关于印发修订后的《上海市食品安全举报奖励办法》的通知

（沪府办规〔2020〕8号）

各区人民政府，市政府各委、办、局：

经市政府同意，现将修订后的《上海市食品安全举报奖励办法》印发给你们，请认真按照执行。

上海市人民政府办公厅

2020年8月21日

上海市食品安全举报奖励办法

第一章　总　则

第一条（目的和依据）

为鼓励社会公众积极举报食品安全违法犯罪行为，及时发现、控制和消除食品安全隐患，严厉打击食品安全违法犯罪行为，根据《中华人民共和国食品安全法》《中华人民共和国农产品质量安全法》《中华人民共和国食品安全法实施条例》和中共中央、国务院《关于深化改革加强食品安全工作的意见》以及《上海市食品安全条例》等的规定，制定本办法。

第二条（适用范围）

本办法适用于本市各级食品安全监管部门对举报属于其监管职责范围内的食品安全违法犯罪行为或者违法犯罪线索，经查证属实并立案查处后，根据举报人的意愿，予以奖金奖励的行为。

本市各级食品安全监管部门是指本市各级农业农村、市场监管、卫生健康、粮食物资储备、绿化市容、城管执法、公安、海关等部门。

第三条（工作职责）

市市场监管部门全面负责市级举报专项奖励资金的日常管理，具体负责全市食品安全举报奖励的政策制定、市级食品安全举报专项奖励资金使用的内部审核、协调指导、信息公开等工作。

各区市场监管部门负责本辖区食品安全举报奖励实施细则制定和实施协调指导等工作。

市级食品安全监管部门负责本系统食品安全举报奖励实施细则制定、举报奖励审核等工作。

各级食品安全监管部门为本市食品安全举报奖励实施机构和奖励资金的发放部门，负责本系统食品安全举报奖励的初步认定及奖金发放。

第四条（资金来源）

举报奖励资金由市级食品安全举报专项奖励资金予以保障。奖励资金单独核算、专款专用，并接受审计、监察等部门的监督。

各区政府可以根据实际，设立区级食品安全举报专项奖励资金。区级食品安全举报专项奖励资金的使用办法，由各区政府自行制定。

第五条（食品安全举报定义）

本办法所指的食品安全举报，是指自然人、法人或者非法人组织通过电话、信函、传真、电子邮件、走访等形式，向本市各级食品安全监管部门反映（或者向其他相关部门反映后被转交、移送）属于本市食品安全监管部门职责范围内的食品安全违法犯罪行为或者违法犯罪线索行为。

第六条（食品安全举报分类）

本办法所指的食品安全举报，分为实名、隐名、匿名三种。

实名举报，是指举报人以提供真实姓名或者名称以及真实有效联系方式的形式，反映食品安全违法犯罪行为或者违法犯罪线索。

隐名举报，是指举报人以不提供真实姓名或者名称，但提供其他能够辨别其身份的代码（如身份证缩略号、电话号码、网络联系方式等），使食品安全监管部门能够与之取得联系的形式，反映食品安全违法犯罪行为或者违法犯罪线索。

匿名举报，是指举报人以不署名或者不提供其真实姓名（名称），并且也未提供其他能够辨别其身份的信息和联系方式，使食品安全监管部门无法与之取得联系的形式，反映食品安全违法犯罪行为或违法犯罪线索。

第七条（食品安全举报受理）

举报人通过电话、信函、传真、电子邮件、走访等形式举报的，各级食品安全监管部门应当形成接报受理记录；对其他相关部门移转案件线索的，应当完整记录接受情况；对不属于本部门监管职责范围内的举报，应当按照法律法规及相关规定，及时移送有关部门，并告知举报人。

第二章　奖励情形和标准

第八条（奖励范围）

下列食品安全违法犯罪行为或者违法犯罪线索的举报，经核实的，应当按照本办法予以奖励：

（一）在食用农产品种植、养殖、收获、捕捞、加工、收购、运输过程中，使用违禁药物或者其他可能危害人体健康物质的；

（二）未经获准定点屠宰而进行生猪及其他畜禽私屠滥宰的；

（三）未经许可从事食品、食品添加剂生产经营活动或者食品相关产品生产活动的；

（四）生产经营用非食品原料生产加工的食品或者添加食品添加剂以外的化学物质和其他可能危害人体健康物质生产的食品或者用回收食品作为原料生产加工的食品的；

（五）生产经营营养成分不符合食品安全标准的专供婴幼儿和其他特定人群的主辅食品的；

（六）经营病死、毒死或者死因不明的禽、畜、兽、水产动物肉类或者生产经营病死、毒死或者死因不明的禽、畜、兽、水产动物肉类制品的；

（七）经营未按照规定进行检疫或者检疫不合格的肉类或者生产经营未经检验或者检验不合格的肉类制品的；

（八）生产经营国家和本市为防病和控制重大食品安全风险等特殊需要明令禁止生产经营的食品的；

（九）生产经营添加药品的食品的；

（十）生产经营致病性微生物，农药残留、兽药残留、生物毒素、重金属等污染物质以及其他危害人体健康的物质含量超过食品安全标准限量的食品、食品添加剂、食品相关产品的；

（十一）使用超过保质期的食品原料、食品添加剂生产食品、食品添加剂或者经营上述食品、食品添加剂的；

（十二）生产经营超范围、超限量使用食品添加剂的食品的；

（十三）生产经营腐败变质、油脂酸败、霉变生虫、污秽不洁、混有异物、掺假掺杂或者感官性状异常的食品、食品添加剂的；

（十四）生产经营标注虚假生产日期、保质期或者超过保质期的食品、食品添加剂的；

（十五）生产经营未按照规定注册的保健食品、特殊医学用途配方食品、婴幼儿配方乳粉，或者未按照注册的产品配方、生产工艺等技术要求组织生产的；

（十六）以分装方式生产婴幼儿配方乳粉，或者同一企业以同一配方生产不同品牌的婴幼儿配方乳粉的；

（十七）利用新的食品原料生产食品或者生产食品添加剂新品种，未通过安全性评估的；

（十八）生产经营被包装材料、容器、运输工具等污染的食品、食品添加剂的；

（十九）生产经营无标签的预包装食品、食品添加剂的；

（二十）生产经营未按照规定显著标示的转基因食品的；

（二十一）食品生产经营者采购或者使用不符合食品安全标准的食品原料、食品添加剂的；

（二十二）食品、食品添加剂生产者未按照规定对采购的食品原料和生产的食品、食品添加剂进行检验的；

（二十三）学校、托幼机构、养老机构、建筑工地等集中用餐单位未按照规定履行食品安全管理责任的；

（二十四）提供虚假材料，进口不符合我国食品安全国家标准的食品、食品添加剂、食品相关产品的；

（二十五）集中交易市场的开办者、柜台出租者、展销会的举办者允许未依法取得许可的食品经营者进入市场销售食品，或者食用农产品批发市场未履行检验义务或者发现不符合食品安全标准后未履行相关义务的；

（二十六）违法违规产生、收集、收运、加工、销售餐厨废弃物、废弃油脂，或者将餐厨废弃物、废弃油脂加工后作为食用油使用、销售的；

（二十七）假冒他人注册商标生产经营食品、伪造食品产地或者冒用他人厂名、厂址，伪造或者冒用食品生产许可标志或者其他产品标志生产经营食品的；

（二十八）生产食品相关产品新品种，未通过安全性评估，或者生产不符合食品安全标准的食品相关产品的；

（二十九）食品相关产品生产者未按照规定对生产的食品相关产品进行检验的；

（三十）生产经营以有毒有害动植物为原料的食品的；

（三十一）网络食品交易第三方平台提供者未对入网食品经营者进行实名登记、审查许可证，或者未履行报告、停止提供网络交易平台服务等义务的；

（三十二）广告中对食品作虚假宣传，欺骗消费者，或者发布未取得批准文件、广告内容与批准文件不一致的保健食品广告的；

（三十三）其他具有严重社会危害性或者造成重大影响的食品安全违法犯罪行为，举报经食品安全监管部门认定需要予以奖励的情形。

第九条（奖励条件）

食品安全举报奖励，应当同时符合下列条件：

（一）所举报的食品安全违法犯罪案件发生在本市行政区域内；

（二）举报人实名举报或者食品安全监管部门能够核实举报人有效身份的隐名举报；

（三）有明确、具体的被举报对象和主要违法犯罪事实或者违法犯罪线索；

（四）违法犯罪行为或者线索事先未被食品安全监管部门掌握；

（五）同一举报内容未获得其他部门奖励；

（六）举报情况经食品安全监管部门调查，查证属实并立案查处。

特殊情况下，举报的违法事实确实存在，违法行为证据确凿，因其他原因无法立案查处，但违法行为确已得到有效制止的，由市级食品安全监管部门按照本办法对举报人予以奖励。

第十条（不予奖励情形）

下列人员和情形不属于本办法奖励范围：

（一）本市食品安全监管部门工作人员（包括在编的公务员、参照公务员管理的人员、文员等）及其直系亲属；

（二）不涉及食品安全问题的举报；

（三）采取利诱、欺骗、胁迫、暴力等不正当方式，使有关生产经营者与其达成书面或者口头协议，致使生产经营者违法并对其进行举报的；

（四）举报人以引诱方式或者其他违法手段，取得生产经营者违法犯罪相关证据并对其进行举报的；

（五）法律法规和相关文件规定的其他不适用的情形。

第十一条（奖励等级）

举报奖励根据举报证据与违法事实查证结果，分为三个奖励等级：

一级举报奖励：提供被举报方的详细违法事实、线索及直接证据，举报内容与违法事实完全相符；

二级举报奖励：提供被举报方的违法事实、线索及部分证据，举报内容与违法事实基本相符；

三级举报奖励：提供被举报方的违法事实或者线索，举报内容与违法事实部分相符。

第十二条（奖励标准）

食品安全监管部门按照举报案件罚没款金额，同时综合考虑涉案货值金额、奖励等级、社会影响程度等因素计算奖励金额，每起案件的举报奖励金额原则上不超过50万元。具体奖励标准如下：

（一）属于一级举报奖励的，按照罚没款金额的4%～6%（含）给予奖励。按此计算不足2000元的，给予2000元奖励。

（二）属于二级举报奖励的，按照罚没款金额的2%～4%（含）给予奖励。按此计算不足1000元的，给予1000元奖励。

（三）属于三级举报奖励的，按照罚没款金额的1%～2%（含）给予奖励。按此计算不足200元的，给予200元奖励。

（四）无罚没款的案件，各级举报奖励金额分别不低于2000元、1000元、200元。

属于以下举报的，举报奖励标准在本条基础上分别上浮1～2个百分点：

（一）举报本办法第八条第（二）（四）（五）（六）（七）（八）（九）项的；

（二）举报未取得食品（食品添加剂）生产许可制售有毒有害或者假冒伪劣食品的；

（三）其他涉及重大食品安全事件的举报。

对举报人举报所在企业食品安全重大违法犯罪行为的，可以按照上述标准增加一倍计算奖励金额。

第十三条（奖励原则）

对举报人员的奖励，实行一案一奖制，依据以下原则确定奖励范围与金额：

（一）对同一举报事项，不得重复予以奖励。同一违法犯罪案件被不同举报人举报且内容相同的，对第一举报人进行举报奖励，举报顺序以举报人向相关食品安全监管部门举报时间为准；其他举报人提供的证据对案件查处起直接、重大作用的，可以给予适当奖励；

（二）一个举报中所涉及的违法犯罪行为，相关食品安全监管部门予以分案查处的，可以分别计算奖励金额，奖金可以合并发放；

（三）最终认定的违法犯罪事实与举报事项部分一致的，相一致的部分为有效举报，不一致的部分为无效举报，无效部分不计算奖励金额；

（四）最终认定的违法犯罪事实与举报事项不一致的，不予奖励；

（五）除举报事项外，办案机构还认定了其他违法犯罪事实的，对其他违法犯罪事实作出的处理部分不计算奖励金额。

第十四条（其他奖励原则）

举报人所举报的食品安全违法行为涉嫌犯罪，已经依法移送司法部门追究刑事责任，司法部门未给予奖励的，根据举报人意愿，负责移送的食品安全监管部门可以按照本办法的规定给予奖励。

第三章　举报奖励的实施

第十五条（权利告知）

有关食品安全监管部门应当在送达行政处罚决定（或者刑事判决生效）之日或者案件结案之日起的 15 日内（指自然日，下同）书面或者电话告知举报人是否符合本办法举报奖励条件。

对符合举报奖励条件且书面告知的，应当制作《上海市食品安全举报奖励告知书》。电话告知的，应当做好录音及书面记录。告知日期分别以告知书发出的邮戳日期、电话通知当日的录音及书面记录为准。

符合本办法第九条第二款之情形的，有关食品安全监管部门可以在制止违法行为之日起的 15 日内，告知符合本办法奖励条件的举报人，并根据举报人意愿启动奖励程序；不符合本办法奖励条件的，应当书面或者电话告知举报人不予奖励。

第十六条（奖励的启动）

举报人应当自食品安全监管部门告知其享有举报奖励权利之日起 60 日内提出奖励意愿。

举报人申领举报奖励的，应当向告知其享有举报奖励权利的食品安全监管部门提交《上海市食品安全举报奖励登记表》和有效身份证件。举报人委托他人代为申领举报奖励的，还应当提供授权委托证明、受委托人的身份证或者其他有效证件。

第十七条（奖励的内部审核）

有关食品安全监管部门应当自启动举报奖励之日起 30 日内，对举报事实、奖励条件和标准予以认定，提出奖励意见，填写《上海市食品安全举报奖励审核表》《上海市食品安全举报奖励专项资金使用审核表》，连同《上海市食品安全举报奖励登记表》和举报原始记录复印件、举报受理记录复印件、处罚决定书或者刑事判决书复印件、奖励告知书及送达证明等材料，报市级食品安全监管部门审核。

符合本办法第九条第二款之情形，应当提供查实违法行为、制止违法行为的相关证据、案件结案审批文书等材料。

市级食品安全监管部门审核同意后，向市市场监管部门提出使用市级食品安全举报专项奖励资金。市市场监管部门审核通过后，予以拨付资金。

第十八条（简易程序的启动）

举报事项有较大社会影响，且经有关食品安全监管部门立案调查，有充分证据证明举报行为符合本办法规定应当给予举报奖励的，食品安全监管部门可以在案件调查终结时，启动简易程序，根据案件货值金额等具体情况，对举报人给予不低于 200 元的先行奖励。

第十九条（简易程序权利告知）

有关食品安全监管部门应当在批准案件调查终结之日起 5 日内，按照本办法第十五条的规定，告知符合奖励条件的举报人，按照本办法第十六条的规定，予以先行奖励。

第二十条（简易程序的内部审核）

有关食品安全监管部门应当在举报人提出先行奖励意愿之日起 20 日内，对举报事实、奖励条件予以认定，提出奖励意见，填写《上海市食品安全举报奖励审核表》《上海市食品安全举报奖励专项资金使用审核表》，连同《上海市食品安全举报奖励登记表》、举报原始记录复印件、举报受理记录复印件、立案审批文书、案件调查终结审批文书、奖励告知书及送达证明等材料，报市级食品安全监管部门审核。

市级食品安全监管部门审核同意后，向市市场监管部门提出使用市级食品安全举报专项奖励资金。市市场监管部门审核通过后，予以拨付资金。

第二十一条（简易程序与一般程序的衔接）

在举报案件作出行政处罚决定或者刑事判决生效后，对符合本办法相关规定的，有关食品安全监管部门应当按照规定进行后续奖励。两次奖励总额应当符合本办法第十二条的规定。

第二十二条（特殊奖励附加程序）

对奖励金额大于 10 万元（含 10 万元）的较大金额食品安全举报奖励资金使用，除按照本办法规定的一般程序进行审核外，还需经市食品药品安全委员会批准。

第二十三条（隐名举报奖励申领）

举报人隐名举报的，应当提供其他能够辨别其身份的信息作为身份代码（如身份证缩略号、电话号码、网络联系方式等），并与食品安全监管部门专人约定举报密码、举报处理结果和奖励权利的告知方式。

隐名举报人提出举报奖励意愿的，应当向告知其享有举报奖励权利的食品安全监管部门提交《上海市食品安全举报奖励登记表》，并提供身份代码、举报密码。

隐名举报人可以委托他人代为提出举报奖励意愿、代为领取举报奖励资金。代为申领的，受委托人应当提供授权委托证明、受委托人有效身份证件、隐名举报人与食品安全监管部门约定的身份代码、举报密码。

其他事项，按照本办法规定的一般程序办理。

第四章　奖励发放

第二十四条（奖励通知）

有关食品安全监管部门应当在举报奖励审核同意后，制作《上海市食品安全举报奖励通知书》或者《不予奖励通知书》，加盖行政机关印章，按照举报人提供的地址和联系方式通知举报人。

第二十五条（奖励领取）

举报人应当自接到奖励通知之日起 60 日内，凭通知和有效身份证件领取奖励，并填写《上海市食品安全举报奖励发放登记表》。无正当理由逾期不领取奖励的，视为放弃，食品安全监管部门应当记录在案。

委托他人代为提出举报奖励意愿的，应当委托同一人领取奖励，受委托人需凭通知、授权委托证明、举报人和受委托人的有效身份证件领取奖励。

第二十六条（申领承诺）

对符合本办法规定，向本市各级食品安全监管部门提出举报奖励意愿的举报人，应当对其就同一举报内容未获得其他部门奖励（包括获得市级或者区食品安全举报专项奖励资金奖励）的情况作出书面承诺。

委托他人提出举报奖励意愿并申领的，委托人应当在授权委托书中，承诺对受委托人的申领行为和结果承担法律责任。

第二十七条（救济途径）

举报人对奖励决定不服的，可以自收到《上海市食品安全举报奖励通知书》或者《不予奖励通知书》之日起 10 个工作日内，向实施举报奖励的食品安全监管部门提出复核申请；也可以在 60 日内依法申请行政复议，或者在 6 个月内直接向人民法院提起行政诉讼。

第五章　监督管理

第二十八条（卷宗保管）

本市各级食品安全监管部门应当做好奖励发放记录，建立奖励档案。档案包括举报原始记录、处罚决定书或者刑事判决书、奖励告知书、奖励登记表、奖励通知书、奖励发放登记表等书面及录音材料。

第二十九条（保密条款）

各级食品安全监管部门及其工作人员应当对举报人身份的相关情况、举报内容、奖励情况等严格保密。

第三十条（责任追究）

举报人借举报之名，故意捏造事实诬告他人或者弄虚作假骗取奖励的，应当依法承担相应的责任。

被举报人对举报人进行打击报复的，应当依法承担相应的责任。

本市各级食品安全监管部门及其工作人员有下列情形之一的，由任免机关或者监察机关按照管理权限，对直接负责的主管人员和其他直接责任人给予行政处分；构成犯罪的，依法移送司法机关处理：

（一）伪造举报材料，冒领举报奖励的；

（二）对举报事项未核实查办的；

（三）泄露举报人身份情况、举报内容或者帮助被举报人逃避查处的。

第六章　附　则

第三十一条（施行日期）

本办法自 2020 年 10 月 1 日起施行，有效期至 2025 年 9 月 30 日。

2016 年 1 月 19 日市政府办公厅转发市食品药品安全委员会办公室、原市食品药品监管局制定的《上海市食品安全举报奖励办法》（沪府办发〔2016〕2 号）同时废止。

上海市食品药品安全委员会办公室关于印发《上海市食品安全举报奖励办法》相关配套文书的通知

（沪食药安办 20200012 号）

市农业农村委、市卫生健康委、市市场监管局、市绿化市容局、市粮食物资储备局、市城管执法局、市公安局、上海海关，各区食药安办：

新修订的《上海市食品安全举报奖励办法》（沪府办规〔2020〕8 号，以下简称《办法》）已于 2020 年 8 月 25 日由市政府办公厅正式印发，为贯彻落实该《办法》，发挥举报奖励制度的正向激励作用，现将相关配套文书印发给你们，请遵照执行。

附件：1. 上海市食品安全举报奖励告知书（略）

2. 上海市食品安全举报奖励登记表（略）

3. 授权委托书（略）

4. 上海市食品安全举报奖励审核表（略）

5. 上海市食品安全举报奖励专项资金使用审核表（略）

6. 上海市食品安全举报奖励通知书（略）

7. 不予奖励通知书（略）

8. 上海市食品安全举报奖励发放登记表（略）

上海市食品药品安全委员会办公室

2020 年 9 月 9 日

上海市食品药品安全委员会办公室关于印发修订后的《上海市食品安全事故专项应急预案》的通知

（沪食药安办 20200013 号）

各区人民政府，市食药安委各成员单位，市纪委监委，民航华东管理局：

2020 年 7 月 30 日，市政府常务会议原则同意修订《上海市食品安全事故专项应急预案》。根据市政府办公厅《关于同意〈上海市食品安全事故专项应急预案〉的通知》（沪府办〔2020〕52 号）的要求，现将修订后的《上海市食品安全事故专项应急预案》印发给你们，请认真按照执行。

上海市食品药品安全委员会办公室
2020 年 9 月 9 日

上海市食品安全事故专项应急预案

1 总则

1.1 编制目的

建立健全本市食品安全事故应急机制，有效预防、精准应对食品安全事故，迅速、有序、高效地组织应急处置工作，最大程度地减少食品安全事故的危害，确保人民健康和城市安全，维护正常的社会经济秩序。

1.2 编制依据

《中华人民共和国突发事件应对法》《中华人民共和国食品安全法》《中华人民共和国农产品质量安全法》《中华人民共和国产品质量法》《中华人民共和国食品安全法实施条例》《突发公共卫生事件应急条例》《国家食品安全事故应急预案》和《上海市食品安全条例》《上海市实施〈中华人民共和国突发事件应对法〉办法》等。

1.3 适用范围

本预案适用于本市食品安全事故的预防及应对工作。

食品安全事故，是指食源性疾病、食品污染等源于食品，对人体健康有危害或者可能有危害的事故。

对《国家食品安全事故应急预案》中规定的由国家食品安全事故应急指挥机构负责处置的事故，依照其规定执行。《国家食品安全事故应急预案》或本市其他专项应急预案启动后，需要同时启动本预案进行配合的，按照本预案规定的程序启动。

对未达到Ⅳ级且致病原因基本明确的食品安全事故，由事发地所在的区市场监管局会同卫生健康委、疾病预防控制机构等单位按照《中华人民共和国食品安全法》第一百零五条、《上海市食品安全条例》第七十三条的规定处理，无需启动市级应急预案。

1.4 事故分级

根据《国家食品安全事故应急预案》，食品安全事故共分四级，即特别重大食品安全事故（Ⅰ级）、重大食品安全事故（Ⅱ级）、较大食品安全事故（Ⅲ级）和一般食品安全事故（Ⅳ级）。

事故等级的核定标准见附件1。

1.5 工作原则

人民至上、预防为主、科学评估、快速反应、依法处置、精准应对、社会动员、联防联控。

2 组织体系

2.1 领导机构

《上海市突发公共事件总体应急预案》明确，本市突发公共事件应急管理工作由市委、市政府统一领导；市政府是本市突发公共事件应急管理工作的行政领导机构；市应急委决定和部署本市突发公共事件应急管理工作，其日常事务由市应急局负责。

2.2 应急联动机构

市应急联动中心设在市公安局，作为本市突发公共事件应急联动先期处置的职能机构和指挥平台，履行应急联动处置较大和一般突发公共事件、组织联动单位对特大或重大突发公共事件进行先期处置等职责。各联动单位在各自职责范围内，负责突发事件的应急联动先期处置工作。

2.3 指挥机构

2.3.1 指挥部设置

一旦发生特别重大、重大食品安全事故，市政府根据市食品药品安全委员会办公室（以下简称"市食药安办"）的建议和应急处置需要，视情成立市食品安全事故应急处置指挥部（以下简称"市应急处置指挥部"），对本市特别重大、重大食品安全事故应急处置实施统一指挥。市应急处置指挥部总指挥由市领导确定，成员由相关部门和单位领导组成，设立地点根据处置需要确定。

根据特别重大、重大食品安全事故的发展态势和处置需要，由事发地所在区政府和市食药安办负责设立现场指挥部。在市应急处置指挥部的统一指挥下，具体组织实施现场应急处置。

2.3.2 工作机构

上海市食品药品安全委员会（以下简称"市食药安委"）协调指导特别重大、重大食品安全事故处置工作。市食药安办承担本市食品药品安全委员会日常工作，负责食品安全工作的常态应急管理，同时承担本市食品安全事故应急处置指挥部办公室的相关工作。

主要履行以下职责：

（1）完善健全本市食品安全应急管理体系，推动食品安全应急能力建设；

（2）完善食品安全隐患排查治理机制，加强风险评估和监测预警；

（3）完善重大食品安全事故处置机制，监督、指导、协调重大食品安全事故处置工作；

（4）对突发食品安全事件中涉及监管环节职责不清的事项，牵头组织处置；

（5）指导食品安全舆情监测、处置，负责应急信息发布；

（6）定期组织开展食品安全事故应急培训和演练，提高应急处置实战能力；

（7）建立健全上下联动、联防联控、群防群控的分工协作机制；

（8）受市委、市政府和市食药安委委托的其他事项。

2.3.3 成员单位职责

各成员单位在市应急处置指挥部统一领导下开展工作，并加强对事故发生地区政府有关部门的督促、指导，使其积极参与应急救援和事故处置工作。各成员单位名单及具体职责见附件3。

2.3.4 工作组设置及职责

根据事故处置需要，市应急处置指挥部可视情成立若干工作组，在市应急处置指挥部的统一指挥下开展工作，并随时向市应急处置指挥部办公室报告工作开展情况。

（1）事故调查组

由市市场监管局牵头，会同市卫生健康委、市农业农村委、上海海关、市公安局等相关部门和行业主管部门，调查事故发生原因，评估事故影响，尽快查明致病原因，作出调查结论，提出事故防范意见。对监管部门及其他部门相关人员涉嫌履行职责不力、失职失责等需要追责的，由市市场监管局牵头将相关调查结果及追责意见移送监察机关依据有关规定办理；涉嫌犯罪的，移送有关国家机关依法追究刑事责任。

（2）危害控制组

由市市场监管局、市农业农村委、市粮食物资储备局、上海海关等事故发生环节的具体监管职能部门牵头，召回、下架、封存有关食品、原料、食品添加剂及相关产品，严格控制流通渠道，防止危害蔓延扩大。

（3）医疗救治组

由市卫生健康委牵头，结合事故调查组的调查情况，制定医疗救治方案，对事故中出现的伤病员进行医疗救治。

（4）检测评估组

由市市场监管局牵头提出检测方案和要求，组织实施相关检测，综合分析各方检测数据，查找事故原因和评估事故发展趋势，预测事故后果，为制定现场抢救方案和采取控制措施提供参考。

（5）专家组

由市市场监管局牵头组建，负责对食品安全事故影响范围、发展态势等作出研判，对追溯、召回、封存、阻断问题食品和防治救治等相关工作提出意见建议。

（6）维护稳定组

由市公安局牵头，加强治安管理，维护社会稳定。

（7）新闻宣传组

由市政府新闻办牵头，会同市委网信办、市食药安办、市市场监管局、市农业农村委、市卫生健康委、市商务委、市公安局、市粮食物资储备局、上海海关等部门做好事故处置宣传报道和舆论引导，并配合市应急处置指挥部办公室做好信息发布工作。

2.4 专家机构

市食药安办负责组建食品安全专家库，并将相关食品安全技术机构以及医疗卫生机构作为食品安全事故应急处置专业技术机构。

3 监测预警

3.1 预警监测

建立全市统一的食品安全风险监测、报告网络体系，加强食品安全信息管理和综合利用，构建各有关部门、单位间信息沟通平台，实现互联互通和资源共享。

发挥明厨亮灶、智慧监管、食品安全信息追溯等系统在食品安全风险监测中的作用，提升风险早期识别和预报预警能力。

根据食品安全风险监测工作需要，市卫生健康委会同有关部门在综合利用现有监测机构能力的基础上，制定和实施本市食品安全风险监测计划，建立覆盖全市的食源性疾病、食品污染和食品中有害因素监测体系。

3.2 预警级别

按照食品安全风险可能的危害性、紧急程度和发展态势，将预警信息分为四级：Ⅰ级（特别严重）、Ⅱ级（严重）、Ⅲ级（较重）和Ⅳ级（一般），依次用红、橙、黄、蓝四色表示，并通报相关部门。

红色预警（一级）：威胁程度特别严重，预计将要发生特别重大食品安全事故，事故会随时发生，事态正在不断蔓延。

橙色预警（二级）：威胁程度严重，预计将要发生重大食品安全事故，事故即将发生，事态正在逐步扩大。

黄色预警（三级）：威胁程度较重，预计将要发生较大食品安全事故，事故已经临近，事态有扩大趋势。

蓝色预警（四级）：威胁程度一般，预计将要发生一般食品安全事故，事故即将临近，事态可能会扩大。

有关监管部门发现食品安全隐患或问题，要及时通报市食药安办、市卫生健康委等有关部门，依法及时采取有效控制措施。

市市场监管局组织专家对食品安全事故预警信息进行综合评估，确定预警信息层级。预警信息分级评估标准见附件2。

3.3 预警信息发布

市食药安办根据食品安全风险评估结果、食品安全监督管理信息，对食品安全状况进行综合分析，对可能具有较高安全风险的食品，提出并公布食品安全风险警示信息。预警信息的发布、调整和解除，可通过广播、电视、报刊、互联网、区域短信、警报器、宣传车或组织人员逐户通知等方式进行，也可通过本市设立的上海市突发事件预警信息发布中心发布。

3.4 预警级别调整

市食药安办可依据事态的发展、变化情况、影响程度和应急专家组的建议，经市食药安委或市委、市政府批准后，适时调整预警级别，并及时通报各相关部门。

当确定食品安全事故事态完全控制或危险已经解除时，预警信息由市食药安办按照发布程序报经批准后，宣布解除预警，并通报相关部门。

3.5 预警响应

预警信息发布后，市食药安办、各区食药安办、各相关部门要立即响应。

（1）市食药安办组织有关部门、单位做好食品安全预警信息的宣传与相关情况通报工作；密切跟踪进展情况，组织有关部门和机构以及技术人员和专家学者，及时对食品安全预警信息进行分析评估，研判发生食品安全事故可能性的大小、影响范围、强度以及级别；对相关报道进行跟踪、管理，防止炒作和不实信息的传播。

（2）各区、各相关部门实行24小时值守，保持通信畅通，做好应急响应准备，确保有关人员能够2小时内完成集结，确保防护设施、装备、应急物资等处于备用状态。

（3）对可能造成人体危害的食品及相关产品，相关食品安全监管部门可依法宣布采取查封、扣押、暂停销售、责令召回等应急控制措施，并公布应急控制措施实施的对象、范围、措施种类、实施期限、解除期限以及救济措施等内容。预警解除后，由相关食品安全监管部门及时发布解除应急控制措施的信息。

4 应急处置

4.1 事故报告与通报

4.1.1 事故信息来源

（1）食品安全事故发生单位及引发食品安全事故的食品生产经营单位报告的信息；

（2）医疗机构报告的信息；

（3）食品安全相关技术机构监测和分析结果；

（4）经核实的公众举报信息；

（5）经核实的媒体披露与报道信息；

（6）国家卫生健康委、国务院其他有关部门或其他省（区、市）通报的信息；

（7）世界卫生组织等国际机构、其他国家和地区通报的信息。

4.1.2 报告及通报的主体和时限

（1）食品生产经营者发现其生产经营的食品造成或者可能造成公众健康损害的情况和信息，应当在1小时内向所在地的区市场监管局和负责本单位食品安全监管工作的有关部门报告。

（2）发生可能与食品有关的急性群体性健康损害的单位，应当在2小时内向所在地区市场监管局、卫生健康委报告。

（3）接收食品安全事故病人治疗的单位，要按照国家卫生健康委有关规定，及时向所在地的区市场监管局、卫生健康委报告。

（4）食品安全相关技术机构、有关社会团体及个人发现食品安全事故相关情况，应当及时向市、区市场监管局和卫生健康委报告或举报。

（5）有关监管部门发现食品安全事故或接到食品安全事故报告或举报，应当立即组织核查；初步核实后，立即通报同级食药安办和其他有关部门。市市场监管局、市卫生健康委、区市场监管局接到通报后，要及时调查核实，收集相关信息，并及时将有关调查进展情况向同级政府及食药安办、其他有关监管部门和上级部门报告。

（6）经初步核实为食品安全事故且需要启动应急响应的，由市市场监管局、区市场监管局报同级食药安办，并按照有关规定，向同级政府及上级主管部门提出启动响应的建议。如为Ⅲ级及以上事故的，区食药安办和区市场监管局要立即向市食药安办、市市场监管局和区政府报告，市食药安办和市市场监管局接报后，在30分钟内以口头方式、1小时内以书面方式向市委、市政府报告。报国家主管部门的重大食品安全事故信息，要同时或先行向市委、市政府报告。特别重大食品安全事故或特殊情况，必须立即报告。

（7）食品安全事故涉及其他省（区、市）的，由市食药安办及时向相关省（区、市）有关部门通报信息，加强协作。

（8）食品安全事故涉及港、澳、台地区人员或外国公民，或事故可能影响到境外，需要向香港、澳门、台湾地区有关机构或有关国家通报时，按照国家有关规定办理。

4.1.3 报告内容

食品生产经营者、医疗、技术机构和社会团体、个人向市市场监管局或区市场监管局报告疑似食品安全事故信息时，应当包括事故发生时间、地点和人数等基本情况。

市市场监管局或区市场监管局报告食品安全事故信息时，应包括信息来源、事故发生时间、地点、当前状况、危害程度、先期处置等信息，减少初报审批层级，避免层层把关延误初报时限。续报在查清有关基本情况、事件发展情况后随时上报，据事故应对情况可进行多次续报，内容主要包括事故进展、发展趋势、后续应对措施、调查详情、原因分析等信息。终报在突发事件处理完毕后按规定上报，应包括事故概况、调查处理过程、事故性质、事故责任认定、追溯或处置结果、整改措施和效果评价等。重特大突发事件发生时，至少每日报告情况，重要情况随时报告。

4.2 事故评估

食品安全事故评估是为核定食品安全事故级别及确定应采取的措施而进行的评估。有关监管部门应当及时核实相关信息，并向市市场监管局或区市场监管局提供核实后的信息和资料，由市市场监管局或区市场监管局会同有关部门组织开展食品安全事故评估。评估内容包括：

（1）污染食品可能导致的健康损害及所涉及的范围，是否已造成健康损害后果及严重程度；

（2）事故的影响范围及严重程度；

（3）事故发展蔓延趋势。

4.3 应急响应

4.3.1 先期处置

事故发生单位和所在社区负有先期处置的第一责任。事发地所在区食药安办和市场监管局在得到报告后，应当承担先期处置的职能，开展相关工作，并向上级部门报告信息。事发地所在区政府及有关部门在事故发生后，要根据职责和规定的权限，启动相应的应急预案，组织群众展开自救互救，控制事态并向上级报告。

市应急联动中心按照有关规定，组织、指挥、调度、协调各方面资源和力量，采取必要的措施，对特大或重大食品安全事故进行先期处置，上报现场动态信息。市场监管、公安、农业农村、海关、卫生健康委等部门以及各区政府等部门和单位在各自职责范围内，负责重大食品安全事故的应急联动处置。

一旦发生先期处置仍不能控制事态的紧急情况，市食药安办、市应急联动中心等报请或由市委、市政府直接决定应急响应等级和范围，启动相应等级的应急响应并实施应急处置。

4.3.2 分级响应

根据食品安全事故分级情况，食品安全事故应急响应分为Ⅰ级、Ⅱ级、Ⅲ级和Ⅳ级响应。

食源性疾病中涉及传染病疫情的，按照《中华人民共和国传染病防治法》《国家突发公共卫生事件应急预案》和《上海市突发公共卫生事件专项应急预案》等相关规定，开展疫情防控和应急处置。

发生在口岸等特殊区域的食品安全事故，由该区域管理部门与所在地区政府共同处置。

4.3.2.1 Ⅳ级应急响应

发生一般食品安全事故，由事发地所在区政府启动Ⅳ级响应，组织、指挥、协调、调度相关应急力量和资源实施应急处置。各有关部门要按照各自职责和分工，密切配合，共同实施应急处置，并及时将处置情况向本级政府和上级主管部门报告。

4.3.2.2 Ⅲ级应急响应

发生较大食品安全事故，由市食药安办或由市食药安办指定的相关部门启动Ⅲ级应急响应，视情成立市食药安办食品安全事故应急处置指挥部，并参照本预案开展组织应急处置，市食药安办及时将处置情况向本级政府和上级主管部门报告。

4.3.2.3 Ⅱ级应急响应

发生重大食品安全事故，由市食药安办报请市委、市政府批准并启动Ⅱ级应急响应。市委、市政府根据市食药安办建议，视情成立市应急处置指挥部，负责统一组织、指挥、协调、调度相关应急力量和资源实施应急处置等工作。

4.3.2.4 Ⅰ级应急响应

发生特别重大食品安全事故，启动Ⅰ级应急响应。市应急处置指挥部立即向国务院上报有关情况，在国家指挥部的统一指挥下，组织开展应急处置工作，并及时向国务院及有关部门、国家指挥部办公室报告进展情况。

4.4 应急处置措施

事故发生后，根据事故性质、特点和危害程度，各相关部门单位依照有关规定，采取下列应急处置措施，以最大限度减轻事故危害：

（1）事故发生单位按照相应的处置方案，开展先期处置，并配合相关部门做好食品安全事故的应急处置。

（2）卫生健康委有效利用医疗资源，组织指导医疗机构开展食品安全事故患者的救治。

（3）疾病预防控制机构接到通知后，对食品安全事故现场采取卫生处理等措施，并开展流行病学调查，市场监管、卫生健康、公安等部门依法予以协助。疾病预防控制机构及时向市场监管、卫生健康委提交流行病学调查报告。

（4）农业农村、海关、市场监管等有关部门依法强制性就地或异地封存事故相关食品及原料、被污染的食品工具及用具，及时组织检验机构开展抽样检验，待查明食品安全事故的原因或响应结束后，责令食品生产经营者彻底清洗消毒被污染的食品工具及用具，消除污染。

（5）对确认受到有毒有害物质污染的相关食品及原料，农业农村、海关、市场监管等有关部门要依法责令生产经营者召回、停止经营及进出口并销毁。检验后确认未被污染的，予以解封。

（6）对涉嫌犯罪的，公安机关及时介入，开展相关犯罪行为侦破工作。

应急处置指挥机构及时组织研判事故发展态势，并向事故可能蔓延到的地方政府通报信息，提醒做好应对准备。事故可能影响到国（境）外时，及时协调有关涉外部门，做好相关通报工作。

发生特别重大和重大食品安全事故时，在市委、市政府统一领导下，依托联防联控工作机制，依靠人民群众，发挥群众和社区的主体作用，防控资源和力量下沉社区，落实社区防控措施，全面排查食品安全风险，做好基层防控工作。加大源头严防、过程严管、风险严控，形成监管合力。建立健全食品安全信息通报、联合执法、隐患排查和事故处置等协调联动机制，强化食品安全来源可溯、去向可追，加大食品安全问题线索的排查力度，及时受理和迅速处置12315平台有关投诉举报信息，对食品安全违法违规行为一查到底，违法违规行为和涉事主体，依法从严从重查处，对涉嫌违法犯罪的，及时移送公安机关。

4.5 检测分析评估

应急处置专业技术机构及时对引发食品安全事故的相关危险因素进行检测，专家组对检测数据进行综合分析和评估，分析事故发展趋势、预测事故后果，为制定事故调查和现场处置方案提供参考。有关部门对食品安全事故相关危险因素消除或控制、事故中伤病人员救治、现场及受污染食品控制、食品与环境、次生及衍生事故隐患消除等情况进行分析评估。

4.6 响应级别调整及终止

在食品安全事故处置过程中，要遵循事故发生发展的客观规律，结合实际情况和防控工作需要，根据评估结果，及时调整应急响应级别，直至响应终止。

4.6.1 响应级别调整及终止条件

（1）级别提升

当事故的影响和危害进一步扩大，并有蔓延趋势，情况复杂难以控制时，应当及时提升响应级别。

当学校或托幼机构、全国性或区域性重要活动期间发生食品安全事故时，可相应提高响应级别，加大应急处置力度，确保迅速、有效控制食品安全事故，维护社会稳定。

（2）级别降低

事故危害得到有效控制，且经研判认为事故危害降低到原级别评估标准以下或无进一步扩散趋势的，可降低应急响应级别。

（3）响应终止

当食品安全事故得到控制，并达到以下两项要求，经分析评估认为可解除响应的，应当及时终止响应：

——食品安全事故伤病员全部得到救治，患者病情稳定 24 小时以上，且无新的急性病症患者出现，食源性感染性疾病在末例患者后经过最长潜伏期无新病例出现；

——现场、受污染食品得以有效控制，食品与环境污染得到有效清理并符合相关标准，次生、衍生事故隐患消除。

4.6.2 响应级别调整及终止程序

应急处置指挥机构组织对事故进行分析评估论证。评估认为符合级别调整条件的，提出调整响应级别建议，报同级政府批准后实施并采取相应措施。评估认为符合响应终止条件时，提出终止响应的建议，报同级政府批准后实施。

有关部门应当根据区政府有关部门的请求，及时组织专家为食品安全事故响应级别调整和终止的分析论证提供技术支持与指导。

4.7 信息发布

4.7.1 Ⅲ级、Ⅳ级食品安全事故信息，在市政府新闻办指导下，由市食药安办或事发地所在区政府按照有关规定进行发布。

4.7.2 Ⅰ级、Ⅱ级食品安全事故信息，在市有关部门、单位或事发地所在区政府的配合下，由市政府按照有关规定发布。信息发布要及时、准确、客观、全面。

5 后期处置

5.1 善后处置

各级政府及有关部门要积极稳妥、深入细致地做好善后处置工作，消除事故影响，恢复正常秩序。食品安全事故发生后，保险机构应当及时开展保险受理和保险理赔工作。

造成食品安全事故的责任单位和责任人应当按照有关规定结算由相关机构及个人垫付的前期治疗费用，对受害人给予赔偿，承担受害人后续治疗及保障等相关费用。

5.2 奖惩

食品安全事故应急处置实行行政领导负责制和责任追究制。

对在食品安全事故应急管理和处置工作中作出突出贡献的先进集体和个人，按照国家和本市有关规定给予表彰。

对迟报、谎报、瞒报和漏报食品安全事故重要情况或者应急管理工作中有其他履行职责不力、失职失责等行为的，依法依规追究有关责任单位或责任人的责任；构成犯罪的，依法追究其刑事责任。

5.3 总结

食品安全事故善后处置工作结束后，市食药安办应当组织有关部门，及时对食品安全事故和应急处置工作进行总结，分析事故原因和影响因素，评估应急处置工作开展情况和效果，提出对类似事故的防范和处置建议，形成总结报告上报市委、市政府。

6 应急保障

6.1 信息通信保障

市食药安办会同有关监管部门建立包括食品安全监测、事故报告与通报、食品安全事故隐患预警等内容在内的全市统一食品安全信息网络体系；会同市卫生健康委建立健全医疗救治信息网络，实现信息共享；负责食品安全信息网络体系的统一管理。

市食药安办及有关部门设立信息报告和举报电话，畅通信息报告渠道，确保食品安全事故的及时报告与相关信息的及时收集。

市经济信息化委、市通信管理局、市文化旅游局等有关部门负责建立健全应急通信、应急广播电视保障工作体系，完善公用通信网，建立有线与无线相结合、基础电信网络与机动通信系统相配套的应急通信系统，确保应急处置通信畅通。

6.2 医疗卫生保障

市卫生健康委、区政府和有关单位根据职责和食品安全事故情况，及时开展伤病员医疗救治、卫生处理等应急处置措施。市卫生健康委、市市场监管局、市发展改革委、市经济信息化委等部门要根据本市应急物资储备机制，按照实际情况和事发地区政府的需求，及时为受害地区提供药品、医疗器械等卫生医疗设备。必要时，由红十字会动员社会力量参与医疗卫生救助。

6.3 人员及技术保障

应急处置专业技术机构要结合本机构职责，开展专业技术人员食品安全事故应急处置能力培训，加强应急处置能力建设，提高快速应对能力和技术水平。同时，要健全专家队伍，为事故核实、级别核定、事故隐患预警及应急响应等相关技术工作提供人才保障。有关部门要加强食品安全事故监测、预警、预防和应急处置等技术研发，促进国内外交流与合作，不断开发和升级应急指挥决策支持系统的软件和硬件技术，在信息集成、综合评估的基础上，实现智能化和数据化，确保决策的科学性。

食品安全事故的技术检测、评估、鉴定，由有资质的机构承担。发生食品安全事故时，有资质的机构受指挥部委托，立即采集样本，按照标准要求实施检测，为食品安全事故定性提供科学依据。

6.4 物资与经费保障

根据"分级管理"的原则，各级政府负责食品安全事故应急处置所需设施、设备、物资（包括控制食品安全事故所需药品、试剂、检测设施等）的储备、调拨和组织生产，按照国家和本市突发事件应对的有关规定，保障应急物资的储备与调用，并在使用储备物资后及时补充。

本市食品安全事故应急处置、产品抽样及检验等所需经费，应当按照事权和支出责任，列入同级财政年度预算予以保障。

6.5 社会动员保障

根据食品安全事故应急处置的需要，动员和组织社会力量协助参与应急处置，必要时依法调用企业及个人物资。在动用社会力量或企业、个人物资进行应急处置后，应当及时归还或给予补偿。

6.6 交通运输保障

市交通委、市公安局、中国铁路上海局集团、民航华东管理局等部门、单位要保证紧急情况下应急交通工具的优先安排、优先调度、优先放行，确保运输安全畅通。同时，依法建立应急运输工具的征用程序，确保应急物资和人员能够及时、安全送达。必要时，对现场及相关道路实行交通管制，开设应急救援"绿色通道"，保证应急救援顺利开展。

6.7 治安保障

市公安局按照有关规定，参与现场处置和治安维护工作，加强对重点地区、重点场所、重点人群、重要物资和设备的安全保护，依法采取有效管制措施，严厉打击违法犯罪活动。必要时，动员民兵预备役人员参与控制事态，维护社会秩序。

7　附则

7.1　宣传教育

各级政府及其相关部门要加强对广大消费者的食品安全知识宣传教育，公布有关食品安全事故应急预案、举报电话等。要通过电视、广播、报纸、互联网、宣传手册等多种形式，对社会公众广泛开展食品安全应急知识的专业教育，宣传科普卫生知识，指导群众以科学的行为和方式对待食品安全事件，提高消费者的风险和责任意识，引导正确消费。食品安全应急处置期间，要引导事件涉及范围内及邻近地区居民予以配合，维护社会稳定，防止事态扩大。

7.2　培训演练

食品安全事故应急处置培训，实行"分级负责"的原则，由各级政府及有关部门组织实施。

有关部门应当加强对食品安全专业人员、食品生产经营者的食品安全培训，促进从业人员掌握食品安全相关工作技能，增强食品生产经营者的责任意识，提高消费者的风险意识和防范能力。

各级政府及有关部门要按照"统一规划、分类实施、分级负责、突出重点、适应需求"的原则，组织开展食品安全事故应急演练，检验和强化应急准备及应急处置能力，并通过对演练过程的总结评估，完善应急预案。

7.3　预案管理

7.3.1　预案体系

本市食品安全事故应急预案体系包括市相关部门、市级基层应急管理单元、重大活动制定的各类食品安全事故应急预案，市级监管的食品生产经营单位食品安全事故应急预案，以及为应急预案提供支撑的工作手册、事件行动方案、应急处置卡等文件。

各区食药安办参照本预案，确定本区域食品安全事故应急预案体系。

7.3.2　预案编制

市食药安办负责组织本预案编制与修订工作，根据实际情况，适时修订本预案。

应急预案编制过程中应广泛听取有关部门、单位和专家的意见。涉及其他单位职责的，应当书面征求相关单位意见。必要时，向社会公开征求意见。

各区食药安办根据本预案，制定相应的食品安全事故专项应急预案。

7.3.3　预案衔接与审批

各级食品安全事故应急预案衔接遵循"下级服从上级，专项服从总体，预案之间不得相互矛盾"的原则。市应急管理局综合协调应急预案衔接工作。

食品安全事故专项应急预案应当由编制单位与同级应急管理部门联合组织专家评审，并报同级政府批准，以政府办公厅（室）名义印发实施，报上级市场监管部门备案。

印发实施的食品安全事故专项应急预案，应当在相关政府网站上予以公布。

7.3.4　预案评估与修订

食品安全事故应急处置结束后，市食药安办要在本级政府的领导下，组织有关人员对公共卫生事件的处置情况进行评估。评估内容主要包括事件概况、调查处置情况、医疗救治情况、所采取措施的效果评价、应急处置过程中存在的问题、取得的经验及预案改进建议。评估报告报本级政府。

本预案编制单位应当建立定期评估制度，组织专家分析评价食品安全事故应急预案内容的针对性、实用性和可操作性，实现应急预案的动态优化和科学规范管理。

有下列情形之一的，应当及时修订本应急预案：

（1）有关法律、法规、规章、标准、上位预案中的有关规定发生变化的；

（2）应急指挥机构及其职责发生重大调整的；

（3）面临的风险发生重大变化的；

（4）重要应急资源发生重大变化的；

（5）预案中的其他重要信息发生变化的；

（6）在食品安全事故应对和应急演练中发现需做重大调整的；

（7）预案编制单位认为应当修订的其他情况。

应急预案修订涉及组织指挥体系与职责、应急处置程序、主要处置措施、响应分级标准等重要内容的，修订工作应按照本预案"7.3.3 预案审批与衔接"部分有关要求组织进行。仅涉及其他内容的，修订程序可适当简化。

各级政府及其部门、企事业单位、社会团体、公民等，可以向本预案编制单位提出修订建议。

7.3.5 预案报备

市市场监管局、市卫生健康委、市农业农村委、市粮食物资储备局、上海海关等部门、各区政府参照本预案，制定本部门和本行政区域的食品安全事故应急预案或处置规程，并报送市食药安办备案。

7.3.6 预案实施

本预案由市食药安办组织实施。

本预案自印发之日起实施，有效期5年。

7.3.7 预案解释

本预案由市食药安办负责解释。

附件：1. 食品安全事故分级标准

2. 食品安全事故预警信息分级评估标准

3. 市食品安全事故应急处置指挥部成员单位职责

附件1

食品安全事故分级标准

根据《国家食品安全事故应急预案》，按照食品安全事故的性质、危害程度和涉及范围，本市食品安全事故分为四级：Ⅰ级（特别重大）、Ⅱ级（重大）、Ⅲ级（较大）和Ⅳ级（一般）。

一、特别重大（Ⅰ级）食品安全事故

（1）受污染食品流入2个以上省份或国（境）外（含港澳台地区），造成特别严重健康损害后果的；或经评估认为事故危害特别严重的；

（2）1起食品安全事故出现30人以上死亡的；

（3）党中央、国务院认定的其他特别重大级别食品安全事故。

二、重大（Ⅱ级）食品安全事故

（1）受污染食品流入2个以上区，造成或经评估认为可能造成对社会公众健康产生严重损害的食品安全事故；

（2）发现在我国首次出现的新的污染物引起的食品安全事故，造成严重健康损害后果，并有扩散趋势的；

（3）1起食品安全事故涉及人数在100人以上并出现死亡病例；或出现10人以上、29人以下死亡的；

（4）市委、市政府认定的其他重大级别食品安全事故。

三、较大（Ⅲ级）食品安全事故

（1）受污染食品流入2个以上区，可能造成健康损害后果的；
（2）1起食品安全事故涉及人数在100人以上；或出现死亡病例的；
（3）市委、市政府认定的其他较大级别食品安全事故。

四、一般（Ⅳ级）食品安全事故

（1）存在健康损害的污染食品，造成健康损害后果的；
（2）1起食品安全事故涉及人数在30人以上、99人以下，且未出现死亡病例的；
（3）区委、区政府认定的其他一般级别食品安全事故。
注："以上"、"以下"均含本数。

附件2

食品安全事故预警信息分级评估标准

发生概率 严重程度	不太可能	有可能	非常可能	几乎肯定
特别严重	二级	二级	一级	一级
严重	三级	二级	二级	一级
较重	四级	三级	三级	二级
一般	四级	四级	三级	三级

说明：通过综合研判食品安全风险的"严重程度"和"发生概率"两个指标，对食品安全事故预警信息进行评价和分级。

严重程度中的"一般"是指无显性伤害，但长期使用可危害健康；"较重"是指导致轻度伤害，引发身体不适；"严重"是指可致重度或大面积伤害，引发严重疾病；"特别严重"是指直接导致死亡，或导致大面积严重中毒和疾病。评估严重程度时，一般同时考虑紧急程度因素。

发生概率中的"不太可能"是指在某些时候可能会发生；"有可能"是指在某些时候应该会发生；"非常可能"是指在大多数情况下很可能会发生；"几乎肯定"是指预期在大多数情况下都会发生。

附件3

市食品安全事故应急处置指挥部成员单位职责

市市场监管局：组织指导食品安全事故的应急处置和调查处理，依法采取应急处置措施，防止或者减轻社会危害；负责食品安全事故的分析评估，核对事故级别；组织开展事故性质、原因和责任的调查与认定，采取相关监管措施；在食品安全事故初期事态原因、环节、性质、影响、趋势等情况不明时，承担先期处置职责。负责食品相关产品生产加工的质量安全事故的调查处理，并依法采取必要的应急处置措施，防止或者减轻社会危害。负责酒类流通环节食品安全事故的调查处理。

市卫生健康委：组织疾病预防控制机构开展食品安全事故的流行病学调查和卫生处理，组织开展相关监测，分析监测数据；组织有关医疗机构开展食品安全事故中病人的医疗救治工作；配合食品药品监管部门开展食品安全事故调查处理工作；按规定实施网络直报；组织开展本市食品安全风险监测和风险评估工作。

市农业农村委：负责地产食用农产品生产环节质量安全事故中违法行为的调查处理，并依法采取必要的应急处置措施，防止或者减轻社会危害；参与开展地产食用农产品相关监测和风险评估；参与农药、兽药等引起食品安全事故中地产食用农产品来源的调查；协助有关部门处理由地产食用农产品引起的食品安全事故。

上海海关：负责食品进出口环节和国境口岸范围内食品安全事故的应急处置和调查处理，组织开展流行病学调查和卫生学调查，并依法采取应急处置措施，防止或者减轻社会危害。对海关监管职责范围内可能造成食品安全事故的食品依法扣留、退运或移交相关部门处置；根据市应急处置指挥部要求提供食品安全事故食品的进出口情况。

市商务委：负责组织食品安全事故应急救援所需重要生活必需品的调配供应。

市粮食物资储备局：负责粮食收购、贮存活动中发生的粮食质量安全事故的应急处置和调查处理，对可能导致食品安全事故的粮食依法处理。

市政府新闻办：指导事故调查处置部门及时发布权威信息，组织新闻媒体做好新闻报道、舆论引导等工作，必要时做好新闻发布会准备工作。必要时组织媒体赴现场采访，做好媒体沟通、服务工作。

市委网信办：负责互联网食品安全事故信息内容管理，统筹协调组织互联网宣传管理和舆论引导工作；负责互联网食品安全事故信息内容监督管理执法。

市教委：建立和完善学校食品安全事故的应急处理机制；协助有关监管部门对学校食堂、学生在校集体用餐造成的食品安全事故进行调查，并组织实施应急处置。

市经济信息化委：会同有关部门做好应对食品安全事故等所需食品药品等物资的生产和调运；配合市市场监管局负责食盐安全事故的应急处置和违法行为的调查处理，对确认属于假冒食盐的，依法予以处理。

市公安局：组织、指导、协调食品安全事故中涉嫌犯罪行为的侦查工作；负责投毒事故的侦查；加强对食品安全事故现场的治安管理，有效维护社会治安秩序，支持、协助各成员单位开展调查处理。

市纪委监委：负责对监管部门及其他部门相关人员在食品安全事故以及应急处置工作中履职不力、失职失责等违纪违法行为的调查处理。

市民政局：协助做好受食品安全事故影响，符合社会救助条件群众的救助。

市财政局：负责重大和较大食品安全事故应急处置等工作所需资金的保障和管理。

市生态环境局：组织指导造成食品安全事故的环境污染事件的调查处置工作；指导、协调区政府开展污染处置；对造成食品安全事故的环境违法行为依法追究相应责任。

市交通委：协助提供事故应急处置过程中的道路、水路交通运力保障。

中国铁路上海局集团：落实铁路运营食品安全监管与隐患排查；组织指导铁路运营食品安全事故的应急处置；提供事故应急处置过程中的铁道运输保障。

市文化旅游局：协助有关食品安全监管部门对涉及旅游的食品安全事故进行应急处置。

民航华东管理局：协调提供食品安全事故应急处置过程中的民用航空运输保障。

市发展改革委：负责对纳入市级重要商品储备的重大食品安全事故紧急处置物资进行管理；以市级重要商品储备为依托，会同商务委、市财政局组织协调重大食品安全事故紧急处置所需物资的应急保障。

市绿化市容局：配合开展食品安全事故调查处置中涉及餐厨废弃油脂和餐厨垃圾收运、处置等环节的调查处理工作，依法采取应急处置措施，防止或者减轻社会危害。

市城管执法局：配合开展对划定区域（点）和固定时段以外的占用道路等公共场所经营食品、售卖活禽等违法行为造成的食品安全事故的调查处理，依法采取应急处置措施，防止或者减轻社会危害。

市科委：组织实施食品安全监测、预警与处置科学技术的研究和开发，为食品安全应急体系建设提供技术支撑。

区政府：按照本预案规定，做好本辖区内食品安全事故各项应急管理及处置工作的协调和保障。

其他部门按照法定职责，开展食品安全事故应急处置工作，并配合协调有关部门做好食品安全事故应急处置工作。

上海市人民政府办公厅关于同意《上海市食品安全事故专项应急预案》的通知

（沪府办〔2020〕52 号）

市食品药品安全委员会办公室、市市场监管局：

沪食药安办〔2020〕11 号文收悉。经市政府研究，同意你们制定的《上海市食品安全事故专项应急预案》，请自行印发并会同各区政府和各有关部门、单位按照执行。

2017 年 12 月 12 日市政府办公厅印发修订后的《上海市食品安全事故专项应急预案》（沪府办〔2017〕72 号）同时废止。

上海市人民政府办公厅

2020 年 8 月 25 日

上海市市场监督管理局　中国银行保险监督管理委员会上海监管局关于印发《上海市食品安全责任保险管理办法（试行）》的通知

（沪市监规范〔2021〕9号）

各有关单位：

根据《中华人民共和国食品安全法》《中华人民共和国保险法》《上海市食品安全条例》等规定，上海市市场监督管理局、中国银行保险监督管理委员会上海监管局联合制定了《上海市食品安全责任保险管理办法（试行）》，现印发给你们，请遵照实施。

上海市市场监督管理局

中国银行保险监督管理委员会上海监管局

2021年10月12日

上海市食品安全责任保险管理办法（试行）

第一条（目的和依据）

为了贯彻落实国家食品安全战略，施行食品安全责任保险制度，完善食品安全社会共治体系，保障人民群众生命财产安全，根据《中华人民共和国食品安全法》《中华人民共和国保险法》《上海市食品安全条例》等规定，结合本市实际，制定本办法。

第二条（定义）

本办法所称食品安全责任保险，是指以被保险的食品生产经营者因其生产经营的食品或者经营的食用农产品（以下简称食品）导致发生食源性疾病（包括食物中毒）、食品污染等危害或者有可能危害人体健康的食品安全事件，从而产生人身伤亡、财产损失的经济赔偿责任为保险标的的责任保险。

第三条（适用范围）

本市行政区域范围内投保人投保食品安全责任保险，保险机构开展食品安全责任保险业务，市场监管部门、保险监管部门开展食品安全责任保险相关指导和监管活动，适用本办法。

第四条（部门职责）

本市市场监管部门承担下列职责：

（一）负责食品安全责任保险工作的组织推进和综合协调；

（二）负责对生产经营食品中投保食品安全责任保险的指导和相关监管工作；

（三）实施食品安全责任保险信息共享交流。

本市保险监管部门承担下列职责：

（一）负责对保险机构和保险中介机构的食品安全责任保险业务实施监督管理；

（二）负责指导、监督保险同业公会等行业组织开展行业自律活动；

（三）与本市市场监管部门建立分工合作的食品安全责任保险协作机制。

第五条（行业自律）

本市食品行业协会和保险同业公会等行业组织提供信息交流、技术支持、宣传培训等服务，引导和督促食品生产经营者、保险机构做好食品安全责任保险工作。

鼓励食品行业协会和保险同业公会等行业组织在食品安全风险评估、风险管理、损害损失评估、责任鉴定、赔偿限额、索赔时效等方面制定团体标准，支持行业协会建立保险纠纷调解机制。

第六条（信息共享）

市市场监管部门负责建立食品安全责任保险相关信息交流机制，会同本市保险监管部门为归集投保食品安全责任保险食品生产经营者的相关信息提供便利，与本市保险监管部门、保险机构、相关行业协会等共享食品安全责任保险监管信息。

保险机构和市场监管部门可以定期交流食品生产经营的相关风险信息等情况。

第七条（食品安全责任险种）

鼓励保险机构依法根据食品生产经营者风险管理需求，推进与食品安全相关的保险产品和服务创新，为市场提供丰富的保险险种和多样化的保险服务方案。

第八条（投保范围）

列入本市高风险食品生产经营企业目录内的食品生产经营者应当根据防范食品安全风险的需要，主动投保食品安全责任保险。

鼓励其他食品生产经营者参加食品安全责任保险。

食品生产经营者投保其他保险产品，具有与食品安全相关的保险责任、赔偿限额、食品安全事故预防等内容的，视为投保食品安全责任保险。

第九条（集中投保）

连锁超市、连锁餐饮企业等连锁食品生产经营者可以由企业总部统一投保食品安全责任保险。

鼓励行业协会、物业管理方、网络食品交易第三方平台等单位组织生产加工小作坊、食品摊贩、小型餐饮服务提供者等采取集中投保的方式投保食品安全责任保险。

集中投保所涉及的食品生产经营者的数量、要求等事项由投保人、集中投保组织者和保险机构协商确定。

第十条（食品安全责任保险合同示范文本）

鼓励投保人与保险机构使用食品安全责任保险合同示范文本依法订立食品安全责任保险合同。

第十一条（保险中介机构）

保险中介机构应当依法提供食品安全责任保险相关保险中介服务。

保险经纪机构可以提供下列服务：

（一）拟订投保方案、选择保险公司、办理投保手续；

（二）协助被保险人索赔；

（三）为委托人提供风险评估、风险排查、风险管理、咨询等服务。

保险代理机构可以提供代理销售保险产品、代理收取保险费用等服务。

第十二条（风险管理服务）

保险机构依照食品安全法律法规规章和标准的规定，组织开展食品安全隐患排查、现场指导、宣传培训等风险管理活动，并出具风险评估报告。被保险人应当根据合同约定配合保险机构开展风险管理活动。

保险机构发现被保险人存在食品安全隐患的，应当按照合同约定及时出具食品安全隐患排除建议书，通知被保险人进行整改，并对整改情况进行跟踪。发现重大食品安全隐患的，保险机构及时向被保险人所在地市场监管部门报告。

第十三条（风险管理档案）

保险机构建立被保险人的风险管理档案。档案包括以下内容：

（一）投保人提供的包括基本信息、历史损失资料、营业额等的材料；

（二）保险机构开展的风险管理活动情况；

（三）食品安全隐患排除建议书及其跟踪整改情况。

第十四条（食品安全监管）

市场监管部门依法将辖区内食品安全高风险企业投保食品安全责任保险的情况纳入食品安全信用档案，并作为食品安全信用等级评定、分类监督管理的重要参考。

市场监管部门依法加强对食品生产经营者的监管，对于保险机构在风险管理活动和保险理赔中发现的食品安全违法行为及时进行调查处置；涉嫌犯罪的，依法移送公安机关追究刑事责任。

第十五条（公示）

鼓励投保的食品生产经营者在生产经营场所、自建交易网站或者网络食品交易第三方平台的首页显著位置或者经营活动主页面醒目位置，公示其投保食品安全责任保险的情况。

鼓励保险机构为投保食品安全责任保险的食品生产经营者提供保险标志，食品生产经营者可以在生产经营场所张贴或者在外卖食品的包装容器或配送箱（包）上粘贴。

第十六条（保险监管）

保险监管部门依法对保险机构、保险中介机构等开展食品安全责任保险业务进行监督检查，发现违反《中华人民共和国保险法》或者其他法律法规规章行为的，依法予以处理。

市场监管部门发现保险机构存在本条第一款情形的，应当及时通报保险监管部门。

第十七条（纠纷处理）

投保人、保险机构、受到损害或损失的第三者等因食品安全责任保险发生争议的，可以按照行业纠纷调解机制进行调解，也可以依法申请仲裁或者向人民法院提起诉讼。

本市探索建立食品安全保险事故责任第三方认定机制。

第十八条（政策鼓励）

各区可以根据实际情况，制定相关政策鼓励和支持食品安全责任保险工作。

第十九条（实施时间）

本办法自 2021 年 12 月 1 日起施行，有效期至 2023 年 11 月 30 日。

上海市市场监督管理局关于印发《上海市产品质量监督抽查实施办法》的通知

（沪市监规范〔2022〕3号）

各区市场监督管理局，临港新片区市场监管局，市局执法总队、机场分局，各有关单位：

为加强产品质量安全监督管理，规范本市产品质量监督抽查工作，根据《中华人民共和国产品质量法》《中华人民共和国消费者权益保护法》《上海市产品质量条例》《上海市消费者权益保护条例》《产品质量监督抽查管理暂行办法》等法律法规，我局组织制定了《上海市产品质量监督抽查实施办法》。经2022年1月24日市市场监管局局长办公会审议通过，现印发给你们，请认真遵照执行。

上海市市场监督管理局

2022年2月18日

上海市产品质量监督抽查实施办法

第一章　总　则

第一条　为加强产品质量安全监督管理，规范本市产品质量监督抽查（以下简称"监督抽查"）工作，根据《中华人民共和国产品质量法》《中华人民共和国消费者权益保护法》《上海市产品质量条例》《上海市消费者权益保护条例》《产品质量监督抽查管理暂行办法》等法律法规，制定本办法。

第二条　市场监督管理部门对本行政区域内生产、销售的产品（含电子商务经营者销售的本行政区域内生产者生产的产品和本行政区域内电子商务经营者销售的产品）实施监督抽查，适用本办法。

法律、行政法规、部门规章或地方性法规对监督抽查另有规定的，依照其规定。

第三条　本市监督抽查分为由上海市市场监督管理局（以下简称"市局"）组织的市级监督抽查和各区市场监督管理局（含临港新片区市场监管局，以下简称"区局"）组织的区级监督抽查。

第四条　市局负责统筹管理、指导协调全市监督抽查工作，组织实施市级监督抽查，汇总、分析全市监督抽查信息。

上海市市场监督管理局执法总队（以下简称"执法总队"）根据执法办案需要，参与实施重大、应急等市级监督抽查工作。

上海市市场监督管理局机场分局（以下简称"机场分局"）在职责范围内负责实施抽样工作，承担监督抽查结果处理工作。

各区局负责组织实施本行政区域内的区级监督抽查工作，汇总、分析本行政区域监督抽查信息，配合上级市场监督管理部门在本行政区域内开展抽样工作，承担监督抽查结果处理工作。

第二章　监督抽查的实施

第五条　市局组织制定市级监督抽查年度计划，并通报各区局、执法总队和机场分局。

各区局可根据市级监督抽查计划安排，组织制定区级监督抽查年度计划，并报市局备案。

第六条　组织监督抽查的部门应当按照政府购买服务有关要求，确定承担监督抽查工作的检验机构。

第七条　市局统一制定本市监督抽查实施细则，并向社会公开。

组织监督抽查的部门应当根据监督抽查计划，制定监督抽查方案。监督抽查方案应当包括抽查产品范围及适用的实施细则、抽样和检验工作分工、进度要求等内容。

第八条　市场监督管理部门应当自行抽样或者委托抽样机构抽样。

对通过电子商务方式销售的产品抽样时，可以以消费者的名义购买样品。

第九条　样品分为检验样品和备用样品。

除不以破坏性试验方式进行检验，并且对样品质量不会造成实质性影响的外，应当购买检验样品。

备用样品由被抽样生产者、销售者先行无偿提供。需启用备用样品进行复检的，按前款规定另行付费购买。

通过网络交易方式获取样品的，备用样品一并付费购买。

购买检验样品的价格以生产、销售产品的标价为准。

第十条　对在检验前需要被抽样生产者、销售者配合安装、调试的样品，被抽样生产者、销售者应当配合安装、调试，检验机构应当对安装、调试过程视频记录。安装、调试完毕后，被抽样生产者、销售者和检验机构共同签字确认。

被抽样生产者、销售者无正当理由拒绝安装、调试的，检验机构应当如实记录，立即报告组织监督抽查的部门，并同时报告被抽样生产者、销售者所在地市场监督管理部门依法处理。

第十一条　组织监督抽查的部门应当及时将抽查结论书面告知被抽样生产者、销售者，并同时告知其依法享有的权利。

在销售者处抽样的，组织监督抽查的部门还应当同时书面告知样品标称的生产者。

第十二条　有异议的被抽样生产者、销售者以及样品标称的生产者（以下简称"异议申请人"），应当自收到抽查结果之日起十五日内向组织监督抽查的部门提出书面异议处理申请，并说明理由，提交证明材料。

样品标称的生产者对监督抽查样品信息有异议的，应当自收到抽查结果通知书之日起十五日内向组织监督抽查的部门提出书面异议材料。

第十三条　组织监督抽查的部门负责组织异议材料的调查，抽样单位、检验机构应当配合对异议内容进行核查，并将核查结论书面答复组织监督抽查的部门。核查结论的理由和依据应当准确。

组织监督抽查的部门可以组织第三方专家就异议内容进行分析研判，形成评估意见。

第十四条　异议申请人对监督抽查工作依据、实施细则、工作程序、样品真实性等提出异议，组织监督抽查的部门应当将核查结果和异议处理结论书面告知异议申请人。

异议申请人对检验结果提出异议并申请复检的，组织监督抽查的部门应当组织研究，对需要复检并具备检验条件的，应当组织复检。

复检机构与初检机构不得为同一机构，但本市行政区域内仅有一个技术机构具备相应资质的除外。

第十五条　有下列情形之一的，组织监督抽查的部门不予组织复检：

（一）异议申请人逾期未提出书面异议材料的；

（二）依规定不满足复检条件情形的。

第十六条　组织监督抽查的部门应当明确复检的时间、地点、项目、要求等内容，书面通知异议复检的检验机构和异议申请人。

第十七条　异议申请人应当自收到复检通知之日起七日内办理复检手续和向复检机构送达复检样品，并办理样品确认和交接手续。

第十八条　对需要异议申请人配合安装、调试的复检样品，异议申请人应当配合安装、调试，复检机构应对安装、调试过程视频记录。安装、调试完毕后，异议申请人和复检机构共同签字确认。

第十九条　有下列情形之一的，复检程序终止，维持原结论：

（一）异议申请人无正当理由拒绝配合办理复检手续、确认和交接样品、安装和调试的；

（二）因异议申请人原因，导致复检样品在运输、安装、调试过程中受损且无法进行复检的；

（三）被抽样生产者、销售者擅自拆封、替换、隐匿、转移、变卖、损毁复检所需样品的。

第二十条　组织监督抽查的部门应当按照法律、行政法规有关规定公开监督抽查结果。

未经组织监督抽查的部门同意，任何单位和个人不得擅自公开监督抽查结果。

第二十一条　监督抽查结果处理工作由被抽样生产者、标称生产者、被抽样销售者注册地的区局（机场分局）负责管辖。

对管辖权存在争议的，由市局指定负责。

第二十二条　市局在接到国家、本市、外省市监督抽查不合格检验报告及相关文书材料后，按照第二十一条的管辖原则，将不合格产品生产者、销售者情况移送区局（机场分局）进行结果处理。

第二十三条　负责结果处理的区局（机场分局）自接到市局移送或在完成区级监督抽查不合格检验报告异议处理之日起五日内责令不合格产品生产者、销售者限期整改，明确整改要求。

第二十四条　不合格产品的生产者、销售者应当自责令之日起六十日内予以改正，在整改期限届满之日前向负责结果处理的区局（机场分局）提交整改报告。

第二十五条　负责结果处理的区局（机场分局）应当在自责令之日起七十五日内按照监督抽查实施细则组织复查。

被抽样生产者、销售者经复查不合格的，负责结果处理的区局（机场分局）应当上报市局，由其向社会公告。

第二十六条　负责结果处理的区局（机场分局）应当在公告之日起六十日后九十日前对生产者、销售者组织复查。

第二十七条　通过登记的住所或者经营场所无法联系而未开展整改的生产者、销售者，由负责结果处理的区局（机场分局）按《企业经营异常名录管理暂行办法》规定列入经营异常名录。

第二十八条　监督抽查发现存在涉嫌违法行为情形的，区局（机场分局）应当按照有关法律法规规定进行查处。有重大违法行为的或涉及多个行政区域的，市局可以交由执法总队按照有关法律法规规定进行查处。

在查处期间，不停止对不合格产品生产、销售者的结果处理工作。

第三章　样品处置

第二十九条　组织监督抽查的部门应当及时处置监督抽查的样品，也可以委托检验机构承担样品处置具体工作。

第三十条　检验结果为合格的未付费样品，应当在检验结果异议期满后及时退还被抽样生产者、销售者；检验结果为不合格的未付费样品，应当在检验结果异议期满三个月后依法处理，不合格样品不得用于销售。

第三十一条　检验结果为合格的付费样品留样期为检验工作完成、出具检验报告后三个月；检验不合格的付费样品留样期为检验工作完成、出具检验报告后六个月。保质期小于三个月的样品，样品保存至保质期。对检验结果有异议的样品，按照法律、法规、规章规定和实际需要保留至规定期限。

第三十二条　留样期满后，付费的样品除检验已损耗外，应当根据现状、用途按照以下方式处置：

（一）销毁；

（二）拍卖。

第三十三条　组织监督抽查的部门或者其委托的检验机构应当及时组织对留样期满后的付费样品

进行处置。

第三十四条 有下列情形之一的，付费抽样的样品应当予以销毁：

（一）危及人体健康和人身、财产安全的；

（二）失效、变质的；

（三）失去使用和回收利用价值的。

样品销毁时，组织监督抽查的部门或者其委托的检验机构应当有两名以上工作人员参加，制作销毁记录，载明销毁时间、地点、方式，销毁物品的名称、种类、数量以及执行人，并拍照或摄像。

第三十五条 对检验合格或经技术处理后仍有使用和回收价值的样品，应当按有关规定进行拍卖。

拍卖款应当按照财政部门的规定及时上缴同级财政国库，款项上缴凭证由组织监督抽查的部门和其委托的检验机构存档备查。

第四章 附 则

第三十六条 本办法中所称"日"为公历日，期间届满的最后一日为法定节假日的，以法定节假日后的第一日为期间届满的日期。

本办法中所称"以上"和"以下"，包含本数。

第三十七条 食品相关产品、特种设备、能效和水效标识产品、计量器具、商品量和商品包装（过度包装）的监督抽查，适用本办法。

因行政处罚、风险监测组织开展的抽样取证、检验，不适用本办法。

第三十八条 本办法自 2022 年 4 月 1 日起施行，有效期至 2027 年 3 月 31 日。

上海市市场监督管理局关于印发《上海市食品安全事故报告和调查处置办法》的通知

（沪市监规范〔2022〕22 号）

各区市场监管局，临港新片区市场监管局，市局执法总队、机场分局：

《上海市食品安全事故报告和调查处置办法》已经 2022 年 11 月 21 日市市场监管局局长办公会审议通过，现印发给你们，请遵照执行。

上海市市场监督管理局

2022 年 11 月 30 日

上海市食品安全事故报告和调查处置办法

第一章　总　则

第一条（目的和依据）

为规范本市市场监管部门开展食品安全事故报告和调查处置工作，迅速、有序、高效地组织应急处置工作，最大程度地减少食品安全事故的危害，保障公众身体健康和生命安全，依据《中华人民共和国食品安全法》及其实施条例、《上海市食品安全条例》等法律、法规，以及《上海市食品安全事故专项应急预案》等规定，结合本市实际，制定本办法。

第二条（适用范围）

本市市场监管部门开展食品安全事故的报告、调查、控制、认定和处置，适用本办法。

第三条（工作原则）

食品安全事故的报告和调查处置应当坚持分级负责、属地管理、快速响应、依法处置、科学高效的原则。

第四条（事故分级与响应）

按照《上海市食品安全事故专项应急预案》（以下简称《专项应急预案》）规定，本市食品安全事故分为四级，分别为：特别重大食品安全事故（Ⅰ级）、重大食品安全事故（Ⅱ级）、较大食品安全事故（Ⅲ级）和一般食品安全事故（Ⅳ级）；食品安全事故应急响应相应分为Ⅰ级、Ⅱ级、Ⅲ级和Ⅳ级响应。

对于涉及的病例数在 30 人以下且无死亡病例的食品安全事件，参照本办法规定的报告要求和一般食品安全事故（Ⅳ级）的调查处置要求，开展相关工作，涉及学校、全国性或者地区性重大活动、重要会议的食品安全事件除外。

第五条（职责分工）

市市场监管局职责：

（一）根据《专项应急预案》要求，在市应急处置指挥部统一指挥下，会同市卫生健康委、市公安局等相关部门对发生的特别重大食品安全事故（Ⅰ级）、重大食品安全事故（Ⅱ级）组织开展事故调查、危害控制、检测评估、专家咨询研判等工作；

（二）对初期事态原因、环节、性质、影响、趋势等情况不明的特别重大食品安全事故（Ⅰ级）、重大食品安全事故（Ⅱ级）进行先期报告和调查处置工作；

（三）监督、指导、协调区市场监管局开展食品安全事故调查处置工作；

（四）市市场监管局执法总队配合市市场监管局开展特别重大食品安全事故（Ⅰ级）、重大食品安全事故（Ⅱ级）调查处置工作；对区市场监管局食品安全事故调查进行业务支持。

区市场监管局职责：

（一）负责会同区卫生健康委等相关部门，对辖区内食品生产经营领域发生的较大食品安全事故（Ⅲ级）和一般食品安全事故（Ⅳ级）组织开展报告和调查处置工作，并依法采取措施；

（二）根据市市场监管局要求，承担或者协助做好本市特别重大食品安全事故（Ⅰ级）、重大食品安全事故（Ⅱ级）调查处置工作，并依法采取措施；

（三）负责辖区内疑似食品安全事故或者事件的调查核实和处置工作。

第六条（跨区域调查分工）

对于本市跨区域发生的食品安全事故，应当按照以下要求开展调查处置工作：

（一）跨区域食品安全事故的报告和调查处置工作，由肇事食品生产经营者所在地的区市场监管局（以下简称"牵头区市场监管局"）主要负责，相关区市场监管局应当积极配合，协助调查；

（二）首次接到食品安全事故或者疑似食品安全事故报告的区市场监管局，接报后应当及时赶赴现场调查核实，并将相关情况通报牵头区市场监管局；

（三）食品安全事故涉及的食品（含食品原料、食品添加剂，下同）来源地和流向地所在区市场监管局应当协助牵头区市场监管局，对涉事食品生产经营情况开展调查。

牵头区市场监管局应当将有关情况及时通报相关区市场监管局。必要时，市市场监管局可以指定牵头区市场监管局或者协调其他相关区市场监管局协助开展调查。

属于特别重大食品安全事故（Ⅰ级）、重大食品安全事故（Ⅱ级）的调查，按照本办法第五条规定实施。

第二章　事故报告与通报

第七条（事故信息来源与收集）

食品生产经营者发现其生产经营的食品造成或者可能造成公众健康损害的，应当在1小时内向所在地的区市场监管局报告。

发生可能与食品有关的急性群体性健康损害的单位，应当在2小时内向所在地的区市场监管局、区卫生健康委报告。

接收食品安全事故病人治疗的单位，要按照国家卫生健康委有关规定，及时向所在地的区市场监管局、区卫生健康委报告。

食品安全相关技术机构、有关社会团体及个人发现食品安全事故相关情况，应当及时向市市场监管局、区市场监管局和卫生健康委报告或者举报。

任何单位和个人发现疑似食品安全事故或者事件的，可及时向市场监管部门报告情况或者提供相关线索。经初步核实为食品安全事故且符合启动应急响应情形的，市市场监管局或者区市场监管局应当按照《专项应急预案》的规定进行报告。

第八条（区市场监管局初步报告）

发生疑似较大食品安全事故（Ⅲ级）以上级别事故的，牵头区市场监管局应当在初步调查核实后，立即向市市场监管局和区政府报告，并在1小时内将初步调查情况以书面方式向市市场监管局和区政府报告。

发生疑似一般食品安全事故（Ⅳ级）、病例数10人以上30人以下、出现危重病人的食品安全事件，牵头区市场监管局应当在初步调查核实后，1 小时内以口头方式向市市场监管局和区政府报告，并在 2 小时内将初步调查情况以书面方式向市市场监管局和区政府报告。

学校、全国性或者地区性重大活动、重要会议发生病例数 50 人以上食品安全事故的，按照重大食品安全事故（Ⅱ级）要求报告；学校、全国性或者地区性重大活动、重要会议发生病例数 30 人以上 50 人以下食品安全事故的，按照较大食品安全事故（Ⅲ级）要求报告。学校、全国性或者地区性重大活动、重要会议发生病例数 30 人以下食品安全事故的，按照一般食品安全事故（Ⅳ级）要求报告。

初步调查情况报告应当包括以下内容：

（一）食品安全事故的信息来源；

（二）食品安全事故发生的时间、接报时间、到达现场时间；

（三）食品安全事故涉嫌肇事单位和危害涉及单位的名称、地址；

（四）发病人数（就诊人数），有无危重病人或者死亡病例；

（五）病人就诊医疗机构，主要临床表现及医院初步诊断；

（六）现场初步调查情况、发生的可能原因，以及已采取的措施；

（七）调查联系人、联系方式及报告时间。

第九条（市市场监管局初步报告）

发生疑似较大食品安全事故（Ⅲ级）以上级别事故的，市市场监管局应当根据响应级别要求，立即组织区市场监管局开展初步调查核实，在核实后 30 分钟内由市市场监管局分别向市委、市政府口头报告，在核实后 1 小时内向市委、市政府书面报告初步调查情况。

报市场监管总局的重大食品安全事故（Ⅱ级）信息，要同时或者先行向市委、市政府报告。特别重大食品安全事故（Ⅰ级）或者特殊情况的，应当立即报告。

初步调查情况报告的内容，应当符合本办法第八条第四款的规定。

第十条（调查进展报告）

调查食品安全事故过程中，如出现患者病例数、检验结果、事故性质、发生原因、肇事单位、后续应对措施等情况信息有重大变化或者更新的，牵头区市场监管局应当及时向市市场监管局和区政府书面报告调查进展，如无新进展也应当每日报告情况。市市场监管局应当及时向市政府书面报告较大（Ⅲ级）以上食品安全事故的进展。

第十一条（结案报告）

牵头区市场监管局应当按照《专项应急预案》的要求，在事故处置完毕后向市市场监管局和区政府报告结案报告，内容包括事故概况、调查处理过程、事故性质、事故责任认定、追溯或者处置结果、整改措施和效果评价等。

第十二条（向其他部门通报）

市市场监管局或者区市场监管局在调查中发现存在死亡病例的，或者可疑投毒，以及肇事单位违反《食品安全法》第一百二十三条、第一百二十四条规定的违法情形且情节严重，可能适用行政拘留或者涉嫌犯罪的，应当通报同级公安部门。

市市场监管局或者区市场监管局在调查中发现事故涉及学生等重点人群的，应当及时向同级相关行政主管部门通报。

第十三条（年度报告）

区市场监管局应当于每年 12 月 31 日前，汇总和分析本辖区本年度食品安全事故（事件）发生情况，并上报市市场监管局。

第三章　事故调查与现场处置

第十四条（应急系统建设与物资保障）

市市场监管局和区市场监管局应当建立健全食品安全事故应急指挥系统，推动食品安全应急能力建设，定期组织开展食品安全事故应急培训和演练，提高应急处置实战能力。

市市场监管局执法总队和区市场监管局等调查机构应当做好食品安全事故调查所需的物资材料保障，一般包括：所需执法文书及配套设备、食品快速检测装备、通讯设备等。

第十五条（调查时限要求）

接到事故发生单位或者医疗机构疑似食品安全事故报告后，区市场监管局应当会同区疾病预防控制机构在接报后2小时内赶赴现场开展核实调查。接到消费者疑似食品安全事故或者事件的投诉举报后，区市场监管局经初步核实，认为需开展流行病学调查的，应当通知区疾病预防控制机构。

初步判定为较大（Ⅲ级）以上的食品安全事故的，市市场监管局执法总队在接到市市场监管局通知后，应当在2小时内前往事发现场，组织或者指导开展调查。

第十六条（调查目的和事项）

调查机构会同相关部门，开展食品安全事故现场调查与处置并做好相关记录。通过对肇事单位现场调查、责任调查、现场控制等，结合流行病学调查结果，应当查明是否属于食品安全事故、事故性质、肇事单位、肇事食品（或者餐次）、病例数、致病因素及发生原因等。

第十七条（流行病学调查与卫生处理）

流行病学调查与卫生处理由疾病预防控制机构按照有关法律、法规和工作规范要求执行。市场监管部门在组织调查时，在2小时内向同级疾病预防控制机构获取初步信息报告；流行病学调查有初步判断结果时，在接报后24小时内向同级疾病预防控制机构获取初步流行病学报告；调查终结后，在7个工作日内向同级疾病预防控制机构获取调查结案报告。

第十八条（控制措施）

调查机构在开展食品安全事故调查工作中，为防止食品安全事故危害进一步扩大，可依据《中华人民共和国食品安全法》及其实施条例、《上海市食品安全条例》等法律、法规规定采取相应控制措施。

第四章　事故认定和查处

第十九条（食品安全事故认定）

市市场监管局或者牵头区市场监管局应当根据流行病学调查报告等技术性报告，以及市场监管部门取得的事故调查证据，进行综合判断，作出是否为食品安全事故的认定结论。必要时可由3名食品安全相关领域专家做出技术性结论。

第二十条（事故查处）

食品安全事故调查结束后，由肇事者所在地的区市场监管局按照《中华人民共和国食品安全法》及其实施条例、《上海市食品安全条例》等法律、法规规定，对违法食品生产经营者实施行政处罚。必要时可由市市场监管局实施行政处罚。

应当吊销食品生产经营许可证的，依法作出吊销许可决定；应当注销临时备案、登记的，告知乡、镇人民政府、街道办事处注销临时备案、登记。涉及依法应当撤销市场监管总局发放的食品产品批准文件或者证书的，由市市场监管局上报市场监管总局作出决定。

第五章　附　则

第二十一条（用语解释）

本办法所称的食品安全事故，是指造成病例数在30人以上，或者有死亡病例的食源性疾病、食品污染等源于食品造成的事故。

本办法所称的"以下"不包含本数，"以上"则包含本数。

第二十二条（实施时间）

本办法自2022年12月1日起施行，有效期至2027年11月30日。

上海市市场监督管理局关于印发《上海市食品从业人员食品安全知识监督抽查考核管理办法》的通知

（沪市监规范〔2023〕6号）

各区市场监管局，临港新片区市场监管局，市局执法总队、机场分局，市局信息应用研究中心：

《上海市食品从业人员食品安全知识监督抽查考核管理办法》已经市市场监督管理局局长办公会审议通过，现印发给你们，请认真遵照执行。

上海市市场监督管理局

2023 年 5 月 29 日

上海市食品从业人员
食品安全知识监督抽查考核管理办法

第一条（目的依据）

为加强和规范食品从业人员食品安全知识监督抽查考核工作，落实食品生产经营者主体责任，提高食品从业人员法治意识、知识水平和操作技能，预防食物中毒等食品安全事故的发生，依据《中华人民共和国食品安全法》及其实施条例、《上海市食品安全条例》以及《企业落实食品安全主体责任监督管理规定》等有关法律、法规和规章规定，结合本市实际，制定本办法。

第二条（适用范围）

本市市场监督管理部门对食品从业人员进行食品安全知识监督抽查考核，适用本办法。

本办法所称的食品从业人员，包括食品生产经营者的主要负责人、食品安全总监和食品安全员等食品安全管理人员、关键岗位操作人员等。

第三条（监督管理部门职责）

市市场监督管理部门负责本市食品从业人员食品安全知识监督抽查考核工作的组织管理和综合协调。

区市场监督管理部门负责辖区食品生产经营者开展食品安全知识培训与考核情况的监督检查，对食品从业人员食品安全知识的掌握情况随机开展监督抽查考核，并公布考核结果。

第四条（生产经营者义务）

食品生产经营者应当依法建立健全食品安全知识培训与考核管理制度，自行组织或者委托有能力的其他机构，对本单位食品从业人员进行食品安全知识分类培训和考核，并建立培训与考核档案。

食品生产经营者可以通过上海市食品从业人员食品安全知识监督抽查考核管理信息系统建立培训与考核电子档案，确保电子档案信息的动态更新和真实有效。

食品生产经营者及其食品从业人员应当接受市场监督管理部门的监督抽查考核。

第五条（发挥社会组织和机构作用）

食品安全相关社会组织或机构可以根据食品从业人员不同类别，制订食品安全知识培训大纲和考核大纲，编撰相应的参考教材和题库，供食品生产经营者及其食品从业人员参考学习。

第六条（抽查考核原则）

市场监督管理部门应当将食品从业人员食品安全知识的监督抽查考核工作纳入辖区食品安全监督管理年度计划，遵循公平、公正的原则开展监督抽查考核。

监督抽查考核按照食品生产经营者从事的生产经营活动方式和食品从业人员从事的岗位分类别组织实施。

食品从业人员分类见附件。

第七条（抽查考核内容）

对食品从业人员食品安全知识开展监督抽查考核应当包括以下内容：

（一）国家和本市食品安全法律、法规、规章和标准；

（二）食品安全基本知识和管理技能；

（三）食品安全加工操作技能；

（四）食品生产经营过程控制知识；

（五）食品安全事故应急处置知识；

（六）其他依据法律法规和规章的规定需要掌握的内容。

第八条（抽查考核实施）

市场监督管理部门可以采用统一监督抽查考核和现场监督抽查考核的方式开展食品从业人员食品安全知识监督抽查考核。

统一监督抽查考核主要根据辖区食品安全状况，在充分考虑重点环节、重点企业、重点场所、重点食品等食品安全风险因素的基础上，基于问题导向统一开展，并提前将监督抽查考核时间、地点、对象、方式及要求等告知相关食品生产经营者。

现场监督抽查考核可以结合行政许可、日常监督检查、"双随机、一公开"监管等工作，随机抽取食品生产经营者在岗的食品从业人员现场开展。

第九条（抽查考核频率）

市场监督管理部门应当定期对食品生产经营者的食品从业人员开展监督抽查考核。原则上，在三年内实现对辖区食品生产经营者监督抽查考核的全覆盖。

对未建立食品安全知识培训与考核管理制度、近一年内受到行政处罚或者未组织食品从业人员参加培训与考核、食品安全监督量化分级或者食品安全信用风险等级在C级及以下的食品生产经营者，市场监督管理部门应当增加抽取其参加监督抽查考核的食品从业人员的比例或频率。

第十条（抽查考核要求）

市场监督管理部门不得在一年内对同一单位的同一食品从业人员重复开展监督抽查考核，但是食品从业人员变换岗位类别或者考核不合格人员主动申请参加考试的除外。

市场监督管理部门进行监督抽查考核，不得收取费用。

第十一条（抽查考核不合格的处理）

食品从业人员经监督抽查考核未达到考纲要求的为监督抽查考核不合格。食品从业人员在监督抽查考核时无故缺考的、实施作弊的或找人替考的视为不合格。

食品从业人员监督抽查考核不合格的，食品生产经营者应当采取停止食品从业人员上岗、组织培训考核或者申请补考等整改措施。补考仍不合格的，由市场监督管理部门对生产经营者依法进行查处。

第十二条（抽查考核信息化）

市场监督管理部门建立并维护全市统一的上海市食品从业人员食品安全知识监督抽查考核管理信息系统，动态更新培训大纲和题库，运用监督抽查考核管理信息系统组织监督抽查考核。

第十三条（信用管理）

市场监督管理部门应当将食品生产经营者及其食品从业人员参加监督抽查考核的结果纳入其相应

的食品安全信用档案。

第十四条（有关用语的含义）

本办法中下列用语的含义是：

（一）主要负责人，是指在食品生产经营中承担全面领导责任的法定代表人、实际控制人等主要决策人。

（二）食品安全总监，是指按照职责要求直接对主要负责人负责，协助主要负责人做好食品安全工作的高级管理人员。

（三）食品安全员，包括内设食品安全管理部门的人员、内设其他部门（如采购管理部门、生产管理部门、检验部门）负责人、具体负责食品安全管理的人员、餐饮服务提供者的厨师长等。

（四）关键岗位操作人员，是指食品原辅料采购人员、从事接触直接入口食品的生产经营操作人员、餐饮具或者工用具清洗消毒人员和食品检验检测人员。

第十五条（参照执行）

本市食品生产经营者的主要负责人、食品安全管理人员、关键岗位操作人员以外的其他从业人员应当参照本办法执行。

第十六条（施行日期）

本办法自 2023 年 7 月 1 日起施行，有效期至 2028 年 6 月 30 日。

附件：食品从业人员分类（略）

上海市食品从业人员食品安全知识监督抽查考核管理办法

（2023 年 6 月 27 日发布）

为加强和规范食品从业人员食品安全知识监督抽查考核工作，落实食品生产经营者主体责任，提高食品从业人员法治意识、知识水平和操作技能，上海市市场监督管理局制定了《上海市食品从业人员食品安全知识监督抽查考核管理办法》《（以下简称《管理办法》）。《管理办法》于 2023 年 7 月 1 日施行，有效期 5 年。现将有关情况解读如下：

一、为什么要制定《管理办法》

（一）贯彻落实《中华人民共和国食品安全法》的需要

《中华人民共和国食品安全法》及其实施条例规定，食品生产经营企业应当加强对食品安全管理人员的培训和考核；监督管理部门应当对企业食品安全管理人员随机进行监督抽查考核并公布考核情况。为落实《中华人民共和国食品安全法》对于食品从业人员食品安全知识监督抽查考核提出的具体要求，市市场监督管理局制定《管理办法》进一步明确食品从业人员培训考核的企业主体责任和监管部门责任，统一和细化食品从业人员食品安全知识监督抽查考核程序，规范监督抽查考核结果运用和监督抽查考核系统平台信息化使用，通过"制度＋科技"将食品从业人员食品安全知识监督抽查考核工作落实落细。

（二）严格落实食品生产经营者主体责任的需要

目前，本市有约 30 余万户食品生产经营主体，食品从业人员知识水平、法律意识、操作技能等关系到食品生产经营主体责任的落实能力，关系到食品安全风险管控能力，关系到食品安全保障水平。2018 年，本市市场监管体制改革后，对食品从业人员培训考核的相关工作要求发生变化。特别是随着当前食品新业态、新技术、新模式等的不断出现，对食品从业人员食品安全知识也有了新的要求。2019 年，市场监管总局发布了《市场监管总局关于开展食品安全管理人员监督抽查考核有关事宜的公告》。2022 年 9 月，市场监管总局发布《企业落实食品安全主体责任监督管理规定》（市场监管总局令第 60 号），要求食品生产经营企业应当组织对本企业职工进行食品安全知识培训，对食品安全总监、食品安全员进行法律、法规、标准和专业知识培训、考核。因此，需要通过重新制定《管理办法》来督促企业严格落实食品生产经营主体责任。

（三）构建符合上海特点工作制度的需要

《上海市食品安全条例》规定，食品生产经营者应当对本单位的从业人员进行上岗前和在岗期间的食品安全知识培训，食品生产经营者应当对食品安全管理人员、关键环节操作人员及其他相关从业人员进行考核，市场监督管理部门应当对食品生产经营者的负责人、食品安全管理人员、关键环节操作人员及其他相关从业人员随机进行监督抽查考核。为落实《上海市食品安全条例》对于食品从业人员监督抽查考核的具体规定，市市场监督管理局制定《管理办法》进一步明确监督抽查考核的人员范围，对食品从业人员进行分类管理，实行分类监督抽查考核制度。

二、《管理办法》的主要内容

《管理办法》共 16 条，主要内容涉及以下方面：

（一）明确监督抽查考核的法定职责和企业的主体责任

《中华人民共和国食品安全法》将食品安全监管部门的职责限定于食品安全从业人员食品安全知

识监督抽查考核，不再负责组织、协调企业开展食品安全知识培训等工作。《管理办法》落实法律规定，明确企业要全面落实对职工培训考核的主体责任，市场监管部门负责食品从业人员食品安全知识的监督抽查考核。市场监管部门通过监督抽查考核来检验企业落实主体责任的效果。

（二）规范食品从业人员的分类管理

不同行业、不同岗位的食品从业人员，从事的食品生产经营业务不同，要求掌握的食品安全知识不同。《管理办法》规定对食品从业人员实行分类监督抽查考核制度。食品生产经营者按照其从事的生产经营活动的不同方式分为食品生产（A）、食品销售（B）、餐饮服务（C）、特殊食品生产经营（D）和网络平台经营（E）；食品从业人员按照其从事的不同岗位分为主要负责人（Ⅰ）、食品安全总监和食品安全员等食品安全管理人员（Ⅱ）、关键岗位操作人员等（Ⅲ）。监管部门针对不同类别的食品从业人员开展不同的抽查考核，有利于提升考核的精准度和有效性。

（三）科学组织监督抽查考核

《管理办法》明确了抽查考核原则、抽查考核内容、抽查考核实施、抽查考核频率、抽查考核要求。规定市场监管部门将食品从业人员食品安全知识的监督抽查考核工作纳入本辖区食品安全监督管理年度计划，遵循公平、公正的原则开展食品从业人员监督抽查考核。市场监督管理部门对企业食品从业人员的监督抽查考核使用《上海市食品从业人员食品安全知识监督抽查考核管理信息系统》，可以采用统一监督抽查考核（含线上远程系统考核或者线下集中考核）和现场监督抽查考核的方式开展食品从业人员食品安全知识监督抽查考核。原则上，在三年内实现对辖区食品生产经营者监督抽查考核的全覆盖。

（四）规范监督抽查考核结果运用

《管理办法》明确食品从业人员监督抽查考核不合格的，食品生产经营者应当采取停止食品从业人员上岗、组织培训考核或者申请补考等整改措施。对于补考仍不合格的，由市场监管部门对生产经营者依法进行查处。同时，《管理办法》规定市场监督管理部门应当将食品生产经营者及其食品从业人员参加监督抽查考核的结果纳入其相应的食品安全信用档案。

（五）做好监督抽查考核的信息化及公共服务

《管理办法》明确市场监管部门建立并维护全市统一的《上海市食品从业人员食品安全知识监督抽查考核管理信息系统》并直接联通本市"一网通办"。监督抽查考核管理信息系统在满足市场监管部门组织监督抽查考核的同时，可以为食品生产经营者及其食品从业人员自行开展培训、考核提供服务。同时，市场监管部门可以通过信息化手段和监督抽查考核数据的汇聚分析，科学评估食品生产经营者组织开展从业人员食品安全培训考核的效果，及时发现企业培训考核短板和弱项，全面加强基于问题导向的食品从业人员培训考核指导，提升食品从业人员知识水平和操作技能。

二

食用农产品监管篇

上海市活禽交易管理办法

（上海市人民政府令第 3 号）

《上海市活禽交易管理办法》已经 2013 年 6 月 17 日市政府第 12 次常务会议通过，现予公布，自公布之日起施行。

市长　杨雄

2013 年 6 月 19 日

上海市活禽交易管理办法

（2013 年 6 月 19 日上海市人民政府令第 3 号公布）

第一条（目的和依据）

为了规范本市活禽交易市场秩序，预防和控制禽流感等疫病的发生和传播，保护公众健康和保障公共卫生安全，根据《中华人民共和国动物防疫法》、《中华人民共和国传染病防治法》、《上海市动物防疫条例》等法律、法规，结合本市实际，制定本办法。

第二条（适用范围）

本市行政区域内的活禽交易管理，适用本办法。

第三条（部门职责）

市商务主管部门负责本市行政区域内活禽交易市场的行业管理；区（县）商务主管部门负责本辖区内活禽交易市场的行业管理。

市农业行政主管部门负责本市行政区域内活禽交易的动物防疫监督管理工作；区（县）农业行政主管部门或者负责动物卫生监督的部门，负责本辖区内活禽交易的动物防疫监督管理工作。

工商、城管执法、食品药品监管、卫生计生、质量技监等部门按照各自职责，做好本市活禽交易的监督管理工作。

第四条（设置要求）

定点活禽批发市场的设置，应当符合本市活禽市场设置标准。

定点活禽零售交易点的设置，除应当符合本市活禽市场设置标准外，还应当与零售市场其他经营区域隔断，有独立的出入口。

活禽市场设置标准由市商务主管部门会同市质量技监部门制定、颁布。

第五条（规划定点交易）

本市活禽批发市场、活禽零售交易点实行规划定点交易。活禽批发市场和活禽零售交易点数量和分布的方案由市商务主管部门提出，报市政府批准公布后实施。市商务主管部门负责活禽批发市场定点的具体工作；区（县）商务主管部门负责活禽零售交易定点的具体工作。

中心城区不得设立活禽批发市场。除本办法另有规定外，禁止在定点活禽批发市场和定点活禽零售交易点以外从事活禽批发、零售交易活动。

第六条（活禽交易品种）

本市除鸡、肉鸽、鹌鹑被允许在定点活禽批发市场和定点活禽零售交易点交易以外，未经市政府批准，定点活禽批发市场和定点活禽零售交易点不得从事鸭、鹅等其他活禽交易。

第七条（暂停交易）

为了保护公众健康和维护公共卫生安全，市政府根据对禽流感等疫病疫情的预测和预警，以及对季节性发病规律的评估，决定实行活禽暂停交易措施。暂停交易的具体措施和时间，由市商务主管部门和市农业行政主管部门联合向社会发布公告。

暂停交易期间，定点活禽批发市场和定点活禽零售交易点禁止活禽交易。

第八条（外省市入沪活禽的管理）

从外省市运载活禽进入本市，应当凭有效检疫证明经指定道口接受动物卫生监督机构查证、验物和消毒。在取得道口签章后，方可进入本市定点活禽批发市场交易或者活禽屠宰场进行宰杀，不得直接进行活禽零售交易。

暂停交易期间，外省市活禽除运至本市活禽屠宰场进行集中宰杀外，不得直接在本市进行交易。

第九条（追溯管理）

市和区（县）商务主管部门按照职责，负责活禽流通安全信息追溯系统的建设工作。

定点活禽批发市场、定点活禽零售交易点以及活禽经营者应当建立和使用活禽流通安全信息追溯系统。定点活禽批发市场应当对交易出场的每批活禽出具流通追溯单据。

市和区（县）工商等行政管理部门负责对活禽流通安全信息追溯系统使用的监督管理工作。

第十条（凭证入场交易）

进入定点活禽批发市场和定点活禽零售交易点交易的活禽，应当具有有效检疫证明。

从定点活禽批发市场进入定点活禽零售交易点交易的活禽，还应当具有定点活禽批发市场出具的流通追溯单据。

第十一条（活禽市场经营管理者的义务）

定点活禽批发市场和定点活禽零售交易点的市场经营管理者应当履行下列义务：

（一）建立定期休市制度。定点活禽批发市场每周休市1天；定点活禽零售交易点每两周休市1天。休市时间应当向商务主管部门备案，并提前公示。休市期间，按照有关卫生规定，对交易和代宰区域建筑物以及相关设施设备进行全面清洗和消毒。

（二）查验本办法第十条规定的检疫证明、流通追溯单据。

（三）建立经营者档案，记载经营者的基本情况、进货渠道、诚信状况等信息；指定专人每天对活禽交易情况进行巡查。

（四）在农业行政主管部门指导下建立消毒和无害化处理制度。对活禽的运载工具进行消毒。每天收市后对活禽交易场所以及设施设备进行清洗、消毒。对废弃物和物理性原因致死的禽类集中收集并进行无害化处理。

（五）设置活禽安全信息公示栏，及时向消费者公示相关信息，进行消费警示和提示，接受社会监督。

（六）制定禽流感防控应急预案。发现活禽异常死亡或者有禽流感可疑临床症状的，应当立即依法向动物防疫监管部门报告，并采取相应措施。

第十二条（活禽经营者的义务）

活禽经营者应当履行下列义务：

（一）在经营地点公示有效检疫证明、流通追溯单据。

（二）建立购销台账，做好每日交易记录。记录至少保存两年。

（三）根据销量购进活禽，避免在市场内大量积压、滞留活禽。

（四）每天收市后对活禽存放、代宰、销售摊位等场所和笼具、代宰器具等用具进行清洗，并配合市场经营管理者实施消毒和废弃物的无害化处理。

（五）定点活禽批发市场内的经营者应当批发给定点活禽零售交易点的经营者。

（六）定点活禽零售交易点的经营者应当采购定点活禽批发市场或者本地具有有效检疫证明的活禽。

第十三条（从业人员健康防护）

定点活禽批发市场和定点活禽零售交易点的市场经营管理者，应当组织开展活禽交易从业人员健康防护培训，落实卫生管理要求和健康防护措施。

活禽交易从业人员应当具备基本健康防护知识，在进行活禽交易和代宰的过程中，应当按照卫生计生主管部门的相关要求，采取个人防护措施。

第十四条（代宰出场）

定点活禽零售交易点出售的活禽应当经过代宰后，方能被带出零售交易点。

第十五条（疫情监测和控制）

市和区（县）动物疫病预防控制机构应当对定点活禽批发市场和定点活禽零售交易点，开展相关动物疫病的监测和控制工作。

市和区（县）疾病预防控制机构应当对活禽交易从业人员，开展人感染禽流感等的疫情监测和控制工作。

第十六条（行政责任）

商务、工商、城管执法、食品药品监管等部门的工作人员不履行本办法规定的规划定点、监管等职责，玩忽职守、贻误工作的，按照《行政机关公务员处分条例》的有关规定，追究行政责任。

动物疫病预防控制机构及其工作人员未履行动物疫病监测等职责的，按照《中华人民共和国动物防疫法》的有关规定，追究行政责任。

疾病预防控制机构及其工作人员未履行传染病监测等职责的，按照《中华人民共和国传染病防治法》的有关规定，追究行政责任。

第十七条（不符合设置要求的罚则）

违反本办法第四条的规定，定点活禽批发市场或者定点活禽零售交易点不符合设置要求的，由商务主管部门责令限期整改，整改后仍不符合要求的，予以关闭。

第十八条（非定点经营的罚则）

违反本办法第五条第二款的规定，在非定点活禽批发市场或者活禽零售交易点从事活禽交易的，由工商行政管理部门责令改正，对市场经营管理者处以 1 万元以上 3 万元以下的罚款。

对市场内无照经营活禽的行为，由工商行政管理部门按照《无照经营查处取缔办法》第十四条的规定，没收专门用于从事无照经营的工具和活禽等，并处以罚款；对市场外占用道路、流动设摊的无照经营活禽的行为，按照《无照经营查处取缔办法》第十四条的规定，由城市管理行政执法部门没收专门用于从事无照经营的工具和活禽等，并处以罚款。

没收的活禽由指定的无害化处理场所处理。具体办法由市农业行政主管部门会同市工商行政管理部门、市城市管理行政执法部门制定。

第十九条（超出经营品种的罚则）

违反本办法第六条的规定，定点活禽批发市场或者定点活禽零售交易点从事鸡、肉鸽、鹌鹑以外的活禽交易的，由工商行政管理部门责令改正，对市场经营管理者处以 1 万元以上 3 万元以下的罚款。

第二十条（违反暂停交易制度的罚则）

违反本办法第七条第二款的规定，在暂停交易期间，定点活禽批发市场或者定点活禽零售交易点仍进行活禽交易的，由工商行政管理部门责令改正，对市场经营管理者处以 1 万元以上 3 万元以下的罚款。

第二十一条（未使用流通追溯系统的罚则）

违反本办法第九条第二款的规定，定点活禽批发市场、定点活禽零售交易点或者活禽经营者未使用活禽流通安全信息追溯系统的，由工商行政管理部门责令改正，定点活禽批发市场、定点活禽零售交易点未使用的，对市场经营管理者处以 2000 元以上 5000 元以下的罚款；活禽经营者未使用的，处以 500 元以上 1000 元以下的罚款。

第二十二条（未查验证明和单据的罚则）

违反本办法第十一条第一款第二项的规定，定点活禽批发市场的市场经营管理者未查验检疫证明的，由工商行政管理部门处以 2000 元以上 5000 元以下的罚款；定点活禽零售交易点的市场经营管理者未查验检疫证明、流通追溯单据的，由工商行政管理部门处以 500 元以上 1000 元以下的罚款。

第二十三条（零售经营者违反规定购入活禽的罚则）

违反本办法第十二条第一款第六项的规定，由工商行政管理部门对定点活禽零售交易点的经营者处以 2000 元以上 5000 元以下罚款；购入未经检疫的本地活禽的，由动物卫生监督机构依法处理。

第二十四条（施行日期）

本办法自公布之日起施行。

上海市工商行政管理局关于贯彻实施《上海市活禽交易管理办法》的通知

（沪工商市〔2013〕242号）

各分局：

为贯彻实施《上海市活禽交易管理办法》（以下简称《办法》），规范本市活禽交易市场秩序，保障公共安全和食品卫生，现就本市工商部门加强活禽交易市场监管有关工作通知如下：

一、增强大局意识，积极履行市场监管职能。加强活禽交易市场监管，对规范本市活禽交易市场秩序、预防和控制禽流感等疫病的发生和传播、保护公众健康、保障公共安全和食品卫生具有重要意义。本市各级工商部门要切实增强大局意识和责任意识，按照《办法》规定的职责，采取有力措施，加大市场监管力度，确保活禽交易平稳有序。

二、主动跨前一步，及时掌握活禽交易定点情况。市政府已批准上海农产品中心批发市场和上海沪淮农副产品批发市场为本市定点活禽批发市场。各分局要主动加强与区县商务部门的沟通联系，及时了解辖区定点活禽零售交易定点情况。同时，掌握定点活禽零售交易点内活禽经营者的基本情况，确保主体资格合法有效。

三、加强市场检查，严把活禽质量安全关。加大活禽质量安全检查力度，对进入定点活禽批发市场和定点活禽零售交易点交易的活禽，必须检查有效检疫证明，对外省市入沪活禽，还要检查市境道口签章，对定点活禽零售交易点交易的活禽，要检查由定点活禽批发市场出具的流通追溯单据。严禁没有合法来源的活禽上市交易，禁止从事活鸡、肉鸽、鹌鹑以外的其他活禽交易。

四、加大市场监督执法力度，严格落实定点经营规定。通过飞行检查、错时监管等手段，加大市场监督执法力度，对在非定点活禽批发市场和活禽零售交易点从事活禽交易的，责令经营者立即停止交易，监督市场开办者将违法销售活禽的经营者清退出场，并依法追究市场开办者的法律责任。

五、依法查处违法经营行为，维护市场经营秩序。加大市场巡查力度，严厉查处未履行进货查验义务、暂停交易期间进行活禽交易、未按规定从定点活禽批发市场购入活禽等违法行为。严厉打击市场内无照经营活禽行为，对违法销售的活禽依法予以没收并移送农业部门作无害化处理。及时处理有关非法活禽交易行为的举报，维护活禽交易市场秩序。

六、加强宣传引导，切实落实市场开办者责任。加强对《办法》的宣传，增强市场开办者和活禽经营者履行法定义务的意识。督促和引导市场开办者落实索证索票、台账登记、日常检查、活禽安全信息公示、违法行为报告、活禽流通安全信息追溯系统使用等管理责任。

七、加强协作配合，形成活禽交易市场监管合力。在区县政府统一领导下，依托"大联勤、大联动"等综合治理平台，加强与商务、农业、卫生计生、城管执法和食品药品监管等部门的协作配合，开展联合执法，形成工作合力。加强信息报送，工作中遇重大情况，及时报告当地政府和市局。

上海市工商行政管理局

2013年7月4日

上海市畜禽养殖管理办法(2010修订版)

(上海市人民政府令第 20 号)

(2004 年 3 月 12 日上海市人民政府令第 20 号发布,根据 2010 年 12 月 20 日上海市人民政府令第 52 号公布的《上海市人民政府关于修改〈上海市农机事故处理暂行规定〉等 148 件市政府规章的决定》修正并重新发布)

第一条(目的)

为了规范畜禽养殖行为,防止畜禽疫病和有毒有害物质残留对人体的危害,防治畜禽养殖污染,促进本市畜牧业可持续发展,根据有关法律、法规的规定,结合本市实际,制定本办法。

第二条(适用范围)

本市范围内畜禽养殖区域的规划布局,畜禽养殖场的设置,畜禽的饲养,畜禽疫病和养殖污染防治及其相关的监督管理活动,适用本办法。

第三条(管理部门)

上海市农业委员会(以下简称市农委)和相关区(县)农业行政管理部门,负责本辖区内畜禽养殖区域的划分、畜禽养殖场的布局以及畜禽饲养、疫病防治的监督管理工作。

上海市环境保护局和区(县)环境保护部门对辖区内的畜禽污染防治实施统一监督管理。

规划、土地、卫生、质量技监、工商等行政管理部门按照各自职责,依法对畜禽养殖行为实施监督管理。

第四条(畜禽饲养及疫病防治的日常监管部门)

市和区(县)兽药饲料监督部门、动物卫生监督机构具体负责本辖区内畜禽饲养、畜禽疫病防治的日常监督工作。

第五条(畜禽养殖规划)

市农委应当会同有关部门根据本市国民经济和城市发展的实际需要,制定本市畜禽养殖业的发展专项规划,报市人民政府批准后组织实施。

相关区(县)农业行政管理部门应当根据本市畜禽养殖区域布局和畜禽养殖业的发展专项规划,制定本辖区内畜禽养殖业的发展专项规划,报同级人民政府批准后组织实施,并报市农委备案。

第六条(分类管理)

本市对大中型畜禽养殖场、小型畜禽养殖场和散养畜禽的农户实行分类管理。

各级人民政府应当制定相关政策和措施,规范发展大中型畜禽养殖场,扶持科技含量高的种源生产,引导其逐步实现集约化生产、标准化管理、产业化经营。

本市限制和调整小型畜禽养殖场,符合环保要求和动物防疫条件的,促使其逐步过渡为大中型畜禽养殖场;不符合的,限期治理或者关闭。

本市对农户的散养畜禽行为予以指导。

第七条(畜禽养殖区域的设置)

本市畜禽养殖分为禁止养殖区、控制养殖区和适度养殖区。

禁止养殖区内不得建立畜禽养殖场,已有的畜禽养殖场应当限期关闭;控制养殖区内不得新建、扩建畜禽养殖场,已有的小型畜禽养殖场应当逐步关闭;适度养殖区内可以新建、扩建、改建畜禽养殖场,但应当逐步减少小型畜禽养殖场。

第八条（畜禽养殖区域设置的程序）

禁止养殖区、控制养殖区和适度养殖区区域范围的划定和调整，由市规划国土资源局会同市农委、市环保局等部门根据国家有关规定、本市城市总体规划和畜禽养殖业发展需要提出，报市人民政府批准后公布实施。

控制养殖区、适度养殖区所在地的区（县）人民政府可以根据区域养殖控制和管理的要求，会同有关部门划定本辖区内的禁止养殖区、控制养殖区或者禁止养殖区、控制养殖区和适度养殖区的具体区域边界，报市人民政府批准后组织实施。

第九条（养殖规划编制和区域设置的公众参与）

本市畜禽养殖区域设置和大中型畜禽养殖场发展规划，应当听取相关行政部门、行业协会、专业团体和公众的意见。

区（县）人民政府划定畜禽养殖区域，应当听取当地居民的意见。

第十条（畜禽养殖场的设立）

新建、改建和扩建畜禽养殖场，应当符合本市畜禽养殖业规划布局，按照建设项目环境保护法律、法规的规定，进行环境影响评价后，办理有关审批手续。

畜禽养殖场应当符合环境保护和动物防疫条件，并按照国家规定向环保部门和农业行政管理部门申领《排污许可证》和《动物防疫条件合格证》。未取得《排污许可证》、《动物防疫条件合格证》的，不得从事畜禽养殖活动。

本市鼓励畜禽养殖场实行企业化管理，办理工商登记注册。

第十一条（畜禽养殖场设置的限制）

控制养殖区内改建和适度养殖区内新建、扩建、改建畜禽养殖场的，应当符合当地环境承载量的要求。

禁止水禽与旱禽、家畜与家禽混养。养鸡场与水禽养殖场应当相互间隔一定距离。具体间隔距离，由市质量技术监督局会同市农委制定。

第十二条（种畜禽繁育）

种畜禽繁育，应当达到国家和本市规定的健康合格标准。

需要引进种畜禽的，应当按照规定实行隔离饲养，对经观察、检疫确认为健康的种畜禽，方可并群饲养。

第十三条（饲养要求）

畜禽养殖场应当根据畜禽不同生长时期和生理阶段，按照国家和本市规定的畜禽养殖技术规程的标准和要求进行饲养。市质量技术监督局应当会同市农委等部门根据本市情况，制定畜禽养殖相关的地方标准，并组织实施。

畜禽养殖场应当按照国家规定科学、合理地使用饲料和饲料添加剂。禁止使用餐厨垃圾或者食品加工过程中产生的动物制品废弃物饲喂畜禽。禁止在水源保护区内的水面从事任何水禽放养活动。

第十四条（畜禽养殖场饲养人员要求）

患有人畜共患传染病的人员不得直接从事畜禽养殖场的畜禽饲养。

畜禽养殖场饲养人员应当符合国家规定的卫生健康标准，按照防疫要求做好个人卫生和消毒工作，并接受专业知识的教育。畜禽养殖场饲养人员的生活区域应当与畜禽养殖区域分开。

第十五条（用药安全管理）

畜禽养殖场应当在专职兽医的指导下正确使用兽药，实行用药安全记录。应当按照国家规定的停药期实行宰前停药。不得擅自使用兽药或者在饲料中添加兽药、药物饲料添加剂。

禁止使用假、劣兽药和其他禁止使用的兽药。

第十六条（畜禽免疫规定）

畜禽养殖场应当建立畜禽疫病免疫程序，做好免疫工作。

畜禽养殖场和散养畜禽的农户应当按照国家强制免疫的规定，配合实施强制免疫，并对免疫过的畜禽佩带动物免疫标识。

第十七条（传染病控制）

发生畜禽传染病或者疑似传染病时，畜禽养殖场和散养畜禽的农户应当及时向当地农业行政管理部门、动物卫生监督机构或者动物疫病预防控制机构报告疫情，不得瞒报、谎报或者阻碍他人报告动物疫情。发生人畜共患传染病时，应当服从卫生部门实行的防治措施，配合卫生部门及时对有关密切接触者进行医学观察。

第十八条（严重疫病发生时的应急措施）

发生一类动物疫病时，疫区或者受威胁区内的畜禽养殖场和散养畜禽的农户应当根据疫病种类及时做好隔离、消毒等工作，服从所在地人民政府依法采取的封锁、隔离、扑杀、销毁、消毒、紧急免疫接种等强制性控制、扑灭措施。

发生一类动物疫病时，为防止疫病扩散，可以对疫区及其周边区域的同种畜禽，在一定期限内实施暂缓畜禽养殖措施。实施暂缓畜禽养殖措施的区域、时限和补救方案，由市农委会同有关部门提出，报市人民政府决定。

第十九条（病、死畜禽的无害化处理）

畜禽养殖场和散养畜禽的农户应当按照国家规定的处理规程，对病、死畜禽进行无害化处理。对因发生一类动物疫病、重大动物疫病死亡或者扑杀的染疫畜禽，应当送交本市指定的病死畜禽无害化处理站处理。

第二十条（畜禽养殖污染防治）

畜禽养殖场排放污染物，应当符合国家和本市规定的排放标准。

本市鼓励畜禽养殖场将畜禽粪便生态还田，或者用以生产沼气、有机肥料等物质。畜禽养殖场按照规范实施畜禽粪便还田的，视作达标排放。畜禽粪便生态还田的具体规范，由市环保局会同市农委制定并公布。

畜禽养殖场应当设置符合环保要求的畜禽粪便的堆放场所，实行无害化处理，并采取有效措施，防止畜禽粪便的散落、溢流。畜禽养殖场不得任意向水体或者其他环境直接排放畜禽粪便、沼液、沼渣或者污水等。

第二十一条（污染排放的监督）

本市畜禽养殖场实施排污申报、排污许可证和排污收费制度。

各级环境保护部门应当按照各自职责，对畜禽养殖活动的污染防治实施监督管理。

第二十二条（畜禽销售）

畜禽养殖场出售畜禽，应当向当地动物卫生监督机构提前报检，取得有效的检疫证明后方可出售。禁止出售未经检疫或者检疫不合格的畜禽。

畜禽养殖场出售的畜禽应当符合国家规定的药物残留标准。禁止出售药物残留超过国家标准的畜禽。

第二十三条（畜禽屠宰）

本市对出售的畜禽，按照国家和本市有关规定实行定点屠宰、集中检疫。

畜禽养殖场送交定点屠宰场屠宰畜禽的，应当提供产地检疫合格证明。

第二十四条（畜禽疫病保险）

支持本市农业保险机构实行动物疫病保险，鼓励畜禽养殖场参与动物疫病投保。

第二十五条（畜禽养殖档案）

畜禽养殖场应当建立涉及养殖全过程的养殖档案，确保畜禽产品质量的可追溯性。畜禽养殖档案包括畜禽繁育、饲料配方、畜禽免疫、疾病诊疗、兽药使用、粪便处理、病死畜禽无害化处理、畜禽销售等档案和记录。

畜禽养殖档案应当真实、完整、及时，不得伪造，并至少保留两年。

第二十六条（擅自设立的法律责任）

擅自在禁止养殖区内新建或者控制养殖区内新建、扩建畜禽养殖场的，由市或者区（县）人民政府依法责令其关闭或者限期迁移。

未按建设项目环境保护有关规定办理有关审批手续，擅自新建、改建、扩建畜禽养殖场的，由环境保护部门依照环境保护的法律法规规定予以处罚。

第二十七条（违反养殖规定的法律责任）

畜禽养殖场使用餐厨垃圾或者食品加工过程中产生的动物制品废弃物饲喂畜禽的，由市和区（县）农业行政管理部门委托兽药饲料监督部门予以警告，并责令改正；对拒不改正的，处以 2000 元以上 2 万元以下的罚款。

第二十八条（违反畜禽防疫规定的法律责任）

畜禽养殖场有下列行为之一的，由市和区（县）农业行政管理部门委托动物卫生监督机构予以警告，并责令改正；对拒不改正的，处以 2000 元以上 2 万元以下的罚款：

（一）水禽与旱禽、家畜与家禽混养的；

（二）未建立畜禽疫病免疫程序的。

畜禽养殖场未对实施过强制免疫的畜禽佩带免疫标识的，由市和区（县）农业行政管理部门委托动物卫生监督机构责令改正，可以处 2000 元以下罚款。

第二十九条（违反畜禽销售规定的法律责任）

擅自销售药物残留超过国家规定标准的畜禽的，由市和区（县）农业行政管理部门委托兽药饲料监督部门按照《兽药管理条例》的规定处理。

第三十条（相关法律法规规定法律责任的适用）

畜禽养殖场及其相关责任人员违反环境保护、兽药、饲料和动物防疫管理的规定，法律、法规、规章有处罚规定的，按照相应规定予以处罚。

第三十一条（依法追究刑事责任）

畜禽养殖场或者散养畜禽的农户逃避检疫，引起重大动物疫情，致使养殖业生产遭受重大损失或者严重危害人体健康的，依法追究其刑事责任。

第三十二条（有关用语含义）

本办法所称的大中型畜禽养殖场，是指养殖规模在年存栏量为 500 头以上的猪、100 头以上的牛、3 万羽以上的禽类的养殖场及其他相当规模的畜禽养殖场；小型畜禽养殖场，是指养殖规模在年存栏量 500 头以下的猪、100 头以下的牛、3 万羽以下的禽类的养殖场及其他相当规模的畜禽养殖场；散养畜禽的农户，是指基本用于自给需要而利用宅前屋后零星饲养畜禽的农民家庭。

本办法所指的畜禽养殖污染，是指畜禽养殖场畜禽养殖过程中排放的废渣（畜禽粪便、畜禽舍垫料、废饲料及散落的毛羽等固体废物）、污水及恶臭等对环境造成的危害和破坏。

第三十三条（过渡条款）

本办法实施前已经建成的畜禽养殖场，在禁止养殖区内的，由区（县）人民政府按照市人民政府规定的期限安排关闭事宜；在控制养殖区、适度养殖区内的，由区（县）人民政府制定实施方案，并组织限期整治。

第三十四条（实施日期和废止事项）

本办法自 2004 年 4 月 15 日起实施。1995 年 3 月 7 日上海市人民政府发布的《上海市畜禽污染防治暂行规定》同时废止。

上海市农药经营使用管理规定

（上海市人民政府令第 13 号）

《上海市农药经营使用管理规定》已经 2009 年 4 月 13 日市政府第 40 次常务会议通过，现予公布，自 2009 年 6 月 1 日起施行。

市长　韩正

二〇〇九年四月十七日

上海市农药经营使用管理规定（修订）

第一章　总　则

第一条（目的和依据）

为了规范农药经营、使用行为，维护农民和农药经营者的合法权益，保障农产品质量和人畜安全，保护农、林业的生产及生态环境，根据《农药管理条例》和其他有关法律、法规，结合本市实际，制定本规定。

第二条（适用范围）

本市行政区域范围内农药经营、使用及其相关管理活动，适用本规定。

第三条（监管部门）

市农业行政管理部门负责本市农药经营、使用的监督管理工作。区、县农业行政管理部门具体负责本行政区域内农药经营、使用的监督管理。

工商、质量技监、安全监管、绿化林业、商务、环保等有关部门按照各自职责，做好有关农药经营、使用的监督管理工作。

第四条（举报、奖励）

市和区、县农业行政管理部门应当设立举报电话、信箱，接受公众对经营禁用农药或者假冒伪劣农药以及违法使用农药等行为的举报。

市和区、县农业行政管理部门对举报应当及时受理、调查和依法处理，并为举报人保守秘密。举报经调查属实的，受理部门应当给予举报人奖励。

第五条（行业自律）

鼓励农药经营服务相关行业组织为会员提供业务指导和服务，在制定行业服务规范、引导会员规范经营等方面，发挥行业自律作用。

第二章　农药经营

第六条（经营条件）

农药经营单位及其设立的分支机构应当符合下列条件：

（一）属于《农药管理条例》第十八条第一款规定的主体范围；

（二）配备与其经营农药的品种与规模相适应的农药相关专业技术人员，其中农药经营单位的分支机构至少配备1名取得初级以上农药相关专业的技术职称证书或者职业技能鉴定证书的人员；

（三）农药销售、仓储场所具备与其经营的农药相适应的通风、分隔存放等安全防护设施，符合相关法律、法规及强制性标准的要求，并与生活区域相隔离；

（四）有与其经营的农药相适应的经营管理制度，包括统一配送、进货查验、安全销售、经营台账等相关制度；

（五）法律、法规规定的其他条件。

经营的农药属于危险化学品的，应当按照有关规定，办理危险化学品经营许可证。

第七条（营业执照申领材料）

农药经营单位向市或者区、县工商行政管理部门申请领取营业执照，应当提交下列材料：

（一）属于《农药管理条例》第十八条第一款所规定主体范围的证明材料；

（二）所在区、县农业行政管理部门出具的专业技术人员配备、农药销售和仓储场所设施设置等方面情况的证明材料；

（三）根据法律、法规有关企业登记的规定，应当提交的其他材料。

第八条（证明材料的出具）

本规定第七条第（一）项规定的主体证明材料，按照下列规定出具或者提供：

（一）属于供销合作社的农业生产资料经营单位，由市商务行政管理部门出具；

（二）属于植物保护站、土壤肥料站、农业技术推广机构的，由市农业行政管理部门出具；

（三）属于林业技术推广机构、森林病虫害防治机构的，由市绿化林业行政管理部门出具；

（四）属于农药生产企业的，提供农药生产资格批准文书和营业执照复印件；

（五）属于国务院规定的其他农药经营单位的，由相应的行政主管部门出具。

本规定第七条第（二）项规定的人员配备、设施设置证明材料，区、县农业行政管理部门应当在受理农药经营单位申请后的10个工作日内，完成现场情况核查和出具证明材料。

第九条（连锁经营的扶持）

本市鼓励发展专业化的农药连锁经营。经市农业行政管理部门会同市商务行政管理部门认定，农药连锁经营单位符合统一采购、统一配送、统一标识、统一定价、统一服务规范等要求的，可以享受相关扶持政策。

扶持农药连锁经营的具体办法，由市农业行政管理部门会同有关部门制定。

第十条（统一配送制度）

农药经营单位分支机构经营的农药，应当由所属农药经营单位或者该农药经营单位加入的农药连锁经营单位实行统一配送。分支机构不得自行采购、代销农药。

第十一条（进货查验制度）

农药经营单位应当建立、实施以下进货查验制度：

（一）审验供货商的经营资格；

（二）查验并备存农药登记证或者农药临时登记证复印件，以及农药生产许可证或者农药生产批准证书的复印件；

（三）按照《农药标签和说明书管理办法》的规定，验明农药产品标签、说明书的有关内容；

（四）向供货商按照产品生产批次索要产品质量合格证明或者检验报告。

第十二条（安全销售制度）

农药经营单位应当设立农药销售专区，将农药置于存放专柜销售；未上柜销售的农药，应当置于专用仓库或者仓库专区贮存，按照有关规定采取隔离、隔开、分离等安全保存措施，并指定保管人员。

农药经营单位不得在农药销售场所经营食品、生活用品等商品。

第十三条（销售溯源制度）

农药经营单位应当建立农药经营台账，如实记录农药进货时间、产品名称、规格、数量、供货商及其联系方式，以及配送、销售的时间、产品名称、规格、数量等内容。

农药经营单位应当向农药购买者出具发票。按照发票管理的规定可以不出具发票，但农药购买者要求提供发票或者其他销售凭据的，农药经营单位应当开具发票或者其他销售凭据。销售凭据应当注明售出农药的名称、数量、购买时间以及农药经营单位名称等信息。

第十四条（销售告知义务）

农药经营单位销售农药时，应当根据所售农药的产品标签、说明书，如实说明产品用途、使用方法、中毒急救措施和注意事项等，不得误导农药购买者。

第十五条（销售人员的专业技能）

农药销售人员应当掌握农药安全、合理使用的基本常识，熟悉所售农药的标签、说明书的基本内容。

农药经营单位应当组织农药销售人员进行农药专业知识培训，建立相应的培训档案。

第十六条（高毒农药经营的要求）

对标签所标示的毒性为高毒以上的农药（以下简称高毒农药），农药经营单位应当采取以下销售管理措施：

（一）设置高毒农药分隔存放专柜，并在专柜上设置明显的警示标识；

（二）由专人负责销售，并建立高毒农药经营专用台账；

（三）要求购买者告知用途、出示身份证明，并如实记录；

（四）要求购买者退回高毒农药使用后的容器、包装物，并建立回收登记制度。

第十七条（备存资料的保管时间）

农药经营单位备存下列资料，应当至少两年：

（一）第十一条规定的有关农药登记、产品合格检验证明或者检验报告的资料；

（二）第十三条第一款规定的农药经营台账；

（三）第十六条规定的高毒农药经营专用台账。

第三章　农药使用

第十八条（安全保管）

农药使用者应当妥善保管农药，防止误食误用。

农产品生产企业和农民专业合作经济组织应当指定农药管理员，建立农药购进、领用台账登记等安全保管制度。

第十九条（安全用药）

农药使用者应当选择远离饮用水源保护区、居民生活区的安全地点配药，按照产品标签、说明书规定的剂量配药，不得任意增加用药浓度。

农药使用者应当采取避免农药中毒或者污染的预防措施，按照产品标签、说明书规定的防治对象、使用方法、安全间隔期和注意事项施用农药，不得随意扩大使用范围、增加施药频次。

第二十条（用药后的安全事项）

农药使用者应当妥善处理剩余农药、施药器械以及盛装农药的容器和包装物，不得在河流、湖泊、水库、鱼塘和饮用水源保护区等区域倾倒剩余农药或者清洗施药器械，不得随意丢弃盛装农药的容器和包装物。

第二十一条（农药使用记录）

农业经济组织在农作物种植过程中，应当如实记载使用农药的名称、来源、用法、用量和使用、停用的日期。

农药使用记录应当保存两年以上。

第二十二条（禁用情形）

禁止使用农药毒杀鱼、虾、鸟、兽等动物。

高毒农药不得用于防治卫生害虫，不得用于蔬菜、瓜果、茶叶、中草药材等农作物以及水源涵养林。

第二十三条（指导、服务）

市和区、县农业、绿化林业行政管理部门及其所属植保机构应当做好植物重大病、虫、草、鼠害的预测及相关综合防治工作，开展植物病虫害诊治为农服务，并通过免费培训、宣传资料发放、网上信息发布、咨询电话等方式，为农民提供安全、合理使用农药相关信息。

第二十四条（鼓励、支持）

鼓励农民专业合作经济组织、农业社会化服务组织为农民提供统一用药等植保服务。

市和区、县人民政府可以采用购买服务等方式，支持农民专业合作经济组织、农业社会化服务组织参与重大突发性、流行性植物病、虫、草、鼠害的防治工作。

第二十五条（农药品种的轮换、替代及首次推广使用）

市农业行政管理部门应当组织开展农药使用防治效果、作物抗药性等方面的调查、评价活动，做好农药品种轮换、替代的相关工作。

农药新品种在本市首次推广使用的，农业、林业技术推广机构应当做好大田试验、示范工作，并适时发布农药新品种在本市区域内适应性的相关信息。

第四章　其他规定

第二十六条（农药经营监督管理）

市农业行政管理部门应当对农药经营单位的农药质量及经营服务质量进行检查，建立农药经营单位诚信档案。

市和区、县农业行政管理部门和工商、质量技监、环保等部门之间应当建立农药经营监督管理信息通报制度。

第二十七条（农药销售人员管理）

市农业行政管理部门应当对农药销售人员组织开展农药相关法律规定和专业基础知识的培训、考核，建立农药销售人员专业技能管理档案。

第二十八条（安全、高效农药的推广）

市农业行政管理部门应当根据植物病、虫、草、鼠害防治情况和保障农产品质量安全的要求，确定适于本市使用的安全、高效农药的品种名录，并做好组织推广工作。

本市推广使用的安全、高效新型农药，对使用农药的农民和农业经济组织实行补贴。年度实行补贴的农药品种目录应当经过专家论证、评审等程序确定并及时公布；供应补贴品种的农药生产企业应当由市农业行政管理部门组织进行公开招投标确定。

实行补贴的农药由销售网点分布较广且配备相应销售设施的农药经营单位经营，补贴农药的经营单位名单由市农业行政管理部门根据农药经营单位的经营条件状况确定并公布。

第二十九条（农作物农药残留监测）

本市规模种植场、蔬菜园艺场、设施菜田、农业标准化示范区（场）等农产品生产基地和农民专业合作社对其生产的农作物，应当在采收上市前进行农药残留自检。

市和区、县农业行政管理部门应当按照有关规定，做好农作物采收上市前的农药残留监测工作，将农产品生产基地的农作物农药残留情况纳入重点监测范围，并对农民生产的农作物进行农药残留抽检。农药残留监测结果按照国家有关规定予以公布。

第三十条（农作物农药残留超标的处理）

农药残留超标的农作物不得采收上市。采收上市前的农作物经检测认定农药残留超标的，应当在规定的安全间隔期之后进行复检，待复检合格后方可采收上市，但经检测认定含有违禁农药成分的农作物，应当按照国家规定予以销毁。

根据监测发现的农药残留超标的情况，市和区、县农业行政管理部门应当及时跟踪监查。监测发现农作物含有违禁农药成分，应当追查违禁农药来源。

第三十一条（农药包装废弃物的回收、处置）

本市对盛装农药的容器和包装物实行有偿回收和集中处置。具体回收和处置办法，由市农业行政管理部门会同市财政等有关部门制定。

第三十二条（农药储备制度）

本市根据植物重大病、虫、草、鼠害的预测情况，储备用于预防、控制和扑杀的农药。

农药储备的具体品种和数量，由市农业行政管理部门会同相关部门提出方案，经市发展改革部门会同市农业行政管理部门、市商务行政部门、市财政部门共同审核，按照规定的程序纳入市级重要商品储备体系。对纳入市级重要商品储备体系的农药，应当按照有关规定进行日常监管、调拨和紧急配送。

第三十三条（从业禁止）

农药经营使用的监管部门及其工作人员不得从事或者参与农药经营活动。

第五章　法律责任

第三十四条（不符合农药经营条件的处理）

农药经营单位及其分支机构不符合本规定第六条有关条件的，出具相关证明材料的部门应当责令其限期改正，逾期不改正的，由相关部门撤回相应的证明材料，并函告市工商行政管理部门；市工商行政管理部门收到函告文件后，应当责令该农药经营单位办理变更相关变更登记或者注销登记手续，逾期不办理的，依法吊销其营业执照。

第三十五条（违反农药统一配送规定的处罚）

违反本规定第十条规定，农药经营单位对分支机构未实施农药统一配送的，由市或者区、县农业行政管理部门责令限期改正；逾期拒不改正的，处以3000元以上3万元以下罚款。农药经营单位的分支机构违反规定自行采购或者代销农药的，由市或者区、县农业行政管理部门责令限期改正；逾期不改正的，处以500元以上5000元以下的罚款。

第三十六条（违反农药进货查验规定的处罚）

违反本规定第十一条规定，农药经营单位未实施进货查验制度的，由市或者区、县农业行政管理部门或者工商行政管理部门责令限期改正，逾期不改正的，处以500元以上5000元以下罚款；情节严重的，处以5000元以上5万元以下罚款。

第三十七条（违反农药安全销售管理规定的处罚）

违反本规定第十二条规定，农药经营单位不符合销售安全管理要求的，由市或者区、县农业行政管理部门或者工商行政管理部门责令限期改正，逾期不改正的，处以500元以上5000元以下罚款；情节严重的，处以5000元以上5万元以下罚款。

第三十八条（违反农药销售溯源管理规定的处罚）

违反本规定第十三条第一款规定，农药经营单位未建立或者执行农药经营台账管理制度的，由市或者区、县农业行政管理部门或者工商行政管理部门责令限期改正，逾期不改正的，处以500元以上5000元以下罚款；情节严重的，处以5000元以上5万元以下罚款。

违反本规定第十三条第二款规定，农药经营单位未按照发票管理有关规定出具发票的，由税务部门依法处理；未按要求向农药购买者出具销售凭证的，由农业行政管理部门责令改正，逾期不改正的，处以500元以上5000元以下罚款。

第三十九条（误导农药使用者的处罚）

违反本规定第十四条规定，农药经营单位误导农药使用者并造成药害或者中毒事故的，由市或者区、县农业行政管理部门处以5000元以上5万元以下罚款。

第四十条（销售高毒农药未采取有关措施的处罚）

违反本规定第十六条规定，销售高毒农药未采取有关管理措施的，由市或者区、县农业行政管理部门依法责令限期改正，并处以 500 元以上 5000 元以下罚款；情节严重的，处以 5000 元以上 5 万元以下罚款。

第四十一条（违反农药安全使用规定的处罚）

违反本规定第十八条、第十九条、第二十条、第二十二条有关农药安全使用规定，造成危害后果的，给予警告，可以并处 1000 元以上 1 万元以下罚款；造成严重危害后果的，并处 1 万元以上 3 万元以下罚款。

第四十二条（农药残留超标农产品上市的处罚）

违反本规定第三十条第一款规定，将农药残留超标的农作物采收上市的，依照有关法律、法规的规定予以处罚。

第四十三条（违法经营、使用农药的民事、刑事责任）

违法经营、使用农药，造成人畜伤亡或者其他经济损失的，农药经营、使用者应当依法赔偿受害人的经济损失；构成犯罪的，依法追究刑事责任。

第四十四条（执法人员违法责任追究）

农药管理工作人员滥用职权、玩忽职守、徇私舞弊、索贿受贿，构成犯罪的，依法追究刑事责任；尚不构成犯罪的，依法给予行政处分。

第六章 附 则

第四十五条（例外）

百货商店、超市等单位经营家庭用防治卫生害虫和衣料害虫的杀虫剂，不适用本规定。

第四十六条（施行时间）

本规定自 2009 年 6 月 1 日起施行。原 1995 年 11 月 7 日上海市人民政府第 17 号令发布，并分别根据 1997 年 12 月 19 日上海市人民政府第 54 号令、2004 年 6 月 24 日上海市人民政府第 28 号令修正后重新发布的《上海市农药经营使用管理规定》同时废止。

上海市人民政府关于修改《上海市食用农产品安全监管暂行办法》的决定

（上海市人民政府令第 30 号发布）

市人民政府决定对《上海市食用农产品安全监管暂行办法》作如下修改：

一、第六条增加一款作为第七款：

各区（县）人民政府所属的城市管理综合执法机构依法负责集贸市场外占用道路、流动设摊的无照经营违法行为的查处。

二、第八条修改为：

市农委、市经委、市建委、市质量技监局、市卫生局、市工商局、市环保局、市农林局和上海出入境检验检疫局应当根据法律、法规、规章的规定，各司其职，加强食用农产品安全监管执法的协调和沟通，并在重点领域组织联合执法。

三、第二十三条第一款修改为：

设立食用农产品交易市场，应当符合发展规划、设立条件和技术规范。食用农产品批发市场的发展规划和设立条件，由市经委会同市农委、市工商局和市卫生局等部门提出，报市人民政府批准后施行。

四、第三十条修改为：

设置畜禽屠宰场（点），应当按照确定的定点规划，并符合法律、法规、国家标准和有关专业技术规范；大中型畜禽屠宰场还应当通过有关专业质量体系认证。

本市畜禽屠宰场的规划由市经委会同市农委、市规划局、市环保局、市卫生局制定，报市人民政府批准后，由市经委组织实施；本市活鸡屠宰点的规划，由各区（县）人民政府按照市人民政府确定的布局规划要求制定，并组织实施。

本市畜禽定点屠宰场应当按照《中华人民共和国动物防疫法》、《中华人民共和国食品卫生法》和《生猪屠宰管理条例》等法律、法规和规章的规定，进行畜禽屠宰检疫和肉品品质检验。经检疫、检验合格的畜禽产品，动物防疫监督机构和畜禽定点屠宰场应当依法出具产品检疫合格证明和肉品品质检验合格证明，并加盖验讫标志。

五、第三十一条修改为：

除超市连锁配送等直销挂钩的情形外，本市畜产品及活鸡批发交易应当在符合条件的食用农产品批发市场中进行。

畜禽产品及活鸡进入批发市场交易前，批发市场的开办者应当查验产品检疫合格证明、肉品品质检验合格证明后，方可允许其进场交易。

畜产品及活鸡零售经销者应当从依法设立的批发市场（包括定点屠宰场）购入畜产品及活鸡。

畜产品零售经销者经销的畜产品，应当具备有效的产品检疫合格证明和肉品品质检验合格证明；活鸡零售经销者经销的活鸡，应当具备有效的检疫合格证明。

本市除在按规划设置的交易市场内允许活鸡交易外，未经市政府批准，不得从事其它活禽交易。

六、第三十八条第（二）、（三）款修改为：

违反本办法第三十条第一款规定，设置畜禽屠宰场（点），达不到法律、法规、国家标准和有关专业技术规范的，由市经委或者有关主管部门责令限期改正；逾期仍达不到要求的，按照有关法律、法规规定处理。

违反本办法第三十一条第一款规定，未在符合条件的食用农产品批发市场中进行畜产品及活鸡批发交易的，由工商行政管理部门责令改正，并可处以 1 万元以下的罚款；违反本办法第三十一条第二款规定，批发市场开办者未查验产品检疫合格证明和肉品品质检验合格证明即允许进场交易的，由卫生行政部门处以 1000 元以下的罚款；违反本办法第三十一条第三款规定，畜产品及活鸡零售经销者未在批发市场购入畜产品及活鸡的，由工商行政管理部门处以 5000 元以下的罚款；违反本办法第三十一条第五款规定，设置除活鸡以外的活禽交易市场和在非规划区域内设置畜产品及活鸡交易市场的，由工商行政管理部门责令改正，并处以 3 万元以下的罚款；违反本办法第三十一条第四款规定，畜产品及活鸡零售经销者经销的畜产品及活鸡不具备有效的产品检疫合格证明和肉品品质检验合格证明的，由卫生行政部门、工商行政管理部门、动物防疫监督机构按照各自职责依法予以处罚。

《上海市食用农产品安全监管暂行办法》根据本决定作相应修改，并对调整后的机构名称和部分文字作相应修改后，重新发布。

本决定自 2004 年 10 月 1 日起施行。

上海市鳗苗资源管理办法

（上海市人民政府令第 119 号）

（1991 年 6 月 6 日上海市人民政府批准根据 1997 年 12 月 19 日上海市人民政府令第 54 号第一次修正并重新发布根据 2002 年 4 月 1 日上海市人民政府令第 119 号第二次修正并重新发布）

第一条 为了保护和合理利用鳗苗资源，根据《中华人民共和国渔业法》及其他有关规定，制定本办法。

第二条 本市鳗苗的捕捞、收购、运输、出口实行许可制度。

第三条 捕捞鳗苗必须向所在县（区）渔政监督管理机构提出申请，经初审并报市渔政监督管理机构核准后发给鳗苗捕捞许可证的，方可从事鳗苗捕捞作业。

鳗苗捕捞许可证不得转让、出租和涂改。

第四条 经批准领取鳗苗捕捞许可证的船只或者个人，应当缴纳渔业资源增殖保护费。

第五条 本市的鳗苗捕捞期为每年 2 月 1 日起至 4 月 30 日止，禁止提前或者逾期捕捞鳗苗。

第六条 捕捞鳗苗必须按鳗苗捕捞许可证所指定的地点进行作业，不得在航道、港池、锚地设网捕捞，不得影响航道畅通。

捕捞鳗苗不得损坏防汛、水利设施及护滩作物。

第七条 严格限制鳗苗捕捞强度。市渔政监督管理机构对捕捞船只、捕捞方式及捕捞工具可以作必要限制。

第八条 鳗苗捕捞者所捕捞的鳗苗必须全部交售给所在县（区）的持有鳗苗收购许可证的单位。

第九条 鳗苗收购单位须向市渔政监督管理机构提出申请，经批准后领取鳗苗收购许可证，方可从事收购经营活动。

禁止无证收购和跨省市收购鳗苗。

第十条 鳗苗的收购价格，按照国家和本市物价部门的规定执行。任何单位和个人都不准擅自抬价或者压价收购。

第十一条 鳗苗捕捞汛期结束后，收购鳗苗的单位应当按实际收购金额向市渔政监督管理机构缴纳渔业资源增殖保护费。

第十二条 本市捕捞、收购的鳗苗在市内转运或者转运出市的，必须向市渔政监督管理机构申请鳗苗准运证。外省市转运鳗苗在本市过境的，凭鳗苗产地省级渔政监督管理机构核发的鳗苗准运证放行。

第十三条 本市捕捞、收购的鳗苗，应当根据按养殖面积定额供给的原则，首先满足本市水产养殖的需要；其余的可以供应出口。

鳗苗出口许可证由国家有关部门或者其授权单位核发。

第十四条 违反本办法第三条第一款规定，无证捕捞鳗苗的，渔政监督管理机构应当责令停止捕捞，没收所捕捞鳗苗、非法所得，可以并处 50 元至 500 元罚款；情节严重的，可以没收捕捞工具。

第十五条 违反本办法第三条第二款规定，转让、出租和涂改鳗苗捕捞许可证的，渔政监督管理机构对属无证的一方，可以参照本办法第十四条规定处理；对属转让、出租和涂改的一方，应当没收非法所得，吊销鳗苗捕捞许可证，可以并处 100 元至 1000 元罚款。

第十六条 违反本办法第五条关于禁止捕捞期限的规定捕捞鳗苗的，渔政监督管理机构应当责令停止捕捞，没收所捕捞鳗苗、非法所得，处以 200 元至 2000 元罚款，并可以没收捕捞工具。

第十七条 违反本办法第六条规定，影响航道畅通或者损毁防汛、水利设施及护滩作物的，分别由港航监督、水利等部门依法处理。

第十八条 违反本办法第九条规定，无证收购鳗苗的，渔政监督管理机构或者工商行政管理部门应当没收鳗苗。

违反本办法第八条、第十二条规定，将鳗苗出售给无证收购者或者无证转运鳗苗的，渔政监督管理机构或者工商行政管理部门可以根据情节，处以1000元以上3万元以下罚款。

第十九条 违反本办法第十条规定，擅自抬价或者压价收购鳗苗的，由物价部门依法处理。

第二十条 走私鳗苗的，由海关依法处理。

第二十一条 鼓励举报违法捕捞、收购、转运鳗苗的行为。凡举报属实并查获鳗苗的，渔政监督管理机构、工商行政管理部门等可以给予一定奖励。

第二十二条 公安机关应当积极配合渔政监督管理机构和工商行政管理部门的工作，加强对鳗苗产地治安秩序的管理，对阻碍渔政、工商执法人员依法执行公务的，依照《中华人民共和国治安管理处罚条例》进行处理；情节严重构成犯罪的，由司法机关依法追究刑事责任。

第二十三条 因违法捕捞、收购、转运及走私等而被查获的鳗苗，应当交指定的鳗苗收购单位收购。所得款项按规定上缴国库。

第二十四条 本市的鳗苗捕捞许可证、收购许可证和准运证由市渔政监督管理机构统一印制。

第二十五条 本市鳗苗产地的县（区）人民政府应当加强对鳗苗捕捞、收购工作的领导，对非法经营、扰乱市场、破坏鳗苗资源者，应当组织各有关部门及时予以处理。

第二十六条 渔业资源增殖保护费的具体征收标准，由市物价局会同上海市商业委员会核订。

第二十七条 本办法由上海市商业委员会负责解释。

第二十八条 本办法自1991年10月1日起施行。1987年2月10日上海市人民政府办公厅转发的《关于加强鳗苗资源管理办法》同时废止。

上海市人民政府关于修改《上海市水产养殖保护规定实施细则》等 6 件市政府规章的决定

（上海市人民政府令第 77 号）

《上海市人民政府关于修改〈上海市水产养殖保护规定实施细则〉等 6 件市政府规章的决定》已经 2007 年 11 月 26 日市政府第 158 次常务会议通过，现予公布，自 2008 年 1 月 1 日起施行。

市长　韩正

二〇〇七年十一月三十日

经研究，市人民政府决定对《上海市水产养殖保护规定实施细则》等 6 件市政府规章作如下修改：

一、对《上海市水产养殖保护规定实施细则》的修改

1. 在第五条第一款后增加一款：

《渔业法》对全民所有水域的养殖许可有特别规定的，从其规定。

2. 删去第十九条。

3. 删除第二十四条第二款。

二、对《上海市民防工程建设和使用管理办法》的修改

1. 将第十六条修改为：

任何单位或者个人改建民防工程的，不得降低民防工程原有的防护能力，不得违反国家有关规定改变民防工程的主体结构，并按照本办法第十二条、第十三条、第十四条、第十五条的规定执行。

2. 将第二十八条第一款第（六）项修改为：

违反本办法第十六条规定，违反国家有关规定改变民防工程主体结构的，给予警告，并责令限期改正，可以对个人并处 1000 元以上 5000 元以下的罚款、对单位并处 1 万元以上 5 万元以下的罚款。

三、对《上海市禁止乱张贴乱涂写乱刻画暂行规定》的修改将第七条修改为：

违反本规定第四条的，市、区（县）市容管理部门责令限期清除；拒不清除的，代为清除，所需费用由违法行为人承担，并处 50 元以上 500 元以下处罚。

四、对《上海市机动车清洗保洁管理暂行规定》的修改将第十六条第（一）项修改为：

对机动车车容不洁的，可处以 20 元以上 200 元以下罚款。

五、对《上海市建设工程监理管理暂行办法》的修改

1. 将第十三条修改为：

外省市监理单位进沪承接建设工程监理业务，应当向市建管办备案。

2. 删去第十六条。

六、对《上海市建筑物使用安装安全玻璃规定》的修改

1. 删去第十一条。

2. 将第十六条修改为：

施工单位违反本规定第六条第三款，第七条或者第十条第一款、第二款规定的，由市建管办或者区、县建设行政管理部门予以警告，责令改正，并处以 2000 元以上 3 万元以下的罚款。

此外，根据本决定，对《上海市水产养殖保护规定实施细则》等 6 件市政府规章的部分条文的文字或者条、款、项顺序，作相应的调整和修改，并重新公布。

本决定自 2008 年 1 月 1 日起施行。

上海市生猪产品质量安全监督管理办法（2011年修订版）

（上海市人民政府令第66号）

（2007年12月6日上海市人民政府令第78号公布，根据2011年5月26日上海市人民
政府令第66号公布的《上海市人民政府关于修改〈上海市生猪产品质量安全监督
管理办法〉的决定》修正并重新公布）

第一章　总　则

第一条（目的和依据）

为了加强生猪产品质量安全的监督管理，保障人民群众的身体健康和生命安全，根据《中华人民共和国农产品质量安全法》、《中华人民共和国动物防疫法》和《中华人民共和国食品安全法》等有关法律、法规，结合本市实际，制定本办法。

第二条（适用范围）

本办法适用于本市行政区域内生猪的采购、屠宰和生猪产品的采购、销售及其相关的监督管理活动。

第三条（市监管部门职责）

市食品药品监管局、市农委、市商务委、市工商局、市质量技监局等部门按照法律、法规规定的职责和市政府的有关决定，负责本市生猪产品质量安全的监督管理。

第四条（区县政府职责）

区县政府对本行政区域内的生猪产品质量安全监督管理负总责，建立健全监督管理工作的组织协调机制，协调、监督区县食品药品、农业、商务、工商、质量技监等部门履行监督管理职责，并负责生猪产品质量安全突发事件应急处理的相关组织工作。

第五条（监督管理原则）

本市生猪产品质量安全的监督管理实行"源头控制、全程监督、预防为主、跟踪溯源"的原则。

第六条（临时限制措施）

发生生猪产品质量安全突发事件时，经市政府批准，相关监管部门可以对生猪和生猪产品的采购、运输采取临时限制措施。第七条（行业协会）

本市相关行业协会应当加强行业自律，监督会员的生产经营活动，指导会员建立和完善生猪产品质量安全管理制度、健全生猪产品质量安全控制体系。

第二章　生猪的采购和屠宰

第八条（生猪经营者的工商登记）

从事生猪采购的经营者（以下简称"生猪经营者"），应当依法办理工商登记手续。

第九条（生猪屠宰厂（场）的设立）

生猪屠宰厂（场）的设立，应当符合设置规划，并依法办理定点许可、动物防疫许可、环境保护许可和工商登记等手续。

生猪屠宰厂（场）不得出租、出借或者以其他形式转让相关许可证。

第十条（生猪采购来源）本市推行生猪产销对接制度。生猪经营者应当从规模化、标准化生猪养殖场采购生猪；从其他生猪养殖场采购生猪的，应当符合质量安全要求。

本市规模化、标准化生猪养殖场名单，由市农委确定。外省市规模化、标准化生猪养殖场名单，由市农委通过与外省市相关部门协议或者招投标等方式确定。

第十一条（生猪采购的质量安全要求）

生猪经营者应当采购具有检疫证明、畜禽标识并经违禁药物检测合格的生猪。

第十二条（生猪采购合同）

生猪经营者采购生猪的，应当签订生猪采购合同。合同中应当包括有关生猪质量安全的内容。生猪采购合同的示范文本，由市商务委会同市工商局、市农委、市食品药品监管局制定。

第十三条（生猪运输要求）

生猪承运人应当查验生猪检疫证明和畜禽标识，经核对无误后方可运输。

生猪的运载工具应当符合国家卫生、防疫要求，运载工具在装载前和卸载后应当及时清洗、消毒。

第十四条（生猪的道口检查）

从外省市运输生猪进入本市的，应当经指定的道口接受检查。

道口动物卫生监督人员应当查验生猪检疫证明和畜禽标识，并记录采购、运输的相关信息。

经查验符合规定的，道口动物卫生监督人员应当在生猪检疫证明上加盖道口检查签章、注明通过道口的时间；对来源于规模化、标准化生猪养殖场以外的生猪，还应当在检疫证明上作出标记，并及时将生猪的来源、数量和运载目的地等信息报告市食品药品监管局。

第十五条（屠宰查验）

生猪屠宰厂（场）屠宰生猪前，应当查验生猪检疫证明、畜禽标识和违禁药物检测合格证明；屠宰外省市生猪的，还应当查验道口检查签章。查验应当做好记录，并至少保存2年。

经查验不具备前款规定的证明、标识、签章，或者发现生猪已死亡、患有烈性传染病、人畜共患传染病以及严重寄生虫病的，生猪屠宰厂（场）不得屠宰或者转移，并应当立即报告所在地的区县动物卫生监督机构，在其监督下依法处理。

第十六条（宰前检测）

生猪屠宰厂（场）屠宰生猪前，应当进行违禁药物检测。检测应当做好记录，并至少保存2年。

经检测不合格的生猪，生猪屠宰厂（场）不得屠宰或者转移，并应当立即报告所在地的区县食品药品监管部门，在其监督下进行无害化处理；无法进行无害化处理的，应当予以销毁。

生猪违禁药物检测的项目、方法和数量，由市食品药品监管局按照国家和本市的有关标准确定。

第十七条（屠宰检疫）

动物卫生监督机构应当向生猪屠宰厂（场）派驻动物检疫人员实施屠宰检疫。

经检疫合格的生猪产品，由动物卫生监督机构出具检疫证明，并加盖或者加封检疫标志。

第十八条（品质检验）

生猪屠宰厂（场）应当配备肉品品质检验人员和设备，按照国家有关规定，对生猪产品的品质状况进行检验。

经检验合格的生猪产品，由生猪屠宰厂（场）出具肉品品质检验证明；经检验不合格的生猪产品，应当在肉品品质检验人员的监督下，按照国家有关规定处理。

第十九条（预包装）

生猪肝、肾、肺等内脏和肉糜由生猪屠宰厂（场）进行预包装后，方可出厂（场）。

生猪屠宰厂（场）对生猪产品进行预包装的，应当符合国家有关标准。

第二十条（屠宰记录和信息报告）

生猪屠宰厂（场）应当建立可溯源的屠宰记录，屠宰记录应当至少保存2年。

生猪屠宰厂（场）应当定期向所在地的区县食品药品监管部门报告屠宰生猪的来源、数量以及生猪产品销售情况等相关信息。

第三章　生猪产品的经营

第二十一条（生猪产品经营者的许可和工商登记）

从事生猪产品批发、零售的经营者（以下简称"生猪产品经营者"），应当依法办理食品流通许可和工商登记手续。

第二十二条（生猪产品采购来源）

生猪产品经营者应当从本市依法设立的生猪屠宰厂（场）或者生猪产品批发市场采购生猪产品。

生猪产品批发市场或者大型超市连锁企业按照本市有关规定建立生猪产品溯源系统的，该市场的场内经营者或者该企业可以从外省市采购生猪产品。

本市推行外省市生猪产品产销对接制度。符合前款规定条件的单位从外省市采购的生猪产品，应当来源于规模化、标准化生猪屠宰厂（场）；采购外省市其他生猪屠宰厂（场）的生猪产品，应当符合质量安全要求。

外省市规模化、标准化生猪屠宰厂（场）名单，由市商务委通过与外省市相关部门协议或者招投标等方式确定。

第二十三条（生猪产品采购的质量安全要求）

生猪产品经营者应当采购具有检疫证明、检疫标志、肉品品质检验证明并经违禁药物检测合格的生猪产品。

从外省市采购的生猪产品，应当是成片生猪产品，或者是按照国家有关标准进行预包装的分割生猪产品。

第二十四条（生猪产品采购合同）

生猪产品经营者从外省市采购生猪产品的，应当签订生猪产品采购合同。合同中应当包括有关生猪产品质量安全的内容。

生猪产品采购合同的示范文本，由市商务委会同市工商局制定。

第二十五条（生猪产品运输要求）

生猪产品承运人应当查验生猪产品检疫证明、检疫标志和肉品品质检验证明，经核对无误后方可运输。

生猪产品的运载工具应当符合国家卫生、防疫要求，运载工具在装载前和卸载后应当及时清洗、消毒。

第二十六条（生猪产品的道口检查）

从外省市运输生猪产品进入本市的，应当经指定的道口接受检查。

道口动物卫生监督人员应当查验生猪产品检疫证明、检疫标志和肉品品质检验证明，并记录采购、运输的相关信息。

经查验符合规定的，道口动物卫生监督人员应当在生猪产品检疫证明上加盖道口检查签章、注明通过道口的时间；对来源于规模化、标准化生猪屠宰厂（场）以外的生猪产品，还应当在检疫证明上作出标记，并及时将生猪产品的来源、数量和运载目的地等信息报告市工商局。

第二十七条（进场查验）

生猪产品批发市场的经营管理者对进场交易的生猪产品，应当查验检疫证明、检疫标志和肉品品质检验证明；对外省市生猪产品，还应当查验道口检查签章。

农贸市场的经营管理者对进场交易的生猪产品，应当查验检疫证明、检疫标志、肉品品质检验证明和购货凭证。

生猪产品批发市场、农贸市场的经营管理者应当做好查验记录，并至少保存2年。

经查验不具备本条第一款、第二款规定的证明、标志、签章的生猪产品，不得销售、转移或者用于生产加工；生猪产品批发市场、农贸市场的经营管理者应当立即报告所在地工商部门，在其监督下依法处理。

第二十八条（违禁药物检测）

生猪产品批发市场应当设立具有相应资质的肉品质量安全检测机构，对进场交易的生猪产品进行违禁药物检测。

大型超市连锁企业应当设立或者委托具有相应资质的肉品质量安全检测机构，对采购的生猪产品进行违禁药物检测。

生猪产品批发市场的经营管理者和大型超市连锁企业应当做好检测记录，并至少保存 2 年。

经检测不合格的生猪产品，不得销售、转移或者用于生产加工；生猪产品批发市场的经营管理者和大型超市连锁企业应当立即报告所在地工商部门，在其监督下进行无害化处理；无法进行无害化处理的，应当予以销毁。

生猪产品违禁药物检测的项目、方法和数量，由市食品药品监管局按照国家和本市的有关标准确定。

第二十九条（进货查验和购销台账）

生猪产品经营者应当建立进货检查验收制度和购销台账制度，并将购销台账以及购货凭证、检疫证明、肉品品质检验证明等单据至少保存 2 年。

第三十条（销售行为规范）

生猪产品经营者应当在经营场所显著位置悬挂营业执照和食品流通许可证，并公示生猪的产地、屠宰厂（场）等信息。

生猪产品经营者销售生猪产品时，应当按照国家有关规定或者商业惯例，向购买者出具购货凭证。购货凭证上应当标明经营者的名称、地址等信息。

生猪产品批发市场的场内经营者销售成片生猪产品或者批发销售分割生猪产品的，应当向购买者提供生猪产品检疫合格的证明。

第三十一条（禁止销售）

禁止销售下列生猪产品：

（一）未经检疫，或者经检疫不合格的；

（二）未经肉品品质检验、违禁药物检测，或者经检验、检测不合格的；

（三）未按规定经指定道口接受检查的；

（四）未按规定进行预包装的；

（五）病害、变质、注水等其他不符合质量安全要求的。

第三十二条（不可食用生猪产品的处理）

生猪产品批发市场、农贸市场的经营管理者和大型超市连锁企业应当指定专人每日统一收集不可食用生猪产品，存放于专用容器内，进行着色标记，并按照国家有关规定处理。

第三十三条（生猪产品相关信息报告）

生猪产品批发市场的经营管理者和大型超市连锁企业应当定期向所在地工商部门报告生猪产品检测、销售情况等相关信息。

第四章 企业责任和监督检查

第三十四条（生猪和生猪产品经营者的责任）

生猪和生猪产品经营者应当保证其采购、销售的生猪和生猪产品来源合法，具有本办法规定的相关证明、标识、标志和签章，并对采购、销售的生猪和生猪产品质量安全负责。

第三十五条（生猪屠宰厂（场）的责任）

生猪屠宰厂（场）应当保证其屠宰的生猪经检疫和违禁药物检测合格，出具的肉品品质检验证明真实，并对出厂（场）的生猪产品质量安全负责。

第三十六条（肉品质量安全检测机构的责任）

肉品质量安全检测机构应当保证其进行生猪产品违禁药物检测的项目、方法和数量符合国家和本市的有关规定，并对检测结果的真实性和准确性负责。

第三十七条（市场经营管理者的责任）

生猪产品批发市场和农贸市场的经营管理者应当保证进场交易的生猪产品具有本办法规定的相关证明、标志和签章，并对进场交易的生猪产品质量安全负责。

生猪产品批发市场和农贸市场内销售的生猪产品不符合质量安全要求，给消费者造成损害的，消费者可以凭有关购货凭证向市场经营管理者要求赔偿；市场经营管理者应当依法予以先行赔偿。

第三十八条（质量安全责任保险）

本市推行生猪产品质量安全责任保险。

生猪屠宰厂（场）、生猪产品经营者以及生猪产品批发市场、农贸市场的经营管理者投保生猪产品质量安全责任险的，由保险公司在保险责任范围内对生猪产品质量安全意外事故造成的损害予以赔偿，但因违法生产加工、采购、运输、销售造成的损害除外。

第三十九条（投诉处理）

生猪产品购买者发现生猪产品存在质量安全问题的，有权向生猪产品经营者或者生猪产品批发市场、农贸市场的经营管理者投诉。

生猪产品经营者和生猪产品批发市场、农贸市场的经营管理者应当对有关生猪产品质量安全问题的投诉及时进行调查处理，并予以答复。投诉和处理情况应当做好记录，并至少保存 2 年。

第四十条（举报）

食品药品、动物卫生、商务、工商等监管部门应当建立举报制度，公布举报电话、通信地址和电子邮件信箱，接受有关生猪产品质量安全问题的举报；对举报属实的，应当给予举报人奖励。

第四十一条（监督检查）

市农委应当会同区县政府，组织、协调有关部门对未经指定道口运输生猪或者生猪产品进入本市的违法行为进行查处。

食品药品、动物卫生、工商等监管部门应当按照各自职责，对本市生猪产品质量安全进行监督检查，并建立生猪屠宰厂（场）、生猪和生猪产品经营者以及生猪产品批发市场、农贸市场经营管理者的监督检查记录和违法行为记录。

食品药品、动物卫生、工商等监管部门应当按照各自职责，对有违法行为记录的单位，采取重点监控措施。

第四十二条（处置措施）

食品药品、动物卫生、工商等监管部门采用快速检测方法，发现生猪或者生猪产品不符合质量安全要求的，可以在全市范围内暂停该批次生猪或者生猪产品的交易；按照国家有关部门认定的检测方法进行复检后，确认不符合质量安全要求的，有权依法查封、扣押。

列入规模化、标准化生猪养殖场和生猪屠宰厂（场）名单的单位，发生两次以上质量安全问题或者因质量安全问题造成重大事故的，有关部门应当将其从名单中除名。

食品药品、动物卫生、工商等监管部门在监督检查中发现生猪产品可能对人体健康和生命安全造成损害的，应当按照各自职责，向社会公布有关信息，告知消费者停止食用，并责令生猪屠宰厂（场）、生猪产品经营者立即停止销售，召回已销售的生猪产品。

生猪产品召回的具体条件和程序，由市食品药品监管局制定并向社会公布。

第四十三条（信息公开）

食品药品、动物卫生、工商等监管部门应当向公众提供监督检查记录的查阅服务，并通过有关媒体公布违法行为记录。

市食品药品监管局应当会同市农委、市工商局、市商务委等有关部门定期对本市生猪产品质量安全状况进行评估，并及时发布评估结果、消费提示、安全预警以及相关食品安全知识等信息。

第五章　法律责任

第四十四条（违反生猪和生猪产品采购规定的处罚）

生猪经营者采购违禁药物检测不合格的生猪的，由市或者区县食品药品监管部门责令改正，处以 2000 元以上 2 万元以下的罚款。

生猪产品经营者不符合本办法规定的条件，从外省市采购生猪产品的，由市或者区县工商部门责令改正，处以 5000 元以上 5 万元以下的罚款。

第四十五条（违反生猪屠宰规定的处罚）

生猪屠宰厂（场）有下列情形之一的，由市或者区县食品药品监管部门责令改正，处以 2 万元以上 10 万元以下的罚款：

（一）未按规定进行生猪违禁药物检测的；

（二）屠宰、转移违禁药物检测不合格的生猪的；

（三）未按规定出具肉品品质检验证明的。

生猪屠宰厂（场）有下列情形之一的，由市或者区县食品药品监管部门责令改正，处以 2000 元以上 2 万元以下的罚款：

（一）未按规定对生猪肝、肾、肺等内脏或者肉糜进行预包装的；

（二）未按规定进行屠宰查验的；

（三）未按规定进行查验记录、检测记录、屠宰记录的；

（四）未按规定报告生猪查验、检测、屠宰等相关信息的。

第四十六条（违反生猪产品查验规定的处罚）

生猪产品批发市场、农贸市场的经营管理者未按规定进行查验，接收不具备相应证明、标志、签章的生猪产品进场交易的，由市或者区县工商部门责令改正，处以 5000 元以上 5 万元以下的罚款。

生猪产品批发市场、农贸市场的经营管理者未按规定进行查验记录的，或者未按规定报告生猪产品相关查验信息的，由市或者区县工商部门责令改正，处以 2000 元以上 2 万元以下的罚款。

第四十七条（违反生猪产品检测规定的处罚）

生猪产品批发市场的经营管理者、大型超市连锁企业未按规定对生猪产品进行违禁药物检测的，由市或者区县工商部门责令改正，处以 2 万元以上 10 万元以下的罚款。

生猪产品批发市场的经营管理者、大型超市连锁企业未按规定进行检测记录的，或者未按规定报告生猪产品检测、销售等相关信息的，由市或者区县工商部门责令改正，处以 2000 元以上 2 万元以下的罚款。

第四十八条（违反生猪产品销售规定的处罚）生猪产品经营者销售未经违禁药物检测或者经检测不合格的生猪产品的，由市或者区县工商部门责令改正，处以 1 万元以上 10 万元以下的罚款。对于经检测不合格的生猪产品，市或者区县工商部门应当监督生猪产品经营者进行无害化处理；无法进行无害化处理的，应当予以销毁。

生猪产品经营者未按规定保存购货凭证、检疫证明、肉品品质检验证明等单据的，或者未按规定在经营场所公示生猪的产地、屠宰厂（场）等信息的，由市或者区县工商部门责令改正，处以 1000 元以上 5000 元以下的罚款。

生猪产品经营者销售未按规定进行预包装的生猪产品的，由市或者区县工商部门责令限期改正；逾期不改正的，处以 2000 元以下的罚款。

第四十九条（违反不可食用生猪产品处理规定的处罚）

生猪产品批发市场、农贸市场的经营管理者或者大型超市连锁企业未按规定收集、存放不可食用生猪产品的，或者未按规定对不可食用生猪产品进行着色标记的，由市或者区县工商部门责令改正，处以 2000 元以上 2 万元以下的罚款。

第五十条（违反投诉处理规定的处罚）

生猪产品经营者或者生猪产品批发市场、农贸市场的经营管理者对有关生猪产品质量安全问题的投诉不及时予以答复的，或者未按规定记录投诉、处理情况的，由市或者区县工商部门责令改正；情节严重的，处以 2000 元以上 2 万元以下的罚款。

第五十一条（对非法屠宰行为的处罚）

未经定点，擅自屠宰生猪的，由市或者区县商务部门依法予以取缔并处罚。

依法应当取得其他许可而未取得，以营利为目的，擅自从事生猪屠宰活动的，按照法律、法规和市政府的有关决定由相关监管部门予以取缔并处罚。

未依法取得营业执照，以营利为目的，擅自从事生猪屠宰活动的，或者知道、应当知道生猪屠宰活动属于无照经营行为，而为其提供场所、运输、保管、仓储等条件的，由市或者区县工商部门依法予以取缔并处罚。

第五十二条（责令停产停业和吊销证照的处罚）

生猪屠宰厂（场）、生猪或者生猪产品经营者、生猪产品批发市场或者农贸市场的经营管理者违反本办法规定，有多次违法行为记录的，或者造成严重后果的，由市或者区县食品药品、农业、工商等部门按照各自职责，依法责令停产停业，暂扣、吊销许可证或者营业执照。

第六章　附　则

第五十三条（有关用语的含义）

生猪采购，是指为屠宰而采购生猪的经营活动。

违禁药物，是指盐酸克伦特罗（"瘦肉精"）及其替代品等国家有关部门禁止在饲料和动物饮用水中添加的药物品种。

不可食用生猪产品，是指生猪的甲状腺、肾上腺和病变的淋巴结，以及伤肉、霉变肉等有毒有害肉品。

第五十四条（外省市生猪产品采购规定的其他适用）

本市肉制品生产加工企业、集体伙食单位和餐饮服务提供者等单位从外省市采购生猪产品的，应当按照本办法有关大型超市连锁企业从外省市采购生猪产品的规定执行。

第五十五条（参照适用）

对牛肉、羊肉等其他家畜产品质量安全的监督管理，参照本办法执行。

国家和本市对清真牛肉、羊肉等家畜产品质量安全的监督管理另有规定的，从其规定。

第五十六条（施行日期和废止事项）

本办法自 2008 年 3 月 1 日起施行。1997 年 8 月 7 日上海市人民政府第 46 号令发布的《上海市家畜屠宰管理规定》同时废止。

上海市人民政府关于废止《上海市生食水产品卫生管理办法》的决定

（沪府令 6 号）

鉴于近年来食品安全法律、法规不断完善，食品安全监管体制发生重大调整，食品生产经营活动的规范要求、监管措施更加严格，《上海市人民政府关于禁止生产经营食品品种的公告》进一步明确了禁止生产经营的生食水产品品种，市政府决定：

对 1995 年 8 月 9 日上海市人民政府发布、根据 1996 年 6 月 21 日《上海市人民政府关于修改〈上海市生食水产品卫生管理办法〉的决定》修正、根据 2002 年 4 月 1 日起施行的《关于修改〈上海市植物检疫实施办法〉等 19 件政府规章的决定》修正、根据 2012 年 2 月 7 日上海市人民政府令第 81 号公布的《上海市人民政府关于修改〈上海市内河港口管理办法〉第 15 件市政府规章的决定》修正并重新发布的《上海市生食水产品卫生管理办法》予以废止。

本决定自 2013 年 10 月 1 日起施行。

关于印发上海市农产品质量安全检测机构考核
实施方案的通知

各区县农委、农产品质量安全检测机构：

为加强本市农产品质量安全检测机构的管理，确保地产农产品质量安全，市农委制定了《上海市农产品质量安全检测机构考核实施方案》，现印发给你们，请认真遵照执行。

上海市农业委员会

2013 年 9 月 30 日

上海市农产品质量安全检测机构考核实施方案

为加强本市农产品质量安全检测机构的管理，确保地产农产品质量安全，制定本方案。

一、指导思想

深入贯彻落实党的十八大会议精神，全面实施《农产品质量安全法》和《农产品质量安全检测机构考核办法》，以农业部《农产品质量安全检测机构考核评审细则》和《农产品质量安全检测机构考核评审员管理办法》为指导，全面加强本市农产品质量安全检测机构的日常管理，确保地产农产品质量安全水平持续稳步提升。

二、目标要求

通过实施考核，进一步提高本市农产品质量安全检测机构的管理水平，提升农产品质量安全检测人员的技术能力，确保检测机构出具的检测报告真实、准确和地产农产品质量的安全、可控。

三、考核机关

市农委负责本市农产品质量安全检测机构的考核工作，并对考核工作进行监督管理。具体考核工作由市农产品质量安全检测中心组织实施。

四、考核对象及基本条件

考核对象为本市行政区域内，按照农产品质量安全相关标准、规范，实施农产品质量安全类检测（包括食用粮经作物、蔬菜、畜禽产品、水产品及相关农业投入品与产地环境等），且向社会出具具有证明作用的数据和结果的检测机构，但不包括已经通过农业部考核的检测机构。

申请考核的农产品质量安全检测机构（以下简称"申请机构"）须满足以下基本条件：

（一）应当依法设立，保证客观、公正和独立地从事检测活动，并承担相应的法律责任；

（二）应当具有与其从事的农产品质量安全检测活动相适应的管理和技术人员。从事农产品质量安全检测的技术人员应当具有相关专业中专以上学历，并经市级以上人民政府农业行政主管部门考核合格；检测机构的技术人员应当不少于 5 人，其中中级职称以上人员比例不低于 40%；技术负责人和质量负责人应当具有中级以上技术职称，并从事农产品质量安全相关工作5年以上；

（三）应当具有与其从事的农产品质量安全检测活动相适应的检测仪器设备，仪器设备配备率达到98%，在用仪器设备完好率达到100%；

（四）应当具有与检测活动相适应的固定工作场所，并具备保证检测数据准确的环境条件；

（五）应当建立质量管理与质量保证体系，并获得实验室计量认证证书，且在有效期内；

（六）应当具有相对稳定的工作经费。

五、考核程序

（一）申请和初审

申请机构应向市农产品质量安全检测中心提出书面申请，并提交以下材料：

1.《上海市农产品质量安全检测机构考核申请书》；

2. 机构法人资格证书或者其授权的证明文件（复印件）；

3. 上级或者有关部门批准机构设置的证明文件（复印件）；

4. 质量体系文件，包括质量手册、程序文件与管理制度、作业指导书目录；

5.《计量认证证书》及《计量认证证书》附表（复印件）；

6. 近两年内的典型性检验报告（2份）；

7. 技术人员资格证明材料，包括学历证书、农业部或市农委考核证明、中级以上技术职称证书（复印件）；

8. 技术负责人和质量负责人技术职称证书（复印件）。

市农产品质量安全检测中心自收到申请材料之日起5个工作日内完成初审，对初审合格的，通知申请机构拟安排现场评审的时间；对初审不合格的，出具初审不合格通知书。

（二）现场评审

1. 组成评审组

市农委农产品质量安全监管处负责组建农产品质量安全检测机构考核评审员专家库。评审员应当具有高级以上技术职称、从事农产品质量安全检测或相关工作5年以上，并获得农业部颁发的《农产品质量安全检测机构考核评审员证书》。每次现场评审应从评审员专家库中选取3～5名评审员组成评审组，并推选组长1名。

2. 现场评审的实施

评审组应按照《农产品质量安全检测机构考核评审细则》进行现场评审，主要包括质量体系运行情况、检测仪器设备和设施条件以及检测能力。评审组应在3个工作日内完成评审工作，并编写现场评审报告，作出"通过"、"基本通过"和"不通过"的现场评审结论，经评审组长签字确认后报送市农产品质量安全检测中心。

现场评审结论为"基本通过"的申请机构，应根据评审组提出的整改意见和规定的时间要求（一般不超过1个半月），逐条进行整改，编写整改报告，经评审组长签字确认后报送市农产品质量安全检测中心。

（三）考核决定的作出

市农产品质量安全检测中心应在收到现场评审报告和整改报告之日起10个工作日内，组织相关技术专家召开会议，根据现场评审意见和技术专家的建议，作出申请机构是否通过考核的决定并报市农委农产品质量安全监管处。

技术专家应当具有高级以上技术职称，熟悉相关类别农产品质量安全检测机构的总体情况，并掌握相关产业的发展状况。

（四）考核决定的告知

市农委农产品质量安全监管处收到市农产品质量安全检测中心报送的考核决定，报分管领导批准后，5个工作日内向通过考核的申请机构颁发《上海市农产品质量安全检测机构考核合格证书》（以下简称《考核合格证书》），在颁证之日起 15 个工作日内向农业部备案并予以公告。

未通过考核的，书面通知申请机构并说明理由。未通过考核的申请机构，当年不再受理其考核申请。

（五）《考核合格证书》的管理

《考核合格证书》有效期为三年，应与《资质认定计量认证证书》配套使用，即《考核合格证书》只有在《资质认定计量认证证书》的有效期内方为有效。

在证书有效期内，检测机构法定代表人、名称或者地址变更的，应当及时申请办理变更手续。

在证书有效期内，检测机构分设或合并、仪器设备和设施条件发生重大变化、检测项目增加的，应当重新申请考核。

证书期满继续从事农产品质量安全检测工作的，应当在有效期满前六个月内申请重新办理《考核合格证书》。

六、考核的监督管理

市农委负责对申请考核的农产品质量安全检测机构和从事考核工作的人员进行监督管理。发现农产品质量安全检测机构隐瞒有关情况、弄虚作假或者采取贿赂等不正当手段的，依法予以警告，情节严重的，取消考核资格，一年内不再受理其考核申请。发现从事考核工作的人员不履行职责或者滥用职权的，依法给予处分。

对于农产品质量安全检测机构考核工作中的违法行为，任何单位和个人均可以向市农委农产品质量安全监管处或监察室举报。

附件：上海市农产品质量安全检测机构考核申请书（略）

市农委关于印发上海市主要农产品价格信息
采集与监测实施办法（试行）的通知

（沪农委〔2014〕44号）

各区、县农委、各有关单位：

现将《上海市主要农产品价格信息采集与监测实施办法（试行）》印发给你们，请遵照执行。

上海市农业委员会

2014年2月17日

上海市主要农产品价格信息采集与监测实施办法（试行）

第一章　总　则

第一条　根据国务院办公厅《关于加强鲜活农产品流通体系建设的意见》、《农业部主要农产品及农用生产资料价格监测调查工作规范》、市政府办公厅《关于加强本市鲜活农产品流通体系建设实施意见》等有关规定，制定本办法。

第二条　本办法所称的主要农产品包括蔬菜、水果、畜禽产品、水产品等。主要农产品价格信息采集与监测（以下简称"价格监测"），是指市、区县农委对本辖区内主要农产品价格的变动情况进行跟踪、采集、分析、公布的行为。

第三条　全市农产品价格监测工作由市农委主管，市农委市场与经济信息处牵头组织实施，具体负责价格监测的实施指导、制度制定、考核管理、体系建设（包括人员队伍建设和网络体系建设）及其他相关工作。市农委信息中心作为业务支持责任部门，负责价格信息数据审核汇总、统计报送、网络系统维护、数据库建设、信息员管理及其他价格监测相关工作。

第四条　各区县农委负责组织本辖区各级农业部门开展价格监测工作，区县农委职能部门具体负责价格监测工作指导督查、数据审核、汇总计算、分析报告和体系建设等工作。

第五条　农业部定点市场价格监测工作，按《农业部定点批发市场信息工作规程》执行。

第二章　采集内容及方法

第六条　基点县调查内容包括原粮、成品粮、经济作物、畜水产品、农用生产资料等项目。农贸市场价格采集包括蔬菜、畜禽产品、水产品、粮油等品种。批发市场价格采集包括蔬菜、畜禽产品、水产品、粮油、水果等品种。蔬菜、畜禽及水产生产者价格采集包括蔬菜、畜禽产品与水产品等品种。

第七条　农产品市场价格信息以抽样调查为主，辅之其他调查方法。

第八条　为保证数据来源客观、真实，农产品市场价格信息工作采取由信息员入市到点（即深入农贸市场、批发市场、合作社等场所采价）调查为主，电话或邮件等方式调查为辅。

第三章　数据采集、审核及上报

第九条　各有关单位及农产品市场价格信息采集人员要严格按照上海农产品价格监测系统的要求，及时、准确采集数据。

第十条　数据采集应遵循"定点、定时、定品种"的原则。"定点"，即每个品种固定经销户或农民进行采价；"定时"，是指每次调查时间要相对固定，调查当天集中交易时间段的价格数据；"定品种"，是指每类商品中不同品牌间价差大，应固定其中某品牌进行采价。

第十一条　各农产品价格信息采集点应建立健全价格信息审核制度，认真核准后上报。重点审核数据的完整性、时效性、规范性和合理性。

（一）完整性。审核报表指标及分析说明等是否齐全。

（二）时效性。审核价格信息是否按规定时间报出等。

（三）规范性。审核调查品种规格、等级是否符合规定，计量单位是否准确。

（四）合理性。价格波动与该品种当前价格走势是否一致。涨跌幅较大的品种应重点审核，并文字说明。

第十二条　数据审核程序为：基点县采集点负责审核基点市场数据，各市场、合作社等价格信息采集点负责审核本点数据。

第十三条　各价格信息采集点对本级调查数据的准确性、及时性负责。市农委信息中心可要求价格信息采集点对调查数据进行复查、复核，必要时可赴实地复查。

第十四条　价格信息采集点上报时间按照上海农产品价格监测系统规定执行。数据汇总后，各价格信息采集点不得修改原始数据。

第十五条　对于因产销失衡、自然灾害等突发事件所引起的脱销断档、滞销卖难等市场异动，价格信息采集点要及时通过电话、邮件、传真等方式上报信息，以便于上级部门及时了解情况。

第四章　数据管理及使用

第十六条　建立严格的价格信息数据管理制度。加快完善数据库和价格报送网络建设。价格信息资料尤其是年度数据的保管、移交，应遵守国家有关管理规定。

第十七条　各价格信息采集点及价格信息员，应执行国家有关保密规定。不得擅自向社会公布或做其它非法用途。

第十八条　价格信息调查数据主要作为农业及相关部门管理决策的参考依据，同时面向社会开展信息服务。全市数据的发布与服务，参照《中华人民共和国价格法》等有关规定执行。

第十九条　完善农产品价格短信服务平台，逐步拓展服务功能，扩大服务范围。市农委定期发布上海市农产品价格信息报告。

第五章　保障制度

第二十条　价格监测负责人及工作人员，在从事价格监测工作时应遵守本办法。价格信息采集点应保证价格监测材料的真实性、时效性；不得虚报、瞒报、拒报、迟报，不得伪造、篡改调查资料。

第二十一条　承担价格监测工作的调查人员，应符合以下要求：

（一）政治素质好，能积极贯彻落实、宣传党的方针政策；

（二）协调能力强，重视组织调动相关积极因素；

（三）个人素质好，有较强的责任心和工作热情；

（四）文字水平高，有较强的综合分析能力；

（五）业务能力强，有一定的专业知识，能开拓性地完成本职工作。

第二十二条　价格信息采集点应保持调查人员及岗位相对稳定，保持价格监测工作的连续性。

第二十三条 加强对价格监测人员的培训。采取多种培训方式，不断提高价格监测人员的素质和水平，特别要加强新入职人员价格监测的业务培训。

第二十四条 建立健全工作考核机制。对工作中依法履行职责，并作出突出成绩的单位和个人给予表彰；对违反规定或工作不力的，视情况清除出价格监测队伍。

第六章　附　则

第二十五条 本办法由上海市农业委员会负责解释。

第二十六条 本办法自发布之日起施行。

上海市农委关于做好本市畜禽屠宰行业管理工作的通知

（沪农委〔2014〕384号）

各区、县农委：

为贯彻落实《国务院机构改革和职能转变方案》和《国务院办公厅关于加强农产品质量安全监管工作的通知》（国办发〔2013〕16号）的精神，根据市政府专题会议和全市畜禽屠宰行业管理工作会议要求，扎实推进屠宰监管职责调整，加强畜禽屠宰行业管理，保障畜禽产品质量安全，现就做好本市畜禽屠宰行业管理工作有关事项通知如下。

一、尽快做好职能交接，明确监管责任主体

根据市政府会议要求，从9月20日起，本市畜禽屠宰管理职能从商务部门划归农业部门，屠宰场（厂）的食品安全监管职能由食品药品监管部门转交给农业部门。此外，生猪定点屠宰监管也将扩展为畜禽屠宰监管。屠宰行业监管、质量安全监管以及屠宰检疫监管将全部由农业部门负责，责任重大，任务艰巨，时间紧迫。此次职能调整后，农业主管部门承担屠宰行业行政管理工作，动物卫生监督机构承担畜禽屠宰监督执法工作。因此，各区县要在当地政府统一领导下，加快推进畜禽屠宰监管职责移交，尽快明确监管主体。各区县农业主管部门要积极协调相关部门，在人员编制、经费保障、设施设备和执法条件等方面给予保障。对在协调过程中，遇到的困难和问题要及时向区县政府汇报，在职能划转过程中，确保人、财、物等同步到位，确保畜牧兽医部门既能承接职能，也能履行好职能。

二、认真做好调查摸底，夯实安全监管基础

畜禽屠宰行业监管涉及畜禽养殖、调运、屠宰、流通等环节，监管环节多，难度大。各区县农业部门要及时研究和掌握辖区内屠宰企业现状，要继续巩固生猪定点屠宰资格审核清理成果，对申请延期整改的屠宰厂（场）要严格按规定开展复核审查，仍不达标的要依法取消定点资格，坚决关停不合格企业。要及时将审核合格的生猪屠宰企业基础信息纳入现有动物卫生监督平台电子化管理，推进生猪定点屠宰企业数据库建设，逐步实现屠宰企业风险分级、分类指导和动态监管。要重点根据自营、代宰、混合经营等不同模式对生猪屠宰业实施分类管理，确定生猪屠宰质量安全风险，明确监管重点和难点。同时，要全面掌握其他畜禽屠宰企业建设情况，严格行业准入标准。

三、严格做好监督执法，落实企业主体责任

屠宰企业承担质量安全主体责任。要督促屠宰企业严格执行进场查验登记、待宰静养、肉品品质检验、"瘦肉精"自检、无害化处理等制度，加强质量安全控制体系建设。要认真做好屠宰检疫工作，并积极探索以"企业专职兽医同步检验和驻场官方兽医负责监督"相结合的检疫监管新模式，确保屠宰检疫工作的顺利开展。要扎实开展畜禽屠宰专项整治行动，严厉打击私屠滥宰、添加"瘦肉精"、注水或注入其他物质等各类违法犯罪行为。要继续组织开展生猪定点屠宰"瘦肉精"监督抽检工作，强化监测数据分析和评估，科学、规范开展风险评估和预警，切实提高生猪定点屠宰质量安全监管有效性和针对性。

四、全面做好行业统计，加强屠宰信息管理

各区县要及时登录全国屠宰行业管理信息系统，补充、更新、完善经审核清理后的屠宰企业基础

信息和更新、确认换证状态，确保系统内企业与已报送审核状况一致。按照国家统计局新批准实施的《生猪等畜禽屠宰统计监测制度》，督促企业及时准确报送相关数据。要按照《屠宰环节病害猪无害化处理专项补贴资金管理暂行办法》（财建〔2007〕608号）和《财政部关于调整生猪屠宰环节病害猪无害化处理补贴标准的通知》（财建〔2011〕599号）的规定，及时做好生猪屠宰环节无害化处理数据的统计、汇总和报告工作。

五、切实加强组织领导，建立监管长效机制

各区县要按照地方政府负总责的要求，切实加强对畜禽屠宰质量安全监管工作的组织领导，加快推进畜禽屠宰监管职责调整，加强基层畜禽屠宰监管执法力量、条件保障和规范化建设，建立畜禽屠宰监督专业执法队伍，确保畜禽屠宰安全监管不留空档、有序衔接。各区县要加强组织协调，执法机构和检测机构要密切配合，引导企业加强自律，严格落实畜禽屠宰质量安全监管各项措施。要转变畜禽屠宰监管理念，创新监管方式，健全监管机制，加快建立畜禽屠宰质量安全监管"源头控制、过程管理、风险可控、处置高效"的长效机制。

各区县在扎实做好生猪定点屠宰质量安全监管工作的同时，要加强对其他畜禽屠宰企业的规范化管理，确保畜禽产品质量安全。工作中存在的有关问题及建议，请及时反馈市农委畜牧兽医办公室。

上海市农业委员会

2014年10月22日

上海市农业委员会对 2015 年有效期届满的规范性文件进行评估清理公告

（上海市农业委员会公告　第 3 号）

根据《上海市行政规范性文件制定和备案规定》（上海市人民政府令第 26 号）的要求，上海市农业委员会对 2015 年有效期届满的规范性文件进行了评估清理，经研究，下述 24 件规范性文件作废止处理，不再实施。

1. 关于认真执行《上海市农村仓库消防安全管理办法》的通知（沪农委〔1989〕71 号）；

2. 关于切实做好本市国内植物检疫收费管理工作的通知（沪农字〔1994〕025 号）；

3. 关于加强对制造、修理、安装渔业船舶管理的通知（沪水产办〔1995〕37 号）；

4. 关于加强市农林业行政执法监督工作的通知（沪农林〔1997〕105 号）；

5. 关于加强本市肉类检疫监督管理的通告（沪农委〔1998〕43 号）；

6. 上海市海洋渔业船舶职务船员考试发证办法（沪水产办（1998）28 号请示，渔港函（1998）21 号批复）；

7. 关于印发《上海农机行业实行职业资格持证上岗制度的意见》的通知（沪农委〔2001〕103 号）；

8. 关于实施《上海市动物免疫标识管理办法》的通知（沪农委〔2001〕126 号）；

9. 关于印发《上海市农作物种子生产经营许可证管理办法》的通知（沪农林〔2001〕112 号）；

10. 关于经营农作物种子核发《种子经营许可证》的通知（沪农林〔2001〕119 号）；

11. 关于印发《上海市主要农作物品种审定办法》、《上海市主要农作物品种区域试验和生产试验管理办法》的通知（沪农林〔2002〕111 号）；

12. 关于加强农业产业化专项资金使用管理的意见（沪农委〔2003〕57 号）；

13. 关于开展村级集体经济组织股份制试点的意见（沪农委〔2003〕59 号）；

14. 关于加快发展农民专业合作社的若干意见（沪农委〔2004〕116 号）；

15. 关于规范本市农村土地承包经营权流转合同行为的通知（沪农委〔2004〕213 号）；

16. 关于印发《上海市农业机械购置补贴实施细则》的通知（沪农委〔2005〕83 号）；

17. 上海市农业委员会、上海市财政局关于推进科技兴农项目的实施意见（沪农委〔2006〕164 号）；

18. 关于进一步完善本市农业保险补贴政策的通知（沪农委〔2007〕62 号）。

19. 关于实施本市能繁母猪保险补贴政策的通知（沪农委〔2007〕240 号）；

20. 关于推进本市区域特色农产品生产基地建设的扶持政策意见（沪农委〔2007〕296 号）；

21. 关于本市农村村庄改造实行"一事一议"财政奖补试点工作的意见（沪农委〔2008〕135 号）；

22. 关于印发《上海市科技兴农重大项目管理若干规定》的通知（沪农委〔2009〕407 号）；

23. 上海市农业委员会关于本市进一步加强农村集体资金、资产、资源管理工作的指导意见（沪农委〔2010〕17 号）

24. 上海市农业委员会关于进一步加强本市种子管理工作的意见（沪农委〔2010〕24 号）

特此公告。

上海市农业委员会

2015 年 5 月 4 日

上海市农业委员会对 2015 年有效期届满的规范性文件进行评估清理的公告

（上海市农业委员会公告 第 4 号）

根据《上海市行政规范性文件制定和备案规定》（上海市人民政府令第 26 号）的要求，上海市农业委员会对 2015 年有效期届满的规范性文件进行了评估清理，经研究，下述 22 件规范性文件问题作失效处理不再实施。

1. 关于印发《关于改革和发展上海农村教育的若干意见》的通知（沪农委〔1992〕219 号）；

2. 关于重申严格控制征用占用菜田和加强菜田建设费征收管理工作的意见（沪农委〔1992〕261 号）；

3. 关于实施《上海市基本农田保护的若干规定》有关事宜的通知（沪农委〔1997〕125 号）；

4. 关于印发上海市农村合作医疗引导资金核拨和管理办法的通知（沪农委〔1997〕144 号）；

5. 关于印发《上海郊区开展延长土地承包期工作稳定和完善土地承包经营制度的意见》的通知（沪农委〔1999〕78 号）；

6. 关于做好本市农业转基因生物标识管理工作的通知（沪农委〔2002〕63 号）；

7. 关于推进上海郊区农民现代远程教育的通知（沪农委〔2003〕83 号）；

8. 关于对郊区畜禽场实施综合治理的通知（沪农委〔2003〕96 号）；

9. 关于下发《上海市无公害农产品产地认证实施办法》和《上海市无公害农产品认证实施办法》的通知（沪农委〔2003〕111 号）；

10. 市农委关于加强农业专项资金管理的实施意见（沪农委〔2003〕144 号）；

11. 关于鼓励规划粮田向规模经营集中的政策意见（沪农委〔2005〕50 号）；

12. 关于推进本市涉农企业扩大农村劳动力非农就业的意见（沪农委〔2005〕190 号）；

13. 关于加强食用菌菌种管理工作的通知（沪农委〔2006〕150 号）；

14. 关于印发粮田基础设施建设项目管理规范的通知（沪农委〔2006〕165 号）；

15. 关于印发《关于加强本市植保工作的若干意见》的通知（沪农委〔2006〕202 号）；

16. 关于进一步推进农业标准化工作的若干意见（沪农委〔2006〕258 号）；

17. 关于申请发布青草沙水库及取输水泵闸工程范围渔业生产禁渔令请示的批复（沪水产办〔2008〕2 号）；

18. 上海市农业委员会关于发布《本市贯彻新修订的〈动物防疫法〉的实施意见》的通知（沪农委〔2008〕64 号）；

19. 关于印发《上海市非指定公路道口动物防疫监管工作目标管理考核办法》的通知（沪农委〔2009〕127 号）；

20. 关于本市扶持农药连锁经营的若干意见（沪农委〔2009〕199 号）；

21. 关于做好 2010 年蔬菜生产推广应用高效低毒低残留农药资金补贴工作的通知（沪农委〔2010〕107 号）；

22. 关于做好 2010 年市级财政扶持农民专业合作社项目申报工作的通知（沪农委〔2010〕124 号）。

特此公告。

上海市农业委员会

2015 年 5 月 4 日

关于启用上海市粮食流通监督检查信息系统的通知

（沪粮监〔2015〕95号）

各区县粮食局（署）：

为切实履行《中华人民共和国食品安全法》、《粮食流通管理条例》和《粮食流通监督检查暂行办法》等法律法规赋予的粮食流通监督检查职责，分步分类提升监管效能和信息化水平，实现监督检查日常工作的电子化和粮食经营者的分类监管，我局已会同有关单位开发了上海市粮食流通监督检查信息系统。

该系统将于2016年1月1日起正式开始运行。请各单位按照系统要求尽快完善"粮食监督检查人员信息"和"企业基本信息"，并按实际填报监督检查工作计划和检查日志等动态情况。

使用中发现问题或需改进之处，请及时与我局联系。

2015年12月22日

上海市食品药品监督管理局关于转发《食用农产品市场销售质量安全监督管理办法》和《食品药品投诉举报管理办法》的通知

(沪食药监协〔2016〕79号)

各市场监管局、市局机关各处室、市局执法总队：

　　《食用农产品市场销售质量安全监督管理办法》和《食品药品投诉举报管理办法》已经国家食品药品监督管理总局局务会议审议通过，将于2016年3月1日起施行，现将两个办法转发给你们，请认真组织学习并遵照执行。

上海市食品药品监督管理局

2016年2月5日

上海市食品药品监督管理局关于实施食用农产品产地准出和市场准入制度的意见

（沪食药监食流〔2017〕220号）

各区市场监督管理局、各区农委，各有关单位：

为加强本市食用农产品质量安全监管，维护公众健康，根据《中华人民共和国食品安全法》《中华人民共和国农产品质量安全法》《上海市食品安全条例》《农业部 食品药品监督管理总局关于加强食用农产品质量安全监督管理工作的意见》等法律法规和文件规定，制定本意见。

一、充分认识食用农产品产地准出和市场准入的重要性

实施食用农产品产地准出和市场准入制度，是提高食用农产品质量安全水平、确保食品消费安全的重要手段，对维护人民群众身体健康、促进农业产业发展、农民增收和社会和谐稳定具有十分重要的意义。各有关部门要充分认识做好这一工作的重要性，切实加强组织领导，完善管理体系，健全管理制度，认真做好食用农产品产地准出和市场准入工作，提升本市食用农产品市场竞争力，以适应社会发展和人民群众对食品安全的新要求。

二、实施范围

（一）产地准出实施范围

实施产地准出的范围重点是上海市辖区内农产品生产基地（园区）、农业龙头企业、家庭农场、农民专业合作社等新型经营主体及畜禽屠宰厂（场）生产的蔬菜、食用菌、果品、畜禽及畜禽产品、水产品等食用农产品。

（二）市场准入实施范围

实施市场准入的范围重点是全市食用农产品批发市场、大型商场、连锁超市及农贸市场，实施市场准入的品种为蔬菜、食用菌、果品、畜禽及畜禽产品、水产品等食用农产品。

三、产地准出和市场准入条件

（一）产地准出条件

1.实施产地准出的蔬菜、食用菌、果品、水产品等食用农产品，生产者在销售时应当向购买方出具符合下列要求之一的证明：

（1）无公害农产品、绿色食品、有机农产品以及农产品地理标志等食用农产品标示或标注的产地信息，可以作为产地证明；

（2）食用农产品生产企业、家庭农场或农民专业合作经济组织及其成员生产的食用农产品，由本单位出具的产地证明；其他食用农产品生产经营主体及其成员根据生产档案记录和自律性检测或委托检测出具的质量合格证明；

（3）有关部门、具备认证资质的农产品质量检测机构出具的检测报告、质量安全合格证明；

（4）在产品上加贴的二维码、条形码或附加的标签、标示带、说明书等可以作为产地证明。

产地证明、合格证明、二维码、条形码或附加的标签、标示带、说明书的内容，一般应包含食用农产品名称、种植者名称、地址、联系方式等内容。

2. 实施产地准出的畜禽及畜禽产品等食用农产品，生产者在销售时应当向购买方出具下列证明文件：

（1）生猪产品必须出具当批次动物及动物产品检疫合格证明和肉品品质检验合格证明，胴体上加盖动物卫生监督机构检疫验讫印章和屠宰企业肉品品质检验合格验讫印章；

（2）牛、羊、禽类等动物产品应出具动物检疫合格证明或检疫标志。分割、包装的畜产品加盖检疫标志；

（3）其他畜禽产品按照规定需要检疫、检验的，应当提供检疫合格证明、肉类检验合格证明等证明文件。

3. 经查验或质量安全检验后发现的不合格食用农产品，不得采收（或出栏）上市，任何组织和个人不得出具产地证明或合格证明。

（二）市场准入条件

实施市场准入的经营者购进食用农产品时，应当履行进货查验和记录义务，查验当批次产地证明、合格证明或者购货凭证。

1. 购进蔬菜、食用菌、果品、水产品时，应当查验以下证明文件：

（1）本文件第三条第一款第1项中规定的产地证明或者检测合格证明；

（2）供货者出具的销售凭证、自检合格证明，经营者与供货者签订的食用农产品采购协议；

（3）本市批发市场出具的购货凭证、外省批发市场出具的销售凭证、产地合格证明、产地证明。

2. 购进畜禽及畜禽产品时，应当查验本文件第三条第一款第2项中规定的证明文件；

3. 购进进口食用农产品，应当查验出入境检验检疫部门出具的入境货物检验检疫合格证明；

4. 具备包装条件的食用农产品，在包装、标识等方面必须符合国家或行业有关农产品质量标志管理规定。

食用农产品批发市场开办者、大型商场、连锁超市经营者，对不能提供相关证明的蔬菜、食用菌、果品、水产品，实行入市登记，并进行抽样检验或者快速检测，抽样检验或者快速检测合格的，方可进入市场销售。对不能提供生猪产品当批次动物及动物产品检疫合格证明和肉品品质检验合格证明的，牛、羊、禽类等动物产品动物检疫合格证明或检疫标志，分割、包装的畜产品没有加盖检疫标志的，禁止入市销售。

四、保障措施

（一）加强组织领导，加大经费投入。各有关部门要切实加强对辖区食用农产品产地准出和市场准入工作的领导，结合各自实际，制定具体实施方案，细化工作措施，建立健全政府主导、部门协同、上下联动的工作机制。要加强食用农产品质量安全监管、检验检测、执法检查和技术支撑体系，将食用农产品质量安全监管和检验检测经费纳入财政足额预算，切实保障食用农产品产地准出和市场准入工作的顺利实施。

（二）明确工作责任，建立协作机制。农业、林业等部门负责食用农产品产地准出的组织实施，食品药品监管部门负责食用农产品市场准入的组织实施。各有关部门要加强食用农产品产地准出和市场准入的有效衔接，加大对食品安全违法犯罪的联合惩戒力度，推进食用农产品质量安全追溯体系建设，不断提升追溯管理能力和监管水平。

（三）抓好基础建设，严把准出准入关。要按照食用农产品产地准出和市场准入的要求，指导和监督食用农产品生产、经营单位建立自律性检测机构，配备必要的检测设施和设备，开展农产品产地准出和市场准入检测，把好食用农产品质量检测关；制定和完善食用农产品产地准出和市场准入相关制度，指导和监督食用农产品生产者建立投入品安全使用、生产记录、产品检测、质量追溯等管理制度，指导和监督食用农产品销售市场、销售企业建立食用农产品入市登记、质量查验、购销台账、产品检测、信息公示、不合格食用农产品清退等制度，严把农产品产地准出和市场准入关。

（四）加强宣传引导，稳步推进实施。各有关部门要做好食用农产品产地准出和市场准入制度的宣传发动工作，组织开展农产品产地准出、市场准入的教育培训，进村入企做好动员、准备工作。从2017年12月1日起，在本市范围内全面推行食用农产品产地准出和市场准入制度。

上海市食品药品监督管理局

上海市农业委员会

2017年11月3日

上海市农业委员会关于建立本市农资和农产品生产经营主体信用档案管理制度的通知

（沪农委〔2017〕273号）

各区农委：

为贯彻落实《农业部办公厅关于建立农资和农产品生产经营主体信用档案的通知》（农办质〔2017〕30号）要求，建立健全本市农产品质量安全信用管理制度，进一步加快推进实施本市农资和农产品生产经营主体信用档案管理工作，全面提升农资和农产品生产经营主体诚信意识和信用水平，保障广大人民群众的身体健康和消费安全，现就有关事项通知如下：

一、充分认识建立信用档案的重要意义

近年来，在市委、市政府的坚强领导下，本市各级农业行政主管部门与有关单位密切配合，不断推动农资和食用农产品监管工作，农产品质量安全总体可控，趋势向好。但一些农业生产经营主体诚信意识仍然淡薄，制售假劣农资、违规使用农兽药、非法添加有毒有害物质等问题仍时有发生，影响了本市农业生产和农产品消费信心。这迫切需要加快推进本市农资和农产品质量安全信用体系建设，构建以信用为核心，事前信用承诺、事中信用监管、事后信用评价的新型监管机制。

建立健全农资和农产品生产经营主体信用档案，是农产品质量安全信用体系建设的首要基础，目的是要求生产经营主体公布其基本信息和质量安全相关信息，健全内部管控制度，公开质量安全承诺，全面落实主体责任，有效规避农产品质量安全信息不对称，促进农产品质量安全信息的公开化、透明化。通过建立生产经营主体信用档案和评价机制，实施分级分类管理，进而提高农产品质量安全监管效能。各区要充分认识建立农资和农产品生产经营主体信用档案的重要性，增强使命感和责任感，将其作为推动农产品质量安全信用体系建设的一项重要措施，全面落实，扎实推进。

二、工作目标和主要任务

要求用2年左右时间，实现本市农资和农产品生产经营主体信用档案全覆盖，使信用档案成为政府监管、市场评价、消费选择的重要依据。到2017年底，作为首批国家农产品质量安全县的浦东新区、金山区应率先建立本行政区域内农资和农产品生产经营主体信用档案，到2018年底，基本实现农资和农产品生产经营主体信用档案管理全覆盖。

（一）规范信用档案内容

建立信用档案的对象为农资生产经营企业、农资社会化服务组织、农产品生产经营企业、农民专业合作社、家庭农场、种养殖大户。鼓励有条件的区逐步将散户纳入信用档案建设范围。

信用档案信息主要包括农资和农产品生产经营主体名称和社会信用代码等基础信息，行政许可与行政处罚信息，认证或登记信息，监督检查信息和奖励信息（详见附件）。

（二）采集信用档案信息

各区要制定细化工作方案，组织开展宣贯培训，指导信息填报、归集、核实、整理等工作，建立完整的主体信用档案，及时更新相关信息，实现信用档案的动态管理。农资和农产品生产经营主体应如实详细填写各项信用信息，对所填报信息的真实性和合法性负责。

（三）加强信用档案应用

各区要依法加强信用信息的归集、公示和共享。强化信用档案应用，将查阅信用档案作为审查主体资格、审批行政许可事项、下达财政支持项目、制定分类监管措施等的必要条件。加强信用档案管理应用，认真落实守信联合激励和失信联合惩戒机制，从行政许可、从业资格、重点监管、财政支持等多个方面对农资和农产品生产经营主体采取联合奖惩措施。

三、工作要求

（一）强化组织领导

各区要明确农资和农产品质量安全信用体系工作机构，安排专人负责信用档案信息归集、录入和整理等管理工作，充分发挥乡镇农产品质量安全监管站在信用信息采集、核实、跟踪等方面的作用。把建立农资和农产品生产经营主体信用档案作为农产品质量安全信用体系建设的基础性工作，制定具体实施方案，明确进度安排，稳步推进工作落实。

（二）加强工作推进与考核

各区要将信用档案建设工作纳入农产品质量安全绩效考核范围，调动有关人员工作积极性。市农委将定期开展督导检查，并将其纳入国家农产品质量安全县和农产品质量安全延伸绩效考核指标。

上海市农业委员会

2017 年 10 月 26 日

上海市粮食局"马上办、网上办、就近办、一次办"审批服务事项目录公告

（2018 年第 1 号）

根据《上海市深入推进审批服务便民化工作方案》（沪委办〔2018〕37 号）的规定，现将上海市粮食局"马上办、网上办、就近办、一次办"审批服务事项目录予以公布。

上海市粮食局将按公告要求实施马上办、网上办、就近办、一次办，让群众和企业办事切实感受到便利。未按公告要求实施马上办、网上办、就近办、一次办的，群众和企业有权投诉，上海市粮食局将按有关规定及时调查处理。

特此公告。

上海市粮食局

2018 年 10 月 31 日

一、"马上办"审批服务事项目录

注：法律法规如有变动，以法律法规为准

序号	事项名称	办理机构
1	无	

二、"网上办"审批服务事项目录

注：法律法规如有变动，以法律法规为准

序号	事项名称	办理机构
1	粮食收购资格	市粮食局

三、"就近办"审批服务事项目录

注：法律法规如有变动，以法律法规为准

序号	事项名称	办理机构
1	无	市粮食局

四、"一次办"审批服务事项目录

注：法律法规如有变动，以法律法规为准

序号	事项名称	办理机构
1	粮食收购资格	市粮食局

上海市农业农村委员会关于进一步做好我市农产品加工场所疫情防控工作的通知

（沪农委〔2020〕242号）

各区农业农村委员会：

日前，大连某海产品加工企业员工新冠病毒核酸检测呈阳性，引起社会各方面的高度关注。为进一步落实市委市政府新冠疫情防控要求，保障人民群众身体健康，现就加强我市农产品加工场所疫情防控工作通知如下：

一、切实提高防范意识。当前，新冠疫情总体得到有效控制，但在部分重点领域，新冠疫情防控工作形势依然严峻复杂。各区农业农村部门及相关涉农企业务必要时刻绷紧疫情防控这根弦，坚决克服麻痹思想和松懈心理，进一步严格落实"外防输入、内防反弹"要求，确保进口冷链农产品安全。

二、严格冷链农产品入库管理。冷冻库经营企业在冷藏（冻）农产品入库前须再次对外包装实施消杀处理。冷冻库经营企业须定期进行安全检查，建立进口农产品进出明细台账，定期检查农产品及原料数量，并定期对冷冻库进行清理和消毒。

三、强化进口冷链农产品加工管理。各区农业农村部门要督促各加工企业在原料采购、屠宰分割、储藏运输等实物交接过程和人员来往过程中严格执行相关卫生规范，定期定时对加工场所开展消杀，落实进口冷链农产品加工台账制度。

四、分类分级实施个人防护。各环节工作人员应当遵照新冠肺炎防控及消毒操作规程，分类分级采取具有针对性的个人防护措施，确保新冠病毒零感染。

五、压实疫情防控工作责任。各区要落实属地责任，做好辖区重点农产品、重点场所、重点环节的疫情防控监管，加强相关风险排查，按照《食品全流程相关行业消毒和防护指南》等技术要求，严格规范和落实清洁消毒等常态化防控措施。对违反工作制度、操作规程造成严重后果的，要严肃追究责任。

特此通知。

上海市农业农村委员会

2020年7月23日

上海市农业农村委员会关于印发《上海市试行食用农产品合格证制度实施方案》的通知

各区农业农村委，各有关单位：

为深入贯彻落实《中共中央国务院关于深化改革加强食品安全工作的意见》精神和《农业农村部关于印发〈全国试行食用农产品合格证制度实施方案〉的通知》（农质发〔2019〕6号）部署要求，推进生产者落实农产品质量安全主体责任，切实开展好食用农产品合格证制度实施工作，加强地产食用农产品产地准出管理与市场准入有效衔接，现制定了《上海市试行食用农产品合格证制度实施方案》印发给你们。请结合各区实际情况，认真组织实施。

上海市农业农村委员会

2020年6月1日

上海市试行食用农产品合格证制度实施方案

农产品质量安全是农业高质量发展的基础，农产品种植养殖生产者是农产品质量安全的第一责任人。为推动种养殖生产者落实质量安全主体责任，牢固树立农产品质量安全意识，依照《全国试行食用农产品合格证制度实施方案》和《食用农产品市场销售质量安全监督管理办法》规定，结合上海实际试行食用农产品合格证（以下简称"合格证"）制度，特制定如下实施方案。

一、总体思路

深入贯彻落实习近平总书记关于农产品质量和食品安全"四个最严"指示精神，按照《中共中央国务院关于深化改革加强食品安全工作的意见》《关于创新体制机制推进农业绿色发展的意见》有关要求，进一步提高站位，创新完善农产品质量安全制度体系，通过试行合格证制度，守牢农产品质量安全底线，督促种植养殖生产者落实主体责任，提高农产品质量安全意识，进一步完善产地准出的制度化、标准化，推进食用农产品质量安全追溯管理，扩大地产绿色优质农产品品牌影响力，全面提升农产品质量安全治理能力和水平，为推动农业高质量发展、促进乡村振兴提供有力支撑。

二、基本原则

（一）坚持整体推进、分步实施。按照全国"一盘棋"要求，在全市范围内统一试行，统一合格证基本样式，统一试行品类，统一监督管理，分步推进种植养殖生产者开具合格证，实现通查通识。

（二）坚持突出重点、逐步完善。在试行主体上，选择农产品市场供给率高、商品化程度高的种植养殖生产者，在试行品类上，选择消费量大、风险隐患高的主要农产品先行开展。探索合格证与现有的追溯管理系统的衔接，进一步促进地产农产品全程可追溯。

（三）坚持部门协作、形成合力。农业农村部门与市场监管部门协调配合，探索推进以合格证制度为主的产地准出与市场准入有效衔接。区、镇农业农村部门应加强合格证制度的宣传培训，指导生产主体按要求出具合格证。

三、试行合格证制度主要内容

（一）试行区域：全市9个涉农区（包括光明食品集团有限公司、上实现代农业开发有限公司、上海地产集团有限公司）。

（二）试行主体：食用农产品生产企业、农民专业合作社、家庭农场列入第一阶段试行范围，其农产品上市时要出具合格证。种植养殖大户、小农户等主体列入第二阶段试行范围。

（三）试行品类：蔬菜、食用菌、瓜果、畜禽、禽蛋及养殖水产品，不包括生猪定点屠宰场上市销售的生猪产品。

（四）工作目标：分三年完成，2020年年底，区级以上龙头企业、农民专业合作社示范社、绿色食品和有机农产品的生产主体全面试行。2021年年底，食用农产品生产企业、农民专业合作社、家庭农场开具合格证实现全覆盖。2022年，推进种植养殖大户、小农户等主体开具合格证。

（五）开证要求：食用农产品合格证是指食用农产品生产者根据国家法律法规、农产品质量安全国家强制性标准，在严格执行现有的农产品质量安全控制要求的基础上，对所销售的食用农产品自行开具并出具的质量安全合格承诺证。按照《农业农村部关于印发〈全国试行食用农产品合格证制度实施方案〉的通知》（农质发〔2019〕6号）文件要求执行。

四、实施步骤

（一）开展宣传培训。2020年3月—12月，各区组织农产品质量安全监管员、协管员和种植养殖生产者参加"农安公益实训讲堂"关于食用农产品合格证系列线上培训，发放合格证制度告知书、明白纸，做到乡镇农产品质量安全监管站全覆盖、规模化生产经营主体全覆盖。在生产基地、农村主要路口等显著位置摆放宣传展板、张贴相关宣传彩图，做到醒目易懂，并利用微信公众号、相关媒体进行合格证宣传，实时报道工作进展情况，扩大消费者知晓度。2021年1月—12月，加强规模化生产主体培训指导，对食用农产品生产企业、农民专业合作社、家庭农场全面培训指导，持续开展宣传报道，增强合格证制度的认同感。2022年1月—12月，加强种植养殖大户、小农户等主体培训，营造社会共同落实合格证制度的共治氛围。

（二）推进制度实施。进一步健全上海市农产品质量安全网格化监管生产主体数据库，完善生产主体信用档案，实施开证制度。2020年5月—12月，各区启动试行合格证制度，重点指导"国家农产品质量安全县"的食用农产品生产企业、农民专业合作社、家庭农场、区级以上龙头企业、农民专业合作社示范社、绿色食品和有机农产品生产主体，推进规模化主体按要求开具合格证。2021年1月—12月，推进规模化生产主体全面实施合格证制度，全面覆盖食用农产品生产企业、农民专业合作社、家庭农场，依托合格证制度提升农产品质量安全监管工作水平。2022年1月—12月，巩固规模化生产主体合格证制度实施效果，重点推进种植养殖大户、小农户等主体开具合格证。

（三）强化日常检查。各区农业农村部门要将核查合格证纳入日常巡查检查内容，既要检查种植养殖生产者是否按要求开具并出具合格证，也要核查合格证的真实性，严防虚假开具合格证、承诺与抽检结果不符等行为。对虚假开具合格证的、承诺与抽检结果不符的生产主体，要纳入重点监管对象，加大抽检频次，依法查处，特别是对冒用他人名义、虚假开具合格证的，纳入信用管理，实施联合惩戒。

五、推进工作保障措施

（一）加强组织领导。合格证制度是农产品质量安全管理的一项重大制度创新，也是"不忘初心、牢记使命"主题教育中整治漠视侵害群众利益问题农产品质量安全专项整治的重要举措，市农业农村委成立食用农产品合格证制度试行工作领导小组（附件1），强化统筹协调。各区要高度重视试行工作，成立合格证制度试行推进工作领导小组，结合各自实际，制定工作实施方案，明确具体工作措施，细化任务分工，建立试行工作责任制，保障工作抓紧落实。

（二）加强保障支持。各区农业农村部门要将合格证制度试行纳入年度重点工作，将必需的设施设备支持纳入农产品质量安全工作财政预算，加强工作力量，强化人员保障；要进一步提升农产品质量安全监督执法、技术服务、农产品认证等相关人员的业务能力水平，定期组织开展合格证制度宣讲和业务培训，逐步构建职业化检查员队伍，确保合格证真实开具、有效使用。探索建立合格证制度与农业项目补贴、示范创建等挂钩机制，对率先试行合格证的种植养殖生产者提供政策倾斜和项目支持，2021 年起，将实施合格证制度作为经营主体申报各类项目、资金的必备条件。

（三）加强绩效考核。农业农村部已将合格证制度试行工作纳入食品安全考核评议、质量工作考核、部延伸绩效考核。同时，此项工作已列入本市 2020 年乡村振兴重点任务开展考核，各区要落实属地管理责任，确保试行措施落实到位，责任落实到人。

（四）加强总结提升。各区在试行过程中，要及时报送联系方式和月进度统计表（附件 2、附件 3），分析总结经验成效、存在的问题和对策建议，分别于 8 月 5 日、12 月 5 日前将试行情况报送农产品质量安全监督管理处。

附件：

1. 市农业农村委食用农产品合格证制度试行工作领导小组（略）

2. ____区试行合格证制度工作联系方式（略）

3. ____区试行合格证制度____月进度统计表（略）

三

生产篇

卫生部办公厅关于上海梨膏糖食品厂梨膏糖
生产经营有关问题的复函

（卫办监督函〔2011〕236号）

上海市食品安全联席会议办公室：

你办《关于明确上海梨膏糖食品厂梨膏糖（药梨膏）生产和销售有关事宜的请示》（沪食安联办〔2011〕008号）收悉。经商有关部门，现函复如下：

上海梨膏糖食品厂生产经营的梨膏糖属于已有连续多年生产历史的传统食品，在《食品安全法》实施前经上海市食品药品监督管理局批准并报我部备案。根据《食品安全法》和我部发布的《禁止食品加药卫生管理办法》的有关规定，应当允许其继续生产经营。

专此函复。

二〇一一年三月二十二日

关于贯彻落实《上海市商品包装物减量若干规定》的通知

（沪食药监食安〔2013〕36号）

各分局、市食品药品监督所、上海保健品行业协会、上海日用化学品行业协会、上海市餐饮烹饪行业协会：

《上海市商品包装物减量若干规定》（以下称《规定》）已由市人大常委会公告发布，将于2013年2月1日起实施。为贯彻落实《规定》要求，现就有关事项通知如下：

一、各分局应认真组织监管人员学习《规定》和国家标准GB 23350—2009《限制商品过度包装要求　食品和化妆品》（以下称《国家标准》），树立依法履职的责任意识，提升监管能力。

二、各分局应将产品包装情况纳入保健食品、化妆品生产经营单位和餐饮服务单位日常监督检查的内容，并定期将检查情况向市局报送（按附件3格式）。发现涉嫌过度包装的食品、化妆品，及时将相关产品信息告知同级质量技术监督部门（按附件4格式）。

三、各分局应向保健食品、化妆品生产经营单位和餐饮服务单位广泛宣传《规定》和《国家标准》，以告知书等形式企业在保障食品安全、卫生的条件下做好商品包装物减量工作，强化企业主体责任意识。

四、相关行业协会应向有关企业宣传和培训《规定》和《国家标准》要求，引导企业执行《规定》和《国家标准》，限制产品过度包装，减少包装废弃物产生。

特此通知

附件：1. 上海市商品包装物减量若干规定
　　　2. GB 23350—2009 限制商品过度包装要求（食品和化妆品）（略）
　　　3. 产品包装检查情况汇总表（略）
　　　4. 涉嫌过度包装产品清单（略）
　　　5. 告知书（略）

上海市食品药品监督管理局

2013年1月25日

附件1：

上海市商品包装物减量若干规定

（上海市人民代表大会常务委员会公告第56号）

（2012年11月21日上海市第十三届人民代表大会常务委员会第三十七次会议通过）

第一条　为限制商品过度包装，降低消费成本，减少包装废弃物产生，合理利用资源，保护环境，依据《中华人民共和国清洁生产促进法》、《中华人民共和国循环经济促进法》、《中华人民共和国标准化法》等法律法规，结合本市实际情况，制定本规定。

第二条 在本市行政区域内生产、销售的商品包装及其监督管理，适用本规定。

第三条 包装物减量坚持企业自我约束，政府管理引导，行业规范自律，社会共同监督的原则。

第四条 质量技术监督部门负责商品包装物减量的监督管理工作。

工商、食品药品监督等行政管理部门应当在开展有关商品质量监督检查时将商品包装情况纳入检查内容，并将检查情况告知同级质量技术监督部门。

发展改革行政管理部门应当会同相关部门按照本规定制定、完善促进商品包装物减量的政策措施。

经济信息化、环境保护等行政管理部门应当将商品包装情况纳入清洁生产审核内容，督促生产企业对产品进行合理包装。

商务行政管理部门应当督促商业企业按照本规定要求加强进货检查验收，并会同相关部门推进商品包装物的回收再利用工作。

绿化市容、物价等行政管理部门应当在各自职责围内协同做好商品包装物减量工作。

第五条 商品包装应当合理，在满足正常功能需求的前提下，其材质、结构、成本应当与内装商品的特性、规格和成本相适应，减少包装废弃物的产生。

对国家已经制定限制商品过度包装标准的商品，本市实施重点监管；对国家尚未制定限制商品过度包装标准的，市质量技术监督部门可以会同相关行政管理部门以及行业协会制定商品包装的指导性规范。

第六条 生产者和销售者对商品进行包装，不得违反国家限制商品过度包装标准中的强制性规定（以下简称强制性规定）。

销售者不得销售违反强制性规定的商品。销售者应当与商品供应方明确约定商品包装必须符合强制性规定，并在进货检查验收时对商品的包装情况进行核查，必要时可以要求商品供应方出具商品包装符合强制性规定的证明。商品包装违反强制性规定，或者商品供应方拒绝提供相关证明的，销售者可以按照合同约定拒绝进货。

第七条 本市鼓励企业在保障商品安全、卫生的条件下做好商品包装物减量工作，鼓励企业优先采用可循环、可再生、可回收利用或易于降解的包装材料。

本市倡导生产者、销售者在商品外包装上明示包装物回收利用及包装成本等信息，开展包装物的回收再利用。

销售者与商品供应方订立供销合同时，可以对商品包装物回收作出约定。对列入国家强制回收名录的商品包装物，生产者或者其委托回收的销售者应当进行回收。

使用财政性资金采购商品的，在同等条件下应当优先采购符合本市指导性规范的商品，不得采购违反强制性规定的商品。

第八条 行业协会应当加强行业自律，督促企业执行限制商品过度包装的法律法规、标准规范，引导企业就包装物减量等向社会公开作出承诺，推动开展包装物减量工作。

行业协会可以制定并组织实施严于国家强制性规定和本市指导性规范的行业自律规范；对国家和本市尚未制定限制商品过度包装标准或指导性规范的商品，可以制定相应的行业自律规范并组织实施。

行业协会在政府相关部门指导下，可以组织开展商品简易包装的认证。

第九条 质量技术监督部门对商品包装的监督检查实行监督抽查和专项检查相结合的方式，检测工作应当委托有资质的技术机构进行。监督检查经费由同级财政列支，不得向被抽查者收取。

市质量技术监督部门应当及时公开监督检查结果，对违法情节严重的生产者、销售者和涉及的商品通过媒体予以公布。

质量技术监督部门组织开展商品包装监督检查时，其他政府相关部门应当协同做好监督检查工作。

第十条 市质量技术监督部门应当在其政府网站上公布国家和本市制定的限制商品过度包装标准

和规范，方便公众查询。

公众发现商品包装违反强制性规定的，可以向质量技术监督部门举报，质量技术监督部门应当及时查处。

广播电台、电视台、报刊和互联网站等媒体应当对商品包装物减量开展社会监督和公益宣传，揭露和批评商品包装违法行为，引导消费者合理消费。不得为违反强制性规定的商品做宣传或者广告。

第十一条 生产者违反强制性规定进行商品包装的，质量技术监督部门应当责令停止违法行为，限期改正。

销售者销售违反强制性规定的商品的，质量技术监督部门应当责令停止销售，限期改正；拒不停止销售的，处二千元以上二万元以下罚款；情节严重的，处二万元以上五万元以下罚款。

第十二条 本规定自 2013 年 2 月 1 日起施行。

上海市食品药品监督管理局关于下放食品生产许可审批事项的公告

（2014 年第 4 号）

根据《中华人民共和国行政许可法》、《中华人民共和国食品安全法》等规定，按照上海市行政审批改革要求，上海市食品药品监管局下放部分食品生产许可审批至浦东新区市场监管局和区县食药监部门，现将相关事项公告如下：

一、下放事项

在浦东新区，除乳制品、保健食品和食品添加剂外，所有食品生产许可审批下放至浦东新区市场监管局负责。

在本市其他区县，除乳制品、保健食品和食品添加剂外，食品生产许可分两批次下放。第一批下放至区县食药监分局负责的食品生产许可产品如下：

粮食加工品、腌腊肉制品、饼干、罐头、速冻食品、茶叶及相关制品、蔬菜制品、水果制品、炒货食品及坚果制品、蛋制品、可可及焙烤咖啡产品、食糖、豆制品。

第二批下放事项将根据第一批下放的食品生产许可实施情况，于 2014 年下半年择时下放，并向社会公告。

二、下放时间

自 2014 年 7 月 1 日之日起，浦东新区市场监管局和各区县食药监分局在各自职责范围内按照相关法律、法规、规章的规定，开展以上食品生产许可审批工作（包括食品生产许可新证、变更、延续、注销、补正等审批工作）。

三、其他事项

由市食药监局或市质监局发放的原食品生产许可证需依法撤销、撤回和核准吊销的，由浦东新区市场监管局和各区县食药监分局办理前期手续后，报市食药监局审批决定。

特此公告。

上海市食品药品监督管理局

2014 年 5 月 29 日

上海市卫生和计划生育委员会关于食品安全标准和风险监测评估工作的通告

（沪卫计食品〔2014〕12 号）

自 2014 年 7 月 1 日起，由上海市卫生计生行政部门负责本市食品安全标准和风险监测评估工作。涉及上述工作事项，请与上海市卫生和计划生育委员会联系。

联系电话：23117893、23117894。

特此通告。

上海市卫生和计划生育委员会

2014 年 6 月 20 日

上海市食品药品监督管理局关于下放部分食品生产许可事项的通知

（沪食药监食生〔2014〕427号）

各分局、市局执法总队、市局认证审评中心、有关检验机构：

为贯彻落实市委、市政府"两高、两少、两尊重"和简政放权的行政审批改革要求，根据《上海市食品药品监管局2014年食品安全监管工作计划》，市局决定下放部分食品生产许可事项，对原由市局组织实施的28类食品生产许可，除高风险食品生产许可外，其余食品生产许可事项将逐步下放至各分局组织实施，食品添加剂和保健食品生产企业许可事项依法仍由市局组织实施。现就有关事项通知如下：

一、职责分工

市局负责高风险食品、食品添加剂和保健食品生产企业许可审批工作，高风险食品包括乳制品，特殊膳食食品，第28类其他食品，肉制品中的酱卤肉制品、熏烧烤肉制品、熏煮香肠火腿制品和发酵肉制品4个单元，酒类中的白酒单元，以及28类食品中的婴幼儿食品（执行婴幼儿产品相关标准的食品）。

市局食品生产监管处负责本市食品、食品添加剂和保健食品生产企业许可管理；制定食品生产企业许可规范；组织开展市局实施的生产企业许可工作；对本市新发食品生产企业许可证书赋号；组织食品生产许可督查；加强食品生产许可审查员管理，组织开展审查员培训、考核、注册等工作。

市局执法总队负责市局实施的本市自贸区外食品生产许可有关工作；市局认证审评中心负责自贸区内食品生产许可有关工作；市局执法总队和市局认证审评中心承担的许可工作包括受理、现场核查（含基本符合项整改情况的复核）、样品抽取、许可证书打印及送达、许可资料归档等。

各分局负责本辖区内除市局实施的食品生产许可事项外的食品生产许可工作。

下放后，原由市食药监局或市质监局审批发放的食品生产许可证需依法撤销、撤回和核准吊销的，在各分局办理前期手续后，由市局审批决定。

二、下放节点

食品生产许可分两批次下放。第一批下放的食品生产许可事项涉及13类（见附件1），2014年7月1日起由各分局实施审批工作；第二批下放的食品生产许可事项涉及12类（见附件2），根据第一批下放的食品生产许可实施情况，2014年下半年择时下放至各分局实施审批工作。

第一批下放的食品生产许可事项中，7月1日前各单位已受理、市局未作出行政许可决定的，市局继续按原许可程序开展审批工作，直至许可办结。

自下放之日起两个月为过渡期，市局将根据各分局申请，对食品生产许可现场核查等工作予以支持。

三、许可程序

各单位要严格按照本市食品生产许可流程实施，食品添加剂和保健食品生产许可流程暂按原要求实施，食品生产许可具体程序要求如下：

（一）受理

各分局应根据《中华人民共和国行政许可法》、《食品生产许可管理办法》、《食品生产加工企业治理安全监督管理实施细则（试行）》等规定及时受理食品生产许可申请，并在 5 日内作出是否受理的决定。

（二）现场核查

需要现场核查的，现场核查组应当自受理之日起 15 个工作日内完成现场核查。现场核查结论为基本符合需整改的，在申请人对基本符合项进行整改后应当对企业整改情况及时开展复核。发现申请材料需要改正的，应当督促申请人及时改正。

（三）材料报送

在完成现场核查后，现场核查组应当自受理之日起 30 个工作日内（含现场核查时间），向分局报送食品生产许可相关材料。

不需要现场核查的许可申请，各分局应当自受理之日起 5 个工作日内完成受理材料的审查。

（四）决定与证书送达

各分局各自受理申请之日起 50 个工作日内（含现场核查时间）作出行政许可决定。准予许可的，在作出决定 10 个工作日内向申请人颁发《食品生产许可证》（《食品生产许可证》需要赋号的，由市局食品生产监管处统一赋号）。

（五）样品抽取

拟设立的食品生产企业获得《食品生产许可证》并依法办理营业执照登记后，方可根据生产许可检验的需要组织试产食品，向各分局申请许可检验。

分局在收到申请后，应当自申请之日起 5 个工作日内按规定抽取和封存样品；对已设立的食品生产企业申请食品生产许可，现场核查结论为符合规定条件或基本符合需整改的，现场核查人员在现场核查时实施样品抽取。

（六）样品检验

实施食品生产许可检验的检验机构应当在保质期内按检验标准检验样品，并在 10 个工作日内完成检验。检验完成后，检验机构在 2 个工作日内向各分局及申请人递送检验报告（分局 2 份，申请人 1 份）。

（七）许可范围确定

检验或复检结论合格的，各分局根据检验报告和审查细则确定生产许可范围；检验结论不合格且未申请复检，以及检验和复检结论不合格的，不予确定该类食品的生产许可范围。

四、数据报送

各分局要指定人员，做好食品生产信息汇总，填写有关表格（表格以电子表格形式另发），以电子表格形式，于每月 5 日前将上月汇总的食品生产许可信息报市局食品生产监管处。

五、准备工作

各单位要认真做好食品生产许可各项下放的准备工作，保障食品生产许可的有序衔接及审查质量。

（一）审查员准备

食品生产许可现场核查由审查组负责开展，审查组由 2～4 名审查员组成，其中审查组长 1 名。审查员实行资质管理，申请人员应参加国家食药监总局组织的审查员考试，考试合格并经注册后方可从事注册范围内的食品生产许可的现场核查工作。各单位要根据辖区内现场核查工作需要，确定辖区内应当配备的食品生产许可审查员数量。

（二）工作条件准备

各单位要根据辖区内的食品生产许可数量，进一步完善食品生产许可人员、场所、设施设备等条件，保证食品生产许可工作有效开展。

（三）许可信息梳理

各单位要加强辖区内食品生产许可信息的梳理，对已失效的许可证要及时做好注销工作。

六、工作要求

各单位要加强食品、食品添加剂和保健企业生产企业许可工作管理，按照"最严的准入"要求开展本市食品生产许可工作，保障食品安全。食品生产许可下放后，市局将不定期开展食品生产许可工作指导和督查。

（一）公告许可事项

各分局要向社会公告承担的食品生产许可事项，以及办理机构、地址、办理时间、联系方式等。

（二）健全制度机制

建立健全食品生产许可运行机制和管理制度，规范食品生产许可流程，明确各环节许可职责和考核要求。

配备专业管理人员，制定食品生产许可工作人员管理、培训等制度。

（三）加强信息化应用

使用食品生产许可管理系统开展工作，严格按照系统要求完成食品生产许可事项。

（四）严格现场核查

加强对食品生产许可审查员管理。现场核查审查组成员应当由获得食品生产许可审查员资质的人员担任，现场核查时，审查员必须在其资质涵盖的审查范围内开展生产许可核查工作，并安排观察员参与现场核查工作。

（五）强化证书管理

食品生产许可证由国家食药监总局统一印制，各单位要建立严格的证书使用登记制度，由专人负责证书管理，做好相关记录。证书和副页按照规定统一加盖许可机关印章。

食品生产许可证编号规则不变，已注销的食品生产许可证号不再使用。为防止出现重号、错号现象，新办的食品生产许可证由市局统一赋号。

（六）加强档案管理

加强食品生产许可档案管理，制定食品许可档案管理制度，及时将食品生产许可相关资料归档。

（七）严格纪律约束

加强许可工作管理，对违反纪律要求的，要及时严肃处理。

（八）公布许可信息

按照政务信息公开有关要求，作出食品生产许可决定应及时向社会公布，便于公民、法人和其他社会组织查询。

加强食品生产许可证管理信息统计工作，自 2014 年 7 月起，每月 5 日前向市局食品生产监督处报送上月食品生产许可证管理信息（具体以电子表格形式下发）。

附件：1. 第一批下放的食品生产许可审批事项（略）

2. 第二批下放的食品生产许可审批事项（略）

上海市食品药品监督管理局

2014 年 6 月 11 日

上海市食品药品监督管理局关于"九朵玫瑰花汁饮品"是否违反《食品安全法》有关规定的复函

（沪食药监食流〔2014〕516 号）

上海市工商行政管理局黄浦分局：

你局《关于"九朵玫瑰花汁饮品"是否违反〈食品安全法〉有关规定的函》收悉，经研究，现答复如下：

根据国家卫生和计划生育委员会《关于批准 DHA 藻油、棉籽低聚糖等 7 种物品为新资源食品及其他相关规定的公告》（2010 年第 3 号）之规定，允许玫瑰花（重瓣红玫瑰 Rose rugosa cv. Plena）作为普通食品生产经营。

特此函复。

上海市食品药品监督管理局

2014 年 7 月 9 日

上海市食品药品监督管理局关于部分食品检验
不合格法律适用问题的批复

（沪食药监法〔2014〕519号）

浦东新区市场监督管理局：

你局《关于部分食品检验不合格法律适用问题的请示》已收悉，经研究，现批复如下：

一、根据《国务院食品安全办国家工商总局国家质检总局国家食品药品监督管理总局关于做好机构改革期间有关监管工作的通知》（食安办〔2013〕6号）的文件精神，在出台新的规章制度前，各监管部门原制定的各类食品药品监管制度继续执行。因此，建议你局在办理发生在不同食品环节的非致病性微生物指标超标的个案中，仍根据原各环节监管部门适用的法律依据进行查处。

二、对是否可以在各食品环节统一适用办法相关条款进行定性与查处，我局将报请有权解释部门进行解释，待批复后另行答复你局。

特此批复。

上海市食品药品监督管理局
2014年7月11日

上海市食品药品监督管理局关于进一步加强调味面制品等休闲食品监管工作的通知

（沪食药监食生〔2015〕407号）

各市场监管局、市食药监局执法总队：

根据国家食品药品监管总局《关于严格加强调味面制品等休闲食品监管工作的通知》（食药监食监一〔2015〕57号）要求，为进一步解决调味面制品（俗称"辣条"）等休闲食品存在的超范围、超限量使用食品添加剂及菌落总数超标等问题，本着从严监管、标本兼治的原则，督促食品生产经营企业切实履行食品质量安全主体责任，严厉打击违法违规行为，提高产品质量安全水平，市局决定在全市集中开展专项整治，加强调味面制品等休闲食品监管工作。现就有关事项通知如下：

一、全面开展清查摸底

调味面制品等休闲食品涉及食品生产许可种类多，各区县监管部门要全面开展清查摸底，掌握生产经营企业基本情况和存在的问题，对辖区内获证生产企业和经营单位进行普查登记，健全监管档案，摸清生产销售的集中区域。特别是要将城中村、城乡结合部等生产经营集中区域，以及学校周边商店、集贸市场、批发市场等销售集中场所作为清查摸底的重点，做到横向到边、纵向到底，不留死角、不留空白。

二、严格实施生产许可

根据调味面制品的产品特点和工艺要求，总局已决定将其纳入"方便食品"实施许可，作为单独单元，生产许可证内容为"方便食品（调味面制品）"。未按照调味面制品实施许可的企业，原则上给予1~2年过渡期，在许可期满后予以调整。对新申请许可的调味面制品生产企业，要严格按照相关法律、法规、标准规定和本通知要求实施许可；未取得生产许可的企业，不得生产加工调味面制品等休闲食品。各区县监管部门要研究严格调味面制品等休闲食品生产许可等方面的管理措施，强化全环节质量安全监管。

三、督促企业严把质量安全关

调味面制品等休闲食品生产企业是质量安全第一责任人，要督促企业依法组织生产，切实采取措施，严把质量安全控制关。要坚决做到"五个严格"：一是严格保证生产条件持续符合许可要求。没有国家标准、地方标准或行业标准的，要按照规定制定和实施企业标准。二是严格控制产品中的微生物污染。企业选址、原辅材料存放、设备清洗消毒、卫生条件、人员健康状况等，都要符合相关规定。三是严格使用食品添加剂。不得超范围、超限量使用食品添加剂，重点是"三剂"即防腐剂（脱氢乙酸等）、甜味剂（甜蜜素、安赛蜜、糖精钠等）、着色剂（胭脂红、日落黄等）。严禁使用富马酸二甲酯等非食用物质生产加工调味面制品等休闲食品。四是严格产品出厂检验。不具备自检能力的，要委托有资质的食品检验机构检验。发现不符合标准的，要立即查明原因、召回产品、切实整改，并向当地监管部门报告。五是严格规范产品标签标识。标签标识要反映产品真实属性，规范使用产品名称，符合《国家食品安全标准预包装食品标签通则》（GB 7718—2011）相关要求。严禁不标注、部分标注或虚假标注生产企业信息、生产许可证号、产品执行标准、成分或配料表等信息。

四、以生产经营集中区域为重点开展专项整治

要针对调味面制品等休闲食品区域问题，开展专项整治。加强对调味面制品等休闲食品生产经营企业集中区域特别是学校周边的监督检查，及时排除风险隐患，坚决查处生产经营不符合规定食品的违法行为。对生产企业，要重点检查是否严格按照相关法律、法规、标准等规定和本通知要求组织生产。发现违法违规行为，从严查处。对经营企业，要重点检查落实进货查验记录制度和索证索票情况，要求企业只能采购取得有效生产许可证企业生产的调味面制品等休闲食品，不得采购和销售无标识、标识不全或标识信息不真实的食品，及时停止销售、下架退市不符合食品安全标准、超过保质期、腐败变质等问题食品。发现未严格履行进货查验、记录等法定责任和义务，经营条件、环境不符合要求，或经营超过保质期的食品，要立即责令整改，整改不到位或拒不整改的，依法吊销食品流通许可证。对学校周边区域，要开展综合治理。积极主动会同当地教育等部门，开展食品安全进校园活动。采用喜闻乐见的形式，加强对青少年儿童特别是中小学生对调味面制品等休闲食品质量安全及营养健康的科学宣传，倡导健康饮食习惯，不食用或少食用不健康食品，拒绝购买无证无照生产经营的食品。

五、加大监督抽检力度

加大对调味面制品等休闲食品的抽检力度，做到生产企业全覆盖、校园周边全覆盖。根据清查摸底掌握的生产经营单位情况，统筹安排抽检监测计划。既要抽取本地生产的样品，也要抽取异地生产的样品；重点是检验食品添加剂、微生物等项目。抽检发现不合格的，要立即责令企业停止生产销售、召回产品、彻查原因、限期整改，并依法处置。

六、严厉打击违法违规行为

市食药监局执法总队和各区县市场监管局要加强对调味面制品等休闲食品生产经营企业的飞行检查，要严厉打击调味面制品等休闲食品违法违规行为，坚决做到"三严禁一取缔"：严禁无证生产加工调味面制品等休闲食品的违法违规行为，严禁超范围、超限量使用食品添加剂及使用非食用物质生产加工调味面制品等休闲食品，严禁经营单位销售没有取得生产许可证生产及无标识、标识不全或标识信息不真实、使用容易造成混淆或诱导性文字图片标注的调味面制品等休闲食品，坚决取缔无证无照生产经营假冒伪劣的黑作坊、黑窝点。发现违法违规行为，依法依规严肃查处；涉嫌犯罪的，及时移送公安机关追究刑事责任。

七、促进形成浓厚的社会监督氛围

支持各界参与调味面制品等休闲食品的社会监督，注重主动、科学与正确地引导舆论。加强监管执法信息公开工作，及时公布监督抽检、执法检查和案件查办等信息。及时发布消费提示和风险预警等食品安全信息，加强对食品质量安全知识的正面宣传，引导消费者科学消费。

八、引导行业诚信自律

鼓励行业协会制定行规行约、自律规范和职业道德准则，引导行业诚信自律，推动标准完善，促进依法依规生产经营。目前"辣条"普遍存在高盐、高油、高甜味剂的情况，要积极引导企业科研攻关，切实改善产品配方、提高标准、改进工艺、全面提升产品品质，向广大消费者提供安全、营养、健康的食品。

九、强化监管责任落实

要建立健全监管工作责任制和责任追究制，按照属地原则落实地方各级食品药品监管部门的责

任。对监管责任不落实等失职渎职的，要依法依纪严肃查处，防止有法不依、执法不严、违法不究等行为发生。积极主动协调卫生计生、公安等部门，及时研究解决调味面制品等休闲食品存在的问题，不断完善工作机制，齐心协力，严防区域性、系统性质量安全问题发生，确保调味面制品等休闲食品质量安全。

各单位要制定工作方案，落实各项工作要求，做好专项整治工作。请各区县市场监管局将调味面制品监管工作开展情况报告及调味面制品等休闲食品监管工作统计表（见附件）纸质及电子版，于10月15日前报市局。联系电话（传真）：021-63356302，电子邮箱：songqingxun@smda.gov.cn。

附件：调味面制品等休闲食品监管工作统计表（略）

上海市食品药品监督管理局

2015 年 6 月 25 日

上海市食品药品监督管理局关于黑芝麻核桃黑豆粉、核桃花生黑芝麻粉类产品生产许可归类问题的批复

（沪食药监食生〔2015〕666号）

奉贤区市场监督管理局：

你局《关于黑芝麻核桃黑豆粉、核桃花生黑芝麻粉 QS 归属的请示》已收悉。经研究，回复如下：

黑芝麻核桃黑豆粉、核桃花生黑芝麻粉生产工艺类产品符合固体饮料审查细则要求，且固体饮料为企业生产的主导产品，可归入固体饮料生产许可范围。

上海市食品药品监督管理局

2015 年 10 月 21 日

上海市食品药品监督管理局关于第三批下放 食品生产许可事项的通知

（沪食药监食生〔2015〕667号）

各市场监管局、市局执法总队、市认证审评中心、有关检验机构：

为贯彻落实新修订的《食品安全法》、《食品生产许可管理办法》，进一步简政放权、深化食品生产许可审批制度改革，根据《国家食品药品监管总局关于贯彻实施〈食品生产许可管理办法〉的通知》要求，市食药监局决定在2014年7月1日下放第一批、2015年3月1日下放第二批食品生产许可事项的基础上，再下放第三批食品生产许可审批事项，现将有关事项通知如下：

一、下放事项

1. 乳制品（除婴幼儿配方乳粉）；

2. 酒类中的白酒，肉制品中的酱卤肉制品、熏烧烤肉制品、熏煮香肠火腿制品、发酵肉制品，特殊膳食食品；

3. 其他食品中的婴幼儿食品（除婴幼儿配方食品）的食品生产许可。

二、实施节点

下放的食品生产许可，2015年10月1日起由各区县市场监管局正式实施。

涉及第三批下放的食品生产许可事项的许可申请，市食药监局已受理、尚未作出决定的，由市食药监局继续按相关许可程序开展许可工作，直至审批办结。

下放的食品生产许可事项中，原由市食药监局或市质监局审批发放的《食品生产许可证》，需变更、延续，由各区县市场监管局受理、审查、决定；需依法注销、补正、撤销、撤回和核准吊销的，由各区县市场监管局办理前期手续后，报市食药监局审批决定。

三、下放后职责分工

市食药监局承担保健食品、特殊医学用途配方食品和婴幼儿配方食品和食品添加剂生产许可工作（包括以上产品相关事项的备案）。

各区县市场监管局承担除市食药监局负责的食品生产许可事项外的食品生产许可工作。

四、工作要求

各单位要高度重视本次食品生产许可事项下放工作，切实做好下放的食品生产许可工作，保障食品生产许可的有序衔接及工作质量，市食药监局将不定期开展食品生产许可工作的指导和检查。

（一）公告许可事项

各单位要按照行政许可相关要求，向社会公告承担的食品生产许可事项，以及办理机构、地址、办理时间、联系方式等。完善业务手册和办事指南，做好对许可申请人的指导工作。

（二）从严实施许可

各单位要严格按照《食品安全法》、《食品生产许可管理办法》（国家食药监总局令第16号）等要求依法办理食品生产许可，保障落实《上海市食品药品监督管理局关于贯彻实施〈食品生产许可证管理办法〉和〈食品经营许可证管理办法〉有关要求的通知》的各项工作要求，严格许可审查（包括委托审查、联合审查等），加强事中、事后监管。

（三）规范信息公开

各单位要按照政务信息公开有关要求，对作出的食品生产许可决定应向社会公布，便于公民、法人和其它社会组织查询。

上海市食品药品监督管理局

2015 年 9 月 30 日

关于公布《上海市食品生产加工小作坊食品品种目录（2015 版）》的通告

（2016 年第 1 号）

根据《上海市实施〈中华人民共和国食品安全法〉办法》第二十七条规定，《上海市食品生产加工小作坊食品品种目录（2015 版）》经市食品安全委员会批准，自公布之日起实施。

上海市食品生产加工小作坊食品品种目录（2015 版）

序号	品种	定　义
01	地方传统特色豆干类	有 30 年以上历史，以传统方式生产的，以黄豆为主要原料，经清洗、浸泡、磨浆、煮浆、点卤、压制成型、烧煮、回锅或不回锅、冷却、包装制成的，富有韧性的非发酵性豆制品，包括马桥豆腐干、枫泾豆腐干、金泽豆腐干等
02	地方传统特色蒸糕或松糕类	有 30 年以上历史，以传统方式生产的，以粳米、糯米为主要原料，经配料、调粉、包馅或不包馅、成型、蒸煮或不蒸煮、烘烤或不烘烤、冷却、包装后制成的蒸煮类或烘烤类糕点，包括崇明糕、枫泾状元糕、金泽状元糕、叶榭软糕、高桥松饼、高桥松糕等
03	地方传统特色白切羊肉	有 30 年以上历史，以传统方式生产的，以羊的胴体、内脏、头、四肢下部（腕及关节以下）等为原料，适量添加酒、姜、盐等辅料，不添加酱油，经加水烧煮即成，当天食用的熟肉制品

上海市食品药品监督管理局

2016 年 1 月 29 日

上海市食品药品监督管理局关于预包装食品营养标签中能量计算请示的批复

（沪食药监食生〔2016〕334号）

闵行区市场监督管理局：

你局《关于预包装食品营养标签中能量计算的请示》已收悉，经研究，答复如下：

《食品安全国家标准　预包装食品营养标签通则》（GB 28050—2011）表2能量和营养成分含量的允许误差范围规定：能量值≤120%标示值。同时GB 28050—2011问答（修订版）第五十三条"关于标示数值的准确性"中明确：判定营养标签标示数值的准确性时，应以企业确定标签数值的方法作为依据。

根据GB 28050—2011及其问答，你局应当通过核查企业确定标签数值的方法是否合理，能量值是否符合允许的误差范围，来判定营养标签能量标示数值的准确性。

此复。

上海市食品药品监督管理局

2016年6月16日

上海市食品药品监督管理局关于加强食品生产日常监督检查工作指导的通知

（沪食药监食生〔2016〕381 号）

各区市场监督管理局：

为进一步强化对食品生产企业的日常监督检查工作，落实《食品生产经营日常监督检查管理办法》（食品药品监管总局令第 23 号，以下简称《办法》）、《食品药品监管总局关于印发食品生产经营日常监督检查有关表格的通知》（食药监食监一〔2016〕58 号）、《关于进一步加强食品生产日常监督检查工作指导的通知》（食药监食监一便函〔2016〕53 号）等总局有关规章和文件，市食品药品监管局根据本市有关监管要求进一步补充了《食品生产日常监督检查要点表》（以下简称《检查要点表》）和《食品生产日常监督检查操作手册》，与《食品生产经营日常监督检查结果记录表》（以下简称《结果记录表》）一并印发，并将有关事项通知如下：

一、关于检查要点表和结果记录表的适用范围

《检查要点表》和《结果记录表》作为《食品生产经营日常监督检查管理办法》的配套实施表格，适用于食品生产日常监督检查工作。《检查要点表》中表 1-1《食品生产日常监督检查要点表》适用于对食品（不含保健食品）、食品添加剂生产环节的监督检查，《保健食品生产日常监督检查要点表》适用于对保健食品生产环节的监督检查。《结果记录表》适用于对食品（含保健食品）、食品添加剂生产日常监督检查结果的记录、判定及公布。对既生产保健食品又生产其他食品的企业，根据检查的侧重点，选择表 1-1 或表 1-2 使用。

二、关于检查要点表的使用

日常监督检查时，应首先填写《检查要点表》中告知页的相关内容，记录告知、申请回避等情况，并由被检查单位、监督检查人员签字。

《检查要点表》具体细化了监督检查内容，设定了检查的重点项目和一般项目，并对每个检查项目结果设置评价项。每一个检查项目在对应的检查操作手册中作出了可操作性的描述。监督检查人员应当参考检查操作手册的有关内容，对检查内容逐项开展检查，并对每一项结果进行评价，必要的检查记录信息应在"备注"栏中填写。评价结果为"否"的，需要在"备注"栏注明原因；发现存在其他问题的，可以在检查要点表"其他需要记录的问题"一栏进行记录。检查的项目安排要符合《办法》的规定和《检查要点表》的说明。

三、关于结果记录表的使用和检查结果的判定

《结果记录表》包括被检查者的基本信息、检查内容、检查结果、被检查者意见等内容。监督检查人员应当如实记录日常监督检查情况，综合进行判定，确定检查结果。检查人员和被检查食品生产经营者应当在《结果记录表》上签字确认。

按照对检查要点表的检查情况，检查中未发现问题的，检查结果判定为符合；发现小于 8 项（含）一般项存在问题的，检查结果判定为基本符合；发现大于 8 项一般项或 1 项（含）以上重点项存在问题的，检查结果判定为不符合。检查中发现的问题及相应处置措施应当在说明项进行描述。

四、关于日常监督检查结果的处理

监督检查结果应当按照《办法》规定进行公示，《结果记录表》应当在食品生产企业公示板上张贴，同时张贴代表监督检查结果的"笑脸"、"平脸"和"哭脸"图形（"笑脸"、"平脸"和"哭脸"分别对应监督检查结果的"符合"、"基本符合"和"不符合"）。

对日常监督检查结果属于基本符合的食品生产企业，监管人员应当书面责令其就监督检查中发现的问题限期改正，提出整改要求。被检查单位应当按期进行整改，并将整改情况报告食品药品监督管理部门。监督检查人员可以跟踪整改情况，并记录整改结果。对日常监督检查结果为不符合、有发生食品安全事故潜在风险的，食品生产企业应当立即停止食品生产经营活动。对食品生产经营者应当立即停止食品生产经营活动而未执行的，由县级以上食品药品监督管理部门依照《中华人民共和国食品安全法》第一百二十六条第一款的规定进行处罚。

对食品生产企业的违法违规生产经营行为，区县市场监管局应当依照《中华人民共和国食品安全法》有关规定进行处罚。

五、关于操作手册的使用

《食品生产日常监督检查操作手册》就《食品生产日常监督检查要点表》中每一项检查内容的检查依据、检查方式、检查指南、常见问题等进行具体描述，供基层监管人员在开展食品生产日常监督检查工作中参考使用。

需要说明的是，《食品生产日常监督检查操作手册》中对检查方式、检查指南、常见问题的描述仅是对一般情况的描述，由于食品生产企业的具体情况不尽相同，难以完全涵盖日常监督检查中的所有情形，如"常见问题"中列出的问题仅是对该项易于出现的问题的描述，但该项可能也存在其他方面的问题。各区县局应当按照日常监督检查办法规定，根据监督检查的具体情况开展检查。

六、关于加强培训

各区县市场监管局要高度重视食品生产经营日常监督检查工作，要结合地方食品生产经营监督检查工作实际，按照检查要点表，培训、指导一线监督检查人员开展工作，提升监管人员监督检查水平。

根据实际检查需要，检查人员可以配备食品生产经营日常监督检查及现场取证需要的温度计、照相机、快速检测等检查工具、设备，推进食品生产经营日常监督检查各项工作的落实。

市食药监局将同步更新本市食品生产移动监管系统的检查要点表和检查记录表等相关内容，便于检查人员记录和输出检查情况和检查结果。

附件：1. 食品生产日常监督检查要点表（略）

2. 食品生产经营日常监督检查结果记录表（略）

3. 食品生产日常监督检查操作手册（略）

上海市食品药品监督管理局

2016 年 8 月 15 日

上海市食品药品监督管理局关于本市食品、药品、医疗器械、化妆品生产经营企业办理无违法违规记录信用证明有关事项的公告

（2017 年第 21 号）

为进一步打造透明政府，推进本市食品药品企业信用信息便民高效公开，根据《上海市行政处罚案件信息主动公开办法》《上海市公共信用信息归集和使用管理办法》等相关规定，上海市食品药品监督管理局已通过上海市公共信用信息服务平台，实现了本市食品、药品、医疗器械、化妆品企业信用信息的统一归集和交换共享。本市食品、药品、医疗器械、化妆品生产经营企业可通过市信用平台查询本单位 2014 年 1 月 1 日以来被本市食品药品监管部门适用一般程序作出的行政处罚信息。

自 2017 年 8 月 1 日起，本市食品、药品、医疗器械、化妆品生产经营企业需要出具无违法违规记录等信用证明，可通过"上海市公共信用信息服务平台"申请查询本企业的信用报告（地址：愚园路 900 号，咨询电话：021-62125035；详见"上海诚信网"，网址：http://www.shcredit.gov.cn/）。企业是否有违法违规行为，以上海市公共信用信息服务中心出具的《法人公共信用信息查询报告（上海市食品、药品、医疗器械、化妆品生产经营企业试用版）》记载的信息为准。

特此公告。

附件：

1. 上海市公共信用信息服务中心地址和联系方式（略）

2. 本市企业申请《法人公共信用信息查询报告》流程图（略）

3.《法人公共信用信息查询报告（上海市食品、药品、医疗器械、化妆品生产经营企业试用版）》范本（略）

上海市食品药品监督管理局

2017 年 7 月 18 日

上海市食品药品监督管理局关于转发国家食药监总局《关于进一步监督大型食品生产企业落实食品安全主体责任的指导意见》的通知

（沪食药监食生〔2017〕40号）

各区市场监管局、市食药监局执法总队：

近期，国家食药监总局下发了《关于进一步监督大型食品生产企业落实食品安全主体责任的指导意见》（食药监食监一〔2016〕152号），现予以转发，请遵照执行。

各单位要摸清底数，理清辖区内大型食品生产企业情况，落实各项监管要求，于2017年3月10日前将附件《大型食品生产企业统计表》填写完整，并报送市食药监局食品生产处，联系电话：021-23118163、021-23118166，邮箱：songqingxun@smda.gov.cn。

上海市食品药品监督管理局

2017年2月13日

总局关于进一步监督大型食品生产企业落实食品安全主体责任的指导意见

各省、自治区、直辖市食品药品监督管理局，新疆生产建设兵团食品药品监督管理局：

大型食品生产企业（以下简称大型企业，参照国家统计局统计口径）产业链条长、涉及环节多、产品辐射面广、社会影响大。落实企业食品安全主体责任，是企业履行《中华人民共和国食品安全法》中法定义务的重要体现，是防范食品安全风险的重要手段。现提出如下意见。

一、督促大型企业严格落实食品安全主体责任和首负责任，以及法定代表人和食品质量安全负责人的责任。建立健全食品安全管理制度，设置食品安全管理机构，配备与企业生产规模相适应的专职食品安全管理人员，不具备相应能力的人员不得上岗。督促大型企业加强职工食品安全知识培训，建立食品安全岗位责任制，实施生产全过程风险控制。建立健全企业质量安全管理体系，完善食品安全管理措施，不断改善食品安全保障条件。

二、监督大型企业加强食品安全风险过程管控。监督企业严格落实原辅材料进货查验、生产过程控制、出厂检验、产品追溯等管理制度。建立供应商及第三方物流公司的审核评价制度，加强对供应商产品品质与安全卫生保证能力的考核，自觉接受下游企业、采购商的评价审核。督促大型企业建立生产过程检验标准和操作规范，加强对食品安全重点部位和关键环节的管控，严格落实产品出厂检验规定，严格成品质量管控。推动大型企业利用信息化手段采集留存生产过程信息，建立全过程食品安全追溯体系，实现食品安全信息顺向可追踪、逆向可溯源、过程可控制、责任可追究。鼓励有条件的大型企业建立电子化信息档案，并做到集中归档、统一管理、方便查阅。

三、鼓励大型企业积极推广国际先进质量管理体系。重点推动大型企业主动实施食品良好生产规范（GMP）、危害分析与关键控制点体系（HACCP）、卫生标准操作程序（SSOP）、食品安全管理体系（ISO 22000）、食品安全体系认证（FSSC 22000）、烘烤技术认证（AIB）等。引导大型企业加强关键技术攻关、内部管理创新、实施卓越绩效模式，促进食品行业产业转型升级，树立食品安全管理行业标杆。

四、加大食品安全风险隐患排查力度。督促大型企业建立食品安全事故应急预案和处置方案，严格开展企业内部管理、原料采购、生产加工、仓储运输等环节的食品安全风险隐患排查，列出风险问题清单，制定有针对性的整改措施，适时开展应急演练，及时消除事故隐患。积极推广建立大型企业内部有奖举报制度，畅通投诉举报渠道，提升大型企业食品安全风险防控水平和处置能力。

五、监督大型企业全面落实食品安全问题主动报告制度。督促企业建立食品安全自查制度，定期对食品安全状况进行检查评价，发现重大食品安全问题和食品安全事故风险的，要立即停止生产，并向所在地食品药品监管部门报告。要督促企业落实食品召回制度，从严处置不安全食品，防止问题食品再次流入市场，侵害消费者权益。

六、督促大型企业积极推进食品安全诚信体系建设。重点推动大型企业建立健全诚信管理制度，加强诚信管理体系建设，严格自律约束，积极公开并严格履行食品安全承诺，主动接受社会监督，提升企业食品安全诚信水平，增强员工食品安全责任意识和诚信意识，构建食品安全长效保障机制。

七、引导大型企业切实承担社会责任。推动大型企业切实加强检验能力建设，除国家对特殊食品等已有明确检验规定外，对主要原料的重要指标应实现自行检验。鼓励大型企业积极参与国家和国际食品检验能力比对活动，积极申报国家实验室认可（CNAS），主动提升企业自身检验检测水平。积极参加国家食品安全标准制修订工作，以标准提升促进提升食品安全保障和参与国际竞争的硬实力。鼓励大型企业加强食品安全宣传，普及食品安全知识，适时组织开展食品安全公益宣传、"企业开放日"等活动。

八、积极推广食品安全责任保险。推动大型企业积极投保食品安全责任险，加强风险控制与应急管理，提高食品安全事故预防和救助水平，增强解决食品安全事件民事责任纠纷的能力，科学化解风险、有效降低食品安全事件影响和事故危害。

九、落实食品安全监管责任。建立健全大型企业监管档案，确定大型企业风险等级和监督检查频次，列出食品安全风险清单，实行动态管理。在日常监督检查基础上，开展飞行检查和体系检查，扎实推进数据监管，有效提升信息化监管水平。

建立健全大型企业定期监督抽检和风险监测制度，加大对大型企业食品特别是高风险食品的抽检监测力度。对监督抽检发现的问题，实施重点抽检、跟踪监测，提高抽检监测的靶向性。切实加强监督抽检后处置工作，依法监督大型企业落实整改要求，召回不安全食品并依法处置。

严厉打击超许可范围生产经营、使用非食品原料生产食品、超范围超限量使用食品添加剂、标注虚假生产日期、涂改标签标识等违法行为。及时处理群众投诉举报，严肃查处各类违法行为，涉嫌犯罪的，及时移交司法机关，并配合做好调查取证，严禁罚过放行、以罚代刑。

坚持"公开为原则、不公开为例外"，对检查中发现的缺陷、检验不合格及合格的结果、违法违规案件责任人，要及时向社会公布，并纳入"黑名单"，记入信用档案。

十、加强对大型企业监管工作的组织领导。各地要认真分析本行政区域大型企业食品安全整体状况，针对存在的突出问题，明确监管任务、措施和要求。建立完善食品安全责任制和责任追究制，落实各个层级的监管责任，确保把监管任务、责任和要求真正落实到具体单位、岗位和人员。注重总结推广大型企业监管工作的做法、经验和成效，努力构建大型企业监管的常态机制和长效机制。

附件：大型食品生产企业统计表（略）

食品药品监管总局

2016 年 11 月 28 日

上海市人民政府办公厅关于印发《上海市食品安全行政责任追究办法》的通知

（沪府办发〔2017〕65号）

各区人民政府，市政府各委、办、局：

经市政府同意，现将《上海市食品安全行政责任追究办法》印发给你们，请认真按照执行。

上海市人民政府办公厅

2017年10月26日

上海市食品安全行政责任追究办法

第一章　总　则

第一条（目的依据）

为强化各级政府食品安全属地责任和各级食品安全监管部门监管责任，根据《中华人民共和国食品安全法》《关于实行党政领导干部问责的暂行规定》《上海市食品安全条例》《上海市行政执法过错责任追究办法》《上海市人民政府关于加强基层食品安全工作的意见》等，制定本办法。

第二条（适用范围）

本办法适用于本市各区政府、镇（乡）政府、街道办事处、各级承担食品安全监管的部门及其负责人和工作人员。

第三条（问责原则）

食品安全行政问责，坚持"实事求是、权责一致、党政同责、过责相当，教育与惩戒相结合、追究责任与改进工作相结合"的原则。

第四条（职责区分）

各区政府、镇（乡）政府依据相关法律法规规定，负责本行政区域的食品安全相关工作，统一领导、组织、协调本行政区域的食品安全监管工作。有关部门在各自职责范围内，负责本行政区域的食品安全监管工作。

第二章　问责情形

第五条（政府属地责任）

各区政府、镇（乡）政府及其负责人和工作人员未依据相关法律法规规定履行食品安全工作相应职责，有下列情形之一的，应当对有关人员进行问责：

（一）未制定本行政区域食品安全年度监督管理计划，未将食品安全纳入年度工作目标考核，未制定本行政区域食品安全事故应急预案的；

（二）未及时协调解决重点、难点问题，影响食品安全并造成严重后果的；

（三）未落实食品安全监管责任制并对食品安全监管相关部门进行评价、考核，造成严重影响的；

（四）食品安全监管经费、检验检测经费、设施设备及监管人员不能满足食品安全监管需要，导致发生食品安全事故的；

（五）对发生在本辖区的重大食品安全事故，未及时启动应急预案，组织相关部门开展有效处置，造成严重影响或较大损失的；

（六）瞒报、谎报、缓报食品安全事故的；

（七）对国家和本市通报的涉及本地区的区域性、系统性食品监测信息和警示信息，未及时组织相关职能部门采取有效措施开展隐患治理，造成严重影响的；

（八）阻碍、干涉食品安全监管部门履行监管职责、查处食品安全违法违纪行为的；

（九）其他依法应当追究责任的。

对街道办事处及其负责人和工作人员的问责，参照前款执行。

第六条（监管责任）

各级政府承担食品安全监管职责的部门及其负责人和工作人员有下列情形之一的，应当对有关人员进行问责：

（一）未按照法律、法规和规章规定履行食品安全监管职责和抽检职责，导致辖区内发生严重的区域性、系统性食品安全事故的；

（二）未按照有关规定向上级主管部门和本级人民政府报告或擅自发布食品安全信息，造成严重后果的；

（三）对不符合法定条件的申请人准予许可或超越法定职权作出准予行政许可决定的；

（四）未依法责令食品生产经营者召回或停止经营不符合食品安全标准或有证据证明可能危害人体健康的食品，造成严重影响的；

（五）对监管职责范围内已发现的食品安全违法行为和其他部门移交的食品安全违法案件，未及时组织查处造成不良后果的；

（六）发现食品安全违法行为属于其他部门职责，该移送的未移送，或对其他部门依法移送的违法案件，该接收未接收或该受理未受理，造成不良后果的；

（七）未及时向公安机关移送监管中发现的涉嫌食品安全违法犯罪案件，或未及时将监管中发现的食品安全违法犯罪线索向所在地公安机关通报造成不良后果的；

（八）因工作懈怠、不作为等原因，造成监管职责范围内较长时间或较大范围内存在区域性、系统性等食品安全问题，造成严重影响的；

（九）接到食品安全事故报告后，未按照有关应急预案规定及时处置，造成事故扩大或蔓延的；

（十）未公布举报、投诉联系方式，未及时受理和依法查处食品安全举报、投诉，或接到不属于管辖范围的食品安全举报投诉，未按照要求及时书面通知并移交有权机关进行处理，造成不良影响的；

（十一）检验检测、认证审评、风险监测、风险评估机构存在伪造编造数据、出具虚假报告，提供虚假监测、评估信息等行为的；

（十二）瞒报、谎报、缓报食品安全事故的；

（十三）未按照规定上报、通报风险监测信息并造成严重后果的；

（十四）泄露企业提供的技术资料并造成严重影响的；

（十五）其他依法应当追究责任的。

第三章　责任划分

第七条（责任划分）

本办法所称行政责任按照岗位职责，分为主要领导责任、直接领导责任和直接责任。

第八条（责任确定）

按照本办法应当追究行政责任的，按照以下情形确定责任人：

（一）徇私枉法、超越职权、滥用职权、违反法定程序、不履行法定职责或不落实监管责任的，由主要负责人承担主要领导责任，分管负责人承担直接领导责任，承办人员承担直接责任；

（二）由于承办人员未准确提供监管信息或隐瞒事实、伪造证据等行为，导致作出错误决定的，由承办人员承担直接责任；

（三）不采纳承办人员正确意见，作出错误决定的，由作出决定的负责人承担直接领导责任；

（四）应当履行审核、审批等程序而未履行的，由决定不履行程序的人员承担直接责任；

（五）经集体研究、讨论作出的决定，由参与集体讨论的人员共同承担责任，主要负责人和分管负责人分别承担主要领导责任和直接领导责任，但持反对意见的除外；

（六）两人以上共同作出的行为应当被追究责任的，按照职责分工和所起作用大小，确定各自应当承担的责任。

第九条（一案双查）

在查处食品安全事故时，除了查明事故单位的责任外，还应当查明区政府、镇（乡）政府、街道办事处及有关监督管理部门、食品检验机构、认证机构及其工作人员的责任。

第四章　责任追究的实施

第十条（政府问责主体）

各区政府、镇（乡）政府、街道办事处不履行或不正确履行食品安全属地责任的，由上级政府、有关行政部门和有干部任免权限的部门按照有关法律法规规定，对有关人员进行问责。

第十一条（部门问责主体）

各级政府承担食品安全的相关监管部门及其负责人和工作人员不履行或不正确履行食品安全监管职责的，由本级政府、有关行政部门和有干部任免权限的部门按照有关法律法规规定，对有关人员进行问责。

第十二条（问责形式）

按照本办法或其他相关法律法规，应当追究行政责任的，可采取责任约谈、书面检查、通报批评、岗位调整等形式，进行责任追究；依法应当给予政纪处分的，根据《行政机关公务员处分条例》《事业单位工作人员处分暂行规定》等有关规定，移交相关部门处理；涉嫌犯罪的，移送司法部门依法追究刑事责任。

第十三条（问责程序）

食品安全监管部门在查处食品安全违法行为过程中，认为需追究下级政府和同级有关部门及其有关责任人员行政责任的，应当提请同级政府决定是否作出处理；认为需追究下级有关部门及其有关责任人员行政责任的，应当向责任单位的同级政府或上级主管部门提出责任追究建议，涉及领导干部的，按照干部管理权限和法定程序，提请有权机关决定是否作出处理，并移送有关材料。

第十四条（陈述申辩）

问责主体在作出问责决定前，应当告知责任人员相关问责建议，责任人员有权提出陈述申辩。

责任人员提出陈述申辩的，问责主体应当听取并审核陈述申辩意见，根据审核结果，作出是否问责决定。

第十五条（尽职免责）

各区政府、镇（乡）政府、街道办事处、各级承担食品安全监管职责的部门依法履职尽责的，可以按照有关规定，免予责任追究。

第十六条（不问责的责任）

对应当提出行政责任追究建议而不提出，应当追究有关责任单位或责任人员监管责任而无正当理由不追究的，由本单位或上级单位追究相关责任人员责任。

第五章　附　则

第十七条（责任裁决）

食品安全监管部门责任不明晰的，由同级政府裁决。

第十八条（施行日期）

本办法自 2017 年 11 月 1 日起施行。

关于《上海市食品安全行政责任追究办法》的解读

为贯彻落实习近平总书记关于食品安全监管工作"四个最严"的指示，落实国家食药监总局"四有两责"的要求，强化各级政府食品安全属地责任及各监管部门的监管责任，适应新的食品安全监管体制及食品安全监管形势的要求，市人民政府印发了《上海市食品安全行政责任追究办法》（以下简称《办法》），现将主要内容解读如下：

一、《办法》的指导思想

以习近平总书记对于食品安全监管工作"四个最严"的要求为指导思想，落实国家食药监总局"四有两责"的要求，紧紧围绕强化县级以上地方人民政府对本行政区域的食品安全监督管理工作的领导责任和各监管部门以及监管人员的监管责任，努力建设市民满意的国家食品安全城市。

二、《办法》的问责原则

为严肃食品安全属地责任和监管责任，《办法》坚持实事求是、权责一致、党政同责、过责相当，教育与惩戒相结合、追究责任与改进工作相结合的原则，形成与《刑法》和《公务员处分条例》相衔接的食品行政责任追究体系，即：严重违法涉嫌犯罪适用《刑法》，一般违反法律法规适用《公务员处分条例》，违法但尚不构成适用《刑法》或《公务员处分条例》的，按照《办法》确定的责任方式追究相应责任。

三、《办法》的追责对象

依据现行法律法规，《办法》规定的追责对象为本市各区政府、镇（乡）政府、街道办事处及各级承担食品安全监管的部门、负责人和工作人员。

四、《办法》的追责机关

《办法》根据政府和部门不同的问责对象，规定了不同的问责主体，对区政府、镇（乡）政府、街道办事处的问责，由上级人民政府、有关行政部门和有干部任免权限的部门依照有关法律、法规、规章规定对有关责任人员进行问责。对监管部门及其负责人和工作人员的问责，由本级人民政府、有关行政部门和有干部任免权限的部门依照法律、法规、规章规定对有关责任人员进行问责。

五、《办法》的追责形式

《办法》明确了政府的9种追责情形，监管部门的15种追责情形，并根据具体的问责情形，规定了责任约谈、书面检查、通报批评、岗位调整等追责形式。

六、《办法》的责任确定

《办法》按照不同的情形，根据责任人员的岗位职责和过错程度确定主要领导责任、直接领导责任和直接责任，如徇私枉法、超越职权、滥用职权、违反法定程序、不履行法定职责或不落实监管责任的，由主要负责人承担主要领导责任，分管负责人承担直接领导责任，承办人员承担直接责任；应当履行审核、审批等程序而未履行的，由决定不履行程序的人员承担直接责任。

七、《办法》的追责程序

追责是落实食品安全属地责任和监管职责的重要举措，程序是实现追责的重要手段和保障，《办法》规定的追责程序，包括追责的启动程序、追责对象的陈述申辩、追责机关的复核等等，从程序上保障追责的严肃性、公正性和正当性。

八、《办法》的不追究责任的责任

为严肃食品安全责任追究，《办法》规定了不追究责任的责任，对应当提出行政责任追究建议而不提出，应当追究有关责任单位或责任人员监管责任而无正当理由不追究的，规定由本单位或者上级单位追究相关责任人员责任。

上海市食品药品监督管理局关于规范食品生产移动视频监控系统使用的通知

（沪食药监食生函〔2017〕109号）

各区市场监管局，市局执法总队：

为全面贯彻落实《上海市食品安全条例》，强化对食品生产企业的监管，充分发挥智慧监管、"互联网＋"监管等手段在食品生产监管工作中的作用，提高监管效率，根据《上海市建设市民满意食品安全城市行动方案》和有关规定要求，市食药监局结合本市食品生产监管实际，开发了移动视频监控系统，目前已在全市全面推广使用。为进一步规范系统的使用，现将有关事项通知如下：

一、纳入监控食品生产企业要求

各区市场监管局要逐步将本行政区域内高风险食品生产企业纳入移动视频监控系统，6月底要纳入80%以上，年底全部纳入。同时，可以将有条件的其他食品生产企业纳入视频监控系统。移动视频监控系统的使用情况将纳入年度考核的内容。

二、视频监控点要求

食品生产企业视频监控点主要包括：原辅料仓库，配料和投料间，清洁作业区入口（洗手、干手、消毒）处，生产加工关键控制点，产品检验等环节或场所。

三、视频监控使用

移动视频监控APP可以安装在监管人员手机或平板电脑上。区市场监管局食品生产企业日常监管人员可定期或不定期通过视频对监管对象进行监督，同时做好记录。发现企业操作人员个人卫生、人流物流、车间卫生状况等方面存在问题时，立即联系企业指出问题，并监督企业整改情况；发现有异常情况，需要现场检查时，应当立即安排现场检查。

四、其他工作要求

各单位要高度重视，细化工作制度和要求，并做好相关设备和网络的维护工作，保障移动视频监控系统的正常使用。

在使用系统过程中如遇到问题，及时与市局食品生产监管处或系统开发支持单位联系。

上海市食品药品监督管理局

2017年5月10日

上海市食品药品监督管理局关于上海市食品生产企业制定企业标准有关要求的通知

（沪食药监食生〔2017〕116 号）

各区市场监管局，市食药监局执法总队、认证审评中心：

根据《上海市食品安全条例》第十八条第三款规定，企业生产的食品没有食品安全国家标准或地方标准的，应当制定企业标准。企业标准中食品安全指标严于食品安全国家标准或上海市食品安全地方标准的，应当按照《上海市食品安全企业标准备案办法》规定，报本市卫生计生行政部门备案。为贯彻落实上述要求，现就不需要备案的企业标准有关要求通知如下：

一、总体要求

企业标准应当以保障公众身体健康为宗旨，由食品生产企业组织制定，并由企业法定代表人或者主要负责人批准发布，在企业内部适用。相关食品行业协会可加强指导，提供技术服务。

企业是企业标准的主体责任人，应当对企业标准内容的真实性、合法性负责，确保按照企业标准组织生产的食品安全，并对企业标准实施后果承担相应的法律责任。

二、指标要求

企业标准内容至少包括标准名称、编号、适用范围、术语和定义、控制指标及数值、出厂检验项目、检验方法、实施日期等内容。

企业标准中相关安全性指标应当依据相关食品安全基础标准，并符合相关食品安全标准要求，如 GB 2760《食品安全国家标准　食品添加剂使用标准》、GB 2761《食品安全国家标准　食品中真菌毒素限量》、GB 2762《食品安全国家标准　食品中污染物限量》、GB 2763《食品安全国家标准　食品中农药最大残留限量》、GB 29921《食品安全国家标准　食品中致病菌限量》、GB 14880《食品安全国家标准　食品营养强化剂使用标准》、GB 7718《食品安全国家标准　预包装食品标签通则》、GB 28050《食品安全国家标准　预包装食品营养标签通则》等；其他指标应当依据产品特性、生产工艺等要求，可同时参考相应行业、团体等标准。

三、标准编号

企业标准编号由企业自行编制，编号格式为：Q/（企业代号）（4 位顺序号）S—（4 位年号），其中企业代号由 4 位大写字母自由组合表示，顺序号由 4 位阿拉伯数字组成，表示企业不同企业标准的顺序，年号由 4 位阿拉伯数字组成，表示企业标准批准时的年代。

四、公开要求

企业标准经企业批准后，企业应当在 10 个工作日内在企业或本市食品相关行业协会网站显著位置公开所执行的企业标准文本，供公众查询和监督。

五、企业标准废止、修订或重新制定

有关法律、法规、规章和食品安全国家标准、地方标准发生变化时，应当及时废止或修订企业标准，并根据以上公开要求及时公开。

食品生产企业名称或产品名称发生变更的，其企业标准应当按照本通知要求重新制定。

六、过渡期

在食品安全标准整合过程中，相关产品行业标准、地方标准废止且没有国家食品安全标准的，企业应当及时制定产品执行的企业标准。

本着节约资源、合理使用的原则，以上产品执行标准发生变化的，自变化之日起，原包装或者标签可以继续使用6个月，此后，食品生产者生产的食品不得再使用原包装或标签，国家有相关规定的，从其规定。

七、标准施行

本通知规定自2017年7月1日起施行，企业应当在食品包装或者标签上标注新的执行标准编号。

上海市食品药品监督管理局

2017年6月5日

上海市食品药品监督管理局关于进一步推进食品生产环节市民满意的食品安全城市建设重点工作的通知

（沪食药监食生〔2017〕201号）

各区市场监管局、市食药监局执法总队：

为贯彻食品安全中央"四个最严"和市委"四个强化"要求，促进食品生产企业严格落实食品安全主体责任，根据大型食品生产企业落实食品安全主体责任推进会精神，市食药监局决定进一步推进食品生产环节市民满意的食品安全城市建设重点工作，有关要求通知如下：

一、强化企业主体责任，保障"舌尖上的安全"

（一）全面实施良好生产规范

本市食品生产企业应当全面实施良好生产规范（目前有效及将要实施的强制性食品生产良好生产规范目录见附件1，对已发布的自2017年12月23日起实施的卫生规范，鼓励相关企业按照新卫生规范组织生产），要对照通用和具体食品类别规范要求严格自查，发现企业生产条件（包括生产场所、设备设施、设备布局、工艺流程、规章制度等）不符合规范要求的，要及时改正，需要变更食品生产许可的，及时提出变更申请。

（二）不断完善危害分析和关键控制点体系

根据《上海市食品安全条例》（以下简称《条例》）规定和《上海市建设市民满意的食品安全城市行动方案》（以下简称《行动方案》）的要求，本市食品生产企业应当完善危害分析和关键控制点体系，企业要对照GB/T 27341—2009《危害分析与关键控制点（HACCP）体系 食品生产企业通用要求》及具体食品类别HACCP体系要求，建立HACCP体系，对体系的完整及应用情况进行自查，发现不足的要及时完善，保证体系的良好运行，保障食品安全危害得到有效控制。

鼓励本市食品生产企业申请并通过HACCP体系认证，对通过认证的食品生产企业，认证机构应当依法实施跟踪调查；对不再符合认证要求的企业，应当依法撤销认证，及时向区市场监管局通报，并向社会公布。

2017年年底，各区30%以上的食品生产企业要建立并实施HACCP体系，特别是本市大型和高风险食品生产企业，应当率先实施HACCP体系；至"十三五"期末，本市所有食品生产企业都要建立并实施HACCP体系。

（三）建立健全供应商检查评价制度

本市高风险食品生产企业要建立并实施供应商检查评价制度，明确检查评价目的、职责、范围、程序、标准、判定原则等要求，按制度自行或委托第三方机构对检查评价对象的食品安全状况进行实地查验，对不符合制度要求的，应当立即停止采购，发现存在严重食品安全问题的，向辖区和供应商所在地监管部门报告。检查评价要做好记录，记录保存期限不得少于两年。

（四）严格落实食品安全信息追溯要求

1. 落实追溯食品的生产企业信息上传义务

根据《上海市食品安全信息追溯管理办法》（市政府令第33号）规定，追溯食品的生产企业应当向全市统一的食品安全信息追溯平台上传相关资质材料和食品安全信息。目前，涉及《上海市食品安全信息追溯管理品种目录（2015年版）》追溯食品的本市食品生产企业要严格按照《上海市食品安全信息追溯管理办法》的要求上传相关信息。

鼓励未列入《上海市食品安全信息追溯管理品种目录（2015年版）》的食品生产企业向全市统一的食品安全信息追溯平台上传相关食品安全信息。

2. 建立食品生产全过程食品安全信息追溯体系

根据国家食药监总局《关于白酒生产企业建立质量安全追溯体系的指导意见》、《关于食用植物油生产企业食品安全追溯体系的指导意见》、《关于印发婴幼儿配方乳粉生产企业食品安全追溯信息记录规范的通知》等文件，涉及的相关食品生产企业要按照文件要求建立食品安全信息追溯体系，完善追溯制度，严格信息记录和管理，其他食品类别生产企业可参照以上文件要求建立并实施全过程食品安全信息追溯体系。

根据《行动方案》要求，本市高风险食品生产企业应当建立并实施生产过程信息化记录制度，实现信息化追溯。对非高风险食品生产企业，本市鼓励其采用信息化手段采集和留存生产销售记录。

（五）实施生产过程移动视频监控

根据《行动方案》要求，本市高风险食品生产企业应当实施生产过程视频监控，企业要按照《关于规范食品生产移动视频监控系统使用的通知》（沪食药监食生函〔2017〕109号）要求，在原辅料仓库、配料和投料间、清洁作业区入口、生产加工关键控制点、产品检验等环节场所安装视频监控设备，并将其接入本市统一的移动视频监控系统。

至2017年年底，本市所有高风险食品生产企业全面纳入移动视频监控系统，实施生产过程视频监控。

二、大力加强食品生产企业监督检查

1. 开展食品安全风险隐患排查

根据《中华人民共和国食品安全法》，本市食品生产企业应当建立健全食品安全自查制度，明确检查要求和频次，按制度规定对本企业食品安全状况进行检查评价，发现不符合食品安全要求的，应当列出风险隐患清单并立即改正，有发生食品安全事故潜在风险的，应当立即停止食品生产活动，并向辖区市场监管局报告。

各区市场监管局要做好监督检查计划，确保每年对辖区生产企业的自查情况开展监督检查。

2. 加强日常监督检查结果公开

各区市场监管局要严格按照《食品生产经营日常监督检查管理办法》（国家食药监总局令第23号）要求开展日常监督检查工作，每次监督检查结束后，按要求在局或区政府网站向社会公开日常监督检查时间、检查结果和检查人员姓名等信息，并在被检查生产企业公示栏张贴日常监督检查结果记录表，被检查生产企业应当将张贴的日常监督检查结果记录表保持至下次日常监督检查。

3. 开展"双随机、一公开"飞行检查

各区市场监管局和市食药监局执法总队要按照《上海市食品药品监督管理局印发〈关于进一步做好食品药品安全随机抽查加强事中事后监管工作实施意见〉的通知》（沪食药监法〔2017〕74号）要求，开展"双随机、一公开"飞行监督检查，制定监督检查实施方案，按要求开展随机检查和检查结果的公开工作。

三、大力推动"上海市食品安全诚信企业"建设

根据《行动方案》要求，各区市场监管局积极推动并支持辖区食品生产企业开展"上海市食品安全诚信企业"建设。2017年年底，对各辖区内的大型企业（大型企业是指从业人员≥500人且营业收入≥4亿元的单体工厂，或从业人员≥1000人且营业收入≥4亿元的集团公司（含集团公司下属所有子公司），以及在行业内具有领先地位的食品生产企业），50%要建立并运行诚信管理体系，至"十三五"期末，100%要建立并运行诚信管理体系。

拟申报建立并实施诚信管理体系的食品生产企业，应当按照 GB/T 33300《食品工业企业诚信管理体系》要求，开展相关工作，落实相关要求，向食品工业企业诚信管理体系委托评价机构名单（见附件2）上的评价机构申请，被申请的评价机构要按照相关规定开展评价工作，并将通过《食品工业企业诚信管理体系》评价的本市食品生产企业名单送区市场监管局，同时抄送市食药监局食品生产监管处。

四、工作要求

各单位要高度重视市民满意的食品安全城市建设工作，对以上重点工作要制定方案，细化措施，明确步骤，责任到人。要积极探索食品安全第三方机构参与相关食品安全体系检查工作，共同促进食品生产企业严格履行食品安全主体责任；鼓励食品生产企业主动选择第三方机构对自身食品安全管理体系进行评价，评价结果可作为日常监督检查的参考。要加大检查和宣传力度，大力营造深入推进市民满意的食品安全城市建设工作的良好氛围。

市食药监局在年底也将并按比例组织开展抽查，核实企业落实主体责任和各区推进食品生产环节市民满意的食品安全城市建设重点工作情况。

五、材料报送

各单位要指定专人，填写《上海市食品生产环节市民满意的食品安全城市建设重点工作推进情况表》（见附件2），自2017年11月起，于每月5日前，以电子文件形式报市食药监局食品生产监管处。

联系电话：021-23118164

电子邮箱：shijin@smda.gov.cn

附件：

1. 强制性食品生产良好生产规范目录（略）

2. 食品工业企业诚信管理体系委托评价机构名单（略）

3. 上海市食品生产环节市民满意的食品安全城市建设重点工作推进情况表（略）

上海市食品药品监督管理局

2017 年 10 月 9 日

上海市食品药品监督管理局关于普通食品配料中含有"雪菊"、"亚麻籽"举报案件的处理意见

（沪食药监食生〔2017〕215号）

各区市场监管局、市食药监局执法总队：

近期，本市食品药品监管部门陆续收到举报，反映生产经营的普通食品配料中含有"雪菊"、"亚麻籽"，认为该行为违法。为妥善处理该类举报案件，市食药监局组织召开了专题会议，经认真研究，提出如下处理意见：

一、严格贯彻执行国家食药监总局相关复函要求

2017年1月20日，国家食药监总局办公厅下发了《关于雪菊可否作为普通食品原料的复函》（食药监办食监一函〔2017〕39号），规定雪菊与菊花不同，如需开发为新食品原料，应当按照《新食品原料安全性审查管理办法》规定进行安全性评估。2017年8月9日，国家食药监总局办公厅下发了《关于石榴子、亚麻籽有关问题的复函》（食药监办食监一函〔2017〕538号），规定亚麻籽在我国主要用于榨油，国家卫生计生委未开展亚麻籽作为新食品原料的安全性审查工作。

自以上复函之日起，本市食品生产经营者应当停止生产经营配料中含有"雪菊"、"亚麻籽"的普通食品，对正在销售的产品应当及时召回，召回的产品不得作为食品原料生产普通食品。

食品生产经营者如需开发"雪菊"、"亚麻籽"用于普通食品的生产经营，应当按照《新食品原料安全性审查管理办法》的规定申报批准。

二、根据违法情形，依法处理举报案件

收到生产经营的普通食品配料中含有"雪菊"、"亚麻籽"举报的，各单位应当依法立案。对违法行为发生在以上复函发布前的举报案件，可结合生产经营者是否依法履行相关进货查验要求、是否停止生产经营相关食品、是否主动召回相关食品、是否依法处置召回的相关食品等情形，依据《中华人民共和国行政处罚法》第二十七条相关规定，依法从轻、减轻或不予行政处罚；对违法行为发生在以上复函发布后的举报案件，食品生产经营者明知相关复函且生产经营的普通食品配料中依旧含有"雪菊"、"亚麻籽"的，应当依法查处。

上海市食品药品监督管理局

2017年10月30日

上海市食品药品监督管理局关于《关于印发〈上海市食品安全事故报告和调查处置办法〉的通知》的备案报告

（沪食药监法〔2017〕237号）

上海市人民政府：

《关于印发〈上海市食品安全事故报告和调查处置办法〉的通知》（沪食药监规〔2017〕12号）已经我局 2017 年 10 月 16 日第 19 次局务会议审议通过，于 2017 年 10 月 20 日印发，并于 2017 年 12 月 1 日起实施，有效期 5 年。现将文件文本 5 份及起草说明、法律审核意见、制定依据各 1 份报请备案。

特此报告。

附件：

1.《关于印发〈上海市食品安全事故报告和调查处置办法〉的通知》5 份（附电子文本 1 份）（略）

2.关于《上海市食品安全事故报告和调查处置办法》的起草说明（略）

3.关于《上海市食品安全事故报告和调查处置办法》的法律审核意见（略）

4.关于《上海市食品安全事故报告和调查处置办法》的制定依据（略）

上海市食品药品监督管理局

2017 年 11 月 16 日

上海市食品药品监督管理局关于明确《预包装食品营养标签通则》中有关"低糖"释义请示的批复

（沪食药监食生〔2018〕13号）

浦东新区市场监督管理局：

你局《关于请求市局明确〈预包装食品营养标签通则〉中有关"低糖"释义的请示》已收悉，经咨询和研究，答复如下：

《预包装食品营养标签通则》（GB 28050—2011问答）（修订版）（二十七）关于碳水化合物及其含量中明确"碳水化合物是指糖（单糖和双糖）、寡糖和多糖的总称"。在《预包装食品营养标签通则》附录C表C.1"能量和营养成分含量声称的要求和条件"中，对声称"低糖"的，要求的条件是"每100克食物中碳水化合物（糖）的含量小于等于5克"，该表述中的"（糖）"是指单糖和双糖。

此复。

上海市食品药品监督管理局

2018年1月19日

上海市人民政府关于本市禁止生产经营食品品种的通告

（沪府规〔2018〕24号）

为预防疾病和控制重大食品安全风险，现就本市禁止生产经营的食品品种通告如下：

一、禁止生产经营《中华人民共和国食品安全法》第三十四条、《上海市食品安全条例》第二十四条以及国家有关部门明令禁止生产经营的食品。

二、禁止生产经营毛蚶、泥蚶、魁蚶等蚶类，炝虾和死的黄鳝、甲鱼、乌龟、河蟹、蝲蛄、螯虾和贝壳类水产品。

三、每年5月1日至10月31日期间，禁止生产经营醉虾、醉蟹、醉蝲蛄、咸蟹。

四、禁止在食品销售和餐饮服务环节制售一矾海蜇、二矾海蜇、经营自行添加亚硝酸盐的食品以及自行加工的醉虾、醉蟹、醉蝲蛄、咸蟹和醉泥螺。

五、禁止食品摊贩经营生食水产品、生鱼片、凉拌菜、色拉等生食类食品和不经加热处理的改刀熟食，以及现榨饮料、现制乳制品和裱花蛋糕。

食品生产经营者违反本通告规定，生产经营禁止生产经营的食品的，由市场监管部门依照《中华人民共和国食品安全法》第一百二十三条、第一百二十四条，《上海市食品安全条例》第九十二条规定处理；食品摊贩违反本通告规定，经营禁止经营的食品的，由市场监管部门依照《上海市食品安全条例》第一百零五条规定处理。

农业农村、城管执法、公安、交通、卫生健康、商务等部门在执法过程中，发现违反本通告规定生产经营禁止生产经营的食品的，应当按照各自职责，依法处理；对不属于本部门职责的，应当先行劝阻，并通知或者移送市场监管部门依法处理。

任何组织和个人发现违反本通告规定生产经营禁止生产经营的食品的，可以拨打食品安全投诉举报电话"12331"进行举报；经查证属实的，由市场监管部门根据有关规定予以奖励。

本通告自2018年12月13日起施行，有效期至2023年12月12日。

上海市人民政府

2018年12月13日

上海市食安办详细解读禁止生产经营食品品种公告

为什么毛蚶、泥蚶、魁蚶等蚶类全年禁止上市？为何炝虾一年四季都禁售，而醉虾、醉蟹、醉螃蜞和咸蟹等仅在5月1日至10月31日期间才"叫停"？近日，《上海市人民政府关于禁止生产经营食品品种的公告》露面后在市民中引起热议。

9月16日，上海市食安办相关负责人接受新闻晨报记者独家专访时，详细解读了禁止毛蚶亮相的多重原因：1988年以来，上海有关部门连续对蚶类的监测数据表明，蚶类仍然检出甲肝等病毒，患过甲肝的人食用不洁毛蚶等蚶类仍可能患其他食源性疾病。另外，现榨饮料、现制乳制品食品安全风险较高，食品摊贩无法具备基本加工经营条件，此次特别对食品摊贩叫停。

一问：为什么毛蚶、泥蚶、魁蚶等蚶类全年禁止上市呢？

答：一是毛蚶、泥蚶、魁蚶等蚶类对甲肝病毒等有害物质具有富集作用，能将生长水域中的甲肝病毒浓缩数十乃至数百倍在其体内富集。1988年上海30万人甲肝大流行就是由于食用了来自江苏省启东县被污染的带有甲肝病毒的不洁毛蚶。

二是1988年以来，上海有关部门连续对蚶类的监测数据表明，水域环境没有得到明显改善，蚶类仍然检出甲肝等病毒。

三是部分市民不良好的饮食卫生习惯。有些人贪图鲜嫩，喜欢用开水烫毛蚶食用，这种简单的处理未能有效杀灭甲肝病毒，存在极大的食品安全风险。

四是自1988年市政府紧急下令禁止毛蚶、泥蚶、魁蚶等蚶类水产品的生产、销售和运输以来取得了良好效果，本市未再发生因食用毛蚶等蚶类而引发甲肝暴发公共卫生事件。

此外，有少数市民错误地认为已患过甲肝，体内已有甲肝抗体，不会再患甲肝，吃毛蚶等蚶类对健康无妨。其实，这种想法是极其错误的。虽然患过甲肝的人再患甲肝的几率较小，但毛蚶等蚶类还可能含有戊肝病毒和伤寒、痢疾细菌等病原体，食用不洁毛蚶等蚶类仍可能患其他食源性疾病。

综合考虑，目前上海仍然禁止毛蚶等蚶类水产品生产销售。

二问：为何炝虾一年四季都禁售，而醉虾、醉蟹、醉螃蜞和咸蟹等仅在5月1日至10月31日期间才"叫停"？

答：炝虾制作工艺以活河虾为原料，加入酒、酱等调料几分钟后即供应。这种制作加工工艺具有时间短的特点，很难彻底杀灭寄生虫和致病菌。而目前养殖类水产品的寄生虫和副溶血性弧菌等致病菌的感染率都很高。因此，炝虾全年禁止加工供应。

而醉虾、醉蟹、醉螃蜞和咸蟹的加工主要是用酒、食盐泡，浸泡时间较长，已有实验证明确实能在一定程度上杀灭部分寄生虫和致病菌。目前上海对醉虾、醉蟹、醉螃蜞和咸蟹还实施严格的生产许可制度，来严格把关醉虾、醉蟹、醉螃蜞和咸蟹的生产商。任何食品生产商要生产生食水产品，都要上报工艺标准，通过审核后才能获取许可证。

而每年5月1日至10月31日属于高温季节，有利于细菌生长繁殖，是食物中毒、食源性传染性疾病易发、多发的高风险时段，所以对醉虾、醉蟹、醉螃蜞和咸蟹等实施5月1日至10月31日季节性禁止生产经营制度。

三问：饭店是否可以在自己厨房制作醉虾、醉蟹、醉螃蜞、咸蟹和醉泥螺？

答：不可以。因为生产醉虾、醉蟹、醉螃蜞、咸蟹和醉泥螺需要具备严格的食品安全质量控制要求和一定的技术、软硬件等条件，而流通领域食品经营者、餐饮服务提供者往往不具有此种条件，所以公告规定禁止食品流通、餐饮环节未经许可自行加工生食水产品。但流通领域食品经营单位、饭店等餐饮可以在5月1日至10月31日期间（醉泥螺全年均可）销售有预包装的、来源于有许可证生产商的成品醉虾、醉蟹、醉螃蜞和咸蟹，但必须提供完整的票据。

四问：为什么禁止在商场、超市、菜市场、商品交易市场和餐饮服务经营场所加工制售一矾海蜇、二矾海蜇？

答：新鲜海蜇体内含有毒素，食用后会发生中毒，必须用食盐、明矾腌制，浸渍去毒素后，方可食用。鲜海蜇的加工通常要经过几个步骤：先将海蜇的头（口腕部）皮（伞体部）分割开，然后在海中漂洗掉大量血污，再用食盐加明矾粉（硫酸铝钾）进行腌渍。腌渍一般要反复多次，根据腌渍次数，顺次称作"一矾海蜇"、"二矾海蜇"和"三矾海蜇"。"一矾海蜇"、"二矾海蜇"都还没有彻底把海蜇体内毒素去除，只有"三矾海蜇"才适合直接加工食用。因此，为防范因食用海蜇引起中毒，本《公告》明确禁止商场、超市、菜市场、商品交易市场和餐饮服务经营场所加工制售一矾海蜇、二矾海蜇。

"二矾"和"三矾"海蜇鉴别方法：（1）海蜇皮尚有厚薄不均，有白色麻腐样的部分，蜇头肉干（口腕）中空内荡，含未凝固胶质的，均属二矾海蜇皮。反之为三矾海蜇皮。（2）海蜇头内有黏液状残留物，用手捏时有水溢出的为二矾海蜇头，反之为三矾海蜇头。

五问：为什么死的黄鳝、甲鱼、乌龟、河蟹、螃蜞、鳌虾和贝壳类水产品禁止上市？

答：上述水产品只能活宰现吃，不能死后再宰食。因为上述水产品含有较多的组胺酸，死后体内的细菌大量繁殖，分解其体内蛋白质，其体内所含的组胺酸便会分解生成有毒的组胺。组胺是一种有毒物质，食后会引起食物中毒，出现头晕、头痛、胸闷、心跳、血压下降等症状。此外，死的黄鳝、甲鱼、乌龟、河蟹、螃蜞、鳌虾和死的贝壳类水产品因为蛋白质被分解，很快就腐败变质，且失去其原有的营养价值和食用价值。所以死的黄鳝、甲鱼、乌龟、河蟹、螃蜞、鳌虾和贝壳类水产品禁止上市。

六问：为什么禁止食品流通、餐饮环节添加使用亚硝酸盐？

答：亚硝酸盐是一种毒性很强的高风险食品添加剂，一般作为护色剂和防腐剂在部分肉制品加工中限量使用。人体摄入 0.2～0.3 克亚硝酸盐就可以发生急性中毒，1～3 克可导致死亡。近年来，本市因误食亚硝酸盐造成的食物中毒事故时有发生，严重威胁市民身体健康和生命安全。近些年来，上海曾多次发生因食用含过量亚硝酸盐食品导致的人员中毒甚至死亡的食品安全事件。引发此类食品中毒事故的原因，主要是食品经营者（如熟食店、餐饮单位）在制作食品过程中非法过量添加亚硝酸盐或误将其作为食盐使用。另外，亚硝酸盐有效护色和防腐作用的剂量与中度剂量差距不大，非专业人员难以控制，所以国家卫生部和国家食品药品监管局于 2012 年 5 月 28 日发布了《关于禁止餐饮服务单位采购、贮存、使用食品添加剂亚硝酸盐的公告》（卫生部公告 2012 年第 10 号）。结合本市监管实际，本公告进一步强调了禁止食品流通、餐饮环节添加使用亚硝酸盐。

七问：食品摊贩禁止经营凉拌菜、色拉等食品品种原因是什么？

答：根据本市 2012 年出台的《上海市食品摊贩经营管理暂行办法》，本市已将食品安全风险较高、食品摊贩无法具备基本加工条件加工经营的食品，列入了食品摊贩禁止经营的食品范畴，包括：凉拌菜、色拉等生食类食品，食品安全风险较高的现榨饮料、现制乳制品，以及需要专间加工的不经加热处理的改刀熟食和裱花蛋糕。对此，本公告进一步加以明确，确保相关规定的执行力和拘束力，有效强化本市食品安全监管措施。本公告规定禁止食品摊贩经营生食水产品、生鱼片、凉拌菜、色拉等生食类食品，不经加热处理的改刀熟食以及现榨饮料、现制乳制品和裱花蛋糕。

八问：制定发布《上海市人民政府关于禁止生产经营食品品种的公告》目的意义是什么？

答：一是为了进一步细化明确《上海市实施〈中华人民共和国食品安全法〉办法》第十三条第一款第（五）项设定的兜底性禁止生产经营食品的规定："市人民政府为防病和控制重大食品安全风险等特殊需要明令禁止生产经营的"，本《公告》针对这一条款将本市防病和控制重大食品安全风险等特殊需要明令禁止生产经营品种予以具体化。

二是确保法规规章有效衔接。按照本市清理有关地方法规规章的要求，《上海市城乡集市贸易食品卫生管理规定》已被废止，部分原有的禁止性规定，如禁止在集市经营的食品"毛蚶、泥蚶"以及

"死的黄鳝、甲鱼、乌龟、蝲蛄"等，有必要通过市政府出台公告进一步加以明确。另外，《食品安全法》和本市食品安全地方性法规的出台，《上海市生食水产品卫生管理办法》部分条款已不再适用。

三是进一步明确原有规范性文件规定的禁止生产经营品种的效力。如2012年市食安办、市食品药品监管局制定的《上海市食品摊贩经营管理暂行办法》已将生食水产品等高风险食品品种列人食品摊贩禁止经营的食品范畴，本《公告》予以进一步明确，确保这些规定的执行力和拘束力。

上海市质量技术监督局关于落实质检总局工业产品生产许可证"一企一证"改革实施方案的通知

（沪质技监监〔2018〕38号）

各区市场监督管理局（质量发展局），市质量技监局业务受理中心，有关审查机构：

为贯彻落实党中央、国务院推进"放管服"改革部署和中央经济工作会议"减证"要求，进一步深化工业产品生产许可证制度改革，大幅精简压缩生产许可审批流程，减轻企业负担，质检总局现已发布《关于印发〈工业产品生产许可证"一企一证"改革实施方案〉的公告》（2018年第10号），请认真遵照执行。现就有关事项通知如下：

一、加强组织领导

各单位要高度重视，充分认识工业产品生产许可证"一企一证"改革的重要意义，加强领导，精心组织，确保"一企一证"改革落实到位。

二、完善配套措施

各单位要根据质检总局公告要求，认真研究，制定具体方案和落实措施。

（一）各区市场监督管理局、市质量技监局业务受理中心对企业申请生产多种纳入工业产品生产许可证管理目录的产品，应一并实施审查并按照规定时限完成行政审批。需要进行实地核查的，应及时选定审查机构，并按照"一企一证""一证一号"等原则办理。

（二）审查机构在接到多种类别产品一并申请的审查任务时，应当选派多种类别产品专业背景的审查员组成审查组，对企业申请的多种类别产品按照规定时限一并实施实地核查。

（三）市质量技监局业务受理中心应加强审查机构和审查员"一企一证"工作的管理和培训，对区市场监督管理局做好相关的技术支持和业务指导。

三、加强政策宣传

各单位要通过新闻媒体、门户网站和微信微博等多种形式，向企业和社会宣传工业产品生产许可证"一企一证"等改革措施，确保改革取得实效。

附件：质检总局关于印发《工业产品生产许可证"一企一证"改革实施方案》的公告（2018年第10号）（略）

上海市质量技术监督局

2018年1月24日

上海市食品药品监督管理局关于上海世达食品有限公司在桂冠香肠产品中添加亚硝酸钠的行为是否违法请示的复函

（沪食药监食生函〔2018〕94号）

闵行区市场监督管理局：

你局《关于上海世达食品有限公司在桂冠香肠产品中添加亚硝酸钠的行为是否违法的请示》（闵市监〔2018〕47号）收悉，经研究，答复如下：

根据《食品安全法》第四十条规定，食品生产企业应当按照《食品安全国家标准 食品添加剂使用标准》（GB 2760）使用食品添加剂，来函中关于上海世达食品有限公司是否可以在其产品桂冠香肠产品中使用亚硝酸钠的问题，请你局现场核查该公司桂冠香肠产品生产主要原料、工艺等情况，确定桂冠香肠产品在 GB 2760—2014 附录 E "食品分类系统"中的归类，根据归类情况，通过 GB 2760—2014 附录 A 来判断是否可以添加亚硝酸钠。

特此函复。

上海市食品药品监督管理局

2018 年 6 月 4 日

上海市食品药品监督管理局关于复配食品添加剂生产和使用食品添加剂生产药用辅料共用生产场所及设施有关问题的复函

（沪食药监食生函〔2018〕103 号）

金山区市场监督管理局：

你局《关于上海浦力膜制剂辅料有限公司拟共线生产药用辅料及复配被膜剂的请示》（金市监注〔2018〕31 号）收悉。经研究，现函复如下：

同意复配食品添加剂生产和使用食品添加剂生产药用辅料共用生产场所及设施。共用场所及设施生产条件应同时符合《食品生产许可审查通则》、GB 26687—2011《食品安全国家标准 复配食品添加剂通则》、《药用辅料生产质量管理规范》等规定，并严格按照相关要求组织生产，保证产品质量。复配食品添加剂生产应按照《中华人民共和国食品安全法》、《食品生产许可管理办法》的规定取得复配食品添加剂生产许可。

上海市食品药品监督管理局

2018 年 6 月 8 日

上海市市场监督管理局关于推进食品生产过程智能化追溯体系建设的指导意见

（沪市监食生〔2019〕476号）

各区市场监督管理局：

为进一步加强食品（含食品添加剂）生产企业食品安全追溯体系建设，贯彻落实《中共中央 国务院关于深化改革加强食品安全工作的意见》的要求，根据本市食品安全追溯体系建设的整体部署，前期在金山区试点开展了试点推进工作，成效明显。现就在全市食品生产企业推进生产过程智能化追溯体系建设，提出如下指导意见：

一、工作目标

食品生产企业通过信息化手段建立食品安全智能化追溯体系，形成覆盖生产全过程的追溯信息数据链，客观、有效、真实地记录和保存食品质量安全信息，实现食品质量安全顺向可追踪、逆向可溯源、风险可管控，发生质量安全问题时产品可召回、原因可查清、责任可追究，切实落实食品安全主体责任，保障食品安全。

二、基本原则

（一）企业为主体。食品生产企业承担建立生产过程智能化追溯体系的主体责任，属地监管部门负责督促指导。

（二）记录为基础。以法律法规和相关食品安全标准规定的原料进货查验、生产过程控制、产品出厂检验、产品销售记录等制度为追溯的数据基础，记录数据真实、准确、完整。

（三）切合企业实际。突出可操作性，不要求形式的一致，食品生产企业可以自建系统，也可以采用第三方技术机构的服务，但应确保追溯体系中采集的数据信息和本市食品安全追溯信息平台实现实时对接。

三、适用范围

本指导意见不适用特殊食品生产企业和食品生产加工小作坊。特殊食品生产企业的生产过程追溯体系建设按照相关规定开展，有条件的食品生产加工小作坊可参照本意见建设生产过程追溯体系。

四、追溯内容

企业根据自身生产工艺和产品特点等，确定需要录入追溯系统的具体信息内容。对相关追溯内容调整时，应记录调整的相关情况。生产过程追溯系统至少应有以下数据信息：

（一）产品信息。追溯系统中的产品信息主要包括产品基本信息、贮存信息和运输销售信息。

1. 产品基本信息。包括产品名称、执行标准及标准内容、配料、生产工艺、生产日期或者生产批号、保质期、标签标识等。

2. 贮存信息。包括产品的仓库所在地、入库、出库时间、交接人员姓名等保障食品安全贮存要求的信息。需冷藏、冷冻或其他特殊条件贮存的，还应当记录贮存的相关信息。

3. 销售信息。如实记录食品数量、销售日期以及购货者名称、地址、联系方式等内容。食品的运输过程需冷藏、冷冻或其他特殊条件运输的，还应当记录运输过程的相关信息。

（二）生产信息。追溯系统中信息记录应覆盖生产全过程，重点是原辅材料进货查验、生产过程控制、检验三个关键环节。

1. 原辅材料进货查验信息。包括原料、食品添加剂、食品相关产品进货查验记录信息，如实记录原辅材料名称、规格、数量、生产日期或者生产批号、保质期、进货日期以及供货者名称、地址、联系方式等内容。

2. 生产过程控制信息。包括原辅材料入库、贮存、出库、生产使用的相关信息；配投料信息（数量、配比、生产班次、工艺参数、配投料人员等）；根据需要记录相关操作人员和设备设施的信息，确保风险原因可查清，责任可落实。

3. 检验信息。包括检验批号、检验日期、检验方法、检验结果及检验人员等内容等。开展过程检验的还应包括生产过程检验的相关信息。

（三）人员信息。包括与食品生产过程相关人员的培训、资质、上岗、编组、在班、健康等情况信息，并与相应的生产过程履职信息关联。质量安全管理、原辅材料采购、技术工艺、生产操作、检验、贮存等不同岗位、不同环节，切实将职责落实到具体岗位的具体人员，记录履职情况。

（四）召回销毁等信息。对存在问题而召回的产品，企业应当记录发生召回的食品名称、生产日期或生产批号、规格、数量、来源、发生召回原因、召回情况等信息，对问题产品销毁的还应当记录对召回食品进行无害化处理、销毁的时间、地点、人员、处理方式等信息，监管部门实施现场监督的，应当记录相关监管人员基本信息。

五、智能化过程追溯体系建设基本要求

（一）建立制度。企业建立食品安全过程追溯系统应当建立信息管理制度，明确数据采集、传输、汇总、保存、使用等过程的职责、权限和要求。理清原料来源、生产环节及衔接、物料流向、信息采集要求及记录规则等，建立顺向可追踪、逆向可溯源的生产过程追溯制度，明确追溯目标、措施和责任人员，并定期实施内部审核，以评价追溯体系的有效性。

（二）系统建设。企业可根据生产过程要求和科技发展水平，科学设定信息的采集点、采集数据和采集频率等技术要求。企业应当参照《食品和食用农产品信息追溯第 1 部分：编码规则》（DB31/T 1110.1—2018）、《食品和农产品信息追溯第 2 部分：数据元》（DB31/T 1110.2—2018）、《食品和食用农产品信息追溯第 3 部分：数据接口》（DB31/T 1110.3—2018）、《食品和食用农产品信息追溯第 4 部分：标识物》（DB31/T 1110.4—2018）明确本企业所采用的追溯信息的编码原则、标识方法、标识载体与数据接口等规则，确保追溯对象标识的唯一性和各环节间标识的有效关联，形成闭环，做到原辅材料使用清晰、生产过程管控清晰、时间节点清晰、设备设施运行清晰、岗位履职情况清晰。上一环节和下一环节操作信息要及时核对，汇总的各环节信息及时传到企业的信息追溯系统。鼓励有条件的企业通过无线传感器、无线通信技术、GIS/GPS 等核心物联网技术将温湿度仪器、大气监测仪器、空气监测仪器、电子秤等设备与互联网连接起来，进行信息交换和通讯，以实现智能化识别、定位、跟踪、监控和管理，实现对产品贮存与运输等环境信息实时监测与预警。

（三）数据应准确、真实。企业在建立过程追溯体系中采集的信息，应当从技术上和制度上保证不能随意修改，要有备份系统。明确保管人员职责，防止发生信息损毁、灭失等问题，确需后期录入的应当保留原始信息记录。

（四）保证运行有效。企业应建立过程追溯体系检查、演练和审核机制，及时检查并定期审核追溯体系的运行情况，包括是否满足相关法律法规和文件规定要求、追溯有效性和及时性、运行成本测量、标识混乱或信息丢失等产生不良信息的历史记录、对纠正措施进行分析的数据记录和监测结果等。

六、工作要求

（一）加强组织领导。各区市场监管部门要高度重视，将推进食品生产过程智能化追溯体系建设列入工作重点，督促辖区内企业成立相应组织负责追溯体系建设工作。

（二）明确重点、分步实施。各区市场监管局可结合监管实际制定实施规划，按企业规模、风险等级或产品类别分步推进食品生产过程智能化追溯体系建设。2021年底基本完成纳入本市追溯产品目录的产品和高风险产品生产企业智能化追溯体系建设。在取得成熟经验基础上，不断完善，逐步向所有食品生产企业推广。

（三）强化指导培训。各区市场监管局要加强对企业的指导和培训，将追溯体系建设工作的目标、要求和关键点列入培训计划，定期开展关于追溯记录、追溯程序、追溯操作规程等方面的培训。

（四）严格监督检查。各区市场监管局要加强对企业落实生产过程追溯体系建设情况的检查，验证产品追溯链条，对既未建立智能化过程追溯体系也未建立纸质过程追溯、或虽建立过程追溯但信息不全、缺失、不真实的企业，要严格按照法律法规的规定进行调查处理。

上海市市场监督管理局

2019 年 11 月 18 日

上海市市场监督管理局关于印发《上海市小微型食品生产企业危害分析与关键控制点（HACCP）体系实施指南》的通知

（沪市监食生〔2020〕11号）

各区市场监督管理局：

为贯彻落实《中共中央　国务院关于深化改革加强食品安全工作的意见》《中华人民共和国食品安全法》《中华人民共和国食品安全法实施条例》《上海市食品安全条例》等法律法规及文件要求，进一步推进本市小微型食品生产企业建立并实施危害分析与关键控制点（HACCP）体系，着力推动"上海制造"高质量发展，提升本市食品生产企业整体质量安全控制水平，保障"十三五"期末本市食品生产企业全面实施 HACCP 体系，上海市市场监督管理局制定了《上海市小微型食品生产企业危害分析与关键控制点（HACCP）体系实施指南》（简称《实施指南》），现印发给你们，请各单位加强宣传，对辖区内未建立和实施 HACCP 体系的小微型食品生产企业，引导和督促其参照本《实施指南》或 GB/T 27341《危害分析与关键控制点（HACCP）体系食品生产企业通用要求》，及时建立并实施 HACCP 体系。

附件：上海市小微型食品生产企业危害分析与关键控制点（HACCP）体系实施指南

上海市市场监督管理局

2020 年 1 月 8 日

附件

上海市小微型食品生产企业危害分析与关键控制点（HACCP）体系实施指南

为进一步推进本市小微型食品生产企业建立并实施危害分析与关键控制点（HACCP）体系，着力推动"上海制造"高质量发展，提升本市食品生产企业整体质量安全控制水平，根据《中共中央国务院关于深化改革加强食品安全工作的意见》《中华人民共和国食品安全法》《中华人民共和国食品安全法实施条例》《上海市食品安全条例》《上海市食品药品安全"十三五"规划》等要求，结合本市实际，制定上海市小微型食品生产企业危害分析与关键控制点（HACCP）体系实施指南（以下简称《实施指南》）。

一、适用范围

本指南适用于本市年营业收入小于 2000 万元的小微型食品生产企业。

二、建立并实施 HACCP 体系

（一）基本要求

企业生产条件应当符合 GB 14881《食品生产通用卫生规范》和相关专项卫生规范要求（《目前有效的国家及本市强制性食品生产卫生规范目录》见附件 1）。

（二）体系建立

1. 制定危害分析工作单

企业应对其生产的每一个产品，制定危害分析工作单（格式见附件 2，《裱花蛋糕危害分析工作单示例》见附件 3），包括以下内容：

（1）产品描述

包括原料的名称、配料、产地、贮存方式，包装材料的名称、包装方式，产品的名称、生产工艺步骤、保质期、贮存方式、运输销售方式、预期用途、预期消费者等内容；

（2）危害分析及关键控制点确定

对照产品生产工艺步骤，对每一步骤进行危害分析，确定是否存在潜在危害，如存在潜在危害的，对其发生的可能性及严重性进行评估，对潜在危害中的显著危害通过判断树法确定关键控制点或修改生产工艺确保显著危害得到有效控制，确定关键控制点的判断树法（格式见附件 4）。

2. 制定 HACCP 计划

企业应针对危害分析中的关键控制点，制定 HACCP 计划，包括以下内容：

（1）制定关键限值

企业应对每个关键控制点制定关键限值，关键限值应直观、易于监控，确保产品的显著危害得到有效控制。关键限值可以是一个具体的数值，如温度、湿度、时间、速率、水分活度、水分含量、pH 值、盐分含量等，也可以是感官感知的结果。企业也可以制定操作限值，操作限值是比关键限值更严格的标准，能在关键限值出现偏离之前发现潜在的问题，减少偏离关键限值的风险。

（2）建立监控措施

企业应对每个关键控制点建立监控措施，保证关键控制点处于受控状态，监控措施包括监控对象、监控方法、监控频率和监控者。监控对象为每个关键控制点设计的关键限值；监控方法为测量定量的关键限值或观察定性的关键限值；监控频率一般应为连续监控，若采用非连续监控时，其频次应能保证关键控制点受控的需要；监控者可以是人员或连续监控的设备。

（3）建立纠偏措施

企业应针对每个关键控制点的每个关键限值的偏离预先建立纠偏措施，当监控显示不符合关键限值时，及时采取纠偏措施。

HACCP 计划实施前，企业应对危害分析工作单和 HACCP 计划各项内容进行验证确认，保障若有效实施 HACCP，将足以控制所有显著危害。

（三）体系实施

企业应制定 HACCP 计划实施后的验证措施，并保障有效运行，验证内容与监控措施类似，可包括验证对象、方法、频次、人员；验证对象主要为关键控制点监控措施的有效性和记录准确性；验证方法包括现场观察或记录复查，也可采用抽样检验或第三方审核，当工艺配方、生产工艺发生改变，关键控制点无效、纠偏措施频繁实施，或者有重要投诉时，企业应当启动对 HACCP 有效性的重新验证。

HACCP 计划实施后，企业应做好 HACCP 计划中监控措施、纠偏措施以及实施后验证措施的记录，该记录可与 HACCP 计划合并为 HACCP 计划记录表（格式见附件 5，《裱花蛋糕生产 HACCP 计划记录表（示例）》见附件 6），包括以下内容：

（1）监控记录

监控者应如实记录监控措施中的测量或观察结果，并附监控记录时间，如监控者为人员的，监控人员应当签名。

（2）纠偏记录

纠偏人员应如实记录偏差的产品信息（产品名称、生产时间和数量）、关键限值的偏差情况、产品的处置方式，以及纠偏人员签名和日期。

（3）验证记录

验证人员应根据验证措施如实记录验证措施的实施和结果，以及验证人员签名和日期。

三、HACCP 体系实施确认

食品生产企业按本指南要求，在本企业建立并实施 HACCP 体系后，可结合自身状况和需求，选择以下的确定方式：

1. 企业自我申明

食品生产企业自我声明建立并实施 HACCP 体系，监管部门可进行随机检查或组织第三方认证机构对其进行有效性评价。

2. 第三方机构认证

食品生产企业向第三方认证机构申请 HACCP 体系认证，获取体系认证证书，第三方认证机构应当依法实施跟踪检查。

本条中的第三方认证机构指经国务院认证认可监督管理部门批准，且所批准的范围内包括 HACCP 体系的认证机构。

四、体系保障

1. 人员要求

企业应建立 HACCP 小组，明确小组工作职责，以及小组负责人和相关成员责任分工，企业应同时明确企业内各部门在 HACCP 体系中所承担的职责，从各方面保障 HACCP 体系的建立和有效实施。

2. 技术支持

企业组建 HACCP 小组时，可根据企业自身实际情况及需要，可邀请第三方认证机构的专家参与，或者以类似"家庭医生"模式，建立点对点第三方认证机构咨询或评价机制，确保及时获得有效的 HACCP 体系应用技术支持。

3. 材料归档

企业应当明确 HACCP 体系相关材料的归档要求，按照要求及时做好材料归档。

4. 日常培训

企业需定期组织并开展食品安全培训，确保企业食品安全管理体系持续保持。

附件：

1. 目前有效的国家及本市强制性食品生产卫生规范目录（略）

2. 危害分析工作单（略）

3. 裱花蛋糕危害分析工作单（示例）（略）

4. 确定关键控制点判断树法（略）

5. HACCP 计划记录表（略）

6. 裱花蛋糕生产 HACCP 计划记录表（示例）（略）

上海市市场监督管理局关于印发《上海市食品贮存、运输服务经营者备案管理办法》的通知

（沪市监规范〔2020〕6号）

各区市场监管局，市局各处室、执法总队、机场分局，各有关事业单位：

根据《上海市食品安全条例》的规定，市局制定《上海市食品贮存、运输服务经营者备案管理办法》。现印发给你们，请遵照执行。

特此通知。

附件：上海市食品贮存、运输服务经营者备案管理办法

上海市市场监督管理局

2020年2月5日

附件：

上海市食品贮存、运输服务经营者备案管理办法

第一条（目的与依据）

为保障食品安全，规范本市食品贮存和运输的日常经营行为，督促落实食品安全责任，依法开展食品经营活动，根据《中华人民共和国食品安全法》《上海市食品安全条例》等有关规定，制定本办法。

第二条（适用范围）

本市非食品生产经营者提供食品和食用农产品贮存、运输服务的（以下简称"食品贮存、运输服务经营者"），适用本办法。

本办法所称的食品贮存、运输服务经营者，是指已经取得贮存、运输经营的营业执照，为食品生产经营者提供食品和食用农产品贮存、运输服务的经营主体。

第三条（部门职责）

市市场监督管理部门负责指导、协调本市食品贮存、运输服务经营者备案工作。

各区市场监督管理部门负责辖区内食品贮存、运输服务经营者的备案工作，并依法对食品贮存、运输服务经营者开展食品安全监督管理。

交通运输管理部门负责食品运输服务经营者《道路运输经营许可证》等资格证明的审核发放工作，并实施监督管理。

第四条（备案申请材料）

食品贮存、运输服务经营者应当取得营业执照，在提供食品贮存、运输服务前，向营业执照所在地的区市场监督管理部门申请备案，并提供以下材料：

（一）备案申请表（附件1）。

（二）营业执照，法定代表人或负责人身份证明。委托办理备案手续的，还应当提供法定代表人

出具的委托书及受托人的身份证明。

（三）根据《中华人民共和国食品安全法》《上海市食品安全条例》等法律法规有关食品安全要求，制定的与食品贮存、运输服务相关安全管理制度。

（四）从事食品贮存服务的，应当提供食品贮存使用房屋合法证明、现场平面图和工具设备清单。使用房屋合法证明包括产权证、租赁协议等相关材料。

（五）从事食品运输服务的，应当提供公安部门的车辆行驶证证明、停车场使用证明和交通运输管理部门的《道路运输经营许可证》；其中，从事冷冻冷藏食品运输的，应当提供经营范围为道路货物专用运输（冷藏保鲜）的《道路运输经营许可证》。

第五条（备案办理）

备案申请人提供的相关材料符合要求的，区市场监督管理部门当场予以备案，发放《上海市食品贮存、运输服务经营者备案证明》（附件3）。

第六条（经营要求）

（一）食品贮存、运输服务经营者应当制定食品安全管理制度，加强对存储、运输环节的食品安全管理，建立健全预警机制，落实岗位责任，强化内部管理，有效防控食品安全风险。

食品安全管理制度应当包括：从业人员健康管理制度和培训制度、食品安全管理员制度、食品安全自查与报告制度、食品贮存运输过程与控制制度、场所及设施设备清洗消毒和维修保养制度、临近保质期食品和超过保质期食品管理制度以及食品安全突发事件应急处置方案等。

（二）食品贮存、运输服务经营者应当依法查验食品生产经营者的许可证件、营业执照或者身份证件、食品和食用农产品检验或者检疫合格证明等文件，留存其复印件，并建立电子化台账系统，做好食品和食用农产品进出库记录、运输记录。相关文件复印件和记录的保存期限不得少于产品保质期满后六个月；没有明确保质期的，保存期限不得少于二年；食用农产品相关文件复印件和记录的保存期限不得少于六个月。

（三）贮存、运输和装卸食品的容器、工具和设备应当安全、无害，保持清洁，防止食品污染，并符合保证食品安全所需的温度、湿度等特殊要求，不得将食品与有毒、有害物品一同贮存、运输。

（四）贮存、运输有特殊温度、湿度控制要求的食品和食用农产品，应当进行全程温度、湿度监控，并做好监控记录，符合保证食品和食用农产品安全所需的温度、湿度等特殊要求。监控记录保存期限不得少于二年。

（五）食品贮存、运输服务经营者应当按要求加强对临近保质期食品和超过保质期食品的管理，在与入库食品货主或运输委托方签订的食品存储、运输合同中，应当明确对临近保质期食品和超过保质期食品的管理责任。存储、运输超过保质期的食品时，应当如实做好跟踪记录。禁止在存储仓库内通过重新包装等手段，篡改食品的生产日期和保质期等重要信息。发现存在违法行为的，应当及时报告属地市场监督管理部门。

（六）食品贮存服务经营者应当采集进入库区的送、提货者的信息（车辆行驶证、营运证）和送、提货证明。鼓励通过建立全程视频监控，掌握食品、食用农产品的存储动态。

（七）食品运输服务经营者应当落实运输随车附单制度和随车温度管控制度，并做好随车温度记录。

第七条（备案期限和变更、延续）

食品贮存、运输服务经营者备案的有效期为三年。房屋租赁期不满三年的，有效期以租赁期为准。

食品贮存、运输服务经营者备案信息发生变化的，应当及时申请办理变更备案手续。

备案有效期届满需延续的，应当在有效期届满三十日前，申请办理延续。

变更和延续备案的，按照首次备案的相关要求执行。

第八条（加强事中事后监管）

营业执照所在地的区市场监督管理部门应及时将食品贮存、运输服务经营者备案信息录入信息管理系统。经营所在地的市场监督管理部门应当在食品贮存、运输服务经营者取得备案证明后的 3 个月内，进行现场检查，抽检存储、运输的食品，建立监管及诚信档案，并实施日常监督管理。

未办理备案的食品贮存、运输服务经营者，以及明知食品贮存、运输服务经营者未办理备案，仍为其提供存储经营场所和运输工具或者其他条件的单位和个人，区市场监督管理部门应当依法进行查处，并将相关信息纳入本市公共信用信息服务平台，由相关部门对违法单位和个人失信行为实施信息共享和联合惩戒。

第九条（食品安全违法行为查处）

食品贮存、运输服务经营者违反本办法的行为，法律、法规和规章有处理规定的，按照有关规定查处；构成犯罪的，依法追究刑事责任。

第十条（注销）

经备案的食品贮存、运输服务经营者存在下列情形之一的，由区市场监督管理部门予以注销：

（一）以欺骗、贿赂等不正当手段取得备案的；

（二）一年内累计三次被投诉举报并查证属实，违反食品安全规定受到行政处罚的；

（三）不再符合备案要求，继续从事相关活动且拒不改正的；

（四）严重违反市场秩序、交通运输管理、环境保护、房屋管理等法律法规规定，被相关部门依法终止其经营资格的。

第十一条（信息共享）

建立市场监管、农业农村、商务、交通运输和海关等部门的信息联网机制，加强信息互联共享，强化部门联动和联合惩戒。

第十二条（行业自律）

鼓励相关行业协会加强对食品贮存、运输服务经营者的食品安全培训、指导和服务，并通过制定行业标准，定期组织综合评价等手段，引导其依法诚信经营，提高食品安全管理水平。

第十三条（举报投诉处置）

任何组织或个人发现食品贮存、运输服务经营者存在食品安全、市场秩序和交通运输等违法行为的，可向本市举报电话投诉、举报，也可向相关部门投诉、举报。

第十四条（施行日期）

本办法自 2020 年 3 月 1 日起施行，有效期至 2025 年 2 月 28 日止。原上海市食品药品监督管理局 2017 年 11 月 30 日施行的《上海市食品贮存、运输服务经营者备案管理办法（试行）》同时废止。

附件：

1.上海市食品贮存、运输服务经营者备案申请表（样式）（略）

2.经营场所和设备设施基本要求（略）

3.上海市食品贮存、运输服务经营者备案证明（略）

上海市市场监督管理局关于印发《上海市食品生产企业供应商食品安全检查评价实施指南》的通知

（沪市监食生〔2020〕222号）

各区市场监管局，临港新片区市场监管局：

为贯彻落实《中共中央 国务院关于深化改革加强食品安全工作的意见》《中华人民共和国食品安全法》《中华人民共和国食品安全法实施条例》《上海市食品安全条例》《上海市食品药品安全"十三五"规划》等要求，进一步推进本市食品生产企业建立并实施供应商食品安全检查评价制度，着力推动"上海制造"高质量发展，提升本市食品生产企业整体质量安全控制水平，保障"十三五"期末本市食品生产企业全面开展供应商食品安全检查评价，上海市市场监督管理局制定了《上海市食品生产企业供应商食品安全检查评价实施指南》（简称《实施指南》），现印发给你们。请各单位加强宣传，根据《实施指南》要求，引导和督促辖区内所有食品生产企业建立并实施供应商食品安全检查评价制度。

上海市市场监督管理局

2020 年 5 月 13 日

上海市食品生产企业供应商食品安全检查评价实施指南

为进一步推进本市食品生产企业建立并实施供应商食品安全检查评价制度，着力推动"上海制造"高质量发展，提升本市食品生产企业整体质量安全控制水平，根据《中共中央 国务院关于深化改革加强食品安全工作的意见》《中华人民共和国食品安全法》《中华人民共和国食品安全法实施条例》《上海市食品安全条例》《上海市食品药品安全"十三五"规划》等要求，结合本市实际，制定上海市食品生产企业供应商食品安全检查评价实施指南（以下简称《实施指南》）。

一、适用范围

本《实施指南》适用于本市所有食品生产企业。

二、建立并实施供应商食品安全检查评价制度

（一）基本要求

本市所有食品生产企业应依法严格执行食品原料、食品添加剂和食品相关产品进货查验记录制度，查验供应商的许可证和产品合格证明，如实做好相关记录。

企业应建立并实施食品安全危害分析制度，建立所采购的食品原料、食品添加剂和食品相关产品合格供应商及产品目录，并根据变化及时更新目录，对所采购的食品原料、食品添加剂和食品相关产品进行危害分析。大、中型食品生产企业（年营业收入大于等于 2000 万元，以下同）可自行或在供应商提供相关材料的基础上，对食品原料、食品添加剂和食品相关产品进行生物、化学和物理性危害

分析，制定危害分析工作单，确定每种产品可能存在的危害，危害发生的可能性以及可能造成伤害的严重程度［危害分析工作单（参考格式）见附件1，小麦粉危害分析工作单（参考示例）见附件2］。小微型食品生产企业可参照《上海市小微型食品生产企业危害分析与关键控制点（HACCP）体系实施指南》中危害分析工作单（示例）或本《实施指南》，对产品配料进行危害分析。

（二）建立供应商食品安全检查评价制度

企业应建立供应商食品安全检查评价制度，明确风险收集要求，制定供应商食品安全检查评价规范和检查评价结果处置规定。

1. 建立风险收集制度

企业应制定供应商食品安全风险收集制度，定期或不定期收集供应商提供产品的风险信息，并做好记录，需要处理的，及时处置。

供应商风险信息来自企业内部和企业外部，来自企业内部的风险信息包括供应商产品风险分析发现的隐患，进货查验过程中发现的产品不合格频次，生产过程和备样产品检验中发现的进货产品不合格或缺陷，供应商食品安全检查评价发现的供应商不符合情况，供应商对企业反馈的质量问题处理等；来自企业外部的风险信息包括经查实的供应商失信信息、政府或第三方机构抽检产品不合格、违法记录，查实的投诉举报、媒体负面报道等情况。

2. 制定检查评价规范

企业应制定供应商食品安全检查评价规范，包括评价标准和评价流程，并根据需要，不断完善检查评价规范。

评价标准应结合企业收集的供应商产品食品安全风险信息，评价供应商生产经营条件与法律法规标准规定的符合性，食品安全管理体系的运转情况，采购、生产、检验、贮存、运输、销售、追溯、环境、记录、归档等环节中食品安全控制能力和实施规范程度等。供应商为生产企业的，充分考虑供应商食品安全管理、现场操作、生产管理、检验管理、环境管理、虫害控制、采购管理等情况，同时明确评价结果的判定标准［生产型供应商食品安全现场检查评价表（参考示例）见附件3］。供应商为进口商或国内经销商的，应制定进口商或国内经销商食品安全检查评价标准。食品生产企业直接进口产品的，应重点加强进货查验制度的落实，确保对潜在危害的有效控制，企业认为必要的，可采取国外供应商现场检查、抽样检测等评价措施。

评价流程是对供应商食品安全检查评价的分类、程序等管理规定。企业可根据食品原料、食品添加剂和食品相关产品的类别属性，结合产品风险大小，对供应商食品安全检查实施分类管理，制定不同的评价程序，也可根据企业实际，对产品类别进一步细化，如是否为主要原料、是否为产品配料中加入量大于等于2%的原料等，制定更精细化评价程序。评价程序可包括评价人员（或机构）、评价方式（书面评价或现场评价）、评价频率、评价记录要求，是否需要抽样检测等内容，以及对拟纳入或已纳入合格供应商名录、临时或需重新评价等不同情形的评价程序规定。

3. 严格评价结果处置

企业应制定评价结果处置规定，明确不同评价结果的处置措施，比如纳入合格供应商名录、整改验证合格后纳入合格供应商名录、移出合格供应商名录等，以及根据评价结果确定或调整评价方式、评价频率等规定，同时应明确发现存在严重食品安全问题的，应当立即停止采购，并向本企业、供应商所在地市场监管部门报告的要求。

（三）实施供应商食品安全检查评价制度

企业采购的食品原料、食品添加剂和食品相关产品品种纳入合格供应商提供产品品种目录中的，应确保从合格供应商处采购。

本市所有食品生产企业应对提供主要原料（对产品归类、物理化学性质起决定作用的原料）的供应商实施食品安全检查评价，符合检查评价规范的，纳入合格供应商名录。企业应每年对主要原料供应商实施检查评价，其中大、中型高风险食品生产企业应对主要原料供应商应实施现场检查评价，鼓励小微型高风险食品生产企业对主要原料供应商实施现场检查评价。企业实施检查评价时，可自行或者委托第三方机构组织开展。

除落实主要原料供应商年度检查评价外，大、中型食品生产企业应对产品配料中其他加入量大于等于2%的原料供应商每三年内实施食品安全检查评价，鼓励大、中型食品生产企业对产品配料中加入量小于2%的原料供应商和食品相关产品供应商实施食品安全检查评价，鼓励小微型食品生产企业对采购的食品原料、食品添加剂和食品相关产品供应商实施食品安全检查评价。

1.制定评价计划

企业应结合生产实际、风险收集、既往供应商食品安全检查评价结果等情况，制定供应商食品安全年度检查评价计划并严格执行［年度供应商食品安全检查评价计划（参考示例）见附件4］。根据供应商检查评价规范，明确供应商检查评价方式、评价时间、评价人员，委托第三方机构实施评价计划的，应备注说明。

2.实施检查评价

企业应根据年度检查评价计划，依据检查评价规范，开展供应商食品安全检查评价，严格做好检查评价记录，根据判定标准，对检查情况作出综合评价。

3.严格结果处置

企业应根据评价结果处置规定，对相关供应商资格及供应的食品原料、食品添加剂或食品相关产品作出相应处置，需要报告的，及时向相关市场监管部门报告。

三、保障措施

1.人员要求

企业应建立供应商食品安全检查评价团队，明确团队职责、负责人和人员责任分工，同时明确企业内相关部门在该项工作中的相关职责，从各方面保障供应商食品安全检查评价制度的建立和有效实施。

2.技术支持

企业可配置相关检测设备、信息系统等设施设备，支持该项工作高效实施，也可根据自身实际和工作需要，邀请第三方机构提供技术支持，或委托第三方机构组织开展相关工作。

3.材料归档

企业应当明确供应商食品安全检查评价相关材料的归档要求，按照要求及时做好材料归档。

4.日常培训

企业需定期组织并开展供应商食品安全检查评价工作培训和交流，确保该项工作的持续有效实施。

附件：

1.危害分析工作单（参考格式）（略）

2.小麦粉危害分析工作单（参考示例）（略）

3.生产型供应商食品安全现场检查评价表（参考示例）（略）

4.年度供应商食品安全检查评价计划（参考示例）（略）

上海市市场监督管理局关于印发上海市食品生产企业、食品生产加工小作坊食品安全主体责任清单的通知

（沪市监食生〔2020〕327号）

各区市场监管局，临港新片区市场监管局：

为进一步落实本市食品（含食品添加剂、食盐）生产企业、食品生产加工小作坊的食品安全主体责任，保障食品质量安全，依据《食品安全法》《食品安全法实施条例》《上海市食品安全条例》等相关法律法规，我局制定了《上海市食品（含食品添加剂、食盐）生产企业食品安全主体责任清单》和《上海市食品生产加工小作坊食品安全主体责任清单》，现印发给你们，请结合监管工作实际，对辖区企业开展广泛宣传和培训，使企业明确自身主体责任范围，督促企业结合主体责任清单制定食品安全自查管理制度，每年定期对食品安全主体责任落实情况进行自查，将企业填写的《上海市食品生产环节食品安全主体责任自查及整改情况表》纳入日常监管档案，强化监管针对性。

附件：

1. 上海市食品（含食品添加剂、食盐）生产企业食品安全主体责任清单（略）
2. 上海市食品生产加工小作坊食品安全主体责任清单（略）
3. 上海市食品生产环节食品安全主体责任自查及整改情况表（略）

上海市市场监督管理局

2020年7月7日

上海市市场监督管理局关于进一步落实食盐生产企业日常监督检查工作的通知

（沪市监食生 20200429 号）

杨浦、闵行区市场监管局：

2020 年是食盐生产企业取得《食品生产许可证》的首年，为切实加强本市食盐生产企业事中事后监管工作，规范其生产行为，现就进一步落实食盐生产企业日常监督检查工作通知如下：

一、关于监管等级确定

按照《上海市食品生产企业食品安全风险与信用分级监管办法》（下简称《分级办法》）建立食盐生产企业监管档案，制定监督检查计划，并录入本市食品生产移动监管系统，其中食盐生产企业归入调味品生产类别，风险等级确定为较低，监管等级按照《分级办法》第二十二条第三款，确定为 B 级。具体日常监督检查频次按照《分级办法》附件《上海市食品生产企业分级监管表》确定，开展日常监督检查不得少于 3 次。

二、关于监督检查内容

根据《中华人民共和国食品安全法》《上海市食品安全条例》《食盐质量安全监督管理办法》《食品生产经营日常监督检查管理办法》，同时结合《食品安全国家标准 食品生产通用卫生规范》（GB 14881—2013）和《食盐定点生产企业质量管理技术规范》（GB/T 19828—2018）等标准，按照原上海市食品药品监督管理局《关于加强食品生产日常监督检查工作指导的通知》（沪食药监食生〔2016〕381 号）的要求开展监督检查。

三、关于检查结果公开

按照总局《食品生产经营日常监督检查管理办法》要求，应于日常监督检查结束后 2 个工作日内，在官方网站公开日常监督检查时间、检查结果和检查人员姓名等信息，并在食盐生产企业生产场所醒目位置张贴日常监督检查结果记录表。

四、关于材料上报

及时做好有关材料报送工作。相关区市场监管局原则上应于 2020 年 12 月 10 日前完成本年度食盐生产企业的日常监督检查工作，形成食盐生产企业日常监督检查情况总结（包括企业基本情况、生产食盐品种及执行标准、日常监督检查开展情况、发现的问题及整改情况、检查结果公示链接等），报送至市局食品生产安全监管处。

上海市市场监督管理局

2020 年 9 月 3 日

（联系电话：021-64220000 转 2207 分机）

上海市市场监督管理局关于加强冷链食品生产经营企业疫情防控和食品安全信息追溯管理的通知

（沪市监食协 20200386 号）

各区市场监管局，临港新片区市场监管局，市局执法总队、机场分局：

为贯彻落实国务院应对新冠肺炎疫情联防联控机制印发《关于加强冷链食品新冠病毒核酸检测等工作的紧急通知》（联防联控机制综发〔2020〕220 号）要求，进一步加强常态化疫情防控工作，防范冷链食品新冠病毒污染风险，保障第三届中国国际进口博览会食品安全，现结合本市实际，就加强冷链食品生产经营企业疫情防控和食品安全信息追溯管理工作通知如下：

一、工作目标

严格落实《中华人民共和国食品安全法》及其实施条例、《上海市食品安全条例》《上海市食品安全信息追溯管理办法》《关于加强进口冷链食品疫情管控的工作方案》（沪肺炎防控办〔2020〕185 号）等有关规定，按照"人物并防""外防输入，内防反弹"和第三届中国国际进口博览会新冠肺炎疫情防控工作要求，统筹做好疫情防控和食品安全工作，强化重点场所、重点领域、重点环节等疫情防控风险管理。加强对食品生产经营企业冷链食品的追溯管理，落实企业冷链食品安全信息追溯责任，做到来源可查询，去向可追踪，对来源不明的冷链食品依法进行查处。

各区于 9 月 15 日前对以冷藏冷冻肉类、水产品为主要原料的食品生产加工企业、以及从事冷藏冷冻肉类和水产品储运、加工、销售的食品生产经营企业（以下简称冷链食品生产经营企业）开展全覆盖监督检查，同时督促冷链食品生产经营企业在"上海市食品安全信息追溯平台"完成电子档案注册工作，覆盖率达到 100%；10 月底前督促冷链食品生产经营企业完成冷藏冷冻肉类、水产品的食品安全追溯信息上传义务，上传率达到 100%。

二、主要措施

督促企业落实疫情防控和食品安全主体责任，要以从事冷链食品生产经营企业为重点场所，以冷藏冷冻肉类、水产品为重点品种，加强冷链食品生产、加工、储藏、运输、销售等各环节的疫情防控和食品安全信息追溯管理。

（一）严格落实疫情防控措施。根据《关于加强进口冷链食品疫情管控的工作方案》的要求，落实企业主体责任，加强重点场所、重点环节的消杀工作。加强人员健康管理，各环节工作人员应当根据新冠肺炎防控及消毒方法的原理和操作规程，加强个人防护，特别是手部清洁卫生要求。

（二）严格落实食品进货查验制度。冷链食品生产经营企业应当依法如实记录并保存食品及原料进货查验、出厂检验、食品销售等信息。做好冷藏冷冻肉类、水产品及其制品的合格证明、交易凭证等进货查验和台账记录，其中进口的肉类、水产品及其制品必须具有入境货物检验检疫证明，生猪产品必须具有"两证一报告"（动物检疫合格证明、肉品品质检验合格证明、非洲猪瘟检测报告）。根据国务院应对新冠肺炎疫情联防联控机制最新印发《肉类加工企业新冠肺炎疫情防控指南》，肉类加工企业进口畜禽肉类食品还应当查验核酸检测合格证明。禁止生产经营超过保质期、腐败变质、未经检验检疫或检验检疫不合格、以及病死、毒死或者死因不明的畜禽肉及水产品。

（三）严格落实追溯主体责任。冷链食品生产经营企业要严格落实食品安全信息追溯责任，通过信息化手段建立、完善食品安全信息追溯管理，与落实进货查验制度电子化管理相衔接。应将采购、销售的冷藏冷冻肉类、水产品的名称、规格、数量、生产日期或者生产批号、保质期、进货日期、相关合格证明以及供货者（购货者）名称、地址、联系方式等信息和凭证上传至"上海市食品安全信息追溯平台"，并可以从"上海市食品安全信息追溯平台"打印追溯单，随货同行。

（四）加强监督检查和行政执法。各级市场监管部门要加强食品生产经营各环节冷链食品安全的监督检查，重点检查冷链食品生产经营企业落实进货查验要求情况，严格查验采购的冷藏冷冻肉类、水产品及其制品的合格证明、交易凭证（追溯单）等票证和相关台账记录等情况；重点督促冷链食品生产经营企业建立并落实冷链食品信息追溯体系，确保食品信息来源可查询、去向可追踪，对来源不明的冷链食品要依法立案查处。

三、工作要求

（一）提高思想认识。要全面贯彻"人民至上、生命至上"执政理念，坚持"人物同防"，统筹做好常态下疫情防控和食品安全工作，加强本市冷链食品追溯管理，督促冷链食品生产经营企业将冷藏冷冻肉类、水产品等重点品种的追溯信息上传至"上海市食品安全信息追溯平台"，鼓励企业将纳入追溯管理的品种向其它冷链食品扩展。

（二）加强部门协作。要加强与海关、商务、农业农村、教育、卫生健康等部门的协同配合，形成联合工作机制。对检查冷链食品信息追溯管理中发现的有关问题，应及时进行通报，形成疫情防控工作合力。

（三）注重宣传培训。要加强对疫情防控措施、食品安全法律法规和食品安全信息追溯管理的培训，督促冷链食品生产经营企业落实主体责任。8月下旬，对全市重点冷链食品生产经营企业组织开展专项培训，进一步提升冷链食品生产经营企业疫情防控能力。

请各单位于每月 25 日前向市局食品安全协调处（联系人：耿迪，联系电话：68542200 转 2492 分机）报送工作进展情况（见附件），2020 年 10 月 31 日前报送工作总结。

附件：

1.冷藏冷冻肉食品信息追溯工作情况（略）

2.进口水产品食品信息追溯工作情况（略）

3.其它冷链食品信息追溯工作情况（略）

上海市市场监督管理局

2020 年 8 月 17 日

（此文件公开发布）

上海市市场监督管理局关于印发《上海市肉制品生产企业和加工小作坊监督检查工作方案》的通知

（沪市监食生 20200446 号）

各区市场监督管理局：

为贯彻落实"四个最严"要求和《中共中央　国务院关于深化改革加强食品安全工作的意见》，进一步规范本市肉制品生产加工行为，督促企业落实食品安全主体责任，保证肉制品质量安全，推动肉制品质量提升，市市场监管局根据《市场监管总局办公厅关于加强肉制品生产监督检查的通知》（市监食生〔2020〕92 号），结合本市实际，制定了《上海市肉制品生产企业和加工小作坊监督检查工作方案》，现印发给你们，请遵照执行。

上海市市场监督管理局

2020 年 9 月 11 日

（联系方式：021-64220000 转 2207 分机）

上海市市场监督管理局关于发布《上海市焙炒咖啡开放式生产许可审查细则》的通知

(沪市监规范〔2022〕12号)

各区市场监管局，临港新片区市场监管局，市局行政服务中心：

《上海市焙炒咖啡开放式生产许可审查细则》已经2022年6月29日市局局长办公会审议通过，现予发布，自2022年8月18日起施行，请遵照执行。

特此通知。

上海市市场监督管理局

2022年7月14日

上海市焙炒咖啡开放式生产许可审查细则

第一章　总　则

第一条　本细则适用于焙炒咖啡开放式生产许可条件审查。

细则中所称的焙炒咖啡是指以咖啡豆为原料，经清理、调配或不调配、焙炒、冷却、包装等工艺制成的食品。

开放式生产是指不通过设置墙壁或独立房间进行隔离，可向消费者展示焙炒咖啡生产设施设备、生产过程，同时生产区域与非生产区域之间设置连续的透明防护设施，防止非食品加工人员进入生产区域的加工方式。

第二条　焙炒咖啡开放式生产的申证类别为可可及焙烤咖啡产品，其类别名称为：焙炒咖啡，类别编号为2002。焙炒咖啡开放式生产许可食品类别、类别名称、品种明细、定义、备注见附件1。

第三条　本类产品允许分装。

第四条　本细则中引用的文件、标准通过引用成为本细则的内容。凡是引用文件、标准，其最新版本（包括所有的修改单）适用于本细则。

第二章　生产场所

第五条　生产区域选址、顶棚、墙壁、地面、检验室设置应符合《食品生产许可审查通则》生产场所相关规定。

第六条　生产区域面积和空间应与产品品种、数量相适应，生产区域与非生产区域应设置高度不低于1.05米连续的透明防护设施进行分隔，有效防止非食品加工人员进入生产区域。

第七条　原辅料、成品等物料应当依据性质的不同分设库房或分区存放。清洁剂、消毒剂、杀虫剂、润滑剂、燃料等物料应当专柜放置。库房内或分区存放的物料应当与墙壁、地面保持适当距离，并明确标识，防止交叉污染。

第三章　设备设施

第八条　供排水、清洁消毒、废弃物存放、照明、检验设施应符合《食品生产许可审查通则》中设备设施的相关规定。

用于监测、控制、记录的设备，如压力表、温度计、记录仪等，应定期校准、维护。

第九条　配备与生产的产品品种、数量相适应的生产设备，包括磁力筛选、焙烤、冷却、除石机（可选）、产品管道输送、包装、X光质量检测仪等设备。使用充氮包装的，应配备氮气发生器或其他充氮设备。

生产设备性能、精度、材质应符合《食品生产许可审查通则》中生产设备的相关规定。

第十条　生咖啡豆投料口与地面距离应不少于45厘米，配有专用遮罩。焙炒咖啡豆冷却盘上方应有防护装置，防止异物进入。

第十一条　生产区域入口处应设置更衣区，并配备更衣和换鞋（穿戴鞋套）设施或鞋靴消毒设施，工作服应与个人服装及其他物品分开放置。生产区域入口处应设置与生产加工人员数量相匹配的非手动式洗手、干手和消毒设施。

第十二条　生产区域配备初效、中效空气净化系统设施设备，并自动监控。

第十三条　生产区域安装可以监控生产全过程的视频监控设施设备。

第十四条　应根据生产的需要，配备适宜的用于监测温度、湿度和控制室温和湿度的设施。

第四章　设备布局与工艺流程

第十五条　符合《食品生产许可审查通则》中设备布局与工艺流程的相关规定。

第十六条　生产设备与生产工艺相符，若采用不同于附件2所列的生产工艺，应具备与生产工艺相适应的生产设备。

第十七条　通过危害分析方法明确影响产品质量的关键工序或关键点，实施质量控制，关键工序或关键点可设为烘焙、冷却等，对其形成的信息建立电子信息记录系统。

第五章　人员管理

第十八条　符合《食品生产许可审查通则》中人员管理的相关规定。

第十九条　应对本单位的从业人员进行上岗前和在岗期间的食品安全知识培训，并建立培训档案。应对食品安全管理人员、关键环节操作人员及其他相关从业人员进行考核。考核不合格的，不得上岗。

第六章　管理制度

第二十条　符合《食品生产许可审查通则》中管理制度的相关规定。

第二十一条　参考《食品安全国家标准食品生产通用卫生规范》（GB 14881）附录A，制定与产品相适应的环境及过程微生物监控程序。

第二十二条　制定生产区域防护管理和巡视记录制度，禁止非食品加工人员进入生产区域，特殊情况下进入时应遵守和食品加工人员同样的卫生要求。

第二十三条　建立原料控制制度，生咖啡豆原料应当经过预先清理。

第二十四条　制定虫害控制程序管理制度，防止虫害侵入。

第二十五条　建立电子信息追溯系统，实现从生咖啡豆到成品咖啡批次的信息追溯。

第二十六条　建立与所生产食品相适应的危害分析和关键控制点等食品安全管理体系，定期对其运行情况进行自查，保证有效运行，并形成自查报告。

第二十七条　建立供应商食品安全检查评价制度，明确风险收集要求，制定供应商食品安全检查评价规范和检查评价结果处置规定。

第七章　检　验

第二十八条　按照企业所申报焙炒咖啡的申证类别名称，提供试制食品的有资质第三方检验合格报告，检验项目应包含《食品安全国家标准食品中污染物限量》（GB 2762）、《食品安全国家标准食品中农药最大残留限量》（GB 2763）中规定的咖啡豆检测项目以及企业标准规定的全部项目。

第二十九条　出厂检验和型式检验项目执行《焙炒咖啡生产许可证审查细则》的相关规定。

企业可以使用快速检测方法及设备进行产品检验，但应保证检测结果准确。使用的快速检测方法及设备做出厂检验时，应定期与国家标准规定的检验方法进行对比或者验证。快速检测结果不合格时，应使用食品安全国家标准规定的检验方法进行确认。

第八章　附　则

第三十条　本细则未提及的、与焙炒咖啡开放式生产工艺相关的其他要求应按照《焙炒咖啡生产许可证审查细则》执行。

第三十一条　本细则自 2022 年 8 月 18 日起施行，有效期至 2027 年 8 月 17 日。原上海市食品药品监督管理局发布的《上海市焙炒咖啡开放式生产许可审查细则》（沪食药监规〔2017〕7 号）同时废止。

附件：1.焙炒咖啡开放式生产许可食品类别目录表（略）

　　　2.焙炒咖啡开放式生产基本工艺和设备（略）

上海市市场监督管理局关于发布《上海市预包装冷藏膳食生产许可审查细则》的通知

（沪市监规范〔2022〕13号）

各区市场监管局，临港新片区市场监管局，市局行政服务中心：

《上海市预包装冷藏膳食生产许可审查细则》已经 2022 年 6 月 29 日市局局长办公会审议通过，现予发布，自 2022 年 8 月 18 日起施行，请遵照执行。

特此通知。

上海市市场监督管理局

2022 年 7 月 14 日

上海市预包装冷藏膳食生产许可审查细则

第一章　总　则

第一条　本细则适用于预包装冷藏膳食生产许可条件审查。

细则中所称的预包装冷藏膳食是指以谷物、豆类、薯类、畜禽肉、蛋类、水产品、果蔬、食用菌等中的一种或数种为主要原料（可配以馅料或辅料），热加工后 2 小时内将膳食中心温度降至 10℃ 以下，或以不需要热加工的、中心温度控制在 10℃ 以下的即食食品为原料，添加或不添加以上热加工降温后的食品，并在该中心温度下包装、贮存、运输、陈列、销售的即食预包装食品。

第二条　预包装冷藏膳食生产的申证类别为：方便食品，其类别名称为：其他方便食品，类别编号为：0702，品种明细为：主食类：其他〔预包装冷藏膳食（主食菜肴类、饭团寿司三明治汉堡类、其他类）〕。

第三条　本类产品不允许分装。本类产品不得生产国家和本市禁止生产以及含生食水产品、生食肉制品等成分的膳食。

第四条　本细则中引用的文件、标准通过引用成为本细则的内容。凡是引用文件、标准，其最新版本（包括所有的修改单）适用于本细则。

第二章　生产场所

第五条　厂区要求、厂房和车间、库房要求应符合《食品生产许可审查通则》中生产场所相关规定。

第六条　预包装冷藏膳食生产场所面积应不少于 5000 平方米，应设置与生产工艺及生产品种、数量相适应的原料贮存、原料加工、半成品贮存、热加工、膳食冷却、膳食包装、成品装箱、成品贮存、食品装卸低温封闭月台、工用具清洗消毒和保洁等生产场所，以及更衣室、检验室等场所。热加工、即食蔬果类原料加工（清洗、切分、消毒、漂洗）、膳食冷却、膳食包装、工用具清洗消毒和保洁等生产场所应为独立隔间，其面积比例应相互协调。

第七条 应设独立的包装间，用于膳食包装、拼配等冷加工操作。包装间设计参照医药工业洁净厂房设计标准，洁净级别应不低于 D 级。

第八条 生产场所分为一般作业区、准清洁作业区、清洁作业区，各作业区均应设置在室内，且应相互分隔。

第九条 膳食包装间应严格控制环境温度和操作时间：

（一）操作间环境温度低于 5℃的，操作时间不作限制；

（二）操作间环境温度处于 5℃至 15℃（含）的，膳食出冷藏库到操作完毕入冷藏库的时间应≤90 分钟；

（三）操作间环境温度处于 15℃至 21℃（含）的，膳食出冷藏库到操作完毕入冷藏库的时间应≤45 分钟；

（四）操作间环境温度高于 21℃的，膳食出冷藏库到操作完毕入冷藏库的时间应≤45 分钟，且膳食表面温度应≤15℃。

第十条 应设置微生物检验室，洁净室面积不小于 4 平方米（配备无菌操作台的可适当减小），具备适当的通风和温度调节设施。

第三章　设备设施

第十一条 生产设备，供排水、消毒、废弃物存放、个人卫生、通风、照明、温控、检验等设施应符合《食品生产许可审查通则》中设备设施相关规定。

第十二条 应配备与生产品种、数量相适应的冷却间和快速冷却设备。

第十三条 洗手设施采用非手动式，配备冷热水设施。

第十四条 应配备相应的食品、工器具和设备的清洁设施。

应设置畜禽类、水产类、果蔬类原料独立清洗水池。接触即食食品的工用具、容器的清洗消毒水池应专用，与食品原料、清洁用具及接触非即食食品的工具、容器清洗水池分开。即食蔬果类原料清洗消毒设施应保证用水水温不高于 5℃，并配备独立的清洗、消毒、漂洗、去除表面水设备。

采用自动清洗消毒设备的，设备上应配备温度显示和清洗消毒剂自动添加装置，温度测定装置应定期校验。

第十五条 应在热加工场所、包装场所、清洗消毒场所、食品装卸低温封闭月台、冷却等关键生产场所安装监控视频。

第十六条 应配备食品中心温度计、环境温度计、余氯消毒测试纸等食品加工环节控制检测设备设施，以及瘦肉精、农药残留、甲醛、亚硝酸盐、煎炸油极性组分等重点食品安全快速检测设备设施，开展食品安全快速检测，鼓励快检检测结果实时电子记录。

第四章　设备布局与工艺流程

第十七条 符合《食品生产许可审查通则》中设备布局和工艺流程相关规定。

第十八条 生产加工场所应按照工艺流程合理布局，膳食生产流程应为"生进熟出"的单一流向。生产设备的配备应与产品生产工艺相符，预包装冷藏膳食基本生产工艺和设备见附件 1。

第十九条 将热加工、快速冷却、膳食包装、成品贮存、运输及销售等设为关键控制点。需要烧熟煮透的食品，加工时食品中心温度应达到 70℃以上。应控制食品烧熟后在 2 小时内将其中心温度快速冷却至 10℃以下。预包装冷藏膳食应在不高于 10℃的条件下进行贮存、运输和销售。

第五章　人员管理

第二十条 符合《食品生产许可审查通则》中人员管理的相关规定。

第二十一条　应设立与生产能力相适应的食品安全管理机构，配备专职食品安全管理人员，判断食品安全潜在风险，采取适当的预防和纠正措施，确保有效管理。

第二十二条　应对本单位的从业人员进行上岗前和在岗期间的食品安全知识培训，并建立培训档案。应对食品安全管理人员、关键环节操作人员及其他相关从业人员进行考核。考核不合格的，不得上岗。

第六章　管理制度

第二十三条　符合《食品生产许可审查通则》中管理制度的相关规定。

第二十四条　制定供应商食品安全检查评价管理制度。对采购的食品原料、食品添加剂和食品相关产品开展进货查验记录。明确风险收集要求，制定供应商食品安全检查评价规范和检查评价结果处置规定。包装材料在微波加热等特定使用条件下不影响食品的安全。

第二十五条　制定冷链运行管理制度，明确日最大生产能力。明确膳食冷却、包装、成品贮存的温度控制和记录要求。明确冷藏、冷冻、冷却设施设备的定期维护要求。明确食品冷藏运输的温度监控和记录要求，运输过程中的温度应实时连续监控，记录时间间隔不宜超过 10 分钟，委托具备冷藏运输资质的第三方物流运输的，应依法确定双方的权利义务，明确保障食品安全的措施要求，并附书面委托运输协议。预包装冷藏膳食销售方应建立冷藏销售的要求。

第二十六条　制定生产过程监控管理制度。应结合生产工艺及产品特点制定食品原料、加工环境、加工过程和成品检验监控规范，监控项目、监控指标、监控指标限制和监控频率可参见附件 2。对监控发现的问题，应立即采取措施予以纠正，并对发现的问题和处置结果予以记录。

第二十七条　制定餐厨废弃油脂管理制度。明确将产生的餐厨废弃油脂交由相关部门依法确定的收运单位收运，并与收运单位签订收运合同。收运合同应当明确收运的时间、频次、数量和餐厨废弃油脂收购价格等内容。

第二十八条　制定食品安全追溯管理制度。明确食品原料采购和生产配送信息录入"上海市食品安全信息追溯平台"要求。鼓励企业采用包装上印制二维码等技术集成食品原料来源、产品自检等信息供消费者查询。所有生产和品质管理记录应由专人审核，如发现异常现象，应立即处理。记录和凭证保存期限不得少于产品保质期满后 6 个月。鼓励企业采用电子计算机信息技术系统和手段进行文件和记录的管理。

第二十九条　应建立和实施生产配送的危害分析与关键控制点等食品安全管理体系，制定相应的生产配送操作规程。新办企业应在获证 1 年内，通过危害分析与关键控制点等食品安全管理体系认证。

第七章　检　验

第三十条　每批膳食成品均应留样，留样食品应放置在专用冷藏设备中，保存至保质期届满后至少 48 小时。留样量应满足检验需要。应由专人管理留样食品、记录留样情况，记录内容应包括留样食品名称、生产日期和时间、留样人员等。

第三十一条　按照企业所申报预包装冷藏膳食的品种和执行标准，提供试制产品检验合格报告，试制产品检验合格报告可以由企业自行检验，或者委托有资质的食品检验机构出具，企业应对提供的检验报告真实性负责。

第三十二条　出厂检验项目应包括感官、标签、菌落总数、大肠埃希氏菌等。企业可以使用快速检测方法及设备进行产品检验，但应保证检测结果准确。使用的快速检测方法及设备做出厂检验时，应定期与国家标准规定的检验方法进行对比或者验证。快速检测结果不合格时，应使用食品安全国家标准规定的检验方法进行确认。

第三十三条　每年至少 2 次应根据食品执行的食品安全国家标准、食品安全地方标准或食品安全企业标准进行全项检验，并按相关标准、食品明示值进行判定。

第八章　附　则

第三十四条　本细则仅适用于上海市预包装冷藏膳食食品生产企业，不包括现场制售行为。

第三十五条　本细则自 2022 年 8 月 18 日起施行，有效期至 2027 年 8 月 17 日。原上海市食品药品监督管理局发布的《上海市预包装冷藏膳食生产许可审查细则》（沪食药监规〔2017〕8 号）同时废止。

附件：1. 预包装冷藏膳食基本生产工艺和设备（略）

　　　2. 预包装冷藏膳食生产原料检验、环境监测、过程监控和成品检验监控指南（略）

上海市市场监督管理局关于发布《上海市食品生产加工小作坊监督管理办法》的通知

（沪市监规范〔2022〕14号）

各区市场监管局，临港新片区市场监管局，市局执法总队：

《上海市食品生产加工小作坊监督管理办法》已经2022年6月29日市局局长办公会审议通过，现予发布，自2022年8月18日起施行，请遵照执行。

特此通知。

上海市市场监督管理局

2022年7月14日

上海市食品生产加工小作坊监督管理办法

第一章　总　则

第一条　为规范食品生产加工小作坊生产加工行为，加强监督管理，根据《中华人民共和国食品安全法》《上海市食品安全条例》等法律法规，结合本市实际，制定本办法。

第二条　在本市行政区域内从事食品生产加工小作坊生产加工活动，应当遵守相关法律法规和本办法的规定。

第三条　食品生产加工小作坊对其生产加工食品的安全负责。

食品生产加工小作坊应当依照法律法规和食品安全标准从事食品生产活动，保证食品安全，做到诚信自律，并主动接受社会监督。

第四条　市市场监督管理局负责本市食品生产加工小作坊监督管理工作，编制本市食品生产加工小作坊准许生产的食品品种目录。

区市场监督管理局负责辖区内食品生产加工小作坊准许生产证的发证管理工作，并对辖区内食品生产加工小作坊的生产加工活动实施监督管理。

第五条　相关行业协会应当加强行业自律，引导和督促食品生产加工小作坊依法生产加工食品，推动行业诚信建设，宣传、普及食品安全知识。

第六条　任何单位和个人有权向市场监督管理部门举报食品生产加工小作坊生产加工的违法行为。对查证属实的举报，市场监督管理部门应当按照有关规定给予奖励。

第七条　市场监督管理部门应当加强监督检查信息化建设，记录、归集、分析监督检查信息，加强数据整合、共享和利用，完善监督检查措施，提升智慧监管水平。

第二章　生产加工

第八条　本市对食品生产加工小作坊生产的食品实行品种目录管理。

品种目录由市市场监督管理局编制，报市食品药品安全委员会批准后实施，并向社会公布。

第九条 本市对食品生产加工小作坊实行准许生产制度。本市食品生产加工小作坊生产加工列入《上海市食品生产加工小作坊食品品种目录》内的食品，应当取得《上海市食品生产加工小作坊准许生产证》（以下称"准许生产证"）。

食品生产加工小作坊未取得准许生产证的，不得从事食品生产加工活动。

食品生产加工小作坊在不同场所从事食品生产加工活动，应当分别办理准许生产证。

同一食品生产场所只能申领一张准许生产证。

第十条 食品生产加工小作坊生产加工应当符合食品安全地方标准，并具备下列条件：

（一）有与生产加工的食品品种、数量相适应的生产加工场所，环境整洁，并与有毒有害场所以及其他污染源保持规定的安全距离，法律、法规、规章、标准、规范另有规定的，从其规定；

（二）有与生产加工的食品品种、数量相适应的生产加工和卫生、污水及废弃物处理设备或者设施；

（三）有保证食品安全的规章制度；

（四）有合理的设备布局和工艺流程。

第十一条 不得与居民生活场所在同一建筑物内，不得与药品、非食用产品共用生产场所。

第十二条 食品生产加工小作坊的生产场地出租者应当履行下列责任：

（一）查验食品生产加工小作坊业主的身份证明，已从事生产加工食品的，应查验其生产营业执照和准许生产证，不得将房屋出租给无身份证明、无营业执照或无准许生产证的食品生产加工小作坊生产者作为食品加工场地；

（二）租赁期限内，发现出租场所内有涉嫌食品生产加工违法行为的，应当向辖区内市场监督管理部门报告，配合市场监督管理部门的监督管理。市场监督管理部门确认违法的，应终止租赁合同。

第十三条 食品生产加工小作坊应当妥善保管食品生产加工小作坊准许生产证，不得伪造、涂改、倒卖、出租、出借、转让。

食品生产加工小作坊应当在生产场所的显著位置悬挂或者摆放准许生产证正本。

第十四条 食品生产加工小作坊应当自行组织或者委托社会培训机构、行业协会，对本单位的从业人员进行上岗前和在岗期间的食品安全知识培训，学习食品安全法律、法规、规章、标准和食品安全知识，并建立培训档案。

市场监督管理部门应当对食品生产加工小作坊的负责人、关键环节操作人员及其他相关从业人员随机进行监督抽查考核并公布考核情况。监督抽查考核不得收取费用。

第十五条 食品生产加工小作坊应当根据《中华人民共和国食品安全法》的规定建立并执行从业人员健康管理制度，患有国务院卫生行政部门规定的有碍食品安全疾病的人员，不得从事接触直接入口食品的生产加工工作。

从事接触直接入口食品工作的食品生产加工人员应当每年进行健康检查，取得健康证明后方可上岗。

第十六条 食品生产加工小作坊应当建立进货查验制度，查验食品、食品添加剂、食品相关产品供货者的许可证和产品合格报告，如实记录购进食品、食品添加剂、食品相关产品的名称、规格、数量、生产日期或者生产批号、保质期、进货日期、供货者名称、地址及联系方式等内容，并保存相关凭证。相关凭证保存期限不得少于产品保质期满后六个月；没有明确保质期的，保存期限不得少于二年。

食品生产加工小作坊应当建立食品销售记录制度，如实记录销售食品的名称、规格、数量、生产日期、保质期、销售日期、购货者名称、地址及联系方式等内容，保存期限不得少于产品保质期满后六个月；没有明确保质期的，保存期限不得少于二年。

第十七条 食品生产加工小作坊应当对生产加工的食品进行包装，并在包装上贴注标签，标明以下内容：

（一）食品的名称、生产日期、保质期、贮存条件；

（二）食品生产加工小作坊的名称、地址、联系方式；

（三）准许生产证编号；

（四）成分或者配料表，所使用的食品添加剂在国家标准中的通用名称。

食品生产加工小作坊对生产加工的食品进行预包装的，还应当符合食品安全法律法规和食品安全标准对预包装食品标签的要求。

第十八条 食品生产加工小作坊使用食品添加剂的，应当将食品添加剂存放于专用橱柜等设施中，标明"食品添加剂"字样，按照食品安全标准规定的品种、范围、用量使用，并建立食品添加剂的使用记录制度。

第十九条 食品生产加工小作坊不得接受委托生产加工食品。

第二十条 食品生产加工小作坊发现其生产加工的食品不符合食品安全标准或者有证据证明可能危害人体健康的，应当立即停止生产加工，通知相关生产经营者和消费者，召回已经上市销售的食品，并记录通知和召回情况。

第二十一条 发生食品安全事故的食品生产加工小作坊应当立即采取措施，防止事故扩大，及时向事故发生地市场监督管理、卫生行政部门报告。

第三章 发证程序

第二十二条 申请食品生产加工小作坊，应当先行取得营业执照等合法主体资格。

申请食品生产加工小作坊准许生产证，应当向生产场所所在地的区市场监督管理局提交下列材料：

（一）申请书；

（二）工艺设备布局图和工艺流程图；

（三）食品生产加工主要设备、设施清单（在申请书中填写）；

（四）食品安全管理制度（在申请书中填写清单）。

委托他人代为申请的，应当提交由委托人签名或盖章的授权委托书和被委托人身份证明复印件。

申请人提交的材料应当真实、合法、有效，符合相关法律法规的规定，申请人应当在申请材料上签字确认。

第二十三条 区市场监督管理局对收到的申请，应当依照《中华人民共和国行政许可法》第三十二条等有关规定进行处理。

第二十四条 区市场监督管理局受理后，应当根据《上海市食品安全条例》和本办法的规定进行审查，征询食品生产加工小作坊所在地的乡镇人民政府或街道办事处的意见，必要时对食品生产加工小作坊生产场所进行现场核查，现场核查人员不得少于2名。

第二十五条 区市场监督管理局应当根据征询意见和核查意见，作出如下处理：

（一）食品生产加工小作坊所在地的乡、镇人民政府或街道办事处对设立食品生产加工小作坊因不符合辖区规划布局等原因不同意的，依法作出不予准许的决定，向申请人发出《不予准许决定书》，并说明理由。

（二）食品生产加工小作坊所在地的乡、镇人民政府或街道办事处对设立食品生产加工小作坊同意的，并经核查，生产条件符合要求的，依法作出准许生产的决定，向申请人发出《准许生产决定书》，并于作出决定之日起5个工作日内核发准许生产证，通报相关乡、镇人民政府或者街道办事处。

（三）食品生产加工小作坊所在地的乡、镇人民政府或街道办事处对设立食品生产加工小作坊同意的，并经核查，生产条件不符合要求的，依法作出不予准许生产的决定，向申请人发出《不予准许生产决定书》，并说明理由。

除不可抗力外，由于申请人的原因导致核查无法在规定期限内实施的，按核查不合格处理。

第二十六条 区市场监督管理局应当自受理申请之日起10个工作日内作出是否准许生产的决定。

10 个工作日内不能作出决定的，经本行政机关负责人批准，可以延长 5 个工作日，并应当将延长期限的理由告知申请人。

第二十七条 准许生产证有效期内，现有工艺设备布局和工艺流程、主要生产设备设施、食品品种等事项发生变化的，需要变更准许生产证载明的许可事项的，食品生产加工小作坊应当在变化后 10 个工作日内向原发证的市场监督管理部门提出变更申请。

申请变更准许生产许可的，应当提交下列申请材料：

（一）食品生产加工小作坊准许生产许可变更申请书；

（二）与变更准许生产许可事项有关的其他材料。

第二十八条 生产场所迁址的，应当重新申请准许生产许可。

第二十九条 准许生产证有效期为 3 年。

食品生产加工小作坊需要延续准许生产许可有效期的，应当在该准许生产有效期届满 30 个工作日前，向原发证的市场监督管理部门提出申请。

申请延续准许生产许可，应当提交下列材料：

（一）食品生产加工准许生产许可延续申请书；

（二）与延续准许生产许可事项有关的其他材料。

第三十条 区市场监督管理局应当对变更或者延续准许生产许可的申请材料进行审查。

申请人声明生产加工条件未发生变化的，区市场监督管理局可以不再进行现场核查。

申请人的生产条件发生变化，可能影响食品安全的，市场监督管理部门应当就变化情况进行现场核查。

第三十一条 区市场监督管理局应当对变更或者延续准许生产许可的申请自受理申请之日起 10 个工作日内作出是否准许生产的决定。10 个工作日内不能作出决定的，经本行政机关负责人批准，可以延长 5 个工作日，并应当将延长期限的理由告知申请人，但对延续准许生产许可的申请，应当在该准许生产许可有效期届满前，作出是否准予延续的决定。

申请人声明生产加工条件未发生变化的，区市场监督管理局对不再进行现场核查的变更或者延续准许生产许可的申请，应当自受理申请之日起 5 个工作日内作出是否准许生产的决定。

第三十二条 原发证的市场监督管理部门决定准予变更的，应当向申请人颁发新的准许生产证。准许生产证编号不变，发证日期为市场监督管理部门作出变更许可决定的日期，有效期与原证书一致。

原发证的市场监督管理部门决定准予延续的，应当向申请人颁发新的准许生产许可证，许可证编号不变，有效期自市场监督管理部门作出延续许可决定之日起计算。

不符合许可条件的，原发证的市场监督管理部门应当作出不予变更或延续食品生产许可的书面决定，并说明理由。

第三十三条 准许生产证遗失、损坏的，应当向原发证的市场监督管理部门申请补办，并提交下列材料：

（一）准许生产证补办申请书；

（二）准许生产证遗失的，申请人应当提交在区市场监督管理局网站上刊登遗失公告的材料；准许生产证损坏的，应当提交损坏的准许生产证原件。

材料符合要求的，区市场监督管理局应当在受理后 1 个工作日内予以补发。

因遗失、损坏补发的准许生产证，许可证编号不变，发证日期和有效期与原证书保持一致。

第三十四条 食品生产加工小作坊有下列情形之一的，发证部门应当依法注销准许生产证：

（一）准许生产事项被依法撤回、撤销，或者准许生产证书被依法吊销的；

（二）食品生产加工小作坊申请注销的或者准许生产证有效期满未延续的；

（三）食品生产加工小作坊依法终止的；

（四）因不可抗力导致准许生产事项无法实施的；

（五）法律法规规定的应当注销准许生产证书的其他情形。

第四章　监督管理

第三十五条　区市场监督管理局应当制定辖区内食品生产加工小作坊年度监督管理计划，并按照年度计划组织开展监督检查。

第三十六条　区市场监督管理部门应当依据食品生产监督检查的相关规定，对辖区内食品生产加工小作坊进行监督检查，记录监督检查情况和处理结果。发现食品安全违法行为的，应当依据《中华人民共和国食品安全法》等法律法规进行查处。

第三十七条　区市场监督管理局依据《上海市食品生产企业食品安全风险与信用分级管理办法》的相关规定，根据风险管理的原则，结合食品生产加工小作坊生产的食品类别、风险控制能力、信用状况、监督检查等情况，将食品生产加工小作坊的风险等级从低到高分为A级风险、B级风险、C级风险、D级风险四个等级。

第三十八条　区市场监督管理局应当每两年对本行政区域内所有食品生产加工小作坊至少进行一次覆盖全部检查要点的监督检查。

区市场监督管理局应当对风险等级为C级、D级的食品生产加工小作坊实施重点监督检查，并可以根据实际情况增加日常监督检查频次。

市场监督管理部门可以根据工作需要，对通过食品安全抽样检验等发现问题线索的食品生产加工小作坊实施飞行检查。

第三十九条　区市场监督管理局应当按照规定在覆盖所有食品生产加工小作坊的基础上，结合食品生产加工小作坊信用状况，随机选取食品生产加工小作坊、随机选派监督检查人员实施监督检查。

第四十条　检查人员应当按照本办法规定和检查要点要求开展监督检查，并对监督检查情况如实记录。除飞行检查外，实施监督检查应当覆盖检查要点所有检查项目。

第四十一条　市场监督管理部门实施监督检查，可以根据需要，依照食品安全抽样检验管理有关规定，对食品生产加工小作坊使用的原料以及生产的半成品、成品等进行抽样检验。

第四十二条　区市场监督管理局应当建立食品生产加工小作坊信用档案，记录许可颁发、日常监督检查结果、违法行为查处等情况，依法向社会公布并及时更新。

第四十三条　食品生产加工小作坊生产过程中存在食品安全隐患，未及时采取措施消除的，区市场监督管理部门可以对食品生产加工小作坊业主进行责任约谈。食品生产加工小作坊应当立即采取措施，进行整改，消除隐患。责任约谈情况和整改情况应当纳入食品生产加工小作坊食品安全信用档案。对存在严重违法失信行为的，按照规定实施联合惩戒。

第五章　附　则

第四十四条　本办法下列用语的含义：

食品生产加工小作坊，是指在食品生产加工环节，有独立固定生产加工场所、从事具有地方特色、一般不实行规模化生产的食品生产加工（不含现制现售）单位和个人。

第四十五条　市场监督管理部门制作的准许生产证电子证书与印制的准许生产证书具有同等法律效力。

第四十六条　本办法自2022年8月18日起施行，有效期至2027年8月17日。原上海市食品药品监督管理局发布的《上海市食品生产加工小作坊监督管理办法》（沪食药监规〔2017〕6号）同时废止。

附件：上海市食品生产加工小作坊许可现场核查评分记录（略）

上海市市场监督管理局关于发布《上海市即食蔬果生产许可审查细则》的通知

（沪市监规范〔2022〕15 号）

各区市场监管局，临港新片区市场监管局，市局行政服务中心：

《上海市即食蔬果生产许可审查细则》已经 2022 年 6 月 29 日市局局长办公会审议通过，现予发布，自 2022 年 8 月 18 日起施行，请遵照执行。

特此通知。

上海市市场监督管理局

2022 年 7 月 14 日

上海市即食蔬果生产许可审查细则

第一章　总　则

第一条　本细则适用于即食蔬果生产许可审查。细则中所称的即食蔬果，是指以新鲜的蔬菜、水果为原料，经预处理、清洗、切分或不切分、消毒、漂洗、去除表面水、密封包装等工艺，保持新鲜状态，经冷链配送的可直接入口产品，包括含与其隔离的、预包装沙拉酱等直接入口酱汁的组合包装产品。

第二条　即食蔬果的申证类别为其他食品，类别编号为 3101，其类别名称为：其他食品，品种明细为：其他食品（即食蔬果）。

本产品不得分装。

第三条　本细则中引用的文件、标准通过引用成为本细则的内容的，凡是引用文件、标准，其最新版本（包括所有的修改单）适用于本细则。

第二章　生产场所

第四条　生产场所选址、厂区布局、厂区道路、车间和库房应符合《食品生产许可审查通则》生产场所相关规定。

第五条　生产场所面积应不少于 2000 平方米，包括清洗、加工、包装、库房等场所，其中，清洗、加工、包装场所面积不少于 1000 平方米。检验室面积不包括在生产场所面积内。

第六条　生产场所根据清洁度分为：一般作业区（仓储区、预处理区等）、准清洁作业区（挑拣区、清洗区、蔬菜切分区、水果消毒区、水果漂洗区、外包装区等）、清洁作业区（水果切分区、蔬菜消毒区、蔬菜漂洗区、内包装区等）。

各区之间应根据生产流程、生产操作需要和清洁度的要求采取有效隔离措施，防止交叉污染。

第七条　原料库和成品库应有温度控制设备设施。原料库应根据原料特性选择储存温度，需要冷藏的原料储存温度应不高于 10℃，成品库应不高于 5℃。

第三章　设备设施

第八条　供排水、清洁消毒、废弃物存放、个人卫生、通风、照明、温控、检验设施应符合《食品生产许可审查通则》中设备设施的相关规定。

第九条　生产设备根据实际工艺需要配备，一般包括：原料清洗消毒设备（不锈钢水槽、清洗机等）、切分设备（切块机、去皮机、切菜机等）、去除表面水设备（甩干机、离心机等）、包装设备（半自动或自动包装机等）。

第十条　生产车间应配备臭氧等环境消毒设施。

第十一条　清洁作业区内应设置洗手和消毒设施，供员工定时洗手和消毒。企业应对清洁作业区空气进行过滤净化处理，应配备空气过滤装置并定期清洁，采取初效、中效过滤，每小时换气不少于10 次，并有自动监控设备设施。

第十二条　清洗消毒设施应保证用水水温应不高于 5℃。

第十三条　生产车间和仓储区应配备温控设施，必要时配备湿度控制设施，并按照规定校准和维护。

预处理区内应根据产品属性和生产需求选择车间温度，需要冷藏储存的温度不高于 10℃；准清洁作业区温度不高于 10℃；清洁作业区温度不高于 5℃，并有温度监测和自动记录设备设施。

第四章　设备布局和工艺流程

第十四条　应符合《食品生产许可审查通则》中相关规定要求。

第十五条　生产设备的配备应与产品生产工艺相符，即食蔬果基本生产工艺和设备见附件 1。若采用不同于附件 1 所列生产工艺的，应配备与生产工艺相适应的生产设备。

第十六条　应通过危害分析方法明确影响产品质量的关键工艺或关键点，例如：清洗消毒、去除表面水等，并对其实施质量控制。

第五章　人员管理

第十七条　应符合《食品生产许可审查通则》中人员管理的相关规定。

第十八条　应对本单位从业人员进行上岗前和在岗期间的食品安全知识培训，并建立培训档案。应对食品安全管理人员、关键环节操作人员及其他相关从业人员进行考核，考核合格后方能上岗。

第六章　管理制度

第十九条　应符合《食品生产许可审查通则》中管理制度的相关规定。

第二十条　应依据《食品安全国家标准食品生产通用卫生规范》（GB 14881）附录 A，制定原料检验、环境监测、过程监控和产品检验要求，详见附件 2。

第二十一条　应建立清洁消毒制度，制定清洁消毒程序，以保证即食蔬果加工场所、设备和设施等清洁卫生，防止产品污染。

第二十二条　应建立主要原料供应商检查评价制度，定期或者随机对主要原料和食品供应商的食品安全状况进行检查评价，并做好记录。检查评价记录保存期限不得少于二年。

可自行或委托第三方机构对主要原料和食品供应商的食品安全状况进行实地查验。发现存在严重食品安全问题的，应立即停止采购，并向本企业、主要原料和食品供应商所在地的食品监管部门报告。

第二十三条　应建立冷链运行管理制度。明确原料、成品贮存的温度监控和记录要求、冷藏设备定期维护要求、食品冷链运输的温度监控和记录要求，与第三方物流签订运输协议的，应明确查验第三方物流冷链资质要求，明确相关责任及保障食品安全的措施要求，并附运输协议。明确食品销售方建立冷藏销售的要求。

运输应采取全程冷链形式，冷藏车内温度应不高于5℃，并有全程记录。

第二十四条 应建立食品安全追溯管理制度，确保对食品从原料采购到成品销售的所有环节都可进行有效追溯。鼓励企业采用信息技术手段，进行记录和文件管理。

第七章 试制产品检验合格报告

第二十五条 应按所申报的即食蔬果，提供试制食品的由生产者自行检验或有资质食品检验机构检验合格报告，对提供的检验报告真实性负责；检验项目按产品适用的食品安全国家标准、产品标准、企业标准等要求进行。

第二十六条 出厂检验项目应包括感官、标签、净含量、菌落总数、大肠菌群等。企业可以使用快速检测方法及设备进行产品检验，但应保证检测结果准确。使用的快速检测方法及设备做出厂检验时，应定期与国家标准规定的检验方法进行对比或者验证。快速检测结果不合格时，应使用食品安全国家标准规定的检验方法进行确认。

第八章 附 则

第二十七条 本细则仅适用于上海市即食蔬果生产企业，不包括现场制售行为。

第二十八条 本细则自2022年8月18日起施行，有效期至2027年8月17日。原上海市食品药品监督管理局发布的《即食蔬果生产许可审查细则》（沪食药监规〔2017〕9号）同时废止。

附件：1.即食水果基本生产工艺和设备、即食蔬菜基本生产工艺和设备（略）

2.即食蔬果生产企业原料检验、环境监测、过程监控和产品检验要求（略）

上海市市场监督管理局关于发布《上海市高风险食品生产经营企业目录》的通知

（沪市监规范〔2022〕18号）

各区市场监管局，临港新片区市场监管局，市局执法总队、机场分局：

《上海市高风险食品生产经营企业目录》已经2022年7月25日市市场监管局局长办公会通过，并依据《上海市食品安全条例》第二十七条第三款的规定报经上海市食品药品安全委员会批准，现印发给你们，自2022年10月22日起实施，请遵照执行。原《上海市食品药品监督管理局关于发布〈上海市高风险食品生产经营企业目录〉的通知》（沪食药监规〔2017〕14号）同时废止。

上海市市场监督管理局

2022年9月21日

上海市高风险食品生产经营企业目录

序号	企业类型	食品及业态类别	类别明细
1	食品生产企业	食用植物油	食用植物油
2		肉制品	热加工熟肉制品
			发酵肉制品
			预制调理肉制品
3		乳制品	液体乳
			乳粉
			其他乳制品
4		方便食品	预包装冷藏膳食
5		冷冻饮品	冷冻饮品（仅限冰淇淋、雪糕、雪泥、冰棍）
6		水产制品	生食水产品
7		特殊膳食食品	婴幼儿谷类辅助食品
			婴幼儿罐装辅助食品
			其他特殊膳食食品
8		其他食品	即食蔬果
9		保健食品	各类保健食品
10		特殊医学用途配方食品	特殊医学用途配方食品
			特殊医学用途婴儿配方食品
11		婴幼儿配方食品	婴幼儿配方乳粉
12	食品经营企业	集体用餐配送膳食	桶盒饭
			团体膳食外卖
13		现制现售即食食品	冷加工糕点
14		规模以上连锁餐饮企业	中央厨房
15		大型以上饭店	大型以上饭店

上海市市场监督管理局关于发布《上海市预制菜生产许可审查方案》的通知

（沪市监规范〔2022〕24号）

各区市场监管局，临港新片区市场监管局，市局行政服务中心：

《上海市预制菜生产许可审查方案》已经2022年12月14日市局局长办公会审议通过，现予发布，自2023年2月1日起施行，请遵照执行。

特此通知。

上海市市场监督管理局

2022年12月19日

（此件公开发布）

上海市预制菜生产许可审查方案

第一章 总 则

第一条 为规范本市预制菜生产许可审查工作，依据《中华人民共和国食品安全法》及其实施条例、《食品生产许可管理办法》《食品生产许可审查通则》及相关食品安全国家标准等规定，制定本方案。

第二条 本方案适用于本市预制菜生产许可条件审查，本方案所称的"预制菜"，是指以一种或多种食用农产品及其制品为原料，添加或不添加调味料或食品添加剂等配料，经调制等预处理、熟制或不熟制、包装等工艺制成的，方便消费者或食品生产经营者烹饪或即食的预包装菜肴。

第三条 预制菜品种申请生产许可的类别，应按照市场监管总局《食品生产许可分类目录》规定，根据产品的原料、工艺等提出申证食品类别、类别编号、类别名称和品种明细。

凡符合已有具体许可分类的，应按照《食品生产许可分类目录》规定的具体类别和品种明细提出，审批机构按照《食品生产许可审查通则》及具体类别许可审查细则，实施许可审查。

列入《食品生产许可分类目录》其他食品类别中"非即食冷藏预制菜类"的，审查依据为本方案，申证食品类别为"其他食品"，类别编号为"3101"，类别名称为"其他食品"，品种明细填写"其他食品：非即食冷藏预制菜类（申证预制菜执行标准中的产品名称）"。预制菜生产许可分类目录及审查依据见表1。

表 1　预制菜生产许可分类目录及审查依据

预制菜类别	食品类别	类别编号	类别名称	品种明细	审查依据	定义
速冻预制菜	速冻食品	1102	速冻调制食品	1. 生制品（具体品种明细）	速冻食品生产许可证审查细则	以食用农产品为主要原料，经调制、熟制或不熟制、速冻等工艺制成的产品
				2. 熟制品（具体品种明细）		
冷冻预制菜	肉制品	0403	预制调理肉制品	冷冻预制调理肉类	肉制品生产许可证审查细则	以鲜、冻畜禽肉或其可食副产品为主要原料，经调理、冷冻等制成的非即食产品
	水产制品	2203	鱼糜及鱼糜制品	冷冻鱼糜、冷冻鱼糜制品	水产制品生产许可证审查细则	以鲜（冻）鱼、虾、贝类、甲壳类、头足类等动物性水产品为主要原料，经斩拌、凝胶化、冷冻等制成的产品
		2204	冷冻水产制品	冷冻调理制品、冷冻挂浆制品、冻煮制品、冻油炸制品、冻烧烤制品、其他		以鲜（冻）鱼、虾、贝类、甲壳类、头足类等动物性水产品为主要原料，经预处理、冷冻等制成的产品
冷藏预制菜	肉制品	0402	发酵肉制品	1. 发酵灌制品	肉制品生产许可证审查细则	以鲜、冻畜禽肉主要原料，经预处理、发酵等工艺制成的产品
				2. 发酵火腿制品		
		0403	预制调理肉制品	冷藏预制调理肉类		以鲜、冻畜禽肉或其可食副产品为主要原料，经调理、冷藏制成的非即食产品，在0℃～4℃温度条件下贮存
	蛋制品	1901	蛋制品	其他类：其他	蛋制品生产许可证审查细则	以禽蛋及其制品为主要原料，经一定加工工艺制成的产品，在0℃～4℃温度条件下贮存
	水产制品	2206	生食水产品	腌制生食水产品、非腌制生食水产品	水产制品生产许可证审查细则	以鲜活的水生动植物为原料，采用食盐盐渍、酒醋浸泡或其他工艺加工制成的可直接食用的水产品，在0℃～4℃温度条件下贮存
		2207	其他水产品	其他水产品		以鲜、冻鱼类、甲壳类、头足类等动物性水产品、藻类及其制品为主要原料调制制成的产品，在0℃～4℃温度条件下贮存
	方便食品	0702	其他方便食品	预包装冷藏膳食	上海市预包装冷藏膳食生产许可审查细则	以谷物、豆类、薯类、畜禽肉、蛋类、水产品、果蔬、食用菌等中的一种或数种为主要原料（可配以馅料或辅料），热加工后2小时内将膳食中心温度降至10℃以下，或以不需要热加工的、中心温度控制在10℃以下的即食食品为原料，添加或不添加以上热加工降温后的食品，并在该中心温度下包装、贮存、运输、陈列、销售的即食预包装食品
	其他食品	3101	其他食品	其他食品：即食蔬果	上海市即食蔬果生产许可审查细则	以新鲜的蔬菜、水果为原料，经预处理、清洗、切分或不切分、消毒、漂洗、去除表面水、密封包装等工艺，保持新鲜状态，经冷链配送的可直接入口产品，包括含与其隔离的、预包装沙拉酱等直接入口酱汁的组合包装产品
				其他食品：非即食冷藏预制菜类（具体产品名称）	本方案	除以上冷藏预制菜品种外，其他以一种或多种食用农产品及其制品为原料，添加或不添加调味料或食品添加剂等配料，经调制等预处理、部分熟制或不熟制、包装等工艺制成的，方便消费者或食品生产经营者烹饪的，经冷链储运销售的非即食预包装菜肴

预制菜类别	食品类别	类别编号	类别名称	品种明细	审查依据	定义
常温预制菜	肉制品	0401	热加工熟肉制品	1. 酱卤肉制品：酱卤肉类、糟肉类、白煮类、其他 2. 熏烧烤肉制品 3. 肉灌制品：灌肠类、西式火腿、其他 4. 油炸肉制品 5. 熟肉干制品：肉松类、肉干类、肉脯、其他 6. 其他熟肉制品	肉制品生产许可证审查细则	以鲜、冻畜禽肉或其可食副产品为主要原料，经选料、修整、腌制、调味、成型、熟化和包装等工艺制成的肉制品
		0402	发酵肉制品	1. 发酵灌制品 2. 发酵火腿制品		畜禽肉在自然或人工条件下经特定微生物发酵或酶的作用，加工制成的一类可即食的肉制品
	蛋制品	1901	蛋制品	再制蛋类：皮蛋、咸蛋、糟蛋、卤蛋、咸蛋黄、其他	蛋制品生产许可证审查细则	以禽蛋及其制品为主要原料，经预处理、包装等工艺制成的产品
	水产制品	2201	干制水产品	虾米、虾皮、干贝、鱼干、干燥裙带菜、干海带、紫菜、干海参、干鲍鱼、其他	水产制品生产许可证审查细则	以新鲜的鱼、虾、贝类、头足类、海藻类等水产品为原料经相应工艺加工制成的产品
		2202	盐渍水产品	盐渍藻类、盐渍海蜇、盐渍鱼、盐渍海参、其他		以鲜、冻鱼类、甲壳类、头足类等动物性水产品、藻类及其制品为主要原料，经预处理、熟制或非熟制、包装等工艺制成的产品
		2205	熟制水产品	熟制水产品品种明细		
		2207	其他水产品	其他水产品		除干制水产品、盐渍水产品、鱼糜制品以外的所有以水生动物为主要原料加工而成的产品
	豆制品	2501	豆制品	非发酵豆制品：豆腐、豆腐泡、熏干、豆腐干、腐竹、豆腐皮、其他 其他豆制品：素肉、大豆组织蛋白、膨化豆制品、其他	豆制品生产许可证审查细则	以大豆或其他杂豆为原料，经加工制成的产品。 注：部分豆制品贮存条件可能为冷藏。
	罐头	0901	畜禽水产罐头	火腿类罐头、肉类罐头、牛肉罐头、羊肉罐头、鱼类罐头、禽类罐头、肉酱类罐头、其他	罐头食品生产许可证审查细则	以畜禽水产为主要原料，经处理、装罐、密封、杀菌或无菌包装而制成的食品
		0902	果蔬罐头	蔬菜罐头：食用菌罐头、竹笋罐头、莲藕罐头、番茄罐头、豆类罐头、其他		以蔬菜为主要原料，经处理、装罐、密封、杀菌或无菌包装而制成的食品
		0903	其他罐头	其他罐头：其他		以畜禽水产、蔬菜、水果等多种原料拼配，经处理、装罐、密封、杀菌或无菌包装而制成的食品

第四条 按本方案实施生产许可的预制菜产品不允许分装。

第五条 本方案中引用的文件、标准通过引用成为本方案的内容。凡是引用文件、标准，其最新版本（包括所有的修改单）适用于本方案。

第二章　生产场所

第六条　厂区要求、厂房和车间、库房要求应符合《食品生产许可审查通则》中生产场所相关规定。

第七条　生产场所应根据生产流程、操作需要和清洁度的要求采取有效分离或分隔，避免交叉污染。生产场所可划分为一般作业区、准清洁作业区，不同作业区之间应当有效分隔，非即食冷藏预制菜类生产场所作业区划分见表2。

表2　非即食冷藏预制菜类生产场所作业区划分

一般作业区	准清洁作业区
原料验收区、外包装区、仓储区等	原料预处理区、产品调味区、配料区、热加工区、内包装区等
注：本表所列加工区域为常规分区，企业可根据实际生产情况优化调整。	

第八条　畜禽类、果蔬类、水产类食品原料预处理场所应分隔或分离，并明确标识，避免交叉污染。

第九条　保洁设施应正常运转，有明显的区分标识。定期清洁保洁设施，防止清洗消毒后的工用具、容器受到污染。

第十条　应配备冷藏库，冷藏库环境温度应为0℃～10℃。

冷藏库应具备配套的制冷系统或保温条件缓存区的封闭月台，同时与车辆对接处应有防撞密封设施。

冷藏库门应配备限制冷热交换的装置，并设置防反锁装置和警示标识。

第三章　设备设施

第十一条　生产设备，供排水、消毒、废弃物存放、个人卫生、通风、照明、温控、检验等设施应符合《食品生产许可审查通则》中设备设施相关规定。非即食冷藏预制菜类常规生产设备设施见表3。

表3　非即食冷藏预制菜类常规生产设备设施

设施设备
原料清洗设备设施、原料预处理设备、称量设备、热加工设备（需要时）、冷藏设备、自动包装设备设施、异物检测设备、清洁消毒设备设施、温度控制设施
注：本表所列设备为常规设备，企业可根据实际生产情况优化调整。

第十二条　洗手设施采用非手动式，配备冷热水设施。

第十三条　应配备相应的食品、工器具和设备的清洁、消毒设施。

应设置畜禽类、果蔬类、水产类原料独立清洗水池。

用于食品原料、半成品、成品的容器和工具分开放置和使用。

第十四条　应根据生产过程需要，配备通风排气设施，有效控制生产环境温度和湿度，保证空气由清洁度要求高的作业区域流向清洁度要求低的作业区域。通风排气设施应易于清洁、维修或更换。

第十五条　需要冷却的，应配备与生产品种、数量相适应的冷却设备。

第十六条　鼓励生产企业在热加工场所、包装场所、清洗消毒场所、食品装卸封闭月台、冷却等关键生产场所安装视频监控设备。

第十七条　冷藏库应配置温湿度监测、记录、报警、调控装置。

冷藏库温度传感器或温度记录仪应放置在最能反映食品温度或者平均温度的位置，建筑面积大于100m² 的冷库，温度传感器或温度记录仪数量不少于 2 个。

第十八条 根据预制菜原料和工艺需要，可配备环境温度计、余氯消毒测试纸等食品加工环节控制检测设备设施，以及瘦肉精、农药残留、甲醛、孔雀石绿、亚硝酸盐等食品安全快速检测设备设施，开展食品安全快速检测。

企业使用的快速检测方法进行检测的，应定期与国家标准方法规定的检验方法进行比对或者验证。当快速检测结果显示异常时，应使用食品安全国家标准规定的检验方法进行确认。

第四章　设备布局与工艺流程

第十九条 应符合《食品生产许可审查通则》中设备布局和工艺流程相关规定。

第二十条 预制菜生产设备的配备应与产品生产工艺相符，应根据产品特性、质量要求、风险控制等因素确定关键控制环节。非即食冷藏预制菜类生产常规工艺流程与关键控制环节见表4。

表 4　非即食冷藏预制菜类生产常规工艺流程与关键控制环节

工艺流程	关键控制环节
原料验收、原料预处理（清洗、分切、挑拣、称量、搅拌、腌制、滚揉等）、包装、异物探测、冷藏	1. 原料的质量安全控制； 2. 异物控制； 3. 产品贮存过程中的温度控制
注：1. 本表所列非即食冷藏预制菜类产品生产常规工艺流程与关键控制环节仅做参考，企业可根据实际生产情况优化调整。 2. 若产品中含有湿粉制品、食用菌产品等可能产生生物毒素的成分，应加强产品检测控制。	

第五章　人员管理

第二十一条 应符合《食品生产许可审查通则》中人员管理的相关规定。

应配备食品安全管理人员和专业技术人员，食品安全管理人员应了解食品安全的基本原则和操作规范，能够判断食品安全潜在的风险，采取适当的预防和纠正措施，确保有效管理。

第二十二条 应对本单位的从业人员进行上岗前和在岗期间的食品安全知识培训，并建立培训档案。应对食品安全管理人员、关键环节操作人员及其他相关从业人员进行考核。考核不合格的，不得上岗。

第六章　管理制度

第二十三条 应符合《食品生产许可审查通则》中制度管理的相关规定。

第二十四条 建立食品、食品添加剂和食品相关产品采购管理制度，保证采购的食品、食品添加剂和食品相关产品符合国家法律法规和食品安全标准要求，不得采购法律法规禁止生产经营的食品、食品添加剂和食品相关产品，以及未通过国务院卫生行政部门安全性评估的新的食品原料、食品添加剂新品种、食品相关产品新品种。

第二十五条 建立食品原料供应商审核制度，明确风险收集要求，制定供应商食品安全检查评价规范和检查评价结果处置规定，定期或不定期对主要原料和食品供应商的食品安全状况进行检查评价，并做好记录。发现原料存在严重食品安全问题的，应立即停止采购，并向本企业、主要原料供应商所在地的食品安全监督管理部门报告。

第二十六条 建立冷链运行管理制度。需冷藏的原料、半成品、成品，明确原料、半成品、成品贮存的温湿度监控和记录要求、冷藏设备定期维护要求、食品冷链运输的温度监控和记录要求。

需温湿度控制的食品在物流过程中应符合其标签标示或相关标准规定的温湿度要求，需冷藏的食品在运输过程中温度应为 0℃～10℃。运输过程中的温度应实时连续监控，记录时间间隔不宜超过 10 分钟，且应真实准确。

委托具备冷藏运输资质的第三方物流运输的，应依法确定双方的权利义务，明确保障食品安全的措施要求，并附书面委托运输协议。

第二十七条 建立产品配方管理制度。列明配方中使用的食品添加剂、食品营养强化剂、新食品原料的使用依据和规定使用量。原料使用的食品添加剂、食品营养强化剂、新食品原料应符合相应食品安全国家标准及国务院卫生行政部门相关公告的规定。生产过程中使用的食品添加剂，应当使用 GB 2760 表 A.3 所列食品类别除外的、GB 2760 表 A.2 规定可在各类食品中按生产需要适量使用的食品添加剂，并在标签中明确标示，其他食品安全标准另有规定的，应从其规定。

第二十八条 建立生产过程监控管理制度。应结合生产工艺及产品特点制定食品原料、加工环境、加工过程和成品检验监控规范，监控项目、监控指标、监控要求和监控频率可参照附件。对监控发现的问题，应立即采取措施予以纠正，并对发现的问题和处置结果予以记录。

第二十九条 建立产品出厂检验管理制度。严格执行食品安全标准，相关产品没有食品安全标准的，企业应依法制定企业标准。综合考虑产品特性、工艺特点、原料控制等因素，明确出厂检验项目、批次、频次和检验要求。每年至少 2 次根据产品执行的食品安全标准或企业标准进行全项检验，并按执行标准判定合格。

第三十条 产品出厂检验可自行检验，也可委托具有检验资质的第三方检测机构进行检验。企业自行检验的，应当具备相应的检验能力，每年至少 1 次进行全项目检验能力验证。

第三十一条 建立食品安全追溯管理制度。鼓励企业采用包装上印制二维码等技术集成食品原料来源、产品自检等信息供消费者查询。鼓励企业采用电子计算机信息技术系统和手段进行文件和记录的管理。

第三十二条 建立和实施生产、配送的危害分析与关键控制点等食品安全管理体系进行食品安全控制。

第七章　试制产品检验报告

第三十三条 企业按照所申报预制菜执行标准，提供试制产品检验合格报告，企业应当对检验报告真实性负责。试制食品检验可以由生产者自行检验，或者委托有资质的食品检验机构检验，企业应对提供的检验报告真实性负责。

第八章　附　则

第三十四条 除冷藏即食蔬果外，食用农产品未经调制，制成的速冻、冷冻、冷藏、常温净菜不纳入食品生产许可。

第三十五条 本方案不适用于现场制售行为许可。

第三十六条 本方案自 2023 年 2 月 1 日起施行，有效期至 2028 年 1 月 31 日。

附件：非即食冷藏预制菜生产原料检验、环境监测和成品检验监控指南（略）

四

经营篇

上海市饮食服务业环境污染防治管理办法

（上海市人民政府令第 10 号）

第一条（目的和依据）

为了加强对本市饮食服务业环境污染防治的管理，保障公众健康，根据《中华人民共和国大气污染防治法》《上海市实施〈中华人民共和国大气污染防治法〉办法》等有关规定，制定本办法。

第二条（适用范围）

本办法适用于本市范围内饮食服务业环境污染防治及其相关的管理活动。

第三条（管理部门）

上海市环境保护局（以下简称市环保局）负责本市饮食服务业环境污染防治管理，并组织实施本办法。

区、县环境保护行政主管部门（以下简称区、县环保部门），负责本区、县范围内饮食服务业环境污染防治的具体管理。

本市规划、建设、商业、工商行政、房地资源、水务、质量技监、市容环卫等有关行政管理部门根据各自的职责，协同实施本办法。

第四条（新建饮食经营场所的要求）

在本市中心城、新城和中心镇范围内，新建饮食服务经营场所应当符合下列要求：

（一）在成片开发的居住地区，新建饮食服务经营场所应当独立于居民住宅楼；

（二）所在建筑物应当在结构上具备专用烟道等污染防治条件；

（三）所在建筑物高度在 24 米（含 24 米）以下的，其油烟排放口不得低于所在建筑物最高位置；所在建筑物高度在 24 米以上的，其油烟排放口设计应当符合环境污染防治要求，其具体设计规范由市环保局另行制定并予以公布；

（四）油烟排放口位置应当距离居民住宅、医院或者学校 10 米以上。

第五条（利用现有房屋开办饮食服务项目的要求）

在本市中心城、新城和中心镇的居民住宅楼内，不得新开办产生油烟污染的饮食服务项目。

在本市中心城、新城和中心镇范围内，现有居住房屋改为不产生油烟污染的饮食服务经营场所的，应当符合国家和本市规划管理、居住物业管理和环境保护的有关规定。

在本市中心城、新城和中心镇范围内，利用除居民住宅楼以外的非居住房屋新开办饮食服务项目的，应当符合本办法第四条第二项、第三项、第四项的规定。但油烟排放口位置不能满足本办法第四条第四项要求的，与居民住宅、医院或者学校的距离不得小于 5 米，且须征得相邻私有房屋所有人和公有房屋承租人的书面同意。

第六条（清洁能源使用）

本市中心城、新城和中心镇范围内，新开办饮食服务项目应当使用天然气、煤气、液化石油气、电等清洁能源。

前款规定范围内现有饮食服务项目尚未使用清洁能源的，应当按照市人民政府规定的限期改用清洁能源。

本市中心城、新城和中心镇范围以外的饮食服务项目，鼓励使用清洁能源。

第七条（油烟排放）

新开办饮食服务项目，不得采用下列方式排放油烟：

（一）不经过专用烟道的无规则排放；

（二）经城市公共雨水或者污水管道排放。

现有饮食服务项目，其油烟排放方式有前款规定情形之一，或者其油烟排放口不符合本办法第四条第三项规定的环境污染防治要求的，应当按照市或者区、县环保部门规定的污染防治要求和期限改造。

第八条（油烟净化）

饮食服务经营者应当采取有效措施防治油烟污染。饮食服务经营场所的油烟排放，应当符合《饮食业油烟排放标准（试行）》（GB 18483—2001）的规定。

开办产生油烟污染的饮食服务项目，应当安装与其经营规模相匹配的油烟净化设施。现有产生油烟污染的饮食服务项目，尚未安装油烟净化设施或者所安装的设施与其经营规模不匹配的，应当在市或者区、县环保部门规定的限期内完成加装或者改装。

饮食服务经营者不得擅自闲置或者拆除油烟净化设施；应当定期对油烟净化设施进行维护保养，保证油烟净化设施的正常运转，并保存维护保养记录。

第九条（废水排放）

饮食服务经营场所在本市公共排水管网和污水处理系统服务范围内的，其废水应当经隔油、残渣过滤等措施处理达到纳管标准后方可纳管排放。

饮食服务经营场所在本市公共排水管网和污水处理系统服务范围外的，其废水应当经处理达到国家和本市规定的排放标准后方可排放。

第十条（噪声等其他污染防治）

饮食服务项目产生的噪声、废弃食用油脂、餐厨垃圾的污染防治以及空调器的安装管理，按照国家和本市的有关规定执行。

饮食服务经营者不得在居民住宅区公共通道上进行净菜、洗碗等与提供饮食服务有关的作业活动。

第十一条（告知承诺制度）

在新建的成片开发地区内，新开办饮食服务项目环境保护实行告知承诺制度。

实行环境保护告知承诺的区域，区、县环保部门应当将环境污染防治要求书面告知饮食服务经营者，饮食服务经营者应当书面承诺履行相应的义务。作出承诺的，视为饮食服务经营者已经办理环境影响评价审批手续。

饮食服务经营者应当将承诺的内容自作出之日起10日内在经营场所周围醒目位置公布，公布时间不得少于1个月。

本条第一款规定范围以外的饮食服务项目，视条件成熟情况，逐步推行环境保护告知承诺制度。具体实施步骤由市环保局另行规定并予以公布。

第十二条（环境影响评价）

新建饮食服务经营场所的环境影响评价及其审批按照有关法律、法规和规章的规定办理。

实行环境保护告知承诺制度以外的区域，新开办饮食服务项目应当按照国家和本市建设项目环境保护管理的规定，填具《环境影响登记表（饮食服务业专用）》，报所在地区、县环保部门审批。区、县环保部门应当在收到申请之日起15个工作日内作出审批决定，并书面通知申请人，对不予批准的，应当说明理由。

新开办饮食服务项目未办理环境影响评价审批手续或者未签署本办法第十一条规定的承诺书的，工商行政管理部门不予核发营业执照。

第十三条（"三同时"和竣工验收）

新开办饮食服务项目，应当配备相应的污染防治设施，做到污染防治设施与饮食服务设施同时设计、同时施工、同时投入使用（以下简称"三同时"）。

新开办饮食服务项目污染防治设施未建成的，不得进行试营业，区、县环保部门不予竣工验收。

新开办饮食服务项目污染防治设施已建成的，饮食服务经营者应当在试营业之日起 3 个月内向饮食服务经营场所所在地的区、县环保部门申请污染防治设施竣工验收。区、县环保部门应当在收到申请之日起 30 日内完成竣工验收。

污染防治设施未申请竣工验收，或者经验收不合格的，饮食服务项目不得营业。已经试营业的，应当停止试营业。

第十四条（现有饮食服务项目变更管理）

现有无油烟污染的饮食服务项目变更为有油烟污染的，应当符合本办法关于新开办产生油烟污染饮食服务项目的要求，并办理相关手续。

现有饮食服务经营场所进行重新装潢或者烟道、灶台等布局发生变化的，应当在重新装潢或者布局发生变化后 5 日内报所在区、县环保部门备案。

第十五条（监督检查）

市或者区、县环保部门和其它相关行政管理部门应当加强对饮食服务经营场所的监督检查。被检查者应当配合检查，如实反映情况，提供与检查内容有关的资料，不得隐瞒。不得拒绝或者阻挠有关管理人员检查。

市或者区、县环保部门在现场检查时，可采用检气管法快速检测饮食服务经营场所油烟排放超标与否。被检查者对快速检测结果有异议的，可以向检查部门申请按国家标准金属滤筒吸收法和红外分光光度法监测。监测结果与快速检测结论一致的，监测费用由申请方承担。

第十六条（举报和投诉）

对饮食服务环境污染的举报和投诉，市或者区、县环保部门应当在收到举报或者投诉之日起 5 个工作日内赴现场检查，并及时将处理结果告知举报人或者投诉人。

第十七条（社会公布）

市环保局应当定期公布违反饮食服务业环境污染防治管理的单位和个人的名单。

市环保局应当会同市质量技监部门组织对本市饮食服务业安装的油烟净化设施使用效果进行抽检，并向社会公布抽检结果。

第十八条（违反新开办饮食服务项目要求的处罚）

违反本办法第四条、第五条规定，擅自新开办饮食服务项目的，由市或者区、县环保部门责令停止建设，限期恢复原状；已开业的，由市或者区、县人民政府依法责令停业或者关闭。

第十九条（违反油烟污染防治规定的处罚）

违反本办法第七条、第八条第三款规定，饮食服务经营者不按规定排放油烟，或者擅自闲置、拆除油烟净化设施的，由市或者区、县环保部门责令限期改正，并可处以 2000 元以上 1 万元以下的罚款，情节严重的，可处以 1 万元以上 3 万元以下的罚款。

违反本办法第八条第一款规定，饮食服务经营场所排放的油烟对附近居民的居住环境造成污染的，应当限期治理，市或者区、县环保部门对污染较轻的可处以 200 元以上 3000 元以下的罚款，对污染严重的可处以 3000 元以上 5 万元以下的罚款；限期治理期满后，仍未达到规定要求的，由市或者区、县人民政府依法责令其停业或者关闭。

违反本办法第八条第二款规定，产生油烟污染的饮食服务项目未按规定加装或者改装油烟净化设施的，由市或者区、县环保部门责令限期改正，对未按规定加装油烟净化设施的饮食服务经营者可处以 2000 元以上 3 万元以下的罚款；对未按规定改装油烟净化设施的饮食服务经营者可处以 1000 元以上 1 万元以下的罚款。

第二十条（违反告知承诺内容公布的处罚）

违反本办法第十一条第三款规定，饮食服务经营者不按规定公布承诺的，由区、县环保部门责令限期改正，拒不改正的，可处以 200 元以上 2000 元以下的罚款。

第二十一条（违反饮食服务经营场所变更备案的处罚）

违反本办法第十四条第二款规定，饮食服务经营场所重新装潢或者布局发生变化不按期备案的，由区、县环保部门责令限期改正，并可处以 200 元以上 2000 元以下的罚款。

第二十二条（违反其他环境管理规定的处罚）

违反本办法有关饮食服务业环境影响评价、"三同时"和竣工验收、清洁能源使用、水污染防治、噪声污染防治等规定的，依照有关法律、法规和规章的规定处理。

第二十三条（管理人员违法行为的追究）

市和区、县环保部门有关工作人员不得为饮食服务经营者指定环境影响评价机构以及环境污染防治设施的设计和施工单位，不得指定环境污染防治产品。

有关行政管理人员玩忽职守、滥用职权、徇私舞弊、索贿受贿的，由其所在单位或者上级主管部门给予行政处分；构成犯罪的，依法追究刑事责任。

第二十四条（名词解释）

本办法所称新建饮食服务经营场所，是指饮食服务经营场所的新建、改建和扩建。

本办法所称新开办饮食服务项目，是指在新建饮食服务经营场所或者现有房屋开设饮食服务项目。

本办法所称产生油烟污染的饮食服务项目，是指饮食服务经营者在经营过程中需要用食用油对食物进行烹饪、加工，以及烧烤等本身能产生油烟的经营活动项目。

第二十五条（其他规定）

单位食堂等非经营性饮食服务项目的环境污染防治，参照本办法执行。

第二十六条（施行日期）

本办法自 2004 年 1 月 1 日起施行。

上海市餐厨废弃油脂处理管理办法

（市政府令第 97 号）

《上海市餐厨废弃油脂处理管理办法》已经 2012 年 12 月 17 日市政府第 159 次常务会议通过，现予公布，自 2013 年 3 月 1 日起施行。

代市长　杨雄
2012 年 12 月 26 日

上海市餐厨废弃油脂处理管理办法

（2012 年 12 月 26 日市政府令第 97 号公布）

第一条（目的和依据）

为了加强本市餐厨废弃油脂处理的管理，保障食品安全，促进资源循环利用，根据《中华人民共和国食品安全法》、《城市市容和环境卫生管理条例》、《上海市实施〈中华人民共和国食品安全法〉办法》等有关法律、法规，结合本市实际，制定本办法。

第二条（适用范围）

本办法适用于本市行政区域内餐厨废弃油脂的产生、收运、处置及其相关监督管理活动。

第三条（定义）

本办法所称的餐厨废弃油脂，是指除居民日常生活以外的在餐饮服务（含单位供餐，以下统称"餐饮服务"）、食品生产加工以及食品现制现售等活动中产生的废弃食用动植物油脂和含食用动植物油脂的废水。

第四条（管理部门）

市绿化市容行政管理部门负责本市餐厨废弃油脂收运、处置的监督管理工作。区（县）绿化市容行政管理部门按照规定职责，负责所辖区域内餐厨废弃油脂收运、处置的监督管理工作。

本市食品药品监督、质量技术监督、工商以及出入境检验检疫等行政管理部门按照职责分工，负责对产生餐厨废弃油脂单位的监督管理。

本市发展改革、商务、环保、水务和公安等行政管理部门按照各自职责，协同实施本办法。

市食品安全综合协调机构负责本市餐厨废弃油脂处理管理的跨部门综合协调工作。

第五条（单位主体责任）

本市从事餐饮服务、食品生产加工以及食品现制现售等活动，产生餐厨废弃油脂的经营单位（含个体工商户，以下统称"产生单位"）以及从事餐厨废弃油脂收运和处置活动的单位是餐厨废弃油脂处理的责任主体，应当严格执行国家和本市有关法律、法规、规章和食品安全标准，建立健全相关管理制度，发现问题立即处理并向相关行政管理部门报告。

第六条（源头减量、资源化利用和一体化经营）

本市鼓励通过改进加工工艺、引导公众科学饮食消费等方式，减少餐厨废弃油脂的产生数量。

本市对餐厨废弃油脂实行符合产业发展导向的资源化利用。

本市推进实行餐厨废弃油脂收运、处置的一体化经营模式。

第七条（收运单位的确定）

区（县）绿化市容行政管理部门应当根据所辖区域内餐厨废弃油脂的产生数量，通过招标投标方式，确定从事本辖区餐厨废弃油脂收运活动的单位，并向社会公布。

按照前款规定确定的单位无法满足所辖区域内餐厨废弃油脂收运需求的，区（县）绿化市容行政管理部门应当按照前款规定的程序予以增加。

产生单位可以设立符合本办法第八条第二款规定条件的收运本单位产生的餐厨废弃油脂的企业，并取得市绿化市容行政管理部门的同意。

从事本辖区餐厨废弃油脂收运活动的单位和收运本单位产生的餐厨废弃油脂的企业（以下统称"收运单位"）应当遵守本办法规定的相关收运要求。

禁止任何单位和个人擅自从事餐厨废弃油脂的收运活动。

第八条（收运单位招标方案和招标要求）

区（县）绿化市容行政管理部门应当组织编制收运单位招标方案，明确收运单位的数量和条件、服务范围、服务期限等事项，并报市绿化市容行政管理部门审核后实施。

收运单位应当符合下列要求：

（一）具备企业法人资格，注册资金不得少于人民币500万元。

（二）有与餐厨废弃油脂收运量相适应并取得道路运输车辆营运证的自有厢式货运车辆和收集容器；车辆和收集容器安装电子监控设备。

（三）有与餐厨废弃油脂收运量相适应的贮存、初加工场所以及车辆停放场地；贮存、初加工场所的选址和污染防治设施符合国家和本市环境保护管理的有关规定，并安装电子监控设备。

（四）有符合市绿化市容行政管理部门规定的信息管理系统。

（五）有健全的企业管理制度。

区（县）绿化市容行政管理部门招标时，可以设定严于前款要求的招标条件。

区（县）绿化市容行政管理部门应当与中标的收运单位签订餐厨废弃油脂收运服务协议（以下简称"收运服务协议"）。收运服务协议应当明确收运单位的服务范围、服务期限、服务规范、收运的餐厨废弃油脂去向、退出机制、违约责任等内容。

第九条（处置单位的确定）

市绿化市容行政管理部门应当根据全市餐厨废弃油脂的处置数量，通过招标投标方式，确定从事本市餐厨废弃油脂处置活动的单位（以下简称"处置单位"），并向社会公布。

按照前款规定确定的处置单位无法满足全市餐厨废弃油脂处置需求的，市绿化市容行政管理部门应当按照前款规定的程序增加处置单位。

禁止任何单位和个人擅自从事餐厨废弃油脂的处置活动。

第十条（处置单位招标要求）

处置单位应当符合下列要求：

（一）具备企业法人资格，注册资金不得少于人民币1000万元。

（二）有满足处置需求的处置设施、计量与原料检测设备；经处置后的产品符合本市产业发展导向要求，采用的处置技术、工艺符合国家有关标准。

（三）处置场所的选址和污染防治设施符合国家和本市环境保护管理的有关规定，并安装电子监控设备。

（四）有5名以上具有专业技术职称的人员。

（五）有符合市绿化市容行政管理部门规定的信息管理系统。

（六）有健全的企业管理制度。

市绿化市容行政管理部门招标时，可以设定严于前款要求的招标条件。

市绿化市容行政管理部门应当与中标的处置单位签订餐厨废弃油脂处置服务协议（以下简称"处置服务协议"）。处置服务协议应当明确处置单位的服务范围、服务期限、服务规范、餐厨废弃油脂经处置后的产品及其去向、退出机制、违约责任等内容。

第十一条（定向收运）

产生单位应当将产生的餐厨废弃油脂交由本办法第七条确定的收运单位收运，并与收运单位签订收运合同。收运合同应当明确收运的时间、频次、数量和餐厨废弃油脂收购价格等内容。

餐厨废弃油脂收购价格应当按照本市餐饮烹饪行业协会、食品协会和市容环境卫生行业协会制定的餐厨废弃油脂收购指导价确定。市绿化市容行政管理部门应当按照有利于餐厨废弃油脂收运的原则，对餐厨废弃油脂收购指导价的制定予以指导。

产生单位不得将餐厨废弃油脂提供给本条第一款规定的收运单位以外的其他单位和个人，或者放任其他单位和个人收运本单位产生的餐厨废弃油脂。

第十二条（定向处置）

收运单位应当将餐厨废弃油脂送交本办法第九条第一款确定的处置单位处置，并与处置单位签订处置合同。处置合同应当明确送交的餐厨废弃油脂含水率指标、餐厨废弃油脂处置收购价格等内容；其中，餐厨废弃油脂处置收购价格应当按照本市市容环境卫生行业协会制定的餐厨废弃油脂处置收购指导价确定。

第十三条（合同备案）

收运单位应当自收运合同签订之日起 3 日内，将收运合同报收运服务所在地区（县）绿化市容行政管理部门备案。

处置单位应当自处置合同签订之日起 3 日内，将处置合同报市绿化市容行政管理部门备案。

第十四条（产生单位的申报）

产生单位应当在每年 1 月向所在地区（县）绿化市容行政管理部门申报本年度餐厨废弃油脂的种类和产生量。

第十五条（产生单位的设施设置要求）

产生单位应当设置专门的餐厨废弃油脂收集容器。其中，餐饮服务单位还应当按照本市有关推进计划安装符合要求的油水分离器。

油水分离器的技术规范，应当符合国家《餐饮废水隔油器》（CJ/T 295—2008）的要求。

新设立的餐饮服务单位未按照要求安装油水分离器的，食品药品监督部门不予核发餐饮服务许可证，出入境检验检疫部门不予核发口岸卫生许可证，环保部门不予批准环境影响评价文件。

第十六条（产生单位的收集使用要求）

产生单位应当保持餐厨废弃油脂收集容器和油水分离器的完好和正常使用。

产生单位应当将餐厨废弃油脂单独收集，不得将餐厨废弃油脂混入餐厨垃圾等其他生活垃圾或者裸露存放。

第十七条（收运联单）

产生单位向收运单位交送餐厨废弃油脂时，应当对交送的餐厨废弃油脂的种类和数量予以确认，并与收运单位在市绿化市容行政管理部门规定格式的餐厨废弃油脂收运服务联单（以下简称"收运联单"）上签字、盖章。

收运联单的保存期限不得少于两年。

第十八条（收运要求）

收运单位应当按照收运服务协议、收运合同的要求，定期从产生单位收运餐厨废弃油脂。

收运单位应当按照市绿化市容行政管理部门的要求，在收运餐厨废弃油脂的车辆外部显示本单位名称、标识等信息。

收运单位收运餐厨废弃油脂时，收运车辆和收集容器的电子监控设备应当保持开启状态，并与区（县）绿化市容行政管理部门的信息管理系统实时联网。

收运单位应当对餐厨废弃油脂实行密闭化运输，不得滴漏、洒落。

第十九条（收运人员要求）

收运人员从事餐厨废弃油脂收运作业时，应当按照市市容环境卫生行业协会的要求，穿着统一的作业服装，并佩戴身份标识牌。

收运人员应当参加市市容环境卫生行业协会组织的培训并经考核合格。

第二十条（贮存、初加工场所要求）

收运餐厨废弃油脂的车辆进入贮存、初加工场所时，收运单位应当将收运联单记载的餐厨废弃油脂种类和数量与车辆实际收运的餐厨废弃油脂种类和数量进行核对。

贮存、初加工场所安装的电子监控设备应当全天保持开启状态，并与区（县）绿化市容行政管理部门的信息管理系统实时联网。

贮存、初加工场所排放的废水、废气、废渣，应当符合国家和本市环境保护管理的有关要求。

第二十一条（处置联单）

收运单位向处置单位送交餐厨废弃油脂时，应当对送交的餐厨废弃油脂的种类和数量予以确认，并与处置单位在市绿化市容行政管理部门规定格式的餐厨废弃油脂处置服务联单上签字、盖章。

餐厨废弃油脂处置服务联单的保存期限不得少于两年。

第二十二条（处置要求）

处置单位应当按照处置服务协议的要求，对餐厨废弃油脂进行处置。餐厨废弃油脂经处置后的产品应当符合相应的产品质量标准。

处置场所安装的电子监控设备应当全天保持开启状态，并与市绿化市容行政管理部门的信息管理系统实时联网。

处置单位应当保持餐厨废弃油脂处置设施、设备的完好，定期对相关设施、设备的性能和环保指标进行检测、评价。

处置场所排放的废水、废气、废渣，应当符合国家和本市环境保护管理的有关要求。

第二十三条（处置的禁止性要求）

处置单位不得将未经处置的餐厨废弃油脂或者处置后不符合相应产品质量标准的产品予以转售或者用于其他用途。

未经市绿化市容行政管理部门同意，处置单位不得擅自停业、歇业。

第二十四条（台账和信息管理要求）

产生单位、收运单位和处置单位应当建立餐厨废弃油脂的记录台账，如实记录每日交送、收运或者处置的餐厨废弃油脂的种类、数量、时间、相关单位名称。

收运单位和处置单位应当将前款规定的记录台账记录的内容以及按照本办法第二十二条第三款规定形成的检测、评价结果等信息，输入本单位的信息管理系统，并每月将信息管理系统记录的信息报送绿化市容行政管理部门。

收运单位和处置单位应当按照市绿化市容行政管理部门的要求，逐步将本单位的信息管理系统与绿化市容行政管理部门的信息管理系统联网。

产生单位、收运单位和处置单位应当按照市绿化市容行政管理部门的要求，逐步使用电子联单。

第二十五条（行业自律）

本市餐饮烹饪行业协会、食品协会、市容环境卫生行业协会应当制定行业自律制度，督促产生单位、收运单位和处置单位加强餐厨废弃油脂产生、收运和处置活动的管理；对违反行业自律制度的会员单位，可以采取相应的自律惩戒措施。

第二十六条（评议制度）

市和区（县）绿化市容行政管理部门应当会同食品安全综合协调机构、食品药品监督、质量技术监督、工商、环保、水务、公安、城管执法以及出入境检验检疫等相关行政管理部门，每年对收运单位、处置单位从事餐厨废弃油脂收运、处置活动的情况进行评议，并向社会公布评议结果。

收运单位、处置单位经评议不合格的，绿化市容行政管理部门可以依据收运服务协议、处置服务协议，暂停或者终止其从事餐厨废弃油脂收运、处置活动。

第二十七条（相关许可监管）

本市食品药品监督、出入境检验检疫行政管理部门应当按照本办法的规定，将餐饮服务单位的油水分离器的安装和使用以及餐厨废弃油脂产生申报、收运合同、收运联单和记录台账等管理制度的建立和执行情况作为餐饮服务许可证、口岸卫生许可证核发、延续的审核内容之一。

本市质量技术监督部门应当将食品生产加工单位的餐厨废弃油脂产生申报、收运合同、收运联单和记录台账等管理制度的建立和执行情况作为食品生产许可证核发、换发的审核内容之一。

在商场、超市等食品经营单位的经营场所内从事食品现制现售活动的，本市工商行政管理部门应当将餐厨废弃油脂产生申报、收运合同、收运联单和记录台账等管理制度的建立和执行情况作为食品流通许可证核发、延续的审核内容之一。

第二十八条（信息共享）

市绿化市容行政管理部门应当与市食品安全综合协调机构和市食品药品监督、质量技术监督、工商、环保、水务、公安、城管执法以及出入境检验检疫等相关行政管理部门加强沟通，建立餐厨废弃油脂监管的信息共享制度。

第二十九条（应急处置）

市和区（县）绿化市容行政管理部门应当编制餐厨废弃油脂处理应急预案，做好餐厨废弃油脂收运、处置活动的应急处置工作。

第三十条（投诉处理）

任何单位和个人发现有违反本办法情形的，可以向本市相关行政管理部门投诉或者举报。

有关行政管理部门接到投诉和举报后，对属于本部门职责的，应当在规定期限内进行处理，并将处理结果予以反馈；对不属于本部门职责的，应当移交有权处理的部门处理。

第三十一条（对擅自收运、处置的处理）

违反本办法第七条第五款、第九条第三款规定，擅自从事餐厨废弃油脂收运或者处置活动的，城管执法部门应当责令违法行为人立即停止违法行为，处 5 万元以上 10 万元以下的罚款；违法行为人应当在城管执法部门的监督下，将擅自收运或者处置的餐厨废弃油脂交由符合本办法规定的收运单位或者处置单位处理，所需费用由违法行为人承担。

任何单位或者个人擅自从事餐厨废弃油脂收运或者处置活动，扰乱市场秩序，情节严重的，依法追究刑事责任。

第三十二条（对产生单位的处罚）

违反本办法第十一条第三款规定，产生单位将餐厨废弃油脂提供给其他单位和个人或者放任其他单位和个人收运的，城管执法部门应当责令限期改正，处 2 万元以上 5 万元以下的罚款。

第三十三条（对收运单位的处罚）

违反本办法规定，收运单位有下列行为之一的，由城管执法部门责令限期改正，并按照下列规定予以处罚：

（一）违反本办法第十二条规定，未将餐厨废弃油脂送交本办法确定的处置单位处置的，处 2 万元以上 5 万元以下的罚款；

（二）违反本办法第十三条第一款规定，未按照要求办理收运合同备案的，处 1000 元以上 3000 元以下的罚款；

（三）违反本办法第十八条第三款、第二十条第二款规定，未按照要求将电子监控设备保持开启状态或者实时联网的，处 3000 元以上 1 万元以下的罚款；

（四）违反本办法第二十条第一款规定，未按照要求进行核对的，处 2000 元以上 5000 元以下的罚款。

第三十四条（对处置单位的处罚）

违反本办法规定，处置单位有下列行为之一的，由城管执法部门责令限期改正，并按照下列规定予以处罚：

（一）违反本办法第十三条第二款规定，未按照要求办理处置合同备案的，处 1000 元以上 3000 元以下的罚款；

（二）违反本办法第二十二条第二款规定，未按照要求将电子监控设备保持开启状态或者实时联网的，处 3000 元以上 1 万元以下的罚款；

（三）违反本办法第二十三条第二款规定，未经同意擅自停业、歇业的，处 5 万元以上 10 万元以下的罚款。

处置单位因擅自停业、歇业，严重影响社会公共利益和安全的，市绿化市容行政管理部门可以解除处置服务协议。

第三十五条（对违反台账和信息管理要求的处罚）

违反本办法规定，有下列行为之一的，由城管执法部门责令限期改正，处 2000 元以上 5000 元以下的罚款：

（一）违反本办法第二十四条第一款规定，产生单位、收运单位或者处置单位未按照要求建立餐厨废弃油脂记录台账的；

（二）违反本办法第二十四条第二款规定，收运单位或者处置单位未按照要求报送信息管理系统记录的信息的。

第三十六条（案件移送）

本市食品药品监督、质量技术监督、工商以及出入境检验检疫等行政管理部门发现产生单位有违反本办法的行为且不属于本部门职责的，应当收集有关证据材料，并及时将案件材料移送城管执法部门。

第三十七条（行政责任）

违反本办法规定，市和区（县）绿化市容行政管理部门、城管执法部门以及其他相关行政管理部门及其工作人员有下列行为之一的，由所在单位或者上级主管部门依法对直接负责的主管人员和其他直接责任人员给予记过或者记大过处分；情节严重的，给予降级或者撤职处分：

（一）违法确定收运单位或者处置单位；

（二）未将本办法规定的要求纳入相关行政许可审核；

（三）未依法处理发现或者投诉、举报的非法收运、处置餐厨废弃油脂的行为；

（四）其他滥用职权、玩忽职守、徇私舞弊的行为。

第三十八条（利用动物、动物产品和食品加工废料生产食用油的处理）

对病死以及腐败变质的家畜家禽等动物以及动物产品，应当按照《中华人民共和国动物防疫法》、《上海市动物防疫条例》等法律、法规进行无害化处理，不得作为原料生产食用油。

食品加工废料应当按照《上海市餐厨垃圾处理管理办法》等法规、规章的规定进行处理，不得作为原料生产食用油。

本市农业、食品药品监督、质量技术监督、工商、绿化市容等行政管理部门应当依法加强对病死以及腐败变质的家畜家禽等动物以及动物产品、食品加工废料处理活动的监督管理。

第三十九条（施行日期）

本办法自 2013 年 3 月 1 日起施行。

关于规范上海市熟食送货单管理的通知

（沪食药监食流〔2014〕564号）

各分局、浦东市场监管局、执法总队、各区县商务部门、各相关食品生产经营企业：

为进一步加强本市熟食行业的食品安全管理工作，积极推进食品安全信用体系建设，强化食品安全信息追溯管理，切实保障公众身体健康和生命安全，市食品药品监督局、市商务委员会会同上海市肉类行业协会，结合当前本市熟食行业生产经营现状，在广泛调研、充分听取熟食生产经营者意见的基础上，依据《中华人民共和国食品安全法》《上海市实施〈中华人民共和国食品安全法〉办法》等规定，就进一步规范和完善熟食送货单制度，提出如下要求：

一、启用新版的上海市熟食送货单

熟食送货单制度的实施，对有效遏制地下窝点加工熟食制品进入流通领域，规范熟食进货渠道起到了明显的作用。但原送货单存在易被冒用、填写随意等缺陷，已经不能适应现阶段熟食监管的需要。为保证本市熟食制品流通安全，自2014年9月1日起，实施新版《上海市熟食送货单》（2014版，见附件），原版熟食送货单同时废止。

新版《上海市熟食送货单》适用于熟食店、超市熟食专柜等（持有效食品流通许可证，经营范围含熟食卤味）经营的熟食卤味，包括预包装和散装食品。送货单带有流水号、备案号和上海市肉类行业协会二维码，并有"上海市肉类行业协会监制"的监制章和水印等技术防伪标志。备案号可以通过上海市肉类行业协会网站，查询到持有该送货单的生产企业以及产品相关信息。二维码可以提供产品相关信息查询服务，消费者利用手机等通信设备扫描送货单的二维码标识，了解所购买商品的相关信息，实现食品安全信息追溯。

新版熟食送货单采用一式三联，第一联为客户联，由生产企业打印随货交给经营者备查；第二联为存根联，由熟食生产企业留存；第三联供送货企业结算使用。熟食送货单须采用电脑打印方式，需注明品名、数量、生产日期（生产批号）、送货单编号（备案号）、供货者（生产企业）名称及联系方式、购货者名称、销售日期（送货日期）等信息内容。

二、生产经营者要主动落实管理责任

生产经营者要从确保本市食品安全的高度和维护企业正当权益出发，进一步提高认识，把送货单制度落到实处；在熟食生产经营过程中按照食品安全管理制度的要求，出具查验和保存（备查）熟食送货单。

一是本市熟食生产经营者销售其生产、加工的熟食、卤菜（包括散装、预包装产品）时要开具和提供送货单，送货单随货同时提供给熟食经营者，做到货单相符。

二是本市熟食经营者采购或销售熟食时，应当索取、验收或提供熟食送货单，核对品名、数量、生产日期等信息内容，做到货单相符，并在醒目处亮单经营，展示信息，接受公众监督。

三是熟食生产经营者要准确打印使用熟食送货单，确保信息的真实性。鼓励条件成熟的生产经营者对送货单制度实行电子化管理，用电子方式对进货查验等信息进行记录。熟食送货单的保存期不得少于2年。

四是外省市熟食进入本市商场、超市、菜市场、集贸市场等场所销售的，参照执行本市送货单制度。

三、工作要求

1. 积极推进信息追溯系统建设。市、区县商务主管部门积极推进本市熟食生产经营的信息追溯系统建设和管理,探索利用二维码技术,公开熟食送货单的相关信息,最终目标是实行全程追溯。

2. 加大指导检查力度。市、区县食品药品监督部门加强对本市实施熟食送货单制度的指导和监督检查,要监督辖区熟食生产经营者按照送货单制度要求,加强熟食市场的日常监管,采用定期和不定期的监督检查,提高企业落实熟食送货单制度的自觉性。对熟食生产经营者生产、加工、销售过程中未按制度要求出具、查验和保存(备查)熟食送货单,对违反索证索票规定,伪造、倒卖熟食送货单的行为,坚决依法查处。

3. 加强行业自律。上海市肉类行业协会要引导和教育熟食生产经营企业增强食品安全意识,指导在网站(公示栏)上公示熟食送货单编号和实行送货单电子信息化管理熟食生产经营者的备案号,供社会公众查询与核实;要指导企业规范使用熟食送货单,并做好纸质件熟食送货单的印制和发放工作;利用《上海市肉类行业协会发展服务平台》的网站,定期公布本市熟食企业使用送货单的情况,促进企业落实食品安全责任。

上海市食品药品监督管理局关于加强网络订餐第三方平台监管工作的通知

（沪食药监餐饮〔2015〕684号）

各区县市场监管局、市局执法总队：

《中华人民共和国食品安全法》（以下简称《食品安全法》）对网络食品交易（包括网络订餐）第三方平台提供者规定了相关法律义务和法律责任。为进一步依法规范网络订餐服务活动，保障广大公众网络订餐消费安全，现将加强网络订餐第三方平台提供者（以下简称第三方平台）监管工作的有关要求通知如下：

一、工作内容

（一）第三方平台监督检查

1.是否建立法律规定的相关管理制度

负责第三方平台日常监管的相关市场监管局应对第三方平台是否按照《食品安全法》的规定，建立入网餐饮单位实名登记，许可证审查，违法行为发现、制止及报告，严重违法行为停止平台服务等管理制度进行检查。

2.是否严格审查入网餐饮单位许可证

各区、县市场监管局（以下简称区县局）应全面检查各主要第三方平台在辖区内的入网餐饮单位的许可证持证情况，市局执法总队进行抽查。重点检查：

（1）入网餐饮单位是否持有效《餐饮服务许可证》、《食品经营许可证》，包括有效期及经营地址。

（2）入网餐饮单位在第三方平台公示的许可证是否存在借用、变造、伪造等情形。此类违法行为可以通过检查平台标示的入网餐饮单位地址与公示的许可证地址比较、检查许可证样式和记载事项等方式发现。

（3）入网餐饮单位是否存在超范围经营的情形，如：饮品店经营饭菜，持食品流通许可证经营餐饮等。此类违法行为可以通过比较平台公示的许可证的经营范围与其在经营的品种等方式发现。

3.是否对入网餐饮单位违法行为采取措施

负责第三方平台日常监管的相关市场监管局应对第三方平台是否采取有效措施，检查平台内入网餐饮单位依法经营情况，以及发现无证经营等违法行为后是否及时制止和停止提供平台服务，并报告监管部门的情况进行检查。

（二）查处非法经营行为

1.违法行为行政处罚

各区县局检查中发现本市第三方平台存在违反《食品安全法》第六十二条规定的违法行为的，按照《食品安全法》第一百三十一条规定实施行政处罚；明知入网餐饮单位从事无证经营活动，仍为其提供经营条件的，可以按照《食品安全法》第一百二十二条规定实施行政处罚。食品药品监管部门（市场监管部门）前期已经约谈并责令其改正，但检查中仍发现较多违法行为的，从重实施行政处罚。造成严重后果的，责令停业，并由市局通报通信管理部门吊销许可证。情节轻微且能及时改正的，可不予行政处罚。

2.违法线索和案件通报

各区县局检查发现外埠第三方平台在本市开展的网络订餐活动存在严重违法行为的，收集相关证据后报市局，由市局汇总后向第三方平台所在地食品药品监管部门通报。

3.涉嫌犯罪案件行刑衔接

各级食品药品监管部门（市场监管部门）对于检查中发现涉嫌变造、伪造许可证的非法行为，应按涉嫌违反《中华人民共和国刑法》第二百八十条伪造、变造、买卖国家机关公文、证件、印章罪，及时开展行刑衔接。

二、工作要求

（一）依法开展违法行为查处

各级食品药品监管部门（市场监管部门）在开展第三方平台违法行为的查处时，应通过网页截屏等方式做好取证工作，必要时应到入网餐饮单位在平台标示的地址进行现场核实。市局执法总队应对第三方平台的行政处罚工作进行指导。同时，各区县局应依法对入网餐饮单位的违法行为进行处罚。

（二）做好案件协查协办工作

监督检查和案件查处过程中，需要其他区县局对有关情况进行核查或者配合的，应发函至有关区县局请求协查或者协办。收到协查函的区县局原则上应在接到协查函后的15个工作日内给予回复。

（三）做好监管信息报送和发布

请各区县局、市局执法总队分别于2015年11月30日和12月31日前，向市局食品餐饮监管处报送监督检查和查处情况，以及每家无证经营等违法餐饮单位的网页截屏。市局将统一向社会进行公布，并通报负责第三方平台日常监管的区县局。

（四）建立长效监督管理机制

负责第三方平台日常监管的相关区县局应定期对平台企业开展监督检查，各基层市场监管所、执法大队（稽查支队）在餐饮单位日常监管中，应对第三方平台入网餐饮单位是否持有效许可证等开展监督检查，并及时查处检查中发现的违法行为，建立第三方平台长效监管机制。

上海市食品药品监督管理局

2015年11月5日

上海市食品药品监督管理局关于进一步加强火锅店等餐饮单位监督管理工作的通知

（沪食药监餐饮〔2015〕757号）

各市场监管局、市局执法总队：

近期，食品药品监管总局稽查局对网络销售的可疑调味料进行了深入调查，发现了一批生产、销售、使用非法添加罂粟粉调味料的案件线索，并将线索交办各省市监管部门办理。同时，我市嘉定区市场监管局在监督抽检中发现某餐饮单位火锅底料中检出罂粟碱、吗啡和那可丁。随着冬季来临，餐饮环节火锅消费需求量明显上升。为进一步加强监管，严厉打击火锅底料非法添加非食用物质和滥用食品添加剂等违法行为，切实保障公众饮食安全，现将有关事项通知如下：

一、切实加大监督检查力度

各地监管部门要结合冬季食品消费特点，以火锅店为重点，进一步加大使用火锅底料的餐饮单位的监督检查力度。重点检查牛羊肉、食用血、食用油脂等火锅原料和底料、调味料及食品添加剂的进购和使用情况，以及索证索票和进货查验等制度的落实情况。对于来路不明的火锅原料、底料、调味料及食品添加剂，立即监督餐饮单位停止使用，确保食品原料来源可靠、问题可溯、风险可控。

二、加强抽检监测

根据市食药监局制定的监督抽检计划，切实做好火锅底料、调味料及肉制品、食用畜禽血的监督抽检，必要时可扩大抽检范围。对可疑的火锅底料、调味料现场开展罂粟成分等快速检测，快检阳性样品应及时送实验室检验。发现不合格食品及问题食品，要依法依规及时查处。抽检的结果应及时对社会进行公布。

三、严厉打击违法行为

对于在火锅底料或者调味料中添加罂粟壳、罂粟粉等非食用物质以及滥用食品添加剂等行为，要依法严肃处理。同时加强与相关部门的沟通协调与协作，违法案件涉及销售环节的，及时通报给相关部门；涉嫌违法犯罪的，及时移送公安机关，启动行刑衔接程序。

四、及时上报信息

各区县市场监管局在抽检中发现有在火锅底料或者调味料中添加罂粟壳、罂粟粉等非食用物质行为的，应及时以《食品安全监督抽检信息通报单》（附件）的形式上报市食药监局餐饮处。如有重大案情也应及时上报。

特此通知。

附件：食品安全监督抽检信息通报单（略）

上海市食品药品监督管理局
2015 年 12 月 3 日

上海市食品药品监督管理局关于印发《关于鼓励网络订餐第三方平台采集和应用政府食品安全数据的指导意见》的通知

（沪食药监餐饮〔2015〕803号）

各有关单位：

为加强食品安全社会共治，鼓励网络订餐第三方平台采集和应用食品安全监管数据，我局制定了《关于鼓励网络订餐第三方平台采集和应用政府食品安全数据的指导意见》。现印发给你们，请参照执行。

数据采集和应用有关事项，请与我局食品餐饮监管处联系。联系电话：021-63356058、021-63356160。

上海市食品药品监督管理局

2015年12月16日

关于鼓励网络订餐第三方平台采集和应用政府食品安全数据的指导意见

为促进政府监管和社会监督有机结合，有效调动社会力量参与社会治理的积极性，鼓励网络订餐第三方平台（以下简称第三方平台）采集和应用食品安全监管数据，加强食品安全社会共治，市食品药品监督管理局已经开发涵盖全市餐饮单位行政许可和食品安全量化分级管理（脸谱）信息的数据接口，并将逐步纳入其他食品安全监督管理信息。自即日起，可实现与第三方平台数据对接。

一、鼓励采集和应用政府许可和监管数据

鼓励第三方平台采集并公示餐饮单位食品安全监督管理信息，使消费者能够在订餐的同时，更为便捷地了解食品安全监管部门对餐饮单位的食品安全监管情况。第三方平台可通过将自有平台中入网餐饮单位的许可证信息与我局餐饮单位行政许可数据自动比对，进一步提高入网餐饮单位许可资质审查的精准性和有效性。

二、鼓励将政府监管信息纳入信用评价体系

鼓励第三方平台将政府食品安全监督管理信息纳入平台入网餐饮单位信用评价体系，按照食品安全管理水平从高到低调整搜索排名，以利于消费者选择食品安全管理水平"良好"的餐饮单位，促进入网餐饮单位规范自律。

三、鼓励向政府提供获得的违法行为线索

鼓励第三方平台建立平台入网餐饮单位食品安全状况大数据分析工作机制，通过对平台入网餐饮单位的上传信息、消费者点评等大数据分析，获得食品安全违法行为的线索，包括无许可证经营、超许可范围经营、经营违禁食品、疑似食物中毒事件等，并报告食品监管部门。

四、鼓励公示入网餐饮单位食品安全追溯信息

《上海市食品安全信息追溯管理办法》规定，鼓励生产经营者在生产经营场所或者企业网站上主动向消费者公示追溯食品与食用农产品的供货者名称与资质证明材料、检验检测结果等信息。鼓励第三方平台和平台入网餐饮单位，在第三方平台公示入网餐饮单位的食品与食用农产品的追溯信息，并与本市食品安全信息追溯平台信息对接。

五、鼓励开展食品安全法律法规宣传和培训

鼓励第三方平台开辟相关栏目，采集食品安全法律法规宣传信息，为平台入网餐饮单位的需求服务，开展平台入网餐饮单位的食品安全法律法规宣传和餐饮从业者的食品安全知识培训。

上海市食品药品监督管理局关于做好现阶段餐饮服务食品现制现售许可工作的通知

（沪食药监餐饮〔2016〕20号）

各市场监管局、市局认证审评中心：

《上海市餐饮服务食品现制现售许可管理试行办法》（沪食药监法〔2014〕818号）正在修订过程中，为做好现阶段本市餐饮服务食品现制现售许可工作，现将有关要求通知如下：

一、餐饮服务食品现制现售许可按照国家食品药品监督管理总局《食品经营许可管理办法》、市食药监局《关于贯彻实施〈食品生产许可证管理办法〉和〈食品经营许可证管理办法〉有关要求的通知》（沪食药监食流〔2015〕665号）有关规定执行。

二、餐饮服务食品现制现售许可具体条件应符合《食品安全地方标准　即食食品现制现售卫生规范》（DB31/2027—2014）有关要求。

特此通知。

上海市食品药品监督管理局

2016年1月11日

上海市食品药品监督管理局关于菌落总数
超标处罚适用条款的批复

（沪食药监餐饮〔2016〕170号）

上海市青浦区市场监督管理局：

你局关于《菌落总数超标处罚时适用条款的请示》（青市监法〔2015〕1号）收悉。经研究，批复如下：

监督抽检发现集体用餐配送膳食（包括盒饭和桶饭）中菌落总数不符合《食品安全地方标准　集体用餐配送膳食》（DB31/2023—2014）的，违反条款应适用《中华人民共和国食品安全法》第三十四条第（十三）项。

特此批复。

上海市食品药品监督管理局

2016年3月1日

上海市食品药品监督管理局关于开展网络订餐第三方平台入网餐饮单位许可资质全面监督检查的通知

（沪食药监餐饮〔2016〕171号）

各市场监管局、市局执法总队：

为进一步依法规范网络订餐服务活动，督促网络订餐第三方平台提供者（以下简称第三方平台）落实入网餐饮单位许可资质审查义务，保障广大公众消费安全，我局决定在全市范围内开展入网餐饮单位许可资质全面监督检查。现将有关工作要求通知如下：

一、工作内容

（一）全面检查入网单位持证情况

我局已收集主要第三方平台在沪入网餐饮单位名单（将通过邮件下发），并将委托第三方机构开展网络订餐第三方平台入网餐饮单位的监测。各区（县）市场监管局应根据我局下发的各平台在沪入网餐饮单位名单和监测发现可能存在问题的餐饮单位名单，以现场检查和平台公示信息检查相结合的方式，逐户检查名单内餐饮单位的许可证持证情况，重点检查以下几方面：

1. 是否持有效《餐饮服务许可证》或《食品经营许可证》。

2. 第三方平台公示的许可证标示地址是否为入网餐饮单位真实地址，是否存在借用、变造、伪造许可证等情形。

3. 是否存在超范围经营的情形，如：饮品店经营饭菜，持食品流通许可证或仅有食品销售项目的食品经营许可证经营餐饮等。

（二）全面查处平台和入网单位违法行为

1. 检查发现入网餐饮单位存在无证、超范围经营等违法行为的，餐饮单位所在地区（县）市场监管局应依法实施行政处罚，并结合无证餐饮整治工作，会同相关部门开展联合执法。

2. 监督检查表明存在严重违法行为的本市第三方平台，由负责该平台日常监管的区（县）市场监管局实施行政处罚。我局将下发第三方平台行政处罚指导意见，指导区（县）实施行政处罚，执法总队应做好具体指导工作。

3. 外埠第三方平台在本市开展的网络订餐活动存在严重违法行为的，由负责该平台日常监管的区（县）市场监管局责令其限期改正，我局向第三方平台所在地食品药品监管部门通报。

（三）全面移送涉嫌犯罪案件和线索

检查中发现涉嫌变造、伪造许可证行为的，应追查变造、伪造许可证的责任人，并按涉嫌违反《中华人民共和国刑法》第二百八十条伪造、变造、买卖国家机关公文、证件、印章罪，一律移送公安部门追究刑事责任。

二、工作要求

（一）高度重视本次专项检查

以贯彻落实《中华人民共和国食品安全法》关于网络订餐管理规定为重点内容，进一步清除本市网络订餐平台中的无证餐饮单位。各区（县）市场监管局应对各主要平台内的入网餐饮开展全面检查，并依法查处平台和入网餐饮单位的违法行为，进一步规范本市网络订餐行业，确保消费者网络订餐消费安全。

（二）做好违法行为取证和移送

发现入网餐饮单位存在违反《中华人民共和国食品安全法》行为的，区（县）市场监管局应按照《关于加强网络订餐第三方平台监管工作的通知》（沪食药监餐饮〔2015〕684号）要求，采集该单位在第三方平台从事经营活动证据（网页截屏），以及该单位无证经营的证据（可以是现场检查笔录和询问笔录，也可以是本局盖章确认该单位未取得许可证的证明），于2016年3月31日前移送负责平台日常监管的区（县）市场监管局。

（三）做好检查信息汇总和报送

请各区（县）市场监管局于2016年3月31日前，向我局食品餐饮监管处和我局委托的第三方监测机构（三零卫士公司）报送本次监督检查结果，包括按入网餐饮单位名单（excel文件电子版）逐户填写的监督检查结果，以及按平台汇总的监督检查情况汇总表（附件2）。于2016年4月10日前，向我局食品餐饮监管处报送拟实施行政处罚（第三方平台）的情况。

（四）做好平台违法行为的公布

对监督检查中发现第三方平台存在严重违法行为的，我局将统一向社会公布。

上海市食品药品监督管理局

2016年3月1日

上海市食品药品监督管理局关于进一步推进餐饮服务单位食品安全ABC规范化管理工作的通知

（沪食药监餐饮〔2016〕367号）

各区市场监管局、市局执法总队、市食品安全联合会、市烹饪餐饮行业协会、各有关单位：

为提高本市餐饮服务单位食品安全管理水平，本市自2014年起实施食品安全地方标准《餐饮服务单位食品安全管理指导原则》（DB31/2015—2013），该项标准主要用于指导餐饮单位开展自身食品安全管理，ABC规范化管理是基于该项标准的实施指南。为进一步推进餐饮服务单位食品安全ABC规范化管理（以下称ABC规范化管理）工作，现就有关工作要求通知如下：

一、推进餐饮服务单位实施食品安全ABC规范化管理。

ABC规范化管理借鉴了HACCP和ISO9000的理念，并吸收了"六T"实务的经验，能够有效指导餐饮服务单位开展食品安全管理，是本市鼓励和支持餐饮服务单位采用的先进管理规范（可登录http://sppx.smda.gov.cn/Web/abc.aspx下载浏览）。市食药安委制定的《上海市食品安全城市创建活动创建区县工作方案》（沪食安委〔2015〕3号）已将重点餐饮企业实施ABC规范化管理纳入创建标准，市烹饪餐饮行业协会也将ABC规范化管理纳入"绿色餐厅"的必备条件。各区市场监管局和行业协会要以创建食品安全城区和"绿色餐厅"为契机，高度重视食品安全ABC规范化管理工作，将其作为提高本市餐饮行业食品安全水平的重要抓手，大力进行宣传和推广。

二、实施食品安全ABC规范化管理是食品生产经营者履行食品安全主体责任的重要方式。

目前，市食品安全联合会、市烹饪餐饮行业协会和第三方技术机构已在本市部分餐饮单位开展ABC规范化管理达标指导和评估。各区县市场监管局可以按照上述要求和标准，委托第三方或者自行开展ABC规范化管理达标评估工作，确保达标单位的质量。

经评估认定符合ABC规范化管理要求的餐饮服务单位，可以发给协会认定证书和通过网站、媒体等进行公示。各区市场监管局对餐饮服务单位通过达标评估的情况，纳入该单位食品安全信用记录，按照食品安全量化分级中良好等级开展监管。评估机构应对餐饮服务单位符合ABC规范化管理要求的情况开展跟踪调查，调查结果不再符合的，应撤销证书并进行公示。

三、各区市场监管局、市食品安全联合会、市烹饪餐饮行业协会应将达标的餐饮服务单位名单，自2016年第3季度起，每季度末将本季度新达标单位上报市食药监局食品餐饮监管处（本季度无达标单位的也应进行零报告）。

联系电话：021-23118177、021-23118179；

邮箱：abcgfh@yeah.net。

特此通知。

上海市食品药品监督管理局

2016年7月25日

上海市食品药品监督管理局关于餐饮服务环节贯彻落实《网络食品安全违法行为查处办法》《上海市网络餐饮服务监督管理办法》的若干意见

（沪食药监餐饮〔2016〕441号）

各市场监管局、市局执法总队、市食品药品举报投诉受理中心、各有关单位：

为保障广大消费者网络订餐消费安全，按照《中华人民共和国食品安全法》（以下简称《食品安全法》）进一步做好本市网络餐饮服务食品安全工作，现就餐饮服务环节贯彻落实国家食品药品监督管理总局《网络食品安全违法行为查处办法》（以下简称《查处办法》）和《上海市网络餐饮服务监督管理办法》（以下简称《监管办法》）的有关规定，提出以下实施意见。

一、关于平台和网站备案

自2016年10月1日起，在本市登记的网络食品交易第三方平台提供者（以下简称第三方平台）和餐饮服务提供者自建的交易网站应当按照《查处办法》规定，在通信主管部门批准后30个工作日内，分别向市食品药品监管局和营业执照登记地市场监管局备案，并取得备案号。

2016年10月1日前已获得通信主管部门批准的第三方平台和餐饮服务提供者自建的交易网站，应当于2016年11月16日前分别向市食品药品监管局和营业执照登记地市场监管局备案。连锁餐饮企业统一建立交易网站的，可以由企业总部向其营业执照登记地的市场监管局统一办理备案手续。

第三方平台和餐饮服务提供者提交《上海市食品交易平台和网站备案信息登记表》（附件1）、营业执照、电信业务经营许可证后，备案部门对于符合备案条件的发给备案号。已备案企业对备案信息进行更新的，备案号不变。

备案部门应在完成备案后7个工作日内，在市食品药品监管局网站向社会公开域名、IP地址、电信业务经营许可证、企业名称、法定代表人或者负责人姓名、备案号等备案信息。

二、关于网络餐饮服务活动

（一）关于第三方平台食品安全质量管理体系

第三方平台建立的网络餐饮服务食品安全质量管理体系可以包括但不仅限于以下内容：

1. 第三方平台设置的网络食品安全管理机构或者指定的专职食品安全管理人员及其他部门、人员在食品安全管理中的职责；

2. 入网食品生产经营者审查登记、食品安全自查、食品安全违法行为制止及报告、严重违法行为平台服务停止、食品安全投诉举报处理等制度，以及制度执行情况的检查要求；

3. 网络餐饮服务提供者的入网标准，以及对其在平台上的食品经营行为和信息开展检查的要求。网络餐饮服务提供者存在严重违法情形的，应停止提供网络交易平台服务；

4. 包括政府监管部门食品安全等监管信息、消费者和第三方平台对入网餐饮服务提供者的评价在内的网络餐饮服务提供者食品安全信用评价体系，以及第三方平台对于信用记录不良的餐饮服务提供者所采取的措施；

5. 对于本企业负责人、管理人员和送餐人员以及入网餐饮服务提供者等开展食品安全培训的要求；

6.发生疑似食物中毒或者接到与食品安全相关的投诉举报后的处置要求;

7.其他食品安全质量管理要求。

（二）关于入网餐饮服务提供者资质审查

第三方平台应当按照《食品安全法》、《查处办法》和《监管办法》要求，对加入平台的餐饮服务提供者开展资质审查。为进一步指导平台做好资质审查工作，我局对《入网餐饮单位许可资质审查工作指南》进行了修订（见附件2）。第三方平台通过上述审查仍不能确认餐饮服务提供者资质的，应到网络餐饮服务提供者所在地进行现场核实。平台送餐人员到餐饮服务提供者处取食品时，也可对其实际加工地点与平台标示的地址是否一致进行核对。

（三）关于重点检查报告的违法行为线索

第三方平台重点检查的入网餐饮服务提供者违法行为，或者通过对入网餐饮服务提供者的上传信息、消费者点评等信息的数据获得的食品安全违法线索，可以包括无证经营、超范围经营、经营禁止经营食品、造成疑似食物中毒、食品腐败变质等。第三方平台发现违法行为或者线索后，可以向12331食品药品安全投诉举报热线或者涉嫌违法的餐饮服务提供者所在地市场监管局报告。

（四）关于需冷藏保存食品及其配送温度要求

第三方平台、餐饮服务提供者和第三方物流配送冷菜、裱花蛋糕、冷加工糕点、生食水产品、现制饮料等需要冷藏保存的食品，应采取保温箱包、冰排等措施，保证食品在配送过程中温度符合食品安全要求。预包装食品配送温度应符合其标签标注的温度要求。

（五）关于公开食品安全追溯信息

鼓励餐饮服务提供者按照《食品安全法》和《上海市食品安全信息追溯管理办法》倡导的要求，在自建网站或从事网络餐饮服务的食品交易第三方平台提供者（以下简称第三方平台）经营活动页面公示食品原料及其来源、相关资质证明材料、检验检测结果等食品安全追溯信息，并与本市食品安全信息追溯平台对接。

（六）关于量化分级管理信息核查

餐饮服务提供者在自建网站或第三方平台公示的量化分级管理信息已与政府监管部门数据对接的，如发现网上店铺与线下实体店铺公示的量化分级管理信息不一致，可致电本市12331食品药品安全投诉举报热线或者所在地市场监管局进行核查。

三、关于监督管理

（一）关于日常监管管辖

注册于本市的第三方平台由其营业执照登记地市场监管局负责日常监管。外埠第三方平台在本市设立分支机构的，由分支机构营业执照登记地市场监管局负责日常监管。外埠第三方平台在本市未设立分支机构的，由市食品药品监管局指定的市场监管局负责日常监管。负责各主要第三方平台日常监管的市场监管局见附件3。

网络餐饮服务提供者由实施食品经营许可所在地的市场监管局负责监管。未经许可的网络餐饮服务提供者，由其所在地市场监管部门实施行政处罚。

（二）关于重点监督检查内容

第三方平台重点监督检查内容包括：备案情况，制度建立及其公开情况，入网食品经营者审查、建档和记录情况，食品交易信息的记录和保存情况，专门管理机构或专职管理人员的设置情况，入网食品经营者经营行为和信息检查、违法行为制止和报告、严重违法行为停止服务情况等。检查时，可以通过线下抽查入网餐饮服务提供者是否依法取得相关许可资质，印证第三方平台是否履行入网经营者审查和平台信息检查等义务。

网络餐饮服务提供者重点检查内容包括：许可资质情况，在第三方平台经营活动主页面显著位置公示其许可证、食品安全监督量化分级管理信息，采取保证食品安全的食品配送措施等情况。自建网站交易的网络餐饮服务提供者（或者企业总部）还应检查备案情况以及在其网站首页显著位置公示营业执照、食品生产经营许可证等情况。

（三）关于第三方平台信用管理

第三方平台食品安全信用档案记录日常监督检查结果、违法行为查处、被本市各级食品药品监督管理部门责任约谈及整改等情况。负责第三方平台日常监管的市场监管局应根据平台信用状况，确定对其开展日常监督检查的频次（具体要求见附件4）。

（四）关于违法行为的通报

负责网络餐饮服务提供者监管的市场监管局在监督检查中发现其存在无证经营等违法行为的，在依法处理网络餐饮服务提供者的同时，应将其无证食品经营活动和在第三方平台经营的相关线索和证据（如网页截屏），通报负责第三方平台日常监管的市场监管局。负责第三方平台日常监管的市场监管局应依法对其实施行政处罚。未在本市设立分支机构的外埠第三方平台发生违法行为的，由市食品药品监管局移送平台所在地食品药品监管部门处理。

市食品药品监管局和负责第三方平台日常监管的市场监管局在监督检查中发现平台内的网络餐饮服务提供者存在涉嫌违法行为的，在依法处理第三方平台的同时，应将违法线索及相关证据通报负责该餐饮服务提供者监管的市场监管局。负责该餐饮服务提供者监管的市场监管局应依法对其实施行政处罚。

附件：

1. 上海市食品交易平台和网站备案信息登记表（略）
2. 入网餐饮单位许可资质审查工作指南（2016年修订版）（略）
3. 主要第三方平台日常监管部门（略）
4. 第三方平台信用状况与日常监督检查频次对应表（略）

上海市食品药品监督管理局

2016 年 9 月 12 日

上海市食品药品监督管理局关于换发及延续食品经营许可证有关工作的通知

（沪食药监食流〔2016〕479 号）

各区市场监管局：

为进一步简化许可流程，规范本市食品经营者申请换发和延续《食品经营许可证》的受理发证工作，根据国家食药监总局制定的《食品经营许可证管理办法》（总局 17 号令）的要求，现就做好受理本市食品经营者申请换发及延续《食品经营许可证》工作作如下明确和规定，请遵照执行。

一、对于原《食品流通许可证》换证的受理要求

对《食品流通许可证》申请换发为《食品经营许可证》的经营者，其申请事项：名称、经营场所、负责人、经营项目均与原申请一致无变化的，经营者只需提交有效营业执照以及负责人身份证的复印件和换证内容无变化的承诺书。无需提供其他材料包括产证等场地证明。

有变更事项的：根据其变更内容提交相关许可材料即可。有营业执照的，除经营场所发生变化与营业执照不一致，需要提交场地证明材料外，其他受理材料时只需收取与食品相关的材料。

二、对于《食品经营许可证》延续许可的受理要求

延续许可是在许可内容不变的情况下，对食品经营许可有效期的延长。为此，受理材料相应简化，只需提交营业执照、原食品经营许可证（或食品流通许可证）以及负责人身份证复印件，同时经营者明确许可内容无变化的承诺书（延续表格中有）。无需另外提交其他任何材料。

在延续申请中，经营中有许可事项发生变化的，则需要办理变更手续，具体受理根据许可变更审核要求。在变更食品经营许可的同时将食品经营许可的有效期延长。

特此通知。

上海市食品药品监督管理局

2016 年 10 月 8 日

上海市食品药品监督管理局关于印发《网络食品药品安全违法行为查处工作规范》的通知

（沪食药监稽〔2016〕603号）

各区市场监督管理局、市食品药品监督管理局执法总队：

为进一步加大网络食品药品安全违法行为的查处力度，确保群众饮食用药安全，特制定《网络食品药品安全违法行为查处工作规范》，现印发给你们，请遵照执行。

附件：网络食品药品安全违法行为查处工作规范

上海市食品药品监督管理局
2016年12月16日

附件

网络食品药品安全违法行为查处工作规范

第一条（目的依据）

为加强网络食品药品安全违法行为的查处，保证群众饮食用药安全，根据《食品安全法》、《药品管理法》、《医疗器械监督管理条例》、《化妆品卫生监督条例》、《网络食品安全违法行为查处办法》、《互联网药品信息服务管理办法》、《互联网药品交易服务审批暂行规定》等相关法律法规，制定本规范。

第二条（适用范围）

本规范适用于上海市食品药品监督管理局（以下简称市局）、各区市场监督管理局（以下简称市场监管局）对于网络食品药品（包含食品、药品、医疗器械、化妆品）安全违法行为的查处工作。

第三条（工作原则）

网络食品药品安全违法行为查处工作应当做到事实清楚、证据确凿、程序合法、法律法规规章适用准确适当、执法文书使用规范。

第四条（案件管辖）

市局负责查处本市范围内重大网络食品药品安全违法行为案件，具体由市局执法总队承担。

注册于本市的网络食品药品交易第三方平台提供者的网络食品药品安全违法行为的查处，由营业执照登记地的区市场监管局管辖；对外埠网络食品药品交易第三方平台在本市设立的分支机构的网络食品药品安全违法行为的查处，由分支机构营业执照登记地的区市场监管局管辖。

入网食品药品生产经营者的网络食品药品安全违法行为的查处，由实施食品药品生产经营许可所在地的区市场监管局或违法行为发生地的区市场监管局管辖。

市局收到区市场监管局网络食品药品安全违法行为查处管辖申请及管辖争议请示，应当作出指定管辖权决定。除法律、法规和规章规定外，市局可以直接管辖区市场监管局管辖的网络食品药品安全违法行为案件，也可将市局管辖的网络食品药品安全违法行为案件指定区市场监管局管辖。

第五条（违法行为线索管理）

市局和区市场监管局应当按照以下要求开展网络食品药品案件的违法行为线索管理：

（一）应确定专人具体负责网络食品药品安全违法行为线索的收集登记分类归档等工作。

（二）应对发现的网络食品药品安全违法行为线索进行登记，登记内容可包括涉嫌违法网络平台IP地址、ICP备案号及涉嫌的违法行为；涉嫌违法网下实体登记信息、销售（联系）电话归属地、涉嫌的违法行为等。

（三）对案件线索按一般案件线索、重要案件线索、暂存缓查案件线索等实行分类登记。线索需要移送或移交其它部门时，要填写送达回执和接受人。

第六条（网络取证）

市局和区市场监管局应当按照以下要求开展网络食品药品案件的调查取证：

（一）网络取证应当严格遵守国家法律、法规、规章的有关规定，可复制与案件有关联的网络证据，不得随意泄露案件当事人储存在网络平台中的私人材料和商业秘密。

（二）网络取证工作应当至少有2名执法人员参与进行。

（三）行政执法人员应当收集电子数据的原始载体。收集原始载体有困难的，可以采用拍照摄像、拷贝复制以及将有关内容打印后按书面证据进行固定等方式予以取证，取证时应当注明制作方法、制作时间、制作人和证明对象等。

（四）执法人员可以采用以下方式取证：

书式固定。对于网络平台中的文字、符号、图画等有证据效力的文件，可以将有关内容直接进行打印，按书面证据进行固定。书式固定应注明证据来源并保持其完整性。

拍照摄像。如果电子证据中含有动态文字、图像、声音、视频或者需要专门软件才能显示的内容，可以采用拍照、录音或摄像方法，将其转化为视听资料证据。

拷贝复制。执法人员可以将涉嫌违法的电子文件拷贝到U盘或刻录到光盘等存储设备，也可以对整个硬盘进行镜像备份。在复制之前，应当检验确认所准备的存储设备完好且没有数据。在复制之后，应当及时检查复制的质量，防止因保存方式不当等导致复制不成功或被病毒感染，同时要现场封存好复制件。

案件当事人拒绝对打印的相关书证和转化的视听证据进行核对确认，执法人员应当注明原因，必要时可邀请与案件无关的第三方人员进行见证。

委托分析。对于较为复杂的电子证据或者遇到数据被删除、篡改等执法人员难以解决的情况，可以委托具有资质的第三方电子证据鉴定机构或司法部门进行检验分析。

委托专业机构或司法部门分析时，执法人员应填写委托书，同时提交封存的计算机存储设备或相关设备清单。专业机构按规定程序和要求分析设备中包含的电子数据，提取与案件相关的电子证据，并出具书面鉴定意见。

（五）在网络平台中进行电子证据取证时，应当了解掌握提供证据单位的网络平台的密码设置、应用软件安装、资料存放位置等情况。

（六）在网络平台中进行网络证据取证时，按照《网络食品安全违法行为查处办法》、《互联网信息服务管理办法》等法律、法规有关规定，网络平台应提供有关数据，并在输出的电子证据书件上加盖公章予以确认。

（七）对于专门用于违法经营的网络平台中发现涉及违法经营的证据材料，执法人员可以依法直接对网络平台进行查封或扣押，防止案件当事人损毁、破坏数据。

对现场网络平台实施行政强制措施进行查封时，其查封方法应当保证在不解除查封状态的情况下，无法使用被查封的设备。查封前后应当拍摄被查封计算机设备的照片，清晰反映封口或张贴封条处的状况。

第七条（查办利用网络非法销售食品药品违法行为）

（一）检查涉嫌网络平台

根据网络监测、舆情监测、投诉举报等途径发现的网络食品药品安全违法行为线索，首先对涉嫌网站、手机 APP 等网络平台进行察看，确认涉嫌违法行为的存在，同时可以采取网络对话、网络购物等形式固定当事人违法行为。

（二）确定涉案网下实体

通过依照网络平台上的联系方式取得联系、搜索引擎、投诉举报信息、通信管理部门备案资料等途径获取网下实体地址、法人、联系人等经营信息。

（三）查办涉案网下实体

在做好案件查处的基础上，及时查控问题产品，监督生产经营者履行召回、停止销售、告知、报告等义务；及时通报、移送案件线索。

（四）关闭违法网络平台

依法应商请通信管理部门关闭违法网络平台的，市场监管局、市局执法总队报送至市局，由市局依职责予以办理。

第八条（网上网下联动查处）

网络食品药品违法行为查处应该网上网下联动。食品药品监管部门发现入网食品药品生产经营者存在违法行为，其加入的网络食品药品交易第三方平台涉嫌未履行相关法律义务的，应通报负责该平台监管的食品药品监管部门。食品药品监管部门对网络食品药品交易第三方平台开展检查时，发现入网食品药品经营者存在违法行为的，应通报负责相关食品药品生产经营者监管的食品药品监管部门。

第九条（网络食品抽样）

食品药品监管部门通过网络购买食品样品进行检验的，按照国家食品药品监督管理总局《网络食品安全违法行为查处办法》执行。检验结果不符合食品安全标准的，应当依法对被抽样的入网食品生产经营者开展查处。

第十条（行政执法与刑事司法衔接）

对于网络食品药品安全违法行为情节严重，涉嫌犯罪的，应及时将涉嫌犯罪案件（线索）按照《上海市食品药品行政执法与刑事司法衔接工作实施细则》（沪食药安办〔2016〕145 号）相关要求移送同级公安部门核查。经公安部门核查，对于不需追究刑事责任的网络食品药品安全违法行为，应当依法作出行政处理

第十一条（监督指导）

市局对市场监管局、市局执法总队网络食品药品安全违法行为查办工作进行协调和指导，并对成绩突出的单位予以通报表扬。

第十二条（信息公开）

市局、市场监管局依法对网络食品药品安全违法行为进行查处的，应当自行政处罚决定书作出之日起 20 个工作日内，公开行政处罚决定书。

第十三条 本规范自发布之日起实施。

上海市食品药品监督管理局关于重新发布《上海市集体用餐配送单位生产经营基本条件具体要求》的通知

（沪食药监规〔2017〕2号）

各区市场监管局、市食药监局执法总队：

2015年5月1日，我局发布实施了《上海市集体用餐配送单位生产经营基本条件具体要求》（沪食药监法〔2015〕287号），为规范本市集体用餐配送单位生产经营行为发挥了积极作用。根据新的《中华人民共和国食品安全法》、《上海市食品安全条例》等法律、法规规定，我局对《上海市集体用餐配送单位生产经营基本条件具体要求》进行了修订，现印发给你们，自2017年9月1日起执行，有效期5年，请各单位遵照执行。

特此通知。

上海市食品药品监督管理局
2017年7月10日

上海市集体用餐配送单位生产经营基本条件具体要求

集体用餐配送单位应符合《中华人民共和国食品安全法》、《上海市食品安全条例》、《上海市集体用餐配送监督管理办法》、《食品安全地方标准　集体用餐配送膳食生产配送卫生规范》（DB31/2024—2014）、《食品经营许可管理办法》、《上海市食品经营许可管理实施办法（试行）》等法律法规规定的基本条件和要求。

一、生产加工经营场地、设施设备的要求

集体用餐配送单位生产加工经营场地、设施设备应符合食品安全法律规定的要求，具体见附表。

二、食品安全管理人员、食品安全检验机构及检验人员的要求

1.应设立与生产能力相适应的食品安全管理机构，负责企业的食品安全管理。

2.食品安全管理机构应配备专职食品安全管理人员。食品安全管理人员应具备2年以上餐饮服务食品安全工作经历，持有有效健康证明和食品安全培训合格证明。食品加工时段应安排食品安全管理人员在岗并开展监督管理工作。

3.应配备经专业培训合格的检验人员，负责产品检验和生产过程卫生监测及评估工作。

4.应设置和配备与加工制作的食品品种、检测项目相适应的检验室和检验设备。具备按照DB31/2024—2014的要求开展原料检验、过程监控和产品检验的能力。

三、建立企业食品安全管理制度的要求

1.应按照食品安全法律规定的要求，依法取得食品经营许可，按照DB31/2024—2014的要求，制

定切实可行、便于操作和检查的食品安全管理制度，并按照《上海市食品安全条例》规定，增加适合主要原料和食品供应商检查评价、临近和超过保质期食品管理、回收食品管理、食品安全责任保险等食品安全管理制度。

2. 应按照食品安全法律规定的要求，建立食品安全自身管理记录和文档管理制度。

3. 应制定相应的生产配送操作规程，建立和实施危害分析和关键控制点（HACCP）、餐饮服务单位食品安全ABC规范化管理［《食品安全地方标准　餐饮服务单位食品安全管理指导原则》（DB31/2015—2013）］等行之有效的食品安全管理体系。

4. 应配备食品留样专用容器和冷藏设施。

关于印发《上海市小型餐饮服务提供者临时备案监督管理试点工作方案》的通知

（沪食药安办〔2017〕45 号）

各区食药安委（办）、各区市场监管局：

为贯彻落实《上海市食品安全条例》，市政府于 5 月 22 日审议通过了《上海市小型餐饮服务提供者临时备案监督管理办法（试行）》，即将印发实施。为认真做好本市小型餐饮服务提供者临时备案监督管理试点工作，现将《上海市小型餐饮服务提供者临时备案监督管理试点工作方案》及小型餐饮服务提供者临时备案申请表、经营场所和设备设施基本要求、便民饮食店临时备案公示卡、临时备案信息告知单、便民饮食店经营品种目录等相关材料及要求印发给你们，请认真推进实施。试点过程中有关问题与建议，请及时报市食药安办、市食药监局。

特此通知。

附件：上海市小型餐饮服务提供者临时备案监督管理试点工作方案

上海市食品药品安全委员会办公室

上海市食品药品监督管理局

2017 年 6 月 2 日

（联系电话：021-23118177、021-23118180、021-23118147，邮箱：spjcc@smda.gov.cn、lijie_cm@smda.gov.cn）

附件

上海市小型餐饮服务提供者临时备案监督管理试点工作方案

为贯彻落实《上海市食品安全条例》《上海市小型餐饮服务提供者临时备案监督管理办法（试行）》的有关规定，加强对小型餐饮服务的综合治理，市食药安办、市食药监局决定在全市开展小型餐饮服务提供者临时备案监督管理试点工作，通过试点积累经验并在全市稳步推广实施。

一、总体要求

深入贯彻落实中央关于食品安全"四个最严"和"放管服"改革要求，根据《上海市食品安全条例》《上海市建设市民满意的食品安全城市行动方案》和《上海市小型餐饮服务提供者临时备案监督管理办法（试行）》的相关规定，按照"分类施策、从严监管、减少存量、严控增量"的原则，开展小型餐饮服务提供者临时备案监督管理试点工作。

各区应当按照《上海市小型餐饮服务提供者临时备案监督管理办法（试行）》的要求，结合实际制定实施细则。至 2017 年 12 月，各试点街镇符合临时备案条件的小型餐饮服务提供者临时备案率达到 100%，并加强事中事后监管；对未依法取得食品经营许可或者未办理临时备案从事食品经营活动的小型餐饮服务提供者予以及时查处。稳步推进其他各街镇小型餐饮服务提供者临时备案监督管理工作，符合临时备案条件的小型餐饮服务提供者临时备案率达到 60% 以上。

二、主要措施

（一）确定试点范围

每个区选择有代表性的 1～2 个街镇，开展小型餐饮服务提供者临时备案监督管理试点工作（各区申报的试点街镇见附件 6）。各区可在试点街镇选择有代表性的小型餐饮服务提供者，试点推进小型餐饮服务提供者临时备案监督管理工作，有条件的可建立小型餐饮服务提供者食品安全示范街。

（二）明确职责分工

各试点街镇结合"五违四必"区域环境综合治理和违法违规经营综合治理的要求，开展小型餐饮服务食品安全综合治理。从合理布局、方便群众出发，加强小型餐饮服务提供者食品经营活动、食品安全示范街环境卫生管理等配套设施建设。对符合临时备案条件的小型餐饮服务提供者实施临时备案，并通报相关部门。各区市场监管、环保、房屋管理、消防、城管执法、绿化市容等部门根据职责，协助街镇办理小型餐饮服务提供者临时备案，加强事中事后监管，建立日常监管及诚信档案，并将有关信息纳入事中事后监管平台和本市公共信用信息服务平台。

（三）开展专题培训

各区食药安办应组织开展对试点街镇、相关监管部门派出机构及食品安全工作人员的培训，重点培训《上海市食品安全条例》和《上海市小型餐饮服务提供者临时备案监督管理办法（试行）》中有关小型餐饮服务提供者临时备案监督管理的有关内容。各试点街镇应加强对辖区内小型餐饮服务提供者食品安全知识培训和考核的管理。

（四）落实管理规范

各区、各街镇对经临时备案的小型餐饮服务提供者实行规范化管理。在醒目的位置展示统一制作的《便民饮食店临时备案公示卡》、便民饮食店公示栏和便民饮食店专用标识等。加强食品加工经营过程管理和从业人员个人卫生管理，从业人员在岗期间应着装整洁卫生，穿戴统一标识的工作帽、围裙。落实店内的环境卫生管理及店外市容环境责任制等规定。

（五）完善激励机制

各区、各街镇应研究建立相应的配套服务和激励机制，引导小型餐饮服务提供者积极主动参与临时备案工作。会同商务委、粮食局等相关部门，设立为小型餐饮服务提供者定点服务的主副食品供应点，提供优质、价格合理的大米、小麦粉、食用油等主要食品原料。市容环卫等部门在餐厨废弃油脂、餐厨垃圾收运等方面提供便捷服务。

（六）开展绩效评估

各区食药安办应组织开展对各街镇及相关部门关于小型餐饮服务提供者的临时备案、事中事后监管等工作履职情况的评议考核。各试点街镇应组织食品安全协管员，加强对小型餐饮服务提供者经营活动中食品安全管理巡查。

三、实施步骤

（一）宣传发动阶段（5 月底前）

各区召开试点街镇小型餐饮服务提供者临时备案监督管理试点工作的动员部署会，明确试点工作目标、工作任务等要求。贯彻落实《上海市食品安全条例》《上海市小型餐饮服务提供者临时备案监督管理办法（试行）》，组织开展小型餐饮服务提供者的专题培训。在试点街镇选择部分符合临时备案要求的小型餐饮服务提供者，开展临时备案监督管理工作模拟示范，发现问题，积累经验。

（二）试点推进阶段（6 月—11 月）

各试点街镇严格按照《上海市小型餐饮服务提供者临时备案监督管理办法（试行）》和本方案要求，结合各区实际，推进落实试点工作并加强事中事后监管。各区认真总结小型餐饮服务提供者临时备案监督管理试点工作情况，及时完善相关工作制度，并在全区其他街镇推广实施。

（三）总结评估阶段

8月30日前，各试点街镇完成试点工作，并上报总结报告；各区上报本区试点街镇总体评估报告。12月10日前，各区完成全面工作总结和评估报告。

四、工作要求

（一）加强组织领导

各区应建立小型餐饮服务提供者临时备案监督管理试点工作领导小组和协调机制，领导小组由区食药安办、试点街镇、市场监管、环保、住房、消防、城管等相关部门组成，共同推进试点街镇小型餐饮服务提供者临时备案监督管理工作。市食药监局、各区市场监管局建立试点街镇领导挂钩联系制度，指导推进试点工作。

（二）开展广泛宣传

各区要注重小型餐饮服务提供者临时备案监督管理舆论导向，回应社会关切，最大限度获得广大市民的参与和支持。各试点街镇要广泛开展宣传，使小型餐饮服务提供者尽快熟悉政策，主动申请临时备案，并依法依规经营。

（三）严格信息报送

各区食药安办、市场监管局应于每月20日前将试点街镇小型餐饮服务提供者临时备案监督管理工作推进情况以阶段性小结及表格（见附件7）报送市食药安办、市食药监局。同时，应注意收集整理试点前后的照片、视频等工作资料。

附件：

1.临时备案申请表（样式）（略）

2.经营场所和设备设施基本要求（略）

3.便民饮食店临时备案公示卡（样式）（略）

4.临时备案信息告知单（样式）（略）

5.便民饮食店经营品种目录（略）

6.各区小型餐饮服务提供者备案管理试点街镇名单（略）

7.小型餐饮服务提供者临时备案试点工作推进情况统计表（略）

8.小型餐饮服务提供者备案管理各区对口处室联络表（略）

关于印发《上海市农村集体聚餐食品安全管理工作指南》的通知

(沪食药安办〔2017〕67号)

相关区食药安办，相关区市场监管局：

近年来，本市相关区食药安办在农村集体聚餐食品安全管理方面开展了积极的探索，形成了事先申报备案、投保食品安全责任险、流动厨师登记培训等管理制度，在防控农村集体聚餐食品安全事故方面成效明显。2017年3月20日施行的《上海市食品安全条例》，总结提炼了近年本市在农村集体聚餐方面积累的管理经验，对农村集体聚餐的食品安全管理作出了具体规定。

为进一步贯彻落实《上海市食品安全条例》要求，指导各责任方以及相关管理部门开展农村集体聚餐食品安全管理工作，在闵行、金山等区的农村集体聚餐食品安全管理制度基础上，综合全市实际情况，市食药安办制定了《上海市农村集体聚餐食品安全管理工作指南》，供各相关管理部门结合辖区特点参照执行。

附件：上海市农村集体聚餐食品安全管理工作指南

上海市食品药品安全委员会办公室
上海市食品药品监督管理局
2017年8月14日

上海市农村集体聚餐食品安全管理工作指南

一、目的与依据

为贯彻落实《上海市食品安全条例》以及《国务院食品安全办关于进一步强化农村集体聚餐食品安全风险防控的指导意见》（食安办〔2015〕22号），进一步加强本市农村集体聚餐食品安全管理工作，结合本市实际，制定本工作指南。

二、适用范围

本指南适用于本市范围内在固定场所内举办的10桌及以上农村集体聚餐活动的食品安全管理工作。村民在非固定场所（如在家庭内）举办的集体性聚餐活动的指导与管理可参照本指南。

三、定义

农村集体聚餐：是指在农村或城乡结合部地区，村民自发组织的、在公共餐饮服务单位以外场所举办的各类集体性聚餐活动。

农村集体聚餐举办者：是指聘用流动厨师，在租用或自有的场所内，组织亲朋好友参加婚、丧、寿宴等集体聚餐的发起者，俗称东家。

农村集体聚餐承办者：是指取得合法餐饮服务经营资质或经区食药安办备案登记认可的农村集体聚餐固定办酒场所的经营管理主体，如农村会所。其受举办者委托，具体承办农村集体聚餐。

流动厨师：是指与农村集体聚餐承办者签约，按农村集体聚餐承办者与举办者决定，在农村集体聚餐固定办酒场所内，加工制作食品，提供餐饮服务的团队负责人。其团队成员包括土厨师、帮工或茶担子等。

四、各方责任

（一）主体责任

1. 农村集体聚餐举办者的责任。与承办者共同对集体聚餐的食品安全负责。与承办者签订合同或协议，明确各自的食品安全责任。遵守承办者的食品安全管理制度，在承办者推荐的签约流动厨师、推荐菜单内进行选择，文明用餐节俭办宴。若发生食品安全事故，与承办者一同及时向所在地的区市场监督管理部门报告。

2. 农村集体聚餐承办者的责任。与举办者共同对集体聚餐的食品安全负责。与举办者签订合同或协议，明确各自的食品安全责任。在农村集体聚餐举办前，向所在地的街镇食安办报告举办日期、餐次、预期参加人数等信息。应当制定各项食品安全管理制度，落实管理措施。对在其固定场所提供餐饮服务的流动厨师进行签约管理，定期组织签约流动厨师等加工制作人员进行健康体检和食品安全知识培训。

3. 流动厨师的责任。应当接受农村集体聚餐承办者的管理并遵守其食品安全管理制度。带领其团队成员按照法律、法规、食品安全标准及有关要求加工制作食品以及提供餐饮服务。按法律规定取得有效健康证明方可上岗。定期参加承办者与管理部门的食品安全知识培训与考核。

（二）管理职责

1. 区食品药品安全委员会办公室（以下简称区食药安办），负责对全区范围内的农村集体聚餐食品安全进行管理。

（1）制定辖区农村集体聚餐食品安全各项管理制度。

（2）制定对辖区内暂无法申办食品经营许可，但食品安全条件基本符合的农村集体聚餐固定场所予以备案登记并颁发相关证明；公布辖区内取得合法餐饮服务经营资质或经备案登记认可的农村集体聚餐固定场所名单。

（3）组织开展辖区内流动厨师及相关从业人员食品安全知识培训与考核。公布辖区内合格流动厨师名单并进行动态管理。

（4）对各街镇食药安办的农村集体聚餐管理工作开展考核评估。

2. 乡（镇）人民政府、街道办事处，负责对辖区范围内的农村集体聚餐食品安全进行管理。

（1）鼓励乡（镇）人民政府、街道办事处为辖区农村集体聚餐统一投保食品安全责任险。

（2）对农村集体聚餐举办者和承办者的事先报告进行登记管理。

（3）会同辖区市场监管所，指派专业人员对事先报告的农村集体聚餐进行现场指导。

3. 各街镇食品药品安全委员会办公室（以下简称街镇食药安办），负责具体落实街镇范围内举办的农村集体聚餐的登记管理、指导、食品安全宣传教育等工作。

（1）对农村集体聚餐承办者的事先报告进行登记管理。鼓励采用信息技术，实现网上或手机 APP 报告。

（2）会同辖区市场监管所，指派专业人员开展事前检查与事中指导。鼓励采用移动设备对现场检查或指导情况进行记录。

（3）组织辖区内的农村集体聚餐承办者主动投保食品安全责任保险。

（4）组织开展辖区内流动厨师及相关从业人员食品安全知识培训与考核，对辖区内签约流动厨师开展动态管理。

（5）接到农村集体聚餐引发的食品安全事故报告后，协助辖区市场监管等部门开展调查处理。

4.区市场监管部门（包括区市场监管局及街镇市场监督管理所），负责对辖区农村集体聚餐固定场所开展食品经营许可以及日常监管工作。

（1）协助街镇食药安办对农村集体聚餐开展事前检查与事中指导。鼓励采用移动执法装备对现场检查或指导情况进行记录。

（2）对辖区农村集体聚餐的违法行为依法进行查处。

（3）接到农村集体聚餐引发的食品安全事故报告后，应当立即会同卫生计生等部门进行调查处理，依法采取措施，防止或者减轻社会危害，同时协助辖区疾病预防控制机构对食品安全事故现场采取卫生处理等措施及流行病学调查。

5.区食品安全管理（或餐饮）协会，负责对辖区农村集体聚餐行为进行规范，促进行业健康发展。

（1）负责制定有地区特色的农村集体聚餐推荐菜单。

（2）协助区食药安办开展辖区内流动厨师及相关从业人员食品安全知识培训。

五、各项管理要求

（一）基本要求

1.农村集体聚餐承办者应取得食品经营许可或经区食药安办备案登记并获得相关证明。

2.农村集体聚餐承办者应配备持有本市《餐饮服务从业人员食品安全知识培训合格证明》的专职食品安全管理员，并在宴席举办期间在岗从事食品安全管理工作。

3.农村集体聚餐承办者应按要求制定各环节食品加工操作规程和管理制度。

4.食品经营许可证或区食安办备案登记证明、监督检查的动态等级、相关管理制度、管理人员培训合格证以及在岗的流动厨师健康证明应公示在场所的醒目位置。

5.农村集体聚餐承办者应做好场所及设备的日常清洁、消毒、维护工作，定期开展食品安全自查自纠，确保符合食品安全要求。

6.农村集体聚餐承办者应与绿化市容部门签订收运处置合同，规范处置餐厨垃圾和餐厨废弃油脂。

7.农村集体聚餐承办者应当主动投保食品安全责任险。

8.农村集体聚餐固定场所应实施"明厨亮灶"，鼓励农村集体聚餐固定场所在关键环节安装视频监控设备，并通过电子显示屏公开重点区域的食品加工操作过程。

9.农村集体聚餐固定场所应在醒目位置张贴禁烟标志，管理者对吸烟行为应进行劝阻。

10.流动厨师团队负责人及其聘用的关键岗位操作人员应取得相应类别的本市《餐饮服务从业人员食品安全知识培训合格证明》或通过经区食安办认可的食品安全知识培训与考核。接触直接入口食品的从业人员应持有有效健康证明。

（二）具体举办要求

1.申报备案。农村集体聚餐承办者应提前一周，向所在地的村（居）报告聚餐举办日期、餐次、预期参加人数等信息。街镇食药安办接村（居）报告，汇总后抄送辖区市场监管所。

2.签订合同。农村集体聚餐举办者应与农村集体聚餐承办者签订服务合同或协议。

3.菜谱制定。流动厨师应参照农村集体聚餐推荐菜单和农村集体聚餐举办者和承办者的要求制定菜谱，不得加工法律法规和政府明令禁止经营的品种。

4.原料管理。农村集体聚餐承办者应对采购（可委托签约的流动厨师采购）的食品原料、食品添加剂及食品相关产品进行索证索票，开展进货查验，建立原料进货台账记录，如实记录相关信息并保存相关凭证。记录和凭证保存期限不得少于产品保质期满后六个月，没有明确保质期的，保存期限不得少于半年。农村集体聚餐举办者自行采购食品及食品原料的，应到有资质商家购买并索取相应票据，并交农村集体聚餐承办者保管。

5.加工操作。流动厨师及其聘用人员在加工操作过程中应当严格遵守餐饮服务食品安全操作规范，严禁使用过期、变质和来源不明的食品及原料。

6. 禁止经营。不得采购散装熟食；不得加工生食水产品、四季豆、自制豆浆、冷加工糕点等高风险食品。

7. 食品留样。农村集体聚餐承办者应对每餐供应的成品菜肴按品种留样，留样食品在冷藏条件下保存 48 小时以上，每个品种留样量不少于 100 克。

8. 应急处置。发生疑似食物中毒等食品安全事故的，农村集体聚餐举办者和承办者应立即向辖区市场监管所报告，并配合相关部门开展调查及应急处置。

（三）退出机制

1. 农村集体聚餐承办者未有效落实食品安全管理责任，存在严重违法行为或造成食物中毒等食品安全事故的，市场监管部门应依法查处直至吊销食品经营许可证或由区食药安办取消其承办农村集体聚餐资格。

2. 对经相关部门认定为属于食物中毒等食品安全事故的，农村集体聚餐承办者应与负责中毒餐次加工制作的流动厨师解除签约。区食药安办与街镇食药安办应将该流动厨师清理出辖区合格流动厨师名单。

上海市食品药品监督管理局关于进一步推进本市餐饮业食品安全公开透明的通知

（沪食药监餐饮〔2017〕73号）

各区市场监管局，市局执法总队：

《中华人民共和国食品安全法》第五十五条中倡导餐饮服务提供者公开加工过程，公示食品原料及其来源等信息。新颁布施行的《上海市食品安全条例》中鼓励餐饮服务提供者采用电子显示屏、透明玻璃墙等方式，公开食品加工过程、食品原料及其来源信息。2014年起，食品药品监管总局部署各地食品药品监管部门指导开展餐饮业"明厨亮灶"工作。市市药监管局与各区市场监管局也积极推动餐饮服务单位开展"明厨亮灶"工作。有的区还推动"互联网＋明厨亮灶"试点工作，把"视频厨房"与"远程视频监管"、"食品溯源信息公示"以及"监督公示"等结合起来，推进了本市餐饮业食品安全公开透明，促进餐饮服务单位诚信经营，维护消费者食品安全知情权，鼓励全社会参与食品安全监督，取得了良好的社会效果。

为进一步提升本市餐饮服务食品安全水平，建设市民满意的食品安全城市，提升市民对食品安全的满意度与获得感，现就进一步推进本市餐饮业食品安全公开透明工作要求如下：

一、工作目标

2017年年底力争全市大型连锁餐饮企业及中型以上的公共餐饮服务单位基本实现"明厨亮灶"全覆盖。"十三五"期间全市力争获得许可证的餐饮服务单位基本实现"明厨亮灶"全覆盖。本市餐饮业食品安全公开透明度明显提升。

二、工作依据

1.《中华人民共和国食品安全法》第五十五条："倡导餐饮服务提供者公开加工过程，公示食品原料及其来源等信息。"

2.《"十三五"国家食品安全规划》将全面推行"明厨亮灶"作为严格过程监管的重要手段，规划在"十三五"期间实现"获得许可证的餐饮服务单位全面推行'明厨亮灶'"。

3.《上海市食品安全条例》关于"明厨亮灶"的相关规定："鼓励餐饮服务提供者采用电子显示屏、透明玻璃墙等方式，公开食品加工过程、食品原料及其来源信息"。

4.市委办公厅、市政府办公厅印发的《上海市建设市民满意的食品安全城市行动方案》中将"明厨亮灶"作为落实餐饮服务单位主体责任，建设市民"放心餐厅"的重要内容。

5.《上海市食品经营许可管理实施办法（试行）》规定，新申请或延续申请食品经营许可的中型及以上饭店应当实施"明厨亮灶"。

三、主要工作内容

（一）实施方式

"明厨亮灶"的实施方式主要包括"透明厨房"、"视频厨房"以及"互联网＋明厨亮灶"。"透明厨房"是指餐饮服务提供者采用透明玻璃窗、透明玻璃幕墙、矮墙隔断等方式，使消费者能够直观观看餐饮食品加工制作过程的展示方式。"视频厨房"是指餐饮服务提供者在餐饮食品加工制作场所安装摄像设备，通过现场展示屏幕等方式向消费者展示餐饮食品加工制作过程的方式。"互联网＋明厨亮灶"是指餐饮服务提供者在餐饮食品加工制作场所安装摄像设备，通过现场展示屏幕、网站或手机APP等方式向消费者展示餐饮食品加工制作过程、食品溯源信息、监督公示以及提供消费者满意度测评的方式。

（二）推进手段与方法

各区市场监管局应通过召开现场会等手段，以商业街区、旅游景区等餐饮消费密集区域为突破口，稳步推进餐饮服务提供者实现"明厨亮灶"，尤其是要鼓励倡导采用"互联网＋明厨亮灶"等提升餐饮业食品安全公开透明度的方式。虹口、浦东、长宁等区市场局已在"互联网＋明厨亮灶"推进方面积累一定经验，其他区可借鉴学习。

"明厨亮灶"工作的推进应遵循政府倡导鼓励、企业自愿原则。推进过程中监管部门不得以任何名义向餐饮服务提供者收取费用，不得强制指定视频厨房开发运维公司。实施过程中涉及的土建施工、电子电气设备采购安装调试维护、人员培训等费用由餐饮服务提供者与视频厨房开发运维公司通过合同约定各自承担。

（三）技术要求

"互联网＋明厨亮灶"推进工作信息化规范详见附件1。"视频厨房"展示区域应包含但不限于食品加工烹饪环节与冷菜、生食水产品及裱花等专间制作等重点环节。鼓励大型餐饮、集体用餐配送等单位根据食品加工制作特点增加展示环节。采用矮墙隔断方式展示的"透明厨房"，矮墙隔断高度应不影响消费者观察视线，并有防尘设施。

（四）视频的后续应用

各区市场监管局应逐步与"视频厨房"开发运维公司或餐饮服务提供者的"视频厨房"系统对接，实现"互联网＋明厨亮灶"并通过实时查看或视频回放等方式，对餐饮食品加工制作过程实施远程巡查。

（五）视频终端展示功能的挖掘

1. 各区市场监管局应鼓励餐饮服务提供者（包括学校食堂、集体用餐配送单位等）通过手机APP、网页等互联网视频展示技术，向消费者、家长、订餐单位展示餐饮食品加工制作过程。

2. 应鼓励餐饮服务提供者或视频厨房开发运维公司，在"视频厨房"展示终端上，同时展示经营者证照资质、从业人员健康证明、培训合格证、食品原料溯源信息、餐厨废弃油脂及厨余垃圾处置情况、监督检查及抽检结果等监管信息；开展食品安全、健康文明饮食等宣传；提供消费者投诉评议渠道。监管部门提供监督公示脸谱等信息接口，供餐饮服务提供者或视频厨房开发运维公司在视频终端上展示。

3. 应鼓励餐饮服务提供者或视频厨房开发运维公司，在实施"视频厨房"的基础上，整合人脸图像识别、温度监控、预警信息推送等智能监控技术，进一步拓展"互联网＋明厨亮灶"应用外延。

四、工作要求

（一）提高认识，确保工作取得实效

各区市场监管局应提高认识，重视餐饮业食品安全公开透明度的推进工作，对照《上海市民满意的食品安全城市评价标准》，认真制定推进计划和具体措施，确保工作取得实效。

（二）明确重点，全面推进

各区市场监管局要将大型商业中心、商业街区、旅游景区等餐饮密集区域作为重点区域；将学校食堂、集体用餐配送单位、中型以上饭店、连锁餐饮门店、旅游团队接待单位、重大活动接待单位等作为重点单位，力争在2017年年底全市大型连锁餐饮企业及中型以上的公共餐饮服务单位基本实现"明厨亮灶"全覆盖。"十三五"期间全市力争获得许可证的餐饮服务单位基本实现"明厨亮灶"全覆盖。本市餐饮业食品安全公开透明度明显提升。

（三）多措并举，以"公开透明"促进企业诚信经营

各区市场监管局在推进"明厨亮灶"过程中，要与食品经营许可工作相结合，对新开办的餐饮服务提供者提供"明厨亮灶"相关指导。还要与日常监管工作相结合，通过推进"明厨亮灶"的实施，餐饮服务单位树立食品安全主体责任意识，自觉接受社会监督。要与食品安全信用管理相结合，并将监督公示信息纳入"明厨亮灶"工作要求，通过实施"明厨亮灶"，强化餐饮服务单位食品安全责任意识和诚信意识。

（四）加强宣传，调动社会各界推进积极性

"明厨亮灶"是餐饮服务食品安全监管的新方式、新手段。各区市场监管局要通过各种途径，广泛宣传"明厨亮灶"工作。使餐饮服务提供者、消费者了解"明厨亮灶"的内容、意义，使消费者主动参与食品安全监督，督促餐饮服务提供者不断规范经营和诚信自律经营。要积极宣传正面典型，有效调动社会各界"明厨亮灶"推进积极性，营造食品安全社会共治氛围。

五、信息上报

各区市场监管局应于每季度末月 25 日前，按附件 2 格式，将本季度辖区内"明厨亮灶"推进工作进展，以电子邮件形式报市食药监局食品餐饮监管处（spjcc@smda.gov.cn）。

附件：

1. 上海市"互联网＋明厨亮灶"推进工作信息化规范（略）
2. "明厨亮灶"推进工作进展统计表（略）

上海市食品药品监督管理局

2017 年 4 月 11 日

上海市人民政府办公厅贯彻国务院办公厅关于进一步加强"地沟油"治理工作意见的实施意见

（沪府办发〔2017〕75号）

各区人民政府，市政府各委、办、局：

经市政府同意，现就贯彻《国务院办公厅关于进一步加强"地沟油"治理工作的意见》（国办发〔2017〕30号）提出如下实施意见：

一、提高思想认识，完善"地沟油"综合治理工作机制

"地沟油"一般是指用餐厨废弃物、肉类加工废弃物和检验检疫不合格畜禽产品等非食品原料生产、加工的油脂。在市委、市政府坚强领导下，经过各相关部门和各区的共同努力，本市"地沟油"管理制度不断健全，收、运、处、调、用一体化闭环管理体系基本形成，"地沟油"回流餐桌问题得到有效遏制，但"地沟油"综合治理机制尚需进一步完善。各级政府和相关部门要坚持统筹规划与属地管理相结合、政府监管与市场运作相结合、集中处理与分散处理相结合，开展对"地沟油"综合治理工作。要把"地沟油"综合治理作为"十三五"期间食品安全重点任务，作为创建国家食品安全示范城市、建设市民满意的食品安全城市的重点工作，切实抓紧、抓好。（责任单位：各区政府、各有关部门）

二、明确目标任务，细化"地沟油"综合治理工作措施

各级政府和相关部门要认真贯彻《中华人民共和国食品安全法》《中华人民共和国农产品质量安全法》《中华人民共和国动物防疫法》《生猪屠宰管理条例》（国务院令第525号）、《城市生活垃圾管理办法》（建设部令第157号）、《上海市食品安全条例》等相关法律法规，结合《国务院办公厅关于进一步加强"地沟油"治理工作的意见》《上海市餐厨废弃油脂处理管理办法》（沪府令第97号）等的要求，明确目标任务，研究制定和细化工作方案，落实有效措施，进一步加强源头治理，杜绝"地沟油"流向餐桌。同时，要加大政策扶持力度，建立长效机制，合力推动餐厨废弃物、肉类加工废弃物和检验检疫不合格畜禽产品的无害化处理和资源化利用。（责任单位：各区政府、各有关部门）

三、突出源头防控，加强餐厨废弃油脂产生单位监管

要加强对餐饮服务单位、行政企事业单位食堂以及屠宰企业、肉类加工企业等餐厨废弃物、肉类加工废弃物或检验检疫不合格畜禽产品产生单位的监督与指导，加强许可审核，规范油水分离器安装使用。要加强对屠宰企业、肉类加工企业、食用油生产经营企业、餐饮服务单位的监管，督促企业建立健全追溯体系，落实企业索证索票责任，加强对食品生产经营过程使用食用油来源的监管；督促餐厨废弃油脂产生单位主动与餐厨废弃油脂收运单位签订收运协议，并定向送交产生的餐厨废弃油脂。加强监督执法，进一步落实肉类加工企业、屠宰企业废弃物无害化处理的主体责任，督促企业建立相关制度与台账，确保无害化处理信息可查询、可追溯。（责任单位：市食品药品监管局、市农委、上海出入境检验检疫局、各区政府）

要督促收运单位建立分片包干的收运管理制度，防止产油单位漏交、漏收。（责任单位：市绿化市容局、市发展改革委、各区政府）

四、加强行业管理，规范餐厨废弃油脂收运处置工作

要健全餐厨废弃油脂收运处置管理制度，制定本市餐厨废弃油脂物流管理办法，严格物流凭证、台账的管理和物流计划的执行，规范行业监管，建立监管档案，统一收运处置联单与相关凭证，确保餐厨废弃油脂的流量流向可控。要推进餐厨废弃油脂末端处置企业升级改造，提高本市餐厨废弃油脂处置能力，提高餐厨废弃油脂制生物柴油的质量与转化效率。制定餐厨废弃油脂收运、处置企业监管考核评议办法，对其规范运营、安全环保、物流执行等内容进行综合评定，并向社会公布评议结果。对评议不合格的企业，要按照《上海市餐厨废弃油脂处理管理办法》规定，暂停或者终止其从事餐厨废弃油脂收运、处置活动。（责任单位：市绿化市容局、各区政府）

要按照市绿化市容局等四部门《上海市餐厨废弃油脂制生物柴油收运处置应急扶持办法》（沪绿容〔2016〕533号），规范财政补贴的数据核准、凭证提交、申请程序等内容，保证市财政补贴资金落到实处。（责任单位：市绿化市容局、市财政局）

要持续开展油水分离器产品质量检测。（责任单位：市质量技监局）

五、完善配套政策，推进无害化处理和资源化利用

要按照市食药安办《本市餐厨废弃油脂制生物柴油（B5）应用推广试点工作方案》（沪食药安办〔2017〕85号），推进餐厨废弃油脂制生物柴油混合燃料油在车、船等领域应用试点。（责任单位：市交通委、市经济信息化委）

要完成高比例（B20）生物柴油车用技术应用与研究课题开发，扩展餐厨废弃油脂制生物柴油在公交、环卫车辆及交通运输行业的应用，拓宽资源化利用渠道。（责任单位：市科委、市交通委、市发展改革委、市绿化市容局、市财政局）

要指导行业协会完成生物柴油团体标准修订。（责任单位：市质量技监局）

要推进市动物无害化处理中心和崇明动物无害化处理中心建设。（责任单位：市农委、市住房城乡建设管理委、市环保局、市发展改革委、相关区政府）

要引导废弃物无害化处理和资源化利用企业适度规模经营，符合条件的按照规定享受税收优惠政策。（责任单位：市财政局、市发展改革委、市经济信息化委、市住房城乡建设管理委、市农委、市地税局、相关区政府）

要积极培育无害化处理和资源化利用企业，积极支持企业申领成品油经营资质，指导企业完善相关审批材料；发挥信息化发展、技术改造、品牌经济发展等上海市产业转型升级发展专项资金作用，搞好"地沟油"综合治理，鼓励企业连锁化、品牌化、集团化发展。（责任单位：市经济信息化委、市农委、市发展改革委、市住房城乡建设管理委、各区政府）

要研究无害化处理和资源化利用实用技术，研究"地沟油"的科学鉴定方法。（责任单位：市科委、市绿化市容局、市卫生计生委、市质量技监局）

六、加强科学监管，继续推进全程信息化监控

要进一步加强餐厨废弃油脂收、运、处、调、用一体化闭环管理，完善信息化监管平台建设，整合现有信息化监控手段，完善产生单位基础信息库；以视频监控为核心，畅通信息流转渠道，建立迅速反应机制，严控收运企业初加工和物流转运情况；加强第三方计量实时监管，把握餐厨废弃油脂的产量及处置流向；整合车辆定位系统，掌握餐厨废弃油脂收运车辆和物流车辆运行轨迹，确保定向收运、定向处置得以落实。实现对餐厨废弃油脂的源头产生、中间收运、末端处置环节全程信息化监管。（责任单位：市绿化市容局、各区政府）

七、加大执法力度，严厉打击餐厨废弃油脂收运处置违法犯罪行为

要加大对餐厨废弃油脂违规收运、违规处置行为的查处力度，开展专项整治，严厉打击涉"地沟

油"的违法食品生产经营行为。（责任单位：市城管执法局、市绿化市容局、市食品药品监管局、市农委、上海出入境检验检疫局、各区政府）

要查处利用网络销售假冒品牌食用油的违法行为，对监管部门认定的境内制假售假网站依法进行处置。（市食品药品监管局、市工商局、市经济信息化委）

要加强行政执法与刑事司法衔接，健全涉嫌犯罪案件线索的移送通报机制，严厉打击非法制售餐厨废弃油脂的违法犯罪行为，对有关人员移送司法机关依法追究刑事责任。（责任单位：市公安局、市农委、市城管执法局、市食品药品监管局、各区政府）

八、落实属地管理责任，加强部门协同和督查考核

要落实各级政府属地管理责任，将餐厨废弃油脂管理工作纳入本市年度食品安全工作绩效考核内容，加大督查力度，健全工作机制。加强网格化管理，落实有奖举报制度，动员全社会力量进行监督。（责任单位：市食药安办、各区政府）

要进一步强化餐厨废弃油脂综合治理联动工作机制，做到信息共享、工作协同、执法联动。（责任单位：市食药安办、市绿化市容局、市食品药品监管局、上海出入境检验检疫局、市城管执法局、各区政府）

各责任单位要在每季度最后一个月 20 日前将相关工作推进落实情况报送给市食药安办。

上海市人民政府办公厅

2017 年 11 月 27 日

上海市食品药品监督管理局关于餐饮配送环节
监管工作指导意见的通知

（沪食药监餐饮函〔2017〕89号）

各区市场监督管理局、市局执法总队：

为更好地贯彻落实《上海市食品安全条例》，加强餐饮配送服务环节食品安全监管，根据《中华人民共和国食品安全法》《上海市食品安全条例》等有关规定，现对餐饮配送环节监督管理工作提出以下指导意见：

一、关于监督检查重点

开展餐饮配送环节监督检查时，应重点检查和调查以下几方面：

（一）从事餐饮配送服务的主体。提供餐饮配送服务的主体目前主要包括餐饮单位、网络订餐第三方平台和专业送餐物流企业（如达达配送）三种情形，检查时可根据送餐人员的询问情况，结合其所使用的送餐物流平台（手机APP）、送餐信息记录单据和穿着的工作服等信息进行认定。

（二）送餐人员是否取得健康证明。可以检查健康证明及其复印件或照片，也可以身份证号或健康证号在健康证专用网站（www.jkz.sh.cn）查询。

（三）配送膳食的箱（包）是否清洁、专用。膳食不得与有毒有害物品、待加工食品、食品原料存放于同一配送箱（包）内。

（四）配送冷菜、裱花蛋糕、冷加工糕点、生食水产品、现制饮料等食品是否采取保温配送箱（包）、冰排等措施，并与热食品分开存放，保证配送过程温度符合食品安全要求。

（五）是否采取防止灰尘、雨水等污染食品的有效措施（如密闭配送容器），确保送餐过程食品不受污染。

（六）使用的餐具、饮具、容器和包装材料是否符合食品安全标准。

二、关于违法行为查处

（一）违法主体认定

检查发现送餐环节存在违法行为的，违法主体按照以下原则进行认定：

1.餐饮单位人员（包括由餐饮单位管理的劳务派遣人员）送餐的，一般以该餐饮单位作为主体。

2.网络订餐第三方平台人员（包括由平台管理的劳务派遣人员或者网上众筹的送餐人员）送餐的，一般以该第三方平台作为主体；本市未设立分支机构的外埠第三方平台以其名义送餐的，可以提供送餐服务的劳务派遣企业作为主体。

3.专业送餐物流企业人员（包括由专业送餐物流企业管理的劳务派遣人员或者网上众筹送餐人员）送餐的，一般以该物流企业作为主体。

（二）行政处罚管辖

1.餐饮单位、网络订餐第三方平台或者专业送餐物流企业人员的餐饮配送违法行为，一般由该餐饮单位、网络订餐第三方平台（包括本市平台和外埠平台在本市的分支机构）、专业送餐物流企业营业执照登记地市场监管局依法实施行政处罚。具有重大影响或者案情复杂的案件，由市局负责查处或者指定区市场监督管理局负责查处。

2.本市未设立分支机构的外埠第三方平台在本市的餐饮配送违法行为，由提供送餐服务的劳务派遣企业营业执照登记地市场监管局依法实施行政处罚。违反《食品安全法》、《网络食品安全违法行为查处办法》行为的，由市局向第三方平台所在地食品药品监督管理部门通报。

（三）行政处罚实施

1.监管部门依据《上海市食品安全条例》第九十七条规定对安排送餐服务的单位实施责令停产停业行政处罚的，可以责令停止自行送餐的餐饮单位提供餐饮配送服务，或者网络订餐第三方平台、专业送餐物流企业相关配送点提供餐饮配送服务。

2.配送的食品不符合法律、法规、规章或者食品安全标准规定的，按照有关法律、法规、规章的有关规定实施查扣和行政处罚。

特此通知。

上海市食品药品监督管理局

2017 年 4 月 26 日

上海市食品药品监督管理局关于餐饮服务经营者从事食品销售许可管理的指导意见

（沪食药监餐饮〔2017〕102号）

各区市场监管局：

近期，本市12331热线连续接到多起餐饮服务经营者从事食品销售的投诉举报。为保障公众身体健康，防控食品安全风险，经研究，现就餐饮服务经营者从事食品销售的许可管理提出以下指导意见：

一、有下列情形之一的，餐饮服务经营者应当办理食品销售项目的食品经营许可（即《食品经营许可证》的主体业态增加"食品销售经营者"，经营项目增加相应的食品销售项目）：

（一）在餐饮服务场所内从事特殊食品销售的；

（二）所销售的食品需要改变原核准的经营条件的；

（三）设立专用食品销售场所的。

二、除本指导意见第一项规定的三种情形外，餐饮服务经营者在其餐饮服务场所内从事食品销售的，《食品经营许可证》主体业态可以不增加"食品销售经营者"，经营项目可以不增加相应的食品销售项目。

单位食堂销售食品供应内部职工的许可管理参照以上意见。

特此通知。

上海市食品药品监督管理局

2017年5月11日

上海市食品药品监督管理局关于加强本市餐饮环节河豚鱼经营行为监管的通知

（沪食药监餐饮〔2017〕112号）

各区市场监管局，市食药监局执法总队，市食品安全投诉举报受理中心：

近日，我局及部分区市场监管局陆续接到咨询，咨询本市餐饮环节是否允许经营河豚鱼。为了进一步规范餐饮环节河豚鱼经营行为，防范河豚鱼食物中毒事件发生，现就加强本市餐饮环节河豚鱼经营行为监管工作通知如下：

一、工作依据

（一）2016年9月，为规范养殖河豚鱼加工经营活动，促进河豚鱼养殖产业持续健康发展，防控河豚鱼中毒事故，保障消费者食用安全，农业部与国家食品药品监督管理总局联合下发了《关于有条件放开养殖红鳍东方鲀和养殖暗纹东方鲀加工经营的通知》（农办渔〔2016〕53号），决定有条件放开养殖红鳍东方鲀和养殖暗纹东方鲀加工经营（具体内容见附件1）。

根据《农业部办公厅关于开展养殖河鲀鱼源基地备案工作的通知》（农办渔〔2016〕20号），农业部渔业渔政管理局公布了第一批符合要求的12家单位的16个养殖河豚鱼源基地（名单详见附件2）。经中国水产流通与加工协会审核，目前共有5家企业符合各项要求，成为第一批产品可上市的养殖河豚鱼加工企业（名单详见附件3）。

（二）2016年12月23日发布的《食品安全国家标准 水产品中河豚毒素的测定》，将于2017年6月23日实施。

二、监管要求

（一）实施报告制度

为掌握本市餐饮环节河豚鱼经营情况，加强事中事后监管，本市实施餐饮服务单位经营河豚鱼报告制度。经营河豚鱼的餐饮服务单位应向辖区市场监管部门报备。报备内容包括河豚鱼经营项目、原料品种、来源基地和加工单位等信息（报备格式详见附件4）。

（二）监督企业落实食品安全主体责任

1. 严控原料来源

本市餐饮服务单位应从合规渠道采购河豚鱼。河豚鱼应来源于经农业部备案并公布的河豚鱼源基地，且经中国水产流通与加工协会和中国渔业协会河豚鱼分会审核通过的加工企业加工的包装产品。产品包装上附带可用于追溯的二维码，并标明产品名称、执行标准、原料基地及加工企业名称和备案号、加工日期、保质期、保存条件、检验合格信息等内容，同时应提供同批次产品检验合格证明。推动餐饮服务单位直接从有资质的河豚鱼加工企业采购河豚鱼原料。

2. 来源信息全程信息化可追溯

本市经营河豚鱼的餐饮服务单位应按照《上海市食品安全信息追溯管理办法》，将河豚鱼来源信息录入"食品安全信息追溯平台"。对《上海市食品安全信息追溯管理办法》中规定应履行相关义务的中型以上饭店及连锁餐饮企业，如未按《办法》履行信息追溯义务，各级监管部门应按《办法》第二十四条从严予以处罚。

3. 规范河豚鱼加工行为

（1）河豚鱼加工人员应通过"关键环节操作人员（C类）"食品安全知识评估考核，持证上岗。各级监管部门在监督检查时应随机进行监督抽查考核并公布考核情况。

（2）河豚鱼产品包装上未注明"可即食"的，餐饮服务单位不得用作加工生鱼片的原料。各级监管部门应按照《食品安全国家标准动物性水产品》（GB 10136—2015），加大对河豚鱼生鱼片抽检力度。发现餐饮服务单位经营不符合标准的河豚鱼生鱼片，应依法从严予以处罚。

4. 维护消费者知情权

（1）本市经营河豚鱼的餐饮服务单位应在经营场所显著位置张贴或用显示屏公示河豚鱼来源相关信息，内容包括河豚鱼品种、养殖基地和加工厂名称、检验合格证明、包装上可用于追溯的二维码等信息。

（2）本市经营河豚鱼的餐饮服务单位应通过"互联网＋明厨亮灶"方式公开包装河豚鱼拆封以及加工过程。辖区市场监管部门应采用视频监控方式不定期对其开展视频巡查。

5. 鼓励参加食品安全责任保险

鼓励本市经营河豚鱼的餐饮服务单位参加食品安全责任保险。

（三）从严查处违法行为，妥善处置投诉举报

在国家有关政策调整前，经营不符合相关规定的河豚鱼（或以其他替代名称），如使用养殖河豚鱼活鱼、未经加工的河豚鱼或所有品种的野生河豚鱼作为餐饮原料的，均属于禁止行为。本市各级监管部门发现餐饮服务单位存在上述行为，应按违反《中国人民共和国食品安全法》第三十四条第（十二）项规定，按照第一百二十三条第一款第（五）项从严予以处罚。对检测发现含河豚毒素超标的，应根据《上海市食品药品行政执法与刑事司法衔接工作实施细则》及时启动行刑衔接程序。

接到疑似河豚鱼食物中毒的投诉举报，各级监管部门应采样送有资质的检测机构进行检测。

（四）开展针对性监督抽检

市食药监局已将河豚鱼毒素纳入本市食品安全风险监测和监督抽检计划。各区市场监管局应结合日常监管工作开展针对性监督抽检，尤其应在清明节前河豚鱼食物中毒易发时段提高抽检频次。目前市食品药品检验所、农业部水产品质量监督检验测试中心（上海）等检测机构有资质开展河豚鱼毒素检测。相关检测机构在2017年6月23日前应按照现行国家标准《鲜河豚鱼中河豚毒素的测定》（GB/T 5009.206—2007）和《水产品中河豚毒素的测定液相色谱－荧光检测法》（GB/T 23217—2008）进行检测，6月23日后按照《食品安全国家标准 水产品中河豚毒素的测定》（GB 5009.206—2016）进行检测。

三、开展宣传教育

各区市场监管局应广泛开展河豚鱼食品安全知识及政策的宣传教育，使餐饮服务单位和广大消费者了解食用河豚鱼可能的食品安全风险，督促餐饮服务单位依法依规经营河豚鱼，同时进一步增强消费者自我防范意识。

附件：

1. 农业部办公厅国家食品药品监督管理总局办公厅关于有条件放开养殖红鳍东方鲀和养殖暗纹东方鲀加工经营的通知（略）

2. 农业部渔业渔政管理局公布第一批养殖河鲀鱼源基地名单（略）

3. 关于规范养殖河鲀加工产品上市的通知（略）

4. 上海市经营河豚鱼餐饮服务单位报告备案表（略）

上海市食品药品监督管理局

2017年5月31日

上海市食品药品监督管理局关于食品经营许可证中经营项目相关问题的复函

（沪食药监餐饮函〔2017〕113 号）

普陀区市场监督管理局：

你局《关于食品经营许可证中经营项目相关问题的请示》（普市监食〔2017〕61 号）收悉，经研究答复如下：

一、持有食品经营许可证（经营项目：热食类食品制售）的餐饮服务经营者制售冷食类食品，参照《网络食品经营违法行为查处办法》第三十八条规定，按照《中华人民共和国食品安全法》第一百二十二条的规定进行处罚。

二、餐饮服务经营者从事食品销售的许可管理，按照《上海市食品药品监督管理局关于餐饮服务经营者从事食品销售许可管理的指导意见》（沪食药监餐饮〔2017〕102 号）执行。

特此函复。

上海市食品药品监督管理局

2017 年 5 月 22 日

上海市食品药品监督管理局关于加强网络订餐平台报告食品安全违法线索调查处置工作的通知

（沪食药监餐饮〔2017〕132号）

各区市场监管局、市食药监局执法总队、市食品药品安全投诉举报受理中心：

《中华人民共和国食品安全法》《上海市食品安全条例》规定，网络食品交易第三方平台提供者应当对平台上的食品经营行为及信息进行检查，并向食品药品监管部门报告发现的入网食品经营者违法行为。《上海市建设市民满意的食品安全城市行动方案》要求加强监管信息与网络食品交易第三方平台的食品安全信息衔接，建立共同对入网食品经营者的监管机制。为加强网络订餐平台报告食品安全违法线索的调查处置，现将有关工作要求通知如下：

一、督促平台报告违法线索

（一）报告对象和方式

市食药监局和网络订餐平台（包括外埠平台在沪分支机构）所在地市场监管局督促网络订餐平台按照法律、法规要求，对平台上的食品经营行为及信息进行检查，并将检查发现的食品安全违法线索（包括涉及的餐饮单位、可能的违法行为、可能的发生时间等）及时报告违法餐饮单位所在地市场监管局或12331食品药品安全投诉举报热线。鼓励网络订餐平台对入网餐饮单位上传信息、消费者评价和投诉等食品安全大数据进行分析，并以信息技术手段（如APP）向监管部门报告分析结果。

（二）须重点报告的违法线索

督促网络订餐平台重点报告的入网餐饮单位违法线索包括：未经许可从事食品经营、超范围经营食品、使用非食用物质（如：食品中添加罂粟）、经营禁止生产经营的食品（如：毛蚶、炝虾）、发生食品安全事故（如：食物中毒）等严重违法行为。鼓励网络订餐平台报告其他违法线索。网络订餐平台发现入网餐饮单位存在上述严重违法行为的，应当按照《上海市食品安全条例》规定，立即停止为其提供网络交易平台服务。

二、违法线索的分类调查处置

（一）直接向区市场监管局报告的违法线索的调查处置

网络订餐平台直接向违法线索涉及的餐饮单位所在地市场监管局报告的（包括以APP等方式报告的），所在地市场监管局应当按照以下原则开展调查处置，存在违法行为的，应当依法查处。

1. 网络订餐平台报告的违法线索可能为食品安全事故的，应当按照食品安全事故（包括食源性疾病和食物中毒）调查处置相关规定开展调查处置。

2. 网络订餐平台报告的违法线索可能造成较大社会影响的，应当及时开展调查处置。

3. 网络订餐平台报告的违法线索涉及使用非食用物质、经营禁止生产经营的食品、食品腐败变质、未经许可或超范围经营食品可能影响食品安全等情形的，应在线索接报之日起10日内开展调查处置；有特殊情况的，可以延长至15日。

4. 网络订餐平台报告的违法线索涉及经营场所环境卫生、从业人员个人卫生、食品中发现异物及其他情形的，相关餐饮单位作为优先开展监督检查的对象。

5. 网络订餐平台报告的违法线索事后无法查实的，应对该餐饮单位是否存在同类问题开展监督检查。

6. 一家餐饮单位一个月内出现 3 起及以上违法线索的，一般应在下一个月内按照《食品安全监督检查标准规程（餐饮）》，对该餐饮单位开展全项目监督检查。

7. 违法线索来自消费者在网络订餐平台的评价或投诉的，必要时可与消费者取得联系，以便了解进一步情况。

（二）通过 12331 热线转办的违法线索的调查处置

网络订餐平台向 12331 食品药品安全投诉举报热线报告，通过 12331 热线向区市场监管局转办的违法线索，各区市场监管局应按投诉举报管理规定开展调查处置。

三、违法线索的查处和反馈

经调查入网餐饮单位存在食品安全违法行为的，相关区市场监管局在依法查处的同时，应向报告该起违法线索的网络订餐平台发出《网络订餐平台报告违法线索核查情况告知单》（样式见附件 1），告知其调查情况和应采取的后续措施。鼓励网络订餐平台以信息技术手段接收监管部门的告知信息；区市场监管局通过网络订餐平台的上述信息技术手段告知的，可不使用纸质方式告知平台。通过 12331 热线转办的违法线索，还应执行投诉举报管理的有关规定。

特此通知。

附件：

1. 网络订餐平台报告违法线索核查结果告知单（样式）（略）
2. 第三方平台履行报告义务相关法律制度规定（略）

上海市食品药品监督管理局

2017 年 6 月 26 日

上海市食品药品监督管理局关于月子会所食品经营许可有关问题的回函

（沪食药监餐饮函〔2017〕133号）

上海市家庭服务业行业协会月子会所分会：

你会来函已收悉。关于本市月子会所是否需申办食品经营许可证的有关问题，经研究现答复如下：

一、月子会所与已取得食品经营许可的单位（如产妇住宿的酒店宾馆，以下简称食品经营许可持有者）签订协议，在其食品经营许可核准的场地范围内，使用其场地和设施加工制作食品供产妇食用的，月子会所无需另行申办食品经营许可证。

二、采用上述运营模式的月子会所，应遵守《中华人民共和国食品安全法》、《上海市食品安全条例》等相关法律法规的规定，并重点落实以下食品安全责任，确保产妇及新生儿饮食安全：

（一）月子会所应与食品经营许可持有者签订包含食品安全责任的协议或合同，明确双方在食品安全方面的权利与义务。月子会所应遵守食品经营许可持有者现有食品安全管理制度。

（二）应配备专职食品安全管理人员对月子餐食品安全进行管理。食品安全管理员应经食品安全知识培训，通过A类食品安全知识考核。

（三）月子会所应会同食品经营许可持有者落实月子餐食品原料的进货查验记录义务并确保食品原料安全可追溯。

（四）从事月子餐加工制作的人员应经健康体检合格，经食品安全知识培训并通过从事岗位对应类别的食品安全知识考核后方可上岗。

（五）不得加工供应法律法规禁止生产经营的食品。

倡导月子会所购买食品安全责任保险。

上海市食品药品监督管理局

2017年6月8日

上海市食品药品监督管理局关于进一步加强餐饮环节食物中毒防控工作的通知

（沪食药监餐饮〔2017〕145号）

各区市场监管局，市食药监局执法总队：

近日本市连续高温，发生食物中毒风险遽增。本市已接到消费者集中反映某连锁餐厅多家门店食品安全问题的投诉，该起事件正在调查过程中。为防范类似事件发生，保障市民百姓饮食安全，现就加强餐饮环节食物中毒防控工作通知如下：

一、进一步加强监管，防范食物中毒事故发生

（一）督促落实主体责任

各区市场监管部门应通过开展食物中毒事故案例警示教育，督促辖区餐饮服务单位落实各项食品安全主体责任。监管人员应结合日常监督检查，依法对食餐饮服务单位的负责人、食品安全管理人员、关键环节操作人员及其他相关从业人员随机进行食品安全知识的监督抽查考核并公布考核情况。

（二）加强监督检查，消除食物中毒隐患

各区市场监管部门应针对夏季致病微生物污染导致食物中毒易发的特点，结合各类餐饮服务业态特点，开展针对性的监督检查。

1. 加强对连锁餐饮门店及中央厨房监管。重点加强对加工配送热加工半成品、即食食品中央厨房的监管。督促中央厨房按照《中央厨房卫生规范》（DB31/2008—2012）规定要求，严格控制食品加工的温度、储运条件以及存放时间。包装和标签应包含生产日期及时间、保存条件、保质期、加工方法与要求，非即食的熟制品种应在标签上明示"食用前应彻底加热"。严禁中央厨房超范围加工制作即食食品，严禁门店将中央厨房加工配送的半成品当作即食成品供应。

2. 加强高风险业态监管。加强对集体用餐配送单位、单位食堂、大型宴席承办单位、农村体聚餐固定办酒场所等高风险业态的监管。严禁超范围、超量加工制作食品，严禁经营季节性禁止经营食品。

（三）依法从严查处，严惩违法行为

各区市场监管部门在监督检查中发现易引发食物中毒的关键环节存在严重食品安全问题，应按照中央"四个最严"的要求，依法予以严惩。尤其是对超范围供应改刀熟食、凉拌菜和生食水产品；违法供应毛蚶、炝虾等违禁食品以及醉虾、醉蟹等季节性禁止经营食品；采购、使用来源不明熟食、凉拌菜等违法行为的，应依法从严查处。

（四）跟踪复查，督促整改落实到位

各区市场监管部门对检查发现的问题，尤其是对违法行为作出行政处罚后，应跟踪复查，督促企业落实整改要求。严防已发现的违法行为得不到及时纠正，造成食品安全事故发生。

（五）开展风险预警，提高公众自我防范意识

市食药监局已向社会发布了一系列用于帮助指导企业和公众预防食物中毒的食品安全预警公告、消费提示和操作指南，各区市场监管部门应广泛予以宣传，提高公众自我防范意识。当细菌性食物中毒风险等级为中或高时，区市场监管部门应及时向辖区内高风险单位发出相应的预警信息。

二、及时妥善处置消费者投诉举报

（一）及时启动核实调查，会同相关部门开展查处

接到指向同一单位的多次投诉举报或发病人数较多的食物相关投诉举报，区市场监督管理部门应立即与举报人取得联系开展核实调查。经初步判断认为疑似食物中毒的，应立即通知辖区疾病预防控制机构，并会同卫生计生等部门进行调查处理，协助疾病预防控制机构开展流行病学调查以及对食品安全事故现场采取卫生处理等措施。

（二）果断采取控制措施，防止事态扩大蔓延

经初步判断认为疑似食物中毒的，区市场监管部门应果断对可疑肇事单位采取控制措施，督促可疑肇事单位第一时间通知相关食用单位或消费者停止食用可疑食品，防止发生后续病例，防止事态扩大蔓延，减轻社会危害。

（三）依法严惩食品安全事故肇事者

对经流行病学调查认定为食物中毒等食品安全事故的，区市场监管部门应依法对肇事单位从严处罚，情节严重的应吊销其许可证。调查中发现肇事单位或相关责任人涉嫌犯罪的，应及时启动行刑衔接程序。

上海市食品药品监督管理局

2017 年 7 月 24 日

上海市食品药品监督管理局关于在全市范围内复制推广一批"证照分离"改革试点举措的通知

（沪食药监法〔2017〕179号）

市食药监局各相关处室、直属单位，各区市场监管局：

按照《国务院关于上海市开展"证照分离"改革试点总体方案的批复》（国函〔2015〕222号）和《上海市行政审批制度改革工作领导小组办公室关于印发本市贯彻实施〈上海市开展"证照分离"改革试点总体方案〉工作方案的通知》（沪审改办发〔2016〕11号）要求，自2016年4月1日起，本市21项食品药品改革事项的相关举措陆续在浦东新区试点实施。在市审改办的指导下，经过近一年半的先行先试，已形成一批可复制可推广的制度性创新成果。现将以下10项试点经验成熟的食品药品改革事项的举措复制推广至全市实施，请各相关部门（单位）按要求予以落实。

一、小型餐饮服务提供者实施临时备案

按照《上海市食品安全条例》和《上海市小型餐饮服务提供者临时备案监督管理办法》（沪府发〔2017〕37号），进一步指导镇（乡）政府和街道办事处对符合要求的小型餐饮服务提供者实施临时备案，对纳管单位加强事中事后监管，建立监管及诚信档案，将监督管理信息及时反馈镇（乡）政府和街道办事处，并向社会公布。

二、仿制药生物等效性试验审批实行备案管理

按照国家食药监局《关于化学药生物等效性试验实行备案管理的公告》（2015年第257号）以及市政府办公厅《关于本市推进仿制药质量和疗效一致性评价工作的实施意见》（沪府办〔2016〕103号）要求，化学药生物等效性试验实行备案管理，鼓励本市临床试验机构承接生物等效性试验，督促指导企业落实主体责任，加强日常监督管理，对注册申请人的试验数据的真实性、完整性进行核查。

三、互联网药品交易服务企业审批（第三方平台除外）取消审批

按照《国务院关于第三批取消中央指定地方实施行政许可事项的决定》（国发〔2017〕7号）要求，在全市范围内取消互联网药品交易服务企业审批（第三方平台除外），加强对互联网药品交易服务企业（第三方平台除外）的事中事后监管，实时监测网址信息，严厉打击互联网药品违法信息及违法交易行为。

四、第二类医疗器械产品注册强化准入监管

按照《上海市第二类医疗器械优先审批程序》（沪食药监规〔2017〕3号），对纳入优先审批程序的第二类医疗器械产品注册申请，在标准不降低、程序不减少的前提下，遵循安全有效、快速高效和科学审批的原则，采取提前介入、过程跟踪、加强沟通、特设通道、单独排序等形式优化服务，优先开展技术审评和行政审批，缩短技术审评等的时限，鼓励医疗器械产品创新。

五、第二、三类医疗器械生产企业许可证核发强化准入监管

按照《医疗器械生产质量监督检查员管理办法》，理论培训和实训培训相结合，建立一支符合上海监管实际的医疗器械生产质量监督检查员队伍。按照《上海市医疗器械生产企业质量信用分级管理办法》，整合各类信用信息，将行业协会、企业、监管部门等多方纳入评价体系中，建立既相互制约、

相互把关又分工负责、相互协调的医疗器械生产行业质量信用评价体系。以问题为导向，从产品固有风险和企业管理风险入手，运用大数据分析，采取二维风险分级和"双随机"跨区交叉飞行检查等方式，以精准监管强化最严监管，以最严监管倒逼企业主体责任落到实处。

六、开办药品生产企业审批强化准入监管（优化审批程序）

完善上海药品审评核查中心建设，全力推进药品专业化职业化审评和检查员队伍建设，切实增强监管效能。制定药品监管年度工作计划，根据风险级别确定各类药品生产企业的监督检查频次，有针对性地开展日常监督检查。所有新发放的《药品生产许可证》均注明对应的日常监管机构名称和日常监管人员的姓名，接受社会监督，进一步落实监管部门的监管责任。充分利用药品生产许可证换证数据信息完善现有"一户一档"平台，加强本市药品生产企业基本情况、产品注册、许可证件、日常监管、质量抽验、行政处罚等信息的整合，强化数据分析和利用，实现不同监管手段之间的信息共享和统筹运用，形成有效监管合力。定期召开季度药品安全风险研判会，对监管过程中发现的风险点进行综合或专题研判，并采取针对性的处置措施，切实加强药品质量风险防控。加大信息公开力度，定期公开收回《药品 GMP 证书》情况、药品监督抽验结果等信息。

七、开办化妆品生产企业审批强化准入监管

制定化妆品监管年度工作计划，根据风险级别确定各类化妆品生产企业的监督检查频次，有针对性地开展日常监督检查。所有新发放的《化妆品生产许可证》均注明对应的日常监管机构名称和日常监管人员的姓名，接受社会监督，进一步落实监管部门的监管责任。完善现有"一户一档"平台，加强本市化妆品生产企业基本情况、产品注册、许可证件、日常监管、质量抽验、行政处罚等信息的整合，强化数据分析和利用，实现不同监管手段之间的信息共享和统筹运用，形成有效监管合力。定期组织召开化妆品安全风险研判会，对监管过程中发现的风险点进行综合或专题研判，并采取针对性的处置措施，切实加强化妆品质量风险防控。

八、新药生产和上市许可强化准入监管

根据《全国人民代表大会常务委员会关于授权国务院在部分地方开展药品上市许可持有人制度试点和有关问题的决定》，在上海等十个省、直辖市开展药品上市许可持有人制度试点，允许药品研发机构和科研人员取得药品批准文号。按照市政府办公厅转发我局起草的《上海市开展药品上市许可持有人制度试点工作实施方案》（沪府办〔2016〕64号），加强组织指导，提前介入服务，采取相关配套监管措施，突出药品上市许可人主体责任，加强试点品种上市许可与事中事后监管衔接，设立风险救济制度，积极稳妥有序推进试点，鼓励研发创新，加快药物研发成果转化，加快临床急需新药上市，推动生物医药产业健康发展，保证药品质量和安全，满足病患临床需求。

九、食品生产许可（保健食品、特殊医学用途配方食品、婴幼儿配方食品除外）和食品生产许可（保健食品、特殊医学用途配方食品、婴幼儿配方食品）强化准入监管

在总结《上海市浦东新区食品生产行业分类监管管理办法》《上海市浦东新区食品生产行业风险监管管理办法》等3项制度试点经验的基础上，制定并印发《上海市食品生产企业食品安全风险与信用分级监管办法》（沪食药监规〔2017〕4号），构建以风险防范为基础的动态监管，形成以诚信管理为手段的分类监管体制，积极引入社会力量有效推进社会监督。加强一企一档的企业信用档案管理，采用企业风险加企业信用情况相结合的方式，确定食品生产企业监管等级，明确具体日常监管频次，并按照相应的监管频次开展日常监管。

上海市食品药品监督管理局

2017 年 9 月 13 日

上海市食品药品监督管理局关于进一步加强"专业网络订餐"经营企业许可和监管工作的通知

（沪食药监餐饮〔2017〕235号）

各区市场监管局、市食药监局执法总队：

专业网络订餐是近年来出现的餐饮新业态，今年2月1日起施行的《上海市食品经营许可管理实施办法（试行）》针对此类业态特点，已经设置了"专业网络订餐"许可项目，本市食品药品监管（市场监管）部门参照集体用餐配送单位要求开展许可和监管。为进一步规范此类餐饮新业态，加强"专业网络订餐"经营企业的许可和监管工作，保障广大市民网络订餐安全，现就有关工作要求通知如下：

一、严格许可准入审查

按照《上海市食品经营许可管理实施办法（试行）》，"专业网络订餐"是指根据消费者通过网络提出的临时订购需求，集中加工、分散配送食品但不提供就餐场所的餐饮经营方式。各区市场监管局应当严格按照《上海市食品经营许可管理实施办法（试行）》和本通知附件要求，开展"专业网络订餐"的许可审查。开设餐厅供现场用餐但主要经营方式仍为网络订餐，或者网络订餐数量大于其食品加工操作区域使用面积（平方米）1.5倍的经营企业，也应按照"专业网络订餐"的要求开展许可审查。不得以其他许可项目替代"专业网络订餐"。

二、加强监督检查抽检

各级食品药品监管（市场监管）部门对于取得"专业网络订餐"许可项目的经营企业（以下简称专业网络订餐企业），应当根据《食品安全地方标准　集体用餐配送膳食生产配送卫生规范》（DB31/2024—2014）中热链盒饭的相关要求，并按照集体用餐配送单位的监管频次开展监督检查。重点检查管理制度执行、管理人员在岗管理、从业人员体检培训、原料追溯管理、盒饭热链温控、生熟交叉污染、盒饭专间分装、工具清洗消毒、禁止供应品种、加工时间标识、企业自检情况等关键环节。以盒饭形式供应网络订餐的，可按《食品安全地方标准　集体用餐配送膳食》（DB31/2023—2014）中热链盒饭的相关要求，对盒饭开展监督抽检。

三、加强租赁经营管理

专业网络订餐企业将场地租赁给其他商家经营的，由该专业网络订餐企业承担法律责任。在网络订餐第三方平台开设的网上店铺名称，应当体现专业网络订餐企业的名称。食品药品监管（市场监管）部门应当督促专业网络订餐企业选择持有餐饮项目经营许可且食品安全管理水平良好的商家，并加强对租赁场地经营商家食品安全要求落实情况的检查。专业网络订餐企业检查发现不符合食品要求的，应立即采取整改措施；有发生食品安全事故潜在风险的，应立即停止食品生产经营活动，向所在地市场监管部门报告，并收回租赁经营的场地。

四、严厉查处违法行为

各级食品药品监管（市场监管）部门在日常监管中，发现应当取得"专业网络订餐"许可项目的企业未取得该许可项目的，应当责令其停止违法经营活动，并通知网络订餐第三方平台下线相应的网上店铺。发现存在擅自改变食品经营许可核准项目从事"专业网络订餐"项目的违法行为的，应当依照《中华人民共和国食品安全法》第一百二十二条的规定实施行政处罚。监管中发现存在其他严重违法行为的，应当依法从严查处，责令其整改到位后方能恢复经营。

各级食品药品监管（市场监管）部门应当加强对监管人员"专业网络订餐"经营企业许可和监管要求的培训，加强此类餐饮新业态的许可和监管，进一步规范此类餐饮新业态。工作中如遇问题，请与我局食品餐饮监管处联系，联系电话：021-23118177。

特此通知。

附件：食品经营许可现场核查表（专业网络订餐）（略）

上海市食品药品监督管理局

2017 年 11 月 17 日

上海市食品药品监督管理局关于印发本市网络餐饮服务监管长效机制建设若干意见的通知

（沪食药监餐饮〔2017〕236号）

各区市场监管局、市食药监局执法总队：

为进一步加强本市网络餐饮服务监督管理工作，保障公众饮食安全和身体健康，在总结近年来网络餐饮服务监督管理工作的基础上，我局研究制定了本市网络餐饮服务监管长效机制建设若干意见，请遵照执行。

特此通知。

上海市食品药品监督管理局

2017年11月17日

网络餐饮服务监管长效机制建设若干意见

为更好地贯彻《中华人民共和国食品安全法》《上海市食品安全条例》《网络餐饮服务监督管理办法》《上海市网络餐饮服务监督管理办法》的有关规定，落实《上海市建设市民满意的食品安全城市行动方案》加强网络食品经营等新业态监管的要求，进一步保障广大人民群众"舌尖上的安全"，在总结近年来网络餐饮服务监督管理工作的基础上，就本市网络餐饮服务监管长效机制建设提出如下意见。

一、加强执法队伍建设，强化网络订餐监管

各区市场监管局应当按照《上海市建设市民满意的食品安全城市行动方案》要求，建立食品安全网络监管执法队伍，或者设立专门人员负责网络订餐监管工作。各级食品药品监管（市场监管）部门应当加强基层监管人员培训，提升网络餐饮服务监管能力。各区市场监管局应当高度重视网络餐饮服务监管工作，根据辖区网络餐饮服务特点和突出问题制定监管工作计划，进一步加强网络餐饮服务监管，保障公众饮食安全和身体健康。

二、探索完善监管方式，建立有效工作机制

各级食品药品监管（市场监管）部门应当积极探索符合网络餐饮服务监管特点的工作方式，建立和完善更为有效的网络餐饮服务监管工作机制：一是违法行为发现机制。继续强化网络餐饮服务第三方平台（以下简称第三方平台）及其入网餐饮单位监测，开发网络餐饮服务监测信息化系统，及时发现网络餐饮服务违法行为。二是违法信息通报机制。发现入网餐饮单位存在违法行为，涉嫌第三方平台未履行相关法律义务的，应当通报负责第三方平台监管的市场监管部门。必要时，可经市食药监局指定管辖跨区查处第三方平台违法案件。线上线下联动机制。线下取缔查处入网无证餐饮单位后，应

责令第三方平台及时下线网上店铺。四是信用等级管理机制。进一步完善第三方平台食品安全信用档案，建立第三方平台信用等级分类管理工作机制。五是违法信息公布机制。依法公布第三方平台和从事网络餐饮服务的单位备案、日常监督检查结果、违法行为查处等食品安全信用信息。六是根据行业变化调整监管要求机制。监管中发现网络餐饮服务出现新业态、新情况，可能影响食品安全的，应当报告市食药监局。市食药监局研究认为需要调整监管要求的，应当针对新业态、新情况的特点作出调整。

三、强化企业监管指导，加强重点环节检查抽检

各级食品药品监管（市场监管）部门应当强化第三方平台和餐饮单位网络餐饮服务活动的监管及指导，督促其严格落实食品安全主体责任，重点加强以下环节的监督检查：一是平台和网站备案。第三方平台（包括本市平台与在本市提供网络餐饮服务的外埠平台）以及自建网站餐饮单位向市食药监局或区市场监管局备案的情况。二是入网餐饮单位资质审查。第三方平台依法开展餐饮单位入网前资质审查和入网后动态管理（如许可证过期、超范围经营、改变经营场所等）的情况。三是相关信息公示。第三方平台和餐饮单位按规定在网上公示许可证照、食品安全量化分级、从业人员健康证等信息的情况。四是平台自查报告。第三方平台对入网餐饮单位开展检查和抽样检验，按规定向监管部门报告并公布结果，严重违法行为立即停止服务的情况。五是入网单位信用管理。第三方平台建立入网餐饮单位食品安全信用评价体系，并公布其食品安全信用状况的情况。六是膳食配送管理。采取膳食防拆封、防污染、温度控制、配送箱包消毒、配送人员健康体检和教育培训等管理措施的情况。七是平台违法信息处理。仅提供信息的第三方平台对平台上信息进行检查，及时删除或者屏蔽违法信息的情况。同时，区市场监管部门应当对网络餐饮服务提供的高风险食品、餐饮具以及配送箱包内表面的清洁状况开展监督抽检。

四、制定相关工作要求，规范网络餐饮服务监管

市食药监局组织制定相关工作要求，进一步规范本市网络餐饮服务监管工作：一是制（修）订监督检查标准规程。制定《食品安全监督检查标准规程（网络餐饮服务第三方平台）》，在《食品安全监督检查标准规程（餐饮）》修订中纳入网络餐饮服务监管内容。二是制定行政处罚裁量指南。制定网络餐饮服务常见违法行为行政处罚裁量指南，确保网络餐饮服务行政处罚裁量的合理运用。三是开展网络餐饮服务从业人员培训考核。按照《上海市食品从业人员食品安全培训和考核管理办法》要求，编制第三方平台和配送人员培训大纲、培训材料和考核题库等，实施规范化培训和考核。四是推广网络餐饮服务合同范本。在前期闵行区部分第三方平台开展试点的基础上，在全市各第三方平台全面推广网络餐饮服务合同范本。

五、推动行业规范自律，加强平台和部门合作

进一步加强行业规范、社会共治和部门合作：一是推动行业规范自律。加快推动成立网络餐饮服务自律组织和相关行业协会，建立入网餐饮单位黑名单及信用管理、配送管理等方面的行业规范。二是鼓励平台社会共治。按照《上海市建设市民满意的食品安全城市行动方案》"加强监管信息与第三方平台的食品安全信息衔接，建立共同对入网食品经营者的监管机制"精神，以及市食药监局《关于鼓励网络订餐第三方平台采集和应用政府食品安全数据的指导意见》《运用信息技术手段加强餐饮单位风险甄别和精细化监管工作指导意见》《关于加强网络订餐平台报告食品安全违法线索调查处置工作的通知》等要求，充分利用第三方平台大数据聚集的优势，加强餐饮行业食品安全监管。三是加强部门合作。充分发挥本市网络市场监管联席会议的优势，进一步加强与相关政府职能部门的合作，形成网络餐饮服务监管合力。

上海市食品药品监督管理局关于餐饮企业以酸奶等
为原料制作饮品许可事宜的批复

（沪食药监餐饮函〔2017〕380号）

上海市长宁区市场监督管理局：

你局《关于餐饮企业以酸奶等为原料制作饮品许可事宜的请示》（长市监食监〔2017〕87号）收悉。经研究，批复如下：

根据《上海市食品经营许可管理实施办法（试行）》，提供就餐座位的餐饮服务提供者（即《食品经营许可证》主体业态二级目录为各类饭店、饮品店等非现制现售业态）以预包装酸奶为主要原料添加少量辅料制成饮品，《食品经营许可证》经营项目应当核定为"自制饮品制售"。

特此批复。

上海市食品药品监督管理局

2017 年 11 月 28 日

上海市食品药品监督管理局关于做好餐饮服务从业人员食品安全知识培训考核工作的通知

（沪食药监餐饮函〔2018〕27号）

各区市场监管局、市食药监局执法总队、市烹饪餐饮行业协会、各有关单位：

餐饮服务提供者应按《上海市食品安全条例》《上海市食品从业人员食品安全知识培训和考核管理办法》规定，建立健全食品安全知识培训管理制度，自行组织或者委托社会培训机构、行业协会，对本单位的食品从业人员进行食品安全知识培训和考核。鼓励通过全市统一的食品安全知识培训考核信息系统，对餐饮服务从业人员进行网络在线考核。《上海市食品从业人员食品安全知识培训和考核管理办法》（沪食药监规〔2017〕13号）已于2017年12月15日起施行，现就有关工作要求通知如下：

一、涵盖食品生产经营各环节的食品从业人员培训大纲和考核信息系统正在修订和改版中。在新的培训大纲和考核信息系统正式运行前，餐饮服务从业人员培训考核仍按原餐饮服务食品安全知识培训大纲和使用现有考核信息系统进行网络在线考核。社会机构接受餐饮服务提供者委托开展餐饮服务从业人员网络在线考核的，应当参照原考核收费标准。

二、各级食品药品监管部门应当加强对餐饮单位培训考核工作的监督检查。餐饮服务提供者未按规定开展餐饮服务从业人员培训考核的，应当按照《中华人民共和国食品安全法》第一百二十六条、《上海市食品安全条例》第九十四条规定给予行政处罚。

三、各级食品药品监管部门应当督促餐饮服务提供者按照《上海市食品安全条例》第三十八条规定，在营业时段安排经食品安全培训考核合格的食品安全管理人员上岗，开展本单位食品安全管理。并按照《上海市食品安全条例》第十九条规定，在经营场所的显著位置公示食品安全管理人员培训合格证明等相关信息。

四、委托社会机构开展餐饮服务从业人员网络在线考核费用，原则上由各区市场监管局按照30元/人的标准，向承担餐饮服务从业人员考核工作的社会机构支付。

本通知执行中的问题，请与我局食品餐饮处联系。联系电话：021-23118178、021-23118177。

特此通知。

上海市食品药品监督管理局

2018年2月12日

上海市人民政府办公厅关于印发《上海市全面推开"证照分离"改革工作方案》的通知

（沪府办发〔2018〕44号）

各区人民政府，市政府各委、办、局：

经市政府同意，现将《上海市全面推开"证照分离"改革工作方案》印发给你们，请认真按照执行。

上海市人民政府办公厅
2018年12月15日

上海市全面推开"证照分离"改革工作方案

为深入贯彻落实《国务院关于在全国推开"证照分离"改革的通知》（国发〔2018〕35号）（以下简称《通知》），激发市场主体活力，加快推进政府职能深刻转变，营造法治化、国际化、便利化的营商环境，结合本市实际，制定本工作方案。

一、工作目标

按照"成为贸易投资最便利、行政效率最高、服务管理最规范、法治体系最完善的城市之一"的目标，对照国际最高标准、最好水平，以"改革开放再出发"的决心和勇气，坚持需求导向、问题导向、效果导向，落实"证照分离"改革要求，进一步厘清政府、市场、社会关系，有效区分"证""照"功能，放管结合，创新政府管理方式，努力做到审批更简、监管更强、服务更优，营造稳定、公平、透明、可预期的市场准入环境，推动上海经济高质量发展。

二、主要任务

（一）全面推开"证照分离"改革试点各项举措

按照"凡不涉及法律法规调整的改革举措，均要全市推开"的要求，对国务院批复的第一批116项、第二批47项和浦东新区自主改革的35项"证照分离"改革试点事项，分别按照直接取消审批、审批改为备案、实行告知承诺、优化准入服务等四种方式，在全市推开"证照分离"改革。

1.对直接取消审批的事项，逐项明确取消审批的后续工作，建立相关管理制度。

取消审批并不是取消监管，更不是放弃监管责任。对取消审批后仍需加强监管的事项，要切实加强后续监管，防止管理脱节，绝不能因为审批事项取消而放弃或削弱监管职责。要善于运用经济和法律手段履行监管职能，把该管的事情管住管好。要做好工作衔接，避免出现监管真空。要逐项明确取消审批后的相关管理措施，在总结经验的基础上，形成和制定相关管理制度。

对取消审批后能够通过市场机制解决的事项，运用市场机制进行调节，政府部门规范运作程序，加强市场监管。对取消审批后由企业自主决定的事项，通过加快形成企业自主经营、公平竞争，消费者自由选择、自主消费，商品和要素自由流动、平等交换的现代市场体系，实现对企业的间接监督管理。对取消审批后由统一的管理规范和强制性标准取代个案审批的事项，抓紧制定相应的管理规范和标准，并组织实施。对取消审批后由事后备案管理取代审批的事项，尽快建立和完善事后备案管理制度。对取消审批后转为日常监管的事项，采取加大事中检查、事后稽查处罚力度等办法，保证相关管理措施落实到位。

2. 对审批改为备案的事项，逐项明确审批改为备案的后续工作，建立相关管理制度。

制定备案管理办法，明确备案的条件、内容、程序、期限以及需要报送的全部材料目录和备案示范文本，明确对行政相对人从事备案事项的监督检查及相关处理措施、应当承担的法律责任等。

3. 对实行告知承诺的事项，逐项制定告知承诺书格式文本和告知承诺办法。

按照《上海市行政审批告知承诺管理办法》（上海市人民政府令第 4 号）和《上海市人民政府关于公布本市实行"告知承诺"第二批行政审批事项目录及格式文本（样本）的通知》（沪府发〔2009〕64 号）的规定，制定每项事项的告知承诺书格式文本和告知承诺办法，并按照程序审定后实施。

明确和落实行政审批告知承诺的批后监管举措，重点是对行政相对人是否履行承诺的情况进行检查。行政机关应当对被审批人从事行政审批事项的活动加强监督检查，发现被审批人有违法行为的，应当依法及时作出处理；发现被审批人实际情况与承诺内容不符的，应当要求其限期整改；逾期不整改或者整改后仍不符合条件的，应当依法撤销行政审批决定。

充分发挥诚信制度在确定告知承诺对象、实施批后监管中的作用。对有不良记录的，不实行告知承诺；对作出不实承诺或者违反承诺的，依法记入诚信档案，并对该申请人、被审批人不再适用告知承诺的审批方式。

4. 对优化准入服务的事项，逐项明确优化准入服务的具体改革举措，形成相关管理制度。

根据行政审批标准化管理实施情况，对照《行政审批业务手册编制指引》（DB31/T 544—2011）和《行政审批办事指南编制指引》（DB31/T 545—2011）的规定，以相关行政审批的业务手册和办事指南为基础，再进行一次优化完善。重点是：

——讲清楚各类审查要求，尽可能地量化具体的审查行为，明确审查内容、审查要求、审查方法、判定标准等。

——精简审批环节，内部审查原则上应实施"一审一核"制或承办、审核、决定三级审批制，不搞层层过关。

——优化审批流程，简化工作手续，减少审批层级，消除重叠机构和重复业务，打破处室界限，建立跨部门业务合作机制等。

进一步深化政府服务效能和服务质量建设。全面推行预约、全程帮办、联办，以及错时、延时服务等。对重点区域重点项目，可有针对性地提供个性化、定制化服务。建立健全收件凭证、一次告知、限时办结、首问负责、咨询服务、AB 角工作制、节假日办理、挂牌上岗等基本服务制度。全面实行提前服务，通过提前介入、主动指导、批前指导、上门服务、全程跟踪等，提供现场勘察、现场核查、检验、检疫、检测、评审、技术审查、技术咨询、技术指导等服务，有效降低制度性交易成本。

（二）全面开展市场准入涉企行政审批事项"证照分离"改革

对市级、区级、管委会和乡镇街道实施的市场准入涉企（含个体工商户、农民专业合作社）行政审批事项，按照国务院《通知》要求，区别不同情况，通过以下四种方式，逐一作出相应处理：

1. 直接取消审批。

对设定必要性已不存在、市场机制能够有效调节、行业组织或中介机构能够有效实现行业自律管理的行政审批事项，直接取消。市场主体办理营业执照后即可开展相关经营活动。

2. 取消审批，改为备案。

对取消审批后有关部门需及时准确获得相关信息，以更好开展行业引导、制定产业政策和维护公共利益的行政审批事项，改为备案。市场主体报送材料后即可开展相关经营活动，有关部门不再进行审批。

3. 简化审批，实行告知承诺。

对暂时不能取消审批，但通过事中事后监管能够纠正不符合审批条件行为的行政审批事项，实行告知承诺。有关部门履职尽责，制作告知承诺书，并向申请人提供示范文本，一次性告知申请人审批条件和所需材料，对申请人承诺符合审批条件并提交有关材料的，当场办理审批。市场主体诚信守诺，达到法定条件后，再从事特定经营活动。有关部门实行全覆盖例行检查，发现实际情况与承诺内容不符的，依法撤销审批并予以从重处罚。

4. 完善措施，优化准入服务。

对关系国家安全、公共安全、金融安全、生态安全和公众健康等重大公共利益的行政审批事项，保留审批，优化准入服务。针对市场主体关心的难点痛点问题，精简审批材料，公示审批事项和程序；压缩审批时限，明确受理条件和办理标准；减少审批环节，科学设计流程；下放审批权限，增强审批透明度和可预期性，提高登记审批效率。

（三）全面强化事中事后监管

"证照分离"改革要做到放管结合，放管并重，宽进严管。以更好的管来促进更大力度的放，该政府管的事一定要管好、管到位。

1. 按照"谁审批、谁监管，谁主管、谁监管"原则，全面实施诚信管理、分类监管、风险监管、联合惩戒、社会监督，构建以事中事后监管为重心的行业监管体制。

对本单位各行业、领域、市场的监管职能，围绕是否"越位""缺位""错位"，进行全面评估分析、清理规范，逐项明确科学、合理的监管内容，鼓励和引导企业通过行业自律、和解、调解、仲裁、诉讼等方式，解决生产经营中的问题。大力推进"双告知、双反馈、双跟踪"以及"双随机、双评估、双公示"的政府综合监管，进一步强化"照后证前"监管。

进一步落实生产经营者主体责任，推进社会信用体系建设。在梳理分析监管对象基本情况的基础上，建立各行业、领域、市场中每个监管对象的诚信档案，开展分级分类，排摸监管风险点，建立联合惩戒机制。对属于行业自律的内容，纳入行规行约和行业内争议处理规则，实施自律管理。发挥专业服务机构在技术性、专业性、服务性等方面的沟通、鉴证、监督等作用。依法公开监管执法信息。完善投诉举报制度。

2. 积极推行包容审慎监管。

以新技术、新产业、新模式、新产品、新业态为核心，选择一批行业、领域、市场，实施包容审慎监管。对看得准、有发展前景的，量身定制适当的监管模式；对一时看不准的，密切关注，为新兴生产力成长打开更大空间，为全力打响"上海制造""上海服务""上海文化""上海购物"四大品牌创造更好的营商环境。

加快建立以信息归集共享为基础、以信息公示为手段、以信用监管为核心的新型监管制度。加强市场主体信用信息归集、共享和应用，与政府审批服务、监管处罚等工作有效衔接。建立健全失信联合惩戒机制，健全跨区域、跨层级、跨部门协同监管机制，进一步推进联合执法，建立统一"黑名单"制度，对失信主体在行业准入环节依法实施限制。

3. 深化"双随机、一公开"监管。

进一步完善"双随机、一公开"相关制度和工作细则，动态调整抽查事项清单，细化标准流程，明确抽查范围，探索尽职照单免责、失职照单问责等制度。进一步扩展监管覆盖面，实现对随机抽查未覆盖监管对象的有效监管，及时发现监管高风险领域和问题苗头。及时公开企业违法违规信息和检查执法结果，震慑违法者、规范执法者、教育经营者。加快建立完善巨额惩罚性赔偿、失信联合惩戒等法规制度，大幅提高违法成本。

三、具体要求

（一）各区、各部门要加强领导，层层压实责任，确保积极稳妥推进"证照分离"改革。各区、各部门的主要负责同志要定期听取和研究本地区、本部门的工作进展情况，对一些难啃的"硬骨头"，要亲自挂帅，努力解决。要加强宣传培训，做好巩固改革成果与深化试点、实施启动与法规调整、落实改革举措与强化监管、市和区的对接。要强化监督检查，以强有力的问责问效，推动改革落地落实。市政府办公厅将会同有关部门适时组织开展专项督促检查。

（二）各区、各部门对国务院决定第一批在全国推开"证照分离"改革事项中的99项涉企行政审批事项，要严格按照国务院《通知》精神，全面实施"证照分离"改革；对暂未全国推开的其他"证照分离"改革试点事项，凡不涉及法律法规调整的，要按照前述改革方式，抓紧细化明确改革举措，于2018年年内在全市推开"证照分离"改革。要逐一制定实施在全市推开"证照分离"改革事项的管理办法、改革举措等，并于实施后5个工作日内报送市审改办。其中，区级、管委会和乡镇街道事项所涉及的备案管理办法、告知承诺书格式文本和告知承诺办法，由市级业务主管部门统一制定。

（三）市级各部门要对本行业、本系统市级、区级、管委会和乡镇街道实施的市场准入涉企（含个体工商户、农民专业合作社）行政审批事项，按照国务院《通知》精神，区别不同情况，逐项按照前述四种方式提出改革意见。各区可按照国务院《通知》精神，研究制定区级政府权限内事项的改革方式。

（四）统筹推进"证照分离"和"多证合一"改革。对"证照分离"改革后属于信息采集、记载公示、管理备查类的事项，原则上通过"多证合一"改革，尽可能整合到营业执照上。要健全市场监管部门与行政审批部门、行业主管部门之间对备案事项目录和后置审批事项目录的动态维护机制，明确事项表述、审批部门及层级、经营范围表述等内容。

附件：上海市落实第一批全国推开"证照分离"改革的具体事项表（共99项）（略）

上海市食品药品监督管理局、上海市环境保护局、上海市城市管理行政执法局关于进一步完善本市餐饮行业大气污染防治工作的通知

（沪食药监餐饮〔2018〕53号）

各区市场监管局、环保局、城管执法局：

为进一步落实《中华人民共和国食品安全法》、《中华人民共和国大气污染防治法》、《上海市城市管理行政执法条例实施办法》等法律法规，促进本市餐饮业健康有序发展，现就有关工作要求通知如下：

一、源头管控

按照《中华人民共和国大气污染防治法》第八十一条第二款规定，对于申请在居民住宅楼、未配套设立专用烟道的商住综合楼以及商住综合楼内与居住层相邻的商业楼层内新建、改建、扩建产生油烟、异味、废气的餐饮服务的食品经营许可申请，各区市场监管部门依法不予受理。

二、强化事中事后监管

市场监管、环保、城管执法等部门应切实履行各自监管职责，强化事中事后监管，按照各自职责依法从严查处。

（一）以下违法行为，由市场监管部门按照《中华人民共和国食品安全法》、《上海市食品安全条例》等法规进行查处：

1.餐饮服务提供者未取得《食品经营许可证》（含《餐饮服务许可证》、《便民饮食临时备案公示卡》，下同）从事食品经营活动的；

2.餐饮服务提供者超出《食品经营许可证》核准范围从事食品经营活动的。

（二）以下违法行为，由环保部门按照《中华人民共和国大气污染防治法》等法规进行查处：

1.已取得《食品经营许可证》的餐饮服务提供者未按规定安装油烟净化设施、不正常使用油烟净化设施或者未采取其他油烟净化措施，超过排放标准排放油烟的；

2.餐饮服务提供者未依法进行环境影响评价网上登记备案的或网上备案信息与事实不符的。

（三）以下违法行为，由城管执法部门按照《上海市城市管理行政执法条例实施办法》等法规进行查处：

未取得《营业执照》及《食品经营许可证》等相关经营资质的餐饮服务提供者未按照规定安装油烟净化和异味处理设施。

三、主动发现，形成合力

各区市场监管、环境保护、城管执法等部门应当在区政府统一领导下，有效依托街镇，充分发挥网格化巡查作用，主动发现并及时消除油烟、异味、废气等扰民行为，避免矛盾激化。各部门应完善信息互通机制，在日常监督执法中发现餐饮场所存在违反环保规定等违法行为的，应及时通报相关部门，形成合力加大治理力度。

上海市食品药品监督管理局　　　　　上海市环境保护局
上海市城市管理行政执法局　　　　　2018年3月19日

上海市食品药品监督管理局关于印发《上海市食品经营许可管理实施办法（试行）实施指南》的通知

（沪食药监餐饮〔2018〕67号）

各区市场监管局：

为进一步做好本市食品经营许可工作，我局在对《上海市食品经营许可管理实施办法（试行）》实施情况调研的基础上，研究制定了《上海市食品经营许可管理实施办法（试行）实施指南》，现印发给你们，请参照执行。

执行中如遇问题，请及时与我局食品餐饮处、食品流通处联系。联系电话：021-23118177、021-23118172。

特此通知。

上海市食品药品监督管理局

2018 年 4 月 13 日

上海市食品经营许可管理实施办法（试行）实施指南

为指导各区市场监管局按照《上海市食品经营许可管理实施办法（试行）》（以下简称《实施办法》）要求开展食品经营许可工作，制定本实施指南。

一、关于餐饮服务经营者和单位食堂可不增加经营项目的情形

根据《食品经营许可管理办法》第四条第四款"按照食品安全风险等级最高的情形进行归类"的原则，已取得风险等级较高经营项目的餐饮服务经营者和单位食堂，从事风险等级相同或较低的经营项目的，《食品经营许可证》可以不增加相关经营项目（见表1）。

表 1　餐饮服务经营者和单位食堂可不增加经营项目的情形

已取得的经营项目	可以不增加经营项目从事的活动
热食类食品制售（主体业态中央厨房、集体用餐配送单位、专业网络订餐、现制现售的除外）	糕点类食品制售（不含冷加工操作）
	糕点类食品制售（蒸煮类糕点）
	糕点类食品制售（简单处理）
	冷食类食品制售（简单处理）
	自制饮品制售，仅限采用全自动设备制作
糕点类食品制售（主体业态中央厨房的除外）	热食类食品制售（简单加热）
	冷食类食品制售（简单处理）
	自制饮品制售，仅限采用全自动设备制作

已取得的经营项目	可以不增加经营项目从事的活动
自制饮品制售	热食类食品制售（简单加热）
	糕点类食品制售（简单处理）
	冷食类食品制售（简单处理）

二、关于餐饮服务经营者（中央厨房除外）和单位食堂专间、专用操作场所的设置

（一）需设置专间、专用操作场所的常见品种

需设置专间或专用操作场所的常见食品品种，以及常见食品品种与《食品经营许可证》经营项目的对应关系见表2。

表2　需设置专间、专用操作场所常见品种与对应的经营项目

	常见品种	经营项目
需设置专间	熟食卤味改刀，凉拌菜、需拌制色拉制作	冷食类食品制售
	裱花蛋糕、提拉米苏、慕斯蛋糕、芝士蛋糕、寿司、冷面、凉粉、冷加工饭团等制作	糕点类食品制售（含冷加工操作/仅冷加工操作）
	新申请的生食海产品可食部分的分切操作（整鱼初加工应在专间外进行）	生食类食品制售（即食生食品）
需设置专用操作场所或专间	已消毒生食果蔬分切（果蔬清洗消毒应在专间和专用操作场所外进行）	冷食类食品制售（生食果蔬）
	奶油夹心面包、泡芙制作，裱花蛋糕、提拉米苏、慕斯蛋糕、芝士蛋糕、寿司、饭团分切，糕点拆封、摆盘、装饰等	糕点类食品制售（简单处理）
	非全自动设备制作的果蔬汁类、风味饮料、植物蛋白饮料（热加工除外）、冷冻饮品、水果甜品	自制饮品制售

（二）可共用专间、专用操作场所的情形

1. 生食类食品制售（即食生食品）需单设专间，冷食类食品制售、糕点类食品制售（含冷加工操作/仅冷加工操作）可以在同一专间内操作。共用同一专间的，专间面积可较各品种累计面积适当减小。

2. 各种需设置专用操作场所的品种，可以在同一专用场所内操作，或者在冷食、冷加工糕点专间内操作。

（三）生食海产品、生食果蔬的加工操作

生食海产品可食部分、即食生食果蔬的分切，应按规定在专间或专用操作场所进行。整鱼的去头、去皮和果蔬分拣、清洗等操作应在专间或专用操作场所外进行。

三、关于餐饮服务环节防止交叉污染的措施

《餐饮服务食品安全操作规范》第十六条第二项规定，食品处理区应按照原料进入、原料加工、半成品加工、成品供应的流程合理布局，并应能防止在存放、操作中产生交叉污染。食品加工处理流程应为生进熟出的单一流向。原料通道及入口、成品通道及出口、使用后的餐饮具回收通道及入口，宜分开设置；无法分设时，应在不同的时段分别运送原料、成品、使用后的餐饮具，或者将运送的成品加以无污染覆盖。无法分设通道和出入口，采取管理措施防止交叉污染的，申请人应配备运送容器并书面承诺。

四、关于餐厨废弃油脂的处置

（一）餐厨废弃油脂产生单位的界定

《实施办法》第十二条第五项规定的产生餐厨废弃油脂的餐饮服务经营者和从事现制现售的食品销售经营者的界定，按照《关于进一步加强和规范本市餐厨废弃油脂处理管理相关工作的通知》（沪食药安办〔2016〕147号）规定执行。实际基本不产生餐厨废弃油脂的，可以不认定为餐厨废弃油脂产生单位。

（二）符合要求的油水分离器

申请人提供油水分离器检验合格报告或者属于上海市食品安全工作联合会和上海市餐饮烹饪行业协会公示目录的油水分离器产品，处理能力与申请人产生的餐厨废弃油脂数量相匹配的，可以视作为《实施办法》第十一条第六项规定的符合要求的油水分离器。

（三）餐厨废弃油脂产生申报和收运合同

《实施办法》第十二条第五项规定的餐厨废弃油脂产生申报、收运合同暂未取得的，申请人可以承诺按照规定对餐厨废弃油脂进行产生申报和签订收运合同。申请人以承诺方式取得食品经营许可的，区市场监督管理部门应当在许可后的首次监督检查时，对其餐厨废弃油脂的产生申报情况和收运合同开展检查；属于虚假承诺的，应当依法查处，并要求其限期整改；整改后仍不符合要求的，应当撤销行政许可。

五、关于通过网络经营的许可标注

（一）关于"含网络"项目的标注

《实施办法》附件1规定，同时通过实体店铺和网上店铺经营的食品销售经营者、餐饮服务经营者，主体业态应加注"含网络"。网络经营条件符合要求但未标注"含网络"的，可以允许继续从事网络经营，在延续或变更时一并申请加注。按照"专业网络订餐"管理的餐饮服务经营者，主体业态不标注"含网络"。

（二）关于餐饮服务经营者建议外送量的标注

《实施办法》附件1规定，《食品经营许可证》主体业态加注"含网络"（即从事网络订餐）的中型饭店、小型饭店、饮品店、现制现售店铺，需标注单位时间外送量。单位时间建议外送量一般按照下列方式标注：

1. 中型饭店、小型饭店：每2小时建议外送自制食品人份数（人份数以成人一餐常规食用量计）＝食品加工操作区域面积（平方米）×1.5；

2. 饮品店、现制现售店铺：每2小时建议外送自制食品份数＝食品加工操作区域面积（平方米）×3。

标注的单位时间建议外送量，为上述方式计算值四舍五入后的10的整倍数。如：某饭店食品加工操作区域面积为50平方米，每2小时外送自制食品人份数为75份，《食品经营许可证》标注的单位时间外送量为80份。

六、关于餐饮服务经营者开设子店

在餐饮主店附近开设子店的，由餐饮主店提出子店食品经营许可申请。子店应为独立区域，与餐饮主店位于同一建筑内，或者原则上二者距离不超过800米。餐饮主店向子店配送食品，应当防止食品受到污染，配送半成品与成品的容器和工用具应分开，易腐食品的配送过程应保持冷链。子店《食品经营许可证》的地址栏应当标注"餐饮主店位于××××（具体地址）"。

七、关于经营场所的现场核查

（一）食品经营实际地点

食品经营实际地点属于下列情形之一的，可以视作为符合《实施办法》第十一条第一项的规定：

1. 在固定场所内经营的食品经营者，经营场所在营业执照核准的住所范围之内的；

2. 在船舶、售货车等非固定场所内经营的食品经营者，经营场所在相关部门同意的场所内的；

3. 单位食堂（除建筑工地食堂）食品加工和供餐场所在营业执照或者其他主体资格证明文件核准的住所范围之内，或者企业外设车间或者场所之内的；

4. 建筑工地食堂在相关部门同意的场所之内的。

（二）现场核查内容和要求

区市场监督管理部门应当按照《实施办法》附件5"上海市食品经营许可审查细则"，并参照本指南附件《食品经营许可现场核查指南》开展现场核查。市食药监局就现场核查要求另行制定规定的，按相关规定执行。

八、关于部分食品经营许可项目的界定

（一）餐饮服务经营者和单位食堂"热食类食品制售（简单加热）"项目

《实施办法》附件7用语解释对于简单加热的定义是：采用蒸、煮、微波等方式加热成品至适合温度的加工操作方式，允许有食品拆封、摆盘、调制调味等简单处理操作；如：便利店内关东煮、冷藏盒饭加热，冷藏热狗加热后表面加酱料等。餐饮服务经营者和单位食堂仅以上述方式加工操作的，《食品经营许可证》经营项目为"热食类食品制售（简单加热）"。新申请该经营项目的，一般只配备专用蒸、煮、微波加热等设施，不配备可用于煎炸、烹炒、烧烤、烘焙等制作，加工过程可产生油烟、异味、废气的设施。

（二）餐饮服务经营者和单位食堂"糕点类食品制售（蒸煮类糕点）"项目

《实施办法》附件7用语解释对于简单加热的定义是：以蒸、煮方式加工，无煎炸、烘焙等工艺的糕点类食品，如：馒头、包子、粽子等。餐饮服务经营者和单位食堂仅制售上述蒸煮类糕点，以及仅有蒸煮工艺的馄饨、饺子、面条、粥等品种，面浇头、少量配菜等采用冷冻、冷藏料理包等以蒸、煮等方式加热的，《食品经营许可证》经营项目为"糕点类食品制售（蒸煮类糕点）"。新申请该经营项目的，一般只配备专用蒸、煮等加热设施，不配备可用于煎炸、烹炒、烧烤、烘焙等制作，加工过程可产生油烟、异味、废气的设施。

（三）餐饮服务经营者制售煎炸、烘焙等工艺中式干点

餐饮服务经营者仅制售含有煎炸、烘焙等工艺中式干点的（如大饼、油条、粢饭糕等），《食品经营许可证》经营项目为"糕点类食品制售（不含冷加工操作）"，经营场所面积不做规定。

（四）部分现制现售品种对应的许可项目

现制现售爆米花、鸡蛋仔、华夫饼、饭团、凉皮、即食生食果蔬，超市销售含肉类/水产的自制半成品、自制非即食米面及米面制品，主体业态和经营项目见下表。现制现售爆米花、鸡蛋仔、华夫饼的，经营场所面积不做规定。超市销售不含肉类/水产自制半成品（如非即食蔬菜）的，不需取得食品经营许可。

部分现制现售品种对应的主体业态和经营项目

现制现售品种	主体业态	经营项目
爆米花	食品销售经营者（现制现售）或餐饮服务经营者（现制现售）	热食类食品制售（熟制坚果、籽类、豆类）
油炸豆腐	食品销售经营者（现制现售）或餐饮服务经营者（现制现售）	热食类食品制售（熟制非发酵性豆制品）

现制现售品种	主体业态	经营项目
鸡蛋仔、华夫饼	食品销售经营者（现制现售）或餐饮服务经营者（现制现售）	糕点类食品制售（不含冷加工操作）
冷加工饭团、凉皮	食品销售经营者（现制现售）或餐饮服务经营者（现制现售）	糕点类食品制售（含冷加工操作／仅冷加工操作）
即食生食果蔬	食品销售经营者（现制现售）或餐饮服务经营者（现制现售）	自制饮品制售（水果甜品）
超市销售自制含肉类／水产的半成品	食品销售经营者（现制现售）	生食类食品制售（非即食肉类）
超市销售自制非即食米面及米面制品	食品销售经营者（现制现售）	生食类食品制售（非即食米面及米面制品）

（五）原小吃店、快餐店延续或换证后的许可项目

《实施办法》取消了原小吃店、快餐店的业态分类，原核发的许可证业态分类为小吃店、快餐店的餐饮服务经营者，延续或者换发的《食品经营许可证》主体业态一般应为各类饭店，经营项目一般应为"热食类食品制售"、"糕点类食品制售"等。其中，经营品种和方式不产生油烟、废气、异味的，经营项目一般应为"热食类食品制售（简单加热）"、"糕点类食品制售（蒸煮类糕点）"等。

（六）农村集体聚餐固定场所的主体业态

农村集体聚餐固定场所的举办者为乡、镇人民政府、街道办事处或者村民委员会、居民委员会的，《食品经营许可证》的主体业态一般应为"单位食堂"；举办者为其他各类主体的，《食品经营许可证》的主体业态一般应为"餐饮服务经营者"。

九、关于食品经营许可事项与营业执照经营范围的关系

根据《国家食品药品监管总局本条关于明确食品经营许可问题的有关复函》（食药监办食监二函〔2016〕591号），营业执照解决的是主体资格的合法性问题，对于能否从事食品经营，具体能从事什么经营项目，由食品药品监管部门根据食品安全法律规定确定，《食品经营许可证》上的主体业态和经营项目与营业执照上的经营范围没有直接联系。实施许可时，不需对《食品经营许可证》的主体业态和经营项目与营业执照的经营范围是否有关进行审查。

十、关于依职能注销食品经营许可

（一）依职能注销的情形和要求

食品经营者有《实施办法》第四十一条所列情形之一，未按规定办理注销手续的，区市场监督管理部门应当依法办理许可注销手续。区市场监督管理部门办理许可注销手续，应当收集食品经营者符合《实施办法》第四十一条所列情形的证据，主动发起注销程序，制作并送达行政许可注销文书。

（二）许可有效期内不再符合许可条件的注销

食品经营者在许可有效期内不再符合许可条件的（包括生产经营场所或者主要设备、设施已不存在，原实施许可时提供的房屋租赁协议已过期或法院已判决终止租赁协议等情形），区市场监督管理部门应当按照《中华人民共和国食品安全法实施条例》（国务院令第557号）第二十一条第二款规定，依法撤销其许可。撤销行政许可应当制作并送达许可注销文书。撤销行政许可后，按照上述"依职能注销的情形和要求"，依法办理许可注销手续。

（三）公告送达行政许可撤销、注销文书

食品经营者下落不明的，区市场监督管理部门可以采用公告送达的方式，送达行政许可撤销、注销文书。自发出公告之日起，经过60日公告期满即视为送达。

上海市食品药品监督管理局关于进一步规范本市餐饮业食品安全监督公示的通知

（沪食药监餐饮〔2018〕83 号）

各区市场监督管理局：

按照《上海市 2018 年无证无照食品经营治理工作方案》，本市各级政府、各相关部门共同努力，全力推进无证无照食品经营治理工作。为进一步深化建设市民满意的食品安全城市、创建国家食品安全示范城市、巩固无证无照食品经营治理工作成效，维护公平竞争的市场秩序，提高市民百姓对正规餐饮服务单位的辨识度，现对进一步规范本市餐饮业食品安全监督公示提出以下要求，请遵照执行。

一、规范许可证公示

依据《食品经营许可管理办法》，应督促食品经营者在经营场所的显著位置悬挂或摆放《食品经营许可证》或《便民饮食临时备案公示卡》正本。

二、规范监督信息公示

《上海市食品药品监督管理局关于发布〈上海市餐饮服务食品安全监督量化分级管理办法〉的通知》（沪食药监规〔2017〕11 号）为《上海市食品安全条例》配套规范性文件，并经市政府法制办备案。各区市场监督管理部门应严格按照该文件规定，落实餐饮业食品安全监督公示相关要求：

1. 区市场监管部门应在餐饮服务提供者获得《食品经营许可证》或《便民饮食临时备案公示卡》后至第一次监督检查前，向其发放"上海市食品安全监督信息公示牌"。

2. "公示牌"应摆放、悬挂、张贴在餐饮服务提供者经营场所的显著位置。

3. "公示牌"上应加贴二维码。消费者通过扫描该二维码，可查询最近一次监督检查量化分级结果、不符合项内容以及该单位是否通过"放心餐厅""放心食堂"的评估等信息（该功能已在餐饮监管信息平台实现）。餐饮监管信息平台有二维码生成功能。若需生成不干胶形式的二维码，可与餐饮监管信息平台运维人员联系。联系电话：13601834955。

4. 对于撕毁、涂改动态等级脸谱标志或"餐饮格式化现场检查笔录"、未保持动态等级脸谱标志或"餐饮格式化现场检查笔录"至下次监督检查、既不公示"餐饮格式化现场检查笔录"又未张贴二维码供消费者扫描查询最近一次监督检查信息的餐饮服务提供者，本市食品药品监管部门或市场监管部门应按照《食品生产经营日常监督检查管理办法》第二十九条，予以责令改正，给予警告，并处 2000 元以上 3 万元以下罚款。

上海市食品药品监督管理局

2018 年 5 月 10 日

上海市食品药品监督管理局关于进一步加强本市食品生产经营环节食品安全信息追溯管理工作的通知

(沪食药监协〔2018〕109号)

各区市场监管局，市食药监局相关处室及局执法总队：

为贯彻落实《上海市食品安全条例》《上海市食品安全信息追溯管理办法》，以及市食药安办印发的《关于进一步加强本市食品安全信息追溯管理工作的通知》（沪食药安办〔2018〕18号）（以下简称《通知》）要求，进一步加强本市食品生产经营环节食品安全信息追溯管理工作，现将有关事项通知如下：

一、指导思想和工作目标

（一）指导思想

全面贯彻落实党的十九大精神，以习近平新时代中国特色社会主义思想为指导，积极适应新时代中国特色社会主义主要矛盾变化对食品安全信息追溯管理工作提出的新要求，以市委主要领导关于食品安全的重要批示和市政府主要领导在2018年上海市食品安全工作视频会议上提出的"三个并重"要求为指导，督促食品和食用农产品生产经营企业落实食品安全主体责任，方便市民及时查询食品安全追溯信息，保障消费者知情权，树立消费信心，不断提升市民食品安全的获得感和满意度，巩固深化市民满意的食品安全城市建设。

（二）工作目标

建立统一的信息追溯平台，生产经营者将食品和食用农产品生产、流通以及餐饮服务环节的相关信息上传至平台，利用信息化技术手段实现食品和食用农产品来源可追溯、去向可查证、责任可追究。实施分类管理，聚焦重点品种、环节、企业，对纳入《上海市食品安全信息追溯管理品种目录（2015年版）》的9大类20个品种全面实施追溯，追溯覆盖率要达到100%，信息上传率要达到100%。

二、具体工作

（一）明确职责，加强组织领导

市食药安办已牵头组织成立了由市食药监局、市农委、上海出入境检验检疫局、市商务委、市教委、市粮食局、市发展改革委、市经济信息化委、市财政局和仪电集团组成的市食品安全信息追溯管理推进工作小组及联络组。市食品药品监管部门负责本市食品安全信息追溯工作的组织推进、综合协调，在整合有关食品和食用农产品信息追溯系统的基础上，建设全市统一的食品安全信息追溯平台；负责食品生产、餐饮服务环节信息追溯系统的建设与运行、维护；对食品生产、流通、餐饮服务环节和食品农产品流通环节的信息追溯，实施监督管理与行政执法。

各区、各部门要高度重视食品安全信息追溯管理工作，加强组织领导，要结合本辖区实际，成立相应的工作推进机构，协调指导和督促推进本辖区食品安全信息追溯管理工作。区市场监管部门负责对本辖区内食品生产、流通、餐饮服务环节和食品农产品流通环节的信息追溯，实施监督管理与行政执法，以及食品生产、餐饮服务环节信息追溯系统的运行、维护等具体工作。

（二）摸清底数，落实主体责任

各区、各部门要对本辖区内的食品及食用农产品生产企业、农民专业合作经济组织、屠宰厂

（场）、批发经营企业、批发市场、兼营批发业务的储运配送企业、标准化菜市场、连锁超市、中型以上食品店、集体用餐配送单位、中央厨房、学校食堂、中型以上饭店及连锁餐饮企业等 14 类主体开展全面排摸梳理，建立本辖区列入追溯管理的食品生产经营企业底数清单，并按月进行动态更新。督促各食品生产经营主体建立实施食品进货、销售台账制度，按照要求及时、完整地向食品安全信息追溯平台上传追溯食品和食用农产品信息。同时积极鼓励追溯食品和食用农产品的其他生产经营者参照《上海市食品安全信息追溯管理办法》的规定，履行相应的信息追溯义务。

（三）加强执法，倒逼制度实施

各区、各部门要严格按照《上海市食品安全条例》《上海市食品安全信息追溯管理办法》的要求，进一步加强对食品生产经营者履行食品安全信息追溯义务的监督检查。重点开展以下四个方面的监督检查：一是追溯食品和食用农产品的生产经营者是否按照规定上传内容，包括名称、法定代表人或者负责人姓名、地址、联系方式、生产经营许可等资质证明材料，或者在信息发生变动后是否及时更新电子档案相关内容；二是追溯食品和食用农产品的生产经营者是否按照规定及时向食品安全信息追溯平台上传相关信息；三是追溯食品和食用农产品的生产经营者是否故意上传虚假信息；四是追溯食品和食用农产品的生产经营者是否拒绝向消费者提供追溯食品和食用农产品来源信息。对于未按要求履行食品安全信息追溯义务的食品生产经营者，要依法予以立案查处。同时，要及时总结经验教训，摸索出可推广可复制的经验，形成进一步加强日常监管工作的相关建议和措施。

（四）宣传培训，营造追溯环境

各区、各部门要切实加大对食品安全信息追溯管理的宣传培训力度，做好食品安全追溯系统的推广应用。一是要抓好食品安全监管人员培训。通过举办专题讲座、培训班、研讨会和考试等方式，逐级开展大规模、多层次的监管人员学习培训。二是要抓好食品从业人员培训。各区、各部门要将食品从业人员学习《上海市食品安全信息追溯管理办法》作为落实食品企业主体责任的重要措施，要加强对本辖区的食品从业人员，特别是法定代表人、主要负责人和食品安全管理人员等重点岗位人员的培训，通过重点内容解读、典型案例剖析等形式，着力提升食品从业人员对《上海市食品安全信息追溯管理办法》的学习理解和自觉守法意识。三是抓好社会公众宣传。各区、各部门要充分利用广播、电视、网络、报纸、杂志等各类媒体和群众喜闻乐见的宣传方式，面向全社会广泛普及《上海市食品安全信息追溯管理办法》，提高市民对食品安全追溯管理以及追溯平台的认知度、感受度，提高市民查询的使用率。

三、保障措施

（一）加强组织保障

各区要高度重视食品安全信息追溯管理工作，建立主要领导亲自抓，分管领导具体抓，相关部门合力抓的工作格局。制定详细的推进方案，成立相应的工作推进机构，设置专门的联络人，确保食品安全信息追溯管理工作落到实处，取得实效。请各区于 6 月 1 日前将联络人信息表报送至市食药监局（协调处）。

（二）加大财政扶持

推进追溯日常管理经费纳入部门财政预算，大力支持社会力量和资本投入追溯体系建设，鼓励各项政策向实现追溯的食品生产经营企业倾斜，推动政府采购在同等条件下优先采购可追溯产品。支持相关部门在资金、土地、金融、收费等方面出台政策措施用于支持本市食品安全信息追溯体系建设，引导和鼓励市区级政府设立专项资金。

（三）强化信息报送

部门间、市区间要建立通报机制，形成监管合力，及时将各类主体履行食品安全信息追溯义务情况进行通报，查处、曝光一批不按要求履行食品安全信息追溯义务的食品生产经营者。各区于每月 25 日前将本月食品安全信息追溯监管信息填报至上海市食品安全信息追溯平台（www.shfda.org）指定模块，填报方法详见《上海市食品药品监督管理局关于进一步加强本市食品安全信息追溯管理相关工作的通知》（沪食药监协〔2017〕191号）。市食药监局将定期对各区食品安全信息追溯管理工作推进情况进行通报，并列入年度食品安全绩效考核内容。

特此通知。

附件：食品安全信息追溯分管领导和联络员信息表（略）

上海市食品药品监督管理局

2018 年 5 月 28 日

上海市食品药品监督管理局关于印发《上海市食品经营领域进一步深化"放管服"改革优化营商环境"十二条"措施》的通知

（沪食药监餐饮〔2018〕129号）

各区市场监督管理局，市食品药品监管局各相关处室、各直属单位：

现将《食品经营领域简化行政许可优化营商环境"十二条"措施》印发给你们，请认真贯彻落实。各单位、各部门主要负责人要抓好各项措施的部署和落实，确保取得实效。市食品药品监管局、区市场监督管理局要聚焦市场主体"难点"、"痛点"、"堵点"，进一步优化营商环境，提升群众和企业获得感。

特此通知。

附件：

1. 上海市食品经营领域进一步深化"放管服"改革优化营商环境"十二条"措施
2. 可根据申请材料作出许可决定的食品经营许可事项

上海市食品药品监督管理局

2018年7月4日

附件1

上海市食品经营领域进一步深化"放管服"改革优化营商环境"十二条"措施

食品经营是与人民群众生活和社会经济发展密切相关的民生领域，近年来本市各级食品药品监管部门不断深化食品经营领域"放管服"改革，但企业反映还存在着办证难、办证慢等问题。根据市委、市政府构筑法治化、国际化、便利化的营商环境和公平、统一、高效市场环境的精神，我局研究制定了食品经营领域进一步深化"放管服"改革优化营商环境"十二条"措施。

一、统一审批要求，简化许可事项办理

（一）规范和统一许可申请材料

区市场监督管理局应当依照《上海市食品经营许可管理实施办法（试行）》（沪食药监法〔2016〕596号）等食品经营许可相关规定收取许可申请材料（包括新证、变更、延续等），不应自行增加规定以外的申请材料。办理食品经营许可时不收取环评文件、餐厨垃圾处置协议、计量认证证书，以及办理营业执照时已收取的房产证明、租赁合同、法定代表人（负责人）身份证明等材料。食品从业人员健康证明、食品安全管理人员食品安全知识培训合格证明为事中事后监管事项，不在许可环节收取。尚未营业的新证申请人暂无法取得餐厨废弃油脂产生申报、收运合同，但书面承诺在取得合同后开展

经营活动的，区市场监督管理局可以办理食品经营许可，在发证后对是否按规定取得开展监督检查。要求申请人补齐相关材料的，应当一次性书面告知。

（二）规范和统一许可审查标准

区市场监督管理局应当依照《上海市食品经营许可管理实施办法（试行）》等食品经营许可相关规定开展许可审查，不应自行增设许可审查条件。市食品药品监管局及时制定许可审查指南，统一执行标准，细化审查要求，规范和统一全市食品经营许可工作。区市场监督管理局应当加强对行政许可经办人员的培训，减少许可审查中的自由裁量。

（三）明确许可审查环保选址要求

不产生油烟、异味、废气的餐饮服务项目，以及在环保选址禁区以外经营的产生油烟、异味、废气的餐饮服务项目，符合食品安全等许可条件的，区市场监督管理局应当办理食品经营许可。餐饮服务业态或加工工艺能够保证不产生油烟、异味、废气的，可认定为不产生油烟、异味、废气的餐饮服务项目。

（四）扩大根据申请材料作出许可决定的范围

在《上海市食品经营许可管理实施办法（试行）》规定和本市部分区试点的基础上，扩大根据申请材料作出许可决定的范围。区市场监督管理局对于附件所列食品经营许可事项，可以在对申请材料进行审查后，作出是否准予行政许可的决定。区市场监督管理局根据申请材料作出行政许可决定的，应当书面告知申请人取得许可应当具备的现场条件，以及作出不实承诺和违反承诺的法律后果。申请人应当书面确认已经知晓告知的全部内容，承诺能够满足相关许可条件，并愿意承担不实承诺、违反承诺的法律责任。

二、加强服务指导，提高审批效率

（五）全面推进"一网通办"

按照市委、市政府全面推进"一网通办"工作要求，努力实现食品经营行政许可减环节、减材料、减时间和申请人只跑一次、一次办成的目标，提升群众和企业获得感。食品经营行政许可网上办事平台对接市政府"一网通办"总门户，全面启用《食品经营许可证》电子证书。

（六）缩短许可办理周期

建立快速办证通道，自 2018 年 8 月 1 日起，对申请名称、法定代表人、门牌号变更和许可证补正、注销等事项，办结时间从法定 20 个工作日缩减至 3 个工作日；对无需开展现场核查的许可新证或变更申请事项，办结时间从法定 20 个工作日缩减至 7 个工作日。鼓励区市场监督管理局进一步缩短许可审查时限，实施证照同步受理，并向社会作出承诺。

（七）加强针对性办证指导

区市场监督管理局应当提供许可办事指南、申请材料范本，实行提前介入、主动指导、批前指导、上门服务等提前服务，加强针对性办证指导。区市场监督管理局根据企业需求，在许可申请受理前提供选址定点、现场建筑要求、流程布局、硬件设施现场核查等服务的，许可申请受理后可免于再次现场核查。市食品药品监管局进一步规范相关许可办证指导和服务事项。

（八）统一连锁门店许可要求

经营方式相近的连锁企业门店，全市各区许可审查条件和核准许可事项原则上应当一致。连锁企业申请对辖区内各门店同时进行集中变更的，应当由区市场监督管理局窗口统一受理，允许一次性提交区内各门店申请材料。

三、支持新兴业态，包容审慎监管

（九）认真研究和审慎监管新兴业态

区市场监督管理局受理窗口对于许可咨询、受理中遇到的新业态、新工艺，受理人员不应简单告知申请人无法办理。区市场监督管理局注册许可、食品经营监管等部门应当共同进行研究，属于新业态、新工艺的，应当向市食品药品监管局报告。对于食品安全风险较低的新业态、新工艺，监管部门采取审慎监管措施。

（十）及时制定新兴业态许可和监管要求

市食品药品监管局制定服务支持食品行业创新指导意见，在保障食品安全的基础上，进一步精准服务和鼓励支持食品经营领域创新。对于可能影响食品安全的新业态、新工艺，及时评估食品安全风险状况和关键风险点，及时制定或明确针对性的许可和监管要求，并加强对区市场监督管理局和经营企业的指导。

四、加强事中事后监管，破解企业准入难题

（十一）加强事中事后监管

按照规定未进行现场核查或者以书面形式承诺符合相关条件的食品经营者，区市场监督管理局应当结合日常监督管理，自作出许可决定之日起 1 个月内，对其食品经营活动开展监督检查。检查中，发现食品经营条件不符合要求，提交的申请材料与实际情况不符，或者实际情况与承诺内容不符的，区市场监督管理局应当要求其限期整改；逾期拒不整改或者整改后仍不符合条件的，应当依法撤销行政许可决定。存在违法行为的，应当依法查处。

（十二）破解企业准入难题

针对原经营户未办理许可注销手续，同一场地后续企业难以申请食品经营许可的情况，市食品药品监管局在部分区市场监督管理局探索的基础上，出台相关指导意见和工作程序，指导区市场监督管理局有效解决这一企业反映的难点问题，释放食品经营场所资源。

附件 2

可根据申请材料作出许可决定的食品经营许可事项

一、主体业态：食品销售经营者（批发、零售、批发兼零售，含网络、仅限网络），经营项目：预包装食品销售（含 / 不含冷冻冷藏食品）。

二、主体业态：食品销售经营者（零售），经营项目：散装食品销售（含 / 不含冷冻冷藏食品、不含熟食、含生猪产品、含牛羊产品）、特殊食品销售。

三、主体业态：食品销售经营者［批发、批发兼零售，商贸企业（非实物方式）］，经营项目：散装食品销售（含生猪产品、含牛羊产品）。

四、主体业态：餐饮服务经营者（各类饭店、饮品店、甜品站），经营项目：热食类食品制售（简单加热）、糕点类食品制售（简单处理）、冷食类食品制售（简单处理）、自制饮品制售。

五、主体业态：餐饮服务经营者（现制现售）、食品销售经营者（现制现售），经营项目：热食类食品制售（简单加热）、风味饮料，茶、咖啡、植物饮料。

六、主体业态：餐饮服务经营者（企事业单位食堂），经营项目：热食类食品制售、糕点类食品制售（不含冷加工操作）。食堂（不含托幼机构、养老机构食堂）用餐人数 50 人及以下，或者食品处理区面积 $15m^2$ 及以下。

上海市食品药品监督管理局关于开展本市食品生产经营环节信息追溯管理专项检查的通知

(沪食药监协〔2018〕160号)

各区市场监督管理局，市食药监局执法总队：

为深入贯彻落实《上海市食品安全条例》《上海市食品安全信息追溯管理办法》、市食药安办《关于进一步加强本市食品安全信息追溯管理工作的通知》(沪食药安办〔2018〕18号)和市食药监局《关于进一步加强本市食品生产经营环节食品安全信息追溯管理工作的通知》(沪食药监协〔2018〕109号)等要求，扎实推进本市食品生产经营环节食品安全信息追溯管理工作，全力保障首届中国国际进口博览会顺利召开，经研究，决定开展本市食品生产经营环节信息追溯管理专项检查工作。现将有关要求通知如下：

一、工作目标

贯彻落实《上海市食品安全条例》《上海市食品安全信息追溯管理办法》，强化事中事后监管，创新监管方式方法，将食品安全信息追溯管理，与首届中国国际进口博览会食品安全保障相结合，与创建国家食品安全示范城市和建设市民满意的食品安全城市工作相结合，与推进食品生产企业诚信体系建设、"守信超市""放心肉菜示范超市""放心餐厅""放心食堂"以及明厨亮灶示范建设相结合，聚焦重点食品和食用农产品企业、环节、品种，督促食品生产经营者将食品和食用农产品生产经营的相关信息及时上传至本市食品安全信息追溯平台，利用信息化技术手段实现食品和食用农产品来源可追溯、去向可查证、责任可追究。

对纳入《上海市食品安全信息追溯管理品种目录（2015年版）》的9大类20个重点品种全面实施信息追溯，实现今年年底前追溯覆盖率达到100%、信息上传率达到100%的目标。

二、检查内容

（一）检查对象

1.食品生产环节：包括从事追溯食品和食用农产品生产的生产企业、农民专业合作经济组织、屠宰厂（场）等。

2.食品流通环节：包括从事追溯食品和食用农产品经营的批发经营企业、批发市场、兼营批发业务的储运配送企业、标准化菜市场、连锁超市、中型以上食品店等。

3.餐饮服务环节：包括从事追溯食品和食用农产品经营的集体用餐配送单位、中央厨房、学校食堂、中型以上饭店及连锁餐饮企业等。

（二）检查内容

1.食品生产经营者建立电子档案情况：检查食品生产经营者是否按规定上传信息，包括名称、法定代表人或者负责人姓名、地址、联系方式、生产经营许可等资质证明材料，在上述信息发生变动后是否及时更新电子档案相关内容。

2.食品生产企业的信息上传情况：重点检查食品生产企业是否上传下列信息：

（1）采购的追溯食品的原料、食品添加剂、食品相关产品的名称、规格、数量、生产日期或者生产批号、保质期、进货日期以及供货者名称、地址、联系方式等；

（2）出厂销售的追溯食品的名称、规格、数量、生产日期或者生产批号、保质期、检验合格证号、销售日期以及购货者名称、地址、联系方式等。

3. 食品批发经营者信息上传情况。重点检查批发市场经营管理者是否上传下列信息：

（1）追溯食品和食用农产品的名称、数量、进货日期、销售日期，以及供货者和购货者的名称、地址、联系方式等；

（2）追溯食品的生产企业名称、生产日期或者生产批号、保质期；

（3）追溯食用农产品的产地证明、质量安全检测、动物检疫等信息。

4. 食品零售经营者信息上传情况。重点检查连锁超市和标准化菜市场是否上传下列信息：

（1）经营的追溯食品和食用农产品的名称、数量、进货日期、销售日期，以及供货者的名称、地址、联系方式等；

（2）经营的追溯食品的生产企业名称、生产日期或者生产批号、保质期；

（3）经营的追溯食用农产品的产地证明、质量安全检测、动物检疫等信息。

对实行统一配送经营方式的连锁超市，应当重点检查超市总部或者"大仓"落实追溯管理要求的情况。

5. 餐饮服务提供者信息上传情况。重点检查集体用餐配送单位、中央厨房、学校食堂、中型以上饭店及连锁餐饮企业是否上传下列信息：

（1）采购的追溯食品和食用农产品的名称、数量、进货日期、配送日期，以及供货者的名称、地址、联系方式等；

（2）采购的追溯食品的生产企业名称、生产日期或者生产批号、保质期；

（3）直接从食用农产品生产企业或者农民专业合作经济组织采购的追溯食用农产品的产地证明、质量安全检测、动物检疫等信息。

集体用餐配送单位、中央厨房还应当重点检查是否上传收货者或者配送门店的名称、地址、联系方式。

三、时间安排

从 2018 年 8 月至 10 月，共分两个阶段：

（一）检查督查阶段（2018 年 8 月下旬—9 月 30 日前）：各区市场监管局对辖区内的食品和食用农产品生产经营的生产企业、农民专业合作经济组织、屠宰厂（场）、批发经营企业、批发市场、兼营批发业务的储运配送企业、标准化菜市场、连锁超市、中型以上食品店、集体用餐配送单位、中央厨房、学校食堂、中型以上饭店及连锁餐饮企业等食品生产经营主体开展全面检查，对照上海市食品安全信息追溯管理平台（www.shfda.org）上的底数清单进行全面核查，并及时动态更新。

重点检查食品生产经营者履行食品安全信息追溯义务情况，检查其是否在全市食品安全信息追溯平台上落实注册工作；是否及时落实信息上传；是否存在故意上传虚假信息情况；是否拒绝向消费者提供追溯食品和食用农产品来源信息。督促食品生产经营者建立实施食品进货、销售台账制度，按照要求及时、完整地向食品安全信息追溯平台上传追溯食品和食用农产品信息。对未按要求履行食品安全信息追溯义务的，要依据《上海食品安全信息追溯管理办法》第二十四条的规定予以责令改正，给予警告或处以罚款等行政处罚。

（二）复查评估阶段（2018 年 10 月底前）：各区市场监管局对专项检查工作进行跟踪复查，查找问题，总结经验，形成进一步加强日常监管工作的相关建议和措施。市局将对专项检查工作情况，适时组织开展飞行督查。

四、工作要求

（一）切实加强组织领导。食品安全信息追溯工作已列入本市 2018 年市委、市政府重点工作，并作为打响上海"四大品牌"的重要内容之一。各区市场监管局要高度重视，切实加强组织领导，结合辖区实际，制定食品安全信息追溯专项检查实施方案，明确任务要求、责任分工和时间节点，推动专项工作取得实效。

（二）认真开展宣传动员。各区市场监管局要切实加大对食品安全信息追溯管理的宣传培训力度，做好食品安全信息追溯系统的推广应用，营造良好的"上海购物"环境。要从食品安全监管人员、食品从业人员和社会公众宣传三方面着手，提高食品安全监管人员运用食品安全信息追溯管理系统查案办案的能力，食品从业人员的尊法守法、自觉上传食品安全追溯信息意识，以及市民对食品安全信息追溯管理的认知度、获得感。

（三）按时报送工作情况。各区市场监管局按附表于每月30日前向市局报送月报表，于10月31日前将此次专项检查工作总结和月报表（汇总数据）书面报送市食药监局。

上海市食品药品监督管理局

2018 年 8 月 20 日

上海市食品药品监督管理局关于在全市范围内再复制推广一批"证照分离"改革试点举措的通知

（沪食药监法〔2018〕232号）

市食药监局各相关处室、直属单位、各区市场监管局：

按照《国务院关于在全国推开"证照分离"改革的通知》（国发〔2018〕35号）和市编办《关于在全市范围内再复制推广一批"证照分离"改革试点经验的通知》（沪编〔2018〕439号）要求，现将以下试点经验成熟的食品药品改革事项的改革举措复制推广至全市实施，请各相关部门（单位）按要求予以落实。

一、食品销售许可、餐饮服务许可（合并为食品经营许可）优化准入服务

1. 全面推进"一网通办"。使用电子证书，实行从受理、审查、审批到发证全程网办。

2. 压缩审批时限。申请名称、法定代表人、门牌号变更、补证、注销由原20个工作日减少为3个工作日；对无需开展现场核查的新办或申请事项变更由原20个工作日减少为7个工作日。

3. 提前服务。申请人申请许可提前服务的，应告知申请人提前服务不作为许可受理的条件，提前服务时限不计入许可受理、审批时限。允许申请人可以根据实际情况决定是否需要提前服务。

4. 精简审批材料。在线获取核验营业执照、法定代表人或负责人身份证明等材料。允许申请人在事中事后监管环节提交保证食品安全的制度、公共场所卫生管理制度、餐厨废弃油脂管理制度等材料。不得要求申请人提交《食品经营许可管理办法》、《上海市食品经营许可管理实施办法（试行）》规定以外的，与其申请事项无关的技术资料和其他材料。

5. 公示审批程序、受理条件和办理标准，公开办理进度。通过"一网通办"的门户网站，公开许可事项的办事指南，包括设定依据、受理条件、申请材料、办理流程（流程图）、办理方式，办结时限等信息，方便办事人员查询。

6. 推进部门间信息共享应用，加强事中事后监管。根据食品产品风险程度的不同，推进风险分类管理，明确食品类全覆盖检查事项和随机抽查事项。

二、开办药品经营企业审批（批发、零售连锁总部）优化准入服务

1. 推广网上业务办理。从受理、审查、审批到发证全程网办，在线核发电子证书。各区市场监管局配合市局对本辖区的药品批发和零售连锁总部做好提前服务。

2. 简化审批流程、压缩审批时限。零售连锁开办申请验收由原30个工作日减少为20个工作日；药品批发开办取消筹建审批环节，直接开办验收由原60个工作日减少为20个工作日；换证由原30个工作日减少为20个工作日，并与GSP再认证合并为一次现场检查同步办理；需要现场核查的许可类事项变更和延续，由原30个工作日减少为20个工作日（企业补正材料、现场核查后整改不计入许可时限）；登记类事项变更、补证、注销，资料齐全符合法定形式要求的，当场办结。

3. 精简审批材料。在线获取核验营业执照、法定代表人身份证明等材料。

4. 公示审批程序、受理条件和办理标准，公开办理进度。通过"一网通办"的门户网站，公开许可事项的办事指南，包括设定依据、受理条件、申请材料、办理流程（流程图）、办理方式，办结时限等信息，方便办事人员查询。各区市场监管局要加强宣传"一网通办"的办理流程。

5. 加强事中事后监管，落实 GSP 跟踪检查和后续处置。按照风险与分类分级监管的要求，根据年度计划开展日常监督检查和高风险品种专项检查，及时向社会公示检查结果和后续处置情况。

三、开办药品零售企业审批优化准入服务

1. 全面推进"一网通办"。从受理、审查、审批到发证全程网办，在线核发电子证书。

2. 压缩审批时限。人员变更、登记事项变更、核减经营范围由原 15 个工作日调整为当场办结；新办验收和 GSP 认证从原来一共 75 个工作日减少为 15 个工作日。

3. 简化审批流程。推进零售药店"一次申请、同步办理"审批方式改革。

4. 精简审批材料。在线获取核验营业执照、法定代表人身份证明等材料。

5. 公示审批程序、受理条件和办理标准，公开办理进度。通过"一网通办"的门户网站，公开许可事项的办事指南，包括设定依据、受理条件、申请材料、办理流程（流程图）、办理方式，办结时限等信息，方便办事人员查询。

6. 提前服务。申请人可以在受理前申请提前服务，提前服务时限不计入受理、审批时限。各区市场监管局应当允许申请人根据实际情况决定是否需要提前服务。

7. 加强事中事后监管，落实 GSP 跟踪检查和后续处置。按照风险与信用分级监管的要求，根据年度计划开展日常监督检查和高风险品种专项检查，及时向社会公示检查结果和后续处置情况。

四、第三类医疗器械经营许可（第三方物流除外）和第三类医疗器械经营许可（第三方物流）优化准入服务

1. 全面推进"一网通办"。从受理、审查、审批到发证全程网办，在线核发电子证书。

2. 简化审批流程、压缩审批时限。新办、许可事项变更、延续由原 30 个工作日减少为 20 个工作日；登记类事项变更由 15 个工作日减少为 1 个工作日。

3. 精简审批材料。在线获取核验营业执照、法定代表人身份证明等材料。

4. 公示审批程序、受理条件和办理标准，公开办理进度。通过"一网通办"的门户网站，公开许可事项的办事指南，包括设定依据、受理条件、申请材料、办理流程（流程图）、办理方式，办结时限等信息，方便办事人员查询。

5. 加强事中事后监管，落实 GSP 跟踪检查和后续处置。按照风险与信用分级监管的要求，根据年度计划开展日常监督检查和高风险品种专项检查，及时向社会公示检查结果和后续处置情况。

五、医疗机构放射性药品使用许可（三、四类）优化准入服务

1. 全面推进"一网通办"。从受理、技术审评、合规性审查、行政审批到发证全程网办，在线核发电子证书。

2. 压缩审批时限。医疗机构放射性药品使用许可证登记事项等非实质性变更，包括医疗机构名称、法定代表人、科室负责人、注册地址、社会信用代码、医疗机构类别、使用地址（仅路名门牌描述变化）变更，由原 20 个工作日减少为 1 个工作日。

3. 精简审批材料。在线获取核验医疗机构执业许可证、法定代表人、科室负责人身份证明等材料。

4. 公示审批程序、受理条件和办理标准，公开办理进度。通过"一网通办"的门户网站，公开许可事项的办事指南，包括设定依据、受理条件、申请材料、办理流程（流程图）、办理方式，办结时限等信息，方便办事人员查询。

5. 提前介入服务。宣传验收标准，加强指导服务。

6. 实行医疗机构放射性药品使用分级分类监管。评估医疗机构信用、质量管理体系，加强事中事后监管。

六、互联网药品信息服务企业审批优化准入服务

1. 加强与国家药监局数据系统对接，逐步实现网上办理。

2. 精简审批材料。包括网站安全措施、网站备份方式、审批部门浏览方式、保证信息来源真实可靠等说明性材料。

3. 全面推广告知承诺审批。对提交符合要求的承诺资料的企业，予以当场办理。

4. 公示许可条件，公开办理结果。通过"一网通办"的门户网站，公开许可事项的办事指南，包括设定依据、许可条件、申请材料、办理流程（流程图）、办理方式，办结时限等信息，方便办事人员查询。

5. 推进部门间信息共享应用，加强事中事后监管。加强与公安、网信等部门的信息沟通和联合监管；按照风险与信用分级监管的要求，委托第三方机构开展网络监测。

七、医疗器械广告审查优化准入服务

1. 加强与国家药监局数据系统对接，逐步实现网上办理。

2. 全面推广告知承诺审批。对提交符合要求的承诺资料的企业，予以当场办结。

3. 公示许可条件，公开办理结果。通过"一网通办"的门户网站，公开许可事项的办事指南，包括设定依据、许可条件、申请材料、办理流程（流程图）、办理方式，办结时限等信息，方便办事人员查询。

4. 推进部门间信息共享应用，加强事中事后监管。加强部门之间的信息沟通和联合监管；落实生产企业主体责任，实施风险与信用分级监管。

八、药品进口备案优化准入服务

1. 加强与国家药监局数据对接，逐步实现网上办理。

2. 压缩审批时限，实现当场办结。

3. 精简审批材料。在线获取核验营业执照、本行政区域内药品监管部门出具的进口药品注册证或者进口药品批件、本行政区域内口岸药品检验所出具的最近一次进口药品检验报告书和进口药品通关单等材料。

4. 公示审批程序、受理条件和办理标准。通过"一网通办"的门户网站，公开许可事项的办事指南，包括设定依据、受理条件、申请材料、办理流程（流程图）、办理方式，办结时限等信息，方便办事人员查询。

5. 推进部门间信息共享应用，逐步实施电子数据联网核查。

九、进口药材登记备案优化准入服务

1. 加强与国家药监局数据对接，逐步实现网上办理。

2. 压缩审批时限，实现当场办结。

3. 精简审批材料。在线获取核验营业执照、法定代表人或负责人的身份证明等材料。

4. 公示审批程序、受理条件和办理标准。通过"一网通办"的门户网站，公开许可事项的办事指南，包括设定依据、受理条件、申请材料、办理流程（流程图）、办理方式，办结时限等信息，方便办事人员查询。

5. 推进部门间信息共享应用，逐步实施电子数据联网核查。

十、国产药品再注册审批优化准入服务

1. 推进网上业务办理。

2. 压缩审批时限。承诺审批时限 3 个月，比法定审批时限 6 个月减少 50% 。

3. 精简审批材料。在线获取核验营业执照等证明性文件。

4. 公示审批程序、受理条件和办理标准。通过"一网通办"的门户网站，公开许可事项的办事指南，包括设定依据、受理条件、申请材料、办理流程（流程图）、办理方式，办结时限等信息，方便办事人员查询。

5. 推进部门间信息共享应用，加强事中事后监管，实行"全程监管"。

十一、开办药品生产企业审批优化准入服务

1. 全面推进"一网通办"。从受理、审查、审批到发证全程网办，在线核发电子证书。

2. 压缩审批时限。对药品生产经营许可、药品委托生产等审批事项中相关联的现场检查进行合并；企业名称、注册地址、社会信用代码、生产地址门牌号、法定代表人、企业负责人等登记事项变更和补证由原 20 个工作日减少为 1 个工作日；新办由原 30 个工作日减少为 20 个工作日；生产地址、生产范围变更由原 15 个工作日减少为 10 个工作日。

3. 精简审评材料。在线获取营业执照、法定代表人或负责人、质量负责人的身份证明等材料。

4. 公示审批程序、受理条件和办理标准，公开办理进度。通过"一网通办"的门户网站，公开许可事项的办事指南，包括设定依据、受理条件、申请材料、办理流程（流程图）、办理方式，办结时限等信息，方便办事人员查询。

5. 实施优先办理。对涉及创新药、临床紧缺药、孤儿药、战略储备药等药品的生产许可，纳入优先办理通道，提前介入指导，全程跟踪服务，加快产品上市。

6. 加强事中事后监管。落实与卫计委、医保局等部门的信息共享应用，施行企业信用评定和分级分类，落实企业主体责任。

十二、药品委托生产审批优化准入服务

1. 全面推进"一网通办"。从受理、审查、审批到发证全程网办，在线核发电子证书。

2. 压缩审批时限。对药品生产许可、药品委托等审批事项中相关联的现场检查进行合并；对首次委托、生产线实质性变更、跨省延续委托生产等申请，由原来的 20 个工作日减少至 14 个工作日；对市内延续委托、注销等申请，由原来的 20 个工作日减少至 10 个工作日；对企业名称、地址等非实质性变更申请，由原来的 15 个工作日减少至 1 个工作日。

3. 精简审评材料。在线获取营业执照、法定代表人或负责人、质量负责人的身份证明等材料。

4. 提前服务。导对涉及临床紧缺药、孤儿药、急救药、战略储备药等药品的委托生产，纳入优先审批通道，提前介入指导，全程跟踪服务，加快产品上市。

5. 加强事中事后监管。落实与卫计委、医保局等部门的信息共享应用，加强与外省市药监部门信息对接沟通；施行企业信用评定，分级分类，落实企业主体责任，加强事中事后监管。

十三、第二类医疗器械产品注册优化准入服务

1. 全面推进"一网通办"。使用电子证书，实行从受理、审查、审批到发证全程网办。

2. 压缩审评审批时限。行政审批时限压缩三分之一。此外，对于延续注册，技术审评由 60 个工作日减少为 55 个工作日；对于存在发补的情形，由原先企业递交补正资料后 60 个工作日完成技术审评，调整为企业递交补正资料后 45 个工作日完成技术审评；对于准予延续注册的情形，取消行政审批 20 个工作日；对于首次注册、延续注册、许可事项变更，逐步实现电子证照网上推送，取消批件打印环节 10 个工作日。

3. 实施优先审查。将拥有产品核心技术发明专利、具有重大临床价值的医疗器械，用于诊断、治疗儿童或老年人特有及多发疾病的第二类医疗器械，纳入优先审查通道，在受理之前提供技术服务、专家咨询，提前介入指导，全程跟踪服务，减少市场准入过程中的风险和不确定性。

4. 优化审评审批方式。对于首次注册，技术审评与注册质量体系核查同步开展；对于首次注册、许可事项变更，注册质量体系核查现场检查与生产许可体系核查现场检查可合并；注册人名称和住所变更、删减型号/规格、依推荐性标准/注册技术审查指导原则修订产品技术要求/说明书的，可与延续注册合并申请并开展审评审批。

5. 精简审批材料。在线获取核验营业执照、法定代表人或负责人身份证明等材料；简化已有同品种医疗器械临床评价资料；扩大在注册质量体系核查过程中可免于现场检查或可优化现场检查项目、流程的医疗器械范围；扩大在生产许可证审批过程中可优化现场检查项目、流程的医疗器械范围；因超过延续注册申报期限而再次申请首次注册的产品、曾获取三类注册证但因产品管理类别调整为二类而申请首次注册的产品，如产品无变化且符合现行强制性国家标准/行业标准的，可减免递交与产品研发相关的申报资料；部分未涉及附条件审批且产品涉及的强制性国家标准/行业标准未发生变化的延续注册申请，如注册证效期内不存在该产品监督抽验不合格、上市后召回等情形，同时注册证效期内该产品未发生任何变更，可减免递交注册证有效期内产品分析报告；体外诊断试剂适用机型验证，可选取同一系列中的典型机型作为代表，其机型验证资料可覆盖同一系列其他机型。

6. 公示审批程序、受理条件和办理标准，公开办理进度。通过"一网通办"的门户网站，公开许可事项的办事指南，包括设定依据、受理条件、申请材料、办理流程（流程图）、办理方式，办结时限等信息，方便办事人员查询。

7. 推进部门间信息共享应用，加强事中事后监管。

十四、第二、三类医疗器械生产许可证核发优化准入服务

1. 全面推进"一网通办"。使用电子证书，实行从受理、审查、审批到发证全程网办。

2. 精简审批材料，在线获取核验营业执照、法定代表人身份证明等材料。

3. 优化审批流程。一是联合办理，将原生产许可证产品变更流程与第二类医疗器械注册流程合并，企业可同时申请第二类医疗器械注册和医疗器械许可证中生产产品信息变更，实现"一次受理、联合办理"，符合规定条件的产品在完成注册许可联合办理后，即可直接生产上市。二是简化流程，医疗器械注册体系核查确认（受托）生产企业符合医疗器械生产质量管理规范要求的，且生产许可时未发生变化的，不再开展生产许可现场核查。

4. 优化服务。增加医疗器械生产许可证延续申报提醒模块，在许可证到期前9个月自动发送短信至法定代表人、企业负责人和管理者代表手机，提前告知企业做好许可证延续申报准备工作。

5. 加强事中事后监管。一是完善基于大数据的精准监管。通过对日常监管、监督抽检、行政处罚、举报投诉等数据的分析研判，实现不同风险分级指标权重与问题发生率之间的联动调整，进一步优化二维风险分级的科学性，使更多的监管力量能够投入到生产量大、发生重大变更、存在质量隐患等风险较大的企业上，对列入重点检查企业实现全覆盖精准监管。二是建立上市前与上市后信息衔接机制，将产品注册过程中发现的风险信息，通过内部信息共享提示给相关监管部门，加强在日常监管中的针对性。三是强化上市后动态监管，对有首次注册产品且无同类产品在产的企业，行政检查管理系统将自动生成检查计划，在生产许可后半年内组织开展一次全面核查。四是通过上海口腔义齿质量信息追溯系统，实现来源可查证、去向可追溯、责任可追究的全过程质量信息监管。五是强化自查自纠，落实企业主体责任。以企业自律管理为抓手，明确企业质量管理体系年度自查报告和纠正预防措施等必查项目，在日常监管中核查企业报告内容是否与实际情况相符，是否按要求对自查内审、监督检查和产品抽验中发现的不符合项采取纠正措施，督促企业履行产品质量主体责任，全面、如实开展自查自纠。六是发挥第三方专业机构作用，形成社会共治格局。以医疗器械生产企业第三方体系综合评估为抓手，从系统性、真实性、适应性和规范性等方面，抽查全市10%的医疗器械生产企业，对生产质量管理体系运行情况及监管绩效情况开展评估，从不同角度发现企业质量管理体系中存在的缺陷，与监管部门的日常检查形成互补，减少监管"盲区"。

十五、化妆品生产许可优化准入服务

1. 全面推进"一网通办"。使用电子证书，实行从受理、审查、审批到发证全程网办。

2. 压缩审批时限。化妆品生产许可证新证由原60个工作日减少为40个工作日。化妆品生产许可证登记事项变更、企业负责人变更、质量负责人变更、补发事项的审批时限由原60个工作日减少为当场办结。化妆品生产许可证变更（除企业负责人变更、质量负责人变更）及延续，如需现场检查，由原60个工作日减少为40个工作日；如不需现场检查，由原60个工作日减少为10个工作日。化妆品生产许可证注销由原60个工作日减少为10个工作日。

3. 精简审批材料。在线获取核验营业执照、法定代表人身份证明等材料；对兜底性条款的具体内容予以细化明确。

4. 公示审批程序、受理条件和办理标准，公开办理进度。通过"一网通办"的门户网站，公开许可事项的办事指南，包括设定依据、受理条件、申请材料、办理流程（流程图）、办理方式，办结时限等信息，方便办事人员查询。

5. 推进部门间信息共享应用，加强事中事后监管。根据化妆品风险程度的不同，推进风险分类管理，围绕对重点环节和重点品种的质量监督，有序开展化妆品质量抽检工作，有效防范化妆品质量安全隐患。

十六、食品（含食品添加剂）生产许可（保健食品、特殊医学用途配方食品、婴幼儿配方食品除外）和食品生产许可（保健食品、特殊医学用途配方食品、婴幼儿配方食品）优化准入服务

1. 全面推进"一网通办"。使用电子证书，实行从受理、审查、审批到发证全程网办。

2. 压缩审批时限。新办、延续和需要现场核查的依申请变更，由原20个工作日减少为14个工作日；特殊食品生产企业声明生产条件未发生变化的延续，当场办结；仅变更食品生产许可生产者名称、社会信用代码或者法定代表人、负责人的，由原20个工作日减少为1个工作日；其他不需要现场核查的依申请变更，由原20个工作日减少为10个工作日；补证、注销由原20个工作日减少为1个工作日。（在上述期限不能作出决定的，经本行政机关负责人批准，可以延长10日）

3. 精简审批材料。在线获取核验营业执照等材料。

4. 公示审批程序、受理条件和办理标准，公开办理进度。通过"一网通办"的门户网站，公开许可事项的办事指南，包括设定依据、受理条件、申请材料、办理流程（流程图）、办理方式，办结时限等信息，方便办事人员查询。

5. 推进部门间信息共享应用，加强事中事后监管。按照风险与信用分级监管的要求，在全覆盖监管的基础上，对特殊食品生产企业重点监管；加强产品监督抽检；发挥第三方机构作用，开展食品生产企业体系检查。

十七、首次进口非特殊用途化妆品备案

1. 全面推进"一网通办"。使用电子信息凭证，实现全程网办。

2. 压缩工作时限。由原审批30个工作日减少为当场备案。

3. 根据国家药监局的部署，制定本市具体工作要求，修订办事指南，公开设定依据、备案条件、备案材料、办理流程（流程图）、办理方式，办结时限等信息，方便办事人员查询。

4. 推进部门间信息共享应用，加强事中事后监管。加强与上海海关等部门的信息沟通和联合监管；按照备案条件、风险与信用分级监管的要求，开展备案后检查和产品上市后监管；督促境内责任人落实主体责任，重点是产品追溯、不良反应报告、问题产品召回等。

十八、小型餐饮服务提供者实施临时备案

1. 开展地方立法。2017年1月20日，小餐饮备案作为制度创新纳入《上海市食品安全条例》。2017年5月市政府印发《上海市小型餐饮服务提供者临时备案监督管理办法（试行）》，细化具体备案要求。

2. 简化备案手续。根据本市对违法违规经营综合治理的要求，对人民群众有需求且不影响周边居民正常生活、有固定经营场所、符合食品安全和加工卫生要求，但未取得食品经营许可、营业执照的小型餐饮服务提供者，实施临时备案。

3. 便民办理。本市小餐饮由镇（乡）政府和街道办事处负责备案。

4. 明确小型餐饮服务提供者的"退出机制"。加强事中事后监管，对违法行为依法查处，依据有关规定依法注销临时备案。

十九、食品生产加工小作坊准许生产证核发优化准入服务

1. 全面推进"一网通办"。使用电子证书，实行从受理、核查、审批到发证全程网办。

2. 压缩审批时限。新办、需要现场核查的延续和需要现场核查的依申请变更，由原20个工作日减少为15个工作日；仅变更食品生产许可生产者名称、社会信用代码或者法定代表人、负责人的，由原20个工作日减少为1个工作日；补证由原5个工作日减少为1个工作日；注销由原20个工作日减少为1个工作日。（在上述期限不能作出决定的，经本行政机关负责人批准，可以延长10日）

3. 精简审批材料。在线获取核验营业执照等材料。

4. 公示审批程序、受理条件和办理标准。通过"一网通办"的门户网站，公开许可事项的办事指南，包括设定依据、受理条件、申请材料、办理流程（流程图）、办理方式，办结时限等信息，方便办事人员查询。

5. 推进部门间信息共享应用，加强事中事后监管。

上海市食品药品监督管理局

2018年11月13日

上海市食品药品监督管理局关于智能自助火锅店
许可相关事项的复函

（沪食药监餐饮函〔2018〕254号）

上海市闵行区市场监管局：

　　你局《关于智能自助火锅门店设置的请示》收悉。根据《上海市食品经营许可管理实施办法（试行）》，现就你局请示事项函复如下：

　　不设粗加工切配和热厨，食材通过自动售货设备销售，店内仅设就餐、洗消、仓库等场所的智能自助火锅店，应当核发《食品经营许可证》，其主体业态为"餐饮服务提供者（×型饭店，单纯火锅）"，经营品种为"热食类食品制售"。智能自助火锅店的许可条件应当符合《上海市食品经营许可管理实施办法（试行）》规定。

　　　　　　　　　　　　　　　　　　　　　　上海市食品药品监督管理局

　　　　　　　　　　　　　　　　　　　　　　2018年11月12日

上海市市场监督管理局关于印发《上海市食品经营许可管理实施办法》的通知

（沪市监规〔2019〕1号）

各区市场监督管理局，机场分局：

现将《上海市食品经营许可管理实施办法》印发给你们，请认真遵照执行（附件请下载查看）。特此通知。

上海市市场监督管理局

2019年1月25日

上海市食品经营许可管理实施办法

第一章 总 则

第一条 为规范食品经营许可活动，加强食品经营监督管理，保障食品安全，根据《中华人民共和国食品安全法》《中华人民共和国行政许可法》《食品经营许可管理办法》《食品经营许可审查通则（试行）》和《上海市公共数据和一网通办管理办法》等规定，结合本市实际，制定本办法。

第二条 本市食品经营许可的申请、受理、审查、决定及其监督检查，适用本办法。

第三条 食品经营许可应当遵循依法、公开、公平、公正、便民、高效的原则，按照食品经营主体业态、经营项目的风险程度分类实施。

第四条 食品经营者在一个经营场所从事食品经营活动，应当取得一张食品经营许可证，并对经营场所内的食品经营活动负责。

食品经营者设立的前置配送服务点、自动售货设备放置点等场所的管理要求另行规定。

第五条 市市场监督管理局和区市场监督管理局应当在网站上公布经营许可事项和网上办事指南，推进实施许可申请、受理、审查、决定、证照制作、决定公开、咨询等全流程在线办理，提升服务水平。

第六条 市市场监督管理局负责监督指导全市食品经营许可管理工作。各区市场监督管理局负责辖区内食品经营许可管理工作。

第七条 利用自动售货设备从事食品销售的经营者的许可和监督管理工作，由经营者所在地的区市场监督管理局负责。

第八条 船舶供餐的许可和监督管理工作，由客运船舶经营期间主要靠泊点所在地的区市场监督管理局负责。

第二章 申请与受理

第九条 申请食品经营许可，应当先行取得营业执照等合法主体资格。

企业法人、合伙企业、个人独资企业、个体工商户等应当以营业执照载明的主体作为申请人。

机关、事业单位、企业、社会团体、民办非企业单位等申办单位食堂以及其他食品经营业态的，应当以机关或者事业单位法人登记证、社会团体登记证或者营业执照等载明的主体作为申请人。

第十条 申请食品经营许可，应当按照食品经营主体业态和经营项目分类提出（见附件1、2、3、4）。

列入其他类食品销售和其他类食品制售的具体品种应当报国家市场监督管理总局批准后执行，并明确标注。

具有热、冷、生、固态、液态等多种情形，难以明确归类的食品，可以按照食品安全风险等级最高的情形进行归类。

第十一条 申请食品经营许可，应当符合下列条件：

（一）具有与经营的食品品种、数量相适应的食品原料处理和食品加工、销售、贮存等场所，保持该场所环境整洁，并与有毒、有害场所以及其他污染源保持规定的距离；

（二）具有与经营的食品品种、数量相适应的经营设备或者设施，有相应的消毒、更衣、盥洗、采光、照明、通风、防腐、防尘、防蝇、防鼠、防虫、洗涤以及处理废水、存放垃圾和废弃物的设备或者设施；

（三）具有依法经食品安全知识培训并考核合格的专职或者兼职的食品安全管理人员；大型及以上饭店、学校和托幼机构食堂、供餐人数500人以上的机关及企事业单位食堂、集体用餐配送单位、中央厨房、从事团体膳食外卖的餐饮服务经营者应当配备专职食品安全管理人员；

（四）具有保证食品安全的规章制度；

（五）具有合理的设备布局和工艺流程，防止待加工食品与直接入口食品、原料与成品交叉污染，避免食品接触有毒物、不洁物；

（六）法律、法规规定的其他条件。

产生餐厨废弃油脂的餐饮服务提供者还应当安装符合要求的油水分离器。

各类饭店、饮品店（包括饭馆、咖啡馆、酒吧、茶座）还应当具有保证公共场所卫生的规章制度，保持就餐场所的空气流通，卫生间具有独立排风系统，符合公共场所卫生要求。

第十二条 申请食品经营许可，应当向申请人所在地区市场监督管理部门提交下列材料：

（一）食品经营许可申请书；

（二）除营业执照以外的主体资格证明文件复印件；

（三）与食品经营相适应的主要设备设施布局、操作流程等文件（标明经营场所用途、面积和设备设施位置）；

（四）法律、法规、规章规定的其他材料。

申请利用自动售货设备从事食品销售的，申请人还应当提交自动售货设备的产品合格证明、具体放置地点，经营者名称、住所、联系方式、食品经营许可证的公示方法等材料。

申请人委托他人办理食品经营许可申请的，代理人应当提交授权委托书以及代理人的身份证明文件。

申请食品许可时无法提供下列材料的，申请人应当在约定期限内向所在地区市场监督管理部门提交：

（一）保证食品安全的规章制度；

（二）各类饭店、饮品店（包括饭馆、咖啡馆、酒吧、茶座）的保证公共场所卫生的规章制度；

（三）产生餐厨废弃油脂的许可事项的餐厨废弃食用油脂管理制度（包括餐厨废弃油脂产生申报、收运合同、收运联单、记录台账以及餐饮服务提供者油水分离器的安装和使用等）；

（四）所销售散装熟食的供货生产单位合作协议（合同）以及生产单位的《食品生产许可证》复印件。

第十三条 本办法第十二条第四款第（一）项规定的保证食品安全的规章制度应当包括：

（一）从业人员健康管理制度和培训管理制度；

（二）食品安全管理员制度；

（三）食品安全自检自查与报告制度；

（四）食品经营过程与控制制度；

（五）场所及设施设备清洗消毒和维修保养制度；

（六）进货查验和查验记录制度；

（七）主要食品和食用农产品安全信息追溯制度；

（八）食品贮存、运输（包括有特殊温度、湿度控制要求的食品和食用农产品的全程温度、湿度控制）管理制度；

（九）废弃物处置制度；

（十）食品安全信息公示制度；

（十一）食品安全突发事件应急处置方案；

（十二）法律、法规、规章规定的其他制度。

餐饮服务经营者、单位食堂、饮品店和从事现制现售的食品销售经营者还应当包括食品添加剂使用管理制度。

食品销售经营者还应当包括临近保质期食品集中陈列和消费提示制度。

集体用餐配送单位和中央厨房还应当包括：

（一）供应商遴选制度；

（二）食品检验制度；

（三）问题食品召回和处理方案；

（四）关键环节操作规程等。

第十四条 本办法第十二条第四款第（二）项规定的保证公共场所卫生的规章制度应当包括：

（一）定期清洗消毒空调及通风设施的制度；

（二）定期清洁卫生间的制度。

第十五条 申请人应当如实向区市场监督管理局提交有关材料和反映真实情况，对申请材料实质内容的真实性负责，并在申请书等材料上签名或盖章。

第十六条 区市场监督管理局对申请人提出的食品经营许可申请，应当根据下列情况分别作出处理：

（一）申请事项依法不需要取得食品经营许可的，应当即时告知申请人不受理；

（二）申请事项依法不属于本部门职权范围的，应当即时作出不予受理的决定，并告知申请人向有关行政机关申请；

（三）申请材料存在可以当场更正的错误的，应当允许申请人当场更正，由申请人在更正处签名或者盖章，注明更正日期；

（四）申请材料不齐全或者不符合法定形式的，应当当场或者在5个工作日内一次告知申请人需要补正的全部内容。当场告知的，应当将申请材料退回申请人；在5个工作日内告知的，应当收取申请材料并出具收到申请材料的凭据。逾期不告知的，自收到申请材料之日起即为受理；

（五）申请材料齐全、符合法定形式，或者申请人按照要求提交全部补正材料的，应当受理食品经营许可申请。

第十七条 区市场监督管理局对申请人提出的申请决定予以受理的，应当出具受理通知书；决定不予受理的，应当出具不予受理通知书，说明不予受理的理由，并告知申请人依法享有申请行政复议或者提起行政诉讼的权利。

第十八条 中央厨房申请的食品品种及工艺已纳入食品生产许可范围的，应当申请食品生产许可。

第三章　审查与决定

第十九条　区市场监督管理局应当对申请人提交的许可申请材料进行审查。需要对申请材料的实质内容进行核实的，应当按照要求进行现场核查（见附件5），本条第二款规定的许可事项可以除外。

申请附件6所列食品经营许可事项，以及食品经营许可变更不改变设施和布局的，区市场监督管理局可以在对申请材料进行审查后，作出是否准予行政许可的决定。

第二十条　现场核查应当由符合要求的核查人员进行。核查人员不得少于2人。核查人员应当出示有效执法证件，制作食品经营许可现场核查笔录等文书，经申请人核对无误后，由核查人员和申请人在核查文书上签名或者盖章。申请人拒绝签名或者盖章的，核查人员应当注明情况。

核查人员应当自接受现场核查任务之日起6个工作日内，完成对经营场所的现场核查。

第二十一条　除可以当场作出行政许可决定的外，区市场监督管理局应当自受理申请之日起12个工作日内作出是否准予行政许可的决定。因特殊原因需要延长期限的，经本行政机关负责人批准，可以延长6个工作日，并应当将延长期限的理由告知申请人。

对不进行现场核查的许可新证或变更申请事项，区市场监督管理局应当自受理申请之日起7个工作日内作出是否准予行政许可的决定。

第二十二条　区市场监督管理局应当根据申请材料审查和现场核查等情况，对符合条件的，作出准予许可的决定，并自作出决定之日起6个工作日内向申请人颁发食品经营许可证；对不符合条件的，应当及时作出不予许可的书面决定并说明理由，同时告知申请人依法享有申请行政复议或者提起行政诉讼的权利。

第二十三条　属于下列情形之一的，应当告知当事人不得申请；经告知后当事人仍提出申请的，区市场监督管理局应当不予许可：

（一）集体用餐配送单位制作生拌菜、改刀熟食、生食水产品、裱花蛋糕的；

（二）中小学校（含职业学校、普通中等学校、小学、特殊教育学校，下同）和托幼机构的食堂制作冷食类食品（冷荤凉菜）、生食类食品制售项目的；

（三）从事现制现售的食品经营者申请的品种不符合本条第二款规定的；

（四）中央厨房制作的即食食品不符合本条第二款规定的；

（五）无实体门店经营的互联网食品经营者制作食品制售项目以及散装熟食销售的食品经营许可；

（六）在法律、法规、规章规定的禁止场所内从事相关食品经营项目，或者生产经营法律、法规、规章规定的禁止生产经营食品的。

申请现制现售的食品品种、中央厨房制作的即食食品品种应当分别符合本办法附件3和附件4的规定。

第二十四条　食品经营许可证发证日期为许可决定作出的日期，有效期为5年。

第二十五条　区市场监督管理局认为食品经营许可申请涉及公共利益的重大事项，需要听证的，应当向社会公告并举行听证。

第二十六条　食品经营许可直接涉及申请人与他人之间重大利益关系的，区市场监督管理局在作出行政许可决定前，应当告知申请人、利害关系人享有要求听证的权利。

申请人、利害关系人在被告知听证权利之日起5个工作日内提出听证申请的，区市场监督管理局应当在20个工作日内组织听证。听证期限不计算在行政许可审查期限之内。

第二十七条　区市场监督管理局对于可能影响食品安全的新业态、新工艺以及具有制作过程自动售货申请事项的审查，可以报请市市场监督管理局组织第三方专家对申请事项是否符合食品安全要求进行风险评估。

第四章　许可证管理

第二十八条　食品经营许可证分为正本、副本。正本、副本具有同等法律效力。

食品经营许可证正本、副本应按照国家食品安全监督管理部门制定的样式。

第二十九条 食品经营者应当妥善保管食品经营许可证，不得伪造、涂改、倒卖、出租、出借、转让。

食品经营者应当在经营场所的醒目位置悬挂食品经营许可证（正本）原件，并设置公示栏，公示食品经营者注册名称、食品经营者食品安全管理人员、许可经办人员、日常监督管理人员和食品安全量化分级管理等信息。

第三十条 食品经营许可证应当载明的内容和具体填写方式见附件7。

在经营场所外设仓库（包括自有和租赁）的，还应当在副本中载明仓库具体地址。

第五章 变更、延续、补办与注销

第三十一条 食品经营许可证载明的许可事项发生变化的，食品经营者应当在变化后10个工作日内向所在地区市场监督管理局申请变更经营许可。

经营场所发生变化的，应当重新申请食品经营许可。外设仓库（包括自有和租赁）地址发生变化的，食品经营者应当在变化后10个工作日内向所在地区市场监督管理局报告，区市场监督管理局应在许可证副本附页上进行标注。

第三十二条 申请变更食品经营许可的，应当提交下列申请材料：

（一）食品经营许可变更申请书；

（二）食品经营许可证正本、副本；

（三）与变更食品经营许可事项有关的其他材料。

第三十三条 食品经营者需要延续依法取得的食品经营许可的有效期的，应当在该食品经营许可有效期届满30个工作日前，向所在地区市场监督管理局提出申请。

第三十四条 食品经营者申请延续食品经营许可，应当提交下列材料：

（一）食品经营许可延续申请书；

（二）食品经营许可证正本、副本；

（三）除营业执照以外的主体资格证明文件复印件；

（四）与延续食品经营许可事项有关的其他材料。

第三十五条 区市场监督管理局应当根据被许可人的延续申请，在该食品经营许可有效期届满前作出是否准予延续的决定。

第三十六条 区市场监督管理局应当对变更或者延续食品经营许可的申请材料进行审查。

申请人声明经营条件未发生变化，区市场监督管理局可以不进行现场核查。

申请人的经营条件发生变化，可能影响食品安全的，区市场监督管理局应当就变化情况进行现场核查。

第三十七条 区市场监督管理局决定准予变更的，应当向申请人颁发新的食品经营许可证。食品经营许可证编号不变，发证日期为市场监督管理局作出变更许可决定的日期，有效期与原证书一致。

第三十八条 区市场监督管理局决定准予延续的，应当向申请人颁发新的食品经营许可证，许可证编号不变，有效期自市场监督管理局作出延续许可决定之日起计算。

不符合许可条件的，区市场监督管理局应当作出不予延续食品经营许可的书面决定，并说明理由。

第三十九条 食品经营许可证遗失、损坏的，应当向原发证的市场监督管理局申请补办，并提交下列材料：

（一）食品经营许可证补办申请书；

（二）食品经营许可证遗失的，申请人应当提交在区市场监督管理局网站或者其他区级以上主要媒体上刊登遗失公告的材料；食品经营许可证损坏的，应当提交损坏的食品经营许可证原件。

材料符合要求的，区市场监督管理局应当在受理后20个工作日内予以补发。

因遗失、损坏补发的食品经营许可证，许可证编号不变，发证日期和有效期与原证书保持一致。

第四十条　食品经营者终止食品经营，食品经营许可被撤回、撤销或者食品经营许可证被吊销的，应当在 30 个工作日内向所在地区市场监督管理局申请办理注销手续。

食品经营者申请注销食品经营许可的，应当向所在地区市场监督管理局提交下列材料：

（一）食品经营许可注销申请书；

（二）食品经营许可证正本、副本；

（三）与注销食品经营许可有关的其他材料。

第四十一条　有下列情形之一，食品经营者未按规定申请办理注销手续的，区市场监督管理局应当依法办理食品经营许可注销手续：

（一）食品经营许可有效期届满未申请延续的；

（二）食品经营者主体资格依法终止的；

（三）食品经营许可依法被撤回、撤销或者食品经营许可证依法被吊销的；

（四）因不可抗力导致食品经营许可事项无法实施的；

（五）法律法规规定的应当注销食品经营许可的其他情形。

食品经营许可被注销的，许可证编号不得再次使用。

第四十二条　食品经营许可证变更、延续、补办与注销的有关程序参照本办法第二章和第三章的有关规定执行。

对食品经营许可证载明的经营者名称、法定代表人（负责人）、住所（门牌号）、经营场所（门牌号）变更以及食品经营许可证补办、注销等许可事项，区市场监督管理局应当自受理申请之日起 3 个工作日内作出是否准予行政许可的决定。

第六章　监督检查和管理

第四十三条　市市场监督管理局和区市场监督管理局应当加强对食品生产经营者生产经营活动的日常监督检查；发现不符合食品生产经营条件、要求，仍继续从事食品经营活动的，应当根据相关法律、法规进行处理。

第四十四条　市市场监督管理局应当建立食品许可管理信息平台，便于公民、法人和其他社会组织查询。

区市场监督管理局应当将食品经营许可颁发、许可事项检查、日常监督检查、许可违法行为查处等情况记入食品经营者食品安全信用档案，并依法向社会公布；对有不良信用记录的食品经营者应当增加监督检查频次。

第四十五条　区市场监督管理局日常监督管理人员负责所管辖食品经营者许可事项的监督检查，必要时，应当依法对相关食品仓储、物流企业进行检查。

第四十六条　对于按照本办法未进行现场核查的食品经营者，区市场监督管理局应该结合日常监督管理，自作出许可决定之日起 30 个工作日内，对其食品经营活动开展监督检查。

区市场监督管理局监督检查中发现食品经营者的食品经营条件不符合要求，或者提交的申请材料与实际情况不符的，应当根据相关法律、法规、规章进行处理。

第四十七条　区市场监督管理局及其工作人员履行食品经营许可管理职责，应当自觉接受食品经营者和社会监督。

接到有关工作人员在食品经营许可管理过程中存在违法行为的举报，市市场监督管理局和区市场监督管理局应当及时进行调查核实。情况属实的，应当立即纠正。

第四十八条　区市场监督管理局应当建立食品经营许可档案管理制度，将办理食品经营许可的有关材料、发证情况及时归档。

第四十九条　市市场监督管理局可以定期或者不定期组织对本市食品经营许可工作进行监督检查。

第七章　附　则

第五十条　国家和本市在优化许可条件、简化许可流程、缩短许可时限等方面另有规定的，按照相关规定执行。

第五十一条　鼓励区市场监督管理局结合地方实际，采取营业执照和食品经营许可证同步申请与受理等便利措施。

第五十二条　本办法自 2019 年 2 月 1 日起施行，有效期至 2024 年 12 月 31 日。

附件：

1.《食品经营许可证》主体业态分类表（略）

2.《食品经营许可证》经营项目分类表（除现制现售）（略）

3. 食品现制现售经营项目分类表（略）

4. 中央厨房加工配送的即食食品品种（略）

5. 上海市食品经营许可审查细则（略）

6. 可根据申请材料作出许可决定的食品经营许可事项（略）

7.《食品经营许可证》填写要求（略）

8. 用语解释（略）

上海市食品药品安全委员会关于加快餐厨废弃油脂制生物柴油推广应用的通知

（沪食药安委〔2019〕6号）

市食药安委各成员单位、市国资委，各区人民政府：

为贯彻落实《中共中央　国务院关于深化改革加强食品安全工作的意见》（中发〔2019〕17号）《国务院办公厅关于进一步加强"地沟油"治理工作的意见》（国办发〔2017〕30号）和《上海市餐厨废弃油脂处理管理办法》（市政府令第97号），完善本市餐厨废弃油脂闭环管理体系，保障食品安全，促进资源节约和生态文明建设。经市政府同意，现就加快本市餐厨废弃油脂制生物柴油推广应用工作通知如下：

一、工作目标

坚持"闭环管理、市场化运作、支持应用"工作原则，有序推广应用餐厨废弃油脂制生物柴油。以全面闭环消纳本市餐厨废弃油脂制生物柴油（即BD100生物柴油，是以餐厨废弃油脂为原料生产的、未与化石柴油调合的生物柴油，以下简称"生物柴油"）为目标，在全市范围内推广使用餐厨废弃油脂制调合生物柴油（比如B5生物柴油，是由1%～5%的BD100生物柴油与95%～99%的化石柴油调合而成，以下简称"调合生物柴油"）。以"依法推动、政策激励"为导向，积极培育生物柴油消费市场增长新动能，以市场化运作为主体，逐步将政府主导的推广应用转变为市场自主推广应用。

二、重点任务

（一）保障生物柴油油品质量

通过公开招标的方式确定本市餐厨废弃油脂处置企业，由处置企业将全市集中收储的餐厨废弃油脂加工转化为符合标准要求的生物柴油；鼓励处置企业进行技术升级改造，提高处置能力和生产效率，确保油品质量安全。通过市场化方式选择并经市政府相关部门认定生物柴油调制销售企业，由调制销售企业按照国家标准《B5柴油》（GB 25199—2017）将处置企业生产的生物柴油调制为调合生物柴油，并根据实际情况提高调制能力，满足市场供应需要。（责任部门：市市场监管局、市绿化市容局、市经济信息化委）

（二）优化推广应用政策

认真落实好《上海市支持餐厨废弃油脂制生物柴油推广应用暂行管理办法》（沪府办规〔2018〕13号），缩短审核时间，提高补贴资金审核效率。支持生物柴油调制销售企业推广应用，鼓励其采用优惠促销等方式，持续推广应用生物柴油。按照更大范围推广、更加发挥市场主体作用的要求，研究完善有关政策工作，包括公交、水上客运行业成品油价格补贴政策，提高公交、水上客运行业应用生物柴油的积极性。（责任部门：市发展改革委、市财政局、市交通委、市绿化市容局、市经济信息化委、市市场监管局）

（三）推动在交通运输、环卫、城建等行业的应用

相关成员单位应当制定推广应用方案，明确全面使用调合生物柴油的时间表，及时将环卫车（船）、建设场内使用柴油的机械中的其他柴油替换为调合生物柴油。公交行业于2019年年底，实现全面使用调合生物柴油的目标。相关成员单位要通过宣传引导、政策激励等方式，激发企业应用调合

生物柴油的荣誉感，要加强监督考核，督促国有企业带头落实使用调合生物柴油的社会责任。（责任部门：市住房城乡建设管理委、市交通委、市国资委、市绿化市容局）

（四）加快资源化利用和创新发展

加强生物柴油资源化利用研究，拓展多种有效途径，充分验证车船使用不同调合比例生物柴油的可行性及减排效果。支持更高比例的调合生物柴油（比如 B10 生物柴油，即由 6%～10% 的 BD100 生物柴油与 90%～94% 的化石柴油调合而成）在船舶、工业锅炉、货车等领域应用关键技术的研究和示范，积极配合国家相关部门做好基础性工作，推动更高比例的调合生物柴油国家强制性标准尽快出台。（责任部门：市市场监管局、市科委、市发展改革委、市经济信息化委、市生态环境局、市绿化市容局）

（五）强化全过程监测和监管

加强对生物柴油、调合生物柴油油品质量进行监督检查，依法规范和管理生物柴油和调合生物柴油市场。加强源头全覆盖管控，督促餐厨废弃油脂产生单位规范使用餐厨废弃油脂收集容器（其中，餐饮服务单位应当依法安装油水分离器），完善餐厨废弃油脂收购指导价格工作机制；督促收运企业提升服务质量，做到合法合规、应收尽收；严厉查处餐厨废弃油脂非法收运处置行为，严厉打击各类违法犯罪行为。（责任部门：市市场监管局、市绿化市容局、市城管执法局、市公安局）

（六）加大宣传引导

各成员单位要通过各种途径开展系列宣传活动，普及生物柴油科学知识，提高消费者、生物柴油生产企业、调制销售企业的社会责任和环保意识，培育市场信心。要充分发挥报纸、广播、电视、微信公众号等作用，围绕推广意义、法律法规、使用常识、注意事项、工作动态等内容开展宣传报道，为本市生物柴油的推广使用工作营造良好社会氛围。（责任部门：市发展改革委、市经济信息化委、市科委、市财政局、市生态环境局、市住房城乡建设管理委、市交通委、市市场监管局、市国资委、市绿化市容局、市城管执法局、市公安局）

三、保障措施

（一）加强组织领导

各成员单位间要形成合力，建立生物柴油全过程闭环监管和信息管理系统，共同推动生物柴油的推广使用工作。市食药安办加强统筹协调，会同市发展改革委、市经济信息化委、市科委、市财政局、市生态环境局、市住房城乡建设管理委、市交通委、市市场监管局、市国资委、市绿化市容局、市城管执法局、以及本市有关生物柴油处置企业和调制销售企业、相关行业组织，完善联席会议协调机制。

（二）落实工作责任

各成员单位要各司其职、密切配合，推动落实各项工作要求。相关行业主管部门要切实发挥行业指导、协调、督促和推进实施作用；相关职能监管部门要强化对生物柴油推广应用的重点工作开展日常检查和重点督查，推动工作责任落实，确保各项目标任务按期完成。各区人民政府要发挥属地管理职能，做好区域内生物柴油推广应用的管理工作。本市生物柴油调制销售企业要加强对加油站工作人员的技术培训，进一步做好生物柴油推广使用宣传工作。

（三）做好应急预案

各成员单位要建立市、区、企业的应急处理机制，及时预防和处理可能出现的应急事件。要强化责任担当，尤其是针对公共交通领域供应的调合生物柴油，应做好其他替代柴油供应的应急预案。生物柴油处置企业和调制销售企业要加强生产加工过程管控和产品质量管理，，确保调合生物柴油的使用安全。

上海市食品药品安全委员会

2019 年 11 月 25 日

上海市市场监督管理局关于进一步推进本市餐饮业"明厨亮灶"建设的通知

（沪市监食经〔2019〕89号）

各区市场监管局：

为督促餐饮服务提供者诚信经营，鼓励市民积极参与餐饮服务食品安全社会共治，提升本市餐饮服务食品安全保障水平，提升市民对食品安全的满意度和获得感，现将有关事项通知如下：

一、工作目标

2019年年底力争实现中型以上的餐饮服务提供者实现"明厨亮灶"全覆盖，"十三五"期间全市力争获得许可证的餐饮服务提供者基本实现"明厨亮灶"全覆盖，本市餐饮业食品安全公开透明程度明显提升。

二、建设模式

实施"明厨亮灶"就是餐饮服务提供者采用透明、视频等方式，向社会公众展示餐饮服务相关过程。各区可根据餐饮服务提供者的规模、业态、承受能力、厨房位置及布局，选择采取以下三种建设模式：

（一）"透明厨房"。餐饮服务提供者采用透明玻璃窗、透明玻璃幕墙、矮墙隔断等方式，使消费者能够直观观看餐饮食品加工制作过程的展示方式。

（二）"视频厨房"。餐饮服务提供者在餐饮食品加工制作场所安装摄像设备，通过现场展示屏幕等方式向消费者展示餐饮食品加工制作过程的方式。

（三）"互联网＋明厨亮灶"。餐饮服务提供者在餐饮食品加工制作场所安装摄像设备，通过现场展示屏幕、网站或手机APP等方式向消费者展示餐饮食品加工制作过程、食品溯源信息、监督公示以及提供消费者满意度测评的方式。

鼓励有能力的餐饮服务提供者通过"互联网＋明厨亮灶"开展"明厨亮灶"工作。

三、主要措施

（一）强化许可准入。新申请或延续申请食品经营许可的中型及以上饭店应当采用电子显示屏、透明玻璃墙等方式，公开烹饪、专间、餐用具清洗消毒等加工操作过程。鼓励引导其他餐饮服务提供者公开餐饮服务相关过程。各区市场监管局可根据餐饮服务提供者的业态、规模、厨房位置及布局等，提出针对性的优化意见。

（二）加强检查指导。结合"双随机、一公开"监管工作，加强对餐饮服务提供者的监督指导，开展食品安全风险分类管理。对于部分食品安全主体责任意识差，不主动开展"明厨亮灶"工作或者不落实"明厨亮灶"相关要求的餐饮服务提供者，要加强日常监管，督促餐饮服务提供者落实各项食品安全管理制度，提升自身管理水平。同时，要求餐饮服务提供者在经营场所醒目位置公示许可证、健康证等信息，接受消费者和公众监督。

（三）加大引导激励力度。餐饮服务提供者实施"明厨亮灶"是"放心餐厅"的前提条件。对积极开展"明厨亮灶"工作、诚信守法经营的餐饮服务提供者，可适当降低"双随机、一公开"抽查比例，在法律法规等允许的范围内，适当给予政策上的便利。

四、工作要求

（一）加强组织领导。开展"明厨亮灶"是强化餐饮服务食品安全诚信体系建设的一项重要举措，也是本市 2019 年食品安全重点工作之一。各区市场监管局要提高认识，按照《市场监管总局关于印发餐饮服务明厨亮灶工作指导意见的通知》（附件 1），加强领导，稳步推进"明厨亮灶"工作。

（二）积极探索创新。鼓励各区市场监管局不断完善和拓展"明厨亮灶"的内涵和外延，进一步实现"明厨亮灶"与食品溯源信息、监督检查等信息的对接，促进餐饮服务提供者规范管理，实现餐饮服务食品安全监管由"他律"向"自律"、由"被动"向"主动"的转变，不断提升食品安全管理水平。

（三）加强宣传动员。各区市场监管局要通过各种途径，广泛宣传"明厨亮灶"工作这一餐饮服务食品安全监管的新方式、新手段，使市民主动参与食品安全监督，力争实现餐饮服务提供者、市民、监管部门"共赢"的良好效果，为"明厨亮灶"进一步深入推进和持续发展提供保障。

（四）强化监督指导。要加强对推进"明厨亮灶"工作的督促和指导，及时总结经验，统筹推进。市市场监管局将根据各区推进工作情况，适时开展实地督导和交流经验做法，推进"明厨亮灶"工作深入开展。

五、信息上报

各区市场监管局对于尚未开展"明厨亮灶"工作的中型以上餐饮服务提供者要摸清底数，做好销项式管理。各区市场监管局于 4 月 20 日前将尚未开展"明厨亮灶"工作的中型以上餐饮服务提供者名单（附件 2）通过内网邮件的形式上报至市市场监管局食品经营安全监督管理处。2019 年，在每个季度最后一个月的 15 日之前通过内网邮件上报季度工作小结及《餐饮服务"明厨亮灶"工作进展统计表》（附件 3）。

联系电话：021-6422000 转 2712 分机。

附件：

1. 市场监管总局关于印发餐饮服务明厨亮灶工作指导意见的通知（略）

2. 尚未开展"明厨亮灶"工作的中型以上餐饮服务提供者名单（略）

3. 餐饮服务"明厨亮灶"工作进展统计表（略）

上海市市场监督管理局

2019 年 4 月 3 日

上海市市场监督管理局关于在本市部分区开展食品经营许可"一证多址"审批试点工作的通知

（沪市监食经〔2019〕344号）

浦东、黄浦、长宁、虹口区市场监督管理局：

为深入推进"证照分离"改革，加快上海市食品经营许可改革步伐，根据《中华人民共和国食品安全法》《上海市食品安全条例》《食品经营许可管理办法》《上海市行政审批告知承诺管理办法》等规定，我局研究制定了《上海市食品经营许可"一证多址"审批实施方案（试行）》（详见附件），现印发给你们，请按照方案要求，认真推进落实。

实施过程中如有问题，请及时与市市场监管局食品经营处联系。

附件：上海市食品经营许可"一证多址"审批实施方案（试行）

上海市市场监督管理局

2019年8月29日

附件

上海市食品经营许可"一证多址"审批实施方案（试行）

第一章　总　则

第一条　目的和依据

为深入推进"证照分离"改革、优化营商环境，加快上海市食品经营许可改革步伐，保障食品安全，根据《中华人民共和国食品安全法》《上海市食品安全条例》《食品经营许可管理办法》《上海市行政审批告知承诺管理办法》等规定，制定本实施方案。

第二条　定义

本实施方案所称"一证多址"审批，是指对符合本实施方案规定条件的本市直营连锁食品经营企业及分支机构（包括食品销售和餐饮服务企业，下同），采取评审承诺制审批方式。即对企业总部经现场评审合格后发放《食品经营许可证》；对分支机构（直营门店，不含加盟店等，下同）采取告知承诺方式进行审批，不再单独发放《食品经营许可证》。分支机构的许可信息标注在总部《食品经营许可证》上。

第三条　适用范围

本实施方案"一证多址"审批适用于对以下直营连锁食品经营企业的食品经营许可：

在本市注册，在本市范围内具有同一企业总部、使用统一商号（字号），实行统一采购配送食品、统一规范经营管理，并在本市范围内已具有10家及以上分支机构，且各分支机构经营项目、工艺流程布局、设备设施相同或相近的企业法人。

本实施方案试行范围为浦东、黄浦、长宁、虹口区。

第四条　通用审批条件

申请"一证多址"《食品经营许可证》的申请人，其企业总部或其分支机构符合《食品经营许可管理办法》和《上海市食品经营许可管理实施办法》规定的从事食品经营的基本条件。

第二章　审批相关规定

第一节　评　审

第五条　申请主体

评审按照自愿的原则，由企业总部住所所在地的区市场监管局向市市场监管局提出"一证多址"评审申请。

第六条　申请材料

申请评审的，由区市场监管局向市市场监管局提交以下材料：

（一）接受现场评审场所营业执照复印件；

（二）现场评审场所标准化流程布局和设施设备示意图；

（三）统一采购食品、规范经营管理基本情况（附件1）；

（四）直营连锁食品经营企业食品安全管理制度（可参照附件2）；

（五）《直营连锁食品经营企业总部评审申请书》（附件3）。

同时还应提供企业总部或本市范围内1家分支机构作为开展现场评审的场所。

第七条　现场评审

对"一证多址"《食品经营许可证》的申请，应实施现场评审。

评审工作由市市场监管局负责组织。

第八条　评审组

现场评审由评审组实施，评审组一般由不少于3人组成，包括市市场监管局、所在地区市场监管局及有关技术专家等。

第九条　评审时限

市市场监管局应当自收到区市场监管局评审申请后10个工作日内实施并完成评审。

第十条　评审内容

评审内容包括书面评审和现场评审。

评审按照《食品经营许可管理办法》《食品经营许可审查通则》，参照《上海市食品经营许可管理实施办法》等规定进行。

第十一条　评审结果

评审组综合考虑书面评审、现场评审情况，以《直营连锁食品经营企业"一证多址"评审表》（附件4）形式出具评审结果。对符合许可条件的，由评审组出具《评审结果告知书》（附件5），并反馈企业总部所在地的区市场监管局。

第十二条　评审结果的有效期

《评审结果告知书》有效期2年。《评审结果告知书》有效期届满后，经区市场监管局申请可再次组织评审。

《评审结果告知书》尚在有效期内，区市场监管局也可提出重新评审。区市场监管局提出重新评审的，评审组应当收回原《评审结果告知书》。

第二节　企业总部的审批

第十三条　申请材料

符合"一证多址"审批条件的企业总部申请"一证多址"《食品经营许可证》的，应向所在地的区市场监管局提交以下材料：

（一）《食品经营许可申请书》；

（二）已取得《食品经营许可证》的企业总部，还应提交《食品经营许可证》。

第十四条　企业总部的审批

经形式审查符合要求的，区市场监管局可根据申请人提交的材料当场核发"一证多址"《食品经营许可证》。

"一证多址"《食品经营许可证》有效期为自发放日起 5 年。

第三节　分支机构的审批

第十五条　告知承诺

对已取得"一证多址"《食品经营许可证》企业，其在本市的分支机构如申请相同主体业态、经营项目食品经营许可的，区市场监管局可实行告知承诺审批。

第十六条　申请

直营连锁食品经营企业分支机构应向所在地的区市场监管局提出申请。

第十七条　申请材料

（一）《食品经营许可申请书》；

（二）《直营连锁食品经营企业告知承诺书》（附件 6）；

（三）分支机构营业执照复印件；

（四）申请人委托他人代办的，代理人应当提交授权委托书以及代理人的身份证明文件。

第十八条　审批

分支机构所在地的区市场监管局根据企业总部提交的申请材料，经形式审查符合本实施方案第十七条要求的，可当场发放该分支机构的《一证多址企业食品经营许可公示信息表》（附件 7）。

第十九条　结果反馈

区市场监管局对取得《一证多址企业食品经营许可公示信息表》的分支机构，应及时录入本市食品经营许可、监管信息化系统，并反馈企业总部发证部门。

企业总部"一证多址"《食品经营许可证》上增加相应信息。

第三章　变更、延续与注销

第二十条　企业总部的变更

因企业总部名称、法定代表人等信息发生变化，涉及企业总部及其所有分支机构统一变更的，可向企业总部所在地区市场监管局提出。相关信息反馈各分支机构所在地的区市场监管局。

变更内容涉及主体业态、经营项目等内容的，总部所在地区市场监管局可以报请市市场监管局组织评审。

第二十一条　分支机构的变更

取得"一证多址"《食品经营许可证》后，企业总部可以申请许可事项变更。单个分支机构变更名称、负责人等信息的，可以向分支机构所在地的区市场监管局提出。涉及主体业态、经营项目变更的，该分支机构应单独取得《食品经营许可证》。相关信息反馈企业总部发证部门。

第二十二条　延续

"一证多址"《食品经营许可证》有效期届满后的延续，参照国家及本市食品经营许可相关规定执行。

第二十三条　注销

申请人取得"一证多址"《食品经营许可证》后，可以向分支机构所在地的区市场监管局提出分支机构注销申请。区市场监管局经审核后，可以注销该分支机构，并收回该分支机构的《一证多址企业食品经营许可公示信息表》。相关信息反馈企业总部发证部门。

第四章　监督管理

第二十四条　开业后检查

在新开分支机构取得《一证多址企业食品经营许可信息公示表》后 1 个月内，辖区市场监管局应当结合日常监管，对被审批人的承诺内容是否属实进行检查。发现实际情况与承诺内容不符的，按照相关法律法规予以处罚并要求其限期整改；逾期不整改或者整改后仍不符合条件的，可撤销该分支机构的《一证多址企业食品经营许可信息公示表》。

第二十五条　信息报告

各区市场监管局在日常监管、举报投诉等工作中发现企业总部或分支机构存在不再适用"一证多址"审批情形的，应主动向市市场监管局报告。

市市场监管局可以收回《评审结果告知书》。

第五章　附　　则

第二十六条　数据共享

本实施方案中申请人的证照材料，能够通过数据共享、网络核验的或能够通过电子证照库调取的，申请人可以不提交。

第二十七条　施行日期

本方案自印发之日起施行。

附件：

1. 统一采购配送食品、规范经营管理基本情况（略）

2. 直营连锁食品经营企业食品安全管理制度（目录）（略）

3. 直营连锁食品经营企业总部评审申请书（略）

4. 直营连锁食品经营企业"一证多址"评审表（略）

5. 评审结果告知书（略）

6. 直营连锁食品经营企业承诺书（略）

7. 一证多址企业食品经营许可信息公示表（样式）（略）

上海市市场监督管理局关于印发上海市食品经营者食品安全主体责任清单的通知

（沪市监食经〔2019〕455号）

各区市场监管局：

为进一步落实本市食品经营者落实食品安全主体责任，保障食品质量安全，依据《食品安全法》《上海市食品安全条例》《食用农产品市场销售质量安全管理办法》等相关法律法规，我局制定了《上海市餐饮服务单位食品安全主体责任清单》和《上海市食品销售单位食品安全主体责任清单》，现印发给你们，请结合监管工作实际，对食品经营者食品安全主体责任开展广泛宣传和培训，使食品经营者明确自身主体责任范围，并积极开展自查自纠，规范经营，守法经营，接受社会监督。

附件：

1. 上海市餐饮服务单位食品安全主体责任清单（略）
2. 上海市食品销售单位食品安全主体责任清单（略）

上海市市场监督管理局

2019 年 10 月 29 日

上海市市场监督管理局 上海市教育委员会关于进一步加强中小学校、幼儿园食品安全管理工作的意见

（沪市监餐〔2019〕905号）

各区市场监管局、教育局：

中小学校、幼儿园（以下统称学校）的食品安全事关广大青少年和儿童的健康成长，关系千万家庭的幸福和社会的稳定。市委、市政府高度重视学校食品安全工作，各有关部门将学校作为食品安全工作的重中之重，推动学校提高食品安全保障水平，但影响学校食品安全的因素依然存在，社会广泛关注。为进一步加强本市学校食品安全管理工作，保障广大师生饮食安全，现提出如下意见。

一、工作目标

认真贯彻《中华人民共和国食品安全法》《上海市食品安全条例》和国务院食品安全办加强校园食品安全工作精神，牢固树立"四个意识"，全面落实食品安全"四个最严"，始终把学校食品安全作为工作的重点。推动学校食品安全管理主体责任进一步落实，食品安全管理制度进一步健全，食品安全管理工作进一步加强，形成有效管控食品安全风险的长效管理机制，使广大家长和师生安心、放心。

二、工作重点

（一）进一步落实学校食品安全管理主体责任

学校应当按照《中华人民共和国食品安全法》等规定，落实食品安全管理主体责任，将食品安全作为学校安全工作的重要内容。学校食品安全管理工作实行校长（园长）负责制，并明确校长（园长）、学校相关部门和人员的具体职责。学校应建立健全食品安全管理制度并严格执行，制度中每项工作应当明确执行人员和监督人员。学校未按规定落实食品安全管理责任的，市场监管部门、教育行政部门依法对法定代表人或者主要负责人进行责任约谈；存在食品安全违法行为的，市场监管部门依法实施行政处罚；情节严重的，教育行政部门对学校校长和食品安全负责人依法给予处分，或责令学校对相关人员给予处分；构成犯罪的，依法追究刑事责任。

（二）进一步加强"放心学校食堂"建设

以"明厨亮灶"和信息公开等为重点，开展新一轮"放心学校食堂"建设。学校应当按照市场监管总局《餐饮服务明厨亮灶工作指导意见》和本市"放心学校食堂"要求，主动向家委会公开食品加工过程、食品原料来源、食堂自查情况、承包企业状况、菜谱等信息，并提供可供学生和家长反映问题和提出建议的渠道。未能按规定实施"明厨亮灶"的学校，不再授予"放心学校食堂"称号。有条件的地区，应当将上述信息与辖区市场监管部门对接。

（三）进一步加强学校食堂食品安全检查

建立食堂食品安全状况学校自查、责任督学检查和家委会抽查制度，持续开展食品安全隐患排查，及时整改检查发现问题。学校食品安全管理人员每日自查，校长每周自查，责任督学每月检查，家委会随机抽查，自查、检查、抽查和问题整改情况应按规定记录和保存。市场监管部门应当加强学校食堂的监督检查，每学期开学前后，应当会同教育行政部门开展学校食品安全专项监督检查，学期

期间还应当开展一次监督检查，督促指导学校落实食品安全管理主体责任。对于检查发现存在问题的学校，市场监管部门应当督促整改到位，并提高下一学期的监督检查频次。鼓励各区教育局建立专门的食品安全管理机构，组建专门的工作队伍，开展学校食堂的食品安全教育和日常管理，降低食品安全风险，及时消除食品安全隐患。

（四）进一步加强学校食堂承包企业管理

引入社会力量承包学校食堂的学校，应当建立严格的准入条件，以招投标等方式公开选择取得食品经营许可、食品安全信用良好的餐饮服务企业。学校应当与承包方依法签订委托经营合同，明确双方的食品安全义务，以及承包方出现食品安全问题的退出机制。学校应当监督承包方履行食品安全责任，保障食品安全。承包方应当依照法律、法规以及合同约定进行经营，并接受学校的监督。学校应自委托经营合同签订之日起15日内，将承包方名称、社会信用代码、食品经营许可证号、联系人、联系方式等报当地市场监督管理部门和主管教育行政部门。承包企业存在食品安全违法行为的，市场监管部门应当依法实施行政处罚；构成犯罪的，依法追究刑事责任。市市场监管部门联合市教育行政部门建立学校食堂承包企业食品安全信用管理制度，承包企业存在不良信用记录的，市场监管部门应当增加监督检查频次；情节严重的，学校应当终止其承包经营活动。

（五）进一步加强食品安全信息追溯和源头管理

学校应当按照《上海市食品安全信息追溯管理办法》和市市场监管局、市教委有关工作要求，及时、准确地向本市学校食品安全管理平台录入食品安全追溯等信息，进一步规范学校食品安全信息追溯工作，确保采购食品与管理平台录入信息的一致。采购食品原料应当依法履行索证、索票、查验、记录等义务，并按照《上海市食品安全条例》《餐饮服务食品安全操作规范》规定，建立主要原料和食品供应商评价和退出机制，对主要原料和食品供应商的食品安全状况进行评价。经评价不符合要求的，应当立即停止采购并及时更换。

（六）进一步加强学校和承包企业人员食品安全培训

学校和承包企业负责人、食品安全管理人员、食品从业人员应当按照《上海市食品安全条例》规定，接受食品安全培训，并经考核合格。食品安全管理人员、食品从业人员考核不合格的，不得上岗。食堂供餐和加工时段，食品安全管理人员应当在岗从事食品安全管理工作。区教育行政部门及其下属机构从事食品安全管理的人员，也应当接受食品安全培训和考核。市场监管部门开展监督检查时，应当对食品安全培训情况开展重点检查，并按规定对学校和承包企业负责人、食品安全管理人员和从业人员开展监督抽查考核。

三、工作要求

（一）提高思想认识，落实党政同责

各级党委、政府要切实提高政治站位，以高度的政治责任感和使命感，充分认识学校食品安全工作的重要意义，将学校食品安全工作纳入食品安全重点工作，各级食药安办要把学校食品安全纳入食品安全年度考核指标和创建食品安全城区的重要内容，加强对学校食品安全工作的组织领导和执行落实，推动学校食品安全水平持续提高。

（二）坚持问题导向，强化检查处置

学校食品安全检查要以问题为导向，强化安全隐患排查和问题整改。市场监管部门对于检查中发现的食品安全违法违规行为，应当从严进行查处。接到学校食物中毒等食源性疾病报告或学校食品安全事件舆情后，要立即赴现场依法开展调查处置，并及时公布事实，回应社会关切，以正面声音引领舆论，避免舆情发酵。

（三）严格责任追究，强化责任落实

学校发生食源性疾病责任事件，或因处置不当引发重大舆情的，对学校校长和食品安全负责人进行严肃问责。承包公司存在严重违法行为的，按规定纳入严重违法重点监管名单，采取相应联合惩戒措施。属于《食品安全法》第一百二十三条规定的"情节严重"，尚不构成犯罪的，由公安机关依法对相关责任人员处以行政拘留。

上海市市场监督管理局

上海市教育委员会

2019 年 1 月 10 日

上海市酒类商品产销管理条例（2010 年修正本）

（1997 年 10 月 21 日上海市第十届人民代表大会常务委员会第三十九次会议通过根据
2010 年 9 月 17 日上海市第十三届人民代表大会常务委员会第二十一次会议
《关于修改本市部分地方性法规的决定》修正）

第一条 为了加强本市酒类商品的产销管理，保护消费者和经营者的合法权益，根据国家有关法律、法规，结合本市实际情况，制定本条例。

第二条 本条例所称的酒类商品，包括白酒、黄酒、啤酒、果酒以及其他含有乙醇的饮料。

第三条 在本市行政区域内从事酒类商品生产、批发和零售业务活动，应当遵守本条例。

第四条 上海市商务行政管理部门是本市酒类商品产销管理的行政主管部门。

上海市酒类专卖管理局（以下简称市酒类专卖局）在上海市商务行政管理部门的领导下，具体负责本条例的实施。

区、县酒类商品管理部门按照职责分工，在市酒类专卖局的指导下，负责本辖区内酒类商品产销管理。

第五条 本市工商行政管理、质量技术监督、卫生、物价、税务、公安等部门依照法律、法规的有关规定，协同做好本市酒类商品的产销管理工作。

第六条 本市酒类商品的生产、批发和零售，实行许可证制度。

第七条 申领本市酒类商品生产许可证的企业，应当具备符合酒类商品生产规定的注册资本、生产场地、设施、工艺、检测手段和卫生、环保条件，并具有熟悉酒类商品生产的专业技术人员。

第八条 申领本市酒类商品批发许可证的企业，应当具备符合规定的注册资本、经营场所和仓储设施，并具有熟悉酒类商品业务知识的人员。

第九条 申领本市酒类商品生产或者批发许可证的企业，应当向市酒类专卖局提出申请，市酒类专卖局应当在收到申请书之日起三十日内作出书面答复，经审核同意的，发给酒类商品生产或者批发许可证。

取得酒类商品生产许可证的企业，可以从事本企业生产的酒类商品的批发业务。

第十条 申领本市酒类商品零售许可证的企业或者个体工商户，应当向其所在地的区、县酒类商品管理部门提出申请，区、县酒类商品管理部门应当按照方便消费、合理布局的原则，在收到申请书之日起十五日内作出书面答复，经审核同意的，发给酒类商品零售许可证。

第十一条 持有本市酒类商品生产、批发或者零售许可证的企业，在取得食品卫生许可证、工商营业执照后，方可从事酒类商品的生产、批发或者零售业务。

持有本市酒类商品零售许可证的个体工商户，在取得食品卫生许可证、工商营业执照后，方可从事酒类商品的零售业务。

第十二条 持有本市酒类商品生产、批发或者零售许可证的企业以及持有本市酒类商品零售许可证的个体工商户，因名称、地址变更或者合并、撤销的，应当向发证单位办理许可证变更、注销手续。

第十三条 禁止涂改、伪造、转借、买卖酒类商品的生产、批发和零售许可证。

第十四条 酒类商品生产企业新开发的酒类商品，应当报送市酒类专卖局审检，经审检合格的方可投入生产。

第十五条 酒类商品生产企业应当保证产品质量，对其生产的每批酒类商品进行质量检验，检验合格的，出具合格证明，未经检验合格的，不得出厂销售。

第十六条 酒类商品生产企业采购酒类半成品，应当索取并查验生产企业的产品质量标准、产地县级以上质量监督检验机构或者食品卫生监督机构核发的合格证。

酒类商品批发、零售企业和个体工商户采购酒类商品，应当查验合格证明，其包装上标明优质产品的，还应当索取并查验相应的证明文件。

酒类商品批发、零售企业和个体工商户采购进口酒类商品，应当依照国家有关规定，索取并查验有关进口和质量的证明文件。

第十七条 酒类商品生产、批发、零售企业和个体工商户不得生产、批发和零售假冒伪劣或者标识不符合国家规定的酒类商品。

第十八条 酒类商品的质量，由市质量技术监督部门认可的酒类商品检测机构鉴定。

第十九条 市酒类专卖局和区、县酒类商品管理部门应当加强对本市酒类商品生产、批发、零售企业和个体工商户的监督检查，并定期进行市场抽检。

酒类商品生产、批发、零售企业和个体工商户应当接受市酒类专卖局和区、县酒类商品管理部门的监督检查，如实提供有关资料，不得拒绝、阻挠检查。

第二十条 对酒类商品生产、批发和零售活动中的违法经营行为，消费者可以向市酒类专卖局或者区、县酒类商品管理部门投诉、举报。

市酒类专卖局和区、县酒类商品管理部门对消费者或者其他人员的投诉、举报，应当及时调查处理。

第二十一条 酒类商品生产、批发、零售企业和个体工商户违反本条例规定，给消费者造成损害的，应当承担赔偿责任。

第二十二条 违反本条例规定，由市酒类专卖局或者区、县酒类商品管理部门依照下列规定予以处罚：

（一）对无生产许可证生产或者批发酒类商品的，责令其改正，没收违法生产的酒类商品和违法所得，并可处以二万元以下罚款；

（二）对无批发许可证批发酒类商品的，责令其改正，没收违法所得，并可处以二万元以下罚款；

（三）对无零售许可证零售酒类商品的，责令其改正，没收违法所得，并可处以五千元以下罚款；

（四）对未按规定办理酒类商品生产、批发或者零售许可证变更、注销手续的，责令其改正，并可处以五千元以下罚款；

（五）对涂改、伪造、转借、买卖酒类商品生产、批发和零售许可证的，没收违法所得，并可处以二万元以下罚款；

（六）采购进口酒类商品，未按国家有关规定取得相应证明文件的，责令其改正，拒不改正的，可处以一万元以下罚款；

（七）对生产、批发和零售假冒伪劣酒类商品的，责令其改正，没收违法生产、批发和零售的酒类商品和违法所得，并可处以违法所得一倍以上五倍以下罚款；情节严重的，并可吊销酒类商品生产、批发或者零售许可证；构成犯罪的，依法追究刑事责任；

（八）对生产、批发和零售标识不符合国家规定的酒类商品的，责令其改正，情节严重的，并可处以违法所得百分之十五至百分之二十罚款。

吊销酒类商品生产、批发许可证的处罚，由市酒类专卖局决定。

第二十三条 对违反本条例规定的违法行为，法律、法规对行使行政处罚权的行政机关另有规定的，可由法律、法规规定的行政机关进行处罚。

对当事人的同一个违法行为，不得给予两个以上罚款的行政处罚。

第二十四条 市酒类专卖局和区、县酒类商品管理部门作出行政处罚，应当出具行政处罚决定书。收缴罚款和没收财物时，应当出具市财政部门统一制发的收据。

罚没款全部上缴国库。

第二十五条 当事人对具体行政行为不服的，可以依照《中华人民共和国行政复议法》和《中华人民共和国行政诉讼法》的规定，申请行政复议或者提起行政诉讼。

当事人在法定期限内不申请复议，不提起诉讼，又不履行具体行政行为的，作出具体行政行为的部门可以申请人民法院强制执行。

第二十六条 市酒类专卖局和区、县酒类商品管理部门的工作人员违反本条例，玩忽职守、滥用职权、徇私舞弊的，由其所在单位或者上级主管部门给予行政处分；构成犯罪的，依法追究刑事责任。

第二十七条 本条例的具体应用问题，由上海市商务行政管理部门负责解释。

第二十八条 本条例自 1998 年 1 月 1 日起施行。

上海市市场监督管理局关于推进本市餐饮服务单位复工复业和加强食品安全工作的通知

（沪市监食经〔2020〕116号）

各区市场监管局，市局执法总队：

为贯彻落实3月13日市政府复产复工复市工作协调机制视频会议精神，根据《中华人民共和国食品安全法》《上海市食品安全条例》等法律法规规定，以及《市场监管总局　国家药监局　国家知识产权局支持复工复产十条》（国市监综〔2020〕30号）《市商务委关于转发商贸、餐饮等行业复工复产复市工作指引的通知》（沪商服务〔2020〕58号）等文件要求，我局形成了推进本市餐饮服务单位复工复业和加强食品安全工作的有关要求，现通知如下：

一、积极主动帮助餐饮服务单位复工复业

（一）坚持统筹兼顾。深入学习贯彻习近平总书记重要讲话精神，坚定信心、同舟共济、科学防治、精准施策，坚持疫情防控和经济社会发展"两手抓、两手硬、两不误"，统筹做好疫情防控和改革发展稳定各项工作，尤其要积极帮助餐饮服务单位有序复工复业，努力把疫情带来的不利影响降到最低程度。

（二）加强指导服务。加强工作协调，走访了解餐饮服务单位未能复工复业原因，解决政策的堵点、难点问题，推动"沪28条"政策措施落实落细，提升餐饮服务单位的感受度和获得感。开展餐饮服务单位复工复业分类指导，配合相关部门和街镇解决复工复业中存在的员工到岗率低、房租压力大等困难和问题，实施"一企一策""一店一策"，着力提高复工复业率。鼓励网络食品交易第三方平台提供者通过降低扣点费率、减免佣金年费等措施支持餐饮服务单位复工复业。对相关企业和网络食品交易第三方平台提供者积极承担复工复业社会责任的行为，加大宣传力度，鼓励企业履行承诺。

（三）严格监督检查。落实属地管理责任，完善餐饮服务单位疫情防控和食品安全监管工作机制，会同相关部门和街镇加强对已复工复业餐饮服务单位的巡查复核。密切跟踪餐饮服务单位复工复业过程中疫情防控和食品安全管理，发现未严格落实疫情防控要求或存在食品安全风险隐患的，要立即责令整改，严防发生聚集性疫情或食品安全事件。

二、落实餐饮服务单位主体责任

（一）餐饮服务单位应当建立疫情防控和食品安全管理制度，落实各项疫情防控措施。保持加工经营场所清洁卫生，消除虫害孳生和藏匿地，定期对加工经营场所设施进行清洗消毒。保持加工经营场所空气流通，全面清理杂物和废旧物品，确保食品和物品存放整洁。

（二）餐饮服务单位应当每天对就餐场所、菜单簿、保洁设施、人员通道扶手、电梯间和洗手间等消费者频繁使用和接触的物体表面进行消毒，洗手间应当配备洗手水龙头（鼓励使用非接触式水龙头）及洗手液、免洗手消毒剂等。

（三）从业人员应当佩戴口罩上岗，并按规定及时更换口罩（如非一次性口罩，每隔2～4小时消毒一次），确保防护效果。每天对从业人员进行至少2次测量体温检查，发现有发热（37.3℃以上）、咳嗽等症状的，应当立即停止其工作并督促其及时就诊，在排除新型冠状病毒感染及症状消失前不得上岗。

（四）从业人员应当勤洗手，特别是接触直接入口食品前应当规范洗手和消毒，并佩戴一次性手套。手部清洗消毒参照《餐饮服务食品安全操作规范》中附录"餐饮服务从业人员洗手消毒方法"。

三、落实食品安全管理要求

（一）严格执行食品经营许可制度。餐饮服务单位持有的食品经营许可、酒类商品批发许可、酒类商品零售许可或小型餐饮单位临时备案，已于 2020 年 1 月 24 日（含当日）后到期的，有效期可顺延至本市重大突发公共卫生事件一级响应解除之日起 30 天内（含第 30 天）。

（二）严格执行食品从业人员健康管理制度。凡未取得健康证明的从业人员不得从事接触直接入口食品的工作。从业人员所持健康证明在 2020 年 1 月 24 日（含 1 月 24 日）后有效期届满，因受疫情防控影响暂时无法重新进行健康检查的，有效期限顺延至本市重大突发公共卫生事件一级响应解除之日起 90 日内（含第 90 天）。

（三）落实"堂食"服务管理要求。餐饮服务单位应当根据就餐场所大小、通风条件等情况，以最大限度减少人群集聚风险为原则，采用错时用餐、屏风隔离等措施。家庭成员"堂食"可以安排同桌就餐。

（四）建立用餐后及时消毒制度。每桌每批次顾客用餐后，餐饮服务单位应当对餐桌椅、菜单簿等易接触处进行消毒后，再安排下一批次顾客就餐。

（五）倡导文明卫生消费习惯。鼓励餐饮服务单位采用分餐、套餐、外带、外卖等方式分散供餐用餐。根据顾客需要，餐饮服务单位应主动提供公筷、公匙等公用餐饮用具。

（六）倡导非接触式预约用餐服务。鼓励采用网络平台或手机电话等方式预约用餐时间，引导顾客提前用微信、支付宝等网上流程点餐，减少顾客用餐排队等候时间。用餐高峰时间如出现排队等候时，餐饮服务单位应当做好维护秩序工作，设立排队等候专区，提示等候时顾客保持安全间隔距离。

（七）落实网络餐饮服务和外卖食品管理要求。外卖食品配送应当采用密封盛放或使用"食安封签"防止配送过程污染。鼓励使用"安心卡"记录食品烧制、配送时间、加工配送人员健康等信息。外卖食品配送人员应当每天进行测量体温并做好记录，配送过程应当全程佩戴口罩。对外卖配送食品的保温箱、物流车厢及物流周转用具应当增加每天清洁消毒频次。

四、落实食品原料清理、采购和加工管理要求

（一）开展库存食品原料清理工作。及时自查清理变质或者超过保质期的食品，予以销毁或无害化处理，并做好记录台账。确因疫情原因导致过期、变质等废弃食品数量大，无法及时进行无害化处理的，应当予以封存并标明废弃食品。

（二）严格执行食品原料索证索票和进货查验制度。做好畜禽肉及其制品的合格证明、交易凭证等票证查验和台账记录。对采购的猪肉要查验和留存"两证一报告"（动物检疫合格证明、肉品品质检验合格证明、非洲猪瘟检测报告），禁止采购经营未按规定进行检验检疫或检验检疫不合格或来源不明的畜禽肉及其制品。禁止非法使用野生动物及其制品作为原料加工经营食品。禁止在食品经营场所内饲养和宰杀活畜禽等动物。

（三）遵循食品操作卫生规范。防止生熟交叉污染，确保食品烧熟煮透。生熟食品容器分开使用、生熟食品冰箱存放分开、生熟食品加工过程分开、冷食和生食专人制作；减少供应冷食、生食的品种和数量。

（四）确保餐饮用具卫生安全。严格餐饮用具清洗消毒后使用，餐饮用具的清洗消毒参照《餐饮服务食品安全操作规范》中附录"推荐的餐用具清洗消毒方法"。餐饮用具消毒后应当存放在密闭保洁柜内，供餐时即时提供，不得预先将餐饮用具摆放在餐桌。

（五）严格食品贮存条件。食品贮存应当在符合的温度条件下，采用密闭容器或保鲜膜覆盖等方法，避免食品、半成品长时间裸露在空气中。鼓励按需加工，现点（餐）现做，现做现吃，缩短成品存放时间。

上海市市场监督管理局

2020 年 3 月 15 日

上海市市场监督管理局关于发布《传染病流行期间餐饮服务单位经营安全操作指南》地方标准的通知

（沪市监标技〔2020〕158号）

各有关单位：

《传染病流行期间餐饮服务单位经营安全操作指南》地方标准已经我局审查通过，现予以发布。

DB31/T 1221—2020 传染病流行期间餐饮服务单位经营安全操作指南

该标准自 2020 年 4 月 7 日起实施。

特此通知。

上海市市场监督管理局

2020 年 4 月 7 日

上海市市场监督管理局关于落实本市早餐工程建设的实施意见

（沪市监食经 20200358 号）

各区市场监管局，临港新片区市场监管局：

为贯彻落实市委办公厅、市政府办公厅《关于进一步推进我市早餐工程建设的意见》（沪委办〔2020〕36 号），减轻疫情对本市食品经营企业的影响，促进新生代互联网食品经营企业健康平稳发展，现就进一步落实本市早餐工程建设，优化营商环境提出如下意见：

一、规范许可行为，持续优化本市营商环境

1. 落实审改要求，精简许可申请材料。严格按照"双减半"、"两个免于提交"等工作要求，明确在许可受理阶段，申请人仅需提交申请书、设施布局操作流程文件等关键材料。对于可以通过电子证照库调用或者数据核验的营业执照、身份证等材料免于申请人提交；对于"保证食品安全的规章制度"、"保证公共场所卫生的规章制度"、"餐厨废弃食用油脂管理制度"、"餐厨废弃油脂产生申报和签订收运合同"等材料，允许申请人在现场核查时、许可证件领取时或在约定期限内提交。

2. 坚持依法行政，逐步厘清部门职责。除《市场监督管理行政许可程序暂行规定》第十五条第（一）项、第（二）项、第（四）项规定的情形外，市场监管部门对申请人提交的食品经营许可申请应当予以受理。规范审查内容，坚持依法行政，严格依照《食品经营许可管理办法》以及《食品经营许可审查通则（试行）》的规定进行审查，保证食品安全。在事中事后监管中，按照"四个最严"的工作要求，严肃查处未取得《食品经营许可证》或超出《食品经营许可证》核准范围从事食品经营活动的违法行为。

3. 完善服务机制，提高行政审批效率。公开许可受理依据，逐条细化审批服务标准。在审批流程上，通过审批服务事项办理流程图，展示许可受理、审查、批准等环节流程及时限要求，为申请人办理许可提供清晰指引，推进食品经营许可的无差别办理。

二、支持企业创新，助推在线新经济的发展

4. 提升服务理念，优化许可审查标准。严格按照《中华人民共和国食品安全法》《食品经营许可管理办法》和《食品经营许可审查通则（试行）》，实施统一的许可审查标准。对小型饭店、饮品店（不含食品现制现售）等业态的经营场所面积、冷食类食品制售专间面积不再设置最低要求，对各类饭店、饮品店的食品处理区面积与就餐场所面积之比不设上限。审核时允许将取餐等候区、自助取餐柜等面积计入就餐场所面积。

5. 坚持安全底线，实施风险分级管控。树立食品安全风险分类管理理念，对食品销售经营者申请从事兼营餐饮服务的，在符合食品制售许可标准后，可以核发相应经营项目。允许主体业态为餐饮服务提供者（现制现售）的经营者申请现制现售类生食类（非即食）食品制售经营项目。依据《食品经营许可管理办法》的要求，将食品加工经营设施设备要求、食品安全风险等级相同或相近的经营项目予以调整，对符合糕点类食品制售（蒸煮类糕点）经营项目审查条件的申请人统一核发热食类食品制售经营项目，助力经营者开展多样化经营，丰富供应品种。

6. 优化准入条件，支持食品经营新业态发展。在确保食品安全的前提下，按照《食品经营许可

管理办法》《食品经营许可审查通则（试行）》，参照《餐饮服务食品安全操作规范》，进一步优化调整《上海市食品经营许可管理实施办法（试行）实施指南》相关审查标准，由原按主体业态二级目录进行许可审查调整为以经营项目为主、兼顾主体业态审查，积极破解新兴业态经营者的准入困境。对各类饭店、食堂（不含学校食堂、工地食堂）等业态的审查按新推荐标准实施（详见附件），对申请"含网络"经营项目的申请人，不再审核单位时间外送量。

三、依托"一网通办"，促进线上线下深度整合

7. 倡导网上办理，推进无纸化不见面审批。积极引导申请人通过"一网通办"等线上渠道办理许可业务，减少跑动次数，提倡"不见面审批"。对于申请人通过网上办理许可事项的，实际办结时限比承诺办结时限平均减少一半。加大许可信息化建设力度，年内基本实现食品经营许可电子证书的发放，进一步拓宽电子许可证的应用场景。

8. 利用信息技术，打造统一高效许可系统。进一步发挥机构改革优势，升级许可审批系统，优化办事流程，逐步实现食品经营许可与酒类商品经营许可同步受理、同步发证，申请人可以一次同时办理食品经营与酒类商品经营许可。进一步规范酒类商品经营许可告知承诺，明确散装酒等酒类商品的经营许可条件，提升经营者管理水平。

9. 推广试点经验，扩大"高效办成一件事"实施范围。在2019年部分区试点"开饭店"、"开食杂店"等5个食品经营领域高效办成一件事的基础上，继续会同消防、绿化市容等部门编制完善高效办成一件事的办事规程，继续扩大实施区域覆盖面，简化网上办理手续和流程，方便申请人一次办理开办所需要的许可审批手续。

四、坚持问题导向，推进体制机制创新

10. 破解监管难题，有效释放政策空间。继续落实"证照分离"、"先照后证"等改革要求，明确经营者在取得营业执照等经营者主体资格证明文件后可以申请办理《食品经营许可证》。放宽食品经营许可对场所的限制，明确由经营场地所有人、经营者共同作出承诺后，可以申请办理《食品经营许可证》，解决"前证不销、后证难办"等经营者关注的热点问题，进一步释放经营场所办理许可证的限制。

11. 加强日常监管，进一步理顺退出机制。在放宽食品经营相关许可条件限制的基础上，对确实已停业、搬迁，不再具备经营条件但未申请注销《食品经营许可证》的经营者，依照《食品经营许可管理办法》第三十七条的规定，依职权注销食品经营许可，进一步理顺推出机制，畅通退出渠道。

12. 强化部门协同，构建齐抓共管工作格局。在食品经营许可受理、审批等环节对申请人加大消防安全、生态环境、店招安全等方面的宣传力度，告知申请人者遵守国家以及本市消防安全、生态环境、绿化市容等部门要求，引导其依法合规从事经营。同时，进一步夯实部门协同机制，将食品经营许可证相关信息推送消防安全、生态环境、绿化市容等部门，形成齐抓共管的工作格局。

附件：饭店、机关和企事业单位食堂现场审查推荐标准（略）

上海市市场监督管理局
2020年7月22日

上海市市场监督管理局关于印发《上海市食品销售者食品安全主体责任指南（试行）》的通知

（沪市监食经 20200539 号）

各区市场监管局，临港新片区市场监管局，市局执法总队：

为贯彻落实《中共中央　国务院关于深化改革加强食品安全工作的意见》，进一步督促食品销售者严格落实食品安全主体责任，保障食品质量安全，根据市场监管总局制定的《食品销售者食品安全主体责任指南（试行）》，结合《上海市食品安全条例》《上海市食品安全信息追溯管理办法》等相关地方法规规章，市市场监管局制定了《上海市食品销售者食品安全主体责任指南（试行）》（以下简称《指南》，见附件1），现印发给你们，请结合监管工作实际，对食品经营者食品安全主体责任开展广泛宣传和培训，使食品经营者明确自身主体责任范围，并积极开展自查自纠，规范经营，守法经营，接受社会监督。现将有关要求通知如下：

一、开展"放心食品超市自我承诺活动"。各区市场监管部门要督促食品销售者全面开展食品安全风险隐患排查和整改，在此基础上，广泛发动"守信超市"和"食品安全示范店"向社会公开放心食品自我承诺（承诺内容参考附件2），并在食品销售者经营场所醒目位置张贴承诺内容。至 2020 年年底，全部评定为"守信超市"或"食品安全示范店"食品销售者要公开自我承诺。根据辖区实际，有序推进其他食品销售者开展放心食品销售者自我承诺活动。

二、开展宣传贯彻。各区市场监管部门要利用各种宣传媒介，采取多种形式大力宣传《指南》。指导和支持相关食品行业协会积极开展《指南》的宣传普及工作，引导和鼓励更多的食品销售者参与自我承诺活动，不断提升行业食品安全管理能力和诚信水平。

三、加强监督检查。各区市场监管部门要将推动落实食品销售者主体责任、食品销售者风险分级管理等工作有机结合，加大监督检查力度。对主体责任落实不到位的，要依法依规加大惩处力度。

附件：

1. 上海市食品销售者食品安全主体责任指南（试行）（略）
2. 上海市落实企业食品安全主体责任创建守信超市自我承诺书（略）

上海市市场监督管理局

2020 年 11 月 12 日

上海市市场监督管理局关于延长《上海市酒类商品经营许可和管理办法（试行）》有效期的通知

（沪市监规范〔2022〕5号）

各区市场监管局，临港新片区市场监管局：

经评估，《上海市酒类商品经营许可和管理办法（试行）》（沪市监规范〔2020〕7号）需继续实施，其有效期延长至2024年3月31日。

特此通知。

上海市市场监督管理局

2022年3月30日

上海市市场监督管理局关于印发《上海市餐饮外卖食品安全封签使用管理办法》的通知

（沪市监规范〔2022〕21号）

各区市场监管局，临港新片区市场监管局，市局执法总队、机场分局：

《上海市餐饮外卖食品封签使用管理办法》已经市市场监督管理局局长办公会审议通过，现印发给你们，请认真遵照执行。

上海市市场监督管理局

2022年10月31日

上海市餐饮外卖食品安全封签使用管理办法

第一条（目的和依据）

为了规范餐饮外卖食品安全封签（以下简称食安封签）的使用和管理，降低餐饮外卖食品配送过程中的食品污染风险，保障食品配送安全，根据《中华人民共和国食品安全法》《中华人民共和国消费者权益保护法》《中华人民共和国食品安全法实施条例》《上海市食品安全条例》《网络餐饮服务食品安全监督管理办法》等规定，结合本市实际，制定本办法。

第二条（适用范围）

在本市行政区域内从事餐饮外卖食品配送过程中食安封签的使用及其相关管理活动，适用本办法。

本市行政区域内从事其它食品外卖配送过程中食安封签的使用及其相关管理活动，参照本办法执行。

第三条（定义）

本办法所称食安封签，是指餐饮服务提供者（含入网餐饮服务提供者，下同）为了防止外卖食品在配送过程中受到污染，在其外卖食品的包装容器或配送箱（包）上使用的封口包装件。

本办法所称入网餐饮服务提供者，是指通过第三方平台和自建网站提供餐饮服务的餐饮服务提供者。

第四条（基本要求）

鼓励餐饮服务提供者在餐饮外卖食品配送过程中使用、推广食安封签。

鼓励餐饮连锁企业总部、网络餐饮服务第三方平台提供者、商业物业管理方、各相关食品行业协会、社会组织推广使用食安封签。

鼓励社会各方采用"互联网（物联网）+封签"等技术支撑，对食安封签进行技术创新，实现统一管理、全程追溯、实时监控，提高食安封签使用效能。

第五条（食安封签种类）

食安封签可以分为下列类型：

（一）一次性使用食安封签。一次性使用食安封签应当具备拆启后无法恢复原状、无法重复使用的性能。

（二）可以多次使用的食安封签。可以多次使用的食安封签应当具备防止封签在配送过程中被擅自拆启或者识别是否被拆启的性能和技术。

第六条（食安封签的制作）

食安封签可以由餐饮服务提供者、网络餐饮服务第三方平台提供者或者其它第三方设计制作。

食安封签可以使用个性化标识及广告宣传，但形式及内容应当符合相关法律法规和规章的规定，不得存在违法或者侵犯他人合法权益的内容。鼓励餐饮服务提供者使用自行定制的食安封签。

食安封签落款等标识性内容应符合相关标准要求，规范统一。

不得使用有毒有害等可能造成食品污染的材料制作食安封签。

鼓励使用环保可降解的材料制作食安封签。

第七条（食安封签的信息化应用技术）

鼓励餐饮服务提供者和网络餐饮服务第三方平台在食安封签上印制二维码等信息技术手段，记载餐饮外卖食品的有关信息或展示加工场所信息。通过扫码，结合食品安全信息追溯、"互联网＋明厨亮灶"等工作，实现食品安全信息可追溯、加工过程可视化。

记载的信息包括但不限于所配送餐饮外卖食品的提供者、品种、数量、配送时间以及配送人员等信息。

条码的类型应符合相关标准的要求。

第八条（食安封签使用方式）

食安封签由餐饮服务提供者在餐饮外卖食品的包装容器、配送箱（包）封口位置或者适当位置使用。使用位置和使用方法应当在不破坏封签的情况下足以避免直接接触到食品。

食安封签表面应符合食品配送卫生要求，保持清洁。

第九条（使用食安封签提示）

鼓励通过第三方平台和自建网站提供餐饮服务的餐饮服务提供者和网络餐饮服务第三方平台向消费者提供选择使用食安封签的选项或明示食安封签使用情况。

第十条（餐饮服务提供者的义务）

餐饮服务提供者使用食安封签的，将餐饮外卖食品交给配送人员时，应当确保食安封签的完整性和有效性。

餐饮服务提供者应当妥善保管待使用的食安封签。

第十一条（配送人员的权利和义务）

餐饮外卖食品配送人员在接收使用食安封签的餐饮外卖食品时，应当检查食安封签的完整性和有效性，对未规范使用食安封签或者食安封签损坏或不完整的餐饮外卖食品，可以拒绝接收和配送，并可以通过拍照、录像等方式留证，并及时告知消费者。

餐饮外卖食品配送人员在配送过程中应当保持食安封签的完整性，确保配送过程中食品不受污染。

餐饮外卖食品配送人员在消费者接收餐饮外卖食品时，应当告知消费者当面检查食安封签的完整性，要求消费者签收或确认。

第十二条（无接触配送）

餐饮外卖食品配送人员将采用无接触配送的餐饮外卖食品放置在指定的存放场所的，可以通过拍照、录像等方式记录食安封签状况，并告知消费者尽快取餐。记录中食安封签未被破坏且完整的，视为餐饮外卖食品配送人员完成了配送义务，但消费者有充分证据足以反驳的除外。

第十三条（消费者权利）

消费者在接收使用食安封签的餐饮外卖食品时，如当场发现食安封签不完整或者食安封签已被破坏，可以不予签收或确认，并可以通过拍照、录像等方式留证。

第十四条（人员培训）

餐饮服务提供者、网络餐饮服务第三方平台提供者、外卖食品配送人员劳动关系所在单位应当对食品从业人员、餐饮外卖食品配送人员开展包括食安封签使用、管理、辨别等内容的食品安全知识培训，并按要求保存培训记录。

第十五条（监督引导）

食品安全监管等部门应当督促指导餐饮服务提供者使用食安封签，并将食安封签的使用纳入餐饮服务提供者食品安全风险管理、相关团体标准、地方标准、食品安全示范创建等项目内容。

第十六条（食安封签责任的合同约定）

餐饮服务提供者、网络餐饮服务第三方平台提供者等在与餐饮外卖食品配送人员签订劳动合同、劳务合同等合同时，可以根据法律法规的规定，约定涉及食安封签使用的相关法律责任。

鼓励网络餐饮服务第三方平台提供者将有关食安封签使用的内容，纳入与入网餐饮服务提供者的食品安全管理责任协议。

第十七条（社会共治）

鼓励食品安全监管部门、各相关食品行业协会、社会组织等开展包括食安封签内容的食品安全知识培训，开展相关宣传推介活动。

第十八条（纠纷处置方式）

鼓励网络餐饮服务第三方平台提供者、餐饮服务提供者建立方便快捷的餐饮外卖食品投诉处理机制，引导消费者采用协商和解的方式解决消费争议。和解协议的内容不得违反法律、法规的规定，不得损害社会公共利益和他人合法权益。

鼓励有关社会组织、行业协会制定行业规范，有效化解餐饮外卖食品消费纠纷。

第十九条（未使用或者未规范使用食安封签的首负责任）

未使用或者未规范使用食安封签的餐饮外卖食品，消费者在当场签收时发现食品受到污染，实行餐饮服务提供者首负责任制。

第二十条（使用食安封签的首负责任）

鼓励网络餐饮服务第三方平台提供者以合同的形式，明确餐饮服务提供者使用食安封签后的相关责任。未进行明确的，鼓励由网络餐饮服务第三方平台提供者实行首负责任制。

第二十一条（实施日期）

本办法自 2022 年 11 月 1 日起施行，有效期至 2027 年 10 月 31 日。

上海市市场监督管理局关于印发《上海市餐饮服务食品安全监督量化分级管理办法》的通知

（沪市监规范〔2022〕23 号）

各区市场监管局，临港新片区市场监管局，市局执法总队、机场分局：

《上海市餐饮服务食品安全监督量化分级管理办法》已经 2022 年 11 月 21 日市市场监管局局长办公会审议通过，现印发给你们，请遵照执行。

上海市市场监督管理局

2022 年 11 月 30 日

上海市餐饮服务食品安全监督量化分级管理办法

第一条（目的和依据）

为加强对餐饮服务活动的事中事后监管，规范监督检查行为，强化风险管理，提高监管效能，督促餐饮服务提供者落实食品安全主体责任，根据《中华人民共和国食品安全法》《上海市食品安全条例》《食品生产经营监督检查管理办法》《企业落实食品安全主体责任监督管理规定》《食品生产经营风险分级管理办法（试行）》等法律法规及相关规定，结合本市实际，制定本办法。

第二条（定义）

餐饮服务食品安全监督量化分级管理（以下简称"量化分级"）是指本市市场监管部门根据餐饮服务食品安全风险因素，对监督检查项目和内容进行科学量化，根据检查结果对餐饮服务提供者的食品安全状况进行评价和公示，并根据量化分级结果确定监管重点、方式和频次的风险分级管理制度。

第三条（适用范围）

本市对持有有效食品经营许可证且主体业态为餐饮服务经营者或者单位食堂等餐饮服务提供者以及经临时备案的小型餐饮服务提供者，实施量化分级管理。

第四条（工作原则）

本市市场监管部门应当坚持"属地负责、全面覆盖、风险管理、公开透明"的原则，按照本办法规定的评定标准和程序对餐饮服务提供者开展量化分级监督检查，并将量化分级结果及时向社会公示，确保监督检查公开、公平和公正。

本市市场监管部门应当在全覆盖的基础上，根据量化分级结果调整监管重点与监管频次，合理配置监管资源，提高监管效能和水平。

餐饮服务提供者应当落实食品安全主体责任，加强食品安全管理，提高餐饮服务食品安全等级。

第五条（量化等级划分）

餐饮服务食品安全监督量化等级分为动态等级和年度等级两种。

动态等级是指本市市场监管部门根据每次监督检查结果，对餐饮服务提供者食品安全管理状况作出的评价。动态等级分为"良好""一般""较差"三个等级，分别用"笑脸""平脸"和"哭脸"三个脸谱图形表示。

年度等级是指本市市场监管部门对餐饮服务提供者一个统计年度内食品安全监督检查结果的综合评价。年度等级分为"良好""一般""较差""差"四个等级，分别用字母 A、B、C、D 表示。

第六条（评定标准）

市市场监管局根据法律、法规、规章、食品安全标准以及市场监管总局制定的国家食品生产经营监督检查要点表，结合实际制定《餐饮服务食品安全监督检查表》（附件 1，以下简称《监督检查表》），明确监督检查的主要内容。按照风险管理的原则，检查项目含一般项目和关键项目。

本市市场监管部门应当按照《监督检查表》对餐饮服务提供者进行监督检查。检查结果与动态等级评定结果记录在《上海市食品经营监督检查结果记录表》（附件 2，以下简称《结果记录表》）上，并由被检查人和检查人员共同签字确认。

第七条（量化监督检查分类）

本市市场监管部门对餐饮服务提供者开展的量化监督检查分为日常监督检查、飞行检查以及体系检查。

（一）日常监督检查，是指本市市场监管部门按照年度监督检查计划，对本行政区域内餐饮服务提供者开展的常规性检查，应当覆盖《监督检查表》的全部检查项目。

（二）飞行检查，是指本市市场监管部门根据监督管理工作需要以及问题线索等，对餐饮服务提供者开展的不预先告知的监督检查，可以针对问题线索确定部分项目进行检查。

（三）体系检查，是指本市市场监管部门以风险防控为导向，对大型餐饮服务企业（含中央厨房、集体用餐配送单位）等的质量管理体系执行情况开展的系统性监督检查，应当覆盖《监督检查表》的全部检查项目。

第八条（等级评定规则）

（一）动态等级的评定规则：

本市市场监管部门采用《监督检查表》监督检查后，按以下规则评定餐饮服务提供者的动态等级。

动态等级	关键项目不符合（项）	一般项目不符合（项）
良好（笑脸）	0	≤3
一般（平脸）	0	4～6
	1	0～3
较差（哭脸）	0	≥7
	1	≥4
	≥2	任意项

（二）年度等级的评定规则：

本市市场监管部门综合餐饮服务提供者一个统计年度内历次动态等级评定结果并结合案件处罚等监管情况，按以下规则评定年度等级。

年度等级	年检查次数	哭脸（次）	平脸（次）
良好（A 级）	1 次	—	—
	2～4 次	0	≤1
	≥5 次	0	≤2

年度等级	年检查次数	哭脸（次）	平脸（次）
一般（B级）	1次	—	1
	2～4次	0	≥2
		1	任意
	≥5次	0	≥3
		1	≥1
		2	任意
较差（C级）	1次	1	—
	2～4次	≥2	任意
	≥5次	≥3	任意
差（D级）	1. 发生食物中毒，未被吊销许可证或者注销临时备案； 2. 受到责令停产停业行政处罚，未被吊销许可证或者注销临时备案		

对新取得《食品经营许可证》或者《便民饮食临时备案公示卡》的餐饮服务提供者，区市场监管部门应当于发放《食品经营许可证》或者《便民饮食临时备案公示卡》后1个月内进行第一次量化分级监督检查，并评定动态等级。

第九条（等级公布）

区市场监管部门应当在餐饮服务提供者获得《食品经营许可证》或者《便民饮食临时备案公示卡》后至第一次监督检查前，向其发放"上海市食品安全监督信息公示牌"。

本市市场监管部门应当在监督检查当天或者违法事实认定后的15个工作日内，将餐饮服务提供者动态等级评定结果及评定日期张贴于公示牌上。检查结果对消费者有重要影响的，餐饮服务提供者应当按照规定在餐饮服务经营场所醒目位置张贴或者公开展示《结果记录表》，并保持至下次监督检查。有条件的可通过二维码、电子屏幕等信息化形式向消费者展示《结果记录表》。

本市市场监管部门应当在监督检查后的15个工作日内，将《监督检查表》《结果记录表》内容录入"移动监管系统"，纳入餐饮服务提供者的食品安全信用管理。

"移动监管系统"内餐饮服务提供者的动态等级与市市场监管局政务外网公示信息同步，供公众实时查询。

第十条（等级公示的管理）

"上海市食品安全监督信息公示牌"的样式由市市场监管局统一制定。公示牌应当摆放、悬挂、张贴在餐饮服务提供者经营场所的显著位置。

餐饮服务提供者撕毁、涂改动态等级脸谱标志或者《结果记录表》、未保持动态等级脸谱标志或者《结果记录表》至下次监督检查、未按照规定在显著位置张贴或者公开展示相关《结果记录表》又未张贴二维码等形式供消费者扫描查询最近一次监督检查信息的，由市场监管部门依法处理。

第十一条（量化分级结果应用）

本市市场监管部门应当依据餐饮服务提供者的动态等级或者年度等级评定结果调整日常监督检查和双随机监督检查的重点、方式和频次。对年度等级评定为"良好"的单位可适当降低监管频次；对年度等级评定为"较差""差"的单位应当提高监管频次。

第十二条（实施时间）

本办法自2022年12月1日起施行，有效期至2027年11月30日。

附件：1. 餐饮服务食品安全监督检查表（略）

　　　2. 上海市食品经营监督检查结果记录表（略）

上海市市场监督管理局关于调整酒类商品经营许可有关事项的公告

（沪市监规范〔2023〕7号）

为进一步深化"放管服"改革，简化市场主体准营手续，按照市政府办公厅《关于进一步降低制度性交易成本更大激发市场主体活力的若干措施》（沪府办发〔2022〕22号）要求，现就本市酒类商品经营许可整合纳入食品经营许可范围有关事项公告如下：

一、不再单独核发《酒类商品批发许可证》和《酒类商品零售许可证》，将酒类商品经营纳入食品经营许可范围，作为食品经营许可经营项目。

二、酒类商品经营在食品经营项目二级目录中具体标注为"含酒类（批发）""含酒类（零售）""含乙醇饮料"。

三、在本市从事酒类商品的经营者，申请、变更、延续《食品经营许可证》（含酒类商品经营项目），可通过"一网通办"平台或线下政务服务窗口办理。办理事项为食品经营许可。

四、《食品经营许可证》（含酒类商品经营项目）发证日期为许可决定作出的日期，有效期为5年。

已取得《酒类商品批发许可证》《酒类商品零售许可证》的，在有效期内继续有效；有效期届满后，经营者继续从事酒类商品经营活动的，应当办理含酒类商品经营项目的食品经营许可。

五、本市各区市场监管部门按照《食品经营许可管理办法》《上海市食品经营许可管理实施办法》等规定，负责辖区内食品经营许可（含酒类商品经营项目）的管理工作。

六、酒类商品经营者应当自觉遵守食品安全法律法规等规定，严格落实食品安全主体责任，保障食品安全。从事白酒经营的，应当按照《上海市食品安全信息追溯管理办法》的规定，履行食品安全信息追溯义务，接受社会监督。

七、酒类商品经营者应当按照《中华人民共和国未成年人保护法》《上海市未成年人保护条例》的相关规定，不向未成年人销售酒类商品，并在经营场所依法明示。

八、各级市场监管部门要加强政策宣传解读，做好事中事后监管，防范食品安全风险。

九、本公告自2023年7月10日起实施，有效期至2028年7月9日。

上海市市场监督管理局

2023年6月7日

五

保健食品篇

关于做好保健食品专营单位告知承诺有关工作的通知

（沪食药监食安〔2011〕554号）

各分局，相关保健食品经营单位：

根据市政府《关于进一步加强本市食品安全工作的若干意见》（沪府发〔2011〕22号）的要求，在国家保健食品监管行政法规实施前，专门经营保健食品的单位应在取得食品药品监管部门的告知承诺登记凭证后，方可向工商部门申请办理工商登记手续。现就有关保健食品专营单位告知、承诺有关具体事项通知如下：

一、申请专门经营保健食品的单位应向所在区县食品药品监督部门提交《保健食品专营单位告知承诺书申请表》（附件1），同时提交表中所列材料。

二、区县食品药品监督部门收到申请后，当场发给《保健食品专营单位告知书》（附件2）和《保健食品专营单位承诺书》（附件3）。

三、企业提交经法定代表人签署和企业盖章的《保健食品专营单位承诺书》后，区县食品药品监督部门当场出具《保健食品专营单位告知承诺登记凭证》（见附件4）。企业凭该凭证向工商行政管理部门申请办理相关工商执照登记手续。

附件：

1. 保健食品专营单位告知承诺书申请表.doc（略）

2. 保健食品专营单位告知书.doc（略）

3. 保健食品专营单位承诺书.doc（略）

4. 保健食品专营单位告知承诺登记凭证.doc（略）

上海市食品药品监督管理局

二〇一一年七月二十二日

上海市食品药品监督管理局关于查处"氨基酸螺旋藻（昌佳牌螺旋藻片）"等二十五种假冒保健食品的通知

（沪食药监食安〔2013〕508号）

各分局、市食品药品监督所：

近期，我局根据相关省食品药品监管部门通报的信息，及在打击保健食品"四非"专项行动中发现，"氨基酸螺旋藻（昌佳牌螺旋藻片）"等25种保健食品为假冒产品（详见附件）。为保护公众健康消费权益，现决定在全市范围内予以查禁。现将具体要求通知如下：

一、凡附件所列的产品，一律不得在本市销售。

二、各保健食品经营单位应对照附表所列名单，认真开展自查工作，发现上述产品须立即停止销售并报告辖区食品药品监管部门，不得隐匿或擅自退货。

三、请各分局、市食品药品监督所结合日常监管工作，加强对上述违法产品的检查，发现有经营上述违法产品的单位，依法严肃予以查处，有关情况及时上报市局。

附件：假冒保健食品名单

上海市食品药品监督管理局

2013年9月6日

附件：

假冒保健食品名单

序号	标示产品名称	标示批号／生产日期	标示批准文号	标示的单位名称	涉嫌假冒的具体情形
1	氨基酸螺旋藻（昌佳牌螺旋藻片）	120302、120202、110902	国食健字G20060690	标示生产单位：四川德元药业集团有限公司 标示委托单位：东营市益康生物工程有限公司 标示监制单位：美国金康生物科技集团有限公司	产品名称等标示信息与该批准文号经核准的产品信息不一致
2	芦荟螺旋藻（昌佳牌螺旋藻片）	120302	国食健字G20060690	标示生产单位：四川德元药业集团有限公司 标示委托单位：东营市益康生物工程有限公司 标示监制单位：美国金康生物科技集团有限公司	产品名称等标示信息与该批准文号经核准的产品信息不一致
3	银杏螺旋藻（昌佳牌螺旋藻片）	120302	国食健字G20060690	标示生产单位：四川德元药业集团有限公司 标示委托单位：东营市益康生物工程有限公司 标示监制单位：美国金康生物科技集团有限公司	产品名称等标示信息与该批准文号经核准的产品信息不一致

序号	标示产品名称	标示批号/生产日期	标示批准文号	标示的单位名称	涉嫌假冒的具体情形
4	华佗锁精丸	2013年1月1日	卫食健字〔2004〕第0189号	标示制造商：西藏尼玛生物工程有限公司	标示的保健食品批准文号不存在
5	前列舒康胶囊	20120924	国食健字G20050011	标示出品单位：深圳保和堂医药生物技术有限公司 标示监制单位：美国澳诺国际医药集团	产品名称等标示信息与该批准文号经核准的产品信息不一致
6	五蛇大败毒胶囊	20130109	国食健字G20050089	标示出品单位：深圳保和堂医药生物技术有限公司 标示监制单位：美国澳诺国际医药集团	产品名称等标示信息与该批准文号经核准的产品信息不一致
7	抗手足麻木高钙片	20130102	国食健字G20070361	标示生产企业：樟树市开元保健品有限公司 标示合作企业：上饶哈慈医药研究所 宝健（中国）日用品有限公司 标示公司名称：杭州御健生物科技有限公司	产品名称等标示信息与该批准文号经核准的产品信息不一致
8	肠炎宁胶囊	—	国食健字G20051207	标示出品单位：深圳保和堂医药生物技术有限公司 标示监制单位：美国澳诺国际医药集团	标示的保健食品批准文号不存在
9	颈复康胶囊	20120109	国食健字G20050157	标示出品单位：深圳保和堂医药生物技术有限公司 标示监制单位：美国澳诺国际医药集团	产品名称等标示信息与该批准文号经核准的产品信息不一致
10	睡得香	—	国食健字G20050028	标示出品单位：深圳保和堂医药生物技术有限公司 标示监制单位：美国澳诺国际医药集团	产品名称等标示信息与该批准文号经核准的产品信息不一致
11	金鸡胶囊	—	国食健字G20050822	标示出品单位：深圳保和堂医药生物技术有限公司 标示监制单位：美国澳诺国际医药集团	产品名称等标示信息与该批准文号经核准的产品信息不一致
12	肠胃康胶囊	—	国食健字G20050903	标示出品单位：深圳保和堂医药生物技术有限公司 标示监制单位：美国澳诺国际医药集团	标示的保健食品批准文号不存在
13	特效鼻炎康	—	国食健字G20051101	标示出品单位：深圳保和堂医药生物技术有限公司 标示监制单位：美国澳诺国际医药集团	标示的保健食品批准文号不存在
14	特效腰痛宁胶囊	20120308	国食健字G20050315	标示出品单位：深圳保和堂医药生物技术有限公司 标示监制单位：美国澳诺国际医药集团	产品名称等标示信息与该批准文号经核准的产品信息不一致
15	七粒清胶囊	20120926	国食健字G20050126	标示出品单位：深圳保和堂医药生物技术有限公司 标示监制单位：美国澳诺国际医药集团	产品名称等标示信息与该批准文号经核准的产品信息不一致

序号	标示产品名称	标示批号/生产日期	标示批准文号	标示的单位名称	涉嫌假冒的具体情形
16	六味地黄丸	—	国食健字G20100518	标示生产单位：源芝堂生物工程有限公司	产品名称等标示信息与该批准文号经核准的产品信息不一致
17	抗腰酸背痛高钙片	20130102	国食健字G20070361	标示生产企业：樟树市开元保健品有限公司 标示合作企业：上饶哈慈医药研究所 宝健（中国）日用品有限公司 标示公司名称：杭州御健生物科技有限公司	产品名称等标示信息与该批准文号经核准的产品信息不一致
18	速效降压	—	国食健字G20050181	标示出品单位：昆明红日生物科技有限公司 标示监制单位：香港宏基药业（集团）有限公司	产品名称等标示信息与该批准文号经核准的产品信息不一致
19	六十六味帝皇丸	20120806	卫食健字〔2003〕第0019号	标示生产单位：西藏康奇生物工程有限公司	产品名称等标示信息与该批准文号经核准的产品信息不一致
20	三十六味帝皇丸	20120731	藏卫食健字〔2007〕第068号	标示生产单位：西藏康奇生物工程有限公司	标示的保健食品批准文号不存在
21	九十九味帝皇丸	20120806	卫食健字〔2003〕第0019号	标示生产单位：西藏康奇生物工程有限公司	产品名称等标示信息与该批准文号经核准的产品信息不一致
22	梦幻身材美白养颜瘦身丸（田田雪牌珍珠胶囊）	20130318	卫食健字〔1998〕第017号	标示出品单位：海南中兴天然健康食品有限公司 标示监制单位：深圳市田大田实业有公司	产品名称等标示信息与该批准文号经核准的产品信息不一致
23	高原圣果牌清妍胶囊（延更金丹、女人肾宝）	—	国食健字G20041214	标示生产企业：高原圣果沙棘制品有限公司 上海季康生物科技有限公司	该产品经山西省食药监局调查核实为假冒产品；上海季康生物科技有限公司非本市合法保健食品生产企业，工商登记信息显示，该公司已于2012年4月17日被吊销营业执照
24	欧洛芬™锌硒宝多合咀嚼片	12031504	国食健字G20100405	标示生产企业：上海欧洛芬药业股份有限公司	该产品经山西省食药监局调查核实为假冒产品；上海欧洛芬药业股份有限公司非本市合法保健食品生产企业，经工商登记信息查询，无该公司登记信息。
25	五日牌减肥茶	—	卫食健字〔1998〕第098号	标示生产企业：今朝生物工程（天津）有限公司	经天津市食药监局调查核实，天津市无名为"今朝生物工程（天津）有限公司"的合法保健食品生产企业，该公司营业执照已被吊销。

上海市食品药品监督管理局关于印发《灵芝及其相关产品案件处理指导意见》的通知

（沪食药监稽〔2014〕999号）

各区（县）食品药品监管部门、机关各处室、市局执法总队、举报受理中心：

为统一规范本市食品药品监管系统对灵芝及其相关产品的案件处置，切实保护消费者权益，我局制定了《灵芝及其相关产品案件处理指导意见》。现印发给你们，请贯彻执行。执行中存在的问题和建议请及时反馈市局负责组织案件查处的相关处室。

特此通知。

附件：《灵芝及其相关产品案件处理指导意见》

上海市食品药品监督管理局

2014年12月8日

附件：

灵芝及其相关产品案件处理指导意见

为规范灵芝及其相关产品的市场管理，严厉打击非法生产经营灵芝及其相关产品的违法行为，进一步规范本市食品药品监管部门对此类违法行为的查处活动，根据《中华人民共和国食品安全法》（以下简称《食品安全法》）、《中华人民共和国药品管理法》（以下简称《药品管理法》）及有关规定，制定本指导意见。

一、灵芝及相关产品的管理属性

据调查，目前市场流通的灵芝及相关产品主要包括：灵芝、灵芝粉、灵芝孢子（灵芝孢子粉）、破壁灵芝孢子粉等原料及成品。根据《中华人民共和国药典（2010年版）》（以下简称药典）、《上海市中药饮片炮制规范（2008年版）》（以下简称上海炮制规范）、《卫生部关于进一步规范保健食品原料管理的通知》（卫法监发〔2002〕51号）、《国家卫生计生委办公厅关于破壁灵芝孢子粉有关问题的复函》（国卫办食品函〔2014〕930号）、《食品药品监管总局办公厅关于依法查处违法生产经营含破壁灵芝孢子粉产品的通知》（食药监办食监三〔2014〕173号）等规定，灵芝及相关产品的管理属性为：（1）未经炮制加工的灵芝及其相关产品应当纳入中药材管理；（2）经过炮制加工的，应当纳入中药饮片管理或中成药；（3）灵芝及其相关产品具有增强免疫力的保健功能；（4）该品不宜作为普通食品原料。

二、灵芝及相关产品的监管要求

根据上述相关法律、法规、技术标准、规范性文件和我局《关于进一步明确本市市场中药品及保健食品违法产品界定及处理的指导意见》（沪食药监法〔2011〕928 号）等规定，结合监管实际，现对相关产品的监管要求明确如下。

1. 对于经营未经炮制加工的灵芝及相关产品的，属于经营没有实施批准文号管理的中药材。根据《药品管理法》第三十四条、药典、上海炮制规范和《国务院法制办公室对北京市人民政府法制办公室〈关于在非药品柜台销售滋补保健类中药材有关法律适用问题的请示〉的答复》（国法函〔2005〕59 号）的规定，经营此类产品，无须领取药品经营许可证。

2. 对于经营经过炮制加工的灵芝及相关产品，且该产品在包装、标签、说明书中宣称具有功能主治、适应证或者明示预防疾病、治疗功能或药用疗效的，属于经营中药饮片或中成药，应当符合药典和上海炮制规范的相关要求。根据《药品管理法》第十四条、第三十一条、第三十四条，药品经营企业经营此类产品，应当取得药品经营许可证。其中，属于中成药的，产品应当取得药品批准文号。对于未取得药品经营许可证经营经过炮制加工的灵芝及相关产品的，按照《药品管理法》第七十三条的规定进行处罚。

3. 使用破壁灵芝孢子粉作为原料生产加工保健食品的，应当取得保健食品批准文号。对于生产经营未取得保健食品批准文号且在产品名称、包装、标签、说明书上声称具有增强免疫力等特定保健功能的破壁灵芝孢子粉产品的，属于生产经营假冒保健食品。对于未获得许可的生产企业生产假冒保健食品的，按照《食品安全法》第八十四条的规定予以查处；对于获得许可证的企业生产经营假冒保健食品的，按照《国务院关于加强食品等产品安全监督管理的特别规定》第三条第二款规定处罚。

4. 对于生产经营以破壁灵芝孢子粉为原料的普通食品的，应当告知企业有关规定，并要求企业立即改正，停止生产和经营；拒不改正的，按照《食品安全法》第八十五条第（一）项的规定进行处罚。

上海市食品药品监督管理局关于做好本市保健食品注册与备案衔接工作有关事项的通知

（沪食药监食生〔2016〕353号）

市食药监局认证审评中心，市食品药品检验所，市疾控中心：

为贯彻实施《保健食品注册与备案管理办法》（国家食品药品监督管理总局令第22号，以下简称《办法》），根据国家食药监总局《关于实施〈保健食品注册与备案管理办法〉有关事项的通知》（食药监食监三〔2016〕81号）要求，现将做好本市保健食品注册与备案衔接工作有关事项通知如下：

一、2016年7月1日后，市食药监局不再受理本市保健食品注册申请，不再开展保健食品注册检验样品封样工作；保健食品原料目录发布后，按照《办法》的规定，受理本市承担的保健食品备案申请。

二、市食药监局认证审评中心对2016年7月1日前已受理的保健食品注册申请进行统计，按照有关规定在7月21日前将保健食品注册申请需要的相关材料全部报送国家食药监总局保健食品审评中心。

三、市食品药品检验所、市疾控中心对2016年7月1日前已受理未完成检验的保健食品情况进行统计，填写《保健食品注册检验机构受理未完成检验情况汇总表》（见附件），于2016年8月1日前将《保健食品注册检验机构受理未完成检验情况汇总表》和相关材料扫描件（包括：1.保健食品注册检验抽样单；2.保健食品注册检验受理通知书；3.产品配方及产品标签说明书样稿）纸质版材料一式两份分别报送国家食药监总局保健食品审评中心和市食药监局食品生产监管处，同时报送电子版材料。

四、请各单位注意收集《办法》执行过程中遇到的问题，及时向市食药监局食品生产监管处反馈，确保保健食品注册与备案工作的平稳过渡和有序衔接。

附件：保健食品注册检验机构受理未完成检验情况汇总表（略）

上海市食品药品监督管理局

2016年7月11日

上海市食品药品监督管理局关于做好国产保健食品生产销售情况核实工作的通知

（沪食药监食生〔2016〕632 号）

各区市场监管局：

根据国家食药监总局《保健食品注册与备案管理办法》第三十四条规定：申请延续国产保健食品注册的，需提交"经省级食品药品监督管理部门核实的注册证书有效期内保健食品的生产销售情况"，为做好该项工作，现将有关事项通知如下：

一、提交申请

在本市行政区域内依法取得国产保健食品批准证书、申请延续国产保健食品注册的，根据属地监管的原则，应在保健食品注册证书有效期届满 8 个月前，向生产销售所在地区市场监管局提出生产销售情况核实申请，提交《国产保健食品注册证书有效期内生产销售情况核实申请表》（见附件 1）和相关材料（材料清单见附件 2），并在申请表等材料上签名或盖章。

委托生产销售该保健食品的，应当向被委托生产销售者所在地监管部门提出核实申请。

申请人委托他人办理食品生产许可申请的，代理人应当提交授权委托书以及代理人的身份证明文件。

二、核实情况

相关监管部门自接到申请之日起 10 个工作日内对提交的申请进行核实，制作《国产保健食品注册证书有效期内生产销售情况核实报告》（见附件 3），及时报送市食药监局食品生产监管处。

三、出具意见

市食药监局自相关监管部门报送《国产保健食品注册证书有效期内生产销售情况核实报告》后，10 个工作日内核实相关情况并出具核实意见。

如国家食品药品监督管理总局对该项工作统一要求的，则按新要求执行。

联系电话：021-23118167

附件：

1. 国产保健食品注册证书有效期内生产销售情况核实申请表；（略）

2. 国产保健食品注册证书有效期内生产销售情况核实申请材料清单；（略）

3. 国产保健食品注册证书有效期内生产销售情况核实报告。（略）

上海市食品药品监督管理局

2016 年 12 月 23 日

上海市食品药品监督管理局关于开展保健食品备案工作的通告

（2017 年第 4 号）

根据《中华人民共和国食品安全法》和《保健食品备案与注册管理办法》，为贯彻落实《国家食品药品监督管理总局办公厅关于印发保健食品备案工作指南（试行）的通知》（食药监特食管〔2017〕37 号）和《国家食品药品监督管理总局关于保健食品备案信息系统上线运行的通告》（2017 年第 68 号），我局自即日起启动保健食品备案工作。现将有关事项通告如下：

一、备案主体

本市辖区内已取得含保健食品范围的《食品生产许可证》且在有效期内的保健食品生产企业和国产保健食品原注册人。

二、备案受理部门

上海市食品药品监督管理局业务受理中心。

三、备案网址

国家食品药品监督管理总局保健食品备案信息系统（网址：http://bjba.zybh.gov.cn）。

四、备案程序

1. 获取备案系统登录账号

申请人进入国家食品药品监督管理总局保健食品备案信息系统（网址：http://bjba.zybh.gov.cn），阅读《保健食品备案信息系统备案人使用手册》，按照使用手册指引，填写信息，上传加盖企业公章的相关证明文件扫描件，获取登录账号。

2. 备案信息填报和提交

备案人通过保健食品备案信息系统逐项填写备案人及申请备案产品相关信息，逐项打印系统自动生成的附带条形码、校验码的备案申请表、产品配方、标签说明书、产品技术要求等，连同其他备案材料，逐页在文字处加盖备案人公章（检验机构出具的检验报告、公证文书、证明文件除外）。

备案人将所有备案纸质材料清晰扫描成彩色电子版（PDF 格式）上传至保健食品备案管理信息系统，确认后提交。

3. 发放备案号和存档

保健食品备案工作实行网上申报、网上备案、网上自动生成备案号及备案凭证，备案申请人可通过系统自行打印凭证。备案人应当保留一份完整的备案材料存档备查。

备注：本市颁发的包含保健食品的生产许可中，如有相关保健食品已由注册转备案的情况，生产企业应当按照《食品生产许可管理办法》第三十二条第三款的要求，向原发证的食品药品监督管理部门报告。

上海市食品药品监督管理局

2017 年 6 月 2 日

上海市食品药品监督管理局关于印发食品、保健食品欺诈和虚假宣传整治工作实施方案的通知

（沪食药监协〔2017〕252号）

各区市场监督管理局：

按照《国务院食品安全办等9部门关于印发食品、保健食品欺诈和虚假宣传整治方案的通知》（食安办〔2017〕20号）、《国务院食品安全办关于进一步做好食品、保健食品欺诈和虚假宣传整治实施工作有关事项的通知》（食安办〔2017〕33号）和市食药安办、市食药监局相关工作的要求，为深入推进整治工作，切实抓好各项任务落实，市食药监局组织制定了《市食品药品监管局食品、保健食品欺诈和虚假宣传整治工作实施方案》，现印发给你们，请认真组织实施。

上海市食品药品监督管理局

2017年11月30日

关于继续做好食品、保健食品欺诈和虚假宣传整治工作的通知

（沪食药安办〔2018〕50 号）

各区食品药品安全委员会办公室，市经信委、市公安局、市商务委、市工商局、上海海关、市新闻出版局、市广电局、市食品药品监管局、市网信办：

自 2017 年 7 月以来，本市各区、各部门认真落实国务院食品安全办等 9 部门《关于印发食品、保健食品欺诈和虚假宣传整治方案的通知》（食安办〔2017〕20 号）、以及市食药安办《关于进一步做好食品、保健食品欺诈和虚假宣传整治实施工作有关事项的通知》（沪食药安办〔2017〕93 号）工作任务，积极推进专项整治工作，取得明显成效。为进一步巩固专项整治成果，更好净化食品消费环境，根据国务院食安办《关于继续做好食品保健食品欺诈和虚假宣传整治工作的通知》（食安办〔2018〕7 号）要求，将该专项整治工作延长至 2018 年底，并将下半年专项整治工作分为持续推进（6—8 月）、抽查检查（9—10 月）、总结评议（11 月）三个阶段。因此，请各区、各部门在前期专项整治工作基础上，及时对原实施方案作相应调整，确保各项任务要求予以落实。并将专项整治中有关要求通知如下：

一、突出整治重点。要坚持问题导向，突出整治重点、难点、热点问题和反复出现的问题。要严厉查处虚假标识标签和虚假广告，以及以健康养生讲座、专家热线等形式进行虚假宣传等违法违规行为。要重点治理利用网络、会议、电视、广播、电话和报刊等方式违法违规营销问题。要加大对第三方平台的监管力度，督促第三方平台经营者严格落实审查、登记、检查、报告等管理责任。要加大对涉嫌非法添加、非法声称功效产品的抽样检验，及时依法核查处置。要认真梳理总结整治工作经验，创新监管方式方法，研究探索建立综合治理食品、保健食品欺诈和虚假宣传的长效机制。要加大信用监管，探索完善失信企业信息共享机制，加强协同监管和联合惩戒，推动从根本上解决问题。

二、强化案件查办。要全面畅通信息收集渠道，提升案件线索发现能力。要集中力量查办案件，做到证据确凿、程序合法、处罚到位，着力查处一批有影响的案件，严格依法处罚到人。要及时采取有效措施控制涉案食品并依法处置，监督企业依法停止销售、及时召回，防止再次流入市场。要追溯涉案食品生产源头，查清销售流向，涉及其他地区要及时通报，进行全链条打击。要加强案件督查协办、区域执法协作和部门联合行动，涉嫌犯罪的及时移送公安机关依法追究刑事责任。对构成犯罪的大要案件，要强化专案攻坚，全环节查明犯罪事实，坚决摧毁犯罪全链条，必要时由上级公安机关会同相关部门共同挂牌督办。

三、深化宣传引导。要将信息公开与整治各项工作同筹划、同部署、同推进，检查、抽检、处罚、案件等信息要及时向社会公开。要组织编写通俗易懂的科普材料，广泛深入开展科普宣传。要充分发挥媒体特别是新媒体力量，充分发挥行业组织和消费者组织的作用，增强食品生产经营者守法意识，提高消费者识假辨假能力。

各区要加大对专项整治工作的督促检查力度，每月 5 日前除按原要求报送统计报表外，还应向市专项整治工作领导小组办公室报送上月整治工作信息（模板见附件），并附可以公开的典型案例（2 个以上）。重要信息和重大案件查处情况要随时报送。此外，请各区和各部门将专项整治工作总结于 2018 年 12 月 20 日前报送市食药安办。

联系电话：021-23118147、021-23118154

邮箱：caoyuechen@smda.gov.cn

附件：××区×月整治工作信息（模板）（略）

上海市食品药品安全委员会办公室

2018 年 7 月 11 日

上海市食品药品监督管理局关于保健食品与普通食品共用生产场所及设施有关问题的复函

(沪食药监食生〔2018〕128号)

松江区市场监督管理局：

你局《关于上海交大昂立股份有限公司保健食品和食品共线生产的请示》（松市监食〔2018〕56号）收悉。经研究，现函复如下：

同意使用配料均可用于普通食品的保健食品与普通食品共用生产场所及设施。共用场所及设施生产条件应同时符合《食品生产许可审查通则》及相关细则、《保健食品生产许可审查细则》、《食品生产通用卫生规范》及相关食品卫生规范、《保健食品良好生产规范》等规定，并建立并实施危害分析及关键控制点体系。

共用场所及设施的，不得同时生产保健食品和普通食品应，建立并严格执行清场管理制度和验证管理制度，并按做好清场和验证结果记录，首次共用的，应经验证合格。

保健食品与普通食品共用场所及设施食品生产者，应严格按照相关要求组织生产，防止交叉污染，保证产品质量。

上海市食品药品监督管理局

2018 年 7 月 2 日

上海市市场监督管理局关于印发《上海市保健食品经营领域市场监管检查事项指南》的通知

（沪市监特食〔2019〕520号）

各区市场监督管理局，市局执法总队、机场分局：

为进一步加强本市保健食品经营领域市场综合监管，规范保健食品经营市场秩序，确保广大市民消费安全和健康权益，我局依据《中华人民共和国食品安全法》《中华人民共和国广告管理法》《中华人民共和国价格法》《中华人民共和国反不正当竞争法》《中华人民共和国电子商务法》《中华人民共和国消费者权益保护法》《直销管理条例》等法律法规规定，研究制定了《上海市保健食品经营领域市场监管检查事项指南（试行）》（见附件1和附件2，以下简称《指南》）和《上海市保健食品经营者监督检查结果表（试行）》（见附件3和附件4，以下简称《检查表》），用于指导基层市场监管部门开展保健食品经营者日常监督检查。现将有关要求通知如下：

一、《指南》列出了基层市场监管部门对保健食品线下经营者和线上经营者、网络食品交易第三方平台提供者开展监督检查的主要事项、检查内容、法律规范要求及法律责任条款，可在本市各级市场监管部门开展保健食品经营领域日常监督检查、飞行检查、案件稽查等行政检查中适用。

二、基层市场监管部门开展保健食品经营者或网络食品交易第三方平台提供者监督检查时，应当按照"双随机、一公开"监管要求，采用《检查表》对检查对象开展日常监督检查，并在《检查表》中记录检查结果。其中《检查表》（包括线下经营者、线上经营者和第三方平台）"检查事项"1—4项为必查项（食品安全事项）。

三、基层市场监管部门开展日常监督检查时，应当按照《检查表》内容评定每次检查结论。自2020年1月1日起，各区市场监管局应当根据本年度各保健食品经营者的每次检查结论，综合评定其年度保健食品经营市场监管风险等级，并确定其下一年度日常监督检查的频次和监督管理的重点事项（具体要求另行下发）。

特此通知。

附件：

1. 上海市保健食品经营领域市场监管检查事项指南（试行）（适用线下经营者）（略）

2. 上海市保健食品经营领域市场监管检查事项指南（试行）（适用线上经营者和第三方平台）（略）

3. 上海市保健食品经营者监督检查结果表（试行）（适用线下经营者）（略）

4. 上海市保健食品经营者监督检查结果表（试行）（适用线上经营者和第三方平台）（略）

上海市市场监督管理局

2019年12月4日

上海市市场监督管理局关于推进保健食品生产经营企业食品安全信息追溯工作的指导意见

（沪市监特食〔2019〕553 号）

各区市场监督管理局：

为进一步落实保健食品生产经营企业主体责任，加强保健食品生产经营领域食品安全信息追溯管理，实现本市保健食品来源可追溯、去向可追踪、责任可追究，严防严管严控食品安全风险，我局就推进本市保健食品生产经营企业食品安全信息追溯工作，提出如下指导意见：

一、指导思想与工作目标

（一）指导思想

贯彻落实《中共中央　国务院关于深化改革加强食品安全工作的意见》精神，坚持"以人民为中心"的发展思想，落实食品安全"四个最严"，依据《中华人民共和国食品安全法》《中华人民共和国食品安全法实施条例》《上海市食品安全条例》《上海市食品安全信息追溯管理办法》相关要求，结合本市保健食品生产经营企业监管以及食品安全信息追溯平台建设与应用的实际，督促指导保健食品生产经营企业依法建立食品安全追溯体系，留存生产经营信息，对产品追溯负责，提升本市保健食品生产经营管理水平，保障公众身体健康和消费者知情权。

（二）工作目标

本市保健食品生产企业，以及经营保健食品的批发经营企业、批发市场、连锁超市（药房）、中型以上食品店（经营场所使用面积在 200 平方米以上的食品商店）等经营企业，应当按照法律法规规定履行食品安全信息追溯义务，建立食品安全追溯体系，利用信息化技术手段，确保食品安全追溯信息真实性、完整性。保健食品生产经营企业可以通过自建系统，或采用第三方技术机构服务等方式，建立覆盖生产经营全过程的食品安全信息追溯体系，并将追溯信息上传至上海市食品安全信息追溯平台。

2020 年 2 月底前，完成本市上述保健食品生产经营企业在上海市食品安全信息追溯平台的注册以及首次信息录入。启动保健食品生产经营企业食品安全信息追溯二维码赋码试点工作，每个区至少完成 2 家保健食品经营企业（连锁超市和连锁药房各 1 家）试点工作，浦东新区、普陀区、闵行区、嘉定区、金山区、松江区、青浦区、奉贤区还应至少完成 1 家保健食品生产企业试点工作。

2020 年 8 月底前，本市保健食品生产企业实现食品安全信息追溯覆盖率、信息上传率均达到 100% 的目标。从 2020 年 9 月起，消费者可便捷查询本市保健食品生产企业生产的保健食品追溯信息。

2020 年 11 月底前，本市相关保健食品经营企业实现食品安全信息追溯覆盖率、信息上传率均达到 100% 目标。从 2020 年 12 月起，消费者可便捷查询本市相关保健食品经营企业经营的保健食品追溯信息。

二、主要内容

（一）保健食品生产经营企业信息追溯总体要求

1. 企业管理要求

（1）保健食品生产企业应严格执行生产质量管理体系，严格生产过程控制，确保生产的保健食品全过程可追溯。

（2）保健食品经营企业应执行进货查验制度，建立产品进货台账、查验供货商出厂检验合格证明文件等，确保保健食品经营全过程可追溯。

（3）保健食品生产经营企业应当向消费者提供便捷食品安全追溯信息查询服务，追溯信息应当真实、完整、及时。同时开展宣传推广，让消费者了解保健食品信息追溯，保障人民群众对保健食品质量安全的知情权和监督权。

2. 平台技术要求

（1）保健食品生产经营企业应当自建食品安全追溯体系，采用二维码等技术开展食品安全信息追溯管理，形成覆盖生产经营全过程，记录并保存进货查验、出厂检验和销售记录的追溯信息数据链，鼓励有条件的保健食品生产经营企业采用物联网、区块链等先进技术实现信息追溯。

（2）保健食品生产经营企业可以通过自建追溯系统，与上海市食品安全信息追溯平台对接、上传保健食品追溯信息，或者通过上海市食品安全信息追溯平台输入端口直接录入、上传保健食品追溯信息。

（3）保健食品生产经营企业应当在保健食品生产、交付后的 24 小时内，将追溯信息上传至上海市食品安全信息追溯平台。

（4）实行统一配送经营方式的保健食品生产经营企业，可以由企业总部统一实施进货查验，并将相关追溯信息上传至上海市食品安全信息追溯平台。

3. 生产企业追溯形式

（1）保健食品生产企业是落实食品安全信息追溯的责任主体，生产保健食品或受委托生产保健食品出厂上市前，需在产品外包装上印制或粘贴追溯二维码，方便消费者查询，获取产品追溯信息。

（2）保健食品生产企业可以选择采用"一品一码"或"一物一码"的食品安全信息追溯形式。"一品一码"即每类产品一个二维码，消费者扫码后可按生产日期或批次及购买网点查询产品的追溯信息；"一物一码"即每件产品一个二维码，消费者扫码后可直接查询到此件产品的追溯信息。

（3）保健食品生产企业向下游经营企业供货时，可以采取"一单一码"的供货单信息追溯形式。保健食品生产企业出厂销售产品时，向下游经营企业提供一张含有二维码追溯信息的供货单，下游企业可通过扫描供货单上二维码获取保健食品追溯信息。

4. 经营企业追溯形式

（1）保健食品经营企业可以采用"一品一码"二维码价格标签的方式，方便消费者及时查询保健食品追溯信息。保健食品上架销售前需在商品货架标签处放置"一品一码"二维码标签，每种产品一个二维码标签，消费者扫码后可按生产日期、批次查询产品的追溯信息。

（2）鼓励保健食品经营企业督促上游生产经营企业供货时，采用"一单一码"二维码追溯供货单，收货时可通过扫描供货单上二维码获取保健食品追溯信息。

（二）保健食品生产企业信息追溯数据要求

保健食品生产企业食品安全信息追溯内容至少应含有以下数据信息：

1. 基础信息

（1）企业信息。包括企业名称、社会统一信用代码证号、地址、联系人、电话、许可证号、营业执照及许可证图片信息。其中，部分信息对公众开放（企业名称、社会统一信用代码证号、地址、许可证号、营业执照及许可证图片信息）。

（2）产品信息。包括产品名称、分类、规格、保质期、委托生产企业名称、批文文号、批准证书（含技术要求、产品说明书等）。上述产品信息对公众开放。

（3）原料、辅料、包装材料信息。包括原料、辅料、包装材料的名称、规格、保质期、生产企业。

2. 动态信息

（1）产品生产信息。包括产品名称、生产日期、生产批次、生产数量、数量单位、检验合格证号、检验合格报告图片。

（2）产品销售信息。包括销售数量、数量单位、销售日期、购货者名称、购货者地址、购货者联系方式、检验合格证号、检验合格报告图片。

（3）原料、辅料、包装材料进货信息。包括原料、辅料、包装材料名称、生产日期、生产批次、采购数量、数量单位、进货日期、供货单位名称、供货单位地址、供货单位联系方式、产地证明或检验检疫证书编号、质量安全检测、产地、生产厂商。

（三）保健食品经营企业信息追溯数据要求

保健食品经营企业追溯内容至少应含有以下数据信息：

1. 基础信息

（1）企业信息。企业名称、社会统一信用代码证号、地址、联系人、电话、许可证号、营业执照及许可证图片信息。其中，部分信息对公众开放（企业名称、社会统一信用代码证号、地址、许可证号、营业执照及许可证图片信息）。

（2）产品信息。产品名称、分类、规格、保质期、生产厂商名称、批文文号、批准证书（含技术要求、产品说明书等）。上述产品信息对公众开放。

2. 动态信息

（1）产品进货信息。产品名称、生产日期、生产批次、采购数量、数量单位、进货日期、供货单位名称、供货单位地址、供货单位联系方式、检验检疫证书编号、质量安全检测、产地、生产厂商。其中，部分产品进货信息对公众开放（产品名称、生产日期、生产批次、进货日期、供货单位名称、检验检疫证书编号、质量安全检测、产地、生产厂商）。

（2）产品销售信息。产品名称、生产日期、生产批次、销售数量、数量单位、销售日期、购货者名称、购货者地址、购货者联系方式、检验检疫证书编号、质量安全检测、产地、生产厂商。

（四）保健食品生产经营企业信息追溯技术标准

1. 保健食品生产经营企业自建追溯系统时，应当参照执行上海市食品和食用农产品信息追溯地方标准，即《食品和食用农产品信息追溯第 1 部分：编码规则》（DB31/T 1110.1—2018）、《食品和农产品信息追溯第 2 部分：数据元》（DB31/T 1110.2—2018）、《食品和食用农产品信息追溯第 3 部分：数据接口》（DB31/T 1110.3—2018）、《食品和食用农产品信息追溯第 4 部分：标识物》（DB31/T 1110.4—2018）标准，明确本企业所采用的追溯信息的编码原则、标识方法、标识载体与数据接口等规则，确保追溯对象标识的唯一性和各环节间标识的有效关联，形成闭环。

2. 保健食品生产经营企业采用第三方技术机构服务等方式建设追溯系统时，也应当参照执行食品和食用农产品信息追溯相关标准。

（五）试点工作要求

1. 保健食品生产企业应指派专人负责食品安全信息追溯二维码赋码试点工作，2020 年 2 月底前选择 1—2 个品类保健食品落实试点工作要求，配备相应设备和技术条件；2020 年 3 月起生产该品类保健食品，应当产品外包装上印制或粘贴追溯二维码，供消费者便捷查询食品安全追溯信息。

2. 保健食品经营企业应指派专人负责食品安全信息追溯二维码赋码试点工作，2020 年 2 月底前完成销售保健食品价格标签上实现"一品一码"追溯。

三、工作要求

（一）落实责任分工

市市场监管局建立推进本市保健食品信息追溯体系建设工作协调机制，市局特食处负责推进实施、检查指导和督查考评。各区市场监管局负责辖区内保健食品生产经营企业食品安全信息追溯的监督管理。相关技术支持单位负责开展业务对接与技术培训，指导保健食品生产经营企业上传食品安全追溯信息。保健食品生产经营企业应当按照本指导意见要求，建立食品安全信息追溯管理制度，利用信息化技术手段，履行相应的食品安全信息追溯义务，接受社会监督，承担社会责任。相关行业协会应当引导行业自律，推进保健食品行业信息追溯体系建设。

（二）强化培训指导

各区市场监管局要将保健食品信息追溯管理作为年度重点工作，将追溯工作的目标、要求和关键点列入食品从业人员培训内容。会同相关行业协会或技术支持单位，组织开展关于追溯记录、追溯程序、追溯操作规程等方面的培训。加强监督检查，对未建立食品安全追溯体系，或虽建立过程追溯但信息不全、信息缺失、信息不真实的企业，要依法监督管理，督促指导企业严格履行追溯义务。

（三）加强宣传推广

市市场监管局依托上海食品安全信息追溯、长三角食品追溯公众号等载体，拓展为消费者提供查询保健食品追溯信息的渠道。结合"3·15"国际消费者权益保护日、食品安全宣传周、保健食品"五进"科普宣传活动等，开展保健食品信息追溯专题宣传活动，鼓励市民通过手机扫描二维码便捷查询食品安全追溯信息，提高市民查询保健食品信息追溯使用率和感受度，保障公众身体健康和消费知情权。

上海市市场监督管理局

2019 年 12 月 24 日

上海市市场监督管理局关于简化新开办保健食品
生产企业审批程序的通知

（沪市监特食〔2020〕18号）

各区市场监督管理局，市食药监局认证审评中心：

为进一步深化"放管服"改革和优化营商环境，实现许可流程再造和"两件事一次办"，市市场监督管理局自即日起对同步申请新开办保健食品生产企业及申请国产保健食品备案两个事项，简化审批程序，减少办理时限。现将有关事项通知如下：

一、适用范围

对申请人申请新开办保健食品生产企业及国产保健食品备案两个事项，简化审批程序，同步申请、一次办理。对符合下列条件申请人，可以"拟备案品种"同时申请保健食品生产许可和国产保健食品备案。

（一）申请新开办保健食品生产企业。以"拟备案品种"申请保健食品生产许可，遵守国家产业政策，已取得营业执照等合法主体资格，符合保健食品生产许可条件。

（二）申请国产保健食品备案。申请新开办企业生产的"拟备案品种"属于国产保健食品备案品种范围。

申请人不符合上述条件的，不适用本通知的有关规定。

二、法律依据

《中华人民共和国行政许可法》《中华人民共和国食品安全法》《中华人民共和国食品安全法实施条例》《食品生产许可管理办法》《保健食品注册与备案管理办法》等。

三、办理机构

上述申请事项受理机构为市市场监督管理局。市市场监督管理局受理后进一步简化审批程序、减少办理时限，开展技术审查与行政审批，备案材料符合要求并通过生产许可审查的，核发标注保健食品生产许可事项的《食品生产许可证》，并载明备案产品信息，同时向申请人发放保健食品备案号和《国产保健食品备案凭证》。

四、办理程序

（一）受理

1. 保健食品生产许可。申请人通过本市"一网通办"平台—"食品生产许可证核发（特殊食品）"栏目，向市市场监督管理局提交新开办保健食品生产企业的许可申请。申请生产的保健食品品种属于国产保健食品备案品种但尚未取得备案凭证的，可以"拟备案品种"申请获取保健食品生产许可资质。市市场监督管理局受理后，发出《上海市市场监督管理局食品、食品添加剂生产许可受理通知书》。

2. 国产保健食品备案。申请人以"拟备案品种"提交保健食品生产许可申请后，可以同步登录"保健食品备案管理信息系统"（http://bjba.zybh.org.cn:18000/），办理"拟备案品种"的保健食品备案。申请人可在"食品生产许可证"栏目提交《上海市市场监督管理局食品、食品添加剂生产许可受理通知书》扫描件（免于提交载有保健食品类别的生产许可证明文件扫描件），获取登录账号。

申请人通过登录账号登录"保健食品备案管理信息系统"后，按照要求提交国产保健食品备案相关材料，其中在"备案人主体登记证明文件"栏目提供《营业执照》和《上海市市场监督管理局食品、食品添加剂生产许可受理通知书》扫描件。

（二）审批

1.市市场监督管理局在10个工作日内完成保健食品生产许可技术审查（包括书面审查和现场核查）和行政审批，对通过生产许可审查的申请人，作出准予保健食品生产许可的决定。

2.市市场监督管理局收到申请人提交的国产保健食品备案材料后，备案材料符合要求的，当场备案。

（三）制证

1.市市场监督管理局对通过生产许可审查的企业，核发《食品生产许可证》，标注保健食品生产许可事项，同时向申请人发放保健食品备案号和《国产保健食品备案凭证》。对已获得《国产保健食品备案凭证》的"拟备案产品"，在《食品生产许可品种明细表》载明已备案保健食品品种信息。

2.市市场监督管理局对申请人符合保健食品生产许可条件，但因备案材料不符合要求未在生产许可办理时限内（10个工作日）获得《国产保健食品备案凭证》的，可按食品生产许可管理有关规定，单独颁发《食品生产许可证》，标注保健食品生产许可事项，并在《食品生产许可品种明细表》仅载明"拟备案品种"。同时告知申请人在获取《国产保健食品备案凭证》前不得生产该品种保健食品。

（四）其他

市市场监督管理局对申请人取得保健食品《食品生产许可证》（《食品生产许可品种明细表》载明"拟备案品种"）后，又按要求补正保健食品备案相关材料取得"拟备案品种"《国产保健食品备案凭证》的，按照增加保健食品生产品种管理规定，由企业申请办理保健食品生产许可变更。市市场监管局对通过生产许可变更审查的申请人，作出准予保健食品生产许可变更的决定，在其《食品生产许可品种明细表》载明已备案保健食品品种信息。

五、监管措施

相关区市场监督管理局应当加强事中事后监管，依法查处相关违法违规行为。

（一）加强证后监管。应当在许可后3个月内对获证企业开展一次监督检查。将企业按照有关规定加强生产过程控制、实施食品安全信息追溯管理、开展食品安全自查和报告等要求作为重点，督促企业落实主体责任。

（二）加强风险管理。将企业生产质量管理体系运行有效性和产品质量安全情况等作为重点，纳入风险分级管理，组织开展"双随机、一公开"检查，及时发现和消除保健食品安全风险隐患。

（三）加强信用监管。将企业违法违规生产经营、提供虚假备案材料等信息记入企业食品安全信用档案，依法向社会公布，对失信企业开展联合惩戒。

上海市市场监督管理局

2020 年 1 月 10 日

上海市市场监督管理局关于印发《上海市保健食品生产企业共线生产普通食品管理指南》的通知

（沪市监特食〔2020〕82号）

各区市场监管局，市局执法总队，市食药监局认证审评中心，各有关单位：

为帮助保健食品生产企业在防控食品安全风险的前提下有效降低生产成本、提高生产效率，促进高质量发展，依据《中华人民共和国食品安全法》《中华人民共和国食品安全法实施条例》《上海市食品安全条例》《食品生产许可管理办法》《保健食品生产许可审查细则》，以及《保健食品良好生产规范》《食品生产通用卫生规范》等规定，我局制定了《上海市保健食品生产企业共线生产普通食品管理指南》。

请各区市场监管部门根据本指南要求，督促辖区内相关企业落实主体责任，加强保健食品生产企业共线生产普通食品的管理。执行过程中存在问题或建议，请及时反馈市局特殊食品安全监督管理处。

特此通知。

附件：

上海市保健食品生产企业共线生产普通食品管理指南

上海市市场监督管理局

2020年2月25日

附件：

上海市保健食品生产企业共线生产普通食品管理指南

为帮助保健食品生产企业在防控食品安全风险的前提下有效降低生产成本、提高生产效率，促进高质量发展，依据《中华人民共和国食品安全法》《中华人民共和国食品安全法实施条例》《上海市食品安全条例》《食品生产许可管理办法》《保健食品生产许可审查细则》，以及《保健食品良好生产规范》《食品生产通用卫生规范》等规定，我局制定了《上海市保健食品生产企业共线生产普通食品管理指南》。本指南用于指导保健食品生产企业依法加强食品安全管理，按照保健食品生产质量管理体系要求，规范使用同一生产场所及设施设备生产保健食品和普通食品的行为。

一、适用范围

本指南适用对象为按照保健食品生产许可管理和质量管理体系要求，共用生产场所及设施设备生产保健食品和普通食品（以下简称"共线生产"）的本市保健食品生产企业。

本指南所述共用生产场所及设施设备，是指保健食品生产企业共线生产保健食品和普通食品的区域具有相同空气净化系统和人流、物流，保健食品和普通食品生产过程中接触产品内容物工序使用的同一生产场所及设施设备。

二、管理原则

（一）最严标准原则。保健食品生产企业共线生产普通食品，应当按照保健食品生产许可管理和质量管理体系良好运行要求，规范统一生产过程、设备布局、人流物流等要求。

（二）科学管理原则。按照保健食品剂型形态进行产品分类，共线生产普通食品的条件原则上与生产保健食品的条件基本一致。

（三）保障安全原则。厘清共线生产保健食品和普通食品的关系，有效避免污染或交叉污染，促进企业在保障食品质量安全的前提下提高生产效率。

三、关于共线生产基本条件

保健食品生产企业需要共线生产普通食品时，应当同时符合《食品生产许可审查通则》及普通食品相应类别产品细则要求、《食品生产通用卫生规范》《保健食品良好生产规范》等食品安全标准规定，并符合下列条件：

（一）共线生产场所的布局合理，能够有效控制粉尘、消毒剂残留等因素，避免污染或交叉污染。

（二）共线生产的普通食品原则上为与保健食品同剂型产品，或者具有相同的生产工艺。

（三）符合本指南要求的保健食品生产车间（包括洁净车间）可以共线生产普通食品。禁止在未通过保健食品生产许可审查的普通食品生产车间共线生产保健食品。

四、关于生产过程控制

保健食品生产企业应当完善共线后的生产质量管理体系，保证共线生产保健食品和普通食品的生产过程控制均符合保健食品生产质量管理制度规定，并落实下列要求：

（一）建立共线生产验证管理制度，不同生产品种首次共线生产前应当开展验证，共线生产后应当定期（至少每年一次）开展复核验证。首次和复核验证结果应当做好记录并保存两年以上。

（二）建立共线生产清场管理制度，每批产品生产结束后应当按要求进行清场，并对清场情况进行验收。清场情况应当做好记录并保存两年以上。

（三）建立共线生产批次管理制度，共线生产场所内共用设施设备不得同时生产保健食品和普通食品。

（四）建立共线生产批生产记录制度，生产记录应当客观、真实、完整，相关记录应当保证共线生产的产品质量全过程可追溯。

（五）完善共线生产的危害分析及关键控制点体系，对共线生产可能存在的危害和风险进行评估，并采取针对性控制措施。

（六）建立生产质量管理体系运行自查制度，企业食品安全状况和生产质量管理体系运行情况自查内容应覆盖对共线生产相关制度落实情况的检查。发现可能存在食品安全隐患的，应当立即停止生产活动，采取措施消除风险隐患，经整改和验证合格后方可恢复生产，并按规定向市场监管部门报告。

（七）企业应当根据市场监管部门检查中发现的与共线生产有关的风险或问题，及时制定整改方案、落实整改措施，消除风险或问题。

五、关于其他事项

本指南其他未尽事宜，按照保健食品生产企业质量安全管理相关规定执行，并做好以下事项：

（一）保健食品生产企业申请保健食品生产许可事项中涉及需要共线生产普通食品的，申请时应在申请材料中对普通食品生产工艺和条件、管理制度是否符合保健食品生产许可管理和本指南要求等进行说明。

（二）根据《保健食品生产许可审查细则》规定，保健食品不得与药品共线生产。保健食品生产企业不得共线生产对食品质量安全产生影响的其他产品。

上海市市场监督管理局关于印发《上海市保健食品经营管理指南（试行）》的通知

（沪市监特食〔2020〕91号）

各区市场监管局，各有关单位：

为进一步规范保健食品经营市场秩序，确保广大消费者消费安全和健康权益，我局依据《中华人民共和国食品安全法》《中华人民共和国广告法》《中华人民共和国价格法》《中华人民共和国反不正当竞争法》《中华人民共和国电子商务法》《中华人民共和国消费者权益保护法》《中华人民共和国食品安全法实施条例》《直销管理条例》《保健食品标注警示用语指南》等规定，研究制定了《上海市保健食品经营管理指南（试行）》，用于指导本市保健食品经营者开展自查管理，依法诚信经营。

请各有关单位参照执行。执行过程中存在问题或建议，请及时反馈市局特殊食品安全监管处。

特此通知。

上海市市场监督管理局

2020年3月2日

上海市保健食品经营管理指南（试行）

为进一步规范保健食品经营市场秩序，确保广大消费者消费安全和健康权益，我局依据《中华人民共和国食品安全法》《中华人民共和国广告法》《中华人民共和国价格法》《中华人民共和国反不正当竞争法》《中华人民共和国电子商务法》《中华人民共和国消费者权益保护法》《中华人民共和国食品安全法实施条例》《直销管理条例》《保健食品标注警示用语指南》等规定，制定了《上海市保健食品经营指南（试行）》。本指南列举了规范保健食品经营管理的主要事项和内容，用于指导本市保健食品经营者加强保健食品经营管理，依法诚信经营。

一、关于经营者资质和信息公示

（一）保健食品经营者应当取得《营业执照》和《食品经营许可证》，且《食品经营许可证》经营项目包含保健食品，并在经营场所的显著位置悬挂或者摆放《食品经营许可证》正本。

（二）保健食品不得与普通食品或者药品混放销售。保健食品销售区域应当独立、整洁、方便消费者选择购买，按规定设立提示牌，注明"保健食品销售专区（或专柜）"字样，推荐提示牌为绿底白字，字体为黑体，字体大小可根据设立的专区或专柜的空间大小而定。

（三）保健食品经营者应当在经营保健食品的场所显著位置标注"保健食品不是药物，不能代替药物治疗疾病"等消费提示信息。

二、关于进货查验

（一）保健食品经营者应当查验销售的保健食品是否具有有效的保健食品注册证书或备案凭证。

并查验供货者《食品生产许可证》等相关许可证件，查验销售保健食品的生产企业《食品生产许可品种明细表》中是否列明该保健食品信息。

（二）保健食品经营者应当查验所销售国产保健食品对应批次出厂检验合格证或者其他合格证明；销售进口保健食品的，应当查验由海关部门出具的对应批次"入境货物检验检疫证明"。

（三）保健食品经营者应当建立进货查验记录和信息追溯管理制度，如实记录食品的名称、规格、数量、生产日期或者生产批号、保质期、进货日期以及供货者名称、地址、联系方式等内容，并保存相关凭证。记录和凭证保存期限不得少于产品保质期满后六个月；没有明确保质期的，保存期限不得少于二年。实行统一配送的食品经营企业，可以由企业总部统一查验记录。

三、关于产品标签、说明书

（一）保健食品的标签、说明书内容应当真实，与注册或者备案的标签、说明书一致，载明适宜人群、不适宜人群、功效成分或者标志性成分及其含量等，并声明"本品不能代替药物"。标签、说明书不得涉及疾病预防、治疗功能。对保健食品之外的其他食品，不得声称具有保健功能。

（二）保健食品经营者应当核对所销售保健食品的标签、说明书内容，是否与注册或者备案的标签、说明书一致（国家市场监管总局保健食品注册查询网址：http://app1.sfda.gov.cn/datasearch/face3/dir.html），发现不一致的应当停止销售。

（三）保健食品标签应当标注"保健食品不是药物，不能代替药物治疗疾病"警示用语。警示用语使用黑色字体印刷，位于最小销售包装包装物（容器）的主要展示版面，所占面积不应小于其所在面的20%。警示用语区内文字与警示用语区背景有明显色差。当主要展示版面的表面积大于或等于100平方厘米时，字体高度不小于6.0毫米。当主要展示版面的表面积小于100平方厘米时，警示用语字体最小高度按照上述规定等比例变化。

（四）保健食品标签、说明书应当清楚、明显，生产日期、保质期等事项应当显著标注，容易辨识。生产日期标注应当与所在位置的背景色形成鲜明对比，易于识别，采用激光蚀刻方式进行标注的除外。生产日期标注不得另外加贴、补印或者篡改。保质期的标注使用"保质期至×× 年×× 月×× 日"的方式描述。

（五）委托生产的保健食品标签、说明书应当标注委托双方的企业名称、地址以及受托方许可证编号等内容。保健食品标签应当标注投诉服务电话、服务时段等信息，投诉服务电话字体与"保健功能"的字体一致。

四、关于广告发布及宣传

（一）发布保健食品广告，应当在发布前由市场监管部门对广告内容进行审查；未经审查，不得发布。保健食品广告应当显著标明广告批准文号，严格按照审查通过的内容发布，不得进行剪辑、拼接、修改。

（二）保健食品广告应当显著标明"保健食品不是药物，不能代替药物治疗疾病"，声明本品不能代替药物，并显著标明保健食品标志、适宜人群和不适宜人群。

（三）保健食品广告的内容应当以市场监督管理部门批准的注册证书或者备案凭证、注册或者备案的产品说明书内容为准，不得涉及疾病预防、治疗功能。保健食品广告涉及保健功能、产品功效成分或者标志性成分及含量、适宜人群或者食用量等内容的，不得超出注册证书或者备案凭证、注册或者备案的产品说明书范围。不得以虚假或者引人误解的内容欺骗、误导消费者。

（四）禁止利用包括会议、讲座、健康咨询在内的任何方式对保健食品进行虚假宣传。

五、关于价格行为

（一）保健食品经营者销售保健食品和提供服务，应当按照政府价格主管部门的规定明码标价，注明商品的品名、产地、规格、等级、计价单位、价格或者服务的项目、收费标准等有关情况。

（二）保健食品经营者不得利用虚假的或者使人误解的价格手段，诱骗消费者或者其他经营者与其进行交易。

六、关于直销活动

（一）直销企业应当获得国务院商务主管部门颁发的直销经营许可证。直销产品的范围由国务院商务主管部门会同国务院市场监督管理部门根据直销业的发展状况和消费者的需求确定、公布。

（二）直销企业从事直销活动的，必须在本市设立负责直销业务的分支机构。直销企业及其直销员从事直销活动，不得有欺骗、误导等宣传和推销行为。未取得直销员证人员不得从事直销活动。

七、关于兼有网络经营行为

（一）自建网站交易的保健食品经营者应当在通信主管部门批准后 30 个工作日内，向所在地市场监督管理部门备案，取得备案号。

（二）网络保健食品经营者应当在其首页显著位置公示营业执照、许可证信息，或者上述信息的链接标识。信息发生变更的，网络保健食品经营者应当及时更新公示信息。

（三）网络销售保健食品应当公示保健食品的产品注册证书或者备案凭证，持有广告审查批准文号的还应当公示广告审查批准文号，并链接至市场监督管理部门网站对应的数据查询页面。

（四）网络销售保健食品应当在产品销售页面显著位置标注"保健食品不是药物，不能代替药物治疗疾病"等消费提示信息，对保健食品之外的其他食品，不得声称具有保健功能。

（五）通过自建网站交易的保健食品经营者应当记录、保存保健食品交易信息，保存时间不得少于产品保质期满后 6 个月；没有明确保质期的，保存时间不得少于 2 年。

八、其他

除本指南列举事项以外，保健食品经营者还应当符合法律、法规、规章规定的其他管理要求。

上海市市场监督管理局关于印发《上海市保健食品生产企业保健食品原料提取物管理指南》的通知

（沪市监特食〔2020〕127号）

各区市场监管局，市局执法总队，市食药监局认证审评中心，各有关单位：

为进一步规范本市保健食品生产中原料提取与保健食品原料提取物管理，保证保健食品安全有效，根据《中华人民共和国食品安全法》《中华人民共和国食品安全法实施条例》《上海市食品安全条例》《食品生产许可管理办法》《保健食品良好生产规范》《保健食品生产许可审查细则》等规定，我局制定了《上海市保健食品生产企业保健食品原料提取物管理指南》。

请各区市场监管部门根据本指南要求，督促辖区内保健食品生产企业落实主体责任，加强保健食品原料提取物的管理。执行过程中存在问题或建议，请及时反馈市局特殊食品安全监督管理处。

特此通知。

上海市市场监督管理局
2020年3月26日

上海市保健食品生产企业保健食品原料提取物管理指南

本指南用于规范本市保健食品生产企业生产保健食品原料提取物、采购保健食品原料提取物用于生产保健食品的安全管理，保证保健食品安全有效。

一、适用范围

本指南适用对象为从事本企业生产保健食品原料提取物，或者为其他企业提供动植物提取物作为其保健食品生产原料，或者向其他企业采购保健食品原料提取物用于生产保健食品的本市保健食品生产企业。

本指南所述保健食品原料提取物，是指保健食品生产企业按照注册或者备案的保健食品生产工艺、质量标准等技术要求，进行原料提取、纯化等前处理工序后所得到的保健食品原料。

二、主要依据

1.《中华人民共和国食品安全法》；

2.《中华人民共和国食品安全法实施条例》《上海市食品安全条例》；

3.《食品生产许可管理办法》（国家市场监督管理总局令第24号）；

4.《保健食品良好生产规范》（GB 17405—1998）；

5.《保健食品生产许可审查细则》（食药监食监三〔2016〕151号）。

三、管理原则

（一）规范统一原则。保健食品注册或者备案的生产工艺有原料提取、纯化等前处理工序的，保健食品生产企业应当具备相应的原料前处理能力。需向其他企业采购保健食品原料提取物用于生产保健食品的，应当采购依法取得《食品生产许可证》（许可品种明细项目载明保健食品原料提取物名称）的保健食品生产企业生产的保健食品原料提取物。

（二）科学管理原则。保健食品生产企业应当建立健全生产质量管理体系，保证保健食品原料提取物生产和使用管理符合质量管理体系要求。

（三）确保安全原则。保健食品生产企业应当严格按照注册或备案的保健食品生产工艺、质量标准等技术要求组织生产和使用保健食品原料提取物，严格保健食品原料提取物采购管理，确保产品质量安全。

四、关于本企业自产自用保健食品原料提取物的要求

保健食品生产企业自产自用保健食品原料提取物的，应当符合以下要求：

（一）注册或者备案的保健食品生产工艺中有原料提取、纯化等前处理工序的，保健食品生产企业应当按照注册或者备案的保健食品产品配方、生产工艺、质量标准等技术要求，自行进行原料提取、纯化等前处理，不得向其他企业采购原料提取物用于生产保健食品。

（二）保健食品生产企业仅从事本企业所生产保健食品原料提取的，不需另外取得原料提取物生产许可。

（三）保健食品生产企业生产保健食品原料提取物，应当严格按照《保健食品良好生产规范》《保健食品生产许可审查细则》的相关规定，严格生产过程控制，确保产品质量安全。

（四）建立生产质量管理体系运行自查制度，企业食品安全状况和生产质量管理体系运行情况自查内容应当包括保健食品原料提取物管理制度落实情况的检查。发现可能存在食品安全隐患的，应当立即停止生产活动，采取措施消除风险隐患，经整改和验证合格后方可恢复生产，并按规定向市场监管部门报告。

（五）根据市场监管部门检查中发现的与保健食品原料提取物生产和使用管理有关的风险或问题，及时制定整改方案，落实整改措施，消除风险或问题。

五、关于采购原料提取物用于本企业生产保健食品的要求

保健食品生产企业采购其他企业生产的保健食品原料提取物用于生产保健食品的，应当符合以下要求：

（一）注册或者备案的保健食品产品配方中有原料提取物的，保健食品生产企业可以向具有合法资质的保健食品生产企业采购保健食品原料提取物。产品配方中无原料提取物的，不得采购原料提取物用于保健食品生产。

（二）保健食品生产企业应当采购取得《食品生产许可证》（许可品种明细项目载明保健食品原料提取物名称）的保健食品生产企业生产的保健食品原料提取物。

（三）保健食品生产企业不得向以下企业采购原料提取物作为生产保健食品原料：一是虽已取得《食品生产许可证》，但许可品种明细项目中未载明保健食品原料提取物名称；二是仅取得《药品生产许可证》或中药提取物生产备案，未取得保健食品原料提取物生产许可资质；三是不具备保健食品原料提取物生产许可资质的其他企业生产的提取物。

（四）建立供应商检查评价制度，对供应商经营状况、生产能力、质量保证体系、产品质量、供货期等相关内容进行检查评价，以确保购进的原料提取物符合本企业保健食品生产质量管理要求。定期开展供应商检查评价的现场审核，并保存审核记录。

（五）建立进货查验记录和信息追溯管理制度，如实记录保健食品原料提取物的名称、规格、数量、生产日期或生产批号、保质期、进货日期以及供应商名称、地址、联系方式等内容，按规定保存相关凭证。

六、关于为其他保健食品生产企业生产保健食品原料提取物的要求

保健食品生产企业为其他保健食品生产企业生产保健食品原料提取物的，应当符合以下要求：

（一）按照《保健食品生产许可审查细则》规定，申请并取得《食品生产许可证》（许可品种明细项目载明保健食品原料提取物名称）。

（二）严格按照注册或备案的保健食品生产工艺、质量标准等技术要求组织生产保健食品原料提取物。

七、关于其他事项

本指南其他未尽事宜，按照保健食品生产企业质量管理相关规定执行。

上海市市场监督管理局关于做好国产保健食品生产销售情况核实工作的通知

（沪市监特食〔2020〕173号）

各区市场监管局，有关单位：

根据《保健食品注册与备案管理办法》第三十四条规定：申请延续国产保健食品注册的，需提交"经省级食品药品监督管理部门核实的注册证书有效期内保健食品的生产销售情况"，市市场监管局印发《上海市市场监督管理局关于进一步优化特殊食品生产许可工作的通知》（沪市监特食〔2019〕519号），进一步明确了相关办理程序。为进一步做好国产保健食品注册证书有效期内保健食品生产销售情况核实工作，现将相关具体要求通知如下：

一、关于申请对象与申请材料

（一）在本市行政区域内依法取得国产保健食品批准证书、申请延续国产保健食品注册的保健食品批件持有人，应当在保健食品注册证书有效期届满6个月前，向市市场监管局提出生产销售情况核实申请。

（二）申请人应当提交《国产保健食品注册证书有效期内生产销售情况核实申请表》（见附件1）和《国产保健食品注册证书有效期内生产销售情况核实申请相关材料清单》（见附件2）所列材料，并在申请表等材料上签名或盖章。

（三）根据属地管理原则，申请人在向市市场监管局提出申请前，应当事先取得实际生产销售该保健食品的生产经营企业所在地市场监管部门出具的《国产保健食品注册证书有效期内生产销售情况核实报告》（见附件3）。其中，自行生产销售或委托本市其他生产经营企业生产销售该保健食品的，应当事先取得由所在地区市场监管部门或被委托生产经营企业所在地区市场监管部门出具的生产销售情况核实报告；委托外省市企业生产销售该保健食品的，应当事先取得由被委托生产经营企业属地省级市场监管部门出具的相关核实报告。

（四）申请人委托代理人办理申请的，代理人应当提交申请人授权委托书以及代理人的身份证明文件。

二、关于办理程序

（一）市市场监管局政务服务大厅特殊食品受理窗口负责受理申请人提交的申请书及相关申请材料，对申请人提交的申请材料与附件2清单一致的，出具收件凭证。

（二）市市场监管局特殊食品安全监管处对已受理的申请材料进行核实。对有必要进行进一步核实的，视情组织市局技术审评部门或相关区市场监管局对相关情况进一步核实。

（三）经核实相关申请材料符合要求的，市市场监管局在收件后的10个工作日内出具《国产保健食品注册证书有效期内生产销售情况核实报告》。

（四）市市场监管局政务服务大厅特殊食品受理窗口通知申请人取件。

三、关于工作要求

各区市场监管局应当结合实际，明确本单位办理国产保健食品注册证书有效期内保健食品的生产销售情况核实工作的实施部门和联系人，明确办理程序与要求，指导保健食品批件持有人或保健食品生产经营企业办理相关手续，并按照市局部署开展核实，根据核实情况及时向企业出具《国产保健食品注册证书有效期内生产销售情况核实报告》。

市市场监管局特殊食品安全监管处负责该项工作的具体实施，并做好相关指导工作。市市场监管局技术审评部门根据市局部署开展核实工作。

如市场监管总局对该项工作有新的规定，则按新要求执行。

联系电话：021-64220000 转 2515 分机。

附件：

1. 国产保健食品注册证书有效期内生产销售情况核实申请表（略）

2. 国产保健食品注册证书有效期内生产销售情况核实申请相关材料清单（略）

3. 国产保健食品注册证书有效期内生产销售情况核实报告（略）

上海市市场监督管理局

2020 年 4 月 16 日

上海市市场监督管理局关于印发《上海市保健食品生产企业日常监督检查要点（试行）》和《上海市婴幼儿配方乳粉生产企业日常监督检查要点（试行）》及操作指南的通知

（沪市监特食〔2020〕311号）

各区市场监管局，临港新片区市场监管局，市局执法总队，市局认证审评中心：

为进一步规范本市特殊食品生产企业的日常监督检查，根据食品安全相关法律法规规定，市局制定了《上海市保健食品生产企业日常监督检查要点（试行）》和《上海市婴幼儿配方乳粉生产企业日常监督检查要点（试行）》及操作指南，用于指导本市各级市场监管部门开展保健食品生产企业和婴幼儿配方乳粉生产企业日常监督检查。现将有关要求通知如下：

一、《上海市保健食品生产企业日常监督检查要点（试行）》和《上海市婴幼儿配方乳粉生产企业日常监督检查要点（试行）》供本市各级市场监管部门开展保健食品生产企业和婴幼儿配方乳粉生产企业日常监督检查使用（以下统称《检查要点》）。

二、《上海市保健食品生产企业日常监督检查操作指南（试行）》和《上海市婴幼儿配方乳粉生产企业日常监督检查操作指南（试行）》是对《检查要点》各项检查内容的检查依据、检查方式等方面的具体说明，并列举了部分常见问题。

三、自2020年8月1日起，本市各级市场监管部门应当采用《检查要点》，对保健食品生产企业和婴幼儿配方乳粉生产企业开展日常监督检查。每次开展日常监督检查时，应当覆盖《检查要点》中所有检查内容。

四、本市各级市场监管部门开展日常监督检查时，应当在《检查要点》中记录检查结果，并评定每次检查结论。相关区市场监管部门应当将日常监督检查结果作为保健食品生产企业和婴幼儿配方乳粉生产企业食品安全信用评定的重要内容，按规定做好食品安全信用评定。

特此通知。

上海市市场监督管理局

2020年7月1日

（六）

特殊膳食用食品、进出口产品、食品相关产品篇

上海市人民政府关于废止《上海市一次性塑料饭盒管理暂行办法》的决定

（沪府令第 17 号）

《上海市人民政府关于废止〈上海市一次性塑料饭盒管理暂行办法〉的决定》已经 2014 年 5 月 4 日市政府第 46 次常务会议通过，现予公布，自公布之日起生效。

市长　杨雄

2014 年 5 月 7 日

上海市人民政府关于废止《上海市一次性塑料饭盒管理暂行办法》的决定

经研究，市人民政府决定废止《上海市一次性塑料饭盒管理暂行办法》（2000 年 6 月 14 日上海市人民政府令第 84 号公布，根据 2010 年 12 月 20 日上海市人民政府令第 52 号公布的《上海市人民政府关于修改〈上海市农机事故处理暂行规定〉等 148 件市政府规章的决定》修正并重新公布）。

本决定自公布之日起生效。

上海口岸进口有机产品申报须知（2014-05-01 生效）

根据《中华人民共和国进出口商品检验法》及其实施条例和《有机产品认证管理办法》（质检总局令第 155 号）规定，现将上海口岸进口有机产品申报要求明确如下：

一、适用范围

拟作为有机产品进口，或产品包装、标签、产品说明、宣传资料中有"有机"、"ORGANIC"或相同含义的其他文字、认证标识的进口产品适用于本通知要求。

二、申报方式

（一）产品获得国外有机认证，且来自与国家认监委签署有机产品认证体系等效备忘录的国家（地区）：1. 在货物名称后加入"（有机）"字段；2. 在"许可证 / 审批号"内填入 HROP（HR 为"互认"拼音首字母，OP 为有机产品认证英文简称）。

（二）获得中国有机产品认证的进口产品：1. 在货物名称后加入"（有机）"字段；2. 在"许可证 / 审批号"内填入获证产品有机证书号；3. 若有多个获证产品，需分别填入有机证书号。

（三）未获经认监委批准的认证机构的有机产品认证，但实际包装、标签、产品说明、宣传资料中标注了"有机"、"ORGANIC"或相同含义的其他文字，认证标识的产品：1. 在货物名称后加入"（未获有机）"字段；2. 在"许可证 / 审批号"内填入 WHOP（WH 为"未获"拼音首字母）。

（四）"非法检"产品有以上 3 种情况之一的，需在全申报系统内进行申报。

三、申报材料

进口有机产品企业或者其代理人申报进口时应提供（但不限于）以下材料：

（一）《进口有机产品声明》（附件）；

（二）国家认监委与向中国出口有机产品的国家或地区的主管部门签署备忘录的，其有机产品入境申报时应提供备忘录中要求提供的相关文件；

（三）经国家认监委批准的认证机构颁发有机产品认证证书的产品，申报时应提供有机产品认证证书复印件、有机产品销售证复印件、认证标志和产品标识等文件。

四、其他要求

（一）本通知要求，于 2014 年 5 月 1 日起在上海口岸正式实施；

（二）企业或者其代理人不如实申报的，将按照《进出口商品检验法》及其实施条例和《有机产品认证管理办法》相关条例进行处理。

附件：《进口有机产品声明》（略）

2014 年 4 月 24 日

上海市食品药品监督管理局关于罐装肉松产品是否适用《食品安全国家标准 婴幼儿罐装辅助食品》的批复

（沪食药监食生〔2016〕316号）

奉贤区市场监督管理局：

你局《关于罐装肉松产品是否适用〈食品安全国家标准 婴幼儿罐装辅助食品〉的请示》已收悉，经研究，批复如下：

生产专供婴幼儿食用的食品应当符合有关婴幼儿食品安全标准。生产婴幼儿罐装辅助食品，其性状及有关指标应当符合 GB 10770—2010《食品安全国家标准 婴幼儿罐装辅助食品》规定。

仅按照 SB/T 10281—2007《中华人民共和国国内贸易行业标准肉松》生产的肉松产品，其标签不得宣称适宜婴幼儿食用。

此复。

上海市食品药品监督管理局
2016 年 5 月 24 日

上海市质量技术监督局关于推进本市食品相关产品 生产许可审批制度改革相关措施的通知

（沪质技监定〔2017〕309号）

各区市场监督管理局（质量发展局）、各审查机构：

为进一步加大上海自贸区食品相关产品生产许可审批制度改革试点力度，深化先行先试工作，同时扩大自贸区经验溢出效应、提升企业改革获得感，报经质检总局、市审改办批准，我局决定自即日起推出食品相关产品生产许可审批制度改革的进一步举措：在自贸区推出企业减负三项措施，在全市复制推广放宽企业时限的两项措施。具体要求如下：

一、在自贸区试点推进企业减负的三项措施

（一）试点"一企一证"改革。在自贸区试点推进工业产品生产许可省级发证"一企一证"制度，具体为：将现行的按产品实施细则发放工业产品、食品相关产品生产许可证证书的制度调整为按企业主体发证，由"一企多证"调整为"一企一证"，即一家生产企业在一个生产场所从事纳入工业产品生产许可目录产品的生产，仅需要取得一张工业产品生产许可证。在对许可申请实施审查时，对企业多个类别产品的生产现场一并核查；在证书打印时由省局统一进行编号，为与现行许可证规则有效衔接，在附件中列明获证产品原许可证号和产品类别具体信息。涉及工业产品与食品相关产品证书格式不一样的情况，根据企业主导产品来选择证书。

（二）试点推进对信用良好企业新发证"告知承诺"。在自贸区试点推进食品相关产品生产许可证递交申请资料及企业承诺即发证，实现行政审批零等待（见附件）。在企业获证后2个月内由发证实施部门组织第三方审查机构实施企业现场合规性审查。发现被审批人实际情况与承诺内容不符的，应当要求其限期整改，整改后仍不符合条件的，应当依法撤销行政审批决定。

（三）试点取消企业审查中的产品检验环节。在自贸区试点取消企业审查中的产品发证检验要求。

二、在全市复制推广放宽企业时限的两项举措

（一）将延续换证要求的"提前6个月"放宽为"提前3个月"。即企业在许可证有效期届满前3个月提出延续换证申请的，均认定为延续换证。

（二）将换证检验报告替代规则中"6个月内"放宽为"12个月内"。即企业提供12个月内有效替代检验报告的，均免除发证检验报告，不再重复检验。

三、工作要求

请各区局严格按照通知精神，抓好上述各项改革措施的落地工作，切实降低企业制度性交易成本，并通过在市民办事窗口提供告知单等形式广泛宣传，在工作实践中不断完善工作机制，稳步推进上海市食品相关产品生产许可改革试点工作。

附件：

1. 行政审批告知承诺书（略）

2. 行政审批机关的告知（略）

3. 申请人的承诺（略）

上海市质量技术监督局

2017年7月19日

上海市食品药品监督管理局关于印发《上海市婴幼儿粉状（非谷类）辅助食品生产许可审查方案》的通知

（沪食药监食生〔2018〕202 号）

各区市场监管局、市食药监局认证审评中心：

《上海市婴幼儿粉状（非谷类）辅助食品生产许可审查方案》已经我局第 13 次局务会议审议通过，现印发给你们，自 2018 年 11 月 18 日起施行，请遵照执行。

上海市食品药品监督管理局

2018 年 10 月 18 日

上海市婴幼儿粉状（非谷类）辅助食品生产许可审查方案

第一章　总　则

第一条　本方案适用于婴幼儿粉状（非谷类）辅助食品的生产许可条件审查。方案中所称婴幼儿粉状（非谷类）辅助食品，是指食品原料经处理后采用喷雾干燥工艺，添加或不添加辅料、混合、包装，供给 6 月龄—36 月龄婴幼儿食用的 5mm 以下的粉状辅助食品（GB 10769《食品安全国家标准　婴幼儿谷类辅助食品》的婴幼儿谷类辅助食品除外）。

第二条　婴幼儿粉状（非谷类）辅助食品的食品类别为特殊膳食食品，类别编号为 3003，类别名称为：其他特殊膳食食品，品种明细为：其他特殊膳食食品（婴幼儿粉状（非谷类）辅助食品）。婴幼儿粉状（非谷类）辅助食品生产许可食品类别、类别名称、品种明细、定义及执行标准等见表 1。

表 1　婴幼儿粉状（非谷类）辅助食品生产许可食品类别目录列表

食品类别	类别名称	品种明细	定义及执行标准[a]	备注
特殊膳食食品	其他特殊膳食食品	其他特殊膳食食品（婴幼儿粉状（非谷类）辅助食品）	婴幼儿粉状（非谷类）辅助食品是指食品原料经处理后采用喷雾干燥工艺，添加或不添加辅料、混合、包装，供给 6 月龄—36 月龄婴幼儿食用的 5mm 以下的粉状辅助食品（GB 10769《食品安全国家标准 婴幼儿谷类辅助食品》的婴幼儿谷类辅助食品除外）	
[a] 企业可制定严于食品安全国家标准的企业标准，在本企业使用。				

第三条　本方案规定的婴幼儿粉状（非谷类）辅助食品不能以分装方式生产。生产婴幼儿粉状（非谷类）辅助食品大包装产品且不生产婴幼儿粉状（非谷类）辅助食品最终销售包装产品的不予生产许可。

第四条　本方案中引用的文件、标准通过引用成为本方案的内容。凡是引用文件、标准，其最新版本（包括所有的修改单）适用于本规范。

第二章　生产场所

第五条　生产场所中的企业厂房选址和设计、内部建筑结构、仓储等辅助生产设施应当符合GB 14881、《食品生产许可审查通则》和《婴幼儿辅助食品生产许可审查细则》（2017版）生产场所相关规定。

第六条　生产车间及辅助设施的设置应当按生产流程需要及卫生要求，有序而合理布局，根据生产流程、生产操作需要和清洁度的要求进行隔离，避免交叉污染。车间内应区分清洁作业区、准清洁作业区和一般作业区，婴幼儿粉状（非谷类）辅助食品生产车间及清洁作业区具体划分见表2。

表2　婴幼儿粉状（非谷类）辅助食品企业生产车间及清洁作业区划分表

序号	产品品种名称	清洁作业区	准清洁作业区	一般作业区
	婴幼儿粉状（非谷类）辅助食品	喷雾干燥的出粉口区域、冷却间、储存间、配料混合车间、半成品暂存间、包材消毒清洁间、内包装车间等	原辅料蒸煮、磨浆加工车间、喷雾车间、其他加工车间	原料预处理间、原料仓库、包装材料仓库、外包装车间及成品仓库等

第三章　设备设施

第七条　婴幼儿粉状（非谷类）辅助食品的设备设施，其具体要求应当符合《食品生产许可审查通则》及《婴幼儿辅助食品生产许可审查细则》（2017）版设备设施相关规定。

第四章　设备布局与工艺流程

第八条　生产设备的布局、安装和维护应当符合工艺需要，工艺文件、操作规程等具体要求应符合《食品生产许可审查通则》及《婴幼儿辅助食品生产许可审查细则》（2017）版中相关规定。

第九条　生产设备的配备应与产品加工工艺相符，并应具备与生产工艺相适应的生产设备见表3。

表3　婴幼儿粉状（非谷类）辅助食品基本生产工艺和设备

序号	基本生产工艺	生产设备	生产设备要求
1	原料预处理	解冻、清洗、挑拣、修整设备	—
2	原料加工	水处理设备、绞碎设备、蒸煮设备、磨浆设备等	—
3	杀菌设备	紫外线杀菌及其他杀菌设施	杀菌设备为连续、封闭式，杀菌后进入净化空气环境
4	投料设备	人工或自动投料	配套除尘装置，投料产生的粉尘应避免混入生产环境
5	喷雾干燥	喷雾干燥设备、冷却设备等	—
6	配料混合	称量设备、预混设备、混合设备	混料过程为封闭、无尘、自动化操作
7	筛分设备	在线连续筛分	食品级不锈钢筛网，方便拆卸，清理及更换筛网
8	包装	全自动包装设备	带有自动质量计量的全自动包装机
9	成品金属检测	X光异物监控设备或金属检测设备	自动控制，能检测出球径≥2mm金属
10	密闭输送设备	—	符合食品级要求的密闭、无尘、自动化连续式或批次式输送设备
11	密闭暂存设备	食品级材质；物料下料均匀流畅	清理检修方便、配手动或自动取样装置

第十条 通过危害分析方法明确影响产品质量的关键工序或关键点，并实施质量控制，制定操作规程，关键工序或关键点可设为：原料验收、喷雾冷却、配料投料、金属探测等，对其形成的信息建立电子信息记录系统。

第五章 人员管理

第十一条 人员管理应符合《食品生产许可审查通则》和《婴幼儿辅助食品生产许可审查细则》（2017版）中人员管理的相关要求。

第六章 管理制度

第十二条 管理制度应当符合《食品生产许可审查通则》相关规定；同时原辅料的采购管理制度、防止微生物污染、化学污染、物理污染的控制制度、产品追溯制度、物料发放和使用及储存管理制度、工作服清洗保洁制度、生产设备管理制度、产品防护管理制度、运输管理制度、检验管理制度、产品召回制度、不合格管理制度、食品安全风险管理和自查制度、食品安全事故处理制度、检验设备管理制度、文件和记录管理制度、消费者投诉处理制度等管理制度应符合《婴幼儿辅助食品生产许可审查细则》（2017版）中对管理制度的相关规定。

第十三条 制定原辅料供应商审核制度和审核办法，对原辅料供应商的审核至少应包括：供应商的资质证明文件、质量标准、检验报告。定期对果蔬、畜禽肉、水产等主要原辅料生产商或者供应商的质量体系进行现场审核评估，形成现场质量审核报告。

第十四条 婴幼儿粉状（非谷类）辅助食品生产企业应加强对果蔬、畜禽肉等食用农产品的采购管理，审核种植养殖地提供的农业投入品（农药、肥料、兽药、饲料和饲料添加剂等）使用记录，确保农业投入品的使用符合食品安全标准和国家有关规定。

第十五条 产品检验和质量要求可以根据企业标准要求执行，但企业标准中食品安全指标应符合有关食品安全国家标准要求。

第十六条 原辅料的验收标准和检验方法应符合国家法律法规和标准的要求。

对生产加工过程中无后续灭菌操作的原辅料，企业应制定相关标准要求，对微生物等指标进行监控。

第十七条 不使用危害婴幼儿营养及健康的物质，对原辅材料中可能出现的危害物质进行必要的检测。不使用经辐照处理过的原辅料；不使用氢化油脂。

第十八条 畜禽肉及其肝脏等应经过检验检疫，并有合格证明。猪肉及肝脏应选用定点屠宰企业产品，索取兽药监测合格报告。

第十九条 婴幼儿粉状（非谷类）辅助食品的水果、蔬菜类原料应使用未腐败变质的优质原料或其制品，畜肉和禽肉类、鱼类原料应使用新鲜或冷冻的优质原料或其制品，应去掉骨、鳞、刺等不适宜婴幼儿食用的物质，不应使用香辛料。

第二十条 包装材料应清洁、无毒且符合国家相关标准及规定，直接接触食品的包装材料不得使用添加邻苯二甲酸酯类物质的材料，包装材料在特定贮存和使用条件下不应影响婴幼儿辅助食品的安全和产品特性，包装材料不得重复使用。

第二十一条 建立产品研发管理制度，应有自主研发机构并有独立的场所、设备、设施及资金保证，配备专职研发人员。

研发机构应能够研发新的产品、跟踪评价产品的营养和安全，确定产品保质期，研究生产过程中存在的风险因素及提出防范措施。对新产品的研发，应包括对产品配方、生产工艺、质量安全和营养方面的综合论证，产品配方应保证婴幼儿的安全，满足营养需要，应保留完整的配方设计、论证文件等资料。企业应对产品配方及其均匀性、稳定性、安全性进行跟踪评价。

第二十二条 鼓励建立产品信息网站查询系统，提供标签、外包装、质量标准、出厂检验结果等信息，方便消费者查询。

第七章　试制产品检验合格报告

第二十三条　应按所申报的婴幼儿粉状（非谷类）辅助食品，提供试制食品的有资质第三方检验合格报告，对提供的检验报告真实性负责；检验项目应按产品适用的食品安全国家标准、产品标准、企业标准等要求进行检验。

第八章　附　则

第二十四条　本审查方案未尽事项，应当按照《食品生产许可审查通则》和《婴幼儿辅助食品生产许可审查细则》（2017 版）有关规定执行。

第二十五条　本审查方案仅适用于上海市婴幼儿粉状（非谷类）辅助食品生产企业。

第二十六条　本审查方案由上海市食品药品监督管理局负责解释。

第二十七条　本审查方案自 11 月 18 日起施行。

上海市农业委员会关于加强首届中国国际进口博览会农产品质量安全保障工作的通知

（沪农委〔2018〕206号）

各区农委，各有关单位：

首届中国国际进口博览会（以下简称"进口博览会"）将于2018年11月5日至10日在上海举办。根据市委、市政府相关工作要求，为切实做好进口博览会保障工作，各区农委、各有关单位要在继续开展农业质量年九大行动的基础上，全力做好地产农产品质量安全保障工作，现将有关工作通知如下。

一、提高思想认识，加强组织领导

首届进口博览会在本市举办，是以习近平同志为核心的党中央着眼推进新一轮对外开放作出的一项重大战略决策和战略部署，是中国政府向世界开放市场的重大举措，体现了党中央国务院对上海的高度信任，也为上海全面提升对外开放水平和提升城市整体形象带来了重大机遇。农产品质量安全是食品安全基础保障，各区农委及有关单位要高度重视，提高认识，进一步加强组织领导，制定实施方案，明确工作职责，落实各项任务，确保进口博览会期间农产品质量安全保障工作顺利完成。

二、落实工作措施，排除安全隐患

各区农委要进一步强化属地管理责任、落实生产经营者主体责任，建立地产农产品质量安全监管和市场监管相衔接的工作机制。青浦区、闵行区、嘉定区作为核心保障区，要全方位加强对展会周边地区农产品质量安全监管，针对重点区域、重点品种、重点环节深入开展农产品质量安全专项整治行动，强化监督抽查，及时消除问题隐患，确保不出现管理盲区、不出现负面舆情。

各区农委应在8月30日前组织开展一次辖区的农产品质量安全生产大检查，各有关单位根据职责开展专项检查，市农委将组织人员开展抽查，确保各项工作落到实处。

三、加强宣传引导，营造良好氛围

各区农委、各有关单位要紧紧抓住进口博览会在上海举办的有利契机，通过各种渠道，采取多种形式，组织开展宣传活动，积极宣传质量兴农、绿色兴农、品牌强农工作成效，为进口博览会的举办营造良好的舆论氛围。要充分利用电视、广播、报刊、微博、微信、新闻通报会等媒体平台和各类展示展销活动，多途径、多形式宣传普及农产品质量安全法律法规和安全消费知识，引导广大群众科学、理性地看待农产品质量安全问题，努力营造安全生产、安全消费的良好社会氛围。

上海市农业委员会

2018年8月6日

上海市质量技术监督局关于食品相关产品生产许可实行告知承诺审批的通知

（沪质技监科〔2018〕527号）

各区市场监督管理局（质量发展局），各有关单位：

为贯彻落实《国务院关于在全国推开"证照分离"改革的通知》（国发〔2018〕35号）和《市场监管总局办公厅关于食品相关产品生产许可实行告知承诺有关事项的通知》（市监质监〔2018〕73号），加快推进食品相关产品生产许可证制度改革，结合本市实际，现就本市食品相关产品生产许可实行告知承诺审批的有关事项通知如下：

一、实施主体和职责分工

上海市质量技术监督局（以下简称"市质量技监局"）负责全市食品相关产品（包括食品用塑料包装容器工具制品、食品用纸包装容器等制品、餐具洗涤剂、工业和商用电热食品加工设备、压力锅等五类产品，下同）生产许可告知承诺审批的组织实施、综合管理及业务指导。

各区市场监督管理局受市质量技监局委托，具体实施辖区内食品相关产品生产许可告知承诺审批，并对获证生产企业进行监督管理。

二、告知承诺书格式文本

市质量技监局制定全市统一的《食品相关产品生产许可行政审批告知承诺书》（以下简称《告知承诺书》，见附件1），申请人可在上海市一网通办平台或市质量技监局网上办事平台网上下载。

三、申请

申请人可以通过上海市一网通办平台、市质量技监局网上办事平台或各区市场监督管理局办事窗口申请食品相关产品生产许可证，申请材料包括《全国食品相关产品生产许可证申请单》（附件2）、《告知承诺书》及产品检验报告。

四、受理和审批决定

对申请人承诺符合审批条件并提交有关材料的，各区市场监督管理局应当场受理并办理审批，经形式审查合格的，依法颁发生产许可证证书。

食品相关产品生产许可证证书分为正本、副本，生产许可证电子证书与纸质证书具有同等法律效力。

五、事中事后监管

各区市场监督管理局要加强对获证企业的事中事后监管。对发证、许可范围变更（减项除外）的企业，应当自作出准予行政审批决定后1个月内，实行全覆盖例行检查。检查应按照《中华人民共和国工业产品许可证管理条例实施办法》第十条及相应的生产许可证实施细则规定的条件，重点检查被审批人的承诺内容是否属实。全覆盖例行检查，由各区市场监督管理局组织，根据工作需要可自行选择是否需要审查机构参与；如需审查机构参与的，应随机抽取审查机构，由审查机构派遣至少两名专业技术人员，与行政监管人员共同实施。

对生产许可证有效期届满延续换证和申请名称变更（关键生产设备和检验设备没有发生变化的）的获证企业，由各区市场监督管理局在日常监管中核实承诺情况。

六、违反承诺的处理

发现被审批人实际情况与承诺内容不符的，由各区市场监督管理局依法撤销行政审批决定。企业以欺骗、提交虚假材料等获得生产许可证的，一经发现，应当立即依法撤销行政审批决定，并予以从重处罚。

七、生产许可撤销

对于通过告知承诺取得食品相关产品生产许可证的企业，在组织开展撤销生产许可证时采取以下简化程序：

各区市场监督管理局应告知企业撤销依据及事实并送达《撤销生产许可告知书》，要求企业在5日内提出意见，逾期视为无意见。如企业提出意见的，各区市场监督管理局在研究企业意见后，要立即作出是否撤销生产许可证的决定，向企业送达《撤销生产许可决定书》并办理注销手续。

八、工作要求

（一）食品相关产品生产许可实行告知承诺制度，是落实院推进放管服改革、优化行政审批的重要举措，各单位要高度重视，认真组织，压实责任，确保本市食品相关产品生产许可证告知承诺改革有序推进。要通过新闻媒体、网络宣传和宣贯培训等多种形式加大宣传力度，让公众了解食品相关产品生产许可告知承诺制度，及时向企业、消费者和社会进行政策解读和宣贯。

（二）各单位要积极稳妥推进告知承诺在食品相关产品生产许可中的实施，对告知承诺实施效果、群众反映等要加强跟踪，对实施过程中出现的问题，要及时总结并加以解决，并进一步改进和完善审批流程，不断提高审批效率，健全工作制度。

（三）各区市场监管部门要创新监管方式，加强事中事后监管。要严格按照总局部署，落实告知承诺后续监管。要加强日常监管和执法检查力度，加大对违法违规和失信行为的查处，督促食品相关产品企业落实质量安全主体责任，切实提升食品相关产品质量安全水平。

附件：

1. 食品相关产品生产许可行政审批告知承诺书（略）
2. 全国食品相关产品生产许可证申请单（略）
3. 撤销行政许可告知书（略）
4. 撤销行政许可决定书（略）

上海市质量技术监督局

2018 年 11 月 21 日

上海市市场监督管理局关于印发《上海市市场监督管理局特殊食品生产经营企业自查和报告管理规定（试行）》的通知

（沪市监规范〔2019〕6号）

各区市场监管局，市局执法总队、机场分局：

为贯彻落实《中共中央　国务院关于深化改革加强食品安全工作的意见》精神，进一步督促特殊食品生产经营企业严格落实食品安全主体责任，依据《中华人民共和国食品安全法》《中华人民共和国食品安全法实施条例》等法律法规和相关食品安全国家标准，上海市市场监管局制定了《上海市市场监督管理局特殊食品生产经营企业自查和报告管理规定（试行）》。现印发给你们，请认真遵照执行（文件内容请下载附件查看）。

特此通知。

上海市市场监督管理局

2019年12月18日

上海市市场监督管理局特殊食品生产经营企业自查和报告管理规定（试行）

第一章　总　则

第一条　为督促特殊食品（保健食品、特殊医学用途配方食品、婴幼儿配方食品）生产经营企业落实主体责任，加强全过程管理，防范食品安全风险，保障特殊食品质量安全，根据《中华人民共和国食品安全法》《中华人民共和国食品安全法实施条例》等法律法规，制定本规定。

第二条　上海市市场监督管理局依法指导全市特殊食品生产经营企业自查和报告的监督管理工作。

区市场监督管理局依法组织开展辖区内特殊食品生产经营企业自查和报告的监督管理工作。

第三条　特殊食品生产经营企业开展食品安全自查和报告，应当遵循合法、全面、客观、及时的原则，保证食品安全管理制度和质量管理体系的有效运行。

第四条　特殊食品生产经营企业应当对其自查和报告的真实性负责。

鼓励特殊食品生产经营企业主动向社会公示自查结果，接受社会监督。

第二章　一般规定

第五条　特殊食品生产经营企业应当制定企业食品安全自查制度，经企业法定代表人或主要负责人批准后执行。

第六条　特殊食品生产经营企业应当按照法律法规、食品安全国家标准有关规定，以及产品（配方）注册证书或备案凭证的内容，开展食品安全自查工作，并如实做好相关记录。自查记录应当保留2年以上。

第七条 特殊食品生产经营企业应当配备食品安全质量管理和专业技术人员，自行组织开展食品安全自查工作，或委托第三方机构开展食品安全自查工作。

第八条 特殊食品生产经营企业自查发现生产经营条件发生变化，不再符合食品安全要求的，应当立即采取整改措施。

特殊食品生产经营企业自查发现有发生食品安全事故潜在风险的，应当立即停止食品生产经营活动，采取有效风险控制措施，并在2个工作日内向所在区市场监督管理局报告。

第九条 特殊食品生产经营企业生产经营过程中存在以下情形之一的，应当立即开展食品安全自查：

（一）在监督管理部门的监督检查、案件查办中发现企业存在食品安全违法违规行为的；

（二）被监督抽检的食品检验不合格或者被通报存在食品安全风险隐患的；

（三）被消费者集中投诉或者出现重大舆情事件，可能存在食品安全问题的；

（四）产品出厂检验发现不符合食品安全标准的；

（五）发现可能存在食品安全事故潜在风险的；

（六）其他需要立即开展自查的情况。

第三章　生产过程自查管理

第十条 特殊食品生产企业食品安全自查制度应当包括自查组织和人员、自查频次、自查内容、自查程序、结果评价、整改要求、自查记录和报告等内容。

第十一条 特殊食品生产企业应当定期开展食品安全自查，每年不少于1次，并形成自查报告，经企业法定代表人或主要负责人签字并加盖公章后，15日内向所在区市场监督管理局报告。

第十二条 特殊食品生产企业自查内容应当包括特殊食品生产质量管理体系和食品安全状况检查评价的要求，对生产场所、设备设施、卫生管理、原辅料管理（采购、验收、运输、贮存等）、生产过程控制、验证和检验、产品管理（贮存、运输、追溯、召回）、人员及培训、管理制度、记录和文件管理、食品安全控制措施有效性的监控和评价等开展自查。

第十三条 特殊食品生产企业提交的自查报告应当包括但不限于以下内容：

（一）企业合规情况：食品生产许可、注册（或备案）、委托生产等是否合法有效；

（二）报告期内生产活动的基本情况：生产的品种和数量、未生产的品种情况、生产条件发生变化情况、有无连续停产6个月以上情况等；

（三）报告期内开展生产质量管理体系审核的情况：开展生产质量管理体系外部审核和内部审核的次数、检查评价结果、发现的主要问题以及采取整改措施情况；

（四）报告期内原辅料管理、供应商审核以及下游经销商评价的情况：保健食品原料前处理情况、原辅料采购验收贮存、供应商变更及审核情况、产品信息追溯情况、对下游经销商的评价等；

（五）报告期内进行生产质量控制情况：生产场所卫生情况，生产工艺、设备、贮存、包装等环节控制情况，原料检验、半成品检验、成品出厂检验等检验控制情况，标准执行情况等；

（六）报告期内人员培训和管理情况：对企业负责人、质量负责人、生产负责人等关键岗位管理人员进行培训和履职的评价情况，对质量安全相关人员和其他从业人员进行培训和考核相关情况，对涉及健康管理要求人员的检查情况等；

（七）报告期内企业食品安全问题及处置情况：不合格食品管理、产品召回、产品标签和说明书、食品安全责任保险，客户或消费者主要的投诉举报及处理等情况；

（八）报告期内企业接受市场监督管理部门监督检查、监督抽检、行政处罚情况，和相关部门表彰奖励情况等；

（九）其他结合自身情况细化和补充的报告内容。

第四章　经营过程自查管理

第十四条　特殊食品经营企业应当根据经营方式和经营类别等情况制定食品安全自查制度，明确食品安全质量管理人员，定期开展食品安全状况全面检查评价，每年不少于1次。

特殊食品经营企业同时经营普通食品的，可以在企业食品安全自查制度中增加特殊食品自查要求。

第十五条　特殊食品经营企业开展食品安全自查可以包括但不限于以下内容：

（一）企业合规情况：食品经营许可是否合法有效；

（二）经营活动的基本情况：经营场所、设施设备等经营条件是否符合要求；

（三）内部审核的情况：是否进行内部审核及检查评价、发现问题后是否进行整改，并整改到位；

（四）采购管理、供应商审核情况：经营的特殊食品采购查验记录、供应商审核、产品信息追溯情况是否符合要求；

（五）质量控制情况：食品包装、标签、说明书是否与产品（配方）注册证书或备案凭证标注内容一致，特殊食品保质期、贮存以及临近保质期和过期食品管理是否符合要求，特殊食品是否专区（专柜）销售、是否专门标示、是否标注消费提示信息、是否存在虚假宣传、是否发布虚假广告，特殊食品是否与普通食品或者药品混放销售；

（六）人员培训和管理情况：是否对主要负责人、质量管理人员等关键岗位管理人员进行培训考核，是否对质量安全相关人员和其他从业人员开展培训，对涉及健康管理要求人员的检查是否符合要求；

（七）食品安全问题及处置情况：问题食品管理、产品召回、以及客户或消费者的投诉举报处置是否符合要求；

（八）结合自身情况需要细化和补充的其他自查内容。

第五章　监督管理

第十六条　区市场监督管理局收到特殊食品生产经营企业食品安全自查报告后，应当针对企业自查发现的问题，帮助指导企业落实整改措施，消除食品安全隐患。

第十七条　区市场监督管理局对特殊食品生产经营企业开展日常监督检查时，应当对企业食品安全自查制度建立和执行情况检查，重点检查企业自查发现问题的整改落实情况。

第十八条　区市场监督管理局应当将特殊食品生产经营企业自查和报告情况纳入企业食品安全信用档案，对未按要求开展自查或未对自查发现问题进行整改的，列为不良信用记录。

第十九条　市场监督管理部门应当加强对特殊食品生产经营企业的监督管理，依法查处未定期开展自查或未提交自查报告的违法行为。发现企业未按要求开展自查的，可以组织对其开展监督检查。

第六章　附　则

第二十条　对特殊食品经营企业以外的特殊食品经营者的自查管理要求，参照本规定执行。

第二十一条　本规定自发布之日起施行。

关于《上海市市场监督管理局特殊食品生产经营企业自查和报告管理规定（试行）》的解读

为贯彻落实《中共中央国务院关于深化改革加强食品安全工作的意见》（以下简称《意见》）和《中华人民共和国食品安全》（以下简称《食品安全法》）相关规定和要求，进一步督促特殊食品生产经营企业严格落实食品安全主体责任，保障特殊食品安全，上海市市场监管局根据《食品安全法》及其实施条例等法律法规和相关食品安全国家标准，制定《特殊食品生产经营企业自查和报告管理规定（试行）》（以下简称《规定》）。现就《规定》解读如下：

一、制定《规定》的背景、目的和意义

《意见》在总体目标中明确提出"生产经营者责任意识、诚信意识和食品质量安全管理水平明显提高"。《意见》特别强调，要实施国产婴幼儿配方乳粉提升行动、保健食品行业专项清理整治行动，特别是要求在婴幼儿配方乳粉生产企业全面实施良好生产规范、危害分析和关键控制点体系，自查报告率100%。

《食品安全法》明确规定，"国家对保健食品、特殊医学用途配方食品和婴幼儿配方食品等特殊食品实行严格监督管理""食品生产经营者对其生产经营食品的安全负责"。《食品安全法》第四十七条规定，特殊食品生产经营企业要定期对食品安全状况进行检查评价；第八十三条规定，特殊食品生产企业要对生产质量管理体系进行自查。2019年12月1日起实施的《中华人民共和国食品安全法实施条例》第七条、第十九条对食品安全自查也作出了相应要求。

本《规定》的制定，是为了进一步细化《食品安全法》及其实施条例关于特殊食品生产经营企业应当建立食品安全自查和报告制度的要求，推进解决特殊食品生产经营企业自查不够全面、规范等问题。同时，《规定》也对监管部门的监管职责和监管要求予以明确。

二、《规定》的主要法律依据

《食品安全法》第四十七条规定："食品生产经营者应当建立食品安全自查制度，定期对食品安全状况进行检查评价。生产经营条件发生变化，不再符合食品安全要求的，食品生产经营者应当立即采取整改措施；有发生食品安全事故潜在风险的，应当立即停止食品生产经营活动，并向所在地县级人民政府食品安全监督管理部门报告。"

《食品安全法》第八十三条规定："生产保健食品，特殊医学用途配方食品、婴幼儿配方食品和其他专供特定人群的主辅食品的企业，应当按照良好生产规范的要求建立与所生产食品相适应的生产质量管理体系，定期对该体系的运行情况进行自查，保证其有效运行，并向所在地县级人民政府食品安全监督管理部门提交自查报告。"

三、《规定》的适用范围

本《规定》是为规范特殊食品（保健食品、特殊医学用途配方食品、婴幼儿配方食品）生产经营企业开展食品安全自查和报告工作而制定的规范性文件。

对特殊食品经营企业以外的特殊食品经营者的自查管理要求，参照本《规定》执行。

四、《规定》的总体原则

《规定》第一条至第四条分别对《规定》的目的依据、职责分工、企业义务和遵循的原则进行了

规定。规定了特殊食品生产经营企业开展食品安全自查和报告，应当遵循合法、全面、客观、及时的原则，保证食品安全管理制度和质量管理体系的有效运行；特殊食品生产经营企业应当对其自查和报告的真实性负责；鼓励其主动向社会公示自查结果。

五、特殊食品生产经营企业自查和报告的一般规定

《规定》第五条至第九条是对特殊食品生产经营企业食品安全自查制度的总体要求。明确了特殊食品生产经营企业建立自查制度的要求，组织自查的方式、自查记录要去，整改要求、立即开展自查的情形以及有发生食品安全事故潜在风险的报告要求等进行了规定。其中，一是引导发挥第三方机构作用，明确企业可以自行组织本企业相关人员开展食品安全自查工作，也可以委托第三方机构开展食品安全自查工作。二是明确了企业必须开展食品安全自查的6种情形。

六、特殊食品生产企业的自查和报告要求

《规定》第十条至第十三条关于特殊食品生产企业自查和报告活动的规定，包含了食品安全状况检查评价和生产质量管理体系检查的内容。一是规定了特殊食品生产企业自查制度的内容。二是规定了企业全面自查的最少频次和报告时限。三是规定了特殊食品生产企业全面自查的内容。四是规定了企业自查报告的具体内容要求。特别是增加了报告期内企业生产活动的基本情况，如生产的品种和数量、生产条件发生变化情况、有无连续停产情况等；以及报告期内开展生产质量管理体系审核的情况以及采取整改措施情况。上述自查报告内容与监管部门事中事后监管要求相呼应，重点关注生产企业能否持续保持许可条件和生产质量管理体系要求，有效保证生产质量管理体系运行和产品质量。

七、特殊食品经营企业的自查要求

《规定》第十四条、第十五条明确特殊食品经营企业开展自查的主要内容是食品安全状况检查评价。一是对特殊食品经营企业自查制度的制定进行了要求。二是对特殊食品经营企业自查的具体内容进行规定。特别是对保健食品经营企业对于食品包装、标签、说明书是否与注册证书或备案凭证标注内容一致，是否专区（专柜）销售、是否清晰标示、是否标注消费提示信息、是否存在虚假宣传、是否发布虚假广告，特殊食品是否与普通食品或者药品混放销售等作出明确规定。上述自查内容与市场监管总局关于特殊食品经营监管工作的相关要求相对应，通过企业自查自纠，不断提升企业食品安全管理水平。

八、特殊食品生产经营企业食品安全自查和报告的监督管理

《规定》第十六条至第十九条规定了监督管理部门的职责。一是帮助指导企业落实整改措施，消除食品安全隐患，确保形成"自查－报告－整改－提升"的闭环。二是对特殊食品生产企业检查时，应检查企业自查制度建立和执行情况，并检查企业自查报告问题的整改情况。三是加强对特殊食品生产企业自查和报告情况的监督管理，对未按规定开展自查或提交报告的特殊食品生产企业，监管部门可以组织对其开展专项监督检查。四是将特殊食品生产企业自查和报告情况纳入企业食品安全信用档案。

上海市市场监督管理局关于发布《上海市餐饮服务不得主动提供的一次性餐具目录》的通知

（沪市监食经〔2019〕128号）

各区市场监管局，各有关单位：

为深入贯彻习近平总书记视察上海重要讲话精神和普遍推进垃圾分类制度的重要指示，根据《上海市生活垃圾管理条例》（以下简称《条例》）和《关于贯彻〈上海市生活垃圾管理条例〉推进全过程分类体系建设的实施意见》（以下简称《实施意见》），经广泛征求意见，我局制定了《上海市餐饮服务不得主动提供的一次性餐具目录》（2019版），现予以发布，并就做好相关工作通知如下：

一、上海市餐饮服务不得主动提供的一次性餐具目录

不得主动提供的一次性餐具主要是指由餐饮服务提供者提供的，供消费者在用餐过程中用于辅助进食的一次性用具。根据《条例》和《实施意见》，我局制定了《上海市餐饮服务不得主动提供一次性餐具目录》（见附件，以下简称《目录》），自2019年7月1日起，本市餐饮服务者不得主动向消费者提供目录内的一次性餐具。

二、工作要求

1. 提高思想认识。餐饮行业倡导绿色消费，限制和减少使用一次性用品，推广使用可循环利用物品，是推动生活垃圾源头减量的重要举措，也是《条例》规定餐饮服务者应当履行的法定义务。各单位要提高认识，加强领导，把推动餐饮行业限制和减少一次性餐具作为一项重点工作抓好抓实，确保《条例》得到有效落实。

2. 落实主体责任。本市范围内的餐饮服务提供者，是用餐过程中餐具的提供者，也是限制和减少使用一次性用品工作的责任主体。从业单位和人员要树立环保、守法意识，严格遵守《条例》有关规定和要求，不再主动向就餐的消费者提供《目录》中所列一次性餐具。同时，餐饮服务提供者应根据《中华人民共和国食品安全法》等法律、规定，切实做好餐具清洗消毒，确保食品安全。

3. 营造良好氛围。本市各级市场监管部门、相关行业协会要加强宣传培训力度，营造社会广泛参与的浓厚氛围，提高广大餐饮服务提供者的守法意识，提高公众对《条例》和《目录》的社会知晓度。餐饮服务提供者应当采用在就餐场所张贴消费提示或其他方式，引导消费者减少使用一次性餐具。鼓励社会监督，举报违规行为，举报电话：12315、12331。

4. 强化执法检查。本市各级市场监管部门要落实执法责任，组织对本市餐饮服务提供者一次性餐具的使用情况开展专项执法检查，对于发现违反《条例》规定，主动提供《目录》中限制使用的一次性餐具的，要严格依法查处。要严格行业监督，充分发挥相关行业协会作用，强化行业自律。

附件：上海市餐饮服务不得主动提供的一次性餐具目录（2019版）

上海市市场监督管理局

2019年4月28日

附件

上海市餐饮服务不得主动提供的一次性餐具目录（2019版）

序号	名称
1	筷子
2	调羹
3	叉子
4	刀

上海市市场监督管理局关于印发《上海市婴幼儿配方乳粉生产企业复配食品添加剂使用管理指南（试行）》的通知

（沪市监特食〔2019〕558号）

各区市场监管局，市局执法总队、机场分局：

为贯彻落实《中共中央　国务院关于深化改革加强食品安全工作的意见》，推进实施国产婴幼儿配方乳粉提升行动，进一步落实企业主体责任，依据《中华人民共和国食品安全法》《中华人民共和国食品安全法实施条例》《上海市食品安全条例》等有关规定以及相关食品安全国家标准，规范婴幼儿配方乳粉生产企业复配食品添加剂使用管理，严防严管严控食品安全风险，保障婴幼儿配方乳粉质量安全，上海市市场监管局制定了《上海市婴幼儿配方乳粉生产企业复配食品添加剂使用管理指南（试行）》。现印发给你们，请参照执行。

请各区市场监管部门根据本指南要求，督促辖区内相关企业落实主体责任，加强婴幼儿配方乳粉生产用复配食品添加剂生产、经营和使用的管理。执行过程中存在问题或建议，请及时反馈市局特殊食品安全监督管理处。

特此通知。

上海市市场监督管理局

2019 年 12 月 27 日

上海市婴幼儿配方乳粉生产企业复配食品添加剂使用管理指南（试行）

一、目的

为贯彻落实《中共中央　国务院关于深化改革加强食品安全工作的意见》，推进实施国产婴幼儿配方乳粉提升行动，进一步落实企业主体责任，依据《中华人民共和国食品安全法》《中华人民共和国食品安全法实施条例》《上海市食品安全条例》等有关规定以及相关食品安全国家标准，规范婴幼儿配方乳粉生产企业复配食品添加剂使用管理，加强源头管理、过程控制，严防严管严控食品安全风险，保障婴幼儿配方乳粉质量安全，制定本指南。

二、适用范围

本指南适用于本市婴幼儿配方乳粉生产企业、本市复配食品添加剂（供婴幼儿配方乳粉生产用）生产企业、相关复配食品添加剂经营企业等。相关企业生产、经营和使用婴幼儿配方乳粉生产用复配食品添加剂，应当符合有关复配食品添加剂食品安全国家标准，还应当符合本指南规定。

本指南规定了婴幼儿配方乳粉生产企业使用复配食品添加剂产品进货查验的质量控制、复配食品添加剂生产企业产品出厂检验的质量控制，复配食品添加剂经营企业产品进货查验及贮存、运输的质量控制。

三、主要依据

1.《中华人民共和国食品安全法》《中华人民共和国食品安全法实施条例》《上海市食品安全条例》。

2.《食品安全国家标准　婴儿配方食品》（GB 10765—2010）、《食品安全国家标准　较大婴儿和幼儿配方食品》（GB 10767—2010）、《食品安全国家标准　粉状婴幼儿配方食品良好生产规范》（GB 23790—2010）。

3.《食品安全国家标准　食品添加剂使用标准》（GB 2760—2014）、《食品安全国家标准　食品添加剂标识通则》（GB 29924—2013）、《食品安全国家标准　复配食品添加剂通则》（GB 26687—2011）、《食品安全国家标准　食品营养强化剂使用标准》（GB 14880—2012）。

4. 市场监管总局办公厅《关于规范使用食品添加剂指导意见》市监食生〔2019〕53 号。

四、职责分工

婴幼儿配方乳粉生产企业负责采购的复配食品添加剂的进货查验质量控制、贮存和使用。

复配食品添加剂生产企业负责其生产的供婴幼儿配方乳粉生产用的复配食品添加剂的出厂检验质量控制。

复配食品添加剂经营企业负责供婴幼儿配方乳粉生产用的复配食品添加剂的进货查验（包装完整性，文件符合性）、贮存和运输质量控制。

上述企业根据合同约定承担各自相关质量责任。

五、复配食品添加剂使用企业（婴幼儿配方乳粉生产企业）进货质量控制

（一）供应商审核

1. 对供应商资质进行审核，包括营业执照、生产许可及生产许可副本产品明细、经营许可证等。

2. 对供应商定期进行现场审核，或委托有审核能力的第三方机构对供应商进行现场审核。

3. 对于同一家供应商供应多家婴幼儿配方乳粉生产企业的情况，相关婴幼儿配方乳粉生产企业可以根据需要，联合对同一供应商进行现场审核，或联合委托第三方机构对同一供应商进行现场审核。

（二）进货质量控制

1. 进货查验制度。对供应商提供的每批次复配食品添加剂进行查验，检查运输车辆卫生情况，核对并记录产品名称、规格、数量、生产日期或者生产批号、保质期、进货日期以及供货者名称、地址、联系方式等内容，核对包装是否完整、出厂检验相关材料是否完备。

2. 检验能力。明确入厂检验方法和项目以及营养性指标的检验要求。企业自行检验应当具备与检验项目相适应的实验室和检验能力，检验设备应按期检定。或委托有资质的第三方检验机构检验并出具检验报告。

3. 检验方法。检验方法应当经过验证，经合同双方认可。检验方法的修改应当有相应的变更程序，完成质量安全评估。对供应商提供的每批次复配食品添加剂，根据相关国家标准以及合同双方认可的检验方法对相关项目进行检验，依据检验结果判定复配食品添加剂质量是否合格。

4. 营养性指标质量检验。对于复配食品添加剂的全部营养性指标，企业可结合供应商均匀性验证情况、出厂检验报告，自行建立合理的取样方式和检验频次（最低取样数不少于2个）进行检验。

（三）相关记录存档要求

1. 复配食品添加剂的进货查验和抽样检验等相关记录应当客观、真实、完整。不得伪造、篡改原始记录。

2. 实验室检验数据应当定期备份，并且由专人保管。

3. 复配食品添加剂的进货查验、质量检验等相关原始记录保存期限不少于保质期后2年。

4.保存的相关记录应当保证复配食品添加剂进货查验和质量检验全过程可追溯。

（四）其他风险控制措施

评估企业使用的复配食品添加剂进货查验和质量检验过程中可能存在的其他风险点，并针对风险点采取风险控制措施，及时消除风险隐患。

（五）向监管部门报告产品信息

将婴幼儿配方乳粉生产用复配食品添加剂有关信息向辖区市场监管部门报告，报告内容包括复配食品添加剂的产品名称、规格、生产商名称、经营商名称等，并提交按照本指南要求执行的产品质量控制的承诺。相关信息有变更时，及时向辖区市场监管部门续报。

六、复配食品添加剂生产企业出厂质量控制

（一）出厂质量控制

1.出厂检验制度。对每批次出厂的复配食品添加剂成品进行检验，以保证产品的质量安全。

2.检验能力。企业自行检验应具备与所检验项目相适应的实验室和检验能力，检定通过的检验设备，出具检验报告。或委托有资质的第三方检验机构检验并出具检验报告。

3.检验方法。检验方法应当经过验证，经合同双方认可。检验方法的修改应当有相应的变更程序，进行质量安全评估。对生产的每批次复配食品添加剂，根据相关国家标准以及合同双方认可的检验方法对相关项目进行检验，依据检验结果判定复配食品添加剂质量是否合格。

4.营养性指标质量检验。对于复配食品添加剂的营养性指标，应自行制定合理的取样方式和检验频次（最低取样数不少于2个，2次检验结果应在合同双方约定的允许偏差范围内），保证产品营养性指标的质量安全。在原料、生产工艺等发生变更时，应当告知婴幼儿配方乳粉生产企业或第三方经营企业。

（二）质量审核和放行制度

制定质量审核和放行制度，由质量管理部门负责审核每批次成品检验报告，确保产品检验合格后放行出厂。对检验不合格的产品应按要求做好不合格产品处理。

（三）相关记录存档要求

1.完善出厂检验记录制度，内容包括产品信息、销售情况、出厂检验规范、产品标准、检验方法、不合格品处置措施、留样等。如实记录复配食品添加剂的名称、规格、数量、生产日期或者生产批号、保质期、检验合格证号、销售日期以及购货者名称、地址、联系方式等相关内容。妥善保存各项检验的原始记录和检验报告。记录应客观、真实、完整，不得伪造、篡改原始记录。

2.复配食品添加剂出厂检验记录保存期限不得少于保质期后2年。

3.保存的相关记录应保证复配食品添加剂生产至出厂全过程可追溯。

（四）其他风险控制措施

评估企业生产的产品出厂过程中可能存在的其他风险点，并针对风险点采取相应风险控制措施，及时消除风险隐患。

七、复配食品添加剂经营企业过程质量控制

复配食品添加剂的生产和使用通过第三方经营企业进行交易的，经营企业对复配食品添加剂产品在其经营期间的进货查验及运输、贮存过程承担质量管理责任。

（一）供应商审核

经营企业应自行或配合复配食品添加剂采购使用企业完成对生产企业的资质审核，建立进货查验记录制度。

（二）运输贮存要求

经营企业应制定和实施产品出入库以及运输管理规范，并严格按照产品说明书或者相关合同载明

的要求进行运输、贮存。

（三）相关记录存档要求

经营企业（或者接受委托的产品运输、贮存企业）应保存产品入库、仓库贮存、发货出库相关的记录，保存期限不少于贮存、运输结束后 2 年。相关记录应保证复配食品添加剂经营全过程可追溯。

（四）备案

优选选择已向所在区市场监管部门备案的第三方企业，从事婴幼儿配方乳粉生产用复配食品添加剂贮存、运输。

八、其他

1. 本指南规范本市婴幼儿配方乳粉生产企业使用本市复配食品添加剂生产企业生产的复配食品添加剂的进货查验和质量检验。使用本市以外的复配食品添加剂生产企业提供的复配食品添加剂参照执行。

2. 本指南规范本市复配添加剂生产企业生产供应本市婴幼儿配方乳粉生产企业使用复配食品添加剂的出厂检验质量控制。供应本市以外的婴幼儿配方乳粉生产企业的复配食品添加剂参照执行。

3. 本指南由相关行业协会对各相关企业进行行业指导。各相关企业可以根据本指南自行制定和完善相应的管理制度。

4. 本指南将根据现行有效国家法律法规、食品安全相关标准、市场监管总局监管要求等，结合本市实际，进行动态修订完善。

上海市发展和改革委员会等关于印发《上海市实施国产婴幼儿配方乳粉提升行动工作方案》的通知

（沪发改地区〔2020〕4号）

市有关单位，各区发展改革委、市场监管局、经委、农业农村委、卫生健康委、商务委：

为贯彻落实党中央、国务院的决策部署，进一步提升本市国产婴幼儿配方乳粉品质、竞争力和美誉度，根据国家发展改革委等七部门《国产婴幼儿配方乳粉提升行动方案》要求，我们制定了《上海市实施国产婴幼儿配方乳粉提升行动工作方案》，现印发给你们，请结合实际贯彻执行。

上海市发展和改革委员会
上海市市场监督管理局
上海市经济和信息化委员会
上海市农业农村委员会
上海市卫生健康委员会
上海市商务委员会
中华人民共和国上海海关
2020年9月7日

相关附件

上海市实施国产婴幼儿配方乳粉提升行动工作方案

为贯彻落实《中共中央国务院关于深化改革加强食品安全工作的意见》《上海市贯彻〈中共中央国务院关于深化改革加强食品安全工作的意见〉的实施方案》以及国家发展改革委、工业和信息化部、农业农村部、卫生健康委、市场监管总局、商务部、海关总署印发的《国产婴幼儿配方乳粉提升行动方案》要求，结合本市实际，制定本工作方案。

一、指导思想

以习近平新时代中国特色社会主义思想为指导，坚持"以人民为中心"的发展思想和食品安全"四个最严"的工作要求，推进上海投资、上海制造、上海品牌的婴幼儿配方乳粉产业高质量发展，对标国际最高标准、最好水平，进一步强化主体责任、全程控制、科技创新和市场培育，全力打响上海"四大品牌"建设，全面提升国产婴幼儿配方乳粉的品质、竞争力和美誉度，提高消费者信心和满意度。

二、主要目标

按照坚守安全底线、落实主体责任，坚持创新发展、加强品牌引领，立足国内实际、找准市场定位，坚持市场主导、政府支持引导的原则，大力实施本市婴幼儿配方乳粉"品质提升、产业升级、品牌培育"行动计划。

至 2022 年，上海投资、上海制造、上海品牌的婴幼儿配方乳粉质量安全水平进一步提升，消费者信心和满意度明显提高；产品结构进一步优化，婴幼儿配方乳粉生产经营企业在产业布局、技术装备、营销模式等方面达到国内外先进水平；产品竞争力进一步增强，上海品牌婴幼儿配方乳粉在国内市场销售额明显扩大；产品美誉度进一步提高，满足国内外市场日益增长的消费需求。

三、工作内容

（一）实施"品质提升行动"，保障产品质量安全

1. 落实企业主体责任。婴幼儿配方乳粉生产企业参照国际通行惯例建立先进的生产质量管理规范体系，并保持有效运行，全面实施良好生产规范、危害分析与关键控制点体系等管理体系。落实生产企业原辅料和标签备案管理要求，推进生产企业食品质量安全受权人制度、生产经营企业食品安全自查和报告制度，本市生产企业自查报告率保持 100%。鼓励企业持续改善产品品质，对照国际先进管理要求和风险控制要求，自行设置产品质量安全风险管控指标，优化产品质量安全检测指标体系。开展婴幼儿配方乳粉生产企业检测能力验证，提高企业实验室规范化管理水平。督促生产经营企业、网络销售第三方平台和跨境电子商务零售平台加强食品安全信息追溯管理。实施婴幼儿配方乳粉产品信息追溯"一罐一码"和全过程"二维码"查询追溯信息管理，产品信息追溯实现全覆盖，本市生产企业与工信部食品工业企业质量安全追溯平台对接率达到 100%。落实从业人员食品安全知识培训考核制度，生产企业食品安全管理人员培训全部合格。（市市场监管局、市经济信息化委、市商务委负责）

2. 加强全过程监管。优化营商环境，以推进"一网通办"为抓手，以服务企业高效办成"一件事"为目标，围绕企业新办、变更、延续、备案等事项，对申请条件、受理模式、审核程序、发证方式等进行整体性再造，实施一体化办理。加强事中事后监管，建立生产企业食品安全质量管理规范体系检查常态化机制，强化对企业生产环境、质量管理体系运行、原辅料查验和检验检测能力等检查，并延伸至上游供应商及下游经销商，督促企业做好检查发现问题的整改。加强智能化监管，对本市生产企业全部实现移动监管执法，生产企业全面落实关键环节视频监控和温湿度、卫生规范智能识别。开展经营企业"双随机、一公开"监管，依法规范对婴幼儿配方乳粉的广告宣传，不得在大众传播媒介或者公共场所发布声称全部或部分替代母乳的婴儿乳制品广告，不得对 0～12 个月龄婴儿食用的婴儿配方乳制品进行广告宣传。严格落实进口商备案和进口销售记录制度，完善进口食品安全信息监管部门相互通报制度。（市市场监管局、上海海关、市卫生健康委、市商务委负责）

3. 建立企业诚信管理体系。贯彻实施《食品工业企业诚信管理体系》国家标准和《上海市食品工业发展三年行动计划（2019—2021）》要求，依托本市公共信用信息服务平台建立企业诚信档案，推动经济信息化、税务、市场监管等部门实现企业信用信息共享。建立企业诚信等级评估标准，定期开展评估活动，鼓励企业开展质量安全承诺和诚信文化建设，形成市场性、行业性、社会性约束和惩戒机制。鼓励企业申报上海市市长质量奖、区长质量奖。发挥国家企业信用信息公示系统和市公共信用信息服务平台的作用，及时准确归集企业的行政许可、行政处罚、执法检查等信息，依法予以公示。（市经济信息化委、市发展改革委、市税务局、市市场监管局负责）

（二）实施"产业升级行动"，推进高质量发展

4. 促进产业融合升级。鼓励婴幼儿配方乳粉企业和奶源基地协同发展，倡导企业使用生鲜乳生产婴幼儿配方乳粉，支持企业在境内外收购和建设奶源基地，降低原料奶成本。鼓励大型乳品企业升级婴幼儿配方乳粉生产工厂和设备，持续提升先进工艺、先进技术和智能装备应用水平，提高行业高质量发展水平。通过企业并购、协议转让、联合重组、控股参股等多种方式，开展婴幼儿配方乳粉生产企业兼并重组。对符合条件的重组业务，按规定适用相关税收政策。推进连续三年年产量不足1000 吨或年销售额不足 5000 万元、工艺水平和技术装备落后的企业改造升级。鼓励产业融合和研发投入，推动创意设计融入企业生产全流程、全价值链，加强产品设计、工艺流程设计、绿色包装设计、适应性设计等，满足市场消费需求；大力发展定制化设计、用户参与设计、网络协同设计、云设

计等，鼓励"设计＋品牌""设计＋文化"等商业模式和新业态发展。支持企业建立产品设计创新中心和国家级、市级工业设计中心。（市经济信息化委、市市场监管局、市农业农村委、市发展改革委负责）

5. 发挥科技创新优势。鼓励企业加强产品研发和创新，支持相关科研项目研究，推动建立"院校为依托、企业为主体、市场为导向"产学研一体的服务体系，共研共享相关研究成果。配合实施国家母乳研究计划，支持企业优化产品配方，推动婴幼儿配方乳粉原辅料的自主研发生产，推动科研成果转化应用。依托现有国内外婴幼儿配方乳粉科技创新优势资源和"乳业生物技术国家重点实验室"平台，支持上海婴幼儿营养研发中心建设，研发适合中国宝宝的配方产品以及特殊营养需求的婴幼儿配方乳粉，打造行业制高点。（市经济信息化委、市科委、市市场监管局负责）

6. 加强风险管理和应急处置。严格执行国家和本市食品安全风险监测和抽样检验计划，持续开展婴幼儿配方乳粉食品安全风险监测和评估，对本市生产企业产品抽样检验实行全覆盖，对市售其它婴幼儿配方乳粉加大监督抽检力度，对抽检发现检测指标不合格的产品一律列入重点监管品种目录加强管理。推进政府监管部门与企业检测数据信息共享，加强产品风险识别和研判能力。强化对婴幼儿配方乳粉质量问题快速反应及应急处置，完善问题产品及时报告、下架召回、信息公布等工作程序。加强舆情事件监测预警，完善舆情收集、分析研判和快速响应工作机制。（市市场监管局、市卫生健康委负责）

（三）实施"品牌培育行动"，打响"上海品牌"

7. 加强标准认证管理。鼓励企业加强标准创新，依托国内外优势资源和具有技术优势的乳制品企业，支持建立婴幼儿配方奶粉感官质量评价实验室，建立婴幼儿配方乳粉消费者体验感官指标评价体系，研究制定婴幼儿配方乳粉造粒技术和婴幼儿配方乳粉消费者体验感官质量标准，推动国家婴幼儿配方乳粉标准升级。做好食品安全国家标准跟踪评价工作，广泛收集生产企业、行业协会、检验机构和监管部门等单位以及相关专家的意见和建议，为食品安全国家标准的制修订提供依据和参考。推动建立企业标准公开承诺制度，鼓励本市生产企业参照国际先进标准，制定和实施严于国家标准的企业标准。鼓励本市生产企业获得国内外认证认可，延伸产业链管理，加强与原料奶生产基地、经销商、电商平台等的深度融合发展，打造有影响力上海品牌。支持本市生产企业在研发创新、品牌策划与营销、运营管理等领域开展品牌培育试点示范。支持企业依托市级品牌推广平台，开展新锐品牌首发、展示、宣介等推广活动。（市市场监管局、市卫生健康委、市经济信息化委、市商务委负责）

8. 提升开放合作水平。支持企业找准产品市场定位，积极拓展长三角地区和全国市场一体化合作，巩固和扩大消费市场。鼓励国际乳粉品牌企业在本市设立外商投资企业，丰富国内产品供应，促进上海品牌与国外品牌公平竞争。鼓励本市婴幼儿配方乳粉生产企业产品出口，参与国际竞争。鼓励本市企业与国际乳业企业开展合作，引入国外先进的生产技术及管理经验，推进企业生产管理转型升级，提升国产婴幼儿配方乳粉的市场竞争力。鼓励有实力、信誉好的企业在国外设立工厂，将生产的产品以自有品牌原装进口。依托上海虹桥进口商品交易展示中心进口商品集散地、常年展示交易服务平台的功能，提升品牌效应，促进贸易便利化，放大中国国际进口博览会溢出带动效应。（市商务委、市经济信息化委、上海海关、市市场监管局负责）

9. 加大政策支持力度。加大对国产婴幼儿配方乳粉行业发展的支持力度，重点支持关键共性技术研发平台、食品安全信息追溯平台等公益性设施建设。积极利用市区两级技术改造、文化创意等财政专项资金，以及品牌建设、现代服务业等市级财政专项资金，支持企业从技术、工艺、设计等方面提升能级、兼并重组。鼓励各类金融机构提供更多适应企业需求的金融产品和服务，对符合条件的企业在发行股票、公司债券等方面予以支持。进一步发挥好食品安全责任险在婴幼儿配方乳粉领域的保障服务功能。对"走出去"建立奶源基地和加工厂的企业，落实现行境外所得税税收抵免政策。大力扶持发展专业化、规模化物流企业，降低流通成本，保障贮存、运输环节食品安全。（市发展改革委、市科委、市经济信息化委、市商务委、市地方金融监管局、市税务局负责）

四、保障措施

（一）加强组织领导与支持保障

各有关部门要高度重视国产婴幼儿配方乳粉行业发展，强化政府在政策引导、宏观调控、监督管理等方面作用，维护公平有序的市场经济环境，大力支持国产婴幼儿配方乳粉"品质提升、产业升级、品牌培育"三大行动计划。要强化责任体系，健全工作机制，建立政府主导、部门联合、行业引导、企业主责、社会参与的工作格局，加强对国产婴幼儿配方乳粉提升行动的统筹规划和组织领导，结合各自职能扎实推进相关工作。

（二）发挥行业协会和社会组织作用

支持行业协会和社会组织建立行业规范自律管理机制，承接食品安全评价、咨询培训、科普宣传、行业运行监测、诚信体系建设、品牌宣传推广、国际合作等项目，推动婴幼儿配方乳粉行业健康有序发展。支持行业协会和社会组织开展国内外合作及上下游产业会商机制，强化生产企业与销售终端的对接合作，提高上海投资、上海制造、上海品牌的婴幼儿配方乳粉市场竞争力和美誉度。本市相关行业协会要定期发布产品质量信息，客观、公正、公开反映国产婴幼儿配方乳粉安全状况，提振消费者信心。

（三）加强责任落实与政策评估

各区相关部门要强化责任落实，制定年度具体工作计划，有关工作信息及时上报各市级相关部门。要适时开展政策效果评估，努力营造公平竞争市场环境，做好引导企业转型和高质量发展等工作。要完善统计调查制度，加强本市婴幼儿配方乳粉产量、销售额等统计，及时掌握生产消费形势，为宏观政策决策提供科学依据。

（四）加强信息发布与宣传引导

各有关部门要根据食品安全法及实施条例等法律法规规定，进一步落实婴幼儿配方乳粉质量管理体系、产品抽检结果、日常监督检查等食品安全监管信息公开要求。定期开展食品安全宣传活动，展示国产婴幼儿配方乳粉提升行动工作成效，开展科普知识宣传解读，营造良好社会氛围。鼓励婴幼儿配方乳粉生产企业通过开发工业旅游项目、设立公众开放日等形式，组织媒体、消费者走进企业，了解婴幼儿配方乳粉生产状况和质量保障措施。鼓励企业利用中国自主品牌博览会、中国品牌日等平台展示品牌形象，全力打造上海品牌。

上海市市场监督管理局关于贯彻落实在中国（上海）自由贸易试验区开展"证照分离"改革全覆盖试点方案的通知

（沪市监法规〔2020〕80号）

各区市场监管局，市局有关处室：

根据《上海市人民政府办公厅印发〈关于在中国（上海）自由贸易试验区开展"证照分离"改革全覆盖试点的实施方案〉的通知》（沪府办〔2019〕126号）和《市场监管总局关于落实"证照分离"改革全覆盖试点的通知》（国市监注〔2019〕225号，以下简称"《通知》"）要求，为进一步破解"准入不准营"难题，切实降低制度性交易成本，全面扎实推进中国（上海）自由贸易试验区市场监管领域"证照分离"改革各项工作，结合本市实际，现将有关事项通知如下：

一、指导思想

以习近平新时代中国特色社会主义思想为指导，全面贯彻党的十九大和十九届二中、三中、四中全会精神，按照党中央、国务院决策部署，持续深化"放管服"改革，进一步明晰政府和企业责任，全面清理市场监管领域涉企经营许可事项，分类推进审批制度改革，完善简约透明的行业准入规则，扩大企业经营自主权，创新和加强事中事后监管，推动照后减证和简化审批，让市场主体有更大获得感。

二、试点范围和内容

自2019年12月1日起，在中国（上海）自由贸易试验区（含临港新片区）对本市所有涉企经营许可事项实行全覆盖清单管理，按照审批改为备案、实行告知承诺、优化审批服务等方式分类推进改革，在法律、行政法规和国务院决定允许范围内，按照"成熟一批、推广一批"的原则，将试点范围扩大到全市。

三、分类推进审批制度改革

改革试点涉及中央层面设定的市场监管领域涉企经营许可事项（不含知识产权、药监事项）共17项，在《通知》中，总局制定了具体改革举措和事中事后监管措施，对改革内容、法律依据、许可条件、材料要求、程序环节、监管措施等作出明确规定，市市场监管局结合总局要求和本市实际，对上述17个事项中的12个事项提出了逐项细化实施方案（见附件1~12）。从事强制性认证以及相关活动的检查机构指定、设立认证机构（风险等级低）审批、设立认证机构（风险等级高）审批、从事强制性认证以及相关活动的认证机构指定、从事强制性认证以及相关活动的实验室指定等5个事项，为总局事权，按照总局安排，配合做好相关监管工作。上述17个事项中，直接取消审批1项，审批改为备案1项，实行告知承诺4项、优化审批服务11项。

改革试点涉及地方层面设定的市场监管领域涉企经营许可事项为核发酒类商品批发许可证、核发酒类商品零售许可证、食品生产加工小作坊准许生产证核发，共3项。市市场监管局参照总局《通知》，对上述3个事项制定了具体改革举措和事中事后监管措施（见附件13~14）。其中，实行告知承诺2项、优化审批服务1项。

四、组织实施

推进"证照分离"改革全覆盖试点工作是深化"放管服"改革、优化营商环境、更大刺激市场活力的重要举措，自由贸易试验区市场监督管理部门要高度重视"证照分离"改革全覆盖试点工作，强化责任落实；市局有关处室加强指导，跟踪推进；各区市场监管局在条件成熟的情况下，推广实施"证照分离"改革。各单位各部门共同促进市场监管行政审批优化简化，不断释放市场活力。

附件：

1. 食品经营许可（仅销售预包装食品）（略）

2. 检验检测机构资质认定（略）

3. 食品相关产品生产许可证核发（略）

4. 广告发布登记（略）

5. 承担国家法定计量检定机构任务授权（略）

6. 食品经营许可（除仅销售预包装食品外）（略）

7. 食品生产许可（略）

8. 食品添加剂生产许可（略）

9. 重要工业产品（除食品相关产品外）生产许可证核发（略）

10. 特种设备检验检测机构核准（略）

11. 特种设备生产单位许可（略）

12. 移动式压力容器、气瓶充装单位许可（略）

13. 酒类商品批发（零售）许可（略）

14. 食品生产加工小作坊准许生产证核发（略）

上海市市场监督管理局

2020 年 2 月 24 日

上海市防控新型冠状病毒感染肺炎疫情
食品经营安全操作指南

为加强新型冠状病毒感染肺炎疫情防控期间食品经营安全管理工作，根据市委、市政府和市场监管总局有关做好疫情防控工作要求，我局组织编写了本指南。本指南旨在指导食品经营单位（餐饮服务单位、食品销售单位）在疫情防控期间，在严格执行《中华人民共和国食品安全法》《上海市食品安全条例》《餐饮服务食品安全操作规范》等法律法规规章和规范性文件基础上，进一步落实相关场所、设施和从业人员等的防控管理措施，保证疫情防控和食品安全。

一、建立健全防控制度，落实防控责任

（一）食品经营单位严格落实疫情防控和食品安全防控主体责任。要将疫情防控和食品安全管理工作相结合，成立由法定代表人（负责人）为第一责任人的防控小组，建立健全疫情防控和食品安全制度，明确责任分工，落实岗位责任制。

（二）建立疫情防控和食品安全应急预案。食品从业人员出现疑似病症，或有疑似病例或确诊病例近期到过的食品经营场所，应配合当地疾病预防控制中心等有关部门做好调查处理工作。

（三）食品经营单位要提高对疫情防控形势的认识，加强对疫情防控和食品安全的基本知识培训、岗位操作培训，并保留培训记录。

二、严格落实从业人员管理，杜绝带病上岗

（一）按照市政府发布的疫情防控要求，2020年1月12日（含当日）后从疫情重点地区来沪从业人员应主动向本人居住地村（居）委会如实登记信息，从抵沪之日起14天内实行居家或者集体隔离观察。

（二）在从业人员通道入口处配备洗手消毒设施，如配备免洗消毒液或75%酒精等。

（三）每天对从业人员进行晨检（餐饮单位至少2次），检查询问从业人员是否有发热（37.3℃以上）、咳嗽、咳痰、胸痛、胸闷、腹泻等症状，并做好记录和建档工作；发现有上述症状的，应立即停止其工作并督促其及时就诊，在排除新型冠状病毒感染前不得上岗。

（四）从业人员应佩戴口罩上岗，并按规定及时更换口罩。接触直接入口食品的，宜佩戴一次性手套并及时更换。

（五）从业人员应勤洗手，包括在咳嗽及打喷嚏后、餐前便后、接触不清洁的设备设施和器具、接触其他人或生食品后等，特别是接触直接入口食品前必须规范洗手和消毒。手部清洗消毒参照《餐饮服务食品安全操作规范》的附录《餐饮服务从业人员洗手消毒方法》。

（六）原料送货人员及外部访客也应进行体温检测和健康检查，如有发热（37.3℃以上）、咳嗽、咳痰、胸痛、胸闷、腹泻等症状，应及时劝离就医。

（七）从业人员应避免与具有呼吸道感染症状的人员密切接触，避免接触野生动物或养殖畜禽动物。

三、定期清洗消毒场所设施，保证物品存放整洁

（一）每天对加工经营场所进行全面清洗，保持加工经营场所清洁卫生，定期定时对加工经营场所设施进行消毒。保持加工经营场所空气流通，定期对空气过滤装置进行清洁消毒。

（二）每天对就餐场所、菜单簿、保洁设施、人员通道扶手、电梯间和洗手间等消费者频繁使用

和接触的物体表面进行消毒，洗手间应配备洗手水龙头及洗手液、消毒液等。

（三）全面清理杂物和废旧物品，不留卫生死角，保证加工经营场所食品和物品分类分架、离地隔墙、标识清晰。确保食品和物品存放整洁，消除虫害孳生和藏匿地，保证空气流通，便于对场所和设施设备开展清洁和消毒。

四、严格食品原料采购，杜绝野生动物

（一）禁止采购经营蛇类、野鸟、蟾蜍等野生动物及其制品，以及非法使用野生动物及其制品作为原料加工经营食品。

（二）禁止在食品经营场所内饲养和宰杀活畜禽等动物。

（三）禁止采购经营未按规定进行检验检疫或检验检疫不合格或来源不明的畜禽肉及其制品。

（四）严格执行食品原料索证索票和进货查验制度。严格做好畜禽肉及其制品的合格证明、交易凭证等票证查验和台账记录。对采购的猪肉要查验和留存"两证一报告"（动物检疫合格证明、肉品品质检验合格证明、非洲猪瘟检测报告）。

五、遵循食品安全操作规范，确保食品烧熟煮透

（一）防止交叉污染，确保食品烧熟煮透。生熟食品容器分开使用、生熟食品冰箱存放分开、生熟食品加工过程分开、冷食和生食专人制作；减少供应冷食、生食的品种和数量。

（二）确保餐用具严格清洗消毒后使用，餐用具的清洗消毒参照《餐饮服务食品安全操作规范》的附录《推荐的餐用具清洗消毒方法》。餐饮具消毒后应存放在密闭保洁柜内，供餐时即时提供餐饮具，不预先将餐饮具摆放在餐桌。

（三）食品、半成品、成品避免长时间裸露。食品贮存采用保鲜膜覆盖或密闭容器等方法。

（四）按需加工，现点（餐）现做，现做再吃，缩短成品存放时间。

（五）销售散装直接入口食品应采用加盖或非敞开式容器盛放，设置隔离设施以防止消费者直接接触散装直接入口食品，设置禁止消费者触摸等标识。并安排专人负责提供食品分拣、包装等服务，操作时应佩戴口罩、手套。食品经营单位停止提供食品"试吃"服务。

六、采用分散供餐用餐，降低用餐人员聚集风险

（一）加强群体性聚餐管理，餐饮单位、农村办酒场所在疫情防控期间不得承办群体性聚餐宴席。

（二）在就餐人员通道入口处宜设置免洗消毒液；鼓励有条件的单位配备体温检测仪，对就餐人员进行体温检测，发现消费者有发热、感冒、咳嗽等呼吸道感染症状，应劝离现场并提醒其及时到医院就诊。

（三）鼓励餐饮单位采用分餐、套餐、外带、外卖等方式分散供餐用餐。特别是集体食堂，可根据实际采取分时段用餐、分部门用餐、在工作岗位用餐等分散式供餐用餐模式，避免人员密集用餐带来的风险。

（四）有条件餐饮单位可以在就餐场所采用屏风隔离等物理方式避免用餐人员拥挤聚集；餐饮单位应主动提供公筷、公匙、公勺。

（五）进入就餐场所应佩戴口罩，就餐时除外。

七、严格网络食品交易配送过程管理，防止配送污染

（一）网络订餐第三方平台应严格执行《网络餐饮服务食品安全监督管理办法》各项规定。

（二）餐饮外卖食物采用密封盛放或使用"食安封签"防止配送过程污染。

（三）每天对外送食品的保温箱、物流车厢及物流周转用具进行清洁消毒。

（四）食品配送人员每天进行体温检测并做好记录，配送过程全程佩戴口罩。

上海市市场监督管理局关于印发特殊食品生产经营企业食品安全自查报告和自查表参考格式的通知

各区市场监管局，临港新片区市场监管局，市局执法总队，市局认证审评中心：

为进一步指导特殊食品生产经营企业开展食品安全自查，根据《上海市市场监督管理局特殊食品生产经营企业自查和报告管理规定（试行）》等有关要求，市局组织编制了《特殊食品生产企业食品安全自查报告（参考格式）》和特殊食品生产经营企业食品安全自查表（参考格式）。现予以印发，有关要求通知如下：

一、《特殊食品生产企业食品安全自查报告（参考格式）》（附件1）供特殊食品生产企业按要求开展食品安全状况和生产质量管理体系运行情况自查，向所在地市场监管部门报告情况时参考使用。

二、《婴幼儿配方乳粉生产企业食品安全自查表（参考格式）》（附件2）和《保健食品生产企业食品安全自查表（参考格式）》（附件3）供婴幼儿配方乳粉生产企业和保健食品生产企业对本企业生产质量管理体系运行情况开展自查时参考使用。

三、《特殊食品经营企业食品安全自查表（参考格式）》（附件4）供特殊食品经营企业对本企业食品安全状况开展自查时参考使用。

四、本市特殊食品生产经营企业可以根据企业生产工艺、产品状况以及经营产品实际情况等，按照食品安全相关法律法规标准和《上海市市场监督管理局特殊食品生产经营企业自查和报告管理规定（试行）》有关规定，以及本企业有关质量管理制度要求，对相关自查和报告的参考格式进一步细化和补充完善后使用，自查内容和报告内容均应当完整，应当包括但不限于参考格式提示的内容。

五、各级市场监督管理部门对特殊食品生产经营企业开展日常监督检查时，应当检查企业食品安全自查和报告管理制度建立和执行情况，重点检查企业自查发现问题的整改落实情况，消除食品安全隐患。

特此通知。

附件：

1. 特殊食品生产企业食品安全自查报告表（参考格式）（略）

2. 婴幼儿配方乳粉生产企业食品安全自查表（参考格式）（略）

3. 保健食品生产企业食品安全自查表（参考格式）（略）

4. 特殊食品经营企业食品安全自查表（参考格式）（略）

上海市市场监督管理局

2020 年 9 月 2 日

上海市市场监督管理局关于印发《上海市婴幼儿配方乳粉生产企业原料及标签备案管理办法》的通知

（沪市监规范〔2022〕6号）

各区市场监管局，临港新片区市场监管局，市局执法总队、机场分局、行政服务中心，有关单位：

《上海市婴幼儿配方乳粉生产企业原料及标签备案管理办法》已经2022年5月26日局长办公会审议通过。现印发给你们，自2022年6月6日起实施，请认真遵照执行。

特此通知。

上海市市场监督管理局

2022年5月29日

上海市婴幼儿配方乳粉生产企业原料及标签备案管理办法

第一条（目的依据）

为规范婴幼儿配方乳粉生产企业食品原料、食品添加剂、产品配方、标签及食品接触材料等事项的备案管理工作，保障婴幼儿配方乳粉质量安全，根据《中华人民共和国食品安全法》《中华人民共和国食品安全法实施条例》等有关规定，结合本市实际，制定本办法。

第二条（定义）

本办法所称的婴幼儿配方乳粉生产企业原料及标签备案，是指婴幼儿配方乳粉生产企业在其生产的婴幼儿配方乳粉上市前，依照法定程序、条件和要求，将婴幼儿配方乳粉的食品原料、食品添加剂、产品配方、标签及食品接触材料等有关事项材料提交市场监督管理部门进行登记、存档、备查的活动。

第三条（适用范围）

本市婴幼儿配方乳粉生产企业生产婴幼儿配方乳粉使用的食品原料、食品添加剂、产品配方、标签及食品接触材料等事项的备案及其监督管理，适用本办法。

第四条（工作原则）

婴幼儿配方乳粉生产企业原料及标签备案工作，应当遵循高效、便民、完整、可追溯的原则。

第五条（职责分工）

市市场监督管理局负责本市婴幼儿配方乳粉生产企业原料及标签备案管理，负责组织对婴幼儿配方乳粉生产企业备案事项实施监督检查。

市市场监督管理局特殊食品审评机构负责接受婴幼儿配方乳粉生产企业相关备案材料。

区市场监督管理局负责辖区内婴幼儿配方乳粉生产企业备案事项的监督管理，承担市市场监督管理局委托的其他工作。

第六条（一般要求）

婴幼儿配方乳粉生产企业在其生产的婴幼儿配方乳粉上市前，应当按照要求将备案材料报市场监督管理部门进行备案。

婴幼儿配方乳粉生产企业备案的食品原料、食品添加剂、产品配方、标签及食品接触材料等应当符合法律、法规、规章、食品安全标准的规定，企业应当在备案材料上签章，对备案材料的真实性、完整性、可溯源性负责。

第七条（产品配方要求）

婴幼儿配方乳粉生产企业申请备案前，其婴幼儿配方乳粉产品配方应当经过国家市场监督管理总局注册批准，取得注册证书。

第八条（提交材料）

婴幼儿配方乳粉生产企业申请有关事项备案，应当向市市场监督管理局特殊食品审评机构提交下列材料：

（一）婴幼儿配方乳粉备案信息登记表；

（二）婴幼儿配方乳粉产品配方注册证书；

（三）食品原料名称、质量要求（复配原料要列明各种原料组成）、生产商和供应商名称等；

（四）食品添加剂名称、质量要求（复配食品添加剂要列明各种食品添加剂和辅料组成）、生产商和供应商名称等；

（五）所有规格产品标签样稿以及开始使用时间段；

（六）食品接触材料名称、质量要求、生产商和供应商名称等；

（七）检验报告复印件。

鼓励婴幼儿配方乳粉生产企业通过"一网通办"网上办理备案事项。

第九条（接收材料）

市场监督管理部门收到备案材料后，备案材料符合要求的，当场备案；备案材料不齐全或者不符合要求的，应当一次告知企业需要补正的相关材料。

第十条（备案凭证和备案信息）

市场监督管理部门应当完成备案信息的存档备查工作，并制作备案凭证，标注备案登记号。

备案信息应当包括企业名称和地址、产品名称、备案登记号、登记日期，以及食品原料、食品添加剂、食品接触材料名称和产品配方、标签等。

婴幼儿配方乳粉生产企业有关事项备案登记号的格式为：SHYPBA+4 位年号 +2 位企业顺序号 +4 位产品顺序号，其中 SHYPBA 代表上海市行政辖区的婴幼儿配方乳粉备案。

第十一条（备案材料变更）

已经备案的婴幼儿配方乳粉生产企业，其食品原料、食品添加剂、产品配方、标签及食品接触材料等事项发生变化时，应当在变化后的产品上市前变更备案材料，并向市场监督管理部门提交变更说明及相关证明文件。变更备案材料符合要求的，市场监督管理部门应当将变更情况登载于变更信息中，将备案材料存档备查。

第十二条（标签使用要求）

婴幼儿配方乳粉产品标签发生变化的，其生产企业变更备案使用新标签后，不得继续使用旧标签进行生产。

第十三条（产品与备案内容一致性要求）

婴幼儿配方乳粉生产企业上市销售的婴幼儿配方乳粉的食品原料、食品添加剂、产品配方、标签和食品接触材料等事项应当与备案内容一致。

第十四条（保密要求）

参与婴幼儿配方乳粉生产企业备案工作的单位和个人，应当保守在备案中知悉的商业秘密。

第十五条（取消备案情形）

有下列情形之一的，市市场监督管理局应当取消婴幼儿配方乳粉生产企业有关事项备案：

（一）婴幼儿配方乳粉生产企业申请取消备案的；

（二）婴幼儿配方乳粉产品配方注册证书、食品生产许可证失效的；

（三）婴幼儿配方乳粉产品标签不符合要求的；

（四）婴幼儿配方乳粉生产企业在申请备案过程中瞒报、谎报真实情况，或提供虚假材料的。

第十六条（实施日期）

本办法自 2022 年 6 月 6 日起施行，有效期至 2027 年 6 月 5 日。

备案登记号＿＿＿＿＿＿＿＿＿＿＿

婴幼儿配方乳粉生产企业原料和
标签备案信息登记表

（新产品备案□   变更备案□）

企业名称＿＿＿＿＿＿＿＿＿＿＿＿＿＿＿＿

填表日期＿＿＿＿＿＿＿＿＿＿＿＿＿＿＿＿

上海市市场监督管理局   制

填表说明

（一）备案材料项目按备案登记表中"所附材料"顺序排列。

（二）备案材料使用 A4 规格纸张打印（中文不得小于宋体小 4 号字，英文不得小于 12 号字），内容应完整、清楚，不得涂改。

（三）备案材料应逐页加盖申请人印章或骑缝章，印章应加盖在文字处。加盖的印章应符合国家有关用章规定，并具法律效力。

（四）备案材料原件 1 份、复印件 2 份。复印件应当与原件完全一致，应当由原件复制并保持完整、清晰。

企业名称			
企业地址			
社会信用代码 （组织机构代码）		法定代表人	
联 系 人		联系电话	
传 真		邮 编	

企业对提交材料真实性负责的法律责任承诺书

本企业郑重承诺：本企业符合婴幼儿配方乳粉原料和标签备案管理的法律、法规、规章和技术要求，自愿履行协助市场监督管理部门开展备案工作的义务。本登记表中所填报的内容和所附材料均真实、完整、合法、可溯源，均符合备案管理相关法律法规和要求。

本企业已确知，本企业对备案的婴幼儿配方乳粉承担主体责任。婴幼儿配方乳粉有关事项的备案不作为确保备案的食品安全性、质量可控性以及合规性的凭据。本登记表中联系人、联系方式等发生变化的，本企业会及时向备案机构提出变更。

以上如有不实之处，本企业愿负相应法律责任，并承担由此造成的一切后果。

企业（签章） 法定代表人（签字）

年 月 日

所附材料（请在所提供材料前的□内打"√"）

□ 1. 婴幼儿配方乳粉产品配方注册证书

□ 2. 食品原料情况

□ 3. 食品添加剂情况

□ 4. 标签样稿

□ 5. 食品接触材料情况

□ 6. 检验报告复印件

其他需要说明的问题（如需要可另加附页）

上海市市场监督管理局关于印发《上海市特殊食品生产企业食品质量安全受权人管理办法》的通知

（沪市监规范〔2022〕7号）

各区市场监管局，临港新片区市场监管局，市局执法总队、机场分局、行政服务中心，有关单位：

《上海市特殊食品生产企业食品质量安全受权人管理办法》已经 2022 年 5 月 26 日局长办公会审议通过。现印发给你们，自 2022 年 6 月 6 日起实施，请认真遵照执行。

特此通知。

上海市市场监督管理局

2022 年 5 月 29 日

上海市特殊食品生产企业食品质量安全受权人管理办法

第一条（目的依据）

为规范和加强特殊食品生产企业质量管理体系的有效运行，明确食品质量安全受权人的质量管理职责，确保特殊食品质量安全，根据《中华人民共和国食品安全法》《中华人民共和国食品安全法实施条例》等法律法规规范的规定，结合本市实际，制定本办法。

第二条（适用范围）

本办法适用于本市特殊食品生产企业的食品质量安全管理活动，包括企业生产质量管理体系检查、日常检查，以及食品安全信用分级的评估管理等。

本办法所称的食品质量安全受权人是指具有相应专业技术岗位工作经验，经企业主要负责人授权并报告市场监督管理部门，全面负责特殊食品生产企业的食品质量安全的专业管理人员。

第三条（职责分工）

上海市市场监督管理局（以下简称"市市场监管局"）负责本市特殊食品生产企业食品质量安全受权人制度落实的监督管理工作，负责实施本办法的计划、监督和指导。

各区市场监督管理局（以下简称"区市场监管局"）负责辖区内特殊食品生产企业食品质量安全受权人制度实施情况的监督管理。

第四条（食品质量安全受权人的职责）

食品质量安全受权人负责保证企业生产质量管理体系的有效运行，根据企业主要负责人授权，独立履行生产质量安全管理职责，具体承担以下职责：

（一）保证本企业特殊食品生产过程对食品安全法律、法规及质量管理规范等方面的合规性；

（二）组织建立和完善本企业特殊食品生产质量管理体系，并对体系实施情况进行监控，确保其有效运行；

（三）根据企业主要负责人授权，对影响特殊食品质量安全的管理活动行使决定权、否决权；

（四）组织开展特殊食品生产质量管理体系和食品安全状况的自查，撰写自查报告，并向市场监管部门报告，定期组织开展生产质量管理体系的内审工作；

（五）负责本企业食品从业人员的质量相关工作的培训和考核管理；

（六）参与产品研发和技术工艺改造，组织制定、修订企业标准和产品标准；

（七）汇总产品质量安全信息，定期召开食品质量安全分析会，对产品的安全性和质量稳定性进行系统分析，查找并消除食品安全隐患；

（八）参与产品经营环节的质量安全管理，确保产品在流通过程中按质量安全要求的条件储存、运输；参与经营过程中消费者对产品质量投诉、不合格食品处理，以及食品安全宣传、广告管理等工作；

（九）定期或根据实际向企业主要负责人汇报食品质量安全管理情况，负责质量管理部门的日常管理。

第五条（食品质量安全受权人的任职条件）

企业在具备以下条件的在职食品安全管理人员中选用和确定食品质量安全受权人：

（一）熟悉国家食品安全相关法律法规，能够正确理解、掌握和实施食品安全质量管理体系有关规定；

（二）具备相应的专业知识背景，具有食品或相关专业大学本科以上（含本科）学历或具有中级以上（含中级）专业技术职称，并具有 5 年以上（含 5 年）食品生产和质量管理实践经验，熟悉和了解企业自有产品的生产工艺和技术标准等；

（三）熟悉食品生产质量管理工作，具有良好的组织、沟通和协调能力。具备指导或监督企业各部门按规定实施食品安全质量管理体系的专业技能和解决实际问题的能力；

（四）遵纪守法，恪守职业道德，无违法违规的不良记录。

第六条（食品质量安全受权人的决定权）

企业主要负责人可以授权食品质量安全受权人，对下列影响特殊食品质量安全的管理活动行使决定权：

（一）质量管理文件的批准；

（二）主要原辅料及成品质量控制标准的批准；

（三）生产工艺验证和关键工艺参数的批准；

（四）生产工艺规程和批生产记录的审核或批准；

（五）与产品质量安全相关的变更事项的批准；

（六）每批次产品（成品）放行的批准；

（七）不合格产品召回、处理的审核或批准。

第七条（食品质量安全受权人的否决权）

企业主要负责人可以授权食品质量安全受权人，对产品质量安全有重大影响的下列情形行使否决权：

（一）主要原辅料供应商的选取；

（二）生产、质量、检验等部门的关键岗位人员的选用；

（三）关键生产设备、技术工艺、检验设备的选取。

第八条（与市场监管部门的沟通）

食品质量安全受权人每年至少一次向所在地区市场监管局报告企业生产质量管理体系运行情况和食品安全状况的自查情况，及时反映企业质量管理工作中发现的问题。

在企业接受质量管理体系认证或跟踪检查等现场检查期间，食品质量安全受权人作为企业的陪同人员，协助检查组开展现场检查；在现场检查结束后及时将缺陷项目的整改情况报告所在地区市场监管局。

发现企业存在食品安全事故潜在风险的，食品质量安全受权人应当立即停止食品生产经营活动，报告企业主要负责人，并报告所在地区市场监管局；企业发生重大食品安全事故、重大舆情事件等，食品质量安全受权人应当立即报告市市场监管局。

第九条（学习培训）

食品质量安全受权人在岗期间，在加强法律法规及专业知识学习的同时，积极参加各类有利于提高质量安全管理能力的学习和培训活动，鼓励参加继续教育学习培训。

食品质量安全受权人每年在岗期间学习培训不得少于 60 小时。

市场监管部门对企业食品质量安全受权人随机进行监督抽查考核。

第十条（企业的管理职责）

特殊食品生产企业主要负责人是食品质量安全的第一责任人。设立食品质量安全受权人的企业，不能因此而免除食品质量安全第一责任人的责任。

特殊食品生产企业主要负责人为食品质量安全受权人履行职责提供必要的条件，督促和要求企业相关部门配合食品质量安全受权人按照本办法规定履行质量安全管理职责和开展相关工作，确保食品质量安全受权人履职的独立性和有效实施。

特殊食品生产企业建立健全企业食品质量安全受权人对企业产品进行审核并放行的批准和相关操作，行使相关决定权、否决权及参与相关事项决策和处理，有明确的记录，包括会议纪要、批准审核、文件会签、信息系统操作记录等，企业予以存档管理。

第十一条（食品质量安全受权人的授权）

特殊食品生产企业主要负责人与食品质量安全受权人签订授权书，明确食品质量安全受权人的职责、权限和期限。

特殊食品生产企业原则上只任命一名食品质量安全受权人，对质量管理负全面责任；具有多个生产基地的企业，每个生产基地可以增设一名食品质量安全受权人。

食品质量安全受权人确因工作需要，可根据企业设定的批准程序，将质量管理的部分具体工作委托给其他食品质量安全管理人员。接受委托的食品质量安全管理人员应当相对固定，具有相应的专业背景、技能及专业技术岗位工作经验，能够履行生产质量安全管理职责。

食品质量安全受权人必须对委托的食品质量安全管理工作负责（即授权不授责）。接受委托的食品质量安全管理人员的培训由食品质量安全受权人负责组织。

第十二条（信息报告）

特殊食品生产企业按照本办法确定食品质量安全受权人人选，在企业主要负责人与食品质量安全受权人签订授权书之日起 30 个工作日内，将食品质量安全受权人基本信息、授权事项等相关材料报告市市场监管局。

新开办企业在取得许可证后，及时完成食品质量安全受权人的报告工作。

特殊食品生产企业的食品质量安全受权人保持相对稳定，确需变更食品质量安全受权人时，企业主要负责人、原食品质量安全受权人分别书面说明变更原因，按照上述时限，将新的食品质量安全受权人相关材料报告市市场监管局。

第十三条（信息公示管理）

特殊食品生产企业在企业网站或公示栏，对符合任职条件的食品质量安全受权人的人选及变动情况进行公示。

第十四条（监督检查）

市场监管部门在日常监督检查、体系检查和跟踪复查等食品安全监管工作中，加强对特殊食品生产企业食品质量安全受权人制度履行情况的检查。

特殊食品生产企业未按规定任命食品质量安全受权人的，或者任命的食品质量安全受权人不符合要求的，以及其他不符合本办法要求的，市场监管部门可以约谈企业主要负责人，提出行政建议；对于不符合要求的食品质量安全受权人，建议企业变更人员。

第十五条（责任追究）

食品质量安全受权人制度履行情况存在以下情形的，作为不良信用记录的评价因素，列入特殊食品生产企业当年度食品安全信用分级评定的重要参考因素。

（一）提交假文凭、假资质证书等，以弄虚作假手段取得食品质量安全受权人资格的；

（二）在担任食品质量安全受权人期间，未履行食品质量安全受权人主要职责的；

（三）在食品安全质量管理体系实施工作中参与弄虚作假的；

（四）无故不参加相关培训或连续两次考核不合格的；

（五）违反食品安全法律法规，造成不良后果的。

第十六条（实施日期）

本办法自 2022 年 6 月 6 日起施行，有效期至 2027 年 6 月 5 日。

关于《上海市特殊食品生产企业食品质量安全受权人管理办法》的政策解读

2020年5月，市市场监管局印发《上海市特殊食品生产企业食品质量安全受权人管理办法（试行）》（沪市监规范〔2020〕10号，以下简称《管理办法（试行）》），在进一步推进落实本市特殊食品生产企业主体责任、提升生产企业质量安全管理水平、保障特殊食品质量安全方面发挥了重要作用。《管理办法（试行）》有效期于2022年6月5日届满，为持续规范上海市特殊食品生产企业食品质量安全受权人管理，提升特殊食品安全管理水平，市市场监管局组织开展修订工作，形成了《上海市特殊食品生产企业食品质量安全受权人管理办法》（以下简称《管理办法》）。

一、修订必要性

（一）确保了食品安全法律法规和有关工作要求的有效落实

《中华人民共和国食品安全法》明确规定，国家对特殊食品实行严格监督管理，"食品生产经营者对其生产经营食品的安全负责""食品生产经营企业应当配备食品安全管理人员"。《中华人民共和国食品安全法实施条例》明确，"食品生产经营企业的主要负责人对本企业的食品安全工作全面负责，建立并落实本企业的食品安全责任制""食品生产经营企业的食品安全管理人员应当协助企业主要负责人做好食品安全管理工作""食品安全管理人员应当掌握与其岗位相适应的食品安全法律、法规、标准和专业知识，具备食品安全管理能力"。上海市委、市政府出台的《上海市贯彻〈中共中央国务院关于深化改革加强食品安全工作的意见〉的实施方案》，明确了食品生产企业实施良好生产规范（GMP）、实施危害分析和关键控制点（HACCP）体系等质量管理体系达到100%等目标。《管理办法》的实施，将上述相关规定和要求予以了细化，将特殊食品生产企业质量管理人员的职责和作用发挥落到实处。延续实施《管理办法》，是保障中央文件精神和食品安全法律法规等有关要求有效落实的需要。

（二）有效推进了特殊食品生产企业主体责任的落实

《管理办法》统一了食品安全质量管理人员在特殊食品生产企业中的称谓表述，明确和规范了其职责、权限、责任、管理等方面要求。特殊食品生产企业的食品安全质量管理负责人经企业主要负责人授权，独立履行生产质量安全管理职责，对特殊食品质量安全的管理活动行使决定权，对产品质量安全有重大影响的情形行使否决权，在开展食品安全状况和生产质量管理体系自查的全面自查、维护企业质量管理体系运行、保障特殊食品质量安全上发挥了积极作用，有效强化了特殊食品生产企业内部质量管理机制，提高了企业质量管理水平。延续实施《管理办法》，是进一步有效推动本市特殊食品生产企业落实食品安全主体责任、主动加强食品安全质量管理体系建设的需要。

（三）确保制度延续性和有效性的需要

《管理办法》明确了特殊食品生产企业食品质量安全受权人应具备的业务能力、履职责任等。现有的本市特殊食品生产企业食品质量安全受权人均较稳定，长期从事质量管理岗位。食品质量安全受权人在实际工作中就如何履职尽责，如何取得法人支持，如何确保质量与生产双促进等方面探索实践，不断提升质量管理水平。在推进《管理办法（试行）》实施过程中，市市场监管局局常态化开展食品质量安全受权人的培训、食品安全考核等，对发现食品安全问题的企业的负责人和食品质量安全受权人进行责任约谈，确保制度实施落地落实。延续实施《管理办法》，是确保制度延续性和有效性的需要。

二、主要修订内容

一是将《上海市特殊食品生产企业食品质量安全受权人管理办法（试行）》中"试行"删除。二是将第十六条（实施日期）修改为"本办法自 2022 年 6 月 6 日起施行，有效期至 2027 年 6 月 5 日"。

修订后的《管理办法》仍为 16 条，主要内容：一是明确目的依据、适用范围和监督管理部门职责分工；二是规定食品质量安全受权人职责、任职要求、权限和管理要求；三是规定企业的管理职责、授权方式和相关管理要求；四是规定市场监管部门具体监督管理职责。